普通高等教育“十二五”规划教材

微 积 分

主 审 马世豪
主 编 陈 静 孙 慧 司会香

华中师范大学出版社

新出图证(鄂)字 10 号

图书在版编目(CIP)数据

微积分/陈静,孙慧,司会香主编.—武汉:华中师范大学出版社,2015.8
ISBN 978-7-5622-7043-0

Ⅰ.①微… Ⅱ.①陈… ②孙… ③司… Ⅲ.①微积分 Ⅳ.①O172

中国版本图书馆 CIP 数据核字(2015)第 148944 号

微 积 分

主编:陈 静 孙 慧 司会香 ©
主审:马世豪
责任编辑:袁正科
责任校对:易 雯
封面设计:罗明波
编辑室:第二编辑室
电话:027-67867362
出版发行:华中师范大学出版社
社址:湖北省武汉市珞喻路 152 号
销售电话:027-67863426/67863280
邮编:430079
邮购电话:027-67861321
传真:027-67863291
网址:http://press.ccnu.edu.cn/
电子信箱:hscbs@public.wh.hb.cn
印刷:武汉鑫昶文化有限公司
督印:王兴平
字数:520 千字
开本:787 mm×1092 mm 1/16
印张:23.75
版次:2015 年 8 月第 1 版
印次:2015 年 8 月第 1 次印刷
印数:1—2000
定价:45.00 元

欢迎上网查询、购书

前　　言

微积分是高等院校工科类专业、经管类专业的一门重要的数学基础课。2003年，教育部“非数学类专业数学基础课程教学指导分委员会”制定了《工科类本科数学基础课程教学基本要求》，我们根据此基本要求，并参照《工科、经济学、管理学全国硕士研究生入学统一考试数学考试大纲》的要求，编写了这本《微积分》教材。

本书的特点是每章知识目标明确、思路清晰、重点突出、叙述流畅。在内容设计上首先突出了微积分的基本思想和基本方法，重视知识结构和经典理论的论述，同时本着夯实基础，重视培养抽象思维能力、逻辑推理能力、空间想象能力和综合运用所学知识分析问题和解决问题的能力的宗旨，选择了全面、典型的题目作为例题，以加强对知识点的理解。另外，每节后附有相应的基础性习题，每章后附有综合性复习题，使学生既能同步进行练习，也能复习、巩固整章知识点。加“*”号的章节可作为选修内容。

全书共11章，其中第3章、第5章、第9章及第10章由陈静编写，第4章、第8章及第11章由孙慧编写，第1章、第2章、第6章及第7章由司会香编写，马世豪教授对本书稿进行了缜密的审读和统稿，并提出了许多宝贵的意见。本教材在出版过程中得到了华中师范大学武汉传媒学院、华中师范大学出版社的大力支持和热心帮助，在此对他们一并表示衷心的感谢！

由于编者水平有限，书中难免存在诸多不妥之处，恳请读者批评指正！

编　者

2015年6月

目　　录

第 1 章　函数的极限与连续

函数是高等数学研究的主要对象，是生产实践、科学研究中各种变量之间的相互关系的数学反映。在研究函数时，离不开极限的概念及其计算方法。作为全书的开篇，本章将简要地介绍函数的基本概念及相关的基础知识。在引入极限概念的同时，本章将着重讨论极限的计算方法，此外，还将介绍几个常用的经济函数。

1.1　函数的概念

1.1.1　数集、区间和邻域

1. 常用的数集

自然数集：$\mathbf{N}$，$\mathbf{N}=\{0,1,2,\cdots,n,\cdots\}$；$\mathbf{N}^{+}=\{1,2,\cdots,n,\cdots\}$；

整数集：$\mathbf{Z}$，$\mathbf{Z}=\{\cdots,-2,-1,0,1,2,\cdots,n,\cdots\}$；

有理数集：$\mathbf{Q}$，$\mathbf{Q}=\left\{\dfrac{p}{q}\middle| p\in\mathbf{Z},q\in\mathbf{N}^{+},\text{且 } p \text{ 与 } q \text{ 互质}\right\}$；

实数集：$\mathbf{R}$。

2. 区间和邻域

(1) **有限区间**

设 $a<b$，称数集 $\{x|a<x<b\}$ 为**开区间**，记为 (a,b)，如图 1-1(1) 所示，即

$$(a,b)=\{x|a<x<b\}。$$

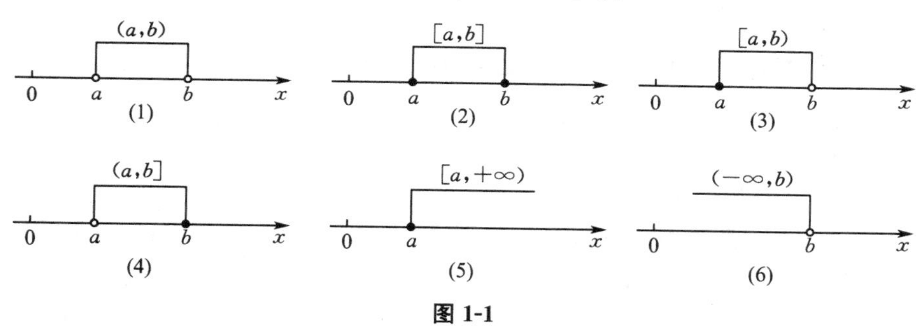

图 1-1

类似地有：

$[a,b]=\{x|a\leqslant x\leqslant b\}$ 称为闭区间，如图 1-1(2) 所示。

$[a,b)=\{x|a\leqslant x<b\}$，$(a,b]=\{x|a<x\leqslant b\}$ 称为半开半闭区间，如图 1-1(3)、

图 1-1(4) 所示。

其中 a 和 b 称为区间 (a,b),$[a,b]$,$[a,b)$,$(a,b]$ 的端点,$b-a$ 称为区间的长度。

(2) **无限区间**

$[a,+\infty)=\{x|a\leqslant x\}$,$(-\infty,b)=\{x|x<b\}$,$(-\infty,+\infty)=\{x||x|<+\infty\}$,如图 1-1(5)、图 1-1(6) 所示。

(3) **邻域**

定义 1.1 设 δ 是一正数,则称开区间 $(a-\delta,a+\delta)$ 为点 a 的 δ 邻域,简称**邻域**,记作 $N(a,\delta)$,即

$$N(a,\delta)=\{x|a-\delta<x<a+\delta\}=\{x||x-a|<\delta\},$$

从 $N(a,\delta)$ 中去掉点 a 后所得的集合 $\{x|0<|x-a|<\delta\}$ 称为点 a 的去心 δ 邻域,简称为**去心邻域**,记作 $N^0(a,\delta)$,即

$$N^0(a,\delta)=\{x|0<|x-a|<\delta\},$$

其中,点 a 称为邻域的中心,δ 称为邻域的半径。

在几何上,邻域 $N(a,\delta)$ 是数轴上以点 a 为中心、δ 为半径的区间内的点的全体,如果不需要特别强调邻域的半径 δ,就用 $N(a)$ 表示点 a 的某一邻域,$N^0(a)$ 表示点 a 的某一去心邻域,如图 1-2 所示。

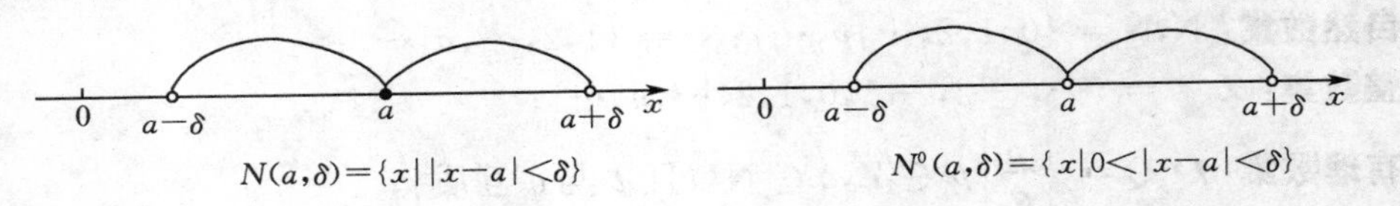

图 1-2

1.1.2 函数的定义

定义 1.2 设 x 和 y 是两个变量,D 是一个给定的非空数集,如果对于每个数 $x\in D$,按照某种法则总有唯一确定的 y 值与它对应,则称变量 y 是 x 的函数,记作

$$y=f(x),x\in D,$$

其中,x 称为**自变量**,y 称为**因变量**,x 的变化范围 D 称为函数的**定义域**,全体函数值的集合称为函数 f 的**值域**,记作 D_f,即

$$D_f=\{y\mid y=f(x),x\in D\}。$$

关于函数定义的几点说明:

(1) 函数有三个要素,即对应法则、定义域和值域。当对应法则和定义域确定后,值域便自然确定下来。因此,函数的基本要素为两个:对应法则和定义域。所以函数也常表示为:$y=f(x)$,$x\in D$。由此,我们说两个函数相同,是指它们有相同的对应法则和定义域。

(2) 函数用解析式表示时,函数的定义域常取使该运算式子有意义的自变量的全体,通常称之为存在域(自然定义域)。此时,函数的记号中的定义域 D 可省略不写,而只用对

应法则 f 来表示一个函数。即“函数 $y=f(x)$”或“函数 f”。

(3) 函数定义中，如果对于每个数 $x\in D$，只能有唯一的一个 y 值与它对应，这样定义的函数称为**单值函数**，若对同一个 x 值，可以对应于多个 y 值，则称这种函数为**多值函数**。本书中只讨论单值函数(简称函数)。

例 1　求下列函数的定义域：

(1) $y=\dfrac{1}{x}-\sqrt{x^2-4}$；　　(2) $y=\ln(1-x^2)+\sqrt{x}$。

解　(1) 要使函数有意义，必须满足 $x\neq 0$，且 $x^2-4\geqslant 0$。解不等式得 $|x|\geqslant 2$。所以函数的定义域为 $D=\{x\,|\,|x|\geqslant 2\}$，或 $D=(-\infty,-2]\cup[2,+\infty)$。

(2) 函数第一项 $\ln(1-x^2)$ 的定义域是满足不等式 $1-x^2>0$ 的值，解得 $-1<x<1$，第二项 $\sqrt{x}$ 的定义域是 $x\geqslant 0$，所以函数的定义域为 $D=\{x\,|\,0\leqslant x<1\}$。

例 2　下列函数是否相同？为什么？

(1) $y=\ln x^2$ 与 $y=2\ln x$；　　(2) $w=\sqrt{u}$ 与 $y=\sqrt{x}$。

解　(1) $y=\ln x^2$ 与 $y=2\ln x$ 不是相同的函数，因为它们的定义域不相同。

(2) $w=\sqrt{u}$ 与 $y=\sqrt{x}$ 是相同的函数，它们的定义域和对应法则都相同，只是表示函数所用的字母不同而已。

1.1.3　函数的表示方法

1. 主要方法

(1) **解析法(公式法)**：

前面例 1、例 2 中表示函数所用的方法便是解析法。

(2) **列表法**：

例如，某超市 2010 年第一季度各月销售额(万元)如表 1-1 所示：

表 1-1

月份 t	1	2	3
销售额	86.2	102.3	64.8

表 1-1 表示的是两个量的函数关系。

(3) **图象法**：

例如，某地某日气温 T 和时间 t 是两个变量，由气温自动记录仪描得一条曲线(见图 1-3)，这条曲线表示了 t 为自变量，T 为因变量的函数关系。

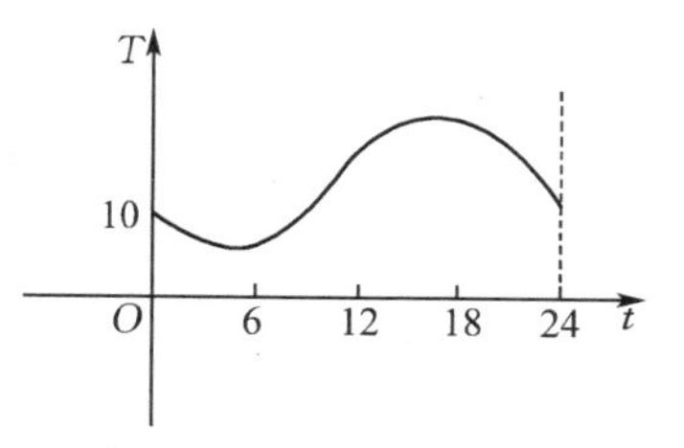

图 1-3

2. 用“特殊方法”来表示的函数

(1) **分段函数**：在定义域的不同部分用不同的公式来表示。

例如，符号函数 $\operatorname{sgn}x=\begin{cases}1,x>0,\\0,x=0,\\-1,x<0,\end{cases}$ 其函数图象如图 1-4 所示。

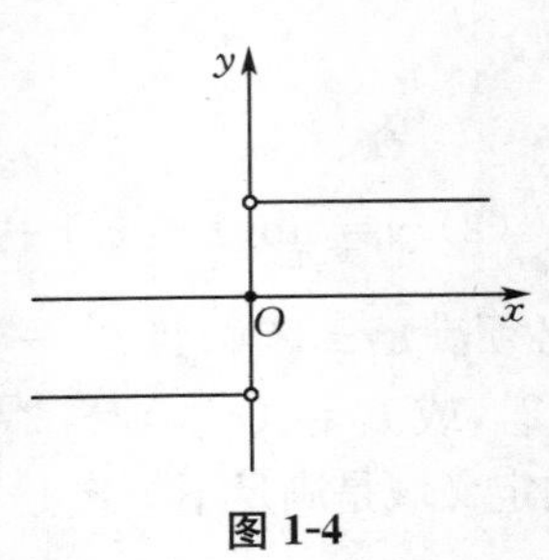

图 1-4

(2) 用语言叙述的函数：

例如，① **取整函数** $y=[x]$，$[x]$ 表示不超过 x 的最大整数。

② **狄里克雷(Dirichlet) 函数**

$$D(x)=\begin{cases}1,\text{当 } x \text{ 为有理数},\\0,\text{当 } x \text{ 为无理数}.\end{cases}$$

③ **黎曼(Riemann) 函数**

$$R(x)=\begin{cases}\dfrac{1}{q},\text{当 } x=\dfrac{p}{q}\left(p,q\in\mathbf{N}^+,\dfrac{p}{q}\text{ 为假分数}\right),\\0,\text{当 } x=0,1 \text{ 和}(0,1)\text{ 内的无理数}.\end{cases}$$

注意 以上三种函数都不是分段函数。

1.1.4 初等函数

1. 基本初等函数及其图象

(1) **常值函数** $y=C$(C 为常数)；

(2) **幂函数** $y=x^a(a\in\mathbf{R})$，如图 1-5 所示。

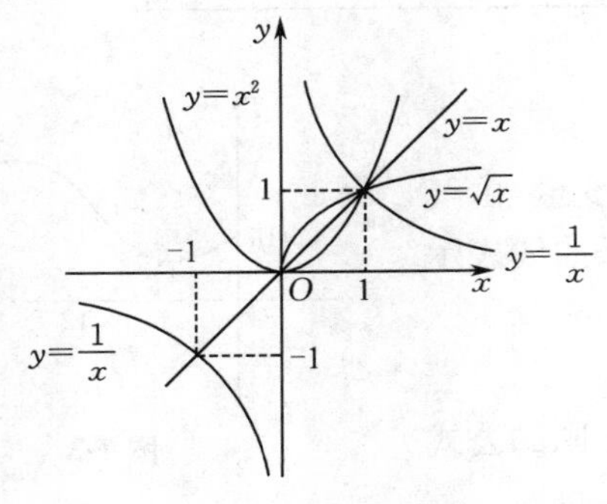

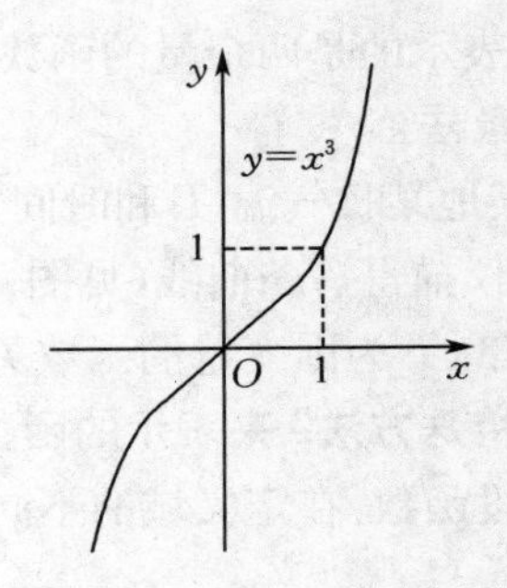

图 1-5

（3）**指数函数**　$y = a^x(a > 0, a \neq 1)$，如图 1-6 所示。

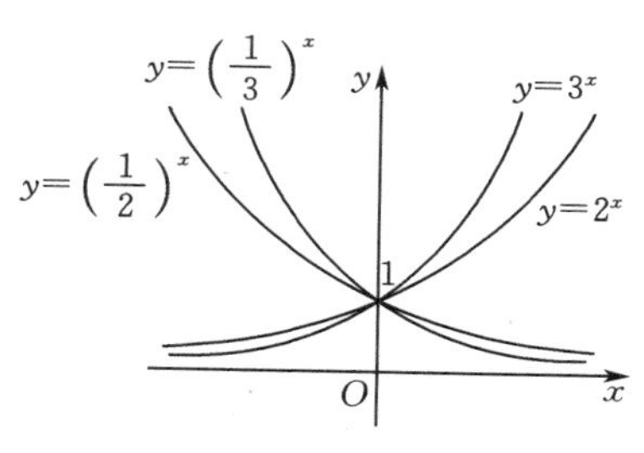

图 1-6

（4）**对数函数**　$y = \log_a x(a > 0, a \neq 1)$，如图 1-7 所示。

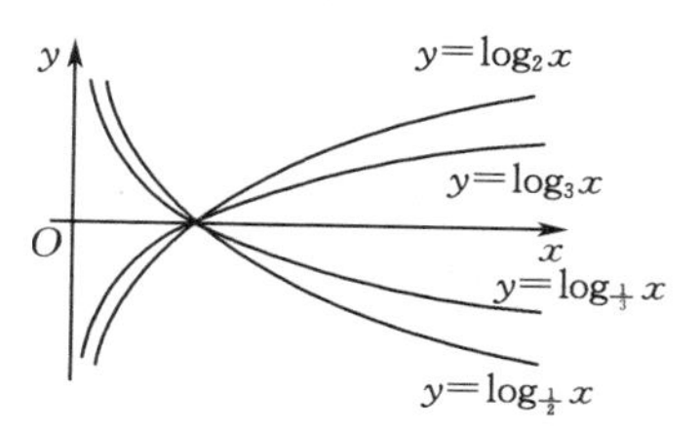

图 1-7

（5）**三角函数**　$y = \sin x, y = \cos x, y = \tan x, y = \cot x$，如图 1-8 所示。

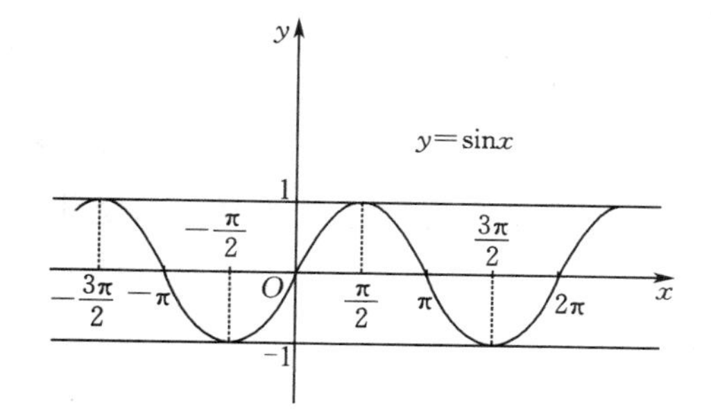

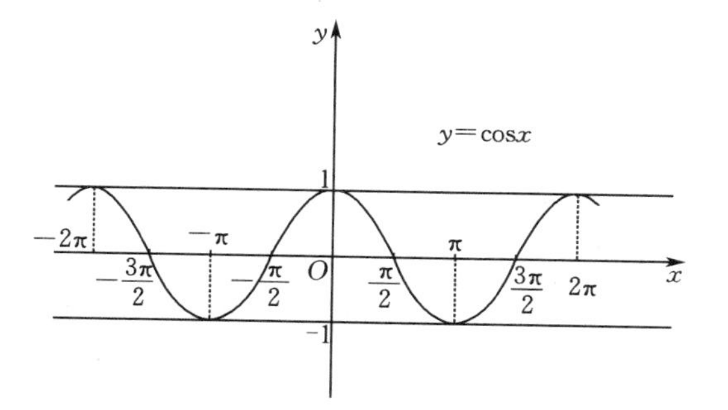

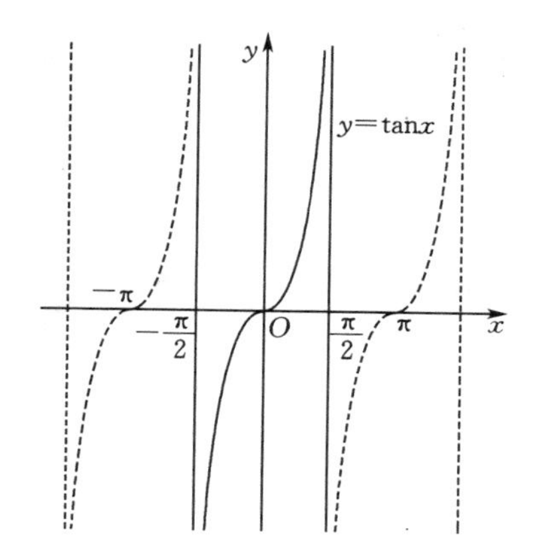

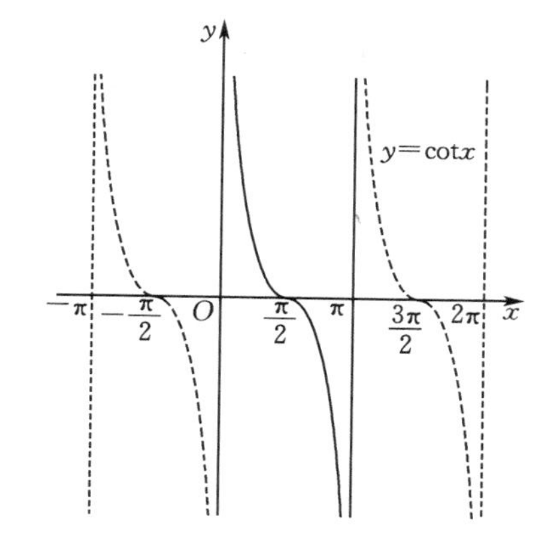

图 1-8

(6) **反三角函数**　$y=\arcsin x, y=\arccos x, y=\arctan x, y=\text{arccot}\, x$，如图 1-9 所示。

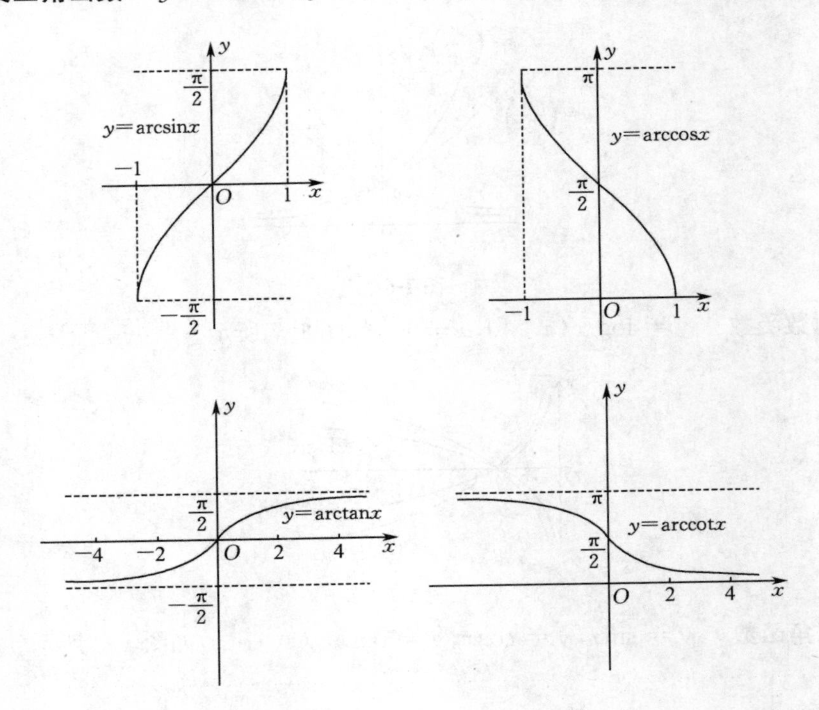

图 1-9

2. 反函数

在函数 $y=f(x)$ 中，x 叫作自变量，y 叫作因变量。但需要指出的是，自变量与因变量的地位并不是绝对的，而是相对的，例如，在 $f(u)=\sqrt{u}, u=t^2+1$ 中，u 对于 f 来讲是自变量，但对于 t 来讲，u 则是因变量。习惯上说函数 $y=f(x)$ 中 x 是自变量，y 是因变量，是基于 y 随 x 的变化而言的。但有时我们还要反过来研究 x 随 y 的变化状况。为此，我们引入反函数的概念。

定义 1.3　设函数 $y=f(x), x\in D$，若对于值域 D_f 中的每一个值 y，D 中有且只有一个值 x，使得 $f(x)=y$，则按此对应法则得到一个定义在 D_f 上的函数，称这个函数为 f 的**反函数**，记作

$$x=f^{-1}(y), y\in D_f。$$

函数 f 与 f^{-1} 互为反函数，它们的图象关于直线 $y=x$ 对称，如图 1-10 所示。并有

$$f^{-1}(f(x))\equiv x, x\in D,$$
$$f(f^{-1}(y))\equiv y, y\in D_f。$$

在反函数的表示式 $x=f^{-1}(y), y\in D_f$ 中，y 为自变量，x 为因变量。按习惯我们通常是用 x 表示自变量，y 表示因变量，因此函数 f 的反函数 f^{-1} 常改写为

$$y=f^{-1}(x), x\in D_f。$$

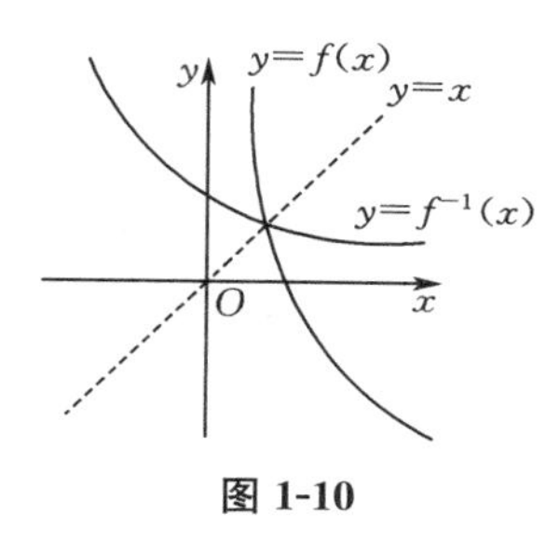

图 1-10

例 3　求下列函数的反函数：

(1) $y=2x+1$；　(2) $y=2^{x-1}$。

解　(1) 由 $y=2x+1$，解得 $x=\dfrac{y-1}{2}$。互换 x 和 y，得 $y=\dfrac{x-1}{2}$。即 $y=\dfrac{x-1}{2}$ 是 $y=2x+1$ 的反函数。

(2) 由 $y=2^{x-1}$，解得 $x=\log_2 y+1$。互换 x 和 y，得 $y=\log_2 x+1$。即 $y=\log_2 x+1$ 是 $y=2^{x-1}$ 的反函数。

3. 复合函数

定义 1.4　设函数 $y=f(u),u\in U$，而函数 $u=g(x),x\in D$，值域为 D_g，且 $D_g\subseteq U$，则称函数 $y=f[g(x)]$ 为 g 与 f 的**复合函数**，简记为 $f\circ g$，其中，f 称为**外函数**，g 称为**内函数**，x 称为**自变量**，y 称为**因变量**，u 称为**中间变量**。

例 4　设 $y=f(u)=\ln u,u=g(x)=\sin x,x\in(0,\pi)$，求 $f\circ g$。

解　因 $x\in(0,\pi)$，可知 $u\in(0,1)$，所以 $y=f\circ g=f[g(x)]=\ln\sin x$。

例 5　求下列函数的复合分解式：

(1) $y=\cos\sqrt{\ln x}$；　(2) $y=\mathrm{e}^{\cos x^2}$。

解　(1) 所给函数是由 $y=\cos u,u=\sqrt{v},v=\ln x$ 三个函数构成；

(2) 所给函数是由 $y=\mathrm{e}^u,u=\cos v,v=x^2$ 三个函数构成。

4. 初等函数

定义 1.5　由常数和基本初等函数经过有限次的四则运算和有限次的复合运算所构成，并可用一个式子表示的函数，称为**初等函数**。

例如，$y=2\sin x+\cos^2 x$，$y=\sin\left(\dfrac{1}{x}\right)$，$y=\log_a x+\dfrac{\mathrm{e}^{\sin\sqrt{x}}-1}{x^2}$，$y=x$ 这些都属于初等函数。不是初等函数的函数，称为非初等函数。如 Dirichlet 函数、Riemann 函数、取整函数等都是非初等函数。

初等函数是本课程研究的主要对象，读者应熟练掌握基本初等函数的图象与性质。

1.1.5　函数的性质

1. 函数的单调性

定义 1.6　设函数 $y=f(x)$ 在区间 I 上有定义(即 I 是函数 $y=f(x)$ 的定义域或者

是定义域的一部分)。如果对于任意的 $x_1, x_2 \in I$,当 $x_1 < x_2$ 时,$f(x_1) < f(x_2)$,则称函数 $y = f(x)$ 在区间 I 上是**单调增加**的;如果对于任意的 $x_1, x_2 \in I$,当 $x_1 < x_2$ 时,$f(x_1) > f(x_2)$,则称函数 $y = f(x)$ 在区间 I 上是**单调减少**的。

单调增加与单调减少的函数统称为**单调函数**,使得函数具有单调性的区间称为**单调区间**。

例如,函数 $f(x) = x^3$ 在 $(-\infty, +\infty)$ 内是单调增加的。又如,函数 $f(x) = x^2$ 在 $[0, +\infty)$ 内是单调增加的,而在区间 $(-\infty, 0]$ 上是单调减少的,但是在区间 $(-\infty, +\infty)$ 内既不是单调增加函数也不是单调减少函数。

2. 函数的奇偶性

定义 1.7 设函数 $y = f(x)$ 的定义域 D 是关于原点对称的,若对于任意的 $x \in D$,均有 $f(-x) = f(x)$,则称 $f(x)$ 为**偶函数**,偶函数的图象关于 y 轴对称;若对于任意的 $x \in D$,均有 $f(-x) = -f(x)$,则称 $f(x)$ 为**奇函数**,奇函数的图象关于坐标原点对称。

例如,函数 $f(x) = x^2 + 1$ 是偶函数,因为 $f(-x) = (-x)^2 + 1 = x^2 + 1 = f(x)$;$f(x) = x + x^3$ 是奇函数,因为 $f(-x) = (-x) + (-x)^3 = -(x + x^3) = -f(x)$,而 $f(x) = x + 1$ 却是非奇非偶的函数。

特别地,函数 $f(x) = 0$ 的定义域关于原点对称时,它既是奇函数又是偶函数。

3. 函数的有界性

定义 1.8 设函数 $y = f(x)$ 在集合 D 内有定义,如果存在正数 M,使得对于任意的 $x \in D$,都有 $|f(x)| \leqslant M$ 成立,则称 $f(x)$ 在 D 内有界,或称 $f(x)$ 为 D 内的**有界函数**;如果这样的 M 不存在,就称函数 $f(x)$ 在 D 内无界,或称 $f(x)$ 为 D 内的**无界函数**。

例如,函数 $f(x) = \sin x$ 在 $(-\infty, +\infty)$ 内是有界的。函数 $f(x) = \dfrac{1}{x}$ 在区间 $(1,2)$ 内是有界的,但是在区间 $(0,1)$ 内却是无界的。

4. 函数的周期性

定义 1.9 设函数 $y = f(x)$ 在集合 D 内有定义,如果存在一个不等于零的数 T,使得对于 D 内的任何 x,恒有

$$f(x + T) = f(x)$$

成立,则称函数 $y = f(x)$ 为**周期函数**,T 为 $f(x)$ 的**周期**。

显然,若 T 是 $f(x)$ 的周期,则 kT 也是 $f(x)$ 的周期($k \in \mathbf{Z}$),若 T 是使上述性质成立的最小正数,则称 T 为最小正周期。通常我们说的周期就是指**最小正周期**。

例如,函数 $y = \tan x$ 及 $y = \cot x$ 都是以 π 为周期的周期函数。

习题 1.1

1. 设 $f(x) = 2x^2 + 3x - 4$,求 $f(0)$;$f(-2)$;$f(3)$;$f(-x)$;$f(a+1)$。

2. 求下列函数的定义域。

(1) $y=\dfrac{1}{1-x^2}+\sqrt{x+2}$；　　　　(2) $y=\sqrt{9-x^2}+\sqrt{x^2-4}$；

(3) $y=\arcsin(x^2-2)$；　　　　(4) $y=\ln(2-x)+\sqrt{x^2-9}$。

3. 讨论下列函数的奇偶性。

(1) $y=x-x^2+x^3$；　　　　(2) $y=x\mathrm{e}^x$；

(3) $y=\ln(x+\sqrt{1+x^2})$；　　　　(4) $y=\dfrac{\mathrm{e}^x-\mathrm{e}^{-x}}{\mathrm{e}^x+\mathrm{e}^{-x}}$。

4. 设 $f(x)$ 为奇函数，$f(1)=a$，且 $f(x+2)-f(x)=f(2)$。

(1) 试用 a 表示 $f(2)$ 与 $f(5)$；

(2) 问 a 取何值时，$f(x)$ 是以 2 为周期的周期函数？

1.2　数列的极限

极限的思想是在生产和生活实践中求某些实际问题的精确解而产生的。早在魏晋时期，我国著名的数学家刘徽就提出“割圆求周”的方法。他的思想就是把圆周分成三等分，六等分，十二等分，二十四等分，……，这样一直分割下去，所得多边形的周长就无限接近于圆的周长。这其中就隐含了深刻的极限思想。

1.2.1　数列的概念

定义 1.10　按照某一法则对每一个 $n\in\mathbf{N}^+$，都对应着一个确定的实数 x_n，那么可得到一个序列

$$x_1,x_2,x_3,\cdots,x_n,\cdots。$$

这一序列称为**数列**。

数列中的每个数叫作数列的**项**，第 n 个数 x_n 叫作数列的**通项**，数列可简记为 $\{x_n\}$。数列 $\{x_n\}$ 实质上是定义在自然数集上的函数 $x_n=f(n)$，$n\in\mathbf{N}^+$。

从几何上看，数列可以看作是数轴上坐标依次为 $x_1,x_2,\cdots,x_n,\cdots$ 的点所构成的点集，如图 1-11 所示。

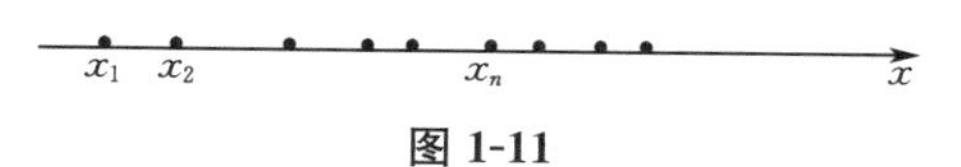

图 1-11

1.2.2　数列的极限

1. 数列极限的定性描述

对于一个数列，当 n 无限增大时，x_n 具备什么样的变化趋势，x_n 是否会无限接近于某个常数？比如，对于数列 $\left\{\dfrac{1}{n}\right\}$，当 n 越来越大时，x_n 就越来越接近于 0，而且可以无限接近

于 0，这个时候我们就可以说当 n 无限增大时，$x_n = \frac{1}{n}$ 以 0 为极限。于是，数列的极限可定义如下：

定义 1.11　对于数列 $\{x_n\}$，如果当 n 无限增大时，通项 x_n 无限接近于某个确定的常数 a，则称 a 为数列 $\{x_n\}$ 的极限，或称数列 $\{x_n\}$ 收敛于 a，记为

$$\lim_{n\to\infty} x_n = a \quad 或 \quad x_n \to a(n\to\infty)。$$

若数列 $\{x_n\}$ 没有极限，则称该数列**发散**。

例 1　观察通项 x_n 如下的数列 $\{x_n\}$ 的变化趋势，并求出其极限。

(1) $x_n = \frac{1}{2^n}$；　(2) $x_n = 2n+1$；　(3) $x_n = (-1)^{n+1}$。

解　先给出所绘数列：

$x_n = \frac{1}{2^n}$，即 $\frac{1}{2}, \frac{1}{2^2}, \frac{1}{2^3}, \cdots, \frac{1}{2^n}, \cdots$

$x_n = 2n+1$，即 $3, 5, 7, \cdots, 2n+1, \cdots$

$x_n = (-1)^{n+1}$，即 $1, -1, 1, \cdots, (-1)^{n+1}, \cdots$

观察以上 3 个数列在 $n\to\infty$ 时的发展趋势，得

(1) $\lim\limits_{n\to\infty} \frac{1}{2^n} = 0$；　(2) $\lim\limits_{n\to\infty}(2n+1)$ 不存在；　(3) $\lim\limits_{n\to\infty}(-1)^{n+1}$ 不存在。

2. 数列极限的定量描述

以上给出的数列极限定义是凭借几何直觉用自然语言做出的，直觉在数学的发展和创造中扮演着充满活力的角色，然而，数学不能完全依赖于直觉。

在定义 1.11 中，对数列极限的描述可以用数学语言表述为："当 n 无限增大时，对可以任意小的正数 ε，总能得到

$$|x_n - a| < \varepsilon。"$$

那么，可以给出极限的定量描述：

定义 1.11′　如果对于任意给定的正数 ε（无论它多么小），总存在正整数 N，使得对于 $n > N$ 时的一切 x_n，不等式 $|x_n - a| < \varepsilon$ 都成立，那么就称常数 a 是数列 $\{x_n\}$ 的极限，或者称数列 $\{x_n\}$ 收敛于 a，记为

$$\lim_{n\to\infty} x_n = a \quad 或 \quad x_n \to a\ (n\to\infty)。$$

关于数列极限的几点说明：

(1) ε 是用于刻画 x_n 与常数 a 的接近程度的。ε 具有任意性和稳定性的双重意义，ε 的任意性表征了 x_n 与常数 a 的无限接近。同时 ε 又具有相对稳定性，一经取定，就暂时地被确定下来，以便依靠它来求出 N，这样就可以用有限形式 $|x_n - a| < \varepsilon$ 来表示 x_n 无限接近于 a 的过程。

(2) N 用来描述 n 的增大程度，即要使得 $|x_n - a| < \varepsilon$ 成立，n 要变化到什么程度方可。定义中 $n > N$ 表明了下标比 N 大的 x_n，都满足 $|x_n - a| < \varepsilon$。x_n 是否以 a 为极限，关键

是对任意的正数 ε，这样的 N 是否存在。

(3) 一般地，N 与 ε 有关，ε 取的越小，相应的 N 就越大。如果 N 存在，则这样的 N 不是唯一的。

极限定义的定量描述提供了如何更严密地证明数列极限的方法。

例 2　用数列极限的定义证明下列极限等式：

(1) $\lim\limits_{n\to\infty}\dfrac{1}{n}=0$；　　(2) $\lim\limits_{n\to\infty}\dfrac{n-1}{n+1}=1$。

证　(1) 令 $|x_n-0|=\left|\dfrac{1}{n}-0\right|=\dfrac{1}{n}$，根据定义，任给 $\varepsilon>0$，如果要满足不等式 $|x_n-0|<\varepsilon$，即 $\dfrac{1}{n}<\varepsilon$，则要 $n>\dfrac{1}{\varepsilon}$。所以，取 $N=\left[\dfrac{1}{\varepsilon}\right]$，则当 $n>N$ 时，就有不等式 $|x_n-0|<\varepsilon$ 恒成立，即 $\lim\limits_{n\to\infty}\dfrac{1}{n}=0$。

(2) 令 $|x_n-1|=\left|\dfrac{n-1}{n+1}-1\right|=\dfrac{2}{n+1}$，根据定义，任给 $\varepsilon>0$，如果要满足不等式 $|x_n-1|<\varepsilon$，即 $\dfrac{2}{n+1}<\varepsilon$，则要 $n>\dfrac{2}{\varepsilon}-1$。所以，取 $N=\left[\dfrac{2}{\varepsilon}-1\right]$，则当 $n>N$ 时，就有不等式 $|x_n-1|<\varepsilon$ 恒成立，即 $\lim\limits_{n\to\infty}\dfrac{n-1}{n+1}=1$。

注意　从 $|x_n-a|<\varepsilon$ 找 N 与解不等式 $|x_n-a|<\varepsilon$ 意义不同。

1.2.3　数列极限的性质

性质 1.1　(唯一性) 若数列 $\{x_n\}$ 收敛，则数列 $\{x_n\}$ 的极限是唯一的。

性质 1.2　(有界性) 若 $\lim\limits_{n\to\infty}x_n=a$，则对任意的 $n\in\mathbf{N}$，总存在一个正数 M 使 $|x_n|\leqslant M$。

性质 1.3　(子列的收敛性) 设 $\{x_n\}$ 为数列，$\{n_k\}$ 为正整数集 $\mathbf{N}^+$ 的无限子集，且 $n_1<n_2<\cdots<n_k<\cdots$，则数列

$$x_{n_1},x_{n_2},\cdots,x_{n_k},\cdots$$

称为原数列的子列。若数列 $\{x_n\}$ 收敛，则 $\{x_n\}$ 的任一子列 $\{x_{n_k}\}$ 也收敛，且极限相同。

性质 1.4　(保号性) 若 $\lim\limits_{n\to\infty}x_n=a>0$(或 $a<0$)，则存在正整数 N，当 $n>N$ 时，有 $x_n>0$(或 $x_n<0$)。

习题 1.2

1. 我国战国时期的哲学家庄子在《庄子 · 天下篇》中关于"截丈问题"有这样的描述："一尺之棰，日截其半，万世不竭。"试用数学语言加以描述，并体会其中的极限思想。
2. 观察下列数列的变化趋势，判断它们是否有极限，如有极限，请指出其极限。

(1) $\frac{1}{2},\frac{2}{3},\frac{3}{4},\cdots,\frac{n}{n+1},\cdots$；

(2) $2,\frac{1}{2},\frac{4}{3},\frac{3}{4},\cdots,\frac{n+(-1)^{n-1}}{n},\cdots$；

(3) $2,4,8,\cdots,2^n,\cdots$；

(4) $1,-1,1,\cdots,(-1)^{n+1},\cdots$。

3. 根据数列极限的定义证明。

(1) $\lim\limits_{n\to\infty}\frac{2n+1}{n+1}=2$；

(2) $\lim\limits_{n\to\infty}\frac{1}{n+1}=0$。

4. 数列$\{x_n\}$和$\{y_n\}$都发散，能否判断数列$\{x_n+y_n\}$也发散呢？

1.3 函数的极限

上一节我们讨论了数列的极限。因为数列是特殊的函数，所以讨论数列的极限也就是讨论自变量x取正整数并且无限增大时，函数$y=f(x)$的极限。下面将讨论当自变量x在其定义域内连续变化时函数$f(x)$的极限，我们主要研究以下两种情形：(1) 当自变量x趋于有限值x_0时，函数的极限；(2) 当自变量x的绝对值无限增大时，函数的极限。

1.3.1 当 $x\to x_0$ 时，函数 $f(x)$ 的极限

讨论函数$y=f(x)=\frac{x^2-1}{x-1}$，当x无限接近于1(但不等于1) 时的变化趋势。

先列出表1-2，并作出此函数的图象(图1-12)。

表 1-2

x	0.5	0.6	0.7	0.8	0.9	0.95	…
$f(x)$	1.5	1.6	1.7	1.8	1.9	1.95	…
x	1.2	1.1	1.03	1.02	1.01	1.001	…
$f(x)$	2.2	2.1	2.03	2.02	2.01	2.001	…

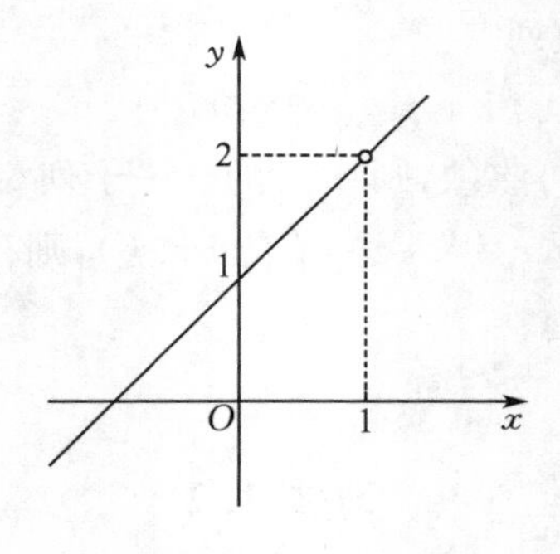

图 1-12

图1-12是直线$y=x+1$上除去点(1,2) 以外的部分，从表1-2和图象可以看出，虽然函数在$x=1$处没有定义，但是当x从$x=1$的左、右两边分别越来越接近于1时，函数

$y=\frac{x^2-1}{x-1}$的值越来越接近于2，这时，我们就说，当x无限接近于1(但不等于1)时，函数$y=\frac{x^2-1}{x-1}$以2为极限，记作

$$\lim_{x\to 1}\frac{x^2-1}{x-1}=2。$$

由上面的讨论，我们可以给出函数在有限点处极限的精确定义。

定义1.12　设函数$f(x)$在点x_0的某一去心邻域内有定义，如果对任意给定的正数ε(无论它多么小)，总存在正数δ，使得对于适合不等式$0<|x-x_0|<\delta$的一切x，对应的函数值$f(x)$都满足不等式$|f(x)-A|<\varepsilon$，则称常数A为函数$f(x)$当$x\to x_0$时的极限，记作

$$\lim_{x\to x_0}f(x)=A\quad 或者\quad f(x)\to A(x\to x_0)。$$

关于函数在点x_0处极限的两点说明：

(1) 此定义称为"ε-δ"定义，ε是任意给定的正数，当ε给定时，δ与ε有关。

(2) $0<|x-x_0|<\delta$表明x与x_0不相等，故当$x\to x_0$时函数$f(x)$有无极限与函数$f(x)$在x_0处有无定义无关。

该定义的几何解释：作直线$y=A-\varepsilon$和$y=A+\varepsilon$，不论这两条直线间的区域多么狭窄(即无论ε多么小)，总存在一个足够小的正数δ，使得当x属于x_0的δ去心邻域时，函数的图形全都位于这两条直线之间，如图1-13所示。

根据此定义，$\lim\limits_{x\to x_0}C=C$($C$为常数)，$\lim\limits_{x\to x_0}x=x_0$。

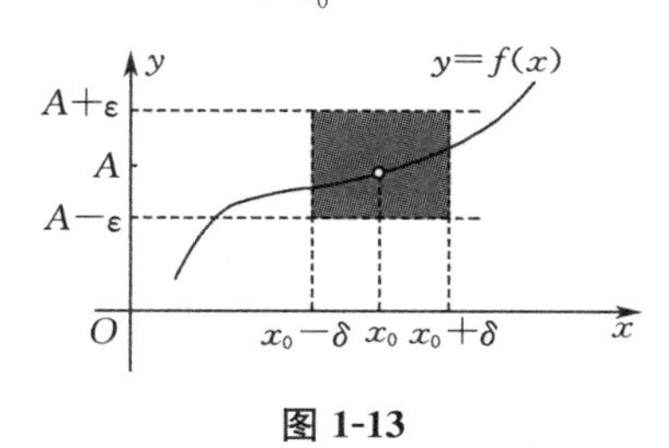

图1-13

例1　证明：$\lim\limits_{x\to 2}(2x-1)=3$。

证　令

$$|f(x)-A|=|2x-1-3|=2|x-2|，$$

则对于任意的$\varepsilon>0$，要使得$|f(x)-A|<\varepsilon$，即

$$2|x-2|<\varepsilon，$$

则要求

$$|x-2|<\frac{\varepsilon}{2}。$$

此时取$\delta=\frac{\varepsilon}{2}$，则当$0<|x-2|<\delta$时，有

$$|f(x)-A|=|2x-1-3|<\varepsilon,$$

因此$\lim\limits_{x\to 2}(2x-1)=3$成立。

例 2　证明：$\lim\limits_{x\to 2}(3x-2)=4$。

证　令

$$|f(x)-A|=|3x-2-4|=3|x-2|,$$

则对于任意的$\varepsilon>0$，要使得$|f(x)-A|<\varepsilon$，即

$$3|x-2|<\varepsilon,$$

则要求

$$|x-2|<\frac{\varepsilon}{3}。$$

此时取$\delta=\frac{\varepsilon}{3}$，则当$0<|x-2|<\delta$时，有

$$|f(x)-A|=|3x-2-4|<\varepsilon,$$

因此$\lim\limits_{x\to 2}(3x-2)=4$成立。

在前面讨论的当$x\to x_0$时函数的极限中，x既可从x_0的左侧无限接近于x_0（记为$x\to x_0^-$或$x\to x_0-0$），也可从x_0的右侧无限接近于x_0（记为$x\to x_0^+$或$x\to x_0+0$）。

下面给出当$x\to x_0^-$或$x\to x_0^+$时函数极限的定义：

定义 1.13　如果当$x\to x_0^+$时，函数$f(x)$无限接近于一个确定的常数A，则称A为函数$f(x)$当$x\to x_0$时的**右极限**。记为

$$\lim_{x\to x_0^+}f(x)=A \quad 或 \quad f(x_0+0)=A。$$

如果当$x\to x_0^-$时，函数$f(x)$无限接近于一个常数A，则称A为函数$f(x)$当$x\to x_0$时的**左极限**。记为

$$\lim_{x\to x_0^-}f(x)=A \quad 或 \quad f(x_0-0)=A。$$

定理 1.1　如果$\lim\limits_{x\to x_0^-}f(x)=\lim\limits_{x\to x_0^+}f(x)=A$，那么$\lim\limits_{x\to x_0}f(x)=A$；反之，如果$\lim\limits_{x\to x_0}f(x)=A$，那么$\lim\limits_{x\to x_0^-}f(x)=\lim\limits_{x\to x_0^+}f(x)=A$。

例 3　函数$f(x)=\begin{cases}x-1, & x<0,\\ 0, & x=0,\\ x+1, & x>0,\end{cases}$判断当$x\to 0$时函数$f(x)$的极限是否存在。

解　由于$\lim\limits_{x\to 0^-}f(x)=\lim\limits_{x\to 0^-}(x-1)=-1$；$\lim\limits_{x\to 0^+}f(x)=\lim\limits_{x\to 0^+}(x+1)=1$，根据定理1.1，$\lim\limits_{x\to x_0^+}f(x)\neq\lim\limits_{x\to x_0^-}f(x)$，所以，当$x\to 0$时，函数$f(x)$的极限不存在。

1.3.2　当$x\to\infty$时，函数$f(x)$的极限

定义 1.14　设函数$f(x)$在无穷区间$[a,+\infty)$上有定义，如果对任意给定的正数

ε(无论它多么小),总存在正数 X,使得对于满足不等式 $x > X$ 的一切 x,对应的函数值 $f(x)$ 都满足不等式 $|f(x)-A|<\varepsilon$,则常数 A 就叫函数 $f(x)$ 当 $x\to+\infty$ 时的极限,记为

$$\lim_{x\to+\infty} f(x) = A。$$

定义 1.15　设函数 $f(x)$ 在无穷区间 $(-\infty,a]$ 上有定义,如果对任意给定的正数 ε(无论它多么小),总存在正数 X,使得对于满足不等式 $x<-X$ 的一切 x,对应的函数值 $f(x)$ 都满足不等式 $|f(x)-A|<\varepsilon$,则常数 A 就叫函数 $f(x)$ 当 $x\to-\infty$ 时的极限,记为

$$\lim_{x\to-\infty} f(x) = A。$$

上述两定义的几何解释:作直线 $y=A-\varepsilon$ 和 $y=A+\varepsilon$,不论这两条直线间的区域多么狭窄(即无论 ε 多么小),总有一个足够大的正数 X 存在,使得当 $x>X$ 或 $x<-X$ 时,函数的图象都位于这两条直线之间,如图 1-14 所示。

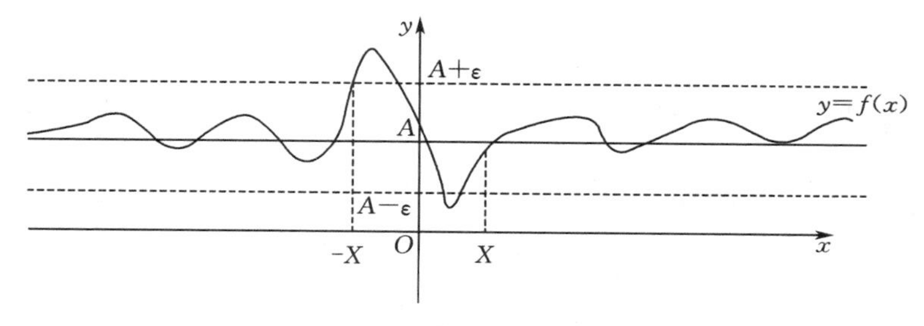

图 1-14

若当 $x\to+\infty$ 与 $x\to-\infty$ 时,均有 $f(x)\to A$,则称**当** $x\to\infty$ **时** $f(x)$ **趋于** A **或收敛于** A,记作

$$\lim_{x\to\infty} f(x) = A。$$

类似定理 1.1,可推得

$$\lim_{x\to\infty} f(x) = A \Leftrightarrow \lim_{x\to+\infty} f(x) = \lim_{x\to-\infty} f(x) = A。$$

例 4　证明:$\lim\limits_{x\to\infty}\dfrac{1}{x}=0$。

证　因为

$$\left|\frac{1}{x}-0\right| = \frac{1}{|x|},$$

题意要求对于任意的 $\varepsilon>0$,要使得 $|f(x)-A|<\varepsilon$,也就是 $|x|>\dfrac{1}{\varepsilon}$ 成立,此时若取 $X=\dfrac{1}{\varepsilon}$,则当 $|x|>X$ 时,有

$$|f(x)-A| = \left|\frac{1}{x}-0\right| = \frac{1}{|x|} < \varepsilon$$

成立,因此 $\lim\limits_{x\to\infty}\dfrac{1}{x}=0$ 成立,如图 1-15 所示。

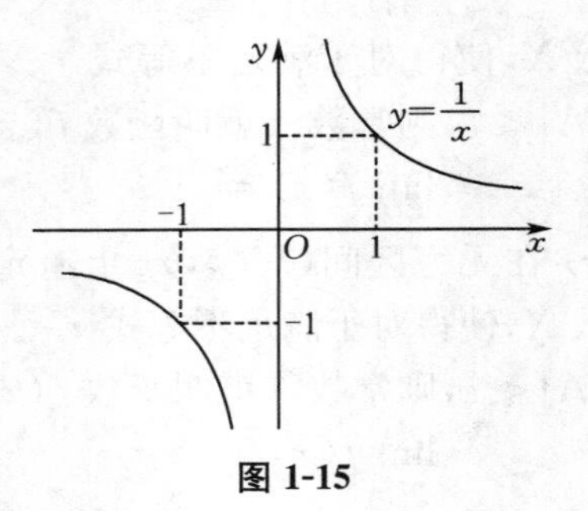

图 1-15

例 5　证明：$\lim\limits_{x\to\infty}\frac{2x-3}{x}=2$。

证　因为

$$\left|\frac{2x-3}{x}-2\right|=\frac{3}{|x|},$$

所以，对于任意的 $\varepsilon>0$，要使得 $|f(x)-A|=\frac{3}{|x|}<\varepsilon$，即 $|x|>\frac{3}{\varepsilon}$ 成立，此时取 $X=\frac{3}{\varepsilon}$，则当 $|x|>X$ 时，即可满足

$$|f(x)-A|=\left|\frac{2x-3}{x}-2\right|=\frac{3}{|x|}<\varepsilon,$$

因此 $\lim\limits_{x\to\infty}\frac{2x-3}{x}=2$ 成立。

1.3.3　函数极限的性质

性质 1.5　（唯一性）若函数的极限存在，则其极限是唯一的。

性质 1.6　（局部有界性）若 $\lim\limits_{x\to x_0}f(x)$ 存在，则函数 $f(x)$ 必定在 x_0 的某个去心邻域内有界。若 $\lim\limits_{x\to\infty}f(x)$ 存在，则一定存在一个正数 X，当 $|x|>X$ 时，函数 $f(x)$ 有界。

性质 1.7　（局部保号性）若 $\lim\limits_{x\to x_0}f(x)=A>0$（或 $A<0$），则在 x_0 的某个去心邻域内恒有 $f(x)>0$（或 $f(x)<0$）。若 $\lim\limits_{x\to\infty}f(x)=A>0$（或 $A<0$），则存在正数 X，当 $|x|\geqslant X$ 时，$f(x)>0$（或 $f(x)<0$）。

推论 1.1　如果在 x_0 的某一去心邻域内恒有 $f(x)\geqslant 0$（或 $f(x)\leqslant 0$），且 $\lim\limits_{x\to x_0}f(x)=A$，那么 $A\geqslant 0$（或 $A\leqslant 0$）。

习题 1.3

1. 用定义证明下列等式。

(1) $\lim\limits_{x\to 1}\frac{2(x^2-1)}{x-1}=4$；　　(2) $\lim\limits_{x\to 3}(2x+1)=7$；

(3) $\lim\limits_{x\to\infty}\dfrac{3-2x}{3x}=-\dfrac{2}{3}$；　　(4) $\lim\limits_{x\to+\infty}\dfrac{4x-1}{3x+2}=\dfrac{4}{3}$。

2. 讨论下列函数在指定点处的极限是否存在。

(1) $f(x)=\begin{cases}x-1, & x<0,\\ x+1, & x\geqslant 0,\end{cases}$ $x=0,x=2$；　　(2) $f(x)=\dfrac{|x|}{x}$，$x=0,x=2$。

3. 当 $x\to\infty$ 时，$y=\dfrac{x^2+2}{x^2-1}\to 1$。试问 X 等于多少时，当 $|x|>X$ 时，$|y-1|<0.01$。

4. 试问函数 $f(x)=\begin{cases}x\sin x, & x>0,\\ 10, & x=0,\\ 5+x^2, & x<0\end{cases}$ 在 $x=0$ 处的左、右极限是否存在？当 $x\to 0$ 时，$f(x)$ 的极限是否存在？

1.4　极限的运算法则

1.4.1　极限的四则运算法则

定理 1.2　在自变量的同一变化过程中，如果 $\lim u(x)=A$，$\lim v(x)=B$，则

(1) $\lim[u(x)\pm v(x)]=\lim u(x)\pm\lim v(x)=A\pm B$；

(2) $\lim[u(x)\cdot v(x)]=\lim u(x)\cdot\lim v(x)=A\cdot B$；

(3) 当 $\lim v(x)=B\neq 0$ 时，

$$\lim\frac{u(x)}{v(x)}=\frac{\lim u(x)}{\lim v(x)}=\frac{A}{B}。$$

推论 1.2　设 $\lim u(x)$ 存在，C 为常数，n 为正整数，则有

(1) $\lim[C\cdot u(x)]=C\cdot\lim u(x)$；

(2) $\lim[u(x)]^n=[\lim u(x)]^n$；

(3) $\lim\sqrt[n]{u(x)}=\sqrt[n]{\lim u(x)}$。

这些运算法则对数列的极限也是成立的。

例 1　求下列极限：

(1) $\lim\limits_{x\to 3}\left(\dfrac{x}{3}+1\right)$；　　(2) $\lim\limits_{x\to 1}\dfrac{x^2-2x+5}{x^2+7}$；　　(3) $\lim\limits_{x\to 3}\dfrac{x-3}{x^2-9}$；

(4) $\lim\limits_{x\to 0}\dfrac{\sqrt{1+x^2}-1}{x}$；　　(5) $\lim\limits_{x\to\infty}\dfrac{x^2+7}{2x^3-x^2+5}$。

解　(1) $\lim\limits_{x\to 3}\left(\dfrac{x}{3}+1\right)=\lim\limits_{x\to 3}\left(\dfrac{x}{3}\right)+\lim\limits_{x\to 3}1=\dfrac{1}{3}\lim\limits_{x\to 3}x+1=\dfrac{1}{3}\times 3+1=2$。

(2) $\lim\limits_{x\to 1}\dfrac{x^2-2x+5}{x^2+7}=\dfrac{\lim\limits_{x\to 1}(x^2-2x+5)}{\lim\limits_{x\to 1}(x^2+7)}=\dfrac{\lim\limits_{x\to 1}x^2-\lim\limits_{x\to 1}2x+\lim\limits_{x\to 1}5}{\lim\limits_{x\to 1}x^2+\lim\limits_{x\to 1}7}$

$$=\frac{\lim\limits_{x\to1}x\cdot\lim\limits_{x\to1}x-2\lim\limits_{x\to1}x+5}{\lim\limits_{x\to1}x\cdot\lim\limits_{x\to1}x+7}=\frac{1-2+5}{1+7}=\frac{1}{2}。$$

(3) 当 $x\to3$ 时,分母的极限为0,不能直接应用定理1.2,但当 $x\to3$ 时,由于 $x\neq3$,即 $x-3\neq0$,故分式中可以约去不为零的公因子,所以

$$\lim_{x\to3}\frac{x-3}{x^2-9}=\lim_{x\to3}\frac{1}{x+3}=\frac{\lim\limits_{x\to3}1}{\lim\limits_{x\to3}x+\lim\limits_{x\to3}3}=\frac{1}{6}。$$

(4) 当 $x\to0$ 时,分母的极限为0。但当 $x\to0$ 时,由于 $x\neq0$,故分式中可以有理化消去 x,所以

$$\lim_{x\to0}\frac{\sqrt{1+x^2}-1}{x}=\lim_{x\to0}\frac{(\sqrt{1+x^2}-1)(\sqrt{1+x^2}+1)}{x(\sqrt{1+x^2}+1)}=\lim_{x\to0}\frac{x}{\sqrt{1+x^2}+1}$$

$$=\frac{\lim\limits_{x\to0}x}{\lim\limits_{x\to0}\sqrt{1+x^2}+\lim\limits_{x\to0}1}=\frac{0}{1+1}=0。$$

(5) 因为分子、分母的极限都不存在,所以不能应用极限运算法则。如果把分子、分母同时除以 x^3,则

$$\lim_{x\to\infty}\frac{x^2+7}{2x^3-x^2+5}=\lim_{x\to\infty}\frac{\dfrac{x^2+7}{x^3}}{\dfrac{2x^3-x^2+5}{x^3}}=\lim_{x\to\infty}\frac{\dfrac{1}{x}+\dfrac{7}{x^3}}{2-\dfrac{1}{x}+\dfrac{5}{x^3}}=0。$$

当变化过程是 $x\to\infty$ 时,常用以下公式:

$$\lim_{x\to\infty}\frac{a_0x^n+a_1x^{n-1}+\cdots+a_n}{b_0x^m+b_1x^{m-1}+\cdots+b_m}=\begin{cases}a_0/b_0, & m=n,\\0, & m>n,\\\infty, & m<n。\end{cases}$$

其中,$a_0\neq0,b_0\neq0,m$、n 为非负整数。

1.4.2　极限的复合运算

定理1.3　设函数 $y=f[g(x)]$ 是由函数 $y=f(u)$ 与函数 $u=g(x)$ 复合而成,若

$$\lim_{x\to x_0}g(x)=u_0,\lim_{u\to u_0}f(u)=A,$$

且在 x_0 的某个去心邻域内 $g(x)\neq u_0$,则

$$\lim_{x\to x_0}f[g(x)]=\lim_{u\to u_0}f(u)=A。$$

例2　求下列极限:

(1) $\lim\limits_{x\to\pi}\sin\dfrac{x}{2}$;　　(2) $\lim\limits_{x\to1}\ln(x^2+1)$。

解　(1) 令 $u=\dfrac{x}{2}$,则函数 $y=\sin\dfrac{x}{2}$ 可以看作是由 $y=\sin u,u=\dfrac{x}{2}$ 复合而成,因为 $x\to\pi,u=\dfrac{x}{2}\to\dfrac{\pi}{2}$,并且当 $u\to\dfrac{\pi}{2}$ 时,$\sin u\to1$,所以

$$\lim_{x\to\pi}\sin\frac{x}{2}=\lim_{u\to\frac{\pi}{2}}\sin u=1。$$

(2) 令 $u=x^2+1$，则函数 $y=\ln(x^2+1)$ 可以看作是由 $y=\ln u, u=x^2+1$ 复合而成，因为 $x\to1, u=x^2+1\to2$，并且当 $u\to2$ 时，$\ln u\to\ln2$，所以

$$\lim_{x\to1}\ln(x^2+1)=\lim_{u\to2}\ln u=\ln2。$$

1.4.3　无穷小与无穷大

1. 无穷小

定义 1.16　若 $\lim\limits_{x\to x_0}f(x)=0$，则称函数 $f(x)$ 是 $x\to x_0$ 过程中的**无穷小量**，简称**无穷小**。

关于无穷小需要指出以下几点：

(1) 无穷小是一个变量，而不是一个数。但 0 是可以作为无穷小的唯一一个常数；

(2) 不能直接说函数 $f(x)$ 是无穷小，应该说是在什么情况下的无穷小，即指出自变量的变化过程；

(3) 若将定义中的 $x\to x_0$ 分别换成 $x\to x_0^+, x\to x_0^-, x\to\infty, x\to-\infty, x\to+\infty, n\to\infty$，则可以得到不同形式的无穷小。

例如，当 $x\to0$ 时，函数 $x^3, \sin x, \tan x$ 都是无穷小；当 $x\to+\infty$ 时，函数 $\frac{1}{x^2}, \left(\frac{1}{2}\right)^x, \frac{\pi}{2}-\arctan x$ 都是无穷小；当 $n\to\infty$ 时，数列 $\left\{\frac{1}{n}\right\}, \left\{\frac{1}{2^n}\right\}, \left\{\frac{n}{n^2+1}\right\}$ 都是无穷小。

下面给出无穷小与函数极限的关系。

定理 1.4　$\lim f(x)=A\Leftrightarrow f(x)=A+\alpha$，其中 $\lim\alpha=0$。

证　“$\Rightarrow$”：设 $\lim f(x)=A$，令

$$\alpha=f(x)-A,$$

则

$$f(x)=A+\alpha,$$

利用权限四则运算可得

$$\lim\alpha=\lim[f(x)-A]=\lim f(x)-\lim A=0。$$

“$\Leftarrow$”：设 $f(x)=A+\alpha, \lim\alpha=0$，则

$$\lim f(x)=\lim[A+\alpha]=\lim A+\lim\alpha=A。$$

性质 1.8　有限个无穷小的代数和仍是无穷小。

性质 1.9　有限个无穷小之积仍是无穷小。

性质 1.10　无穷小与有界函数的乘积仍是无穷小。

例 3　求极限 $\lim\limits_{x\to0}x\cdot\sin\frac{1}{x}$。

解 当 $x \to 0$ 时，$\sin\frac{1}{x}$ 的极限不存在，但当 $x \to 0$ 时，$\lim\limits_{x\to 0} x = 0$，而 $\left|\sin\frac{1}{x}\right| \leqslant 1$。根据性质 1.10，有

$$\lim_{x\to 0} x \cdot \sin\frac{1}{x} = 0。$$

2. 无穷大

定义 1.17 在自变量 x 的某个变化过程中，若对任意给定的正数 M 总有 $|f(x)| > M$，则称 $f(x)$ 是在这个变化过程中的**无穷大量**，简称**无穷大**。记作 $\lim f(x) = \infty$。

关于无穷大，有以下几点说明：

(1) 无穷大是变量，不能与很大的数混淆；

(2) 无穷大是一种特殊的无界变量，但是无界变量未必是无穷大；

(3) 切勿认为 $\lim f(x) = \infty$ 是极限存在的表示，它只是一个书写形式。

类似地，将上述定义中 $|f(x)| > M$ 分别改写为：$f(x) > M$ 与 $f(x) < -M$，则可定义**正无穷大**，**负无穷大**，记作

$$\lim f(x) = +\infty, \lim f(x) = -\infty。$$

例如，$\frac{1}{x-3}$ 是当 $x \to 3$ 时的无穷大；当 $x \to +\infty$ 时，e^x，$\ln x$ 是正无穷大；$\ln(1-x)$ 是当 $x \to 1^-$ 时的负无穷大。

根据无穷大和无穷小的定义，很容易验证以下定理：

定理 1.5 在自变量的同一变化过程中，如果函数 $f(x)$ 是无穷大，则 $\frac{1}{f(x)}$ 是无穷小；反之，如果 $f(x)$ 是无穷小，且 $f(x) \neq 0$，则 $\frac{1}{f(x)}$ 是无穷大。

此定理说明了无穷大与无穷小之间的相互转化关系。

习题 1.4

1. 指出下题中哪些是无穷大，哪些是无穷小，哪些既非无穷大也非无穷小？

(1) $x \to 0$ 时，$e^x - 1$；

(2) $x \to 2$ 时，$\frac{x^2-9}{x+3}$；

(3) $n \to \infty$ 时，$\frac{1+(-1)^n}{n^2}$；

(4) $x \to 0^+$ 时，$\ln x$；

(5) $x \to 0$ 时，$\sin\frac{1}{x}$；

(6) $x \to 0$ 时，$\frac{x}{x^2}$。

2. 求下列极限。

(1) $\lim\limits_{x\to 2}(3x^2 - 5x + 6)$；

(2) $\lim\limits_{x\to 1}\frac{x^2-2x-1}{4x^3+5x^2-x+1}$；

(3) $\lim\limits_{x\to -2}\frac{x+2}{x^2-x-6}$；

(4) $\lim\limits_{x\to 3}\frac{x^2+3x+2}{x^2-9}$；

(5) $\lim\limits_{x\to\infty}\dfrac{x^4-2x^3+3x^2-5}{3x^4-4x^2+2}$；

(6) $\lim\limits_{x\to-1}\left(\dfrac{1}{x+1}-\dfrac{3}{x^3+1}\right)$；

(7) $\lim\limits_{x\to\infty}\dfrac{(2x)^{20}\cdot(x-1)^{40}}{(3x+1)^{60}+1}$；

(8) $\lim\limits_{x\to3}\dfrac{\sqrt{x-1}-\sqrt{2}}{\sqrt{2x-2}-\sqrt{x+1}}$；

(9) $\lim\limits_{h\to0}\dfrac{(x+h)^3-x^3}{h}$。

3. 已知$\lim\limits_{x\to3}\dfrac{x^2-2x+k}{x-3}=4$，求 k 的值。

4. 讨论两个无穷小的商是否一定是无穷小？无穷个无穷小的和是否一定是无穷小？

1.5　极限的存在准则与两个重要极限

1.5.1　极限的存在准则

定理 1.6　（两边夹定理）如果函数 $f(x)$，$g(x)$，$h(x)$ 在同一变化过程中满足下列条件：

(1) 对任意的变量 x，$g(x)\leqslant f(x)\leqslant h(x)$；

(2) $\lim g(x)=\lim h(x)=A$，

那么，函数 $f(x)$ 的极限存在，且 $\lim f(x)=A$。

该定理对于数列也同样成立。

定理 1.7　（单调有界定理）单调有界函数（或数列）必有极限。

1.5.2　两个重要极限

1. $\lim\limits_{x\to0}\dfrac{\sin x}{x}=1$

作为定理 1.6 的应用，下面将证明第一个重要极限：$\lim\limits_{x\to0}\dfrac{\sin x}{x}=1$。

证　由于$\dfrac{\sin x}{x}$是偶函数，所以只讨论 $x\to0^+$ 的情况。

作单位圆，如图 1-16 所示，$BC\perp OA$，过点 A 作$AD\perp OA$，与 OB 延长线交于点 D。

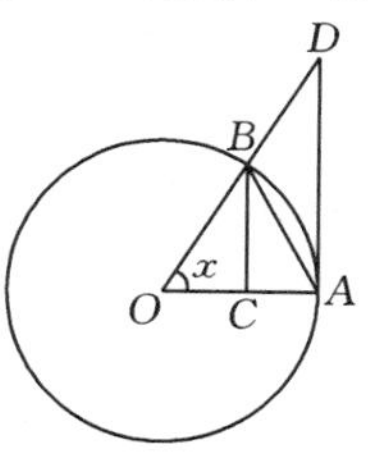

图 1-16

设圆心角 $\angle AOB$ 为 $x\left(0<x<\frac{\pi}{2}\right)$，不难发现

$$S_{\triangle AOB}<S_{扇形AOB}<S_{\triangle AOD},$$

即

$$\frac{1}{2}\sin x<\frac{1}{2}x<\frac{1}{2}\tan x,$$

即

$$\sin x<x<\tan x。$$

等式两边同时除以 $\sin x$，得到

$$1<\frac{x}{\sin x}<\frac{1}{\cos x},$$

即

$$\cos x<\frac{\sin x}{x}<1,$$

又因为

$$\cos x=1-(1-\cos x)=1-2\sin^2\left(\frac{x}{2}\right)>1-2\cdot\frac{x^2}{4}=1-\frac{x^2}{2},$$

所以

$$1-\frac{x^2}{2}<\cos x<1。$$

而 $\lim\limits_{x\to0}\left(1-\frac{x^2}{2}\right)=1$，所以 $\lim\limits_{x\to0}\cos x=1$，根据定理 1.6，$\lim\limits_{x\to0}\frac{\sin x}{x}=1$，证毕。

例 1 求极限 $\lim\limits_{x\to0}\frac{\tan 3x}{x}$。

解 $$\lim_{x\to0}\frac{\tan 3x}{x}=\lim_{x\to0}3\cdot\frac{\sin 3x}{3x}\cdot\frac{1}{\cos 3x}=3\cdot1\cdot1=3。$$

例 2 求极限 $\lim\limits_{x\to0}\frac{1-\cos x}{x^2}$。

解 $$\lim_{x\to0}\frac{1-\cos x}{x^2}=\lim_{x\to0}\frac{2\sin^2\left(\frac{x}{2}\right)}{x^2}=\frac{1}{2}\cdot\lim_{x\to0}\left(\frac{\sin\frac{x}{2}}{\frac{x}{2}}\right)^2=\frac{1}{2}。$$

例 3 求极限 $\lim\limits_{x\to0}\frac{\arcsin x}{x}$。

解 令 $t=\arcsin x$，有

$$\lim_{x\to0}\frac{\arcsin x}{x}=\lim_{t\to0}\frac{t}{\sin t}=\lim_{t\to0}\frac{1}{\frac{\sin t}{t}}=1。$$

例 4 求极限 $\lim\limits_{x\to\pi}\frac{\sin x}{x-\pi}$。

解 $$\lim_{x\to\pi}\frac{\sin x}{x-\pi}=\lim_{x\to\pi}\frac{\sin(\pi-x)}{x-\pi}\underset{t=\pi-x}{=}\lim_{t\to0}\frac{\sin t}{-t}=-1。$$

例 5　求极限$\lim\limits_{x\to 0}\dfrac{\sin mx}{\sin nx}$。

解
$$\lim_{x\to 0}\frac{\sin mx}{\sin nx}=\lim_{x\to 0}\frac{\dfrac{\sin mx}{mx}\cdot mx}{\dfrac{\sin nx}{nx}\cdot nx}=\frac{m}{n}\cdot\frac{1}{1}=\frac{m}{n}。$$

例 6　求极限$\lim\limits_{x\to\infty}x\sin\dfrac{1}{3x}$。

解　令 $t=\dfrac{1}{x}$,则 $x=\dfrac{1}{t}$,且当 $x\to\infty$ 时,$t\to 0$。有
$$\lim_{x\to\infty}x\sin\frac{1}{3x}=\lim_{t\to 0}\frac{1}{t}\sin\frac{t}{3}=\frac{1}{3}。$$

2. $\lim\limits_{x\to\infty}\left(1+\dfrac{1}{x}\right)^x=\mathrm{e}$

限于篇幅,这个等式证明从略,另外,还有两个常用等式:
$$\lim_{x\to 0}(1+x)^{\frac{1}{x}}=\mathrm{e};$$
$$\lim_{n\to\infty}\left(1+\frac{1}{n}\right)^n=\mathrm{e},$$
其中 $\mathrm{e}=2.718281828459\cdots$ 是无理数。

例 7　求极限$\lim\limits_{x\to\infty}\left(1+\dfrac{2}{x}\right)^x$。

解
$$\lim_{x\to\infty}\left(1+\frac{2}{x}\right)^x=\lim_{x\to\infty}\left[\left(1+\frac{1}{\frac{x}{2}}\right)^{\frac{x}{2}}\right]^2=\left[\lim_{x\to\infty}\left(1+\frac{1}{\frac{x}{2}}\right)^{\frac{x}{2}}\right]^2=\mathrm{e}^2。$$

例 8　求极限$\lim\limits_{x\to 0}(1+x)^{\frac{1}{x}}$。

解　令 $z=\dfrac{1}{x}$,则
$$\lim_{x\to 0}(1+x)^{\frac{1}{x}}=\lim_{z\to\infty}\left(1+\frac{1}{z}\right)^z=\mathrm{e}。$$

例 9　求极限$\lim\limits_{x\to\infty}\left(1-\dfrac{1}{x}\right)^{x+1}$。

解
$$\begin{aligned}\lim_{x\to\infty}\left(1-\frac{1}{x}\right)^{x+1}&=\lim_{x\to\infty}\left[\left(1+\frac{1}{-x}\right)^{-x}\right]^{-1}\left(1-\frac{1}{x}\right)\\&=\left[\lim_{x\to\infty}\left(1+\frac{1}{-x}\right)^{-x}\right]^{-1}\cdot\lim_{x\to\infty}\left(1-\frac{1}{x}\right)\\&=\mathrm{e}^{-1}\cdot 1=\frac{1}{\mathrm{e}}。\end{aligned}$$

例 10　求极限$\lim\limits_{n\to\infty}\left(\dfrac{2n-1}{2n+1}\right)^n$。

解

$$\lim_{n\to\infty}\left(\frac{2n-1}{2n+1}\right)^n=\lim_{n\to\infty}\left(1-\frac{2}{2n+1}\right)^n$$
$$=\lim_{n\to\infty}\left(1-\frac{1}{n+\frac{1}{2}}\right)^{n+\frac{1}{2}}\cdot\left(1-\frac{1}{n+\frac{1}{2}}\right)^{-\frac{1}{2}}$$
$$=\frac{1}{\mathrm{e}}\cdot 1^{-\frac{1}{2}}=\frac{1}{\mathrm{e}}。$$

1.5.3 无穷小的比较

两个无穷小的和、差、积仍是无穷小，但是两个无穷小的商却有不同情况出现。例如，当 $x\to 0$ 时，$x,x^2,\sin x,x^2\sin\frac{1}{x}$ 都是无穷小，但 $\lim\limits_{x\to 0}\frac{x^2}{x}=0,\lim\limits_{x\to 0}\frac{x}{x^2}=\infty,\lim\limits_{x\to 0}\frac{\sin x}{x}=1$，$\lim\limits_{x\to 0}\frac{x^2\sin\frac{1}{x}}{x^2}=\lim\limits_{x\to 0}\sin\frac{1}{x}$ 不存在。两个无穷小的商的极限各不相同，反映了不同的无穷小趋于零的"快慢"程度。为了定量地描述这一本质的差异，下面引进关于无穷小的阶的概念。

定义 1.18 设函数 α,β 是同一变化过程中的无穷小，且 $\beta\neq 0$。

(1) 若 $\lim\frac{\alpha}{\beta}=0$，则称 α 是比 β 高阶的无穷小，也称 β 是比 α 低阶的无穷小，记为 $\alpha=o(\beta)$。

(2) 若 $\lim\frac{\alpha}{\beta}=C\neq 0$，则称 α 与 β 是同阶的无穷小，特别地，若 $C=1$，也称 α 与 β 是等价的无穷小，记为 $\alpha\sim\beta$。

例如，$\lim\limits_{n\to\infty}\frac{\frac{1}{n^2}}{\frac{1}{n}}=0$，当 $n\to\infty$ 时，$\left\{\frac{1}{n^2}\right\}$ 是比 $\left\{\frac{1}{n}\right\}$ 高阶的无穷小；$\lim\limits_{x\to 0}\frac{\tan x-\sin x}{\sin^3 x}=\frac{1}{2}$，所以，当 $x\to 0$ 时，$\tan x-\sin x$ 与 $\sin^3 x$ 是同阶的无穷小；$\lim\limits_{x\to 0}\frac{\sin x}{x}=1$，所以，当 $x\to 0$ 时，$\sin x$ 与 x 是等价的无穷小，即 $\sin x\sim x(x\to 0)$。

根据等价无穷小的定义，可以证明，当 $x\to 0$ 时，有下列常用等价无穷小。

$$\sin x\sim x;\ \tan x\sim x;\ \arcsin x\sim x;\ \arctan x\sim x;\ 1-\cos x\sim\frac{1}{2}x^2;$$
$$\ln(1+x)\sim x;\ \mathrm{e}^x-1\sim x;\ a^x-1\sim x\ln a;\ (1+x)^\alpha-1\sim\alpha x(\alpha\neq 0)。$$

定理 1.8 （等价替换）设 $\alpha\sim\alpha',\beta\sim\beta'$ 且 $\lim\frac{\alpha'}{\beta'}$ 存在，则 $\lim\frac{\alpha}{\beta}=\lim\frac{\alpha'}{\beta'}$。

证 $\lim\frac{\alpha}{\beta}=\lim\left(\frac{\alpha}{\alpha'}\cdot\frac{\alpha'}{\beta'}\cdot\frac{\beta'}{\beta}\right)=\lim\frac{\alpha}{\alpha'}\cdot\lim\frac{\alpha'}{\beta'}\cdot\lim\frac{\beta'}{\beta}=\lim\frac{\alpha'}{\beta'}$。

需要指出的是，使用这个定理时，分子或分母必须"整体"代换，否则将导致错误。也就是说，当某极限表达式的分子或分母是无穷小的和或差时，不能每项“单独”用等价无穷小去代换。例如，下列解法 $\lim\limits_{x\to 0}\dfrac{\tan x-\sin x}{x^3}=\lim\limits_{x\to 0}\dfrac{x-x}{x^3}=0$ 是错误的。下面的例12将给出正确的解答。

例 11　求 $\lim\limits_{x\to 0}\dfrac{\tan 3x}{\sin 4x}$。

解　当 $x\to 0$ 时，$\tan 3x\sim 3x$，$\sin 4x\sim 4x$，有

$$\lim_{x\to 0}\frac{\tan 3x}{\sin 4x}=\lim_{x\to 0}\frac{3x}{4x}=\frac{3}{4}。$$

例 12　求 $\lim\limits_{x\to 0}\dfrac{\tan x-\sin x}{x^3}$。

解　$\lim\limits_{x\to 0}\dfrac{\tan x-\sin x}{x^3}=\lim\limits_{x\to 0}\dfrac{\sin x(1-\cos x)}{x^3\cos x}$，

当 $x\to 0$ 时，$1-\cos x\sim\dfrac{1}{2}x^2$，$\sin x\sim x$，所以有

$$\lim_{x\to 0}\frac{\tan x-\sin x}{x^3}=\lim_{x\to 0}\frac{x\cdot\frac{x^2}{2}}{x^3\cos x}=\lim_{x\to 0}\frac{1}{2\cos x}=\frac{1}{2}。$$

习题 1.5

1. 求下列各极限。

(1) $\lim\limits_{x\to 0}\dfrac{\sin x^3}{(\sin x)^2}$；　(2) $\lim\limits_{x\to\frac{\pi}{2}}\dfrac{\cos x}{x-\frac{\pi}{2}}$；　(3) $\lim\limits_{x\to 0}\dfrac{\arctan x}{x}$；

(4) $\lim\limits_{x\to+\infty}x\sin\dfrac{1}{x}$；　(5) $\lim\limits_{x\to 0}\dfrac{\sin 4x}{\sqrt{x+1}-1}$；　(6) $\lim\limits_{x\to 0}\dfrac{\sqrt{1-\cos x^2}}{1-\cos x}$；

(7) $\lim\limits_{x\to\infty}\left(1-\dfrac{2}{x}\right)^{-x}$；　(8) $\lim\limits_{x\to 0}(1+\alpha x)^{\frac{1}{x}}$（$\alpha$ 为给定实数）；

(9) $\lim\limits_{x\to 0}(1+\tan x)^{\cot x}$；　(10) $\lim\limits_{x\to 0}\left(\dfrac{1+x}{1-x}\right)^{\frac{1}{x}}$；

(11) $\lim\limits_{x\to+\infty}\left(\dfrac{3x+2}{3x-2}\right)^{2x-1}$；　(12) $\lim\limits_{x\to+\infty}\left(1+\dfrac{\alpha}{x}\right)^{\beta x}$（$\alpha,\beta$ 为给定实数）。

2. 利用等价无穷小的性质求下列极限。

(1) $\lim\limits_{x\to 0}\dfrac{1-\cos 2x}{(1+x^2)^7-1}$；　(2) $\lim\limits_{x\to 0}\dfrac{\ln(1+x^2)}{\cos x-1}$。

1.6　函数的连续性

客观世界的许多运动和变化是连续不断的，比如，时间的流逝、树木的生长、河水的流

动、气温的变化等。从树木的生长来看，当时间变化很微小时，树木生长的变化也很微小，这种现象在函数关系上的反映就是函数的连续性。从几何形象上粗略地说，连续函数在坐标平面上的图象是一条连续不断的曲线(含直线)。当然我们不能满足于这种直观的认识，而应给出函数连续性的精确定义，并由此出发研究连续函数的一些性质。

1.6.1 函数的连续性

1. 连续函数的定义

定义 1.19 设函数 $y=f(x)$ 在点 x_0 的某个邻域内有定义，如果 $\lim\limits_{x\to x_0}f(x)=f(x_0)$，则称函数 $y=f(x)$ 在点 x_0 处连续。

如果记 $\Delta x=x-x_0$(其值可正可负)，称之为变量 x 在点 x_0 处的**增量**。相应地，如果记因变量的增量 $\Delta y=f(x)-f(x_0)=f(x_0+\Delta x)-f(x_0)$，则函数 $y=f(x)$ 在 x_0 处连续的定义还可叙述为：

定义 1.20 设函数 $y=f(x)$ 在点 x_0 的某个邻域内有定义，如果自变量 x 的增量 $\Delta x=x-x_0$ 趋于零时，对应的函数增量 $\Delta y=f(x)-f(x_0)$ 也趋于零，即 $\lim\limits_{\Delta x\to 0}\Delta y=0$，则称函数 $y=f(x)$ 在点 x_0 处连续。

事实上，上述两个定义在本质上是一致的，即函数 $f(x)$ 在点 x_0 连续，必须同时满足下列三个条件：

(1) 函数 $y=f(x)$ 在点 x_0 的某个邻域内有定义(函数 $y=f(x)$ 在点 x_0 处有定义)；

(2) 极限值 $\lim\limits_{x\to x_0}f(x)$ 存在；

(3) 极限值等于该点的函数值，即 $\lim\limits_{x\to x_0}f(x)=f(x_0)$。

例如，函数

$$f(x)=2x+1$$

在点 $x=2$ 处连续，因为

$$\lim_{x\to 2}f(x)=\lim_{x\to 2}(2x+1)=5=f(2)。$$

又如，函数

$$f(x)=\begin{cases}x\sin\dfrac{1}{x}, & x\neq 0,\\ 0, & x=0\end{cases}$$

在 $x=0$ 处连续。因为

$$\lim_{x\to 0}f(x)=\lim_{x\to 0}x\sin\frac{1}{x}=0=f(0)。$$

根据函数 $y=f(x)$ 在点 x_0 处左右极限的定义，相应地可以给出函数左右连续的定义。

定义 1.21 如果 $\lim\limits_{x\to x_0^+}f(x)=f(x_0)$，则称函数 $y=f(x)$ 在点 x_0 处**右连续**；如果

$\lim\limits_{x \to x_0^-} f(x) = f(x_0)$，则称函数 $y = f(x)$ 在点 x_0 处**左连续**。

定理 1.9　函数 $y = f(x)$ 在点 x_0 处连续$\Leftrightarrow$函数 $y = f(x)$ 在点 x_0 处既左连续又右连续。

例 1　讨论函数 $f(x) = \begin{cases} x+2, x \geqslant 0, \\ x-2, x < 0 \end{cases}$ 在 $x = 0$ 处的连续性。

解　因为

$$\lim_{x \to 0^+} f(x) = \lim_{x \to 0^+} (x+2) = 2 = f(0),$$

而

$$\lim_{x \to 0^-} f(x) = \lim_{x \to 0^-} (x-2) = -2 \neq f(0),$$

所以 $f(x)$在 $x = 0$ 处右连续，但不左连续。故而 $f(x)$在 $x = 0$ 处不连续。

例 2　设 $f(x) = \begin{cases} \dfrac{\sin 2x}{x}, & x < 0, \\ x^2 + a, & x \geqslant 0。\end{cases}$ 试确定 a 的值，使函数 $f(x)$ 在 $x = 0$ 处连续。

解　因为

$$\lim_{x \to 0^+} f(x) = \lim_{x \to 0^+} (x^2 + a) = a = f(0), \lim_{x \to 0^-} f(x) = \lim_{x \to 0^-} \frac{\sin 2x}{x} = 2,$$

根据定理 1.9，可得 $a = 2$。

如果函数 $y = f(x)$ 在区间(a,b) 内每一点都是连续的，则称函数 $y = f(x)$ 在该区间(a,b) 内是连续的。在区间$[a,b]$ 上，函数在区间内每一点都连续，且在左端点 $x = a$ 处右连续，在右端点 $x = b$ 处左连续，则称函数 $y = f(x)$ 在闭区间$[a,b]$ 上是连续的。

例 3　证明函数 $y = \sin x$ 在定义域内连续。

证　函数 $y = \sin x$ 的定义域为$(-\infty, +\infty)$。任取 $x_0 \in (-\infty, +\infty)$，可得

$$|\Delta y| = |\sin x - \sin x_0| = 2\left|\cos\frac{x + x_0}{2}\right| \cdot \left|\sin\frac{x - x_0}{2}\right| \leqslant 2 \cdot 1 \cdot \frac{x - x_0}{2} = \Delta x,$$

即

$$0 \leqslant |\Delta y| \leqslant |\Delta x|。$$

由两边夹定理得，$\lim\limits_{\Delta x \to 0} \Delta y = 0$，故函数 $y = \sin x$ 在定义域内连续。

同理可证函数 $y = \cos x$ 在定义域内连续。

定理 1.10　（四则运算性质）连续函数的和、差、积、商（分母不为零）仍为连续函数。

定理 1.11　（复合函数的连续性）若函数 $g(x)$在点 x_0 处连续，$y = f(u)$在点 u_0 处连续，且 $u_0 = g(x_0)$，则复合函数 $y = f[g(x)]$ 在点 x_0 处连续。即连续函数的复合函数仍为连续函数。

显然，所有基本初等函数在其定义域内都是连续的。从而一切初等函数在其定义区间内也是连续的。

例 4　求下列极限：

(1) $\lim\limits_{x \to 0} \sqrt{2 - \dfrac{\sin x}{x}}$；　　(2) $\lim\limits_{x \to \infty} \sqrt{2 - \dfrac{\sin x}{x}}$。

解 (1) $\lim\limits_{x\to 0}\sqrt{2-\dfrac{\sin x}{x}}=\sqrt{2-\lim\limits_{x\to 0}\dfrac{\sin x}{x}}=\sqrt{2-1}=1$；

(2) $\lim\limits_{x\to\infty}\sqrt{2-\dfrac{\sin x}{x}}=\sqrt{2-\lim\limits_{x\to\infty}\dfrac{\sin x}{x}}=\sqrt{2-0}=\sqrt{2}$。

2. 函数的间断点

定义 1.22 如果函数 $f(x)$ 在点 x_0 处不连续，则称点 x_0 为函数 $f(x)$ 的一个**间断点**（或**不连续点**）。

根据函数连续的三个条件可知，点 x_0 为函数 $f(x)$ 的一个间断点，它必是以下三种情形之一：

(1) 函数 $f(x)$ 在点 x_0 处没有定义；

(2) 函数 $f(x)$ 在点 x_0 处有定义，但 $\lim\limits_{x\to x_0}f(x)$ 不存在；

(3) 函数 $f(x)$ 在点 x_0 处有定义，且 $\lim\limits_{x\to x_0}f(x)$ 存在，但 $\lim\limits_{x\to x_0}f(x)\neq f(x_0)$。

关于间断点，通常把它分为两大类：

(1) **第一类间断点**（$f(x_0-0)$，$f(x_0+0)$ 都存在）

① 函数在点 x_0 处有定义，且 $\lim\limits_{x\to x_0}f(x)$ 存在，但 $\lim\limits_{x\to x_0}f(x)\neq f(x_0)$，或者 $\lim\limits_{x\to x_0}f(x)$ 存在，但函数在点 x_0 处没有定义，此类间断点称为**可去间断点**。

② 若 $f(x_0-0)\neq f(x_0+0)$，即 $\lim\limits_{x\to x_0}f(x)$ 不存在，此类间断点称为**跳跃间断点**。

可去间断点和跳跃间断点统称为**第一类间断点**，第一类间断点的特点是函数在该点处的左、右极限都存在。

(2) **第二类间断点**

函数其他所有形式的间断点，即使函数左、右极限至少有一个不存在的那些点，称为**第二类间断点**。

① 函数在 x_0 点没有定义，但 $f(x_0-0)=\infty$ 或 $f(x_0+0)=\infty$。此类间断点称为**无穷间断点**。

② 函数在 x_0 点没有定义，且 $\lim\limits_{x\to x_0}f(x)$ 振荡性地不存在，此类间断点称为**振荡间断点**。

无穷间断点和振荡间断点都属于第二类间断点。

关于间断点，可归纳如下：

- 间断点
  - 第一类间断点
    - 可去间断点（函数在该点的极限存在，但与该点的函数值不相等，或函数在该点的极限存在，但函数在该点没有定义的间断点）
    - 跳跃间断点（函数在该点的左、右极限都存在，但是不相等的间断点）
  - 第二类间断点（不是第一类间断点的间断点，如无穷间断点、振荡间断点等）

例 5 讨论下列函数在指定点的连续性，若是间断点，指出其类型。

(1) $f(x)=\dfrac{\sin 2x}{x}, x=0$；　　(2) $f(x)=\begin{cases}x-1, & x>0,\\ 0, & x=0,\\ x+1, & x<0,\end{cases}$ $x=0$；

(3) $f(x)=\cot x, x=0$；　　(4) $f(x)=\sin\dfrac{1}{x}, x=0$。

解　(1) 函数 $f(x)=\dfrac{\sin 2x}{x}$ 在 $x=0$ 处无定义，所以，点 $x=0$ 为函数的间断点，但是

$$\lim_{x\to 0}\frac{\sin 2x}{x}=2,$$

所以，点 $x=0$ 为 $f(x)$ 可去间断点。此时，如果补充定义，令 $x=0$ 得 $y=2$，则所给函数在点 $x=0$ 处连续。这个情况是可去间断点所特有的。

(2) 函数 $f(x)=\begin{cases}x-1, & x>0,\\ 0, & x=0,\\ x+1, & x<0\end{cases}$ 在 $x=0$ 处有定义，但是

$$\lim_{x\to 0^+}f(x)=\lim_{x\to 0^+}(x-1)=-1,$$

$$\lim_{x\to 0^-}f(x)=\lim_{x\to 0^-}(x+1)=1,$$

所以，点 $x=0$ 为函数 $f(x)=\begin{cases}x-1, & x>0,\\ 0, & x=0,\\ x+1, & x<0\end{cases}$ 的跳跃间断点。

(3) 函数 $f(x)=\cot x$ 在 $x=0$ 处无定义，所以，点 $x=0$ 为函数间断点，而且

$$\lim_{x\to 0}\cot x=\infty,$$

所以点 $x=0$ 为 $\cot x$ 的无穷间断点。

(4) 函数 $f(x)=\sin\dfrac{1}{x}$ 在 $x=0$ 处无定义，所以，点 $x=0$ 为函数间断点，而且 $\lim\limits_{x\to 0}\sin\dfrac{1}{x}$ 在 1 和 -1 之间振荡，故极限不存在，所以，点 $x=0$ 为 $\sin\dfrac{1}{x}$ 的振荡间断点。

1.6.2　闭区间上连续函数的性质

定理 1.12　(最大值最小值定理) 若函数 $f(x)$ 在闭区间 $[a,b]$ 上连续，则 $f(x)$ 在闭区间 $[a,b]$ 上一定有最大值与最小值。

推论 1.3　(有界性定理) 若函数 $f(x)$ 在闭区间 $[a,b]$ 上连续，则 $f(x)$ 在闭区间 $[a,b]$ 上有界。

定理 1.13　(介值定理) 若函数 $f(x)$ 在闭区间 $[a,b]$ 上连续，且 $f(a)\neq f(b)$，若 μ 为介于 $f(a)$ 与 $f(b)$ 之间的任意实数 $[f(a)<\mu<f(b)$ 或 $f(b)<\mu<f(a)]$，则在开区间 (a,b) 内至少存在一点 x_0，使得 $f(x_0)=\mu$。

推论 1.4　在闭区间上连续的函数必取得介于最大值与最小值之间的任何值。

定理 1.14 (零点存在定理) 若函数 $f(x)$ 在闭区间 $[a,b]$ 上连续，且 $f(a)\cdot f(b)<0$，则至少存在一点 $x_0\in(a,b)$，使得 $f(x_0)=0$。即 $f(x)$ 在 (a,b) 内至少有一个实根。

例 6 证明方程 $x^3+2x-1=0$ 在区间 $(0,1)$ 内必有实根。

证 设 $f(x)=x^3+2x-1$，显然函数 $f(x)$ 在 $[0,1]$ 上连续，且 $f(0)=-1$，$f(1)=2$，即

$$f(0)\cdot f(1)<0,$$

根据零点存在定理，在 $(0,1)$ 内至少存在一点 ξ，使得 $f(\xi)=0$，即

$$\xi^3+2\xi-1=0。$$

这说明方程 $x^3+2x-1=0$ 在区间 $(0,1)$ 内必有实根。

习题 1.6

1. 求下列函数的极限。

(1) $\lim\limits_{x\to 0}\dfrac{\ln(1+x)}{x}$；　　(2) $\lim\limits_{x\to 0}\dfrac{\ln(1+x^2)}{\cos x}$。

2. 讨论函数 $f(x)=\begin{cases}e^{2x-2}, & x\leqslant 0,\\ x-3, & x>0\end{cases}$ 的连续性。

3. 设函数 $f(x)=\begin{cases}\dfrac{\sin x-\tan x}{x\sin^2 x}, & x<0,\\ a, & x=0,\\ x\sin\dfrac{1}{x}+b, & x>0。\end{cases}$

问：(1) a 为何值时，$f(x)$ 在 $x=0$ 处左连续？(2) b 为何值时，$f(x)$ 在 $x=0$ 处连续？

4. 证明方程 $x+e^x=0$ 在区间 $(-1,1)$ 内有唯一实根。

1.7* 几种常用的经济函数

在经济领域内，用数学方法解决实际问题，首先要构建该问题的数学模型，即找出该问题的函数关系。本节将介绍几种常用的经济函数。

1.7.1 需求函数与供给函数

1. 需求函数

需求函数是指在某一特定时期内，市场上某种商品的各种可能的购买量和决定这些购买量的诸因素之间的数量关系。

假定其他因素(如消费者的货币收入、偏好和相关商品的价格等)不变，则决定某种商品需求量的因素就是这种商品的价格。此时，需求函数表示的就是商品需求量和价格

这两个经济量之间的数量关系，即

$$q = f(p)。$$

其中，q 表示需求量，p 表示价格，f 一般是 p 的递减函数。最常见、最简单的需求函数是如下形式的线性需求函数

$$q = f(p) = -ap + b \ (a、b \text{ 均为正常数})。$$

这个函数的几何形态，是一条反映需求量与价格关系的曲线或直线，我们称之为**需求曲线**，如图 1-17 所示。

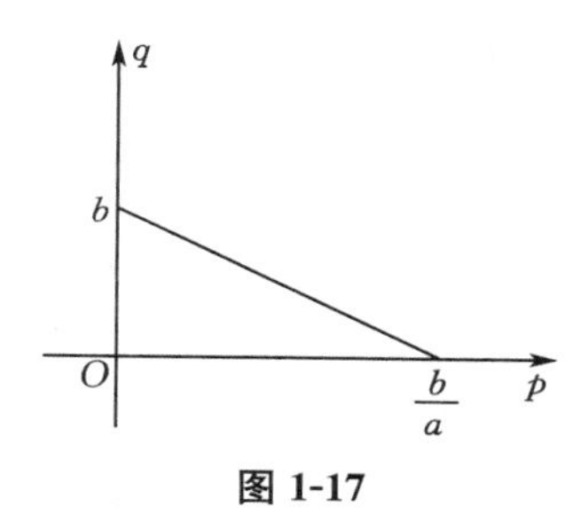

图 1-17

特别地，当价格 $p = 0$ 时，需求量 $q = b$，它表示人的需求是有限的，$\frac{b}{a}$ 为最大销售价格，此时需求量为零。需求函数的反函数 $p = f^{-1}(q)$ 称为**价格函数**，习惯上将价格函数也统称为需求函数。

例 1　某产品销售价为 70 元 / 件，可卖出 10000 件，价格每增加 3 元就少卖 300 件，求需求量 q 与价格 p 的函数。

解　设价格由 70 元增加 k 个 3 元，则

$$p = 70 + 3k, q = 10000 - 300k。$$

由于 $q \geqslant 0$，从而 $k \leqslant \frac{100}{3}$。由于 $k = \frac{1}{3}(p - 70)$，则 $p \leqslant 170$。故

$$q = 17000 - 100p, p \in (70, 170]。$$

2. 供给函数

生产者对商品的生产是由多方面因素所决定的，其中价格是最主要的因素。**供给函数**是指在某一特定时期内，市场上某种商品的各种可能的供给量和决定这些供给量的诸因素之间的数量关系。最简单的供给函数是如下形式的线性供给函数

$$q = cp - d \ (c、d \text{ 均为正常数})。$$

其中，q 为供给量，p 为价格，价格越高，供给量就越大，供给量 q 是价格 p 的**单增函数**。

例 2　某商品当价格为 50 元时，有 50 单位投放市场，当价格为 75 元时，有 100 单位投放市场，求供给量 q 与价格 p 的函数。

解　设 $q = cp - d$，得出

$$\begin{cases} 50c - d = 50, \\ 75c - d = 100, \end{cases}$$

即

$$c = 2, d = 50,$$

所以，

$$q = 2p - 50。$$

1.7.2 成本函数、收入函数与利润函数

1. 成本函数

产品成本是以货币形式表现的企业生产和销售产品的全部费用支出，**成本函数**表示费用总额与产量(或销售量)之间的依赖关系，产品成本可分为**固定成本**和**变动成本**两部分。所谓固定成本，是指在一定时期内不随产量变化的那部分成本；所谓变动成本，是指随产量变化而变化的那部分成本。一般地，以货币计值的(总)成本 C 是产量 x 的函数，即

$$C = C(x)(x \geqslant 0),$$

称其为**成本函数**。当产量 $x = 0$ 时，对应的成本函数值 $C(0)$ 就是产品的固定成本值。

$\overline{C} = \dfrac{C(x)}{x}(x > 0)$ 称为**单位成本函数**或**平均成本函数**。

成本函数是单调增加函数，其图象称为**成本曲线**。

2. 收入函数与利润函数

销售某种产品的收入 R，等于产品的单位价格 P 乘以销售量 x，即 $R = P \cdot x$，称其为**收入函数**。而销售利润 L 等于收入 R 减去成本 C，即 $L = R - C$，称其为**利润函数**。

当 $L = R - C > 0$ 时，生产者盈利；

当 $L = R - C < 0$ 时，生产者亏损；

当 $L = R - C = 0$ 时，生产者盈亏平衡，使 $L(x) = 0$ 的点 x_0 称为**盈亏平衡点**(又称为**保本点**)。

例 3 设某产品的需求函数为 $q = 100 - 4p$，成本函数为 $C = 100 + 20q$，求销售量为 q 时的收益与平均利润。

解 价格函数是需求函数的反函数，由此得到

$$p = 25 - 0.25q,$$

从而收益函数为

$$R = pq = 25q - 0.25q^2,$$

平均利润为

$$\overline{L} = \frac{L(q)}{q} = 5 - 0.25q - 100q^{-1}。$$

习题 1.7

1. 工厂生产某种产品，生产准备费 1000 元，可变资本 4 元，单位售价 8 元。求：

(1) 成本函数；　　(2) 平均成本函数；

(3) 收入函数；　　(4) 利润函数。

2. 设对某商品的需求函数为 $q=100-2p$，求当价格为5时的收入与需求量为80时的收入。

复习题 1

一、填空题。

1. 函数 $y=\dfrac{\ln(x+2)}{(x-3)(x+1)}$ 在区间 $(-2,+\infty)$ 内的间断点是________。

2. $\lim\limits_{x\to 0}(1+x)^{\frac{1}{x}}=$________。

3. 函数左、右极限都存在且相等是函数极限存在的________条件，是函数连续的________条件。(填：充分、必要、充要、既不充分也不必要)

4. 设函数 $f(x)=\begin{cases}5x-4, & x<1,\\ x+10, & x\geqslant 1,\end{cases}$ 则 $\lim\limits_{x\to 1^-}f(x)=$________，$\lim\limits_{x\to 1^+}f(x)=$________。

5. 已知 $f(x)=\begin{cases}\dfrac{\sin 2x}{\ln(x+1)}, & x<0,\\ 3x^2-2x+k, & x\geqslant 0\end{cases}$ 在 $x=0$ 处连续，则 $k=$________。

二、选择题。

1. $\lim\limits_{x\to 1}\dfrac{\sin(1-x)}{1-x^2}=(\quad)$。

(A) 1　　(B) 0　　(C) $\dfrac{1}{2}$　　(D) ∞

2. $\lim\limits_{x\to\infty}\dfrac{\sin x}{x}+\lim\limits_{x\to\infty}\dfrac{x+\cos x}{x+\sin x}=(\quad)$。

(A) 1　　(B) 2　　(C) 0　　(D) 不存在

3. $\lim\limits_{x\to\infty}\left(\dfrac{x}{1+x}\right)^{x+2}=(\quad)$。

(A) e　　(B) e^2　　(C) $\dfrac{1}{e}$　　(D) $\dfrac{1}{e^2}$。

4. $\lim\limits_{x\to x_0^-}f(x)=\lim\limits_{x\to x_0^+}f(x)$ 是 $\lim\limits_{x\to x_0}f(x)$ 存在的(　　)。

(A) 充分条件且不是必要条件　　(B) 必要条件且不是充分条件

(C) 充分必要条件　　(D) 既不是充分条件也不是必要条件

5. $x=x_0$ 时，$f(x)$ 有定义是 $\lim\limits_{x\to x_0}f(x)$ 存在的(　　)。

(A) 充分条件且不是必要条件　　(B) 必要条件且不是充分条件

(C) 充分必要条件　　(D) 既不是充分条件也不是必要条件

三、计算下列极限。

1. $\lim\limits_{x\to 3}\dfrac{x^3-1}{x^2+15x+1}$；

2. $\lim\limits_{x\to\infty}\dfrac{6x^3+x^2+9}{10x^3+5x^2+25}$；

3. $\lim\limits_{x\to 0}\dfrac{\sin 5x}{\tan 3x}$；

4. $\lim\limits_{x\to 0}(1+2x)^{\frac{2}{x}}$.

四、已知$\lim\limits_{x\to 1}\dfrac{x^2+ax+b}{1-x}=1$，求 a,b 的值。

五、证明方程 $2x^3-6x^2+1=0$ 在区间$(0,1)$ 内至少有一个根。

六、设 $f(x)=\begin{cases}\sqrt{x^2-1}, & x<-1,\\ b, & x=-1,\\ a+\arccos x, & -1<x\leqslant 1\text{。}\end{cases}$ 应怎样选取数 a,b，才能使 $f(x)$ 在点 $x=-1$ 处连续？

第 2 章　导数与微分

导数与微分是微积分学的两个重要概念，也是研究很多实际问题的有力的数学工具。本章将从实际问题出发引出导数和微分的概念，在此基础上，讨论函数求导的基本公式，求导的运算法则以及以不同形式表示的函数的求导方法，并介绍它们在经济学等领域中的简单应用。

2.1　导数的概念

2.1.1　引例

在研究许多实际问题时，除了要了解变量之间的函数关系外，还需要研究函数相对于自变量的变化快慢程度的问题。下面来研究两个关于函数变化率的实例。

1. 变速直线运动的瞬时速度

设在直线上一质点作变速运动，它所经过的位移 s 与时间 t 的函数关系为 $s=s(t)$，现在讨论质点在 $t=t_0$ 时刻的瞬时速度 $v(t_0)$ 是多少。

当时间 t 由 t_0 改变到 $t_0+\Delta t$ 时，质点在 Δt 这段时间内所经过的位移是

$$\Delta s = s(t_0+\Delta t)-s(t_0)。$$

因此，物体在 Δt 时间内的平均速度为

$$\bar{v}=\frac{\Delta s}{\Delta t}=\frac{s(t_0+\Delta t)-s(t_0)}{\Delta t}。$$

显然平均速度 $\bar{v}$ 随着 Δt 的变化而变化，当 $|\Delta t|$ 较小时，可以把 $\bar{v}$ 看作是 $v(t_0)$ 的近似值。也就是说，当 $\Delta t\to 0$ 时，若 $\lim\limits_{\Delta t\to 0}\frac{\Delta s}{\Delta t}$ 存在，则此极限值即为质点在时刻 $t=t_0$ 时的瞬时速度 $v(t_0)$，即

$$v(t_0)=\lim_{\Delta t\to 0}\frac{\Delta s}{\Delta t}=\lim_{\Delta t\to 0}\frac{s(t_0+\Delta t)-s(t_0)}{\Delta t}。$$

2. 平面曲线的切线斜率

设曲线 C 是函数 $y=f(x)$ 在坐标平面内的图象，求曲线 C 在点 $M(x_0,y_0)$ 处的切线的斜率 k。

如图 2-1 所示，设 $N(x_0+\Delta x,y_0+\Delta y)$ 是曲线上一动点，过点 M 和 N 作直线得到割线 MN，设割线 MN 的倾角为 φ，则割线 MN 的斜率

$$k_{MN} = \tan\varphi = \frac{\Delta y}{\Delta x} = \frac{f(x_0 + \Delta x) - f(x_0)}{\Delta x},$$

当 $\Delta x \to 0$ 时，点 N 沿曲线趋近于 M，此时，$\varphi \to \alpha$（α 为切线 MT 的倾角），则

$$\tan\varphi \to \tan\alpha = k。$$

即

$$k = \lim_{\Delta x \to 0} \tan\varphi = \lim_{\Delta x \to 0} \frac{\Delta y}{\Delta x} = \lim_{\Delta x \to 0} \frac{f(x_0 + \Delta x) - f(x_0)}{\Delta x}。$$

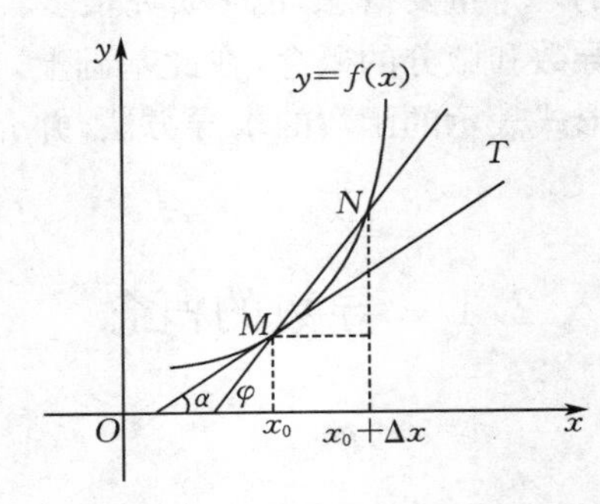

图 2-1

在自然科学、工程技术乃至社会科学中，有许多类似上述求函数变化率的问题，比如电流强度、化学反应速度、经济学中的边际利润等。尽管它们的实际意义各不相同，但从抽象的数量关系来看，其实质都是函数的改变量与自变量改变量之比，在自变量改变量趋于零时的极限。数学上就把这样的极限称为函数的导数。下面给出导数的确切的定义。

2.1.2　导数的定义

定义 2.1　设 $y = f(x)$ 在点 x_0 的某邻域内有定义，且当自变量 x 在点 x_0 处取得增量 $\Delta x(\Delta x \neq 0)$ 时，相应地，函数 y 有增量

$$\Delta y = f(x_0 + \Delta x) - f(x_0),$$

若增量比的极限

$$\lim_{\Delta x \to 0} \frac{\Delta y}{\Delta x} = \lim_{\Delta x \to 0} \frac{f(x_0 + \Delta x) - f(x_0)}{\Delta x}$$

存在，则称函数 $y = f(x)$ 在点 $x = x_0$ 处可导，并称这个极限值为函数 $y = f(x)$ 在点 $x = x_0$ 处的**导数**，记为 $f'(x_0)$，即

$$f'(x_0) = \lim_{\Delta x \to 0} \frac{f(x_0 + \Delta x) - f(x_0)}{\Delta x}。$$

函数 $y = f(x)$ 在点 $x = x_0$ 处的导数也可以记为 $y'\Big|_{x=x_0}$，$\frac{\mathrm{d}y}{\mathrm{d}x}\Big|_{x=x_0}$ 或 $\frac{\mathrm{d}f(x)}{\mathrm{d}x}\Big|_{x=x_0}$。

如果极限 $\lim\limits_{\Delta x \to 0} \frac{\Delta y}{\Delta x}$ 不存在，则称该函数在点 $x = x_0$ 处**不可导**。如果该极限为无穷大，也可称其导数为无穷大。

导数的定义表达式可取不同形式，常见的有

$$f'(x_0)=\lim_{x\to x_0}\frac{f(x)-f(x_0)}{x-x_0}$$

或

$$f'(x_0)=\lim_{h\to 0}\frac{f(x_0+h)-f(x_0)}{h}$$

或

$$f'(x_0)=\lim_{h\to 0}\frac{f(x_0)-f(x_0-h)}{h}\text{等。}$$

需要指出的是，改变量的比值$\frac{\Delta y}{\Delta x}$反映的是曲线在区间$[x_0,x_0+\Delta x]$上的平均变化率，而$\lim\limits_{\Delta x\to 0}\frac{\Delta y}{\Delta x}$是在点$x_0$处的变化率，它反映了函数$y=f(x)$随着$x\to x_0$而变化的快慢程度。

若$y=f(x)$在开区间(a,b)内的每一点处均可导，则称$y=f(x)$**在**(a,b)**内可导**，且对任意的$x\in(a,b)$，均有一确定的导数值$f'(x)$与它对应，即

$$f'(x)=\lim_{\Delta x\to 0}\frac{f(x+\Delta x)-f(x)}{\Delta x}\text{。}$$

这时就构造了一个新的函数，称之为$y=f(x)$在(a,b)内的**导函数**，也简称**导数**，记为$y=f'(x)$，y'，$\frac{\mathrm{d}y}{\mathrm{d}x}$或$\frac{\mathrm{d}f(x)}{\mathrm{d}x}$等。

显然，$y=f(x)$在$x=x_0$的导数$f'(x_0)$就是导函数$y=f'(x)$在点$x=x_0$处的值，不要误解为是$[f(x_0)]'$。

2.1.3　用导数定义计算函数的导数

一般地，按照定义计算导数，其步骤如下：(1) 给出Δx；(2) 算出Δy；(3) 求增量比$\frac{\Delta y}{\Delta x}$的极限。熟练之后，可以把以上步骤并为一步来实现。

例1　求函数$f(x)=C$（C为常数）的导数。

解　在$f(x)=C$中，不论x取何值，其函数值总为C，所以，对应于自变量的增量Δx，有

$$\Delta y\equiv 0,$$

所以

$$\lim_{\Delta x\to 0}\frac{\Delta y}{\Delta x}=0,$$

即

$$(C)'=0\text{。}$$

这里是指$f(x)=C$在任一点的导数均为0，即导函数为$f'(x)=0$。

例 2 求 $f(x) = x^n$(n 为正整数) 在点 $x = a$ 处的导数。

解 $f'(a) = \lim\limits_{x \to a} \dfrac{x^n - a^n}{x - a} = \lim\limits_{x \to a}(x^{n-1} + ax^{n-2} + \cdots + a^{n-2}x + a^{n-1}) = na^{n-1}$,

即

$$f'(a) = na^{n-1}。$$

若将 a 视为任一点,并用 x 代换,即得

$$f'(x) = (x^n)' = nx^{n-1}。$$

更一般地,$f(x) = x^\mu$(μ 为任意实数) 的导数为

$$f'(x) = \mu x^{\mu-1}。$$

由此可见,

$$(\sqrt{x})' = \frac{1}{2} \cdot \frac{1}{\sqrt{x}},\left(\frac{1}{x}\right)' = -\frac{1}{x^2}\ (x \neq 0)。$$

例 3 求 $f(x) = \sin x$ 在点 $x = a$ 处的导数。

解 $$f'(a) = \lim_{h \to 0} \frac{\sin(a+h) - \sin a}{h} = \lim_{h \to 0} \frac{2\cos\dfrac{2a+h}{2} \cdot \sin\dfrac{h}{2}}{h}$$

$$= \lim_{h \to 0} \frac{\sin\dfrac{h}{2}}{\dfrac{h}{2}} \cdot \cos\frac{2a+h}{2} = \cos a,$$

即

$$(\sin x)'|_{x=a} = \cos a。$$

若视 a 为任意值,并用 x 代换,得

$$(\sin x)' = \cos x。$$

同理可证

$$(\cos x)' = -\sin x。$$

例 4 求 $f(x) = a^x$($a > 0, a \neq 1$) 的导数。

解 $f'(x) = \lim\limits_{h \to 0} \dfrac{f(x+h) - f(x)}{h} = \lim\limits_{h \to 0} \dfrac{a^{x+h} - a^x}{h} = a^x \cdot \lim\limits_{h \to 0} \dfrac{a^h - 1}{h}$。

令

$$\beta = a^h - 1,$$

则

$$\text{原式} = a^x \lim_{\beta \to 0} \frac{\beta}{\log_a(1+\beta)} = a^x \lim_{\beta \to 0} \frac{1}{\log_a(1+\beta)^{\frac{1}{\beta}}} = a^x \cdot \frac{1}{\log_a \mathrm{e}} = a^x \ln a,$$

所以

$$(a^x)' = a^x \ln a。$$

特别地,

$$(\mathrm{e}^x)' = \mathrm{e}^x。$$

例5　求 $f(x)=\log_a x\ (a>0,a\neq 1)$ 的导数。

解
$$f'(x)=\lim_{h\to 0}\frac{f(x+h)-f(x)}{h}=\lim_{h\to 0}\frac{\log_a(x+h)-\log_a x}{h}$$
$$=\lim_{h\to 0}\frac{\log_a\left(1+\frac{h}{x}\right)}{h}=\lim_{h\to 0}\frac{1}{x}\cdot\log_a\left(1+\frac{h}{x}\right)^{\frac{x}{h}}=\frac{1}{x}\log_a \mathrm{e}$$
$$=\frac{1}{x\ln a}。$$

特别地，
$$(\ln x)'=\frac{1}{x}。$$

2.1.4　左导数与右导数

定义2.2　如果 $\lim\limits_{x\to x_0^+}\frac{f(x)-f(x_0)}{x-x_0}$ 存在，就称其值为 $f(x)$ 在点 $x=x_0$ 处的**右导数**，并记为 $f'_+(x_0)$，即
$$f'_+(x_0)=\lim_{x\to x_0^+}\frac{f(x)-f(x_0)}{x-x_0};$$
如果 $\lim\limits_{x\to x_0^-}\frac{f(x)-f(x_0)}{x-x_0}$ 存在，就称其值为 $f(x)$ 在点 $x=x_0$ 处的**左导数**，并记为 $f'_-(x_0)$，即
$$f'_-(x_0)=\lim_{x\to x_0^-}\frac{f(x)-f(x_0)}{x-x_0}。$$

左、右导数统称为**单侧导数**。

若 $y=f(x)$ 在 (a,b) 内可导，且在点 $x=a$ 处右可导，在点 $x=b$ 处左可导，即 $f'_+(a)$，$f'_-(b)$ 均存在，就称 $y=f(x)$ **在闭区间** $[a,b]$ **上可导**。

定理2.1　$y=f(x)$ 在点 x_0 处可导的充分必要条件是 $f(x)$ 在点 x_0 处的左导数和右导数均存在且相等，即
$$f'_-(x_0)=f'_+(x_0)。$$

例6　讨论 $f(x)=|x|$ 在点 $x=0$ 处的导数。

解　由于 $f(x)=\begin{cases}x, & x\geqslant 0,\\ -x & x<0,\end{cases}$　且
$$f(0)=0,$$
故
$$f'_+(0)=\lim_{x\to 0^+}=\frac{f(x)-f(0)}{x-0}=\lim_{x\to 0^+}\frac{x}{x}=1,$$
$$f'_-(0)=\lim_{x\to 0^-}=\frac{f(x)-f(0)}{x-0}=\lim_{x\to 0^-}\frac{-x}{x}=-1。$$

故而 $f'_+(0) \neq f'_-(0)$，所以在点 $x=0$ 处不可导。

由此可以看出，如果函数在某一点既左可导又右可导，也不能保证函数在该点可导。

2.1.5 导数的几何意义

由前面的讨论知，函数 $y=f(x)$ 在点 $x=x_0$ 处的导数 $f'(x_0)$ 就是该曲线在点 $x=x_0$ 处的切线斜率 k，即 $k=f'(x_0)$ 或 $f'(x_0)=\tan\alpha$，α 为切线的倾角。从而得到函数在点 $M(x_0,y_0)$ 处的切线方程为

$$y-y_0=f'(x_0)(x-x_0)。$$

若 $f'(x_0)=\infty$，得出 $\alpha=\frac{\pi}{2}$ 或 $-\frac{\pi}{2}$，此时切线方程为

$$x=x_0。$$

过切点 $M(x_0,y_0)$ 且与该点切线垂直的直线称为 $y=f(x)$ **在点 M 处的法线**。如果 $f'(x_0)\neq 0$，法线的斜率就为 $-\frac{1}{f'(x_0)}$，此时，法线的方程为

$$y-y_0=-\frac{1}{f'(x_0)}(x-x_0)。$$

特别地，如果 $f'(x_0)=0$，法线方程为

$$x=x_0。$$

例 7 求曲线 $y=x^3$ 在点 $P(x_0,y_0)$ 处的切线方程与法线方程。

解 由于

$$(x^3)'\big|_{x=x_0}=3x^2\big|_{x=x_0}=3x_0^2,$$

所以 $y=x^3$ 在 $P(x_0,y_0)$ 处的切线方程为

$$y-y_0=3x_0^2(x-x_0)。$$

当 $x_0\neq 0$ 时，法线方程为

$$y-y_0=-\frac{1}{3x_0^2}(x-x_0)。$$

当 $x_0=0$ 时，法线方程为

$$x=0。$$

2.1.6 函数可导性与连续性之间的关系

定理 2.2 如果函数 $y=f(x)$ 在点 x_0 处可导，那么函数 $y=f(x)$ 在点 x_0 处必连续。

证 由条件知，

$$\lim_{\Delta x\to 0}\frac{\Delta y}{\Delta x}=f'(x_0)$$

是存在的，其中

$$\Delta x=x-x_0, \Delta y=f(x)-f(x_0),$$

于是

$$\lim_{\Delta x \to 0}\Delta y = \lim_{\Delta x \to 0}\left(\frac{\Delta y}{\Delta x}\cdot \Delta x\right) = \lim_{\Delta x \to 0}\frac{\Delta y}{\Delta x}\cdot \lim_{\Delta x \to 0}\Delta x = f'(x_0)\cdot 0 = 0,$$

即函数 $y = f(x)$ 在点 x_0 处连续，证毕。

连续是可导的必要条件而不是充分条件，也就是说函数在某一点连续，但不一定可导。例如，$y = |x|$ 在点 $x = 0$ 处连续，但不可导。

例 8　求常数 a,b，使得 $f(x) = \begin{cases} e^x, & x \geqslant 0, \\ ax + b, & x < 0 \end{cases}$ 在点 $x = 0$ 处可导。

解　若 $f(x)$ 在 $x = 0$ 处可导，则 $f(x)$ 在点 $x = 0$ 处必连续，故

$$\lim_{x \to 0^+} f(x) = \lim_{x \to 0^-} f(x) = f(0)。$$

即

$$e^0 = a \cdot 0 + b,$$

得出

$$b = 1。$$

若 $f(x)$ 在 $x = 0$ 处可导，必有 $f(x)$ 在 $x = 0$ 处的左、右导数存在且相等。故

$$f'_-(0) = \lim_{x \to 0^-}\frac{(ax + b) - e^0}{x - 0} = a, f'_+(0) = \lim_{x \to 0^+}\frac{e^x - e^0}{x - 0} = e^0 = 1。$$

当 $a = 1$ 时，有

$$f'_-(0) = f'_+(0),$$

此时 $f(x)$ 在点 $x = 0$ 处可导，所以，所求常数为

$$a = b = 1。$$

习题 2.1

1. 用导数定义求 $y = x^3$ 在点 $x = 1$ 处的导数。
2. 求下列曲线在指定点的切线方程。

　(1) 曲线 $y = 2^x$，点 $(1,2)$；　(2) 曲线 $y = \sqrt[3]{x^2}$，点 $(0,0)$。

3. 讨论下列函数在指定点的连续性与可导性。

　(1) $y = \begin{cases} \ln(1 + x), & x \geqslant 0, \\ x, & x < 0, \end{cases}$ 点 $x = 0$；　(2) $y = \begin{cases} 4x - 3, & x \leqslant 2, \\ x^2 + 1, & x > 2, \end{cases}$ 点 $x = 2$；

　(3) $y = |\sin x|$，点 $x = 0$。

4. 若 $f(x)$ 在点 x_0 处可导，求 $\lim\limits_{h \to 0}\dfrac{f(x_0 + h) - f(x_0 - h)}{h}$ 的值。
5. 设 $f(0) = 0$，证明：如果 $\lim\limits_{x \to 0}\dfrac{f(x)}{x} = A$，那么 $A = f'(0)$。

2.2 函数的求导法则

我们已经利用导数的定义求出了一些简单函数的导数，但是利用导数的定义计算比较复杂函数的导数是非常困难的。为此，本节将介绍函数的一些求导法则，以用来解决初等函数的求导问题。

2.2.1 求导的四则运算法则

定理 2.3 若函数 $u(x)$ 和 $v(x)$ 在点 x 处都可导，则它们的和、差、积、商(分母不为零) 在点 x 处也可导，且

(1) $[u(x)\pm v(x)]'=u'(x)\pm v'(x)$；

(2) $[u(x)v(x)]'=u'(x)v(x)+u(x)v(x)'$；

(3) $\left[\dfrac{u(x)}{v(x)}\right]'=\dfrac{u'(x)v(x)-u(x)v'(x)}{v^2(x)}\ (v(x)\neq 0)$。

证 这里给出(2) 式的证明过程，其他同理可证。

设 $f(x)=u(x)v(x)$，已知函数 $u(x)$ 和 $v(x)$ 在点 x 处都可导，显然，在点 x 处都连续。即有

$$\lim_{\Delta x\to 0}\frac{u(x+\Delta x)-u(x)}{\Delta x}=u'(x),\lim_{\Delta x\to 0}\frac{v(x+\Delta x)-v(x)}{\Delta x}=v'(x),$$

所以

$$\begin{aligned}&\lim_{\Delta x\to 0}\frac{f(x+\Delta x)-f(x_0)}{\Delta x}\\&=\lim_{\Delta x\to 0}\frac{u(x+\Delta x)v(x+\Delta x)-u(x)v(x)}{\Delta x}\\&=\lim_{\Delta x\to 0}\frac{u(x+\Delta x)v(x+\Delta x)-u(x)v(x)+u(x)v(x+\Delta x)-u(x)v(x+\Delta x)}{\Delta x}\\&=\lim_{\Delta x\to 0}\frac{u(x+\Delta x)-u(x)}{\Delta x}v(x+\Delta x)+\lim_{\Delta x\to 0}u(x)\frac{v(x+\Delta x)-v(x)}{\Delta x}\\&=\lim_{\Delta x\to 0}\frac{u(x+\Delta x)-u(x)}{\Delta x}\cdot\lim_{\Delta x\to 0}v(x+\Delta x)+u(x)\cdot\lim_{\Delta x\to 0}\frac{v(x+\Delta x)-v(x)}{\Delta x}\\&=u'(x)v(x)+u(x)v'(x)。\end{aligned}$$

以上定理可推广到有限个可导函数上去，设 $u=u(x)$，$v=v(x)$，$w=w(x)$ 均可导，则有

$$(u\pm v\pm w)'=u'\pm v'\pm w',(uvw)'=u'vw+uv'w+uvw'。$$

在(2) 式中，如果取 $v(x)\equiv C$(C 为常数)，则有：$(Cu)'=Cu'$。

例 1 求函数 $y=2x^3+3x^2-\sin x$ 的导数。

解 $y'=(2x^3+3x^2-\sin x)'=2(x^3)'+3(x^2)'-(\sin x)'=6x^2+6x-\cos x$。

例 2　求函数 $y=\mathrm{e}^x\sin x$ 在 $x=0$ 处的导数。

解　$$y'=(\mathrm{e}^x\sin x)'=(\mathrm{e}^x)'\sin x+\mathrm{e}^x(\sin x)'=\mathrm{e}^x\sin x+\mathrm{e}^x\cos x。$$

$$y'|_{x=0}=\mathrm{e}^0(\sin 0+\cos 0)=1。$$

例 3　求函数 $y=\tan x$ 的导数。

解　$$y'=(\tan x)'=\left(\frac{\sin x}{\cos x}\right)'=\frac{(\sin x)'\cos x-\sin x(\cos x)'}{\cos^2 x}$$

$$=\frac{\sin^2 x+\cos^2 x}{\cos^2 x}=\frac{1}{\cos^2 x}。$$

同理可得

$$(\cot x)'=-\frac{1}{\sin^2 x}。$$

例 4　求函数 $y=\dfrac{\cos 2x}{\cos x-\sin x}$ 的导数。

解　先对函数式进行化简，即

$$y=\frac{\cos 2x}{\cos x-\sin x}=\frac{\cos^2 x-\sin^2 x}{\cos x-\sin x}=\cos x+\sin x,$$

所以，

$$y'=(\cos x+\sin x)'=\cos x-\sin x。$$

2.2.2　反函数的求导法则

定理 2.4　设 $x=\varphi(y)$ 在某区间内单调可导，且 $\varphi'(y)\neq 0$，则它的反函数 $y=f(x)$ 在对应的区间内也单调可导，且

$$f'(x)=\frac{1}{\varphi'(y)}\quad 或\quad \frac{\mathrm{d}y}{\mathrm{d}x}=\frac{1}{\dfrac{\mathrm{d}x}{\mathrm{d}y}}。$$

也就是说反函数的导数等于原函数导数的倒数。

证　因为 $x=\varphi(y)$ 在某区间内单调可导，所以其反函数 $y=f(x)$ 在对应的区间内单调且连续，设 $y=f(x)$ 在点 x 处有增量 $\Delta x(\Delta x\neq 0)$，则由 $y=f(x)$ 的单调性可知 $\Delta y=f(x+\Delta x)-f(x)\neq 0$，所以

$$\frac{\Delta y}{\Delta x}=\frac{1}{\dfrac{\Delta x}{\Delta y}},$$

由于 $y=f(x)$ 在点 x 处连续，所以，当 $\Delta x\to 0$ 时，$\Delta y\to 0$。

故而

$$f'(x)=\lim_{\Delta x\to 0}\frac{f(x+\Delta x)-f(x)}{\Delta x}=\lim_{\Delta x\to 0}\frac{\Delta y}{\Delta x}=\lim_{\Delta x\to 0}\frac{1}{\dfrac{\Delta x}{\Delta y}}=\frac{1}{\lim\limits_{\Delta y\to 0}\dfrac{\Delta x}{\Delta y}}=\frac{1}{\varphi'(y)}。$$

例 5 求 $y=\arcsin x$ 的导数。

解 由于 $y=\arcsin x$, $x\in[-1,1]$ 是 $x=\sin y, y\in\left(-\frac{\pi}{2},\frac{\pi}{2}\right)$的反函数,所以

$$(\arcsin x)'=\frac{1}{(\sin y)'}=\frac{1}{\cos y}=\frac{1}{\sqrt{1-\sin^2 y}}=\frac{1}{\sqrt{1-x^2}}。$$

同理可证

$$(\arccos x)'=-\frac{1}{\sqrt{1-x^2}},(\arctan x)'=\frac{1}{1+x^2},(\mathrm{arccot}x)'=-\frac{1}{1+x^2}。$$

例 6 用反函数的求导法则求出 $y=\log_a x$ 的导数。

解 由于 $y=\log_a x$ 是 $x=a^y$ 的反函数,所以

$$y'=\frac{1}{(a^y)'}=\frac{1}{a^y\ln a}=\frac{1}{x\ln a}。$$

至此,我们得到了一些基本初等函数的求导公式,现归纳如下:

(1) $(C)'=0$,其中 C 是常数。 (2) $(x^\mu)'=\mu x^{\mu-1}\quad(\mu\in\mathbf{R})$。

(3) $(\mathrm{e}^x)'=\mathrm{e}^x$。 (4) $(a^x)'=a^x\ln a$。

(5) $(\ln x)'=\frac{1}{x}$。 (6) $(\log_a x)'=\frac{1}{x\ln a}$。

(7) $(\sin x)'=\cos x$。 (8) $(\cos x)'=-\sin x$。

(9) $(\tan x)'=\frac{1}{\cos^2 x}=\sec^2 x$。 (10) $(\cot x)'=-\frac{1}{\sin^2 x}=-\csc^2 x$。

(11) $(\sec x)'=\sec x\cdot\tan x$。 (12) $(\csc x)'=-\csc x\cdot\cot x$。

(13) $(\arcsin x)'=\frac{1}{\sqrt{1-x^2}}$。 (14) $(\arccos x)'=-\frac{1}{\sqrt{1-x^2}}$。

(15) $(\arctan x)'=\frac{1}{1+x^2}$。 (16) $(\mathrm{arccot}x)'=-\frac{1}{1+x^2}$。

上述公式在今后的学习过程中将经常使用,读者必须熟练地掌握并且能正确地运用。

2.2.3 复合函数的求导法则

复合函数的求导问题是最常见的问题,对一个复合函数往往存在这样两个问题:(1) 是否可导?(2) 如果可导,导数如何求?而利用复合函数的求导法则则可以很好地解决这两个问题。

定理 2.5 (复合函数求导法则) 如果 $u=\varphi(x)$ 在点 x 处可导,且 $y=f(u)$ 在对应点 u 处也可导,则复合函数 $y=f[\varphi(x)]$ 在点 x 处也可导,且

$$\frac{\mathrm{d}y}{\mathrm{d}x}=\frac{\mathrm{d}y}{\mathrm{d}u}\cdot\frac{\mathrm{d}u}{\mathrm{d}x}\text{或}[f(\varphi(x))]'=f'(u)\cdot\varphi'(x)。$$

证 设 x 取得增量 Δx ,则 u 取得增量 Δu,从而 y 取得增量 Δy,即

$$\Delta u=\varphi(x+\Delta x)-\varphi(x),\Delta y=f(u+\Delta u)-f(u),$$

当 $\Delta u \neq 0$ 时，有

$$\frac{\Delta y}{\Delta x} = \frac{\Delta y}{\Delta u} \cdot \frac{\Delta u}{\Delta x},$$

由于 $u=\varphi(x)$ 在点 x 处可导，所以 $u=\varphi(x)$ 在点 x 处连续。当 $\Delta x \to 0$ 时，必有$\Delta u \to 0$。

从而有

$$\lim_{\Delta x \to 0} \frac{\Delta y}{\Delta x} = \lim_{\Delta u \to 0} \frac{\Delta y}{\Delta u} \cdot \lim_{\Delta x \to 0} \frac{\Delta u}{\Delta x},$$

即

$$\frac{\mathrm{d}y}{\mathrm{d}x} = \frac{\mathrm{d}y}{\mathrm{d}u} \cdot \frac{\mathrm{d}u}{\mathrm{d}x} \text{或} [f(\varphi(x))]' = f'(u) \cdot \varphi'(x)。$$

这个法则表明，复合函数的导数等于复合函数对中间变量的导数乘以中间变量对自变量的导数。因此，复合函数的求导法则又称作**链式法则**。

复合函数求导法则可推广到有限个函数复合的复合函数上去，例如，$y=f\{g[h(x)]\}$ 的导数为

$$y' = f'\{g[h(x)]\} \cdot g'[h(x)] \cdot h'(x)。$$

复合函数求导法则在导数计算中占有十分重要的地位，它是进行导数计算的基础，必须牢牢掌握，熟练应用。

例 7　求 $y=\ln\sin x$ 的导数。

解　$y=\ln\sin x$ 可看成 $\ln u$ 与 $u=\sin x$ 复合而成，因为

$$(\ln u)' = \frac{1}{u}, (\sin x)' = \cos x,$$

所以

$$y' = (\ln\sin x)' = \frac{1}{u} \cdot (\cos x) = \frac{\cos x}{\sin x} = \cot x。$$

例 8　求 $y=\arctan\frac{1}{x}$ 的导数。

解　$y=\arctan\frac{1}{x}$ 可看成 $\arctan u$ 与 $u=\frac{1}{x}$ 复合而成，因为

$$(\arctan u)' = \frac{1}{1+u^2}, \left(\frac{1}{x}\right)' = -\frac{1}{x^2},$$

所以，

$$y' = \left(\arctan\frac{1}{x}\right)' = \frac{1}{1+\left(\frac{1}{x}\right)^2} \cdot \left(-\frac{1}{x^2}\right) = -\frac{1}{1+x^2}。$$

由此可见，求复合函数的导数时，首先要清楚函数的复合过程，解题时可以把中间变量省略，直接用链式法则由外及里逐层求导。这时必须熟练应用基本初等函数的求导公式。

例 9 求 $y=\sqrt{1+\ln^2 x}$ 的导数。

解

$$\begin{aligned} y' &= (\sqrt{1+\ln^2 x})' \\ &= \frac{1}{2\sqrt{1+\ln^2 x}} \cdot (1+\ln^2 x)' \\ &= \frac{1}{2\sqrt{1+\ln^2 x}} \cdot 2\ln x \cdot (\ln x)' \\ &= \frac{\ln x}{x\sqrt{1+\ln^2 x}}。 \end{aligned}$$

例 10 已知 $f(x)$ 可导，求 $f(\ln x)$ 的导数。

解

$$[f(\ln x)]' = f'(\ln x)(\ln x)' = \frac{1}{x}f'(\ln x)。$$

注意 $f'(\ln x)$ 表示对 $\ln x$ 求导，而$[f(\ln x)]'$ 则表示对 x 求导。

2.2.4 隐函数的求导法则

前面我们遇到的一些函数 y 都可用含自变量 x 的解析式 $y=f(x)$ 来表示，如 $y=x^3+2x+7$，$y=\ln x+\tan x$ 等，这种形式的函数称为**显函数**。在实际问题中有时还会遇到另一种表达形式的函数，即函数 y 是由一个含自变量 x 和 y 的二元方程 $F(x,y)=0$ 所确定的，例如 $x+y=e^{xy}$，$xy=\sin(x+y)$ 等。这些二元方程都确定了 y 是 x 的函数，这种形式的函数称为**隐函数**。

有些隐函数可以化为显函数，如 $x^3+2x-y+7=0$ 所确定的函数，可以从方程中解出 y，得到显函数 $y=x^3+2x+7$，而有些隐函数则不容易甚至不可能化为显函数。例如，$x+y=e^{xy}$，$xy=\sin(x+y)$ 等。

求隐函数的导数，并不需要先把它化为显函数，而是利用复合函数的求导方法，将方程两边分别对 x 求导，并且把 y 看作是 x 的函数，再解出导数$\frac{dy}{dx}$即可。

例 11 求由方程 $x^2+y^2=R^2$（R 是常数）确定的隐函数的导数$\frac{dy}{dx}$。

解 方程两边同时对 x 求导，把 y 看作 x 的函数，则 y^2 是 x 的复合函数，从而得

$$2x+2y\cdot y'_x=0,$$

再解出 y'_x，得

$$y'_x=-\frac{x}{y}，即\frac{dy}{dx}=-\frac{x}{y}。$$

在这个结果中，分母 y 仍然是由方程 $x^2+y^2=R^2$ 确定的 x 的函数。

下面我们先解出 y，再求导，看一下结果是否同上。由 $x^2+y^2=R^2$ 可以得出 $y=\sqrt{R^2-x^2}$（取负号也可），则

$$y'=\frac{-x}{\sqrt{R^2-x^2}}=-\frac{x}{y}。$$

这结果与前面算出的相同，这说明不从方程中解出 y，同样可以求出 y'。

例 12　设方程 $x+y=\mathrm{e}^{xy}$ 确定了函数 $y=y(x)$，求 y'_x。

解　方程两端对 x 求导，得

$$1+y'_x=\mathrm{e}^{xy}(y+xy'_x),$$

解出 y'_x，得

$$y'_x=\frac{y\mathrm{e}^{xy}-1}{1-x\mathrm{e}^{xy}}。$$

例 13　求曲线 $y\mathrm{e}^x+\ln y=1$ 在点(0,1)处的切线方程。

解　方程两端对 x 求导，得

$$y'_x\mathrm{e}^x+y\mathrm{e}^x+\frac{y'_x}{y}=0,$$

得

$$y'_x=-\frac{y^2\mathrm{e}^x}{y\mathrm{e}^x+1},$$

曲线在点(0,1)处的斜率为

$$k=y'_x\Big|_{\substack{x=0\\y=1}}=-\frac{1}{2},$$

故切线方程为

$$y-1=-\frac{1}{2}(x-0),$$

整理得

$$2y+x-2=0。$$

有时，也会遇到显函数直接求导很困难或很麻烦的情形。例如，幂指函数 $y=u^v$（其中 $u=u(x)$，$v=v(x)$ 都是 x 的函数，且 $u>0$）。又如，由多次乘除运算和乘方、开方运算得到的函数，对这两类显函数求导，可先对等式两边取对数，变成隐函数的形式，然后再利用隐函数求导的方法求出它的导数，这种求导方法叫作**对数求导法**。

例 14　求函数 $y=x^x(x>0)$ 的导数。

解　将等式两端取自然对数，得 $\ln y=x\cdot\ln x$，两边再对 x 求导，得

$$\frac{y'_x}{y}=\ln x+1,$$

所以

$$y'_x=y(\ln x+1)=x^x(\ln x+1)。$$

例 15　求函数 $y=\sqrt[3]{\dfrac{x(x-1)}{(x-2)(x+3)^2}}$ 的导数。

解　将上式两边取对数，得

$$\ln y=\frac{1}{3}[\ln x+\ln(x-1)-\ln(x-2)-2\ln(x+3)],$$

等式两边同时对 x 求导，得

$$\frac{y'_x}{y}=\frac{1}{3}\left(\frac{1}{x}+\frac{1}{x-1}-\frac{1}{x-2}-\frac{2}{x+3}\right),$$

所以

$$y'_x=\frac{1}{3}\sqrt[3]{\frac{x(x-1)}{(x-2)(x+3)^2}}\left(\frac{1}{x}+\frac{1}{x-1}-\frac{1}{x-2}-\frac{2}{x+3}\right)。$$

2.2.5 由参数方程确定的函数的导数

一般地说，如果参数方程

$$\begin{cases}x=\varphi(t),\\ y=\psi(t),\end{cases}(t\text{ 为参数}) \tag{1}$$

确定了 y 是 x 的函数，那么，就需要计算由参数方程(1) 所确定的函数的导数。由于参数方程(1) 中消去 t 有时很困难，因此，就要寻求一种直接由参数方程(1) 来计算导数的方法。

若该方程所确定的函数是 $y=f(x)$，设函数 $x=\varphi(t)$ 具有单调连续的反函数 $t=\varphi^{-1}(x)$，则 $y=\psi[\varphi^{-1}(x)]$，再假设 $x=\varphi(t)$，$y=\psi(t)$ 都可导，且 $\varphi'(t)\neq 0$，根据复合函数的求导法则，就有

$$\frac{\mathrm{d}y}{\mathrm{d}x}=\frac{\mathrm{d}y}{\mathrm{d}t}\cdot\frac{\mathrm{d}t}{\mathrm{d}x}=\frac{\mathrm{d}y}{\mathrm{d}t}\cdot\frac{1}{\frac{\mathrm{d}x}{\mathrm{d}t}}=\frac{\psi'(t)}{\varphi'(t)},$$

即

$$\frac{\mathrm{d}y}{\mathrm{d}x}=\frac{\frac{\mathrm{d}y}{\mathrm{d}t}}{\frac{\mathrm{d}x}{\mathrm{d}t}}=\frac{\psi'(t)}{\varphi'(t)}。$$

由此可见，我们不必重新建立 y 对 x 的函数关系式，由已知的参数方程即能求出 y 对 x 的导数。

例 16 求由参数方程$\begin{cases}x=a\cos t,\\ y=b\sin t\end{cases}$所确定的函数 $y=f(x)$ 的导数$\frac{\mathrm{d}y}{\mathrm{d}x}$。

解 因为

$$\frac{\mathrm{d}x}{\mathrm{d}t}=-a\sin t,\frac{\mathrm{d}y}{\mathrm{d}t}=b\cos t,$$

所以

$$\frac{\mathrm{d}y}{\mathrm{d}x}=\frac{b\cos t}{-a\sin t}=-\frac{b}{a}\cot t。$$

例 17 求摆线$\begin{cases}x=a(t-\sin t),\\ y=a(1-\cos t)\end{cases}(0<t<2\pi)$ 在 $t=\frac{\pi}{2}$ 处的切线方程。

解 因为

$$\frac{\mathrm{d}x}{\mathrm{d}t}=a(1-\cos t),\frac{\mathrm{d}y}{\mathrm{d}t}=a\sin t,$$

所以

$$\frac{\mathrm{d}y}{\mathrm{d}x}=\frac{a\sin t}{a(1-\cos t)}=\frac{\sin t}{1-\cos t}=\cot\frac{t}{2}。$$

当 $t=\frac{\pi}{2}$ 时，$x=a\left(\frac{\pi}{2}-1\right)$，$y=a$。于是摆线上点 $\left(a\left(\frac{\pi}{2}-1\right),a\right)$ 处的切线斜率为

$$k=\left.\frac{\mathrm{d}y}{\mathrm{d}x}\right|_{t=\frac{\pi}{2}}=\cot\frac{\pi}{4}=1,$$

所求切线方程为

$$y-a=x-a\left(\frac{\pi}{2}-1\right)。$$

习题 2.2

1. 求下列函数的导数。

(1) $f(x)=x+2\sqrt{x}-\frac{2}{\sqrt{x}}$；　(2) $y=x\mathrm{e}^{x}\ln x$；　(3) $y=(2x^{2}-x+1)^{2}$；

(4) $y=\mathrm{e}^{2x}\sin 3x$；　(5) $y=\frac{x\sin x}{1+\cos x}$；　(6) $y=x\log_{3}x+\ln 3$。

2. 求下列函数在指定点处的导数。

(1) $y=3t^{3}+2t^{2}+1$，求 $y'(1)$；　(2) $y=\frac{1-\sqrt{x}}{1+\sqrt{x}}$，求 $y'(4)$；

(3) $y=3x\mathrm{e}^{x}-\frac{x^{3}}{3}$，求 $y'(2)$。

3. 求下列函数的导数。

(1) $y=\frac{1}{\sqrt{1+x^{3}}}$；　(2) $y=\sqrt{\frac{\ln x}{x}}$；

(3) $y=\sin x^{3}$；　(4) $y=\cos\sqrt{x}$；

(5) $y=\sqrt{x+1}-\ln(x+\sqrt{x+1})$；　(6) $y=\arcsin(\mathrm{e}^{-x^{2}})$。

4. 设 $f(x)$ 可导，求下列函数的导数。

(1) $y=f(\sqrt[3]{x^{2}})$；　(2) $y=f\left(\frac{1}{\ln x}\right)$；

(3) $y=\arctan f(x)$；　(4) $y=\frac{1}{f(f(x))}$。

5. 对下列隐函数求 $\frac{\mathrm{d}y}{\mathrm{d}x}$。

(1) $y=x+\arctan y$；　(2) $y+x\mathrm{e}^{y}=1$；

(3) $\sqrt{x-\cos y}=\sin y-x$；　(4) $xy-\ln(y+1)=0$。

6. 求下列参数方程所确定的函数 y 的导数$\dfrac{dy}{dx}$。

(1) $\begin{cases} x = 1 - t^2, \\ y = t - t^3; \end{cases}$　　(2) $\begin{cases} x = t^2 \sin t, \\ y = t^2 \cos t; \end{cases}$

(3) $\begin{cases} x = \dfrac{t+1}{t}, \\ y = \dfrac{t-1}{t}; \end{cases}$　　(4) $\begin{cases} x = a\cos^3 t, \\ y = a\sin^3 t。 \end{cases}$

7. 求曲线 $xy + \ln y = 1$ 在点 $M(1,1)$ 处的切线方程和法线方程。

8. 求曲线 $x = \dfrac{2t+t^2}{1+t^3}, y = \dfrac{2t-t^2}{1+t^3}$ 上与 $t = 1$ 对应的点处的切线方程和法线方程。

9. 证明双曲线 $xy = a^2$ 上任意一点的切线与两坐标轴形成的三角形的面积等于常数 $2a^2$。

2.3　高阶导数

在本章第一节引例 1 中，若质点的运动方程 $s = s(t)$，则质点的瞬时运动速度为 $v(t) = s'(t)$，或 $v(t) = \dfrac{ds}{dt}$，而质点的加速度 $a(t)$ 是速度 $v(t)$ 对时间 t 的变化率，即 $a(t)$ 是速度 $v(t)$ 对时间 t 的导数：$a = a(t) = \dfrac{dv}{dt}$，从而有 $a = \dfrac{d}{dt}\left(\dfrac{ds}{dt}\right)$ 或 $a = v'(t) = (s'(t))'$。由此可见，加速度 a 是 $s(t)$ 的导函数的导数，这样就产生了高阶导数的概念。

2.3.1　高阶导数的定义

定义 2.3　若函数 $y = f(x)$ 的导函数 $f'(x)$ 在点 x_0 处可导，则称 $f'(x)$ 在点 x_0 处的导数为函数 $y = f(x)$ 在点 x_0 处的**二阶导数**，记为 $f''(x_0)$，即

$$\lim_{x \to x_0} \frac{f'(x) - f'(x_0)}{x - x_0} = f''(x_0)。$$

若 $y = f(x)$ 在区间 (a,b) 上的每一点都二次可导，则称 $f(x)$ 在区间 (a,b) 上二阶可导，并称 $f''(x)$ 为 $f(x)$ 在 (a,b) 上的**二阶导函数**，简称二阶导数，也可记为

$$y'', \frac{d^2 y}{dx^2} \text{或} \frac{d^2 f(x)}{dx^2}。$$

类似地，若 $f''(x)$ 可导，则它的导数称为 $f(x)$ 的**三阶导数**，记为

$$y''', f'''(x), \frac{d^3 y}{dx^3} \text{或} \frac{d^3 f(x)}{dx^3}。$$

一般地，$y = f(x)$ 的 $n-1$ 阶导数的导数称为 $y = f(x)$ 的 **n 阶导数**，记为

$$y^{(n)}, f^{(n)}(x), \frac{d^n y}{dx^n} \text{或} \frac{d^n f(x)}{dx^n}。$$

通常把函数的二阶及二阶以上的导数称为**高阶导数**。由高阶导数的定义可知，求高阶

导数是一个逐次对前一阶导数求导的过程，后面涉及的高阶导数的运算法则，只需用前面的求导方法就可以了。

例 1　已知 $y = ax^2 + bx + c$，求 y''，y'''，$y^{(4)}$。

解　$$y' = 2ax + b, y'' = 2a, y''' = 0, y^{(4)} = 0。$$

例 2　已知 $y = \mathrm{e}^x$，求它的各阶导数。

解　$$y' = \mathrm{e}^x, y'' = \mathrm{e}^x, y''' = \mathrm{e}^x, y^{(4)} = \mathrm{e}^x,$$

显而易见，对任何 n，有

$$y^{(n)} = \mathrm{e}^x。$$

即

$$(\mathrm{e}^x)^{(n)} = \mathrm{e}^x。$$

例 3　已知 $y = \sin x$，求它的各阶导数。

解　$y = \sin x$；

$$y' = \cos x = \sin\left(x + \frac{\pi}{2}\right);$$

$$y'' = -\sin x = \sin(x + \pi) = \sin\left(x + 2 \cdot \frac{\pi}{2}\right);$$

$$y''' = -\cos x = -\sin\left(x + \frac{\pi}{2}\right) = \sin\left(x + \frac{\pi}{2} + \pi\right) = \sin\left(x + 3 \cdot \frac{\pi}{2}\right);$$

$$y^{(4)} = \sin x = \sin(x + 2\pi) = \sin\left(x + 4 \cdot \frac{\pi}{2}\right);$$

…………

一般地，有

$$y^{(n)} = \sin\left(x + n\frac{\pi}{2}\right),$$

即

$$(\sin x)^{(n)} = \sin\left(x + n\frac{\pi}{2}\right)。$$

同样可求得

$$(\cos x)^{(n)} = \cos\left(x + n\frac{\pi}{2}\right)。$$

例 4　已知 $y = \ln(1 + x)$，求它的各阶导数。

解　$y = \ln(1 + x), y' = \dfrac{1}{1 + x}, y'' = -\dfrac{1}{(1 + x)^2}, y''' = \dfrac{1 \cdot 2}{(1 + x)^3},$

$$y^{(4)} = -\frac{1 \cdot 2 \cdot 3}{(1 + x)^4}, \cdots$$

一般地，有

$$y^{(n)} = (-1)^{n-1}\frac{(n - 1)!}{(1 + x)^n},$$

即

$$(\ln(1+x))^{(n)} = (-1)^{n-1}\frac{(n-1)!}{(1+x)^n}。$$

例 5 已知 $y=x^{\mu}$，μ 为任意常数，求它的各阶导数。

解

$$y=x^{\mu};$$
$$y'=\mu x^{\mu-1};$$
$$y''=\mu(\mu-1)x^{\mu-2};$$
$$y'''=\mu(\mu-1)(\mu-2)x^{\mu-3};$$
$$y^{(4)}=\mu(\mu-1)(\mu-2)(\mu-3)x^{\mu-4};$$
$$\cdots\cdots$$

一般地，有

$$y^{(n)}=\mu(\mu-1)(\mu-2)\cdots(\mu-n+1)x^{\mu-n};$$

即

$$(x^{\mu})^{(n)}=\mu(\mu-1)(\mu-2)\cdots(\mu-n+1)x^{\mu-n}。$$

但上述等式的成立是有条件的，(1) 当 $\mu=k$ 为正整数时，

$n<k$ 时，$(x^k)^{(n)}=k(k-1)(k-2)\cdots(k-n+1)x^{k-n}$；

$n=k$ 时，$(x^k)^{(n)}=k!$；

$n>k$ 时，$(x^k)^{(n)}=0$。

(2) 当 μ 不为正整数时，必存在一自然数 k，使得当 $n>k$，$(x^{\mu})^{(n)}$ 在 $x=0$ 处不存在。例如，

$$y=x^{\frac{3}{2}},\ y'=\frac{3}{2}x^{\frac{1}{2}},\ y''=\frac{3}{2}\ \frac{1}{2}x^{-\frac{1}{2}},$$

然而，$x^{-\frac{1}{2}}$ 在 $x=0$ 处无意义，即说明 $y'=\frac{3}{2}x^{\frac{1}{2}}$ 在 $x=0$ 处无导数，或 y'' 在 $x=0$ 处不存在。

2.3.2 高阶导数的运算法则

下面讨论高阶导数的运算法则。

若函数 u 和 v 在点 x 处都具有 n 阶导数，则有以下公式：

(1) $[u\pm v]^{(n)}=u^{(n)}\pm v^{(n)}$。

(2) $(u\cdot v)^{(n)}=\sum\limits_{k=0}^{n}C_n^k u^{(n-k)}v^{(k)}$。

证 只证明(2) 式，因为

$(uv)'=u'v+uv'$；

$(uv)''=(u'v+uv')'=u''v+2u'v'+uv''$；

$(uv)'''=(u'v+uv')''=(u''v+2u'v'+uv'')'=u'''v+3u''v'+3u'v''+uv'''$；

依此类推，利用数学归纳法可得

$(uv)^{(n)}=u^{(n)}v^{(0)}+C_n^1u^{(n-1)}v'+C_n^2u^{(n-2)}v''+\cdots+C_n^ku^{(n-k)}v^{(k)}+\cdots+u^{(0)}v^{(n)}$。

其中 $u^{(0)}=u, v^{(0)}=v$，故可以简单记为

$$(u\cdot v)^{(n)}=\sum_{k=0}^{n}C_n^ku^{(n-k)}v^{(k)}。$$

这个公式称为**莱布尼兹(Leibniz)公式**，它与**牛顿二项式定理**在形式上完全类似，可以类比记忆。

例6　设 $y=e^x\cos x$，求 $y^{(5)}$。

解　$y^{(5)}=(e^x\cos x)^{(5)}=(e^x)^{(5)}\cdot\cos x+C_5^1(e^x)^{(4)}(\cos x)'+C_5^2(e^x)'''(\cos x)''+C_5^3(e^x)''(\cos x)'''+C_5^4(e^x)'(\cos x)^{(4)}+e^x(\cos x)^{(5)}$

$=e^x\cos x+5e^x(-\sin x)+10e^x(-\cos x)+10e^x\sin x+5e^x\cos x+e^x(-\sin x)$

$=e^x(\cos x-5\sin x-10\cos x+10\sin x+5\cos x-\sin x)$

$=e^x(4\sin x-4\cos x)$

$=4e^x(\sin x-\cos x)$。

习题 2.3

1. 求下列函数的二阶导数。

(1) $y=x\arctan x$；　(2) $y=x^3e^{2x}$；

(3) $y=x\sqrt{x^2+1}$；　(4) $y=e^{x^2-1}$。

2. 验证 $y=c_1e^{\lambda x}+c_2e^{-\lambda x}$ 满足关系式 $y''-\lambda^2y=0$(其中 c_1,c_2 为任意常数)。

3. 验证 $y=\dfrac{x-3}{x-4}$ 满足关系式 $2y'^2=(y-1)y''$。

4. 设函数 $y=x^2\sin x$，求 $y^{(12)}$。

2.4　函数的微分

由前面的讨论我们知道，导数的实质就是函数的变化率，它反映了函数相对于自变量变化的快慢程度。在实际问题中，往往还要研究另一个问题，即当自变量有微小改变量 Δx 时，函数值的改变量 Δy 是多少?这个问题看似简单，但对于复杂函数，计算函数的改变量 Δy 是比较复杂的。那么，有没有计算 Δy 的简单的近似公式呢?为此，我们引入微分的概念。

2.4.1　微分的定义与几何意义

先分析一个具体的问题。假设有边长为 x 的正方形铁片，其面积为 $y=x^2$，受温度的影响，边长从 x 变化到 $x+\Delta x$，则这时它的面积相应地有改变量为

$$\Delta y=(x+\Delta x)^2-x^2=2x\Delta x+(\Delta x)^2。$$

可以看出，Δy 分成两部分，第一部分 $2x\Delta x$ 是 Δx 的线性函数，第二部分是关于 Δx 高阶的无穷小，即 $(\Delta x)^2 = o(\Delta x)$。由此可见，如果边长改变足够小，即 $|\Delta x|$ 趋于零时，面积的改变量可以用第一部分 $2x\Delta x$ 来代替，此时误差很小（误差仅为高阶无穷小 Δx^2，可略去不计），如图 2-2 所示。

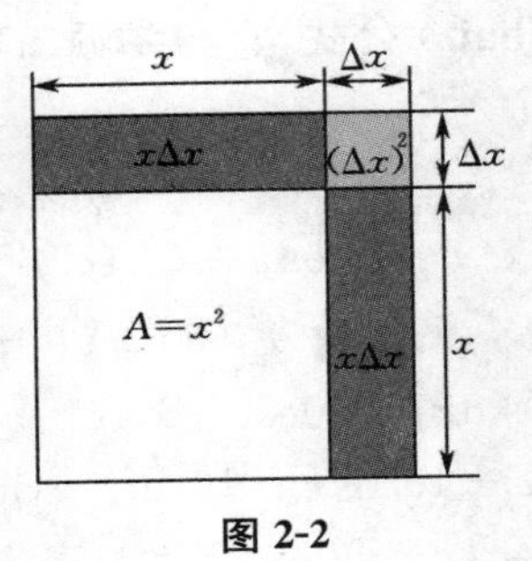

图 2-2

定义 2.4 设函数 $y = f(x)$ 在某区间内有定义，x_0 及 $x_0 + \Delta x$ 在此区间内，如果函数的增量

$$\Delta y = f(x_0 + \Delta x) - f(x_0)$$

可表示为

$$\Delta y = A\Delta x + o(\Delta x),$$

其中 A 是不依赖 Δx 的常数，$o(\Delta x)$ 是当 $\Delta x \to 0$ 时 Δx 的高阶无穷小，则称函数 $y = f(x)$ 在点 x_0 处**可微**，并称 $A\Delta x$ 为函数在点 x_0 处的微分，记作 $\mathrm{d}y$，即 $\mathrm{d}y|_{x=x_0} = A\Delta x$。

根据定义 2.4，微分 $\mathrm{d}y$ 是由自变量的改变量 Δx 引起函数改变量 Δy 的主要部分，是 Δx 的线性函数。因此，当 Δx 很小时，可以用 $\mathrm{d}y$ 近似代替 Δy，而误差仅是关于 Δx 的高阶无穷小。那么，函数可微的条件以及公式中的 A 是什么呢？

定理 2.6 函数 $y = f(x)$ 在点 x_0 处可微的充分必要条件是 $y = f(x)$ 在点 x_0 处可导，且

$$f'(x_0) = A,$$

即

$$\mathrm{d}y|_{x=x_0} = f'(x_0)\Delta x。$$

因此，对一元函数而言，函数的可微性与可导性是等价的，且有 $\mathrm{d}y = f'(x)\Delta x$。

通常将自变量 x 的改变量 Δx 称为自变量的微分，记作 $\mathrm{d}x$，即 $\mathrm{d}x = \Delta x$，于是，函数 $y = f(x)$ 的微分又记为

$$\mathrm{d}y = f'(x)\mathrm{d}x,$$

从而有

$$\frac{\mathrm{d}y}{\mathrm{d}x} = f'(x)。$$

这表明，函数的微分 $\mathrm{d}y$ 与自变量的微分 $\mathrm{d}x$ 的商等于该函数的导数。因此，导数也称为**微商**。

例1　求函数 $y = x^2 + x$ 当 $x = 1$ 和 $\Delta x = 0.001$ 时的增量 Δy 和微分 $\mathrm{d}y$。

解　$\Delta y = f(1+0.001) - f(1) = (1.001^2 + 1.001) - (1^2 + 1) = 0.003001$,

$$\mathrm{d}y = (x^2 + x)'\Delta x = (2x+1)\Delta x,$$

所以

$$\mathrm{d}y\Big|_{\substack{x=1,\\ \Delta x=0.001}} = (2x+1)\Delta x\Big|_{\substack{x=1,\\ \Delta x=0.001}} = 0.003。$$

由此例可见，当 $\Delta x = 0.001$ 时，用 $\mathrm{d}y$ 代替 Δy 的误差仅为 0.000001。

例2　求函数 $y = x^2$ 当 $x = 3$ 和 $\Delta x = 0.02$ 时的微分。

解

$$\mathrm{d}y = (x^2)'\Delta x = 2x\Delta x,$$

所以

$$\mathrm{d}y\Big|_{\substack{x=3,\\ \Delta x=0.02}} = 2x\Delta x\Big|_{\substack{x=3,\\ \Delta x=0.02}} = 0.12。$$

函数的微分有明显的几何意义。设 $M(x_0, y_0)$ 和 $N(x_0 + \Delta x, y_0 + \Delta x)$ 是曲线 $y = f(x)$ 上的两点，如图 2-3 所示。设切线 MT 的倾斜角为 α，由导数的几何意义知

$$\tan\alpha = f'(x_0),$$

于是，

$$\mathrm{d}y = f'(x_0)\Delta x = \tan\alpha \cdot \Delta x。$$

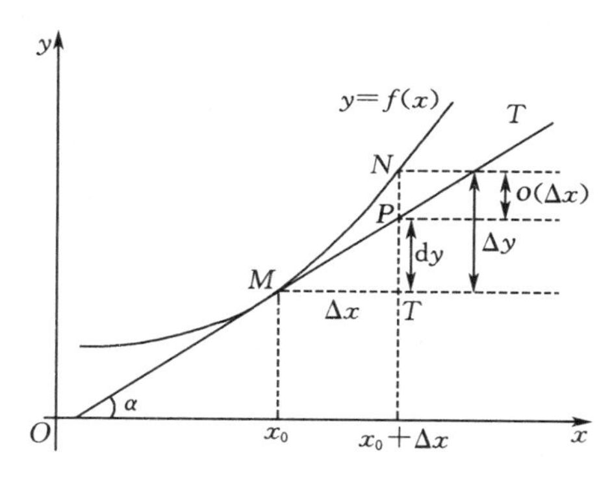

图 2-3

由此可知函数 $y = f(x)$ 在 x_0 的微分 $\mathrm{d}y$ 等于曲线 $y = f(x)$ 在该点切线的纵坐标的增量。当 $|\Delta x|$ 很小时，可用 $\mathrm{d}y$ 近似代替 Δy，即 $\Delta y \approx \mathrm{d}y$。

Rt$\triangle MTP$ 称为微分三角形，两条直角边分别为 $\mathrm{d}x, \mathrm{d}y$，而斜边 MP 为弧 $\overset{\frown}{MN}$ 的微分。也就是说，在点 M 邻近点 N 时可用线段 MP 代替函数曲线弧 $\overset{\frown}{MN}$。

2.4.2　微分运算法则与微分公式

因为函数 $y = f(x)$ 的微分表达式

$$\mathrm{d}y = f'(x)\mathrm{d}x,$$

所以运用基本初等函数的导数公式与求导运算法则，很容易求得相应的基本初等函

数的微分公式和微分运算法则。

1. 基本微分公式

(1) $d(C)=0$,其中 C 是常数；
(2) $d(x^{\mu})=\mu x^{\mu-1}dx$；
(3) $d(e^{x})=e^{x}dx$；
(4) $d(a^{x})=a^{x}\ln a dx$；
(5) $d(\ln x)=\dfrac{1}{x}dx$；
(6) $d(\log_{a}x)=\dfrac{1}{x\ln a}dx$；
(7) $d(\sin x)=\cos x dx$；
(8) $d(\cos x)=-\sin x dx$；
(9) $d(\tan x)=\sec^{2}x dx$；
(10) $d(\cot x)=-\csc^{2}x dx$；
(11) $d(\sec x)=\sec x\cdot\tan x dx$；
(12) $d(\csc x)=-\csc x\cdot\cot x dx$；
(13) $d(\arcsin x)=\dfrac{1}{\sqrt{1-x^{2}}}dx$；
(14) $d(\arccos x)=-\dfrac{1}{\sqrt{1-x^{2}}}dx$；
(15) $d(\arctan x)=\dfrac{1}{1+x^{2}}dx$；
(16) $d(\text{arccot}x)=-\dfrac{1}{1+x^{2}}dx$。

2. 微分运算法则

设 $u=u(x)$ 及 $v=v(x)$ 都是关于 x 的可微函数,则有

(1) $d(u\pm v)=du\pm dv$；
(2) $d(Cu)=Cdu$(其中 C 为常数)；
(3) $d(uv)=vdu+udv$；
(4) $d\left(\dfrac{u}{v}\right)=\dfrac{vdu-udv}{v^{2}}$(其中 $v\neq 0$)。

3. 复合函数的微分法则

设 $y=f(u)$，$u=g(x)$ 均可微,则复合函数 $y=f[g(x)]$ 的微分为

$$dy=f'(u)g'(x)dx,$$

由于 $du=g'(x)dx$,故

$$dy=f'(u)du。$$

因此,不管 u 是自变量还是因变量,上式的右端总表示函数的微分,这一性质称为一**阶微分形式不变性**。

例 3 设 $y=a^{2x^{2}+1}$,求 dy。

解 因为

$$y'=(a^{2x^{2}+1})'=a^{2x^{2}+1}\cdot\ln a\cdot(2x^{2}+1)'=4xa^{2x^{2}+1}\cdot\ln a,$$

所以

$$dy=y'dx=4xa^{2x^{2}+1}\cdot\ln a dx。$$

例 4 求由方程 $\arctan y=xy$ 所确定的隐函数的微分。

解 对方程两边求微分,得

$$\frac{1}{1+y^{2}}dy=ydx+xdy,$$

整理可得

$$\left(\frac{1}{1+y^{2}}-x\right)dy=ydx,$$

所以

$$dy=\frac{y+y^{3}}{1-x-xy^{2}}dx。$$

2.4.3　微分在近似计算中的应用

利用微分可以把一些复杂的计算公式改用简单的公式来代替。当 $|\Delta x|$ 很小时，有

$$\Delta y\approx dy=f'(x_0)\Delta x,$$

即

$$f(x_0+\Delta x)\approx f(x_0)+f'(x_0)\Delta x \quad 或 \quad f(x)\approx f(x_0)+f'(x_0)(x-x_0)。$$

特别地，当 $x_0=0$ 且 $|x|$ 很小时，有

$$f(x)\approx f(0)+f'(0)x。$$

常见的近似公式有（$|x|$ 很小时）：

$$\sqrt[n]{1+x}\approx 1+\frac{x}{n};e^{x}\approx 1+x;\ln(1+x)\approx x;\sin x\approx x;\tan x\approx x。$$

例 5　求 $\sqrt[3]{8.0168}$ 的近似值。

解

$$\sqrt[3]{8.0168}=\sqrt[3]{8(1+0.0021)}=2\sqrt[3]{1+0.0021}。$$

令

$$f(x)=x^{\frac{1}{3}},x_0=1,\Delta x=0.0021。$$

因为 $|\Delta x|$ 很小时，有

$$\sqrt[n]{1+x}\approx 1+\frac{x}{n},$$

所以，

$$\sqrt[3]{1+0.0021}\approx 1+\frac{1}{3}\times 0.0021=1.0007,$$

因此，

$$\sqrt[3]{8.0168}\approx 2\times 1.0007=2.0014。$$

例 6　求 $\sin 30°30'$ 的近似值（取四位小数）

解　先把 $\sin 30°30'$ 化为弧度得

$$\sin 30°30'=\sin\left(\frac{\pi}{6}+\frac{\pi}{360}\right)。$$

令 $f(x)=\sin x,f'(x)=\cos x$，取

$$x_0=\frac{\pi}{6},\Delta x=\frac{\pi}{360},$$

那么，$f(x)\approx f(x_0)+f'(x_0)\Delta x$。于是

$$\sin 30°30'=\sin\left(\frac{\pi}{6}+\frac{\pi}{360}\right)\approx\sin\frac{\pi}{6}+\cos\frac{\pi}{6}\times\frac{\pi}{360}=\frac{1}{2}+\frac{\sqrt{3}}{2}\times\frac{\pi}{360}\approx 0.5076。$$

例 7　一个薄金属圆管，它的内半径为 10 cm，壁厚 0.05 cm，求圆管的截面面积的精确值和用微分计算的近似值。

解 圆的面积 $A=\pi r^2$,金属圆管的截面面积为两个圆面积的差值,精确值为

$$\Delta A=\pi(10+0.05)^2-\pi(10)^2=1.0025\pi。$$

令 $r=10,\Delta r=0.05$,$|\Delta r|$ 相对于 r 较小,可用微分来近似代替函数增量,则

$$\Delta A\approx \mathrm{d}A=(\pi r^2)'\mathrm{d}r=2\pi r\Delta r,$$

代入数值有

$$\Delta A\approx 2\pi r\Delta r\big|_{r=10,\Delta r=0.05}=2\pi\times 10\times 0.05=\pi\approx 3.14159。$$

习题 2.4

1. 求下列函数的微分。

(1) $y=\dfrac{1}{x}+\sqrt{x}-1$; (2) $y=\mathrm{e}^{\sin x}$;

(3) $y=\sin\dfrac{x}{3}\ln 2x$; (4) $y=\arccos\sqrt{1-x^2}$;

(5) $y=x^2+\ln y$; (6) $y=x\mathrm{e}^y+\cos 2x$。

2. 将适当的函数填在下列空格内,使等式成立。

(1) $\mathrm{d}(\quad)=x^2\mathrm{d}x$; (2) $\mathrm{d}(\quad)=-\dfrac{1}{x^2}\mathrm{d}x$;

(3) $\mathrm{d}(\quad)=\mathrm{e}^{-3x}\mathrm{d}x$; (4) $\mathrm{d}(\quad)=\dfrac{1}{1+x^2}\mathrm{d}x$;

(5) $\cos x\mathrm{d}x=\mathrm{d}(\quad)$; (6) $\sin 2x\mathrm{d}x=\mathrm{d}(\quad)$;

(7) $\sec^2 3x\mathrm{d}x=\mathrm{d}(\quad)$; (8) $\mathrm{d}(\quad)=\dfrac{\mathrm{e}^x}{1+\mathrm{e}^x}\mathrm{d}x$。

3. 计算下列各式的近似值。

(1) $\sqrt[6]{65}$; (2) $\sin 61°$; (3) $\ln 1.001$; (4) $\mathrm{e}^{0.02}$。

2.5* 经济函数的边际与弹性

2.5.1 边际分析

在经济学中,习惯上用平均和边际这两个概念来描述一个经济变量 y 对于另一个经济变量 x 的变化。平均概念表示 x 在某一范围内取值 y 的相应变化。边际概念表示当 x 的改变量 Δx 趋于 0 时,y 的相应改变量 Δy 与 Δx 的比值的变化,即当 x 在某一给定值附近有微小变化时 y 的瞬时变化。

定义 2.5 设函数 $y=f(x)$ 可导,则称 $f'(x)$ 为 $y=f(x)$ 的**边际函数**。

定义 2.6 成本函数 $C=C(x)$(x 是产量)的导数 $C'(x)$ 称为**边际成本函数**,记为 MC。设 $P(x)$ 为价格函数,类似地,收入函数 $R(x)=xP(x)$ 的导数 $R'(x)$ 称为**边际收入**

函数,记为 MR。利润函数 $L(x)=R(x)-C(x)$ 的导数 $L'(x)$ 称为**边际利润函数**,记为 ML。

例 1　设某产品的总成本函数和收入函数分别为

$$C(Q)=3+2\sqrt{Q},R(Q)=\frac{5Q}{Q+1}。$$

其中 Q 为该产品的销售量,求该产品的边际成本函数、边际收入函数和边际利润函数。

解　边际成本函数为

$$MC=C'(Q)=2\times\frac{1}{2}Q^{-\frac{1}{2}}=\frac{1}{\sqrt{Q}},$$

边际收入函数为

$$MR=R'(Q)=\frac{5(Q+1)-5Q}{(Q+1)^2}=\frac{5}{(Q+1)^2},$$

利润函数为

$$L(Q)=R(Q)-C(Q)=\frac{5Q}{Q+1}-3-2\sqrt{Q},$$

边际利润函数为

$$ML=L'(Q)=R'(Q)-C'(Q)=\frac{5}{(Q+1)^2}-\frac{1}{\sqrt{Q}}。$$

例 2　某产品的价格 p 与需求量 x 的关系为

$$p=-0.02x+400\ (0\leqslant x\leqslant 20000),$$

(1) 求收入函数 R;

(2) 求边际收入函数 R';

(3) 求边际收入 $R'(2000)$,并解释结果。

解　(1) 收入函数 $R(x)=p\cdot x$,即

$$R(x)=p\cdot x=(-0.02x+400)\cdot x=-0.02x^2+400x;$$

(2) 边际收入函数 $MR=R'(x)=-0.04x+400$;

(3)　$$MR=R'(2000)=(-0.04)(2000)+400=320。$$

边际收入 $R'(2000)$ 的意义可解释为生产第 2001 单位产品时约增加收入 320 元。

2.5.2　函数的弹性

在边际分析中所研究的是函数的绝对改变量与绝对变化率,经济学中常需研究一个变量对另一个变量的相对变化情况,为此引入下面定义。

定义 2.7　设函数 $y=f(x)$ 在 x 处可导,函数的相对改变量

$$\frac{\Delta y}{y}=\frac{f(x+\Delta x)-f(x)}{f(x)}$$

与自变量的相对改变量 $\frac{\Delta x}{x}$ 之比 $\frac{\Delta y/y}{\Delta x/x}$,称为函数 $f(x)$ 从 x 到 $x+\Delta x$ 两点间的**弹性**(或相对变化率)。而极限 $\lim\limits_{\Delta x\to 0}\frac{\Delta y/y}{\Delta x/x}$,称为函数 $f(x)$ 在点 x 的弹性(或相对变化率),记为

$$\frac{Ey}{Ex}=\lim_{\Delta x\to 0}\frac{\Delta y/y}{\Delta x/x}=\lim_{\Delta x\to 0}\frac{\Delta y}{\Delta x}\cdot\frac{x}{y}=y'\frac{x}{y}。$$

显然,上式仍然是关于 x 的函数,称其为**弹性函数**。函数 $f(x)$ 在点 x 的弹性$\frac{Ey}{Ex}$ 反映的是随x 的变化$f(x)$ 变化幅度的大小,即 $f(x)$ 对x变化反应的强烈程度或灵敏度。函数 $f(x)$ 在点 $x=x_0$ 处的弹性,记为$\left.\frac{Ef(x)}{Ex}\right|_{x=x_0}$,它表示 $f(x)$ 在点 $x=x_0$ 处,当x产生 1% 的改变时,函数 $f(x)$ 近似地改变$\left(\left.\frac{Ef(x)}{Ex}\right|_{x=x_0}\right)\%$,在实际应用中解释弹性的具体意义时,通常略去"近似"二字。

定义 2.8 设需求函数 $Q=f(P)$(这里 P 表示产品的价格)在点 P 处可导,称极限

$$\lim_{\Delta P\to 0}-\frac{\Delta Q/Q}{\Delta P/P}=-\lim_{\Delta P\to 0}\frac{\Delta Q}{\Delta P}\cdot\frac{P}{Q}=-P\cdot\frac{f'(P)}{f(P)}$$

为在点 P 处的**需求弹性**,记为 η,即

$$\eta=-P\cdot\frac{f'(P)}{f(P)},$$

当 ΔP 趋于零时,有

$$\eta=-P\cdot\frac{f'(P)}{f(P)}\approx-\frac{P}{f(P)}\cdot\frac{\Delta Q}{\Delta P}。$$

故需求弹性 η 近似地表示在价格为 P 时,价格变动 1%,需求量将变化 $\eta\%$。

一般地,需求函数是单调减少函数,需求量随价格的提高而减少(当 $\Delta P>0$ 时,$\Delta Q<0$),故需求弹性是负值,它反映产品需求量对价格变动反应的强烈程度(灵敏度)。

下面用需求弹性来分析收入的变化:收入 R 是商品价格 P 与销售量 Q 的乘积,即

$$R=P\cdot Q=P\cdot f(P),$$

由

$$R'=[P\cdot f(P)]'=f(P)+Pf'(P)=f(P)\left(1+f'(P)\frac{P}{f(P)}\right)=f(P)(1-\eta)$$

知:

(1) 若 $|\eta|<1$,需求变动的幅度小于价格变动的幅度。$R'>0$,R 递增,即价格上涨,收入增加;价格下跌,收入减少,或称该商品的需求缺乏弹性。

(2) 若 $|\eta|>1$,需求变动的幅度大于价格变动的幅度。$R'<0$,R 递减,即价格上涨,收入减少;价格下跌,收入增加,或称该商品的需求富有弹性。

(3) 若 $|\eta|=1$,需求变动的幅度等于价格变动的幅度。$R'=0$,R 取得最大值,或称该商品的需求具有单位弹性。

综上所述,总收益的变化受需求弹性的制约,随商品需求弹性的变化而变化。

例 3 某商品的需求函数为 $Q=10-\frac{p}{2}$,求:

(1) 需求价格弹性函数;

(2) 当 $P=5$ 时的需求价格弹性并说明其经济意义；

(3) 当 $P=10$ 时的需求价格弹性并说明其经济意义；

(4) 当 $P=15$ 时的需求价格弹性并说明其经济意义。

解　(1) 根据弹性的定义

$$\eta=\frac{p}{Q}\cdot Q'=\frac{P}{10-\frac{P}{2}}\cdot\left(-\frac{1}{2}\right)=\frac{P}{P-20}。$$

(2) $\eta(5)=\frac{5}{5-20}=-\frac{1}{3}$，由于 $|\eta(5)|=\frac{1}{3}<1$，所以当 $P=5$ 时，该商品的需求缺乏弹性，此时价格上涨 1%，需求量下降 $\frac{1}{3}$%。

(3) $\eta(10)=\frac{10}{10-20}=-1$，由于 $|\eta(10)|=1$，所以当 $P=10$ 时，该商品具有单位弹性，此时价格上涨 1%，将引起需求量下降 1%。

(4) $\eta(15)=\frac{15}{15-20}=-3$，由于 $|\eta(15)|=3$，所以当 $P=15$ 时，该商品是富有弹性的，此时若价格下降 1%，将导致需求量增加 3%。

习题 2.5

1. 某产品的成本 C 是产量 x 的函数 $C(x)=\frac{1}{100}x^2+900$，求产量为 100 时的平均成本与边际成本。

2. (1) 求函数 $y=3+2x$ 在 $x=3$ 处的弹性；

   (2) 求函数 $y=100e^{3x}$ 的弹性函数及 $\left.\frac{Ey}{Ex}\right|_{x=2}$。

3. 设某产品的需求量 Q 与价格 P 的关系为 $Q(P)=1600\left(\frac{1}{4}\right)^P$。

   (1) 求需求弹性；

   (2) 当商品的价格 $P=10$ 时，再上涨 1%，求该商品需求量的变化情况。

复习题 2

一、填空题。

1. 已知曲线 L 的参数方程为 $\begin{cases}x=2(t-\sin t),\\ y=2(1-\cos t),\end{cases}$ 则曲线 L 在 $t=\frac{\pi}{2}$ 处的切线方程为________。

2. 设 $y=-\cot x$，则 $y'(x)=$________。

3. 设 $y=\tan x-\cot x+\sec x$，则 $y'=$________。

4. 设 $y = \arctan x + \operatorname{arccot} x - a^x (a > 0)$，则 $y' =$ ________。

5. 设 $y = \sqrt{\sin \dfrac{x}{2}}$，则 $y' =$ ________。

6. 设 $y = 2^{\sin x} \cos(\cos x)$，则 $y' =$ ________。

7. 设 $y = 2x + 1$，则其反函数 $x = x(y)$ 的导数 $x'(y) =$ ________。

8. 设 $f(x) = \begin{cases} \ln(3x+1), & x \geqslant 0, \\ 0, & x < 0, \end{cases}$ 则其右导数 $f'_+(0) =$ ________。

9. 设 $y = x\cos x$，则 $y'' =$ ________。

10. 设 $y = \ln(1 + x^2)$，则 $y'' =$ ________。

11. 设函数 $y = y(x)$ 由 $\tan y = x + y$ 所确定，则 $\mathrm{d}y =$ ________。

12. 用微分代替增量得 $\ln(1.005) \approx$ ________。

二、求下列函数的导数。

1. $y = x^3 (x^2 - 1)^2$； 2. $y = \dfrac{\sin x}{x}$； 3. $y = \ln(x + \sqrt{x^2 + a^2})$；

4. $y = \arctan \dfrac{x+1}{x-1}$； 5. $y = \left(\dfrac{x}{1+x}\right)^x$。

三、求下列隐函数的导数。

1. $y\sin x - \cos(x + y) = 0$； 2. 已知 $\mathrm{e}^y + xy = \mathrm{e}$，求 $y''(0)$。

四、求参数方程 $\begin{cases} x = a(t - \sin t), \\ y = a(1 - \cos t) \end{cases}$ $(a > 0)$ 所确定函数的一阶导数 $\dfrac{\mathrm{d}y}{\mathrm{d}x}$。

五、求下列函数的高阶导数。

1. $y = x^\alpha$，求 $y^{(n)}$； 2. $y = x^2 \mathrm{e}^{-x}$，求 $y^{(10)}$。

六、求下列函数的微分。

1. $y = x^x (x > 0)$； 2. $y = \dfrac{\arcsin x}{\sqrt{1 - x^2}}$。

七、求双曲线 $\dfrac{x^2}{a^2} - \dfrac{y^2}{b^2} = 1$，在点 $(2a, \sqrt{3}b)$ 处的切线方程与法线方程。

八、用定义求 $f'(0)$，其中 $f(x) = \begin{cases} x^2 \sin \dfrac{1}{x}, & x \neq 0, \\ 0, & x = 0, \end{cases}$ 并讨论导函数的连续性。

第 3 章　微分中值定理与导数的应用

我们在第 2 章引入了导数的概念，并讨论了导数的计算方法。本章将应用导数来研究函数的单调性、凹凸性、极值与最值。这里先介绍微分中值定理，它是从函数的局部性质推断函数整体性质的有力工具。

3.1　微分中值定理

本节将介绍三个微分中值定理及其初步应用。这几个定理是导数应用的理论基础。

3.1.1　费马(Fermat)定理

定理 3.1　(费马定理) 设函数 $f(x)$ 在点 x_0 的某邻域 $N(x_0,\delta)$ 内有定义，并且在 x_0 处可导，如果对任意 $x \in N(x_0,\delta)$，有

$$f(x) \leqslant f(x_0)(\text{或 } f(x) \geqslant f(x_0)),$$

那么

$$f'(x_0) = 0。$$

通常称导数为零的点为 $f(x)$ 的**驻点**，如图 3-1 所示，x_0 即为一驻点。

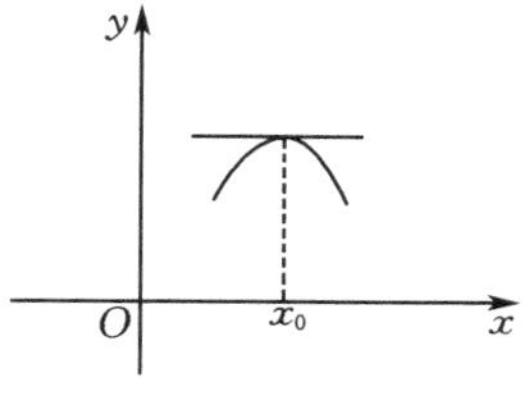

图 3-1

证　不妨设 $f(x) \leqslant f(x_0)$(对 $f(x) \geqslant f(x_0)$ 的情形类似可证)，对任意 $x \in N(x_0,\delta)$，当 $x < x_0$ 时，有

$$\frac{f(x)-f(x_0)}{x-x_0} \geqslant 0;$$

当 $x > x_0$ 时，有

$$\frac{f(x)-f(x_0)}{x-x_0} \leqslant 0。$$

再由 $f(x)$ 在 x_0 处可导及极限的性质可得

$$f'(x_0) = f'_-(x_0) = \lim_{x \to x_0^-} \frac{f(x) - f(x_0)}{x - x_0} \geqslant 0;$$

$$f'(x_0) = f'_+(x_0) = \lim_{x \to x_0^+} \frac{f(x) - f(x_0)}{x - x_0} \leqslant 0。$$

故

$$f'(x_0) = f'_-(x_0) = f'_+(x_0) = 0。$$

3.1.2 罗尔(Rolle)定理

定理 3.2 (罗尔定理)若函数 $f(x)$ 满足:

(1) 在闭区间 $[a,b]$ 上连续;

(2) 在开区间 (a,b) 内可导;

(3) $f(a) = f(b)$。

则在区间 (a,b) 内至少存在一点 ξ,使得

$$f'(\xi) = 0。$$

证 因为 $f(x)$ 在 $[a,b]$ 上连续,故 $f(x)$ 在 $[a,b]$ 上必取得最大值 M 与最小值 m。现分两种情况来讨论:

(1) 若 $M = m$,则对任一 $x \in [a,b]$,$f(x) = M$。此时任取 $\xi \in (a,b)$,都有 $f'(\xi) = 0$ 成立。

(2) 当 $M > m$,则 M 与 m 中至少有一个不取 $f(a)$ 与 $f(b)$,不妨设 $M \neq f(a)$,那么必定在 (a,b) 内有一点 ξ,使 $f(\xi) = M$,因此,$\forall x \in [a,b]$,有 $f(x) \leqslant f(\xi)$,由费马定理知 $f'(\xi) = 0$。

罗尔定理的几何意义:若连续光滑曲线(即曲线上处处有不平行于 y 轴的切线)两端点 A,B 纵坐标相等,则曲线上至少有一点处的切线是与 x 轴平行的,如图 3-2 所示。

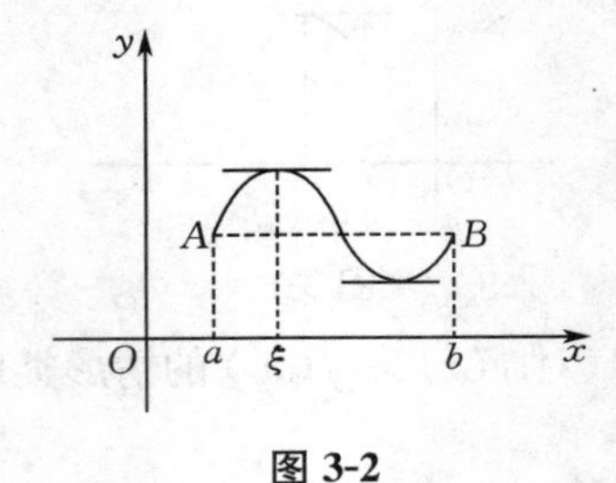

图 3-2

注意 罗尔定理的三个条件缺一不可,即缺少任何一个条件定理的结论都不一定成立。

反例 1: $f(x) = \begin{cases} x, & 0 < x \leqslant 1, \\ 1, & x = 0, \end{cases}$ 不满足罗尔定理的条件(1),因 $f(x)$ 在 $x = 0$ 处不连续,如图 3-3 所示。尽管条件(2)、(3) 都满足,但结论仍不成立。

反例 2: $f(x) = |x|$, $x \in [-1,1]$,不满足罗尔定理的条件(2),因 $f(x)$ 在 $x = 0$

处不可导,如图3-4所示。尽管条件(1)、(3)都满足,但结论仍不成立。

反例3: $f(x)=x,\quad x\in[0,1]$,不满足罗尔定理的条件(3),因 $f(0)\neq f(1)$,如图3-5所示。尽管条件(1)、(2)都满足,但结论仍不成立。

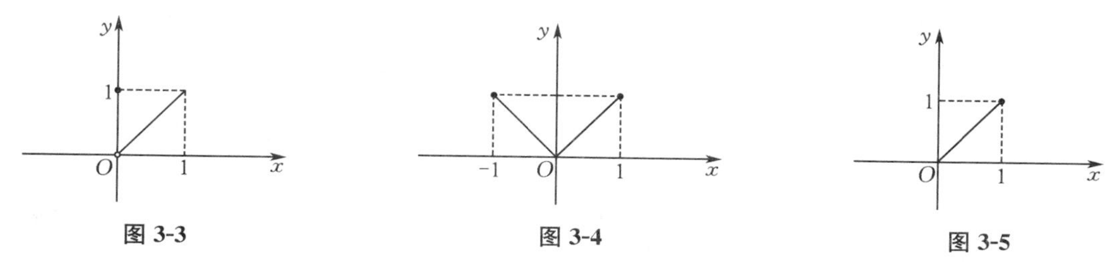

图3-3　　图3-4　　图3-5

例1　不求导数,试判断函数 $f(x)=(x-2)(x-3)(x-4)$ 的导函数有几个零点及这些零点所在的范围。

解　因为 $f(2)=f(3)=f(4)=0$,且 $f(x)$ 为初等函数,所以 $f(x)$ 在闭区间 $[2,3]$ 和 $[3,4]$ 上满足罗尔定理的三个条件,故在 $(2,3)$ 内至少存在一点 ξ_1,使得 $f'(\xi_1)=0$,即 ξ_1 是 $f'(x)$ 的一个零点;又在区间 $(3,4)$ 内至少存在一点 ξ_2,使得 $f'(\xi_2)=0$,即 ξ_2 也是 $f'(x)$ 的一个零点。因为 $f'(x)$ 是一个二次多项式,最多只能有两个零点,故 $f'(x)$ 恰好有两个零点,分别在区间 $(2,3)$ 和 $(3,4)$ 内。

例2　验证函数 $f(x)=\sin x$ 在区间 $[0,\pi]$ 上是否满足罗尔定理的三个条件,若满足,求出定理中相应的 ξ。

解　(1) 因为 $f(x)=\sin x$ 是基本初等函数,它在区间 $(-\infty,+\infty)$ 内连续,故在区间 $[0,\pi]$ 上连续;

(2) 因为 $f'(x)=\cos x$ 在区间 $(0,\pi)$ 内有意义,故 $f(x)$ 在区间 $(0,\pi)$ 内可导;

(3) $f(0)=f(\pi)=0$。

因此,函数 $f(x)=\sin x$ 在区间 $[0,\pi]$ 上满足罗尔定理的三个条件。令

$$f'(x)=\cos x=0, x\in[0,\pi],$$

解得

$$x=\frac{\pi}{2},$$

故在区间 $(0,\pi)$ 内存在一点 $\xi=\frac{\pi}{2}$,使得

$$f'(\xi)=0。$$

例3　如果 $a_0,a_1,\cdots,a_n$ 为满足

$$a_0+\frac{a_1}{2}+\frac{a_2}{3}+\cdots+\frac{a_n}{n+1}=0$$

的实数,证明方程

$$a_0+a_1x+a_2x^2+\cdots+a_nx^n=0,$$

在闭区间 $[0,1]$ 上至少有一个实根。

证 设

$$f(x)=a_0x+\frac{a_1}{2}x^2+\frac{a_2}{3}x^3+\cdots+\frac{a_n}{n+1}x^{n+1},$$

因

$$f(0)=0,f(1)=a_0+\frac{a_1}{2}+\frac{a_2}{3}+\cdots+\frac{a_n}{n+1}=0,$$

且 $f(x)$ 在闭区间$[0,1]$上连续，在开区间$(0,1)$内可导，故由罗尔定理知，至少存在一点 $\xi\in(0,1)$，使得

$$f'(\xi)=0,$$

即

$$a_0+a_1\xi+a_2\xi^2+\cdots+a_n\xi^n=0。$$

这表明方程方程 $a_0+a_1x+a_2x^2+\cdots+a_nx^n=0$ 在闭区间$[0,1]$上至少有一个实根。

3.1.3 拉格朗日(Lagrange)中值定理

定理 3.3 （拉格朗日中值定理）若函数 $f(x)$ 满足：

(1) 在闭区间$[a,b]$上连续，

(2) 在开区间(a,b)内可导。

则在(a,b)内至少存在一点 ξ，使得

$$f'(\xi)=\frac{f(b)-f(a)}{b-a}。$$

拉格朗日中值定理的几何意义：若连续曲线 $y=f(x)$ 除端点外处处光滑，那么曲线上至少有一点 $P(\xi,f(\xi))$，该点处的切线平行于弦 AB，如图 3-6 所示。

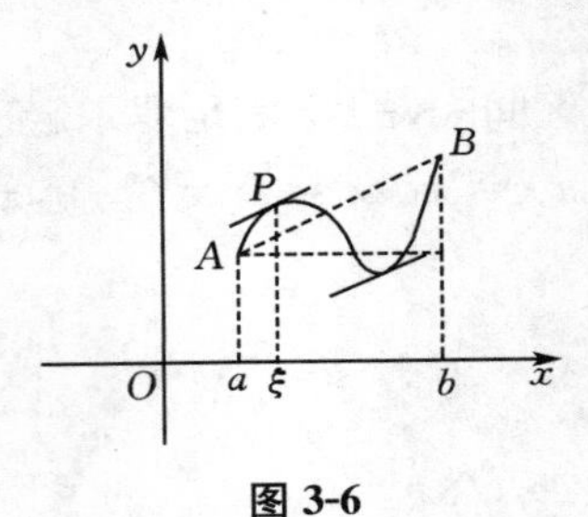

图 3-6

注意 (1) 对 $b<a$ 的情形，结论也成立，此时只需在等式两边同乘 -1 即可。

(2) 拉格朗日中值定理除了以上这种形式外，还常用到其他一些形式，比如，

$$f(b)-f(a)=f'(\xi)(b-a),$$

或设 x 为区间$[a,b]$上一点，$x+\Delta x$ 为这区间上的另一点($\Delta x>0$ 或 $\Delta x<0$)，则在$[x,x+\Delta x]$($\Delta x>0$)或$[x+\Delta x,x]$($\Delta x<0$)应用拉格朗日中值公式，得

$$f(x+\Delta x)-f(x)=f'(x+\theta\Delta x)\Delta x(0<\theta<1)。$$

(3) 若加上罗尔定理中 $f(a)=f(b)$ 这个特殊条件，则拉格朗日中值定理的结论即为

罗尔定理的结论。因此，罗尔定理实际上是拉格朗日中值定理的特例。

例4　验证函数 $f(x)=x^2+3x$ 在区间$[2,4]$上是否满足拉格朗日中值定理的条件，若满足，求出定理中相应的 ξ。

解　(1) 因为 $f(x)=x^2+3x$ 是多项式函数，它在区间$(-\infty,+\infty)$内连续，故在区间$[2,4]$上连续；

(2) 因 $f'(x)=2x+3$ 在区间$(2,4)$内有意义，故 $f(x)$ 在区间$(2,4)$内可导；所以函数 $f(x)=x^2+3x$ 在区间$[2,4]$上满足拉格朗日中值定理的两个条件。令

$$f'(\xi)=2\xi+3=\frac{f(4)-f(2)}{4-2}=9,$$

解得

$$\xi=3。$$

故在区间$(2,4)$内存在一点 $\xi=3$，使得

$$f'(\xi)=\frac{f(4)-f(2)}{4-2}。$$

例5　证明 $|\arctan b-\arctan a|\leqslant|b-a|\ (a<b)$。

证　令

$$f(x)=\arctan x,$$

则

$$f'(x)=\frac{1}{1+x^2}\leqslant 1, x\in\mathbf{R}。$$

不难验证 $f(x)=\arctan x$ 在闭区间$[a,b]$上满足拉格朗日中值定理的条件，故由拉格朗日中值定理知，存在一点 $\xi\in(a,b)$，使得

$$f(b)-f(a)=f'(\xi)(b-a),$$

即

$$\arctan b-\arctan a=f'(\xi)(b-a),$$

从而

$$|\arctan b-\arctan a|=|f'(\xi)(b-a)|=|f'(\xi)||b-a|,$$

由于

$$f'(x)=\frac{1}{1+x^2}\leqslant 1,$$

因此

$$f'(\xi)\leqslant 1,$$

故

$$|\arctan b-\arctan a|\leqslant|b-a|。$$

例6　证明：当 $x>0$ 时，$\frac{x}{1+x}<\ln(1+x)<x$。

证　设 $f(t)=\ln(1+t)$，显然 $f(t)$ 在区间$[0,x]$上满足拉格朗日中值定理的条件，

根据定理,就有

$$f(x)-f(0)=f'(\xi)(x-0)\ (0<\xi<x),$$

由于

$$f(0)=0, f'(t)=\frac{1}{1+t},$$

因此上式即为

$$\ln(1+x)=\frac{x}{1+\xi}。$$

又由 $0<\xi<x$,有

$$\frac{x}{1+x}<\ln(1+x)<x。$$

推论 3.1　若函数 $f(x)$ 在区间 (a,b) 内的导数恒为零,则 $f(x)$ 在区间 (a,b) 内是一个常数函数。

推论 3.2　若函数 $f(x)$, $g(x)$ 在区间 (a,b) 内满足 $f'(x)=g'(x)$,则在区间 (a,b) 内有 $f(x)=g(x)+C$(其中 C 为一常数)。

例 7　证明:当 $|x|\leqslant 1$ 时,$\arcsin x+\arccos x=\frac{\pi}{2}$。

证　设

$$f(x)=\arcsin x+\arccos x,$$

因为

$$f'(x)=\frac{1}{\sqrt{1-x^2}}+\left(-\frac{1}{\sqrt{1-x^2}}\right)=0,$$

故由推论 3.1 可知 $f(x)=C$,又因

$$f(0)=\arcsin 0+\arccos 0=0+\frac{\pi}{2}=\frac{\pi}{2},$$

所以

$$C=\frac{\pi}{2},$$

也即

$$f(x)=\frac{\pi}{2}。$$

3.1.4　柯西(Cauchy)中值定理

定理 3.4　(柯西中值定理)若函数 $f(x)$, $g(x)$ 满足下列条件:

(1) 在闭区间 $[a,b]$ 上连续,

(2) 在开区间 (a,b) 内可导,

(3) $f'(x)$ 和 $g'(x)$ 在开区间 (a,b) 内不同时为零,

(4) $g(a) \neq g(b)$。

则至少存在一点 $\xi \in (a,b)$,使得

$$\frac{f'(\xi)}{g'(\xi)} = \frac{f(b)-f(a)}{g(b)-g(a)}。$$

注意　若在柯西中值定理中,令 $g(x)=x$,就得到了拉格朗日中值定理的结论,故拉格朗日中值定理是柯西中值定理的特例。

习题 3.1

1. 验证下列函数在所给区间是否满足罗尔定理的条件,若满足,求出定理中相应的 ξ。

   (1) $f(x)=x^2-2x-3, x\in[-1,3]$;　　(2) $f(x)=|x|, x\in[-1,1]$;

   (3) $f(x)=2x^2-x-3, x\in[-1,1.5]$;　　(4) $f(x)=x\sqrt{3-x}, x\in[0,3]$。

2. 验证下列函数在所给区间是否满足拉格朗日中值定理的条件,若满足,求出定理中相应的 ξ。

   (1) $f(x)=x^3+2x, x\in[0,1]$;　　(2) $f(x)=\ln x, x\in[1,\mathrm{e}]$;

   (3) $f(x)=x^4, x\in[1,2]$。

3. 不求函数 $f(x)=(x-1)(x-2)(x-3)(x-4)$ 的导数,说明方程 $f'(x)=0$ 有几个实根,并指出它们所在的区间。

4. 证明:方程 $x^3-3x+c=0$(c 为常数)在区间$[0,1]$内不可能有两个不同的实根。

5. 用拉格朗日中值定理证明下列不等式。

   (1) $\mathrm{e}^x > 1+x\ (x>0)$;　　(2) $|\sin x_1 - \sin x_2| \leqslant |x_1 - x_2|$。

3.2　洛必达(L'Hospital)法则

洛必达法则是计算函数极限的一个十分简单而有效的方法。对于$\frac{0}{0}$,$\frac{\infty}{\infty}$,$0\cdot\infty$,$\infty\cdot\infty$,0^0,1^∞ 和 ∞^0 型的极限,用已有的极限运算法则无法直接求得,而洛必达法则可使此类极限易于计算。通常称上述类型的变量为未定式。

3.2.1　$\frac{0}{0}$ 型未定式的极限

定理 3.5　(洛必达法则)若函数 $f(x)$ 和 $g(x)$ 满足:

(1) 在点 x_0 的某去心邻域 $N^0(x_0,\delta)$ 内,$f'(x)$ 和 $g'(x)$ 都存在,且 $g'(x)\neq 0$;

(2) $\lim\limits_{x\to x_0} f(x)=0, \lim\limits_{x\to x_0} g(x)=0$;

(3) $\lim\limits_{x\to x_0}\frac{f'(x)}{g'(x)}$ 存在(或为无穷大)。

则

$$\lim_{x\to x_0}\frac{f(x)}{g(x)}=\lim_{x\to x_0}\frac{f'(x)}{g'(x)}。$$

证 因为当$x\to x_0$时，$\frac{f(x)}{g(x)}$的极限与$f(x_0)$，$g(x_0)$无关，故可补充定义$f(x_0)=0$，$g(x_0)=0$，于是由条件(2)可知，$f(x)$，$g(x)$在邻域$N(x_0,\delta)$内连续。

设x是$N^0(x_0,\delta)$内的一点，分析可知，$f(x)$，$g(x)$在区间$[x_0,x]$(或$[x,x_0]$)上满足柯西中值定理的条件，从而有

$$\frac{f(x)}{g(x)}=\frac{f(x)-f(x_0)}{g(x)-g(x_0)}=\frac{f'(\xi)}{g'(\xi)}\ (\xi\text{介于}x_0\text{和}x\text{之间})。$$

上式两端取极限($x\to x_0$)，注意到当$x\to x_0$时，$\xi\to x_0$，于是

$$\lim_{x\to x_0}\frac{f(x)}{g(x)}=\lim_{\xi\to x_0}\frac{f'(\xi)}{g'(\xi)}=\lim_{x\to x_0}\frac{f'(x)}{g'(x)}。$$

注意 此式表明，$\lim\limits_{x\to x_0}\frac{f'(x)}{g'(x)}$存在时，$\lim\limits_{x\to x_0}\frac{f(x)}{g(x)}$也存在，且两者相等；当$\lim\limits_{x\to x_0}\frac{f'(x)}{g'(x)}$为无穷大时，$\lim\limits_{x\to x_0}\frac{f(x)}{g(x)}$也是无穷大。

例1 求$\lim\limits_{x\to 1}\frac{\ln x}{x-1}$。

解 这是$\frac{0}{0}$型未定式，利用洛必达法则有

$$\lim_{x\to 1}\frac{\ln x}{x-1}=\lim_{x\to 1}\frac{(\ln x)'}{(x-1)'}=\lim_{x\to 1}\frac{\frac{1}{x}}{1}=1。$$

例2 求$\lim\limits_{x\to 0}\frac{e^x-1}{x}$。

解 这是$\frac{0}{0}$型未定式，利用洛必达法则有

$$\lim_{x\to 0}\frac{e^x-1}{x}=\lim_{x\to 0}\frac{e^x}{1}=1。$$

例3 求$\lim\limits_{x\to a}\frac{\sin x-\sin a}{x-a}$。

解法一 这是$\frac{0}{0}$型未定式，利用洛必达法则有

$$\lim_{x\to a}\frac{\sin x-\sin a}{x-a}=\lim_{x\to a}\frac{\cos x}{1}=\cos a。$$

解法二 根据导数的定义有

$$\lim_{x\to a}\frac{\sin x-\sin a}{x-a}=(\sin x)'|_{x=a}=\cos a。$$

3.2.2 $\frac{\infty}{\infty}$ 型未定式的极限

定理 3.6 （洛必达法则）若函数 $f(x)$ 和 $g(x)$ 满足：

(1) 在 x_0 的某去心邻域 $N^0(x_0,\delta)$ 内，$f'(x)$ 和 $g'(x)$ 都存在，且 $g'(x)\neq 0$；

(2) $\lim\limits_{x\to x_0}f(x)=\infty$，$\lim\limits_{x\to x_0}g(x)=\infty$；

(3) $\lim\limits_{x\to x_0}\dfrac{f'(x)}{g'(x)}$ 存在（或为无穷大）。

则

$$\lim_{x\to x_0}\frac{f(x)}{g(x)}=\lim_{x\to x_0}\frac{f'(x)}{g'(x)}。$$

例 4 求 $\lim\limits_{x\to+\infty}\dfrac{\ln x}{x}$。

解 这是$\frac{\infty}{\infty}$型未定式，利用洛必达法则有

$$\lim_{x\to+\infty}\frac{\ln x}{x}=\lim_{x\to+\infty}\frac{(\ln x)'}{x'}=\lim_{x\to+\infty}\frac{\frac{1}{x}}{1}=\lim_{x\to+\infty}\frac{1}{x}=0。$$

例 5 求 $\lim\limits_{x\to+\infty}\dfrac{\mathrm{e}^x}{x^3}$。

解 这是$\frac{\infty}{\infty}$型未定式，连续使用洛必达法则有

$$\lim_{x\to+\infty}\frac{\mathrm{e}^x}{x^3}=\lim_{x\to+\infty}\frac{\mathrm{e}^x}{3x^2}=\lim_{x\to+\infty}\frac{\mathrm{e}^x}{6x}=\lim_{x\to+\infty}\frac{\mathrm{e}^x}{6}=+\infty。$$

注意 在多次使用洛必达法则时，每次都要进行检验其是否满足洛必达法则的条件，否则会导致错误的结论。

例 6 求 $\lim\limits_{x\to+\infty}\dfrac{x-\sin x}{x+\sin x}$。

解 （错误的解法）这是$\frac{\infty}{\infty}$型未定式，连续使用洛必达法则有

$$\lim_{x\to+\infty}\frac{x-\sin x}{x+\sin x}=\lim_{x\to+\infty}\frac{1-\cos x}{1+\cos x}=\lim_{x\to+\infty}\frac{\sin x}{-\sin x}=-1。$$

这种解法是错误的，因为 $\lim\limits_{x\to+\infty}\dfrac{1-\cos x}{1+\cos x}$ 已经不再是不定式的极限。

（正确的解法）

$$\lim_{x\to+\infty}\frac{x-\sin x}{x+\sin x}=\lim_{x\to+\infty}\frac{1-\frac{\sin x}{x}}{1+\frac{\sin x}{x}}=\frac{1-0}{1+0}=1。$$

注意 不能对任何$\frac{0}{0}$型或$\frac{\infty}{\infty}$型的极限都使用洛必达法则，若所给未定式不满足洛

必达法则的所有条件，则不能使用洛必达法则求极限。

例 7 求$\lim\limits_{x\to+\infty}\dfrac{x+\sin x}{x}$。

解 （错误的解法）这是$\dfrac{\infty}{\infty}$型未定式，使用洛必达法则有

$$\lim_{x\to+\infty}\frac{x+\sin x}{x}=\lim_{x\to+\infty}\frac{1+\cos x}{1}。$$

因为$\lim\limits_{x\to+\infty}\dfrac{1+\cos x}{1}$不存在，故$\lim\limits_{x\to+\infty}\dfrac{x+\sin x}{x}$不存在。其错误原因是不满足洛必达法则的第(3)条。

（正确的解法）

$$\lim_{x\to+\infty}\frac{x+\sin x}{x}=\lim_{x\to+\infty}\left(1+\frac{\sin x}{x}\right)=1。$$

3.2.3 其他类型未定式（$0\cdot\infty,\infty-\infty,0^0,1^\infty,\infty^0$）的极限

1. $0\cdot\infty$ 和 $\infty-\infty$ 型未定式的极限

对于$0\cdot\infty$和$\infty-\infty$型，可通过恒等变形转化为$\dfrac{0}{0}$型或$\dfrac{\infty}{\infty}$型的未定式来计算。

例 8 求$\lim\limits_{x\to0^+}x\cdot\ln x$。

解 这是一个$0\cdot\infty$型未定式，用恒等变形$x\ln x=\dfrac{\ln x}{\frac{1}{x}}$，将其转化为$\dfrac{\infty}{\infty}$型。

$$\lim_{x\to0^+}x\cdot\ln x=\lim_{x\to0^+}\frac{\ln x}{\frac{1}{x}}=\lim_{x\to0^+}\frac{\frac{1}{x}}{-\frac{1}{x^2}}=\lim_{x\to0^+}(-x)=0。$$

例 9 求$\lim\limits_{x\to0}\left(\dfrac{1}{x}-\dfrac{1}{e^x-1}\right)$。

解 这是一个$\infty-\infty$型未定式，通分运算后可转化为$\dfrac{0}{0}$型。

$$\lim_{x\to0}\frac{e^x-1-x}{x(e^x-1)}=\lim_{x\to0}\frac{e^x-1}{e^x-1+xe^x}=\lim_{x\to0}\frac{e^x}{e^x+e^x+xe^x}=\lim_{x\to0}\frac{1}{2+x}=\frac{1}{2}。$$

2. $0^0,1^\infty$ 和 ∞^0 型未定式的极限

对于$0^0,1^\infty$和∞^0型，可两边取对数或化为以e为底的指数函数，再设法通过恒等变形变为$\dfrac{0}{0}$型或$\dfrac{\infty}{\infty}$型的未定式来计算。

例 10 求$\lim\limits_{x\to0^+}x^x$。

解 这是0^0型的未定式，设$y=x^x$，两边取对数得$\ln y=x\ln x$，因

$$\lim_{x\to 0^+}\ln y=\lim_{x\to 0^+}x\ln x=\lim_{x\to 0^+}\frac{\ln x}{\frac{1}{x}}=\lim_{x\to 0^+}\frac{\frac{1}{x}}{-\frac{1}{x^2}}=\lim_{x\to 0^+}(-x)=0,$$

即

$$\lim_{x\to 0^+}\ln y=\ln(\lim_{x\to 0^+}y)=0,$$

故

$$\lim_{x\to 0^+}y=\mathrm{e}^0=1,$$

也即

$$\lim_{x\to 0^+}x^x=1。$$

例 11　求 $\lim\limits_{x\to+\infty}x^{\frac{1}{x}}$。

解　这是一个 ∞^0 型的未定式，可转化为$\frac{\infty}{\infty}$型未定式。

$$\lim_{x\to+\infty}x^{\frac{1}{x}}=\lim_{x\to+\infty}\mathrm{e}^{\frac{1}{x}\ln x}=\mathrm{e}^{\lim\limits_{x\to+\infty}\frac{\ln x}{x}}=\mathrm{e}^{\lim\limits_{x\to+\infty}\frac{\frac{1}{x}}{1}}=\mathrm{e}^0=1。$$

习题 3.2

1. 利用洛必达法则求下列极限。

(1) $\lim\limits_{x\to\infty}\dfrac{\ln x}{x^2}$；　(2) $\lim\limits_{x\to 0}\dfrac{1-\cos 2x}{x\sin x}$；　(3) $\lim\limits_{x\to 2}\dfrac{3x^2+2x-16}{x^2-3x+2}$；

(4) $\lim\limits_{x\to 0}\dfrac{\sin x}{\tan 3x}$；　(5) $\lim\limits_{x\to 0}\dfrac{\mathrm{e}^x-\mathrm{e}^{-x}-2x}{x-\sin x}$；　(6) $\lim\limits_{x\to 0}\dfrac{1-\cos 2x}{1-\cos 3x}$；

(7) $\lim\limits_{x\to 0}\dfrac{\arcsin x}{x}$；　(8) $\lim\limits_{x\to 0}\dfrac{\mathrm{e}^{x^2}-1}{\cos x-1}$；　(9) $\lim\limits_{x\to 0}\dfrac{x-\sin x}{x^3}$；

(10) $\lim\limits_{x\to+\infty}\dfrac{\ln x}{\sqrt{x}}$；　(11) $\lim\limits_{x\to 0}(x\cot 2x)$；　(12) $\lim\limits_{x\to 0^+}x^{\sin x}$；

(13) $\lim\limits_{x\to 0^+}\left(\dfrac{1}{x}\right)^{\tan x}$；　(14) $\lim\limits_{x\to+\infty}x^{-2}\mathrm{e}^x$。

2. 设 $f(0)=0,f'(0)=1,f''(0)=2$，求 $\lim\limits_{x\to 0}\dfrac{f(x)-x}{x^2}$。

3.3　函数的单调性与曲线的凹凸性

3.3.1　函数的单调性

如果函数 $y=f(x)$ 在区间 $[a,b]$ 上单调增加(或单调减少)，那么它的图形是一条沿

x 轴正向上升(或下降,如图 3-8 所示)的曲线,如图 3-7 所示,这时曲线在各点处的切线斜率是非负的(或非正的),即 $y' = f'(x) \geqslant 0$(或 $y' = f'(x) \leqslant 0$)。

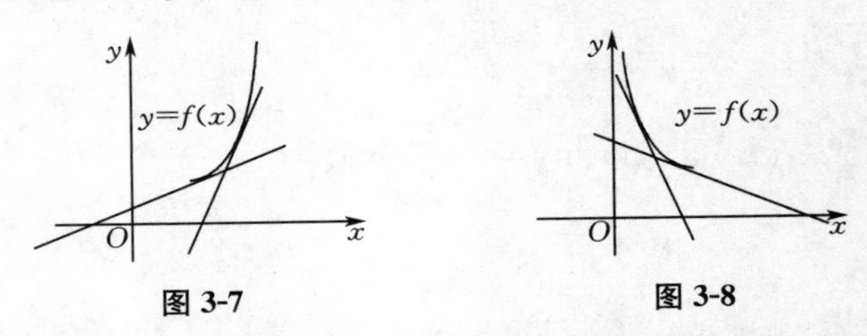

图 3-7　　图 3-8

由此可见,函数的单调性与导数的符号有着密切的关系。反过来,能否用导数的符号来判定函数的单调性呢?

定理 3.7　设函数 $y = f(x)$ 在区间 $[a,b]$ 上连续,在区间 (a,b) 内可导。

(1) 若在 (a,b) 内 $f'(x) \geqslant 0$,且 $f'(x) = 0$ 的点不构成区间(或 $f'(x) > 0, x \in (a,b)$),则 $f(x)$ 在 $[a,b]$ 上单调增加。

(2) 若在 (a,b) 内 $f'(x) \leqslant 0$,且 $f'(x) = 0$ 的点不构成区间(或 $f'(x) < 0, x \in (a,b)$),则 $f(x)$ 在 $[a,b]$ 上单调减少。

证　只证(1)。在 $[a,b]$ 上任取两点 $x_1, x_2 (x_1 < x_2)$,应用拉格朗日中值定理,得

$$f(x_2) - f(x_1) = f'(\xi)(x_2 - x_1) \quad (x_1 < \xi < x_2)。$$

在上式中,由于

$$x_2 - x_1 > 0,$$

因此,若在 (a,b) 内导数 $f'(x) > 0$,则也有 $f'(\xi) > 0$。于是

$$f(x_2) - f(x_1) = f'(\xi)(x_2 - x_1) > 0,$$

即

$$f(x_1) < f(x_2),$$

这说明函数 $y = f(x)$ 在 $[a,b]$ 上单调增加。

注意　判定法中的闭区间可换成其他各种区间。

例 1　讨论函数 $y = \sqrt[3]{x^2}$ 的单调性。

解　函数的定义域为 $(-\infty, +\infty)$,函数的导数为

$$y' = \frac{2}{3\sqrt[3]{x}} (x \neq 0),$$

即函数在 $x = 0$ 处不可导。

因为 $x < 0$ 时,$y' < 0$,所以函数在 $(-\infty, 0]$ 上单调减少;又因为 $x > 0$ 时,$y' > 0$,所以函数在 $[0, +\infty)$ 上单调增加。

如果函数在定义区间上连续,除去有限个导数不存在的点外其他各点处导数存在且连续,那么只要用方程 $f'(x) = 0$ 的根及导数不存在的点来划分函数 $f(x)$ 的定义区间,就能保证 $f'(x)$ 在各个部分区间内保持固定的符号,进而确定函数 $f(x)$ 在每个部分区间上的单调性。因此,可得出求函数单调区间的一般步骤:

(1) 确定函数 $y=f(x)$ 的定义域；

(2) 求出一阶导数 $f'(x)$；

(3) 求使一阶导数为零的点和一阶导数不存在的点；

(4) 用一阶导数为零的点和一阶导数不存在的点将定义域区间进行划分，在每个区间讨论 $f'(x)$ 的符号；

(5) 根据 $f'(x)$ 的符号确定 $f(x)$ 的单调区间。

注意　根据具体情况(1)、(3) 步有时可以省略。

例 2　讨论函数 $f(x)=(x-5)x^{\frac{2}{3}}$ 的单调区间。

解　(1) $f(x)$ 的定义域为$(-\infty,+\infty)$；

(2) $f'(x)=x^{\frac{2}{3}}+\dfrac{2}{3}x^{-\frac{1}{3}}(x-5)=\dfrac{5(x-2)}{3\sqrt[3]{x}}$；

(3) 令 $f'(x)=0$，得 $x=2$；而 $x=0$ 时，$f'(x)$ 不存在；

(4) 用 $x=2$ 和 $x=0$ 把定义域划分为$(-\infty,0)$，$[0,2]$，$(2,+\infty)$三个区间，在每个区间讨论 $f'(x)$ 的符号；

(5) 根据 $f'(x)$ 的符号确定 $f(x)$ 的单调性，列表如下：

表 3-1

x	$(-\infty,0)$	0	$(0,2)$	2	$(2,+\infty)$
$f'(x)$	+	不存在	−	0	+
$f(x)$	增加		减少		增加

故在区间$(-\infty,0)$ 和$(2,+\infty)$ 内函数单调增加，在区间$(0,2)$ 内函数单调减少。

例 3　讨论函数 $y=x^3$ 的单调性。

解　函数的定义域为$(-\infty,+\infty)$。因为 $y'=3x^2\geqslant 0$，且使得 $y'=0$ 的点只有 $x=0$，不构成区间，根据定理 3.7 可知，$y=x^3$ 在区间$(-\infty,+\infty)$ 内是单调增加的。

例 4　证明：当 $x>0$ 时，$\ln(1+x)<x$。

证　设

$$f(x)=\ln(1+x)-x,$$

则

$$f'(x)=\frac{1}{1+x}-1<0\ (x>0),$$

即 $f(x)$ 在$[0,+\infty)$ 上单调减少，从而

$$f(x)<f(0)(x>0)。$$

又因 $f(0)=0$，故

$$f(x)=\ln(1+x)-x<0,$$

即 $x>0$ 时，

$$\ln(1+x)<x。$$

3.3.2　曲线的凹凸性

若知道函数在某个区间的单调性，则可以粗略画出函数的图象，但是仅从单调性并不能刻画出函数的某些具体特征。比如，如果我们知道函数在某个区间上是单调增加的，作出的图形是沿 x 轴逐渐上升的曲线，但到底是图 3-9 中的哪种增加呢？是向上凸的，还是向下凹的？为了更好地刻画函数的这种特征，我们引入函数凹凸性的概念。

定义 3.1　设函数 $y=f(x)$ 在区间 I 上连续，如果函数图象上任意两点间的曲线弧位于这两点割线的上方，则称该曲线在区间 I 上是**凸的**（如图 3-10 所示的 AB 弧）；如果函数图象上任意两点间的曲线弧位于这两点割线的下方，则称该曲线在区间 I 上是**凹的**（如图 3-10 所示的 CD 弧）。

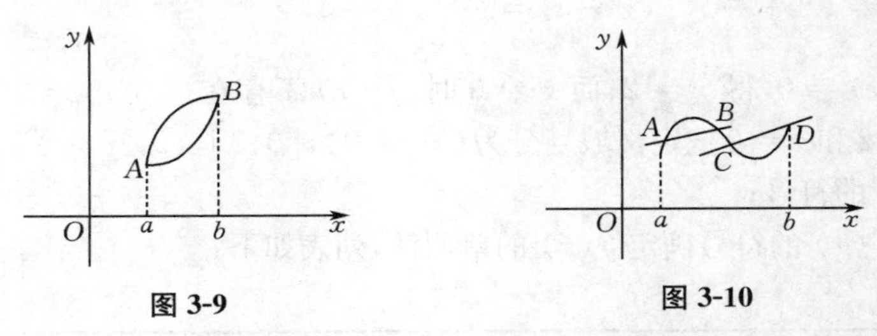

图 3-9　　　　图 3-10

定义 3.2　设 $f(x)$ 在区间 $[a,b]$ 上连续，如果对 $[a,b]$ 上任意两点 x_1,x_2，恒有

$$f\left(\frac{x_1+x_2}{2}\right)<\frac{f(x_1)+f(x_2)}{2},$$

那么称 $f(x)$ 在 I 上的图形是**凹的**（或凹弧）；

如果恒有

$$f\left(\frac{x_1+x_2}{2}\right)>\frac{f(x_1)+f(x_2)}{2},$$

那么称 $f(x)$ 在 I 上的图形是凸的（或凸弧）。

通常情况下，我们依据下面的定理来判断函数的凹凸性和凹凸区间。

定理 3.8　设 $f(x)$ 在 $[a,b]$ 上连续，在 (a,b) 内具有一阶和二阶导数，那么

(1) 若在 (a,b) 内 $f''(x)>0$，则 $f(x)$ 在 $[a,b]$ 上的图形是凹的；

(2) 若在 (a,b) 内 $f''(x)<0$，则 $f(x)$ 在 $[a,b]$ 上的图形是凸的。

定义 3.3　连续曲线 $y=f(x)$ 上凹弧与凸弧的分界点称为这曲线的**拐点**。

确定曲线 $y=f(x)$ 的凹凸区间和拐点的步骤:

(1) 确定函数 $y=f(x)$ 的定义域；

(2) 求出二阶导数 $f''(x)$；

(3) 求使二阶导数为零的点和二阶导数不存在的点；

(4) 判断或列表判断，确定出曲线凹凸区间和拐点。

注意　根据具体情况(1)、(3) 步有时可以省略。

例 5　求曲线 $y=3x^4-4x^3+1$ 的凹凸区间及拐点。

解　(1) 函数 $y=3x^4-4x^3+1$ 的定义域为 $(-\infty,+\infty)$；

(2) $y'=12x^3-12x^2$，$y''=36x^2-24x=36x\left(x-\frac{2}{3}\right)$；

(3) 解方程 $y''=0$，得 $x_1=0, x_2=\frac{2}{3}$；

(4) 列表判断:

表 3-2

x	$(-\infty,0)$	0	$\left(0,\frac{2}{3}\right)$	$\frac{2}{3}$	$\left(\frac{2}{3},+\infty\right)$
$f''(x)$	+	0	−	0	+
$f(x)$	∪	1	∩	$\frac{11}{27}$	∪

在区间 $(-\infty,0)$ 和 $\left(\frac{2}{3},+\infty\right)$ 上曲线是凹的，用符号“∪”来表示，在区间 $\left(0,\frac{2}{3}\right)$ 上曲线是凸的，用符号“∩”来表示。点 $(0,1)$ 和点 $\left(\frac{2}{3},\frac{11}{27}\right)$ 是曲线的拐点。

例 6　求曲线 $y=\sqrt[3]{x}$ 的拐点。

解　(1) 函数的定义域为 $(-\infty,+\infty)$；

(2) $y'=\frac{1}{3\sqrt[3]{x^2}}$，$y''=-\frac{2}{9x\sqrt[3]{x^2}}$；

(3) 无二阶导数为零的点，二阶导数不存在的点为 $x=0$；

(4) 判断：当 $x<0$ 时，$y''>0$；当 $x>0$ 时，$y''<0$。因此，点 $(0,0)$ 是曲线的拐点。

例 7　讨论曲线 $y=x^4$ 是否有拐点。

解
$$y'=4x^3, y''=12x^2。$$

当 $x\neq 0$ 时，$y''>0$，故在 $x=0$ 的两侧，曲线的凹凸性相同，所以点 $(0,0)$ 不是曲线的拐点，即该曲线无拐点。

习题 3.3

1. 判断下列函数的单调性，并求其单调区间。

(1) $y=2+x-x^2$；　(2) $y=x-e^x$；

(3) $y=2x^2-\ln x$；　(4) $y=x-\ln(1+x)$；

(5) $y=x^3+x^2-x-1$；　(6) $y=\sqrt[3]{x}$。

2. 求下列函数的凹凸区间和拐点。

(1) $y=x^3-5x^2+3x-5$；　(2) $y=\ln x$；

(3) $y=e^{-x^2}$；　(4) $y=4x-x^2$；

(5) $y=\ln(x^2+1)$；　(6) $y=x+\frac{1}{x}$。

3. 判断函数 $f(x)=x+\cos x(0\leqslant x\leqslant 2\pi)$ 的单调性。

4. 证明不等式 $\sin x<x\left(0<x<\frac{\pi}{2}\right)$。

3.4　函数的极值与最值

在工农业生产、工程技术及科学实验中，常常会遇到这样一类问题：在一定条件下，怎样使“产品最多”、“用料最省”、“成本最低”、“效率最高”等。这类问题在数学上可归结为求某一函数(通常称为目标函数)的最大值或最小值问题。而讨论最大值或最小值问题需要探讨函数的极值。极值不仅在实际中有着重要的应用，而且也是函数性质的重要特征。

3.4.1　函数的极值

定义 3.4　设函数 $f(x)$ 在区间 (a,b) 内有定义，$x_0\in(a,b)$。若在 x_0 的某一去心邻域内，对任意的 x 有

$$f(x)<f(x_0)(\text{或 } f(x)>f(x_0)),$$

则称 $f(x_0)$ 是函数 $f(x)$ 的一个**极大值**(或**极小值**)，称 x_0 为**极大值点**(或**极小值点**)。极大值和极小值统称为**极值**，极大值点和极小值点统称为**极值点**。

如图 3-11 所示，x_1,x_3,x_5 是函数的极大值点；x_2,x_4 是函数的极小值点。再如，3.3 节例 2 中的函数 $f(x)=(x-5)x^{\frac{2}{3}}$ 有极大值 $f(0)=0$ 和极小值 $f(2)=-3\sqrt[3]{4}$，点 $x=0$ 和 $x=2$ 是函数 $f(x)$ 的极值点。

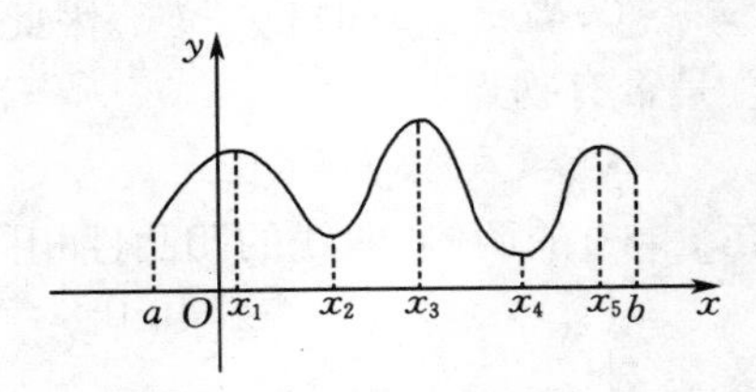

图 3-11

定理 3.9　(极值的必要条件)设函数 $f(x)$ 在区间 (a,b) 内有定义且可导，$x_0\in(a,b)$ 是 $f(x)$ 的一个极值点，则

$$f'(x_0)=0。$$

证　不妨设 x_0 是 $f(x)$ 的一个极大值点，$f(x_0)$ 是极大值(极小值的情形可类似证明)，则根据极大值的定义，对于 x_0 的去心邻域内任意点 x，$f(x)<f(x_0)$ 均成立。于是由费马定理可得

$$f'(x_0)=0。$$

由上述讨论可知：可导函数 $f(x)$ 的极值点必定是函数的驻点。但反过来，函数 $f(x)$ 的驻点却不一定是极值点。例如，函数 $f(x)=x^3$ 在 $x=0$ 处导数为 0，即 $x=0$ 为其驻点，但不是其极值点。

另外，极值也可在不可导点处达到，例如，函数 $f(x)=|x|, x\in\mathbf{R}$，在不可导点 $x=0$ 处取得极小值。

由于驻点和不可导点是可能的极值点，求出驻点和不可导点后，为了确定究竟其中哪些点是极值点，是极大值点还是极小值点，下面给出两个判断极值点的充分条件。

定理 3.10 （极值第一充分条件）设函数 $f(x)$ 在 x_0 的某邻域 $N(x_0,\delta)$ 内连续，在相应的去心邻域 $N^0(x_0,\delta)$ 内可导。

(1) 如果在 x_0 的左邻域内 $f'(x)>0$，在 x_0 的右邻域内 $f'(x)<0$，那么函数 $f(x)$ 在 x_0 处取得极大值；

(2) 如果在 x_0 的左邻域内 $f'(x)<0$，在 x_0 的右邻域内 $f'(x)>0$，那么函数 $f(x)$ 在 x_0 处取得极小值。

也即是说，当 x 在 x_0 的邻近渐增地经过 x_0 时，如果 $f'(x)$ 的符号由正变负，那么 $f(x)$ 在 $(x_0-\delta, x_0)$ 内单调增加，在 $(x_0, x_0+\delta)$ 内单调减少，故 $f(x)$ 在 x_0 处取得极大值（极小值的情形类似）。

确定极值点和极值的步骤：

(1) 求出导数 $f'(x)$；

(2) 求出 $f(x)$ 的全部驻点和不可导点；

(3) 根据定理 3.10 对驻点和不可导点逐个进行判断；

(4) 求出各极值点处的函数值。

对于函数的驻点，也可用如下方法判断极值。

定理 3.11 （极值第二充分条件）设函数 $f(x)$ 在点 x_0 处具有二阶导数，且 $f'(x_0)=0$，则

(1) 当 $f''(x_0)<0$ 时，函数 $f(x)$ 在 x_0 处取得极大值；

(2) 当 $f''(x_0)>0$ 时，函数 $f(x)$ 在 x_0 处取得极小值。

证　在情形(1)，由于 $f''(x_0)<0$，按二阶导数的定义有

$$f''(x_0)=\lim_{x\to x_0}\frac{f'(x)-f'(x_0)}{x-x_0}<0。$$

根据函数极限的局部保号性，在 x_0 的去心邻域内有

$$\frac{f'(x)-f'(x_0)}{x-x_0}<0。$$

但 $f'(x_0)=0$，所以上式即为

$$\frac{f'(x)}{x-x_0}<0。$$

因此，对于去心邻域内的 x 来说，$f'(x)$ 与 $x-x_0$ 的符号相反。因此，当 $x-x_0<0$，即 $x<x_0$ 时，$f'(x)>0$；当 $x-x_0>0$，即 $x>x_0$ 时，$f'(x)<0$。根据定理 3.10，$f(x)$ 在点 x_0 处取得极大值。

类似地可以证明情形(2)。

注意 (1) 极值第二充分条件只适合对驻点进行判断，不适合其他点。

(2) 如果函数 $f(x)$ 在驻点 x_0 处的二阶导数 $f''(x_0) \neq 0$，那么该点 x_0 一定是极值点，并且可以按二阶导数 $f''(x_0)$ 的符号来判定 $f(x_0)$ 是极大值还是极小值。但如果 $f''(x_0) = 0$，定理 3.11 就不能应用。

例如，讨论函数 $f(x) = x^4, g(x) = x^3$ 在点 $x = 0$ 处是否有极值。

因为 $f'(x) = 4x^3, f'(0) = 0; f''(x) = 12x^2, f''(0) = 0$。但当 $x < 0$ 时，$f'(x) < 0$；当 $x > 0$ 时，$f'(x) > 0$，所以 $f(0)$ 为极小值。

而 $g'(x) = 3x^2$，$g'(0) = 0$；$g''(x) = 6x$，$g''(0) = 0$。但 $g(0)$ 不是极值。

例 1 求函数 $f(x) = x^3 - 6x^2 + 9x - 3$ 的极值。

解
$$f'(x) = 3x^2 - 12x + 9 = 3(x-1)(x-3)。$$
令
$$f'(x) = 3(x-1)(x-3) = 0,$$
得驻点
$$x_1 = 1, x_2 = 3,$$
没有不可导点。

又
$$f''(x) = 6x - 12,$$
因
$$f''(1) = -6 < 0,$$
故 $f(1) = 1$ 为函数 $f(x)$ 的极大值；因
$$f''(3) = 6 > 0,$$
故 $f(3) = -3$ 为函数 $f(x)$ 的极小值。

3.4.2 函数的最大值和最小值

1. 极值与最值的关系

设函数 $f(x)$ 在闭区间 $[a,b]$ 上连续，则函数的最大值和最小值一定存在。函数的最大值和最小值有可能在区间的端点取得，也有可能在区间内部取得。若在区间内部取得，则最大值一定是函数的极大值。因此，函数在闭区间 $[a,b]$ 上的最大值一定是函数的所有极大值和函数在区间端点的函数值中的最大者。同理，函数在闭区间 $[a,b]$ 上的最小值一定是函数的所有极小值和函数在区间端点的函数值中最小者。

注意 最大(小)值若在区间端点达到，就不是极大(小)值。函数的极大值和极小值概念是就局部范围而言的。如果 $f(x_0)$ 是函数 $f(x)$ 的一个极大值，那只是就 x_0 附近的一个局部范围来说的，如果 $f(x_0)$ 是 $f(x)$ 的一个最大值，那是就 $f(x)$ 的整个定义域来说。关于极小值也可类似讨论。

2. 最大值和最小值的求法

定理 3.12 设 $f(x)$ 为闭区间 $[a,b]$ 上的连续函数，$f(x)$ 在 (a,b) 内的全部驻点和不

可导点为 $x_1, x_2, \cdots, x_n$，则

$$f(x)_{\max} = \max\{f(a), f(x_1), f(x_2), \cdots, f(x_n), f(b)\};$$
$$f(x)_{\min} = \min\{f(a), f(x_1), f(x_2), \cdots, f(x_n), f(b)\}。$$

注意　该定理的方法，通常在计算中较复杂，若根据具体问题能确定函数 $f(x)$ 的最大值(最小值)必在区间内部取得，而函数 $f(x)$ 在区间内部有唯一一个极值点，则可断定 $f(x)$ 在该极值点处必取得最大值(或最小值)。

例 2　求函数 $f(x)=(x-1)(x-2)^2$ 在 $\left[0,\frac{5}{2}\right]$ 上的最大值和最小值。

解　对原函数求导得

$$f'(x)=(3x-4)(x-2)。$$

令

$$f'(x)=0,$$

得驻点

$$x_1=\frac{4}{3}, x_2=2,$$

且

$$f(0)=-4, f\left(\frac{4}{3}\right)=\frac{4}{27}, f(2)=0, f\left(\frac{5}{2}\right)=\frac{3}{8},$$

故据定理 3.12 有

$$f(x)_{\max}=\max\left\{-4,\frac{4}{27},0,\frac{3}{8}\right\}=\frac{3}{8},$$
$$f(x)_{\min}=\min\left\{-4,\frac{4}{27},0,\frac{3}{8}\right\}=-4。$$

即 $f(x)$ 在 $\left[0,\frac{5}{2}\right]$ 上的最大值为 $\frac{3}{8}$，最小值为 -4。

例 3　求数列 $1,\sqrt{2},\sqrt[3]{3},\cdots,\sqrt[n]{n},\cdots$ 中最大的一项。

解　可把这些数看成连续函数

$$f(x)=\sqrt[x]{x}=x^{\frac{1}{x}}\ (x>0)$$

当 x 为正整数时的值。

因

$$f'(x)=\left(e^{\frac{1}{x}\ln x}\right)'=e^{\frac{1}{x}\ln x}\left(\frac{\ln x}{x}\right)'=e^{\frac{1}{x}\ln x}\frac{1-\ln x}{x^2}=x^{\frac{1}{x}}\left(\frac{1-\ln x}{x^2}\right),$$

令

$$f'(x)=0,$$

得驻点

$$x=e。$$

又在 $(0,1)$ 内 $f'(x)>0$，在 $(e,+\infty)$ 内 $f'(x)<0$，故 $f(e)=e^{\frac{1}{e}}$ 是函数 $f(x)$ 在

$(0,+\infty)$ 内的最大值。因此，所求数列的最大项只可能是与 $x=\mathrm{e}$ 相距最近的两个整数点所对应的函数值$\sqrt{2}$ 和$\sqrt[3]{3}$ 中的一个。显然有

$$\sqrt[3]{3}=\sqrt[6]{9}>\sqrt[6]{8}=\sqrt{2},$$

故 $\sqrt[3]{3}$ 为原数列中最大的一项。

例 4 把一根直径为 d 的圆木锯成截面为矩形的梁，如图 3-12 所示。问矩形截面的高 h 和宽 b 应如何选择才能使梁的抗弯截面模量 $W\left(W=\frac{1}{6}bh^2\right)$最大？

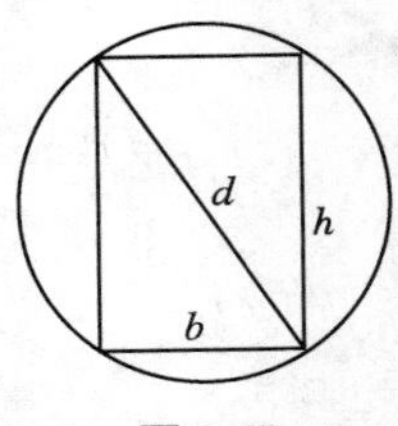

图 3-12

解 b 与 h 有下面的关系：

$$h^2=d^2-b^2,$$

因而

$$W=\frac{1}{6}b(d^2-b^2)(0<b<d)。$$

这样，W 就是自变量 b 的函数，b 的变化范围是$(0,d)$。

现在的问题转化为 b 等于多少时目标函数 W 取最大值。为此，求 W 对 b 的导数，得

$$W'=\frac{1}{6}(d^2-3b^2)。$$

解方程 $W'=0$，得驻点

$$b=\sqrt{\frac{1}{3}}d。$$

由于梁的最大抗弯截面模量一定存在，而且在$(0,d)$ 内部取得，同时，函数 $W=\frac{1}{6}b(d^2-b^2)$ 在$(0,d)$ 内只有一个驻点，所以当 $b=\sqrt{\frac{1}{3}}d$ 时，W 的值最大。这时，

$$h^2=d^2-b^2=d^2-\frac{1}{3}d^2=\frac{2}{3}d^2,$$

即

$$h=\sqrt{\frac{2}{3}}d。$$

故当

$$d:h:b=\sqrt{3}:\sqrt{2}:1$$

时，梁的抗弯截面模量 $W\left(W=\frac{1}{6}bh^2\right)$最大。

习题 3.4

1. 求下列函数的极值。

(1) $y = x^2 - 2x + 3$；　(2) $y = 2x^3 - 6x^2 - 18x + 7$；

(3) $y = 2x^3 - 3x^2$；　(4) $y = \dfrac{2x}{1 + x^2}$；

(5) $y = x^2 e^{-x}$；　(6) $y = 2e^x + e^{-x}$；

(7) $y = x - \ln(1 + x)$；　(8) $y = x^2 + \dfrac{432}{x}$。

2. 求下列函数在所给区间上的最大值和最小值。

(1) $y = x^3 + 1, x \in [-2,2]$；　(2) $y = 3x^4 - 4x^3 - 12x^2 + 1, x \in [-3,3]$；

(3) $y = x + 2\sqrt{x}, x \in [0,4]$；　(4) $y = \dfrac{x}{x^2 + 1}, x \in [0, +\infty)$。

3. 建造一个圆柱形油罐，体积为 V，要使其表面积最小，那么它的底半径 r 和高 h 应分别为多少？

3.5　函数图象的描绘

前几节讨论了函数的单调性、凹凸性、极值与最值等，这些都有助于函数图象的描绘，但要更准确地描绘函数的图象，还需讨论曲线的渐近线。

3.5.1　曲线的渐近线

定义 3.5　若动点沿某一曲线无限远离坐标原点时，该动点到某一定直线的距离趋于零，则称此直线为该曲线的一条**渐近线**。

1. 垂直渐近线

若 $\lim\limits_{x \to x_0^+} f(x) = \infty$ 或 $\lim\limits_{x \to x_0^-} f(x) = \infty$，则称直线 $x = x_0$ 为曲线 $y = f(x)$ 的一条**垂直渐近线**。

例如，函数 $y = \ln x$，因 $\lim\limits_{x \to 0^+} \ln x = -\infty$，故 $x = 0$(即 y 轴) 为曲线 $y = \ln x$ 的一条垂直渐近线，如图 3-13 所示。

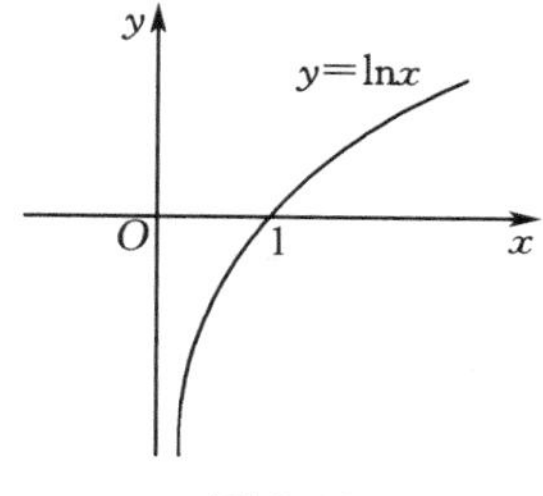

图 3-13

2. 水平渐近线

若曲线 $y = f(x)$ 的定义域为无限区间，且 $\lim\limits_{x\to-\infty} f(x) = b$ 或 $\lim\limits_{x\to+\infty} f(x) = b$，则称直线 $y = b$ 为曲线 $y = f(x)$ 的一条**水平渐近线**。

例如，函数 $y = \dfrac{1}{x-1}$，因 $\lim\limits_{x\to\pm\infty} \dfrac{1}{x-1} = 0$，故 $y = 0$（即 x 轴）是曲线 $y = \dfrac{1}{x-1}$ 的一条水平渐近线，曲线还有一条垂直渐近线 $x = 1$，如图 3-14 所示。

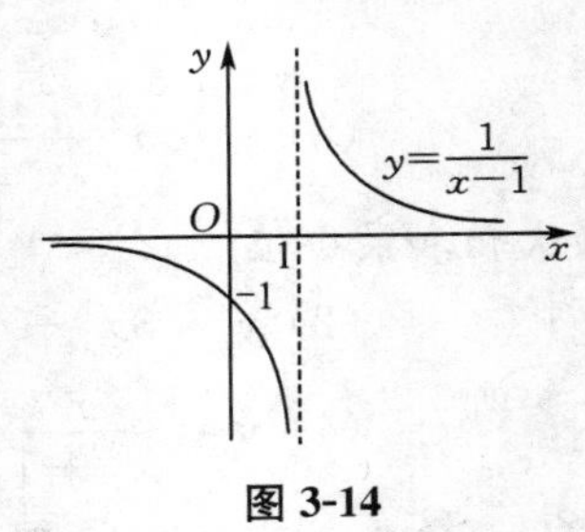

图 3-14

3. 斜渐近线

设曲线 $y = f(x)$ 有斜渐近线 $y = kx + b(k \neq 0)$，如图 3-15 所示。

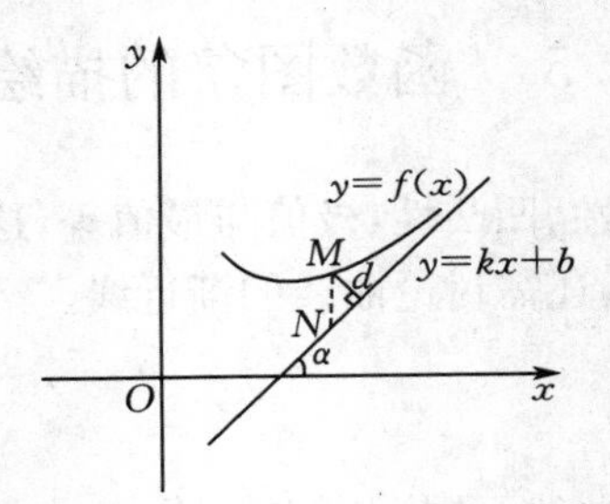

图 3-15

曲线上的动点 $M(x, f(x))$ 到直线 $y = kx + b$ 的距离满足

$$d = |MN| |\cos\alpha| \quad (\cos\alpha \neq 0)。$$

则由渐近线定义有 $d \to 0 \quad (x \to \infty)$，因

$$|MN| = |f(x) - (kx + b)|,$$

故

$$\lim_{x\to\infty}[f(x) - (kx + b)] = 0,$$

于是有

$$\lim_{x\to\infty}[f(x) - kx - b] = 0,$$

故

$$\lim_{x\to\infty}[f(x) - kx] = b,$$

又由

$$\lim_{x\to\infty}\left[\frac{f(x)}{x} - k\right] = \lim_{x\to\infty}\frac{1}{x}[f(x) - kx] = 0 \cdot b = 0,$$

因而

$$\lim_{x\to\infty}\frac{f(x)}{x}=k, \tag{1}$$

将(1)式代入$\lim\limits_{x\to\infty}[f(x)-(kx+b)]=0$中可得

$$\lim_{x\to\infty}[f(x)-kx]=b。\tag{2}$$

由(1)、(2)两式就可确定曲线$y=f(x)$的斜渐近线

$$y=kx+b(k\neq 0)。$$

例1　求函数$f(x)=\dfrac{x^2}{1+x}$的斜渐近线。

解　因

$$\lim_{x\to\infty}\frac{f(x)}{x}=\lim_{x\to\infty}\frac{x}{1+x}=1,$$

故

$$k=1。$$

而

$$b=\lim_{x\to\infty}[f(x)-kx]=\lim_{x\to\infty}\left(\frac{x^2}{1+x}-x\right)=\lim_{x\to\infty}\frac{-x}{1+x}=-1,$$

故曲线

$$f(x)=\frac{x^2}{1+x},$$

有斜渐近线

$$y=x-1。$$

3.5.2　函数图象的描绘

前几节讨论了函数的各种性质，它可应用于函数图象的描绘，下面给出描绘函数图象的一般步骤:

(1) 确定函数的定义域，并判断奇偶性和周期性等；

(2) 求出一阶、二阶导数为零的点和一阶、二阶导数不存在的点；

(3) 列表分析，确定曲线的单调性和凹凸性；

(4) 确定曲线的渐近线；

(5) 确定函数的极值点、拐点以及曲线与坐标轴的交点等；

(6) 连结这些点画出函数的图形。

例2　描绘函数$f(x)=x+\dfrac{1}{2x^2}$的图象。

解　(1) 函数定义域为$(-\infty,0)\cup(0,+\infty)$，$x=0$是间断点，无奇偶性和周期性；

(2) 对原函数求导得

$$f'(x)=1-\frac{1}{x^3}=\frac{x^3-1}{x^3},f''(x)=\frac{3}{x^4},$$

令

$$f'(x)=0,$$

得驻点

$$x=1,$$

定义域中无一阶导数不存在的点；

(3) 列表分析函数的单调性和凹凸性如下：

表 3-3

	$(-\infty,0)$	$(0,1)$	1	$(1,+\infty)$
$f'(x)$	+	−	0	+
$f''(x)$	+	+		+
$f(x)$	增加，凹	减少，凹	极小值点	增加，凹

(4) 渐近线：因$\lim\limits_{x\to0}f(x)=+\infty$，故 $x=0$ 是一条垂直渐近线，无水平渐近线。

又因

$$\lim_{x\to+\infty}\frac{f(x)}{x}=\lim_{x\to\infty}\left(1+\frac{1}{2x^3}\right)=1=k,$$

$$\lim_{x\to+\infty}(f(x)-kx)=\lim_{x\to+\infty}\left(x+\frac{1}{2x^2}-x\right)=0=b,$$

故 $x\to+\infty$ 时，曲线有斜渐近线 $y=x$。同样讨论可得到 $x\to-\infty$ 时，曲线有斜渐近线 $y=x$；

(5) 由上表可知，所给函数无拐点，$x=1$ 为极小值点，且 $f(1)=\frac{3}{2}$，与坐标轴的交点为$\left(-\frac{1}{\sqrt[3]{2}},0\right)$；

(6) 综合上述各要素，描绘函数图象如下，如图 3-16 所示。

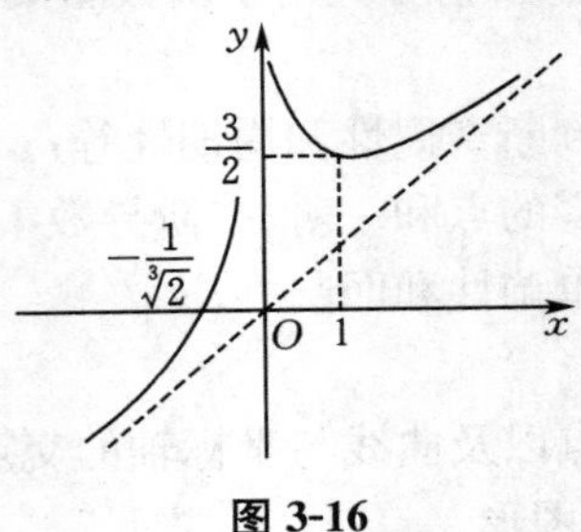

图 3-16

例 3　描绘函数 $f(x)=e^{-x^2}$ 的图象（此曲线称为概率曲线，在概率理论中有重要应用）。

解　(1) 函数定义域为 **R**，且为偶函数，图象关于 y 轴对称，无周期性；

(2)
$$f'(x)=-2xe^{-x^2},f''(x)=4e^{-x^2}\left(x^2-\frac{1}{2}\right),$$

令

$$f'(x) = 0,$$

得驻点

$$x = 0;$$

令

$$f''(x) = 0,$$

得

$$x = \pm\frac{1}{\sqrt{2}};$$

(3) 列表分析函数的单调性和凹凸性如下：

表 3-4

	$\left(-\infty,-\frac{1}{\sqrt{2}}\right)$	$-\frac{1}{\sqrt{2}}$	$\left(-\frac{1}{\sqrt{2}},0\right)$	0	$\left(0,\frac{1}{\sqrt{2}}\right)$	$\frac{1}{\sqrt{2}}$	$\left(\frac{1}{\sqrt{2}},+\infty\right)$
$f'(x)$	+	+	+	0	−	−	−
$f''(x)$	+	0	−	−	−	0	+
$f(x)$	增加，凹	拐点	增加，凸	极大值点	减少，凸	拐点	减少，凹

(4) 渐近线：因 $\lim\limits_{x\to\infty}e^{-x^2} = 0$，故 $y = 0$ 是 $x\to\infty$ 时曲线的水平渐近线，无其他渐近线；

(5) 拐点为 $\left(\pm\frac{1}{\sqrt{2}},e^{-\frac{1}{2}}\right)$，极大值点为 $x = 0$，且极大值 $f(0) = 1$，与坐标轴的交点为 $(0,1)$；

(6) 综合上述各要素，描绘函数图象如下，如图 3-17 所示。

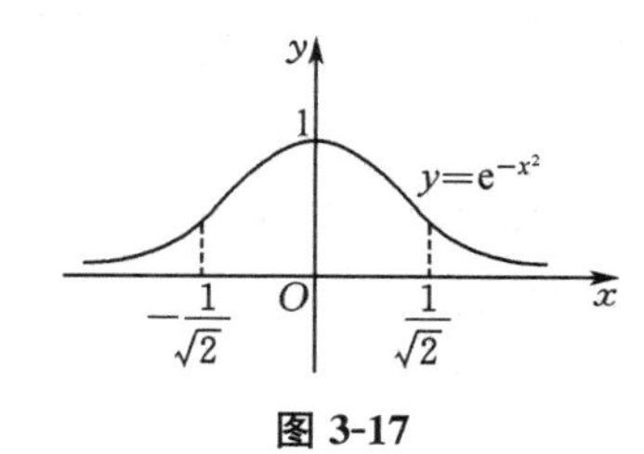

图 3-17

习题 3.5

1. 求下列曲线的渐近线方程。

(1) $f(x) = e^{\frac{1}{x}}$；　　(2) $f(x) = \dfrac{x^3}{x^2-1}$。

2. 描绘下列函数的图象。

(1) $f(x) = x^3 - 3x + 2$；　　(2) $f(x) = 3x - x^3$；

(3) $f(x)=x\mathrm{e}^{-x}$；　　(4) $f(x)=\dfrac{1}{1+x^2}$；

(5) $f(x)=\dfrac{x}{1+x^2}$；　　(6) $f(x)=\dfrac{4(x+1)}{x^2}-2$。

3.6 曲　　率

工程技术问题中，有时需要研究曲线的弯曲程度。比如，机器中的轴或建筑结构中的梁由于受力的作用都可能产生弯曲变形，因此，在设计时都要考虑所允许的弯曲程度。又如，在铁道或公路的转弯处，需要适当的曲线来衔接，才能使车辆平稳安全的通过。工程技术中是用曲率来描述曲线的弯曲程度的。

3.6.1 平面曲线曲率的概念

下面来研究影响曲线弯曲程度的因素。

如图 3-18，弧段 M_1N_1 与 M_1N_2 长度相等，但 M_1N_1 比 M_1N_2 弯曲程度大。当动点沿曲线弧 M_1N_1 由点 M_1 移动到点 N_1 时，两端的切线所转过的角（简称转角）为 $\Delta\theta_1$；当动点沿曲线弧 M_1N_2 由点 M_1 移动到点 N_2 时，切线的转角为 $\Delta\theta_2$。明显地，$\Delta\theta_1>\Delta\theta_2$。由此可知，当曲线弧长相等时，切线的转角越大，则曲线的弯曲程度就越大。

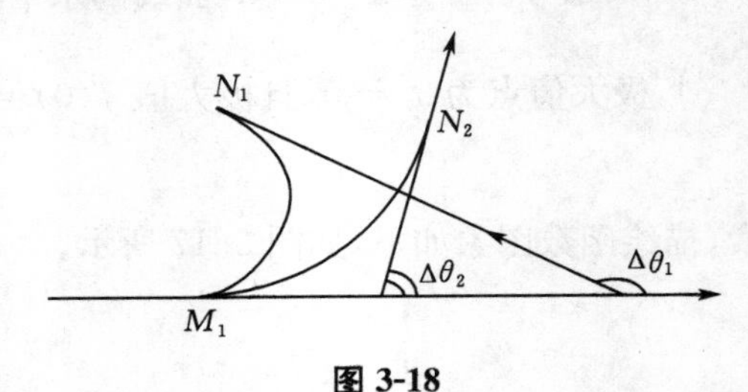

图 3-18

又如图 3-19，弧段 M_1N_1 与 M_2N_2 两端切线的转角相等，但弧段 M_2N_2 比 M_1N_1 长，显然，M_1N_1 比 M_2N_2 弯曲程度大。由此可知，曲线的转角相等时，弧长越短，则曲线的弯曲程度越大。

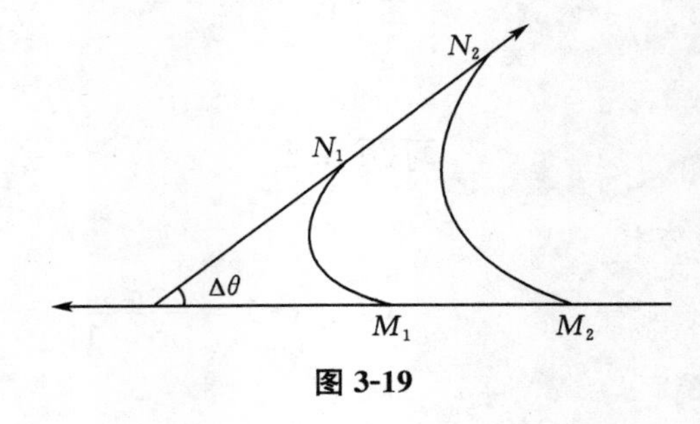

图 3-19

定义 3.6　设弧段$\overset{\frown}{MN}$两端点切线的转角为 $\Delta\theta$，弧段长为 Δs，则$\left|\dfrac{\Delta\theta}{\Delta s}\right|$叫作弧段的$\overset{\frown}{MN}$的**平均曲率**，记作 $\overline{K}=\left|\dfrac{\Delta\theta}{\Delta s}\right|$。

平均曲率 $\overline{K}$ 实际上是表示单位弧长上切线转过的角度，它所描述的是一段弧的平均弯曲程度，但是，我们知道曲线上各点处的弯曲程度一般是不相同的，为了精确地描述曲线在某一点弯曲的程度，给出如下的定义：

定义 3.7　设 Q 是曲线上不同于 P 的点，若当点 Q 沿着曲线趋于 P 时，弧长$\overset{\frown}{PQ}$的平均曲率 $\overline{K}$ 的极限存在，则称此极限为该曲线在点 P 处的**曲率**(如图 3-20)，且记作

$$K=\lim_{Q\to P}\overline{K}=\lim_{\Delta s\to 0}\left|\frac{\Delta\theta}{\Delta s}\right|=\left|\frac{d\theta}{ds}\right|。$$

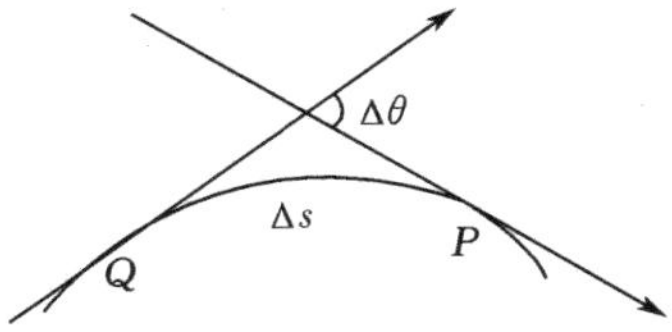

图 3-20

例 1　证明直线的曲率等于零。

证　因为对于直线来说，切线与直线重合，当点沿直线移动时，切线的倾角 α 不变，此时 $\Delta\alpha=0$，$\dfrac{\Delta\alpha}{\Delta s}=0$，从而平均曲率 $\overline{K}=\left|\dfrac{\Delta\alpha}{\Delta s}\right|=0$，当 $\Delta s\to 0$ 时，取平均曲率的极限得

$$K=\lim_{\Delta s\to 0}\left|\frac{\Delta\alpha}{\Delta s}\right|=0。$$

这就是说，直线上任意点 M 处的曲率等于零，也可以说，“直线是没有弯曲的”。

例 2　求半径为 R 的圆的曲率。

解　如图 3-21 所示。

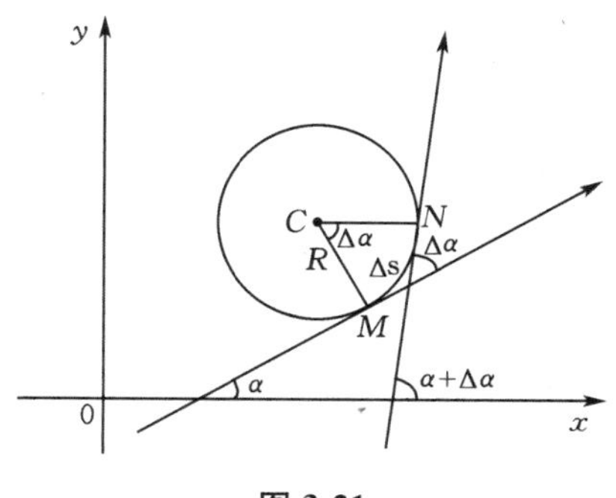

图 3-21

在圆上任取点 M 及 N，在点 M 及 N 处的圆的切线的转角 $\Delta\alpha$ 等于圆心角 $\angle MCN$，而

$\angle MCN = \dfrac{\Delta s}{R}$，即 $\Delta\alpha = \dfrac{\Delta s}{R}$，于是，平均曲率为

$$\overline{K} = \left|\frac{\Delta\alpha}{\Delta s}\right| = \left|\frac{\frac{\Delta s}{R}}{\Delta s}\right| = \frac{1}{R}。$$

根据曲率的定义，半径为 R 的圆上任意一点 M 处的曲率为

$$\overline{K} = \lim_{\Delta s\to 0}\left|\frac{\Delta\alpha}{\Delta s}\right| = \lim_{\Delta x\to 0}\frac{1}{R} = \frac{1}{R},$$

这个结果表示，圆上的各点处的曲率都等于半径 R 的倒数 $\dfrac{1}{R}$，也就是说，圆上各点处的弯曲程度都相同，且半径越小，曲率越大，即圆弧弯曲得越厉害。

一般来说，直接由定义计算曲线的曲率是比较困难的，因此我们要根据曲率的定义式导出便于实际计算曲率的公式。

3.6.2 曲率的计算公式

设曲线 C 的方程为 $y = f(x)$，$f(x)$ 为可导函数，首先，由导数的几何意义知

$$y' = \tan\theta, \quad \theta = \arctan y', \quad d\theta = \frac{y''}{1+y'^2}dx。 \tag{1}$$

其次，在图 3-22 中，设 Δs 为曲线 C 上点 $M(x,y)$ 与点 $N(x+\Delta x, y+\Delta y)$ 所界定的一段弧长，显然，当 $|\Delta x|$ 充分小时，有

$$\Delta s^2 \approx (\Delta x)^2 + (\Delta y)^2 \text{ 或 } \Delta s \approx \sqrt{(\Delta x)^2 + (\Delta y^2)} = \sqrt{1+\left(\frac{\Delta y}{\Delta x}\right)^2}\Delta x。$$

由此得，弧微分

$$ds = \sqrt{1+y'^2}\,dx, \tag{2}$$

综合(1)(2) 式得：

$$K = \left|\frac{d\theta}{ds}\right| = \frac{|y''|}{(1+y'^2)^{\frac{3}{2}}}。$$

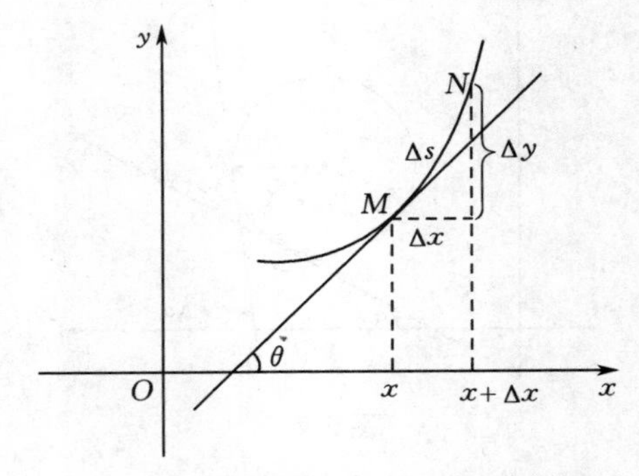

图 3-22

例 3　求抛物线 $y=ax^2$ 上任一点处的曲率，在哪一点它的曲率最大？

解　$y'=2ax, y''=2a$。由曲率公式得

$$K=\frac{|y''|}{(1+y'^2)^{\frac{3}{2}}}=2\frac{|a|}{(1+4a^2x^2)^{\frac{3}{2}}}。$$

因分子是常数，显然当 $x=0$ 时，K 取最大值 $2|a|$，这表明在原点处的曲率最大。

例 4　求摆线 $\begin{cases}x=a(t-\sin t),\\ y=a(1-\cos t)\end{cases}$ $(a>0)$ 在 $t=\pi$ 处的曲率。

解　由参数方程所确定的函数的求导法则，得

$$\frac{\mathrm{d}y}{\mathrm{d}x}=\frac{\frac{\mathrm{d}y}{\mathrm{d}t}}{\frac{\mathrm{d}x}{\mathrm{d}t}}=\frac{a\sin t}{a(1-\cos t)}=\frac{2\sin\frac{t}{2}\cos\frac{t}{2}}{2\sin^2\frac{t}{2}}=\cot\frac{t}{2},$$

上式两边再对 x 求一次导，得

$$\frac{\mathrm{d}^2y}{\mathrm{d}x^2}=\frac{\mathrm{d}\left(\cot\frac{t}{2}\right)}{\mathrm{d}t}\frac{\mathrm{d}t}{\mathrm{d}x}=\left(-\frac{1}{2}\csc^2\frac{t}{2}\right)\frac{1}{\frac{\mathrm{d}x}{\mathrm{d}t}}=\left(-\frac{1}{2}\csc^2\frac{t}{2}\right)\frac{1}{a(1-\cos t)}$$

$$=-\frac{1}{4a}\frac{1}{\sin^4\frac{t}{2}},$$

因此

$$\left.\frac{\mathrm{d}y}{\mathrm{d}x}\right|_{t=\pi}=0,\qquad \left.\frac{\mathrm{d}^2y}{\mathrm{d}x^2}\right|_{t=\pi}=-\frac{1}{4a},$$

故由曲率计算公式得

$$K=\frac{\left|-\frac{1}{4a}\right|}{[1+0^2]^{\frac{3}{2}}}=\frac{1}{4a}。$$

3.6.3　曲率圆与曲率半径

定义 3.8　设曲线 $y=f(x)$ 在点 M 处的曲率为 $K(K\neq 0)$，过点作 M 曲线的法线，在曲线凹向一侧的法线上取一点 C，使 $|MC|=\frac{1}{K}$（如图 3-23），以 C 为中心，$R=\frac{1}{K}$ 为半径作一圆，称此圆为曲线在点 M 处的**曲率圆**，半径 R 与圆心 C 分别称为曲线在点 M 处的**曲率半径**和**曲率中心**。规定当 $K=0$ 时，曲率半径 R 为无穷大。

曲率圆具有如下性质：

(1) 它与曲线在点 M 处有相同的切线；

(2) 它与曲线在点 M 处凹向相同；

(3) 它与曲线在点 M 处曲率相等。

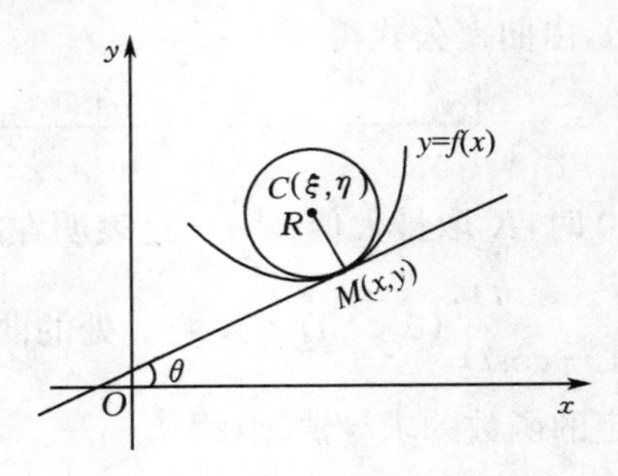

图 3-23

下面研究曲率中心的坐标表达式。如图 3-24 所示。

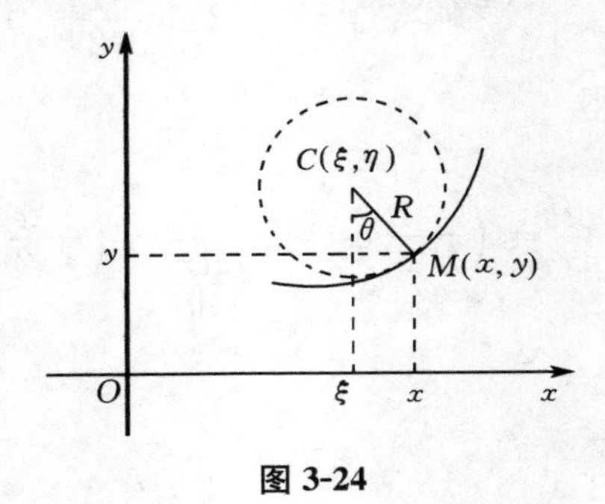

图 3-24

由图 3-24 可知，

$$\xi = x - R\sin\theta, \eta = y + R\cos\theta \tag{3}$$

$$\sin\theta = \frac{\tan\theta}{\sqrt{1+\tan^2\theta}} = \frac{y'}{\sqrt{1+y'^2}}, \tag{4}$$

$$\cos\theta = \frac{1}{\sqrt{1+\tan^2\theta}} = \frac{1}{\sqrt{1+y'^2}}, \tag{5}$$

$$R = \frac{1}{K} = \frac{(1+y'^2)^{\frac{3}{2}}}{|y''|}。 \tag{6}$$

将式(4)、(5)、(6) 代入式(3) 得曲线 $f(x)$ 在点 M 处的曲率中心的坐标为：

$$\begin{cases} \xi = x - \dfrac{y'}{y''}(1+y'^2), \\ \eta = y + \dfrac{1}{y''}(1+y'^2), \end{cases} \tag{7}$$

以上是以 θ 为锐角，曲线为凹弧的情况，在其他情形中，式(7) 也是正确的。

例 5 求曲线 $y = x^2$ 在点(1,1) 处的曲率中心和曲率半径。

解 因 $y' = 2x, y'' = 2$，故曲率半径为

$$R = \frac{1}{k} = \frac{(1+y'^2)^{\frac{3}{2}}}{|y''|} = \frac{(1+4x^2)^{\frac{3}{2}}}{2},$$

在点(1,1)处，$x=1$，$R|_{x=1}=\frac{5\sqrt{5}}{2}$，又由曲率中心坐标公式有

$$\begin{cases}\xi=-4x^3,\\ \eta=y+\frac{1}{2}2x^2。\end{cases}$$

在点(1,1)处，$\xi=-4$，$\eta=\frac{7}{2}$，因此所求曲率中心为$\left(-4,\frac{7}{2}\right)$。

例6　求曲线$\begin{cases}x=3t^2,\\ y=3t-t^2\end{cases}$在$t=1$处的曲率半径。

解　由参数求导公式方程得

$$y'=\frac{y'_t}{x'_t}=\frac{3-3t^2}{6t}=\frac{1-t^2}{2t},y''=\frac{-t^2-1}{12t^2},$$

代入曲率半径公式得

$$R=\frac{(1+y'^2)^{\frac{3}{2}}}{|y''|}=\frac{\left[1+\left(\frac{1-t^2}{2t}\right)^2\right]^{\frac{3}{2}}}{\left|\frac{-t^2-1}{12t^3}\right|},$$

所以$R|_{t=1}=6$。

习题 3.6

1. 求抛物线$y=x^2$在(1,1)处的曲率。
2. 求曲线$y=\ln(\sec x)$在点(x,y)处的曲率及曲率半径。
3. 对数曲线$y=\ln x$上哪一点处的曲率半径最小？求出该点处的曲率半径。

复习题 3

一、选择题。

1. 下列函数中，在区间$[-1,1]$上满足罗尔定理条件的是(　　)。

(A) e^x　　(B) $\ln x$　　(C) $1-x^2$　　(D) $\frac{1}{1-x^2}$

2. $\lim\limits_{x\to 0^+}\frac{\ln\cot x}{\ln x}=$(　　)。

(A) -1　　(B) 1　　(C) 0　　(D) ∞

3. 若$f'(x_0)=0$，则点x_0一定是(　　)。

(A) 极大值点　　(B) 极小值点

(C) 最大值点　　(D) 不一定是极大值点

4. $\lim\limits_{x\to 0}\dfrac{x-\arctan x}{x-\arcsin x}=$（　　）。

(A) 1　　(B) 2　　(C) -2　　(D) $-\dfrac{1}{2}$

5. $f(x)=x^3-x^2-x+1$ 满足（　　）。

(A) 在$\left(-\infty,-\dfrac{1}{3}\right)$内单调递增　　(B) 在$\left[\dfrac{1}{3},+\infty\right)$内单调递减

(C) $x=1$ 处取得极大值　　(D) 在$\left[\dfrac{1}{3},+\infty\right)$内为凹函数

6. 设 $f'(x_0)=f''(x_0)=0, f'''(x_0)>0$，则下列选项正确的是（　　）。

(A) $f'(x_0)$ 是 $f'(x)$ 的极大值　　(B) $f(x_0)$ 是 $f(x)$ 的极大值

(C) $f(x_0)$ 是 $f(x)$ 的极小值　　(D) $(x_0,f(x_0))$ 是曲线 $y=f(x)$ 的拐点

二、填空题。

1. 函数 $f(x)=\arctan x+\dfrac{1}{x}$ 的单调递减区间是________。

2. 函数 $f(x)=x+e^{-x}$ 的斜渐近线方程是________。

3. 曲线 $y=2x^3+3x^2-12x+14$ 的拐点为________。

4. 函数 $y=x^3-3x$ 的极大值点是________，极大值为________。

5. 求曲线$\begin{cases}x=2e^t,\\ y=e^{-t}\end{cases}$在 $t=0$ 处的切线方程________。

三、证明：方程 $x+e^x=0$ 在区间 $(-1,1)$ 内有唯一的根。

四、已知 $f(x)$ 三次可微，且 $f(0)=0, f'(0)=1, f''(0)=0, f'''(0)=6$，求$\lim\limits_{x\to 0}\dfrac{f(x)-x}{x^3}$。

五、证明：当 $x\in\left[\dfrac{1}{2},1\right]$时，$\arctan x-\ln(1+x^2)\geqslant\dfrac{\pi}{4}-\ln 2$。

六、设函数 $f(x)$ 在 $[0,1]$ 上连续，在 $(0,1)$ 内可导，且 $f(0)=f(1)=0, f\left(\dfrac{1}{2}\right)=1$。证明：至少存在一点 $\xi\in(0,1)$，使得 $f'(\xi)=1$。

七、设 $f(x)$ 在 $[0,1]$ 上具有二阶导数，$f(1)=0$，又 $F(x)=x^2f(x)$，证明：在 $(0,1)$ 内至少存在一点 ξ，使 $F''(\xi)=0$。

八、求极限 $\lim\limits_{x\to+\infty}(\cos\sqrt{x+1}-\cos\sqrt{x})$。

九、求极限$\lim\limits_{x\to 0}\dfrac{x-\sin x}{x(e^x-1)\ln(1+x)\sqrt{1+x^2}}$。

十、设可导函数 $y=f(x)$ 由 $2y^3-2y^2+2xy-x^2=1$ 所确定，求 $f(x)$ 的极值。

第 4 章　不定积分

在微分学中，我们讨论了如何求已知函数的导函数与微分，本章将讨论其相反的问题，即已知导函数，如何去求其原来的函数，这种由“导函数”去求“原函数”的方法称为不定积分法，它是微分法的逆运算。本章主要介绍不定积分的概念及其计算方法。

4.1　不定积分的概念与性质

4.1.1　原函数与不定积分的概念

1. 原函数的概念

定义 4.1　设函数 $f(x)$ 在区间 I 上有定义，若存在可导函数 $F(x)$，对任意的 $x \in I$ 有

$$F'(x) = f(x) \quad 或 \quad \mathrm{d}F(x) = f(x)\mathrm{d}x,$$

则称 $F(x)$ 为 $f(x)$ 在区间 I 上的一个**原函数**。

例如，在区间 $(-\infty, +\infty)$ 上，$(\sin x)' = \cos x$，则称 $\sin x$ 是 $\cos x$ 的一个原函数。

对于任何一个已知函数，其原函数是否一定存在?我们有以下定理：

定理 4.1　若函数 $f(x)$ 在区间 I 上连续，则 $f(x)$ 在区间 I 上存在原函数。

该定理将在第 5 章 5.3 节中给出证明。

由于初等函数在其有定义的区间上是连续的，因此由此定理可知，每个初等函数在其有定义的区间上都存在原函数。

定理 4.2　设 $F(x)$ 是 $f(x)$ 在区间 I 上的一个原函数，则

(1) $F(x) + C$ 均是 $f(x)$ 的原函数，其中 C 为任意常数；

(2) $f(x)$ 的任意两个原函数之间，只可能相差一个常数。

证　(1) 因为

$$[F(x) + C]' = F'(x) = f(x),$$

故 $F(x) + C$ 也是 $f(x)$ 的原函数。

(2) 设 $F(x)$ 与 $G(x)$ 是 $f(x)$ 的任意两个原函数，因为

$$[F(x) - G(x)]' = F'(x) - G'(x) = f(x) - f(x) = 0,$$

从而 $F(x) - G(x) \equiv C$，其中 C 为任意常数，故得到所要证明的结果。

该定理表明，若函数有一个原函数存在，则必有无穷多个原函数，且它们彼此之间只相差一个常数。这揭示了全体原函数的结构，即只需求出任意一个原函数，由它分别加上不同的常数，便可得到全部原函数。

2. 不定积分的概念

根据原函数的概念，进而引入下面的定义：

定义 4.2　设 $F(x)$ 是 $f(x)$ 在区间 I 上的一个原函数，则称 $F(x)+C$（C 为任意常数）为 $f(x)$ 的**不定积分**，记作

$$\int f(x)\mathrm{d}x,$$

即

$$\int f(x)\mathrm{d}x = F(x)+C。$$

其中称 $\int$ 为**积分号**，$f(x)$ 为**被积函数**，$f(x)\mathrm{d}x$ 为**被积式**，x 为**积分变量**，C 为**积分常数**。

3. 不定积分的几何意义

若 $F(x)$ 是 $f(x)$ 的一个原函数，则称 $y=F(x)$ 的图象为 $f(x)$ 的一条**积分曲线**. 于是，不定积分 $\int f(x)\mathrm{d}x$ 所描绘的是 $f(x)$ 的某一条积分曲线沿 y 轴方向任意平移所产生的一族积分曲线，如图 4-1 所示，显然，曲线族中的每一条曲线上具有同一横坐标 x 的点处的切线都是平行的，它们的斜率都等于 $f(x)$。

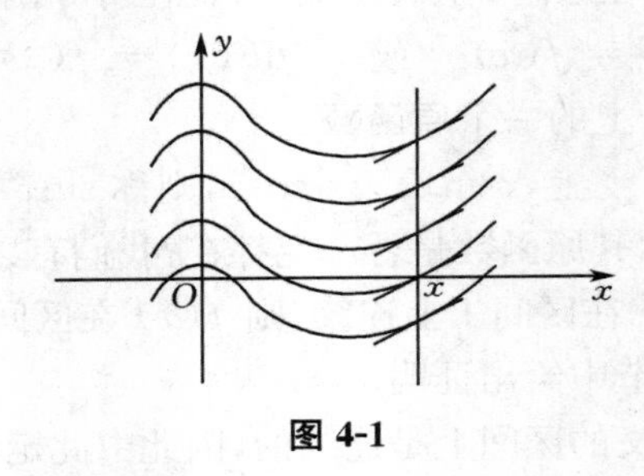

图 4-1

4.1.2　不定积分的性质

设 $F(x)$ 是 $f(x)$ 的一个原函数，由不定积分的定义有

性质 4.1　$\left[\int f(x)\mathrm{d}x\right]'=[F(x)+C]'=f(x)$　或　$\mathrm{d}\left[\int f(x)\mathrm{d}x\right]=\mathrm{d}[F(x)+C]=f(x)\mathrm{d}x$。

性质 4.2　$\int F'(x)\mathrm{d}x=F(x)+C$　或　$\int \mathrm{d}F(x)=F(x)+C$。

注意　由上可见，微分运算与积分运算是互逆的。

若 $f(x)$ 和 $g(x)$ 在同一定义域内均存在原函数，利用微分运算法则和不定积分的定义，可得下列运算性质：

性质 4.3　$$\int[f(x)\pm g(x)]\mathrm{d}x=\int f(x)\mathrm{d}x\pm\int g(x)\mathrm{d}x.$$

证　$$\left[\int f(x)\mathrm{d}x \pm \int g(x)\mathrm{d}x\right]' = \left[\int f(x)\mathrm{d}x\right]' \pm \left[\int g(x)\mathrm{d}x\right]' = f(x) \pm g(x)。$$

性质 4.4　$$\int kf(x)\mathrm{d}x = k\int f(x)\mathrm{d}x（k 为常数）。$$

证　$$\left[k\int f(x)\mathrm{d}x\right]' = k\left[\int f(x)\mathrm{d}x\right]' = kf(x)。$$

4.1.3　基本积分表

根据积分运算与微分运算的互逆关系，由不定积分的定义和导数或微分基本公式，可得不定积分的基本公式。将这些公式列成下表，称为**基本积分表**。

(1) $\int k\mathrm{d}x = kx + C$（$k$ 为常数）；

(2) $\int x^{\mu}\mathrm{d}x = \dfrac{x^{\mu+1}}{\mu+1} + C(\mu \neq -1)$；

(3) $\int \dfrac{1}{x}\mathrm{d}x = \ln|x| + C$；

(4) $\int \mathrm{e}^{x}\mathrm{d}x = \mathrm{e}^{x} + C$；

(5) $\int a^{x}\mathrm{d}x = \dfrac{a^{x}}{\ln a} + C$（$a > 0$ 且 $a \neq 1$）；

(6) $\int \cos x\mathrm{d}x = \sin x + C$；

(7) $\int \sin x\mathrm{d}x = -\cos x + C$；

(8) $\int \dfrac{1}{\cos^{2}x}\mathrm{d}x = \int \sec^{2}x\mathrm{d}x = \tan x + C$；

(9) $\int \dfrac{1}{\sin^{2}x}\mathrm{d}x = \int \csc^{2}x\mathrm{d}x = -\cot x + C$；

(10) $\int \dfrac{1}{\sqrt{1-x^{2}}}\mathrm{d}x = \arcsin x + C, -\int \dfrac{\mathrm{d}x}{\sqrt{1-x^{2}}} = \arccos x + C$；

(11) $\int \dfrac{1}{1+x^{2}}\mathrm{d}x = \arctan x + C, -\int \dfrac{\mathrm{d}x}{1+x^{2}} = \operatorname{arccot} x + C$。

以上是求不定积分的基本积分公式，必须牢记。利用上述公式和性质可以很方便地计算一些不定积分。

例 1　求下列不定积分：

(1) $\int x\sqrt{x}\,\mathrm{d}x$；　　(2) $\int \dfrac{\mathrm{d}x}{x\sqrt[3]{x}}$。

解　(1) 因为 $x\sqrt{x} = x^{\frac{3}{2}}$，故套用积分公式(2) 得

$$\int x\sqrt{x}\,\mathrm{d}x = \int x^{\frac{3}{2}}\mathrm{d}x = \frac{x^{\frac{3}{2}+1}}{\frac{3}{2}+1} + C = \frac{2}{5}x^{\frac{5}{2}} + C；$$

(2) 同理,可得

$$\int \frac{dx}{x\sqrt[3]{x}}=\int x^{-\frac{4}{3}}dx=\frac{x^{-\frac{4}{3}+1}}{-\frac{4}{3}+1}+C=-3x^{-\frac{1}{3}}+C。$$

例 2　求下列不定积分:

(1) $I=\int\left(3x^3+\frac{2}{x}-\csc^2 x\right)dx$;　　(2) $I=\int\frac{x^2}{1+x^2}dx$。

解　利用性质 4.3、4.4 得

(1)
$$\begin{aligned} I&=3\int x^3 dx+2\int\frac{1}{x}dx-\int\csc^2 x dx\\ &=3\cdot\frac{x^4}{4}+2\ln|x|-(-\cot x)+C\\ &=\frac{3}{4}x^4+2\ln|x|+\cot x+C; \end{aligned}$$

(2)
$$\begin{aligned} I&=\int\frac{x^2+1-1}{1+x^2}dx=\int\left(1-\frac{1}{1+x^2}\right)dx\\ &=\int dx-\int\frac{1}{1+x^2}dx\\ &=x-\arctan x+C。 \end{aligned}$$

例 3　求下列不定积分:

(1) $I=\int\sin^2\left(\frac{x}{2}\right)dx$;　　(2) $I=\int\tan^2 x dx$。

解　(1)
$$I=\frac{1}{2}\int(1-\cos x)dx=\frac{1}{2}(x-\sin x)+C;$$

(2)
$$I=\int(\sec^2 x-1)dx=\int\sec^2 x dx-\int dx=\tan x-x+C。$$

习题 4.1

1. 求下列不定积分。

(1) $\int\sqrt[3]{x}\,dx$;　(2) $\int\frac{dx}{x^2\sqrt{x}}$;　(3) $\int(x+1)^3 dx$;

(4) $\int\frac{(1-x)^2}{\sqrt{x}}dx$;　(5) $\int\sqrt{x\sqrt{x\sqrt{x}}}\,dx$;　(6) $\int\left(\frac{x}{2}-\frac{2}{x^2}\right)dx$;

(7) $\int\frac{3x^4+3x^2+1}{x^2+1}dx$;　(8) $\int\frac{1}{x^2(1+x^2)}dx$;　(9) $\int e^{x+5}dx$;

(10) $\int 3^x e^x dx$;　(11) $\int\frac{e^{2x}-1}{e^x-1}dx$;　(12) $\int(2\sin x-3\cos x)dx$;

(13) $\int \cos^2 \frac{x}{2}\mathrm{d}x$；　(14) $\int \cot^2 x\mathrm{d}x$；　(15) $\int \frac{\mathrm{d}x}{1+\cos 2x}$；

(16) $\int \frac{\cos 2x}{\cos x-\sin x}\mathrm{d}x$；　(17) $\int \frac{\cos 2x}{\cos^2 x\sin^2 x}\mathrm{d}x$；　(18) $\int \frac{1+\cos^2 x}{1+\cos 2x}\mathrm{d}x$；

(19) $\int \left(\sqrt{\frac{1-x}{1+x}}+\sqrt{\frac{1+x}{1-x}}\right)\mathrm{d}x$；　(20) $\int \left(\cos\frac{x}{2}-\sin\frac{x}{2}\right)^2\mathrm{d}x$。

2. 一曲线通过点(2,5)，且在任一点处的切线的斜率等于该点横坐标的 2 倍，求该曲线的方程。

3. 求函数 $f(x)=\sin x$ 通过点(π,1) 的积分曲线方程。

4.2　换元积分法

直接利用基本积分表和积分性质求不定积分是十分有限的，因此有必要进一步研究不定积分的求法。本节介绍的换元积分法，是将复合函数的求导法则反过来用于求解不定积分，即通过适当的变量代换(换元)，把某些不定积分化为可利用基本积分公式的形式，使积分变得易于求出。

4.2.1　第一类换元法(凑微分法)

例 1　求不定积分：

(1) $\int\cos(2x)\mathrm{d}x$；　(2) $\int\frac{1}{1+2x}\mathrm{d}x$。

分析　在基本积分表中，仅有 $\int\cos x\mathrm{d}x=\sin x+C$，若作代换 $u=2x$，则可利用基本积分公式。由于

$$\mathrm{d}x=\frac{1}{2}\mathrm{d}(2x)=\frac{1}{2}\mathrm{d}u,$$

于是

$$\int\cos(2x)\mathrm{d}x=\int\cos u\,\frac{1}{2}\mathrm{d}u=\frac{1}{2}\int\cos u\mathrm{d}u$$

成为易于积出的形式，积出后再回代原变量即可。同理，(2) 令 $u=1+2x$ 即可。

解　(1) 令 $u=2x$，则

$$\mathrm{d}x=\frac{1}{2}\mathrm{d}u,$$

于是

$$\int\cos(2x)\mathrm{d}x=\int\cos u\,\frac{1}{2}\mathrm{d}u=\frac{1}{2}\int\cos u\mathrm{d}u=\frac{1}{2}\sin u+C=\frac{1}{2}\sin(2x)+C。$$

由于

$$\left[\frac{1}{2}\sin(2x)\right]'=\cos(2x),$$

故所求结果正确。

(2) 令 $u = 1 + 2x$,则

$$dx = \frac{1}{2}du,$$

故原积分变为

$$\frac{1}{2}\int \frac{1}{u}du = \frac{1}{2}\ln|u| + C = \frac{1}{2}\ln|1+2x| + C。$$

将上述解法进行推广,即若能选择适当的代换 $u = \varphi(x)$(上面例子中是 $u = 2x$, $u = 1 + 2x$),使得代换后的积分关于新的积分变量 u 易于积出,从而求得原积分。于是可得下述定理:

定理 4.3 (第一类换元法) 设 $f(u)$ 的原函数为 $F(u)$, $u = \varphi(x)$ 连续可导,则有换元公式

$$\int f[\varphi(x)]\varphi'(x)dx = \int f(u)du = F[\varphi(x)] + C。\tag{1}$$

证 因为

$$F'(u) = f(u),$$

所以

$$\{F[\varphi(x)]\}' = F'[\varphi(x)]\varphi'(x) = f[\varphi(x)]\varphi'(x),$$

即 $f[\varphi(x)]\varphi'(x)$ 的原函数是 $F[\varphi(x)]$,故式(1) 成立。

在式(1) 中, $\varphi'(x)$ 被放到微分号后而凑成新积分变量(元) u 的微分 $du = d\varphi(x)$,确定某一函数 $\varphi(x)$ 放在微分号后也就确定了采用的变量代换 $u = \varphi(x)$。因此,上述换元法也称作**凑微分法**。

应用换元法的关键在于选好 $u = \varphi(x)$,使得 $\int f(u)du$ 易于积出,而这并没有一定规律可循,主要依赖于对基本积分公式和微分运算的熟练掌握,需要做较多的练习才行。

例 2 求下列不定积分:

(1) $\int (5+x)^{100}dx$;　　(2) $\int \sqrt{e^x}dx$;

(3) $\int \frac{1}{1+4x^2}dx$;　　(4) $\int xe^{x^2}dx$。

解 (1) $\int (5+x)^{100}dx = \int (5+x)^{100}d(5+x) \xlongequal{u=5+x} \int u^{100}du$

$$= \frac{1}{101}u^{101} + C = \frac{1}{101}(5+x)^{101} + C;$$

(2) $\int \sqrt{e^x}dx = \int e^{\frac{x}{2}}dx = 2\int e^{\frac{x}{2}}d\left(\frac{x}{2}\right) \xlongequal{u=\frac{x}{2}} 2\int e^u du = 2e^u + C = 2e^{\frac{x}{2}} + C$;

(3) $\int \frac{1}{1+4x^2}dx = \frac{1}{2}\int \frac{d(2x)}{1+(2x)^2} \xlongequal{u=2x} \frac{1}{2}\int \frac{du}{1+u^2} = \frac{1}{2}\arctan u + C$

$$= \frac{1}{2}\arctan 2x + C;$$

(4) $\int x e^{x^2} dx = \frac{1}{2}\int e^{x^2} d(x^2) \xlongequal{u=x^2} \frac{1}{2}\int e^u du = \frac{1}{2}e^{x^2} + C$。

例 2 中均指明了所做的代换 $u=\varphi(x)$，对变量代换熟练后 $u=\varphi(x)$ 可不写出。

例 3　求下列不定积分：

(1) $\int \frac{e^x}{1+e^{2x}}dx$；　(2) $\int e^{x+e^x}dx$；　(3) $\int \frac{1}{x}\ln x dx$；

(4) $\int \frac{1}{x(1+2\ln x)}dx$；　(5) $\int \tan x dx$；　(6) $\int \sin^2 x\cos x dx$。

解　(1) $\int \frac{e^x}{1+e^{2x}}dx = \int \frac{1}{1+(e^x)^2}de^x = \int \frac{1}{1+u^2}du = \arctan u + C = \arctan e^x + C$;

(2) $\int e^{x+e^x}dx = \int e^{e^x}de^x = \int e^u du = e^u + C = e^{e^x} + C$;

(3) $\int \frac{1}{x}\ln x dx = \int \ln x d\ln x = \int u du = \frac{1}{2}u^2 + C = \frac{1}{2}\ln^2 x + C$;

(4) $\int \frac{1}{x(1+2\ln x)}dx = \int \frac{1}{1+2\ln x}d(\ln x) = \frac{1}{2}\int \frac{1}{1+2\ln x}d(1+2\ln x)$

$$= \frac{1}{2}\int \frac{1}{u}du = \frac{1}{2}\ln|1+2\ln x| + C;$$

(5) $\int \tan x dx = \int \frac{\sin x}{\cos x}dx = \int \frac{-1}{\cos x}d(\cos x)$

$$= -\int \frac{1}{u}du = -\ln|u| + C = -\ln|\cos x| + C;$$

(6) $\int \sin^2 x\cos x dx = \int \sin^2 x d\sin x = \int u^2 du = \frac{1}{3}u^3 + C = \frac{1}{3}\sin^3 x + C$。

有一些积分，需要先对被积函数进行初等变形（分解因式、三角恒等变形等），才能看出积分途径，请读者悉心体会其中的方法。

例 4　求下列不定积分：

(1) $\int \frac{1}{x^2-a^2}dx$；　(2) $\int \frac{1}{1+e^x}dx$；　(3) $\int \csc x dx$；

(4) $\int \cos 3x\cos 2x dx$；　(5) $\int \cos^2 x dx$；　(6) $\int \sec^6 x dx$。

解　(1) $\int \frac{1}{x^2-a^2}dx = \frac{1}{2a}\int\left(\frac{1}{x-a} - \frac{1}{x+a}\right)dx = \frac{1}{2a}\left(\int \frac{1}{x-a}dx - \int \frac{1}{x+a}dx\right)$

$$= \frac{1}{2a}\left[\int \frac{d(x-a)}{x-a} - \int \frac{d(x+a)}{x+a}\right]$$

$$= \frac{1}{2a}(\ln|x-a| - \ln|x+a|) + C$$

$$= \frac{1}{2a}\ln\left|\frac{x-a}{x+a}\right| + C;$$

(2) $\int \frac{1}{1+\mathrm{e}^x}\mathrm{d}x=\int \frac{1+\mathrm{e}^x-\mathrm{e}^x}{1+\mathrm{e}^x}\mathrm{d}x=\int\left(1-\frac{\mathrm{e}^x}{1+\mathrm{e}^x}\right)\mathrm{d}x$

$$=\int \mathrm{d}x-\int \frac{\mathrm{d}(1+\mathrm{e}^x)}{1+\mathrm{e}^x}=x-\ln(1+\mathrm{e}^x)+C;$$

(3) $\int \csc x\mathrm{d}x=\int \frac{\sin x}{\sin^2 x}\mathrm{d}x=\int \frac{\mathrm{d}\cos x}{\cos^2 x-1}=\int \frac{\mathrm{d}u}{u^2-1}\xlongequal{\text{由题(1)}}\frac{1}{2}\ln\left|\frac{u-1}{u+1}\right|+C$

$$=\frac{1}{2}\ln\left|\frac{\cos x-1}{\cos x+1}\right|+C=\ln\left|\frac{\cos x-1}{\sin x}\right|+C=\ln|\csc x-\cot x|+C;$$

(4) $\int \cos 3x\cos 2x\mathrm{d}x=\frac{1}{2}\int(\cos x+\cos 5x)\mathrm{d}x=\frac{1}{2}\left(\int \cos x\mathrm{d}x+\int \cos 5x\mathrm{d}x\right)$

$$=\frac{1}{2}(\sin x+\frac{1}{5}\sin 5x)+C;$$

(5) $\int \cos^2 x\mathrm{d}x=\frac{1}{2}\int(1+\cos 2x)\mathrm{d}x=\frac{1}{2}\left(\int \mathrm{d}x+\int \cos 2x\mathrm{d}x\right)$

$$=\frac{1}{2}\left(x+\frac{1}{2}\sin 2x\right)+C;$$

(6) $\int \sec^6 x\mathrm{d}x=\int(\sec^2 x)^2\sec^2 x\mathrm{d}x=\int(1+\tan^2 x)^2\mathrm{d}(\tan x)$

$$=\int(1+2\tan^2 x+\tan^4 x)\mathrm{d}(\tan x)=\tan x+\frac{2}{3}\tan^3 x+\frac{1}{5}\tan^5 x+C。$$

注意　对同一个函数采用不同的积分方法，其原函数形式上可能不相同(当然，可以化为一样，或至多相差一个常数)。如上例中题(3) 亦可如下求解：

$$\int \csc x\mathrm{d}x=\int \frac{1}{\sin x}\mathrm{d}x=\int \frac{\mathrm{d}x}{2\sin\frac{x}{2}\cos\frac{x}{2}}=\int \frac{\mathrm{d}\left(\frac{x}{2}\right)}{\tan\frac{x}{2}\cos^2\frac{x}{2}}$$

$$=\int \frac{1}{\tan\left(\frac{x}{2}\right)}\mathrm{d}\tan\left(\frac{x}{2}\right)$$

$$=\ln\left|\tan\frac{x}{2}\right|+C,$$

因为

$$\tan\frac{x}{2}=\frac{\sin\frac{x}{2}}{\cos\frac{x}{2}}=\frac{2\sin^2\frac{x}{2}}{\sin x}=\frac{1-\cos x}{\sin x}=\csc x-\cot x,$$

所以

$$\int \csc x\mathrm{d}x=\ln|\csc x-\cot x|+C。$$

4.2.2　第二类换元法

例 5　求不定积分 $I=\int x\sqrt{1-x}\,\mathrm{d}x$。

分析　倘若利用第一类换元法，不易求出该用什么代换 $u=\varphi(x)$ 使其与某个基本积分公式相近。但用代换来化简积分的思路仍然可行。由于积分中的根号使得被积式不易化简，故可以用代换 $t=\sqrt{1-x}$ 来试着变形。应当说，这种代换主要是为了化简被积式，从而有助于求出积分。

解　令

$$t=\sqrt{1-x},$$

则

$$x=1-t^2,\mathrm{d}x=-2t\mathrm{d}t,$$

故

$$I=\int(1-t^2)t(-2t\mathrm{d}t)=-2\int(t^2-t^4)\mathrm{d}t=-2\left(\frac{1}{3}t^3-\frac{1}{5}t^5\right)+C$$
$$=-\frac{2}{3}(1-x)^{\frac{3}{2}}+\frac{2}{5}(1-x)^{\frac{5}{2}}+C。$$

总结上述解题方法，可归纳出下述第二类换元法，即

定理 4.4　（第二类换元法）设 $x=\varphi(t)$ 是单调、可导函数，且 $\varphi'(t)\neq 0$，又设 $\int f[\varphi(t)]\varphi'(t)\mathrm{d}t=F(t)+C$，则有换元公式

$$\int f(x)\mathrm{d}x=\int f[\varphi(t)]\varphi'(t)\mathrm{d}t=F[\varphi^{-1}(x)]+C。$$

其中 $t=\varphi^{-1}(x)$ 是 $x=\varphi(t)$ 的反函数。

证　因 $F(t)$ 是 $f(\varphi(t))\varphi'(t)$ 的原函数，利用复合函数及反函数的求导法则，有

$$\{F[\varphi^{-1}(x)]\}'=F'[\varphi^{-1}(x)][\varphi^{-1}(x)]'=f[\varphi(t)]\varphi'(t)\frac{1}{\varphi'(t)}=f[\varphi(t)]=f(x),$$

所以

$$\int f(x)\mathrm{d}x=F[\varphi^{-1}(x)]+C=\int f[\varphi(t)]\varphi'(t)\mathrm{d}t=F[\varphi^{-1}(x)]+C。$$

由定理 4.4 可见，第二类换元法与第一类换元法正好相反，其化简不定积分的关键是选择适当的变换公式 $x=\varphi(t)$，在大多数情况下其目的只是为了消除根式。以下分别举例加以说明。

例 6　求下列不定积分：

(1) $\int\sqrt{a^2-x^2}\,\mathrm{d}x\ (a>0)$；　　(2) $\int\frac{1}{\sqrt{a^2+x^2}}\mathrm{d}x\ (a>0)$；

(3) $\int\frac{1}{\sqrt{x^2-a^2}}\mathrm{d}x\ (a>0)$。

解 (1) 令

$$x = a\sin t, -\frac{\pi}{2} < t < \frac{\pi}{2},$$

则

$$\mathrm{d}x = a\cos t\mathrm{d}t, \sqrt{a^2 - x^2} = \sqrt{a^2 - a^2\sin^2 t} = a\cos t,$$

故

$$\int \sqrt{a^2 - x^2}\,\mathrm{d}x = \int a\cos t \cdot a\cos t\mathrm{d}t = a^2\int \cos^2 t\mathrm{d}t = a^2\int \frac{1 + \cos 2t}{2}\mathrm{d}t$$

$$= \frac{a^2}{2}\left(t + \frac{1}{2}\sin 2t\right) + C = \frac{a^2}{2}(t + \sin t \cdot \cos t) + C,$$

因为

$$t = \arcsin\frac{x}{a},\ a\sin t = x,\ a\cos t = a\sqrt{1 - \sin^2 t} = \sqrt{a^2 - x^2},$$

于是

$$\int \sqrt{a^2 - x^2}\,\mathrm{d}x = \frac{a^2}{2}\arcsin\frac{x}{a} + \frac{1}{2}x\sqrt{a^2 - x^2} + C。$$

(2) 令

$$x = a\tan t, -\frac{\pi}{2} < t < \frac{\pi}{2},$$

则

$$\mathrm{d}x = a\sec^2 t\mathrm{d}t,$$

故

$$\int \frac{1}{\sqrt{a^2 + x^2}}\mathrm{d}x = \int \frac{1}{\sqrt{a^2 + a^2\tan^2 t}}a\sec^2 t\mathrm{d}t = \int \frac{1}{a\sec t}a\sec^2 t\mathrm{d}t = \int \sec t\mathrm{d}t$$

$$= \frac{1}{2}\ln\left|\frac{1 + \sin t}{1 - \sin t}\right| + C_1 = \ln\left|\frac{1 + \sin t}{\cos t}\right| + C_1$$

$$= \ln|\sec t + \tan t| + C_1,$$

因为

$$x = a\tan t, \sec t = \sqrt{1 + \tan^2 t} = \sqrt{1 + \left(\frac{x}{a}\right)^2} = \frac{\sqrt{a^2 + x^2}}{a},$$

于是

$$\int \frac{1}{\sqrt{a^2 + x^2}}\mathrm{d}x = \ln\left|\frac{x}{a} + \frac{\sqrt{a^2 + x^2}}{a}\right| + C_1 = \ln\left|x + \sqrt{a^2 + x^2}\right| + C\ (C = C_1 - \ln a)。$$

(3) 当 $x > a$ 时($x < -a$ 时,可通过变换 $x = -u$ 转化为前述情形),令

$$x = a\sec t, 0 < t < \frac{\pi}{2},$$

则

$$\mathrm{d}x = a\sec t\tan t\mathrm{d}t,$$

故

$$\int \frac{1}{\sqrt{x^2-a^2}}dx = \int \frac{a\sec t\tan t}{a\tan t}dt = \int \sec t dt = \ln|\sec t+\tan t|+C_1$$

$$= \ln\left|\frac{x}{a}+\frac{\sqrt{x^2-a^2}}{a}\right|+C_1$$

$$= \ln\left|x+\sqrt{x^2-a^2}\right|+C\ (C=C_1-\ln a)。$$

由例6可知,对含有下列根式的积分,可以用相应的三角代换来消去根式:

(1) 对$\sqrt{a^2-x^2}$,令 $x=a\sin t$ 或 $x=a\cos t$;

(2) 对$\sqrt{a^2+x^2}$,令 $x=a\tan t$ 或 $x=a\cot t$;

(3) 对$\sqrt{x^2-a^2}$,令 $x=a\sec t$ 或 $x=a\csc t$。

当用三角代换不能化简或者过程烦琐时,可以采用根式有理化代换消去根式。当有理分式函数中分母(多项式)的次数较高时,常常采用倒代换 $x=\frac{1}{t}$。

例7　求下列不定积分:

(1) $\int \frac{\sin\sqrt{x}}{\sqrt{x}}dx$;　　(2) $\int \frac{1}{\sqrt{x}(1+\sqrt[3]{x})}dx$;

(3) $\int \frac{x^5}{\sqrt{1+x^2}}dx$;　　(4) $\int \frac{1}{x(x^7+2)}dx$。

解　(1) 令 $t=\sqrt{x}$,得 $x=t^2$,$dx=2tdt$,得

$$\int \frac{\sin\sqrt{x}}{\sqrt{x}}dx = \int \frac{\sin t}{t}\cdot 2tdt = 2\int \sin tdt = -2\cos t+C = -2\cos\sqrt{x}+C。$$

(2) 为同时消除两个根式,令 $x=t^6$,得

$$\int \frac{1}{\sqrt{x}(1+\sqrt[3]{x})}dx = \int \frac{1}{t^3(1+t^2)}\cdot 6t^5dt = 6\int \frac{t^2}{1+t^2}dt = 6\int \frac{t^2+1-1}{1+t^2}dt$$

$$= 6\int \left(1-\frac{1}{1+t^2}\right)dt = 6(t-\arctan t)+C$$

$$= 6(\sqrt[6]{x}-\arctan\sqrt[6]{x})+C。$$

(3) 令 $t=\sqrt{1+x^2}$,则 $x^2=t^2-1$,$xdx=tdt$,得

$$\int \frac{x^5}{\sqrt{1+x^2}}dx = \int \frac{(t^2-1)^2}{t}tdt = \int (t^4-2t^2+1)dt = \frac{1}{5}t^5-\frac{2}{3}t^3+t+C$$

$$= \frac{1}{15}(3x^4-4x^2+8)\sqrt{1+x^2}+C。$$

(4) 令 $x=\frac{1}{t}$,则 $dx=-\frac{1}{t^2}dt$,得

$$\int \frac{1}{x(x^7+2)}dx = \int \frac{t}{\left(\frac{1}{t}\right)^7+2}\left(-\frac{1}{t^2}\right)dt = -\int \frac{t^6}{1+2t^7}dt$$

$$=-\frac{1}{14}\ln|1+2t^7|+C$$
$$=-\frac{1}{14}\ln|2+x^7|+\frac{1}{2}\ln|x|+C。$$

习题 4.2

1. 求下列不定积分。

(1) $\int\frac{1}{3x-2}dx$；　(2) $\int\frac{2x}{1+x^2}dx$；　(3) $\int 5^{3x}dx$；

(4) $\int xe^{-x^2}dx$；　(5) $\int\frac{1}{\sqrt{9-x^2}}dx$；　(6) $\int\frac{x}{\sqrt{1-x^2}}dx$；

(7) $\int\frac{e^x}{1+e^x}dx$；　(8) $\int\frac{1}{x\ln x\ln\ln x}dx$；　(9) $\int(1-\sqrt{1+x})^2dx$；

(10) $\int\frac{x^2}{1+x}dx$；　(11) $\int\frac{1}{(x+1)(x-2)}dx$；　(12) $\int\frac{1}{e^x+e^{-x}}dx$；

(13) $\int\sin(3x+1)dx$；　(14) $\int\sin 3x\sin x dx$；　(15) $\int\sec x dx$；

(16) $\int\tan^3 x dx$；　(17) $\int\tan^3 x\sec x dx$；　(18) $\int\frac{1}{(\arcsin x)^2\sqrt{1-x^2}}dx$；

(19) $\int\sin^2 x\cos^5 x dx$；　(20) $\int\frac{\arctan\sqrt{x}}{\sqrt{x}(1+x)}dx$。

2. 求下列不定积分。

(1) $\int\frac{1}{1+\sqrt{1-x^2}}dx$；　(2) $\int\frac{\sqrt{x^2-9}}{x}dx$；　(3) $\int\frac{1}{\sqrt{(x^2+1)^3}}dx$；

(4) $\int\frac{1}{9-4x^2}dx$；　(5) $\int\frac{1}{x+\sqrt{2x}}dx$；　(6) $\int\frac{1}{x(x^6+1)}dx$。

3. 求一个函数 $f(x)$，满足 $f'(x)=\frac{1}{\sqrt{x+1}}$，且 $f(0)=1$。

4.3　分部积分法

前面介绍的换元积分法虽然可以解决许多积分的计算问题，但有些积分，如$\int xe^x dx$，$\int x\cos x dx$ 等，利用换元法就无法求解，为此本节将介绍另一种基本积分法 —— **分部积分法**。

定理 4.5 （分部积分法）设函数 $u(x)$，$v(x)$ 具有连续导数，则有

$$\int u\mathrm{d}v = uv - \int v\mathrm{d}u。$$

这个公式称为分部积分公式。

证　事实上，因为函数 $u(x)$，$v(x)$ 具有连续的导数，由函数乘积的微分公式可得

$$\mathrm{d}(uv) = v\mathrm{d}u + u\mathrm{d}v,$$

移项得

$$u\mathrm{d}v = \mathrm{d}(uv) - v\mathrm{d}u,$$

两边求不定积分可得

$$\int u\mathrm{d}v = uv - \int v\mathrm{d}u \quad 或 \quad \int uv'\mathrm{d}x = uv - \int u'v\mathrm{d}x。$$

利用分部积分公式求不定积分的关键在于如何将所给积分 $\int f(x)\mathrm{d}x$ 化为 $\int u\mathrm{d}v$ 形式，使它更容易计算。下面通过实例说明 u 和 $\mathrm{d}v$ 的选择方法。

例 1　求下列不定积分：

(1) $\int x\mathrm{e}^x\mathrm{d}x$；　　(2) $\int x\cos x\mathrm{d}x$。

解　(1) 取

$$u = x, \mathrm{d}v = \mathrm{e}^x\mathrm{d}x,$$

则

$$\mathrm{d}u = \mathrm{d}x, v = \mathrm{e}^x, \mathrm{d}v = \mathrm{d}\mathrm{e}^x,$$

得

$$\int x\mathrm{e}^x\mathrm{d}x = \int x\,\mathrm{d}\mathrm{e}^x = x\mathrm{e}^x - \int \mathrm{e}^x\mathrm{d}x = x\mathrm{e}^x - \mathrm{e}^x + C。$$

可见，如上所选取的 u 和 $\mathrm{d}v$ 是可行的。但如果设

$$u = \mathrm{e}^x, \mathrm{d}v = x\mathrm{d}x, \mathrm{d}u = \mathrm{d}\mathrm{e}^x, v = \frac{x^2}{2},$$

则

$$\int x\mathrm{e}^x\mathrm{d}x = \int \mathrm{e}^x\mathrm{d}\,\frac{x^2}{2} = \frac{x^2}{2}\mathrm{e}^x - \int \frac{x^2}{2}\,\mathrm{d}\mathrm{e}^x = \frac{x^2}{2}\mathrm{e}^x - \int \frac{x^2}{2}\mathrm{e}^x\mathrm{d}x。$$

可见等式右边的积分比原来的更为复杂，说明这种选择是不恰当的。同时也说明正确选择 u 及 $\mathrm{d}v$ 是至关重要的。

(2) 取

$$u = x, \mathrm{d}v = \cos x\mathrm{d}x,$$

则

$$\mathrm{d}u = \mathrm{d}x, v = \sin x,$$

得

$$\int x\cos x\mathrm{d}x = \int x\mathrm{d}\sin x = x\sin x - \int \sin x\mathrm{d}x = x\sin x + \cos x + C。$$

利用分部积分公式，使$\int u\mathrm{d}v$转化为$\int v\mathrm{d}u$后应易于积出，式子$v\mathrm{d}u$应当比式子$u\mathrm{d}v$简单。或者说，$\mathrm{d}u$比u简单且v不比$\mathrm{d}v$复杂。依此分析，通常将u取作以下函数：

$$x^n, \ln x, \arctan x, \arcsin x, \cdots$$

它们的微分比较简单：

$$nx^{n-1}\mathrm{d}x, \frac{1}{x}\mathrm{d}x, \frac{1}{1+x^2}\mathrm{d}x, \frac{1}{\sqrt{1-x^2}}\mathrm{d}x, \cdots$$

而把v取作以下函数：

$$\mathrm{e}^x, a^x, \sin x, \cos x, \cdots$$

它们的微分保持原特征：

$$\mathrm{e}^x\mathrm{d}x, a^x\ln a\mathrm{d}x, \cos x\mathrm{d}x, -\sin x\mathrm{d}x, \cdots$$

下面利用分部积分公式推导基本积分表中未出现的几个基本初等函数的积分。

例 2　求下列不定积分：

(1) $\int \ln x\mathrm{d}x$；　　(2) $\int \arctan x\mathrm{d}x$；　　(3) $\int x\ln x\mathrm{d}x$。

解　(1) 设

$$u = \ln x, \mathrm{d}v = \mathrm{d}x,$$

则

$$\int \ln x\mathrm{d}x = x\ln x - \int x\mathrm{d}(\ln x) = x\ln x - \int x\frac{1}{x}\mathrm{d}x = x\ln x - x + C。$$

(2) 设

$$u = \arctan x, \mathrm{d}v = \mathrm{d}x,$$

则

$$\begin{aligned}\int \arctan x\mathrm{d}x &= x\arctan x - \int x\mathrm{d}\arctan x = x\arctan x - \int \frac{x\mathrm{d}x}{1+x^2} \\ &= x\arctan x - \frac{1}{2}\int \frac{\mathrm{d}(1+x^2)}{1+x^2} = x\arctan x - \frac{1}{2}\ln(1+x^2) + C。\end{aligned}$$

(3) 设

$$u = \ln x, \mathrm{d}v = x\mathrm{d}x,$$

则

$$\begin{aligned}\int x\ln x\mathrm{d}x &= \int \ln x\mathrm{d}\frac{x^2}{2} = \frac{1}{2}x^2\ln x - \int \frac{1}{2}x^2 \cdot \frac{1}{x}\mathrm{d}x \\ &= \frac{1}{2}x^2\ln x - \frac{1}{4}x^2 + C。\end{aligned}$$

有些函数的积分需要连续多次利用分部积分法求解。

例 3　求下列不定积分：

(1) $\int x^2\cos x\mathrm{d}x$；　　(2) $\int \mathrm{e}^x\sin x\mathrm{d}x$；　　(3) $\int \mathrm{e}^{\sqrt{x}}\mathrm{d}x$。

解　(1) 设

$$u = x^2, dv = \cos x dx,$$

则

$$\int x^2 \cos x dx = \int x^2 d\sin x = x^2 \sin x - 2\int x\sin x dx = x^2 \sin x + 2\int x d\cos x$$
$$= x^2 \sin x + 2[x\cos x - \int \cos x dx]$$
$$= x^2 \sin x + 2x\cos x - 2\sin x + C。$$

(2) 设

$$u = e^x, dv = \sin x dx,$$

则

$$\int e^x \sin x dx = -\int e^x d\cos x = -e^x \cos x + \int \cos x \cdot e^x dx = -e^x \cos x + \int e^x d\sin x$$
$$= -e^x \cos x + e^x \sin x - \int \sin x \cdot e^x dx$$
$$= e^x(\sin x - \cos x) - \int \sin x \cdot e^x dx,$$

故

$$\int e^x \sin x dx = \frac{1}{2}e^x(\sin x - \cos x) + C。$$

(3) 令

$$t = \sqrt{x},$$

则

$$x = t^2, dx = 2t dt,$$

于是

$$\int e^{\sqrt{x}} dx = 2\int e^t t dt = 2\int t de^t = 2te^t - 2\int e^t dt = 2te^t - 2e^t + C$$
$$= 2e^{\sqrt{x}}(\sqrt{x} - 1) + C。$$

例 4　求不定积分 $I_n = \int \frac{dx}{(x^2 + a^2)^n}$，其中 $a \neq 0$，n 为正整数。

解　当 $n = 1$ 时，

$$I_1 = \int \frac{dx}{x^2 + a^2} = \frac{1}{a}\arctan\frac{x}{a} + C,$$

当 $n > 1$ 时，利用分部积分法，有

$$I_{n-1} = \int \frac{dx}{(x^2 + a^2)^{n-1}} = \frac{x}{(x^2 + a^2)^{n-1}} + 2(n-1)\int \frac{x^2}{(x^2 + a^2)^n} dx$$
$$= \frac{x}{(x^2 + a^2)^{n-1}} + 2(n-1)\int \left[\frac{1}{(x^2 + a^2)^{n-1}} - \frac{a^2}{(x^2 + a^2)^n}\right] dx$$

$$= \frac{x}{(x^2+a^2)^{n-1}} + 2(n-1)(I_{n-1} - a^2 I_n)$$

于是

$$I_n = \frac{1}{2a^2(n-1)}\left[\frac{x}{(x^2+a^2)^{n-1}} + 2(n-3)I_{n-1}\right]。$$

以此作递推公式,则由 I_1 开始可计算出 $I_n(n>1)$。

习题 4.3

1. 求下列不定积分。

(1) $\int x\sin x\mathrm{d}x$;　(2) $\int x\mathrm{e}^{-x}\mathrm{d}x$;　(3) $\int \arcsin x\mathrm{d}x$;

(4) $\int x^2\cos x\mathrm{d}x$;　(5) $\int x^2\ln x\mathrm{d}x$;　(6) $\int \mathrm{e}^x\cos x\mathrm{d}x$;

(7) $\int \arctan x\mathrm{d}x$;　(8) $\int x\tan^2 x\mathrm{d}x$;　(9) $\int x\sin^2 x\mathrm{d}x$;

(10) $\int \ln^2 x\mathrm{d}x$;　(11) $\int x\sin x\cos x\mathrm{d}x$;　(12) $\int \cos(\ln x)\mathrm{d}x$;

(13) $\int \sin\sqrt{x}\mathrm{d}x$;　(14) $\int \mathrm{e}^{\sqrt[3]{x}}\mathrm{d}x$;　(15) $\int \frac{\ln^3 x}{x^2}\mathrm{d}x$;

(16) $\int \mathrm{e}^{-2x}\sin x\mathrm{d}x$。

2. 已知 $\frac{\sin x}{x}$ 是 $f(x)$ 的一个原函数,求 $\int xf'(x)\mathrm{d}x$。

3. 已知 $f(x)=\frac{\mathrm{e}^x}{x}$,求 $\int xf''(x)\mathrm{d}x$。

4.4　有理函数和可化为有理函数的积分

积分学的内容非常丰富,本节还将介绍一些比较简单的特殊类型函数的不定积分,包括有理函数的积分、三角函数有理式的积分和简单无理函数的积分。

4.4.1　有理函数的积分

有理函数是指由两个多项式函数的商所表示的函数,其一般形式为

$$k(x) = \frac{P(x)}{Q(x)} = \frac{a_n x^n + a_{n-1}x^{n-1} + \cdots + a_1 x + a_0}{b_m x^m + a_{m-1}x^{m-1} + \cdots + b_1 x + b_0}, \tag{1}$$

其中 n,m 都是非负整数,$a_0,a_1,\cdots,a_n$ 及 $b_0,b_1,\cdots,b_m$ 都是实数,且 $a_n\neq 0,b_m\neq 0$。

在有理分式中,若 $n<m$,则称它为**真分式**;若 $n\geqslant m$,则称它为**假分式**。

利用多项式的除法,可以把任意一个假分式化成一个多项式和一个真分式之和。

例如，

$$\frac{x^3+x+1}{x^2+1}=\frac{x(x^2+1)+1}{x^2+1}=x+\frac{1}{x^2+1}。$$

多项式的积分是容易计算的，因此只需讨论真分式的积分。

首先，介绍如何将一个真分式分解成若干个最简分式之和。所谓最简分式是指下列四种形式：

(1) $\frac{A}{x-a}$；　(2) $\frac{A}{(x-a)^k}$（k 为正整数）；

(3) $\frac{Ax+B}{x^2+px+q}$；　(4) $\frac{Ax+B}{(x^2+px+q)^k}$（$k$ 为正整数），其中，$p^2-4q<0$。

将真分式化为最简分式，必须用到下述两个代数定理。

定理 4.6　若 $Q(x)$ 是 m 次多项式，即

$$Q(x)=b_mx^m+b_{m-1}x^{m-1}+\cdots+b_1x+b_0\ (b_m\neq 0),$$

则

$$Q(x)=b_m(x-a)^{\alpha}\cdots(x-b)^{\beta}(x^2+px+q)^{\lambda}\cdots(x^2+rx+s)^{\mu}$$
$$(\alpha,\cdots,\beta,\lambda,\cdots,\mu \text{ 为自然数}),$$

其中，

$$p^2-4q<0,\cdots,r^2-4s<0,$$

而

$$\alpha+\cdots+\beta+2(\lambda+\cdots+\mu)=m。$$

定理 4.7　若 $k(x)$ 为式(1) 的形式，则

$$k(x)=\frac{1}{b_m}\Big[\frac{A_1}{x-a}+\frac{A_2}{(x-a)^2}+\cdots+\frac{A_\alpha}{(x-a)^\alpha}+\frac{B_1}{x-b}+\frac{B_2}{(x-b)^2}+\cdots$$
$$+\frac{B_\beta}{(x-b)^\beta}+\cdots+\frac{P_1x+Q_1}{x^2+px+q}+\cdots+\frac{P_\lambda x+Q_\lambda}{(x^2+px+q)^\lambda}$$
$$+\frac{k_1x+S_1}{x^2+rx+s}+\cdots+\frac{k_\mu x+S_\mu}{(x^2+rx+s)^\mu}+\cdots\Big],$$

其中，A_i,B_i,P_i,Q_i,k_i,S_i 都是实常数。

上述两个定理属于代数学范畴，我们仅借助它们来求不定积分，故此处不予证明。

例 1　求不定积分 $\int\frac{x+3}{x^2-5x+6}\mathrm{d}x$。

解　被积有理函数是个真分式，因为 $x^2-5x+6=(x-2)(x-3)$，所以设

$$\frac{x+3}{x^2-5x+6}=\frac{A}{x-2}+\frac{B}{x-3},$$

其中，A,B 为待定常数。为求得 A,B，将上等式两边去分母，得

$$x+3=A(x-3)+B(x-2)=(A+B)x-(3A+2B),$$

从而有

$$A+B=1, -(3A+2B)=3,$$

解得

$$A=-5, B=6,$$

即

$$\frac{x+3}{x^2-5x+6}=\frac{-5}{x-2}+\frac{6}{x-3},$$

所以

$$\int\frac{x+3}{x^2-5x+6}\mathrm{d}x=\int\left(\frac{-5}{x-2}+\frac{6}{x-3}\right)\mathrm{d}x=-5\ln|x-2|+6\ln|x-3|+C。$$

例 2 求不定积分$\int\frac{1}{x(x-1)^2}\mathrm{d}x$。

解 设

$$\frac{1}{x(x-1)^2}=\frac{A_1}{x}+\frac{A_2}{x-1}+\frac{A_3}{(x-1)^2},$$

其中,A_1,A_2,A_3 为待定常数。去分母,得

$$1=A_1(x-1)^2+A_2x(x-1)+A_3x,$$

解得

$$A_1=1, A_2=-1, A_3=1,$$

即

$$\frac{1}{x(x-1)^2}=\frac{1}{x}-\frac{1}{x-1}+\frac{1}{(x-1)^2}。$$

所以

$$\begin{aligned}\int\frac{1}{x(x-1)^2}\mathrm{d}x&=\int\frac{1}{x}\mathrm{d}x-\int\frac{1}{x-1}\mathrm{d}x+\int\frac{1}{(x-1)^2}\mathrm{d}x\\&=\ln|x|-\ln|x-1|-\frac{1}{x-1}+C。\end{aligned}$$

例 3 求不定积分$\int\frac{1}{(1+2x)(1+x^2)}\mathrm{d}x$。

解 被积有理式可分解成

$$\frac{1}{(1+2x)(1+x^2)}=\frac{A_1}{1+2x}+\frac{A_2x+B}{1+x^2},$$

去分母后可解得

$$A_1=\frac{4}{5}, A_2=-\frac{2}{5}, B=\frac{1}{5},$$

即

$$\frac{1}{(1+2x)(1+x^2)}=\frac{4}{5}\times\frac{1}{1+2x}-\frac{2}{5}\times\frac{x}{1+x^2}+\frac{1}{5}\times\frac{1}{1+x^2},$$

所以

$$\int \frac{1}{(1+2x)(1+x^2)}dx = \frac{2}{5}\int \frac{2dx}{1+2x} - \frac{1}{5}\int \frac{2xdx}{1+x^2} + \frac{1}{5}\int \frac{dx}{1+x^2}$$

$$= \frac{2}{5}\int \frac{d(1+2x)}{1+2x} - \frac{1}{5}\int \frac{d(1+x^2)}{1+x^2} + \frac{1}{5}\int \frac{dx}{1+x^2}$$

$$= \frac{2}{5}\ln|1+2x| - \frac{1}{5}\ln(1+x^2) + \frac{1}{5}\arctan x + C。$$

例 4　求不定积分$\int \frac{5x+4}{x^2+2x+3}dx$。

解　$$\int \frac{5x+4}{x^2+2x+3}dx = \frac{5}{2}\int \frac{(2x+2)dx}{x^2+2x+3} - \int \frac{dx}{x^2+2x+3}$$

$$= \frac{5}{2}\int \frac{d(x^2+2x+3)}{x^2+2x+3} - \int \frac{1}{(x+1)^2+(\sqrt{2})^2}dx$$

$$= \frac{5}{2}\ln(x^2+2x+3) - \frac{1}{\sqrt{2}}\arctan\frac{x+1}{\sqrt{2}} + C。$$

应指出，上述介绍的求有理函数的不定积分的方法虽然具有普遍性，但在具体积分时，不要拘泥于上述方法，而应根据被积函数的特点，灵活选用其他各种能简化积分计算的方法。

例 5　求不定积分$\int \frac{x^2}{(x-1)^{10}}dx$。

解　本题如果用定理 4.6 的方法求解，应将被积函数化为

$$\frac{x^2}{(x-1)^{10}} = \frac{A_1}{x-1} + \frac{A_2}{(x-1)^2} + \cdots + \frac{A_{10}}{(x-1)^{10}}。$$

显然，计算量太大。现令 $x-1=t$，即 $x=t+1, dx=dt$，则

$$\int \frac{x^2}{(x-1)^{10}}dx = \int \frac{(x-1+1)^2}{(x-1)^{10}}d(x-1) = \int \frac{(t+1)^2}{t^{10}}dt$$

$$= \int \frac{t^2+2t+1}{t^{10}}dt = \int \frac{dt}{t^8} + 2\int \frac{dt}{t^9} + \int \frac{dt}{t^{10}} = -\frac{1}{7t^7} - \frac{1}{4t^8} - \frac{1}{9t^9} + C$$

$$= -\frac{1}{7(x-1)^7} - \frac{1}{4(x-1)^8} - \frac{1}{9(x-1)^9} + C。$$

例 6　求不定积分$\int \frac{x+1}{(x^2+2x+3)^5}dx$。

解　这是形如最简分式(4)的不定积分，如用定理 4.7 的方法求解将会十分复杂。但注意到分子恰为分母中的(x^2+2x+3)的导数一半，所以

$$\int \frac{x+1}{(x^2+2x+3)^5}dx = \frac{1}{2}\int (x^2+2x+3)^{-5}d(x^2+2x+3)$$

$$= -\frac{1}{8(x^2+2x+3)^4} + C。$$

4.4.2　三角函数有理式的积分

三角函数的有理式是指常数与三角函数通过有限次四则运算构成的函数。由于各种

三角函数都可用 $\sin x$ 及 $\cos x$ 的有理式表示，所以可将三角函数有理式记作

$$R(\sin x,\cos x)。$$

所以，我们仅考虑积分

$$\int R(\sin x,\cos x)\mathrm{d}x。$$

由于

$$\sin x=\frac{2\sin\frac{x}{2}\cos\frac{x}{2}}{\sin^2\frac{x}{2}+\cos^2\frac{x}{2}}=\frac{2\tan\frac{x}{2}}{1+\tan^2\frac{x}{2}},$$

$$\cos x=\frac{\cos^2\frac{x}{2}-\sin^2\frac{x}{2}}{\sin^2\frac{x}{2}+\cos^2\frac{x}{2}}=\frac{1-\tan^2\frac{x}{2}}{1+\tan^2\frac{x}{2}}。$$

令

$$\tan\frac{x}{2}=t,\text{则 }\sin x=\frac{2t}{1+t^2},\cos x=\frac{1-t^2}{1+t^2},\tag{2}$$

$$x=2\arctan t,\mathrm{d}x=\frac{2}{1+t^2}\mathrm{d}t。\tag{3}$$

从而

$$\int R(\sin x,\cos x)\mathrm{d}x=\int R\left(\frac{2t}{1+t^2},\frac{1-t^2}{1+t^2}\right)\frac{2}{1+t^2}\mathrm{d}t。$$

上述的变量代换 $t=\tan\frac{x}{2}$ 称为**半角代换**或**万能代换**。

这样，我们就把三角函数有理式化成了有理函数的积分，从而可根据有理函数的积分法求解。

例 7 求不定积分 $\int\frac{\mathrm{d}x}{1+3\cos x}$。

解 利用半角代换公式(2)、(3)，得

$$\begin{aligned}\int\frac{\mathrm{d}x}{1+3\cos x}&=\int\left(1+3\,\frac{1-t^2}{1+t^2}\right)^{-1}\frac{2\mathrm{d}t}{1+t^2}=\int\frac{\mathrm{d}t}{2-t^2}\\&=\int\frac{\mathrm{d}t}{(\sqrt{2}+t)(\sqrt{2}-t)}=\frac{1}{2\sqrt{2}}\int\left(\frac{1}{\sqrt{2}+t}+\frac{1}{\sqrt{2}-t}\right)\mathrm{d}t\\&=\frac{\sqrt{2}}{4}\left[\ln(\sqrt{2}+t)-\ln(\sqrt{2}-t)\right]+C\\&=\frac{\sqrt{2}}{4}\ln\left|\frac{\tan\frac{x}{2}+\sqrt{2}}{\tan\frac{x}{2}-\sqrt{2}}\right|+C。\end{aligned}$$

例 8　求$\int \frac{1}{1+2\tan x}\mathrm{d}x$。

解　被积函数所含三角函数只有 $\tan x$，不妨直接设 $\tan x = t$，则

$$x = \arctan t, \mathrm{d}x = \frac{\mathrm{d}t}{1+t^2},$$

代入原积分得

$$\begin{aligned}\int \frac{1}{1+2\tan x}\mathrm{d}x &= \int \frac{1}{1+2t}\cdot\frac{\mathrm{d}t}{1+t^2} = \frac{1}{5}\int\left(\frac{4}{1+2t}+\frac{1-2t}{1+t^2}\right)\mathrm{d}t \\ &= \frac{2}{5}\int\frac{2}{1+2t}\mathrm{d}t + \frac{1}{5}\int\frac{1}{1+t^2}\mathrm{d}t - \frac{1}{5}\int\frac{2t}{1+t^2}\mathrm{d}t \\ &= \frac{2}{5}\ln|1+2t| + \frac{1}{5}\arctan t - \frac{1}{5}\ln(1+t^2) + C \\ &= \frac{1}{5}[x + 2\ln|\cos x + 2\sin x|] + C。\end{aligned}$$

4.4.3　简单无理函数的积分

事实上，在前面各节中已介绍过一些简单无理函数的积分。这里再着重介绍两种类型无理函数的积分，即

(1) $\int R\left(x, \sqrt[n]{\frac{ax+b}{cx+d}}\right)\mathrm{d}x \ (ad \neq bc)$；

(2) $\int R(x, \sqrt{ax^2+bx+c})\mathrm{d}x \ (a \neq 0, b^2 \neq 4ac)$。

其计算的基本思路是用适当的代换去掉根式。

对于积分(1)，用代换

$$t = \sqrt[n]{\frac{ax+b}{cx+d}}$$

即可达到去掉根式的目的。

对于积分(2)，通常应先将根式化为 $\sqrt{t^2 \pm a^2}$ 或 $\sqrt{a^2-t^2}$，然后再用三角代换去根号。

例 9　求不定积分$\int \frac{1}{1+\sqrt[3]{x+2}}\mathrm{d}x$。

解　此积分属于类型(1)，可以设 $\sqrt[3]{x+2} = t$，于是

$$x = t^3 - 2, \mathrm{d}x = 3t^2\mathrm{d}t,$$

从而所求积分为

$$\begin{aligned}\int \frac{1}{1+\sqrt[3]{x+2}}\mathrm{d}x &= \int \frac{3t^2\mathrm{d}t}{1+t} = 3\int\frac{t^2-1+1}{1+t}\mathrm{d}t \\ &= 3\int\left(t-1+\frac{1}{1+t}\right)\mathrm{d}t = 3\left(\frac{t^2}{2} - t + \ln|1+t|\right) + C\end{aligned}$$

$$= \frac{3}{2}\sqrt[3]{(x+2)^2} - 3\sqrt[3]{x+2} + 3\ln\left|1+\sqrt[3]{x+2}\right| + C。$$

例 10 求不定积分$\int \frac{x\mathrm{d}x}{\sqrt{x^2+2x+2}}$。

解 此积分属于类型(2)，首先注意到$x^2+2x+2=(x+1)^2+1$，于是令$x+1=t$，得

$$\int \frac{x\mathrm{d}x}{\sqrt{x^2+2x+2}} = \int \frac{x\mathrm{d}x}{\sqrt{(x+1)^2+1}} = \int \frac{t-1}{\sqrt{t^2+1}}\mathrm{d}t,$$

又令$t=\tan u$，$\mathrm{d}t=\sec^2 u\mathrm{d}u$，代入上式，得

$$\begin{aligned}\int \frac{x\mathrm{d}x}{\sqrt{x^2+2x+2}} &= \int \frac{\tan u - 1}{\sec u}\cdot \sec^2 u\mathrm{d}u = \int \frac{\sin u\mathrm{d}u}{\cos^2 u} - \int \sec u\mathrm{d}u \\ &= \frac{1}{\cos u} - \ln|\sec u + \tan u| + C \\ &= \sqrt{t^2+1} - \ln\left|\sqrt{t^2+1}+t\right| + C \\ &= \sqrt{x^2+2x+2} - \ln\left|\sqrt{x^2+2x+2}+x+1\right| + C。\end{aligned}$$

本章介绍了不定积分的概念及计算方法，必须指出的是，初等函数在它有定义的区间上不定积分一定存在，但其不定积分不一定能用初等函数表示出来，例如，

$$\int \mathrm{e}^{-x^2}\mathrm{d}x, \int \frac{\sin x}{x}\mathrm{d}x, \int \frac{1}{\sqrt{1+x^3}}\mathrm{d}x。$$

同时还应了解，求一个函数的不定积分不像求其导数那样总可以遵循一定的规则和方法去做，它没有统一的规则可循，需要具体问题具体分析，灵活应用各类积分方法和技巧。

4.4.4 积分表的使用

在实际应用中，常常利用积分表(见书后附录Ⅱ)来计算不定积分。求不定积分时可按被积函数的类型从表中查到相应的公式，或经过简单的运算和代换将被积函数化成表中已有公式的形式。

例 11 求不定积分$\int \frac{1}{5-4\cos x}\mathrm{d}x$。

解 被积函数中含有三角函数，在积分表中查得公式(105)：

$$\int \frac{1}{a+b\cos x}\mathrm{d}x = \frac{2}{a+b}\sqrt{\frac{a+b}{a-b}}\arctan\left(\sqrt{\frac{a+b}{a-b}}\tan\frac{x}{2}\right) + C\ (a^2 > b^2),$$

将$a=5$，$b=-4$代入，得

$$\int \frac{1}{5-4\cos x}\mathrm{d}x = \frac{2}{3}\arctan\left(3\tan\frac{x}{2}\right) + C。$$

例 12 求不定积分$\int \frac{1}{4+9x^2}dx$。

解 被积函数中含有 $ax^2+b(a>0)$ 的形式，在积分表中查得公式(22)：

$$\int \frac{dx}{ax^2+b}=\frac{1}{\sqrt{ab}}\arctan\sqrt{\frac{a}{b}}x+C\ (b>0),$$

将 $a=9$, $b=4$ 代入，得

$$\int \frac{1}{4+9x^2}dx=\frac{1}{6}\arctan\frac{3}{2}x+C。$$

习题 4.4

1. 求下列不定积分。

(1) $\int \frac{x^3}{x+3}dx$；　(2) $\int \frac{x+1}{(x-1)^3}dx$；　(3) $\int \frac{3}{x^3+1}dx$；

(4) $\int \frac{1-x-x^2}{(x^2+1)^2}dx$；　(5) $\int \frac{x}{(x+1)(x+2)(x+3)}dx$；　(6) $\int \frac{1}{x(x^2+1)}dx$；

(7) $\int \frac{x^2+1}{(x+1)^2(x-1)}dx$；　(8) $\int \frac{4}{x^2+2x+3}dx$。

2. 求下列不定积分。

(1) $\int \frac{1}{3+\sin^2 x}dx$；　(2) $\int \frac{1}{1+\sin x+\cos x}dx$；　(3) $\int \frac{\sqrt{x+1}-1}{\sqrt{x+1}+1}dx$；

(4) $\int \frac{1}{\sqrt{x}+\sqrt[4]{x}}dx$；　(5) $\int \frac{x^3}{\sqrt{1+x^2}}dx$；　(6) $\int \frac{1}{1+\sqrt[3]{x+1}}dx$。

复习题 4

一、选择题。

1. 函数 $f(x)$ 的不定积分是 $f(x)$ 的(　　)。

(A) 导数　(B) 某个原函数　(C) 全体原函数　(D) 微分

2. 设 $F(x)$,$G(x)$ 均是 $f(x)$ 的原函数，则必有(　　)。

(A) $F(x)+G(x)=0$　(B) $F(x)+G(x)=C$

(C) $F(x)-G(x)=0$　(D) $F(x)-G(x)=C$

3. 设 $f(x)$ 的一个原函数是 $\sin x$，则 $f(x)=$(　　)。

(A) $\sin x$　(B) $-\sin x$　(C) $\cos x$　(D) $-\cos x$

4. 已知$\int f(x+1)dx=xe^{x+1}+C$，则 $f(x)=$(　　)。

(A) xe^x　(B) xe^{x+1}　(C) $(x+1)e^{x+1}$　(D) $(x+1)e^x$

5. $\int d(1-\sin x)=$（　　）。

(A) $1-\sin x$　　(B) $-\sin x+C$　　(C) $x+\cos x$　　(D) $x+\cos x+C$

6. $\int xf''(x)dx=$（　　）。

(A) $xf'(x)-\int f(x)dx$　　(B) $xf'(x)-f'(x)+C$

(C) $xf'(x)-f(x)+C$　　(D) $f(x)-xf'(x)+C$

二、填空题。

1. $\int e^x\sin y dx=$ ________；$\int e^x\sin y dy=$ ________，其中 x 与 y 无关。

2. 若 $f'(e^x)=1+x$，则 $f(x)=$ ________。

3. 设 $\int xf(x)dx=\arcsin x+C$，则 $\int\frac{dx}{f(x)}=$ ________。

三、求下列不定积分。

1. $\int\frac{x}{(1-x)^3}dx$；　　2. $\int\frac{1+\cos x}{x+\sin x}dx$；　　3. $\int\frac{1}{e^x-e^{-x}}dx$；

4. $\int\tan^4 x dx$；　　5. $\int x\cos^2 x dx$；　　6. $\int\frac{\ln x}{x^2}dx$；

7. $\int\arctan\sqrt{x}dx$；　　8. $\int\ln(1+x^2)dx$；　　9. $\int\frac{x^{11}}{x^8+3x^4+2}dx$；

10. $\int\frac{\sin x}{1+\sin x}dx$。

第 5 章　定积分及其应用

积分学的核心内容是定积分，学好定积分是学习其他积分的基础。这一章我们将通过计算曲边梯形的面积、变力做功引入定积分的概念，进而给出函数可积的条件及定积分的简单性质，着重论述微积分学基本定理与基本公式（Newton-Leibniz 公式），再应用换元积分、分部积分等方法计算各种典型的定积分。

5.1　定积分的概念

5.1.1　引例

1. 曲边梯形的面积

如图 5-1 所示，设 $f(x)$ 为闭区间 $[a,b]$ 上的连续函数，且 $f(x) \geqslant 0$。由曲线 $y = f(x)$，直线 $x = a$，$x = b$ 以及 x 轴所围成的平面图形，称为**曲边梯形**。下面讨论曲边梯形的面积。

由于曲边梯形不是矩形、平行四边形、梯形等规则图形，无法直接应用已有的面积公式求面积，于是先设法求其面积的近似值。

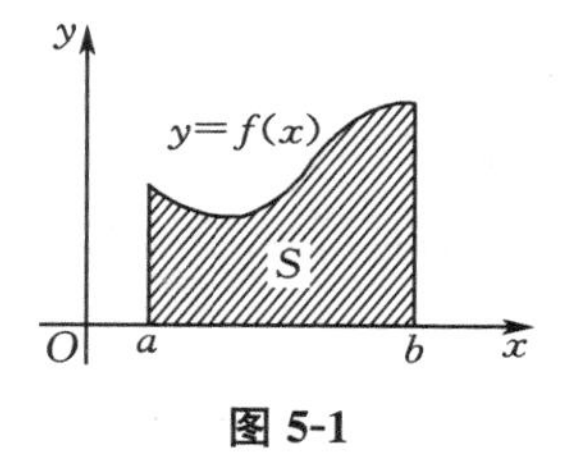

图 5-1

在初等数学中，圆面积是用边数无限增多的内接正多边形面积的极限来定义的。现在我们仍然用这种方法来求曲边梯形的面积，如图 5-2 所示。

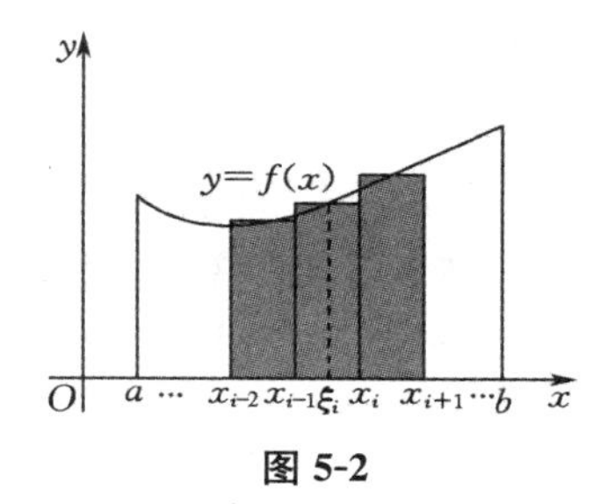

图 5-2

(1) **分割**　在区间$[a,b]$内任取一系列的分点，它们满足

$$a = x_0 < x_1 < x_2 < \cdots < x_{n-1} < x_n = b,$$

这些点把$[a,b]$分割成n个小区间$[x_{i-1}, x_i]$，$i = 1,2,\cdots,n$。再用直线

$$x = x_i, i = 1,2,\cdots,n-1$$

把曲边梯形分割成n个小曲边梯形。

(2) **近似**　在每个小区间$[x_{i-1}, x_i]$上任取一点ξ_i，作以$f(\xi_i)$为高，$[x_{i-1}, x_i]$为底的小矩形。当分割$[a,b]$的分点较多，又分割的窄条小矩形较细密时，由于$f(x)$为连续函数，它在每个小区间上的值变化不大，从而可用小矩形的面积近似替代相应小曲边梯形的面积。即

$$\Delta S_i \approx f(\xi_i)\Delta x_i (i = 1,2,\cdots,n)。$$

(3) **求和**　这n个小矩形面积之和就可作为该曲边梯形面积S的近似值，即

$$S = \sum_{i=1}^{n} \Delta S_i \approx \sum_{i=1}^{n} f(\xi_i)\Delta x_i。$$

称和式$\sum\limits_{i=1}^{n} f(\xi_i)\Delta x_i$为$f(x)$在$[a,b]$上的**积分和或黎曼和**。

(4) **取极限**　要使矩形面积之和无限趋近曲边梯形面积，则上述分割应无限细分，即分点个数无限增多，同时每个小区间段的长度趋于零。若记

$$\lambda = \max\{\Delta x_1, \Delta x_2, \cdots, \Delta x_n\},$$

则$\lambda \to 0$时，取上述和式的极限，便得曲边梯形面积

$$S = \lim_{\lambda \to 0} \sum_{i=1}^{n} f(\xi_i)\Delta x_i。$$

2. 变力所做的功

设质点受力F的作用沿x轴正向由a点移动到b点，并设F处处平行于x轴，如图5-3所示。如果F为常力，则它对质点所做的功为$W = F \cdot (b-a)$。现在的问题是，F为变力，它连续依赖于质点所在位置的坐标x，即$F = F(x)$，$x \in [a,b]$为一连续函数，此时F对质点所做的功W又该如何计算？

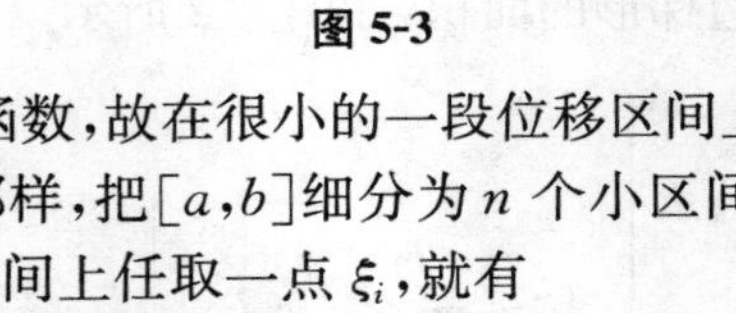

F(x)
0　a　x　b　x

图 5-3

由假设$F(x)$为一连续函数，故在很小的一段位移区间上$F(x)$可以近似地看作一常量。类似于求曲边梯形面积那样，把$[a,b]$细分为n个小区间$[x_{i-1}, x_i]$，$\Delta x_i = x_i - x_{i-1}$，$i = 1,2,\cdots,n$，并在每个小区间上任取一点$\xi_i$，就有

$$F(x) \approx F(\xi_i), x \in [x_{i-1}, x_i], i = 1,2,\cdots,n。$$

于是，质点从x_{i-1}移到x_i时，力F所做的功就近似等于$F(\xi_i)\Delta x_i$，即

$$W \approx \sum_{i=1}^{n} F(\xi_i)\Delta x_i,$$

若记 $\lambda = \max\{\Delta x_1, \Delta x_2, \cdots, \Delta x_n\}$，则

$$W = \lim_{\lambda \to 0} \sum_{i=1}^{n} F(\xi_i) \Delta x_i。$$

以上两个例子，一个是计算曲边梯形面积的几何问题，另一个是求变力做功的力学问题，最终都归结为一个特定形式的和式的极限。在科学技术中还有许多同类型的数学问题，解决这类问题的思想方法可以概括为“分割，近似求和，取极限”。定积分的概念就是由此而产生的。

5.1.2　定积分的定义

定义 5.1　设 $f(x)$ 在 $[a,b]$ 上有界，在 (a,b) 内任意取 $n-1$ 个分点 $x_i(1 \leqslant i \leqslant n-1)$：

$$a = x_0 < x_1 < x_2 < \cdots < x_{n-1} < x_n = b,$$

在每个小区间 $[x_{i-1}, x_i]$ 上任取一点 $\xi_i(1 \leqslant i \leqslant n)$，作乘积 $f(\xi_i)\Delta x_i$，并求和式

$$\sum_{i=1}^{n} f(\xi_i) \Delta x_i,$$

记 $\lambda = \max\{\Delta x_1, \Delta x_2, \cdots, \Delta x_n\}$，若无论 $x_i(1 \leqslant i \leqslant n-1)$ 和 $\xi_i \in [x_{i-1}, x_i](1 \leqslant i \leqslant n)$ 如何选取，只要 $\lambda \to 0$ 时，和式 $\sum\limits_{i=1}^{n} f(\xi_i)\Delta x_i$ 均趋于确定的常数 I，则称函数 $f(x)$ 在 $[a,b]$ 上可积，常数 I 称为函数 $f(x)$ 在区间 $[a,b]$ 上的**定积分**，记为

$$\int_a^b f(x) \mathrm{d}x,$$

即

$$I = \int_a^b f(x) \mathrm{d}x = \lim_{\lambda \to 0} \sum_{i=1}^{n} f(\xi_i) \Delta x_i。$$

称积分 $\int_a^b f(x)\mathrm{d}x$ 中的 $f(x)$ 为**被积函数**，$f(x)\mathrm{d}x$ 为**被积表达式**，x 称为**积分变量**，a 与 b 分别称为**积分下限**和**积分上限**，区间 $[a,b]$ 为**积分区间**。

注意　(1) 定积分仅与被积函数 $f(x)$ 和积分区间 $[a,b]$ 有关，与积分变量的字母表示无关，即

$$\int_a^b f(x) \mathrm{d}x = \int_a^b f(u) \mathrm{d}u = \int_a^b f(t) \mathrm{d}t。$$

(2) 定义中的 $x_i(1 \leqslant i \leqslant n-1)$ 和 $\xi_i \in [x_{i-1}, x_i]$ $(1 \leqslant i \leqslant n)$ 是任意选取的，但 $\lim\limits_{\lambda \to 0} \sum\limits_{i=1}^{n} f(\xi_i)\Delta x_i$ 的值均相同，即极限值与区间的分法及点 ξ_i 在 $[x_{i-1}, x_i]$ 上的取法无关。因此可取特殊点，比如若取 x_i 为等分点，则有

$$I = \int_a^b f(x) \mathrm{d}x = \lim_{\lambda \to 0} \sum_{i=1}^{n} f(\xi_i) \Delta x_i = \lim_{n \to \infty} \frac{b-a}{n} \sum_{i=1}^{n} f(\xi_i)。$$

由此也可知，定积分定义中，一般情况下，$\lambda \to 0$ 并不能用 $n \to \infty$ 来代替，但若是等分，

则可以。此时，ξ_i 可取 x_{i-1} 或 x_i 或 $\frac{x_{i-1}+x_i}{2}$。

(3) 定积分定义中，要求 $a<b$，为了便于计算，允许 $b\leqslant a$，且规定

$$\int_a^a f(x)\mathrm{d}x = 0 \quad 及 \quad \int_a^b f(x)\mathrm{d}x = -\int_b^a f(x)\mathrm{d}x。$$

由定积分的定义可知，当 $\lim\limits_{\lambda\to 0}\sum\limits_{i=1}^{n} f(\xi_i)\Delta x_i$ 存在时，函数 $f(x)$ 在区间 $[a,b]$ 才是可积的。那么如何快速地判断函数是否可积呢？下面给出判定定理。

定理 5.1 （可积的函数类）在区间 $[a,b]$ 上，下列几类函数是可积的：

(1) 连续函数；

(2) 分段连续函数，即仅有有限个第一类间断点的函数；

(3) 单调函数。

(证明略)

5.1.3 定积分的几何意义

对于 $[a,b]$ 上的连续函数 $f(x)$，

(1) 当 $f(x)\geqslant 0$ 时，定积分 $\int_a^b f(x)\mathrm{d}x$ 的几何意义就是该曲边梯形的面积，如图 5-4 所示，即

$$\int_a^b f(x)\mathrm{d}x = S。$$

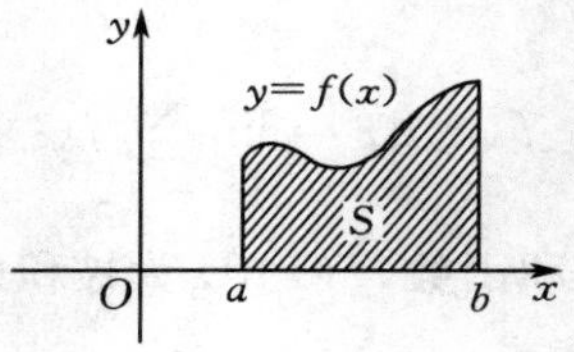

图 5-4

(2) 当 $f(x)\leqslant 0$ 时，定积分 $\int_a^b f(x)\mathrm{d}x$ 表示位于 x 轴下方的曲边梯形面积的相反数，不妨称之为“负面积”，如图 5-5 所示，即

$$\int_a^b f(x)\mathrm{d}x = -S。$$

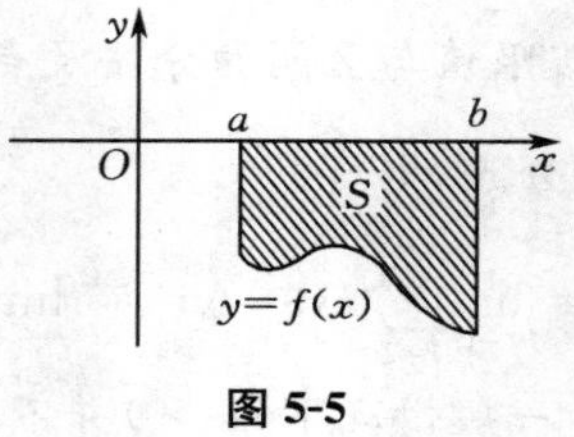

图 5-5

(3) 若在区间$[a,b]$上，$f(x)$ 有正有负，则定积分$\int_a^b f(x)\mathrm{d}x$ 的值是曲线 $y=f(x)$ 在 x 轴上方部分所有曲边梯形的正面积与下方部分所有曲边梯形的负面积的代数和，如图 5-6 所示，即

$$\int_a^b f(x)\mathrm{d}x = -S_1 + S_2 - S_3。$$

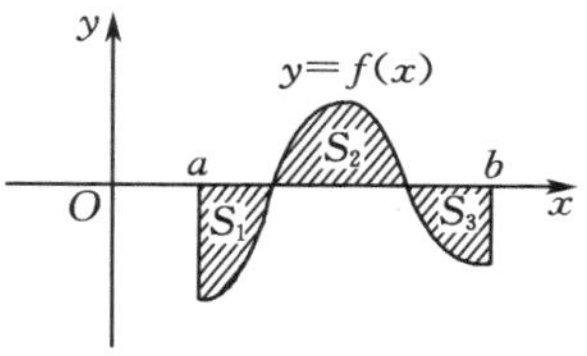

图 5-6

由此可推得，奇函数 $f(x)$ 在对称区间$[-a,a]$上的积分为 0。

例 1　根据定积分的几何意义求下列积分的值：

(1) $\int_{-1}^{1} x\mathrm{d}x$；　　(2) $\int_{-R}^{R}\sqrt{R^2-x^2}\,\mathrm{d}x$。

解　(1) 因被积函数 $f(x)=x$ 是奇函数，故

$$\int_{-1}^{1} x\mathrm{d}x = 0。$$

(2) 如图 5-7 所示，

$$\int_{-R}^{R}\sqrt{R^2-x^2}\,\mathrm{d}x = S = \frac{\pi R^2}{2}。$$

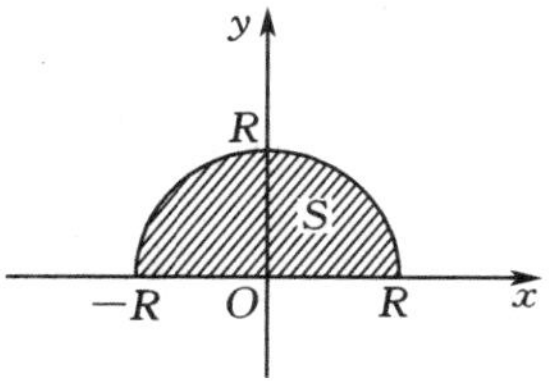

图 5-7

例 2　如图 5-8 所示，求以抛物线 $y=x^2$ 为曲边的曲边三角形的面积。

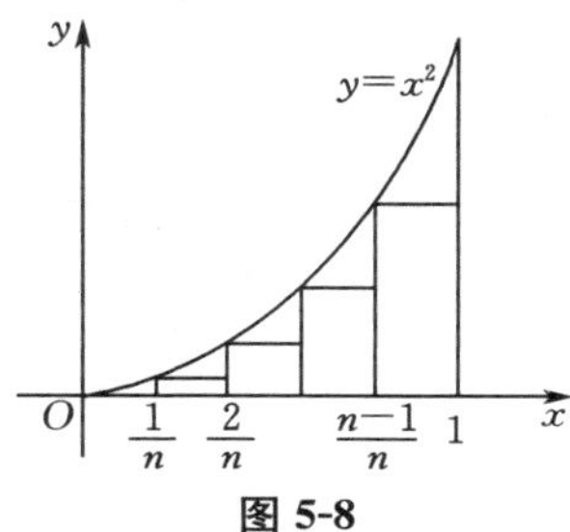

图 5-8

解　为便于计算，采用等分点

$$0<\frac{1}{n}<\frac{2}{n}<\cdots<\frac{n-1}{n}<1,$$

并取 ξ_i 为区间 $[x_{i-1},x_i]$ 的右端点，即 $\xi_i=\frac{i}{n}\ (1\leqslant i\leqslant n)$，则以抛物线为曲边的曲边三角形的面积为

$$\begin{aligned}S&=\lim_{n\to\infty}\left[\left(\frac{1}{n}\right)^2\cdot\frac{1}{n}+\left(\frac{2}{n}\right)^2\cdot\frac{1}{n}+\cdots+\left(\frac{i}{n}\right)^2\cdot\frac{1}{n}+\cdots+\left(\frac{n}{n}\right)^2\cdot\frac{1}{n}\right]\\&=\lim_{n\to\infty}\sum_{i=1}^{n}\left(\frac{i}{n}\right)^2\cdot\frac{1}{n}=\lim_{n\to\infty}\frac{1}{n^3}\sum_{i=1}^{n}i^2\\&=\lim_{n\to\infty}\frac{n(n+1)(2n+1)}{6n^3}=\frac{1}{3}。\end{aligned}$$

习题 5.1

1. 利用定积分的定义证明：$\int_a^b \mathrm{d}x=b-a\ (a<b)$。
2. 利用定积分的定义计算：$\int_a^b x\mathrm{d}x\ (a<b)$。
3. 利用定积分的几何意义说明下列等式。

(1) $\int_0^1 2x\mathrm{d}x=1$；　　(2) $\int_0^1\sqrt{1-x^2}\,\mathrm{d}x=\frac{\pi}{4}$；

(3) $\int_{-\pi}^{\pi}\sin x\mathrm{d}x=0$；　　(4) $\int_{-\frac{\pi}{2}}^{\frac{\pi}{2}}\cos x\mathrm{d}x=2\int_0^{\frac{\pi}{2}}\cos x\mathrm{d}x$。

5.2 定积分的性质

要深入研究定积分，就必须在定积分定义的基础上，进一步讨论定积分的各种性质。由定积分的定义

$$\int_a^b f(x)\mathrm{d}x=\lim_{\lambda\to 0}\sum_{i=1}^{n}f(\xi_i)\Delta x_i,$$

以及极限的运算规则和性质，可以得到定积分的以下几个基本性质。

假定下列性质中所涉及的函数在所讨论的区间上都是可积的。

性质 5.1 函数的和(差)的定积分等于它们的定积分的和(差)，即

$$\int_a^b[f(x)\pm g(x)]\mathrm{d}x=\int_a^b f(x)\mathrm{d}x\pm\int_a^b g(x)\mathrm{d}x。$$

证

$$\begin{aligned}\int_a^b[f(x)\pm g(x)]\mathrm{d}x&=\lim_{\lambda\to 0}\sum_{i=1}^{n}[f(\xi_i)\pm g(\xi_i)]\Delta x_i\\&=\lim_{\lambda\to 0}\sum_{i=1}^{n}f(\xi_i)\Delta x_i\pm\lim_{\lambda\to 0}\sum_{i=1}^{n}g(\xi_i)\Delta x\end{aligned}$$

$$=\int_a^b f(x)\mathrm{d}x \pm \int_a^b g(x)\mathrm{d}x。$$

此性质可以推广到任意有限多个函数和(差)的情形。

性质 5.2　被积函数的常数因子可以提到积分号的外面,即

$$\int_a^b kf(x)\mathrm{d}x = k\int_a^b f(x)\mathrm{d}x\ (k\text{ 为常数})。$$

性质 5.1 和性质 5.2 称为定积分的线性性质。

性质 5.3　(积分区间的可加性)若将积分区间分成两个部分,则 $f(x)$ 在整个区间上的定积分等于这两部分区间上的定积分之和,即设 $a<c<b$,则

$$\int_a^b f(x)\mathrm{d}x = \int_a^c f(x)\mathrm{d}x + \int_c^b f(x)\mathrm{d}x。$$

证　因为积分存在,故在分割时,可把 c 作为一个分点,于是,$[a,b]$ 上的积分和可分成 $[a,c]$ 与 $[c,b]$ 上的积分和之和,即

$$\sum_{[a,b]} f(\xi_i)\Delta x_i = \sum_{[a,c]} f(\xi_i)\Delta x_i + \sum_{[c,b]} f(\xi_i)\Delta x_i,$$

上式两边取极限($\lambda \to 0$),即得

$$\int_a^b f(x)\mathrm{d}x = \int_a^c f(x)\mathrm{d}x + \int_c^b f(x)\mathrm{d}x。$$

注意　不论 c 的相对位置如何,即当 $c<a$ 或 $c>b$ 时,性质 5.3 中的等式依然成立,也有

$$\int_a^b f(x)\mathrm{d}x = \int_a^c f(x)\mathrm{d}x + \int_c^b f(x)\mathrm{d}x。$$

性质 5.4　若 $f(x)\geqslant 0, x\in[a,b]$,则 $\int_a^b f(x)\mathrm{d}x \geqslant 0\ (a<b)$。

证　因 $f(x)\geqslant 0, x\in[a,b]$,故 $f(\xi_i)\geqslant 0(1\leqslant i\leqslant n)$。又因 $\Delta x_i>0(1\leqslant i\leqslant n)$,所以 $\sum_{i=1}^n f(\xi_i)\Delta x_i \geqslant 0$,由极限的保号性便得 $\lim_{\lambda\to 0}\sum_{i=1}^n f(\xi_i)\Delta x_i \geqslant 0$,亦即 $\int_a^b f(x)\mathrm{d}x \geqslant 0$。

推论 5.1　若 $f(x)\leqslant g(x), x\in[a,b]$,则 $\int_a^b f(x)\mathrm{d}x \leqslant \int_a^b g(x)\mathrm{d}x$。

证　因 $g(x)-f(x)\geqslant 0, x\in[a,b]$,由性质 5.4 便得

$$\int_a^b [g(x)-f(x)]\mathrm{d}x \geqslant 0\ (a<b),$$

再由性质 5.1 即可得证。

注意　在推论 5.1 的条件下,若存在 $x_0\in[a,b]$,使得

$$f(x_0)<g(x_0),$$

且 $f(x),g(x)$ 在 x_0 点均连续,则

$$\int_a^b f(x)\mathrm{d}x < \int_a^b g(x)\mathrm{d}x。$$

例 1 比较定积分$\int_0^1 x^2 dx$与$\int_0^1 x^3 dx$的值的大小。

解 因当 $x \in [0,1]$ 时，$x^2 \geqslant x^3$，故由推论 5.1 可得

$$\int_0^1 x^2 dx \geqslant \int_0^1 x^3 dx。$$

又因可在$[0,1]$内找到点$\frac{1}{2}$，使得$\left(\frac{1}{2}\right)^2 > \left(\frac{1}{2}\right)^3$，且 $y=x^2$，$y=x^3$ 在 $x=\frac{1}{2}$ 点处均连续，因此有

$$\int_0^1 x^2 dx > \int_0^1 x^3 dx。$$

推论 5.2 $\left|\int_a^b f(x)dx\right| \leqslant \int_a^b |f(x)|dx \quad (a<b)$。

证 因$-|f(x)| \leqslant f(x) \leqslant |f(x)|$，故由推论 5.1 及性质 5.2 可得

$$-\int_a^b |f(x)|dx \leqslant \int_a^b f(x)dx \leqslant \int_a^b |f(x)|dx,$$

即

$$\left|\int_a^b f(x)dx\right| \leqslant \int_a^b |f(x)|dx。$$

性质 5.5 设 M 和 m 分别是函数 $f(x)$ 在闭区间$[a,b]$上的最大值及最小值，则

$$m(b-a) \leqslant \int_a^b f(x)dx \leqslant M(b-a) \ (a<b)。$$

证 因 $m \leqslant f(x) \leqslant M$，由推论 5.1 可得

$$\int_a^b m dx \leqslant \int_a^b f(x)dx \leqslant \int_a^b M dx,$$

再由性质 5.2 及$\int_a^b 1dx=(b-a)$即可得证。

例 2 估计定积分$\int_0^{\frac{\pi}{2}}(1+\sin x)dx$的值。

解 令 $f(x)=1+\sin x, x\in\left[0,\frac{\pi}{2}\right]$，则在$\left[0,\frac{\pi}{2}\right]$上，$1 \leqslant f(x) \leqslant 2$，故由性质 5.5 有

$$1\cdot\left(\frac{\pi}{2}-0\right) \leqslant \int_0^{\frac{\pi}{2}}(1+\sin x)dx \leqslant 2\cdot\left(\frac{\pi}{2}-0\right),$$

即

$$\frac{\pi}{2} \leqslant \int_0^{\frac{\pi}{2}}(1+\sin x)dx \leqslant \pi。$$

性质 5.6 （积分中值定理）若函数 $f(x)$ 在闭区间$[a,b]$上连续，则在$[a,b]$上至少存在一点 ξ，使得

$$\int_a^b f(x)dx = f(\xi)(b-a) \quad (a \leqslant \xi \leqslant b)。$$

证　因函数 $f(x)$ 在闭区间$[a,b]$上连续，故存在最大值 M 和最小值 m，即 $m \leqslant f(x) \leqslant M$，由性质5.5可得

$$m(b-a) \leqslant \int_a^b f(x)\mathrm{d}x \leqslant M(b-a),$$

也即

$$m \leqslant \frac{1}{b-a}\int_a^b f(x)\mathrm{d}x \leqslant M,$$

再由连续函数的介值定理可知，在$[a,b]$上至少存在一点 ξ，使得

$$f(\xi) = \frac{1}{b-a}\int_a^b f(x)\mathrm{d}x,$$

从而

$$\int_a^b f(x)\mathrm{d}x = f(\xi)(b-a)。$$

如图5-9所示，中值定理的几何解释为：在区间$[a,b]$上，至少存在一点 ξ，使得以$[a,b]$为底、曲线 $y=f(x)$ 为曲边的曲边梯形的面积等于同一底边，而以 $f(\xi)$ 为高的矩形的面积。

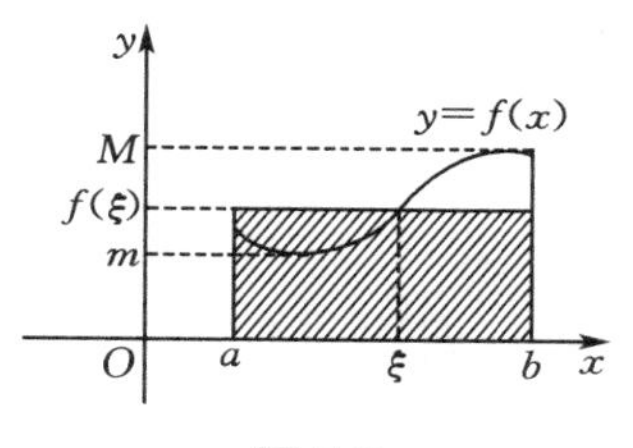

图 5-9

性质5.6中的 $f(\xi)$ 称为函数 $f(x)$ 在区间$[a,b]$上的**平均值**，即

$$f(\xi) = \frac{1}{b-a}\int_a^b f(x)\mathrm{d}x。$$

此公式可以用来计算区间$[a,b]$上连续分布的量的平均值，如平均速度、平均气温等。

习题 5.2

1. 比较下列各组积分值的大小。

(1) $\int_0^1 x\mathrm{d}x$ 与 $\int_0^1 x^2\mathrm{d}x$；　　(2) $\int_1^3 x\mathrm{d}x$ 与 $\int_1^3 x^3\mathrm{d}x$；

(3) $\int_0^1 \mathrm{e}^x\mathrm{d}x$ 与 $\int_0^1 \mathrm{e}^{x^2}\mathrm{d}x$；　　(4) $\int_1^2 \ln x\mathrm{d}x$ 与 $\int_1^2 (\ln x)^2\mathrm{d}x$；

(5) $\int_3^4 \ln x\mathrm{d}x$ 与 $\int_3^4 (\ln x)^2\mathrm{d}x$；　　(6) $\int_1^3 \frac{1}{2^x}\mathrm{d}x$ 与 $\int_1^3 \frac{1}{3^x}\mathrm{d}x$。

2. 估计下列定积分的值。

(1) $\int_1^4 (x^2+1)\mathrm{d}x$；　　(2) $\int_0^1 \mathrm{e}^x \mathrm{d}x$；

(3) $\int_0^{\frac{\pi}{2}} \mathrm{e}^{\sin x}\mathrm{d}x$；　　(4) $\int_0^{\pi} (1+\sqrt{\sin x})\mathrm{d}x$。

5.3 微积分基本公式

本节主要研究定积分的计算问题。在计算定积分时，如果直接按照定义去计算，显然很烦琐，甚至不可行，这就需要我们找到一种更有效的方法计算定积分。本节将通过揭示定积分和不定积分之间的联系来解决此问题。

设 $f(x)$ 在区间 $[a,b]$ 上连续，x 为 $[a,b]$ 上任一点，下面来讨论 $f(x)$ 在部分区间 $[a,x]$ 上的定积分

$$\int_a^x f(x)\mathrm{d}x。$$

因 $f(x)$ 在 $[a,x]$ 上仍然连续，故此定积分存在。而定积分的值与积分变量的字母表示无关，为将积分上限和积分变量区别开，可用字母 t 表示积分变量，即此积分可写成

$$\int_a^x f(t)\mathrm{d}t。$$

当上限 x 在 $[a,b]$ 上任意变动时，对每一个取定的 x 值，定积分 $\int_a^x f(t)\mathrm{d}t$ 都有一个确定的值与之对应，故 $\int_a^x f(t)\mathrm{d}t$ 在 $[a,b]$ 上定义了一个函数，记为 $G(x)$，则

$$G(x)=\int_a^x f(t)\mathrm{d}t。$$

此函数称作**变上限积分函数**。它具有下面的重要性质。

定理 5.2 若函数 $f(x)$ 在区间 $[a,b]$ 上连续，则变上限积分函数 $G(x)=\int_a^x f(t)\mathrm{d}t$ 在 $[a,b]$ 上具有导数，且其导数为

$$G'(x)=\left(\int_a^x f(t)\mathrm{d}t\right)'=f(x)。$$

证 当上限 x 增加 Δx 成为 $x+\Delta x$ 时，函数在点 $x+\Delta x$ 的值为

$$G(x+\Delta x)=\int_a^{x+\Delta x} f(t)\mathrm{d}t。$$

由导数定义可得

$$G'(x)=\lim_{\Delta x\to 0}\frac{G(x+\Delta x)-G(x)}{\Delta x}=\lim_{\Delta x\to 0}\frac{\int_a^{x+\Delta x} f(t)\mathrm{d}t-\int_a^x f(t)\mathrm{d}t}{\Delta x}$$

$$= \lim_{\Delta x \to 0} \frac{1}{\Delta x}\left[\int_a^x f(t)\mathrm{d}t + \int_x^{x+\Delta x} f(t)\mathrm{d}t - \int_a^x f(t)\mathrm{d}x\right]$$

$$= \lim_{\Delta x \to 0} \frac{1}{\Delta x}\int_x^{x+\Delta x} f(t)\mathrm{d}x,$$

由定积分的积分中值定理知

$$G'(x) = \lim_{\Delta x \to 0} \frac{1}{\Delta x} f(\xi)\Delta x \ (\xi \text{介于} x \text{与} x + \Delta x \text{之间}),$$

即

$$G'(x) = \lim_{\Delta x \to 0} f(\xi)。$$

又因函数 $f(x)$ 在区间$[a,b]$上连续，且 $\Delta x \to 0$ 时，$\xi \to x$，故

$$G'(x) = \lim_{\xi \to x} f(\xi) = f(x)。$$

该定理有重要的理论意义与实用价值。一方面，它不仅指出了在区间$[a,b]$上连续的函数 $f(x)$ 存在原函数，而且给出了 $f(x)$ 的一个原函数；另一方面，它初步揭示了积分学中的定积分和原函数的联系。接下来就用此定理证明以下重要定理。

定理 5.3　设函数 $f(x)$ 在区间$[a,b]$上连续，若 $F(x)$ 是 $f(x)$ 在$[a,b]$上的一个原函数，则

$$\int_a^b f(x)\mathrm{d}x = F(b) - F(a)。$$

此公式称作**牛顿－莱布尼兹（Newton-Leibniz）公式**，也称作**微积分基本公式**。常记作

$$\int_a^b f(x)\mathrm{d}x = F(x)\big|_a^b = F(b) - F(a),$$

或

$$\int_a^b f(x)\mathrm{d}x = [F(x)]_a^b = F(b) - F(a)。$$

证　因为 $F(x)$ 与$\int_a^x f(x)\mathrm{d}x$ 均是 $f(x)$ 的原函数，所以，存在一个常数 C，使得

$$F(x) = \int_a^x f(x)\mathrm{d}x + C。$$

令 $x = a$，得

$$F(a) = \int_a^a f(x)\mathrm{d}x + C = C,$$

故

$$F(x) = \int_a^x f(x)\mathrm{d}x + F(a)。$$

令 $x = b$，得

$$F(b) = \int_a^b f(x)\mathrm{d}x + F(a),$$

即

$$\int_a^b f(x)\mathrm{d}x = F(b) - F(a)。$$

例 1　计算下列定积分：

(1) $\int_0^1 x^2\mathrm{d}x$；　(2) $\int_0^{\pi}\cos x\mathrm{d}x$；　(3) $\int_0^1 \mathrm{e}^x\mathrm{d}x$；　(4) $\int_0^{\frac{\pi}{2}}(\cos x + x)\mathrm{d}x$。

解　由牛顿-莱布尼兹公式得

(1) $\int_0^1 x^2\mathrm{d}x = \frac{1}{3}x^3\Big|_0^1 = \frac{1}{3}$；

(2) $\int_0^{\pi}\cos x\mathrm{d}x = \sin x\Big|_0^{\pi} = 0$；

(3) $\int_0^1 \mathrm{e}^x\mathrm{d}x = \mathrm{e}^x\Big|_0^1 = \mathrm{e}^1 - \mathrm{e}^0 = \mathrm{e} - 1$；

(4) $\int_0^{\frac{\pi}{2}}(\cos x + x)\mathrm{d}x = \int_0^{\frac{\pi}{2}}\cos x\mathrm{d}x + \int_0^{\frac{\pi}{2}}x\mathrm{d}x = \sin x\Big|_0^{\frac{\pi}{2}} + \frac{1}{2}x^2\Big|_0^{\frac{\pi}{2}} = 1 + \frac{\pi^2}{8}$。

例 2　求分段函数 $f(x) = \begin{cases} x^2 + 1, & (0 \leqslant x \leqslant 1), \\ 3 - x, & (1 \leqslant x \leqslant 3) \end{cases}$ 的定积分 $\int_0^3 f(x)\mathrm{d}x$。

解　由积分区间的可加性有

$$\begin{aligned}\int_0^3 f(x)\mathrm{d}x &= \int_0^1 f(x)\mathrm{d}x + \int_1^3 f(x)\mathrm{d}x = \int_0^1 (x^2+1)\mathrm{d}x + \int_1^3 (3-x)\mathrm{d}x \\ &= \left(\frac{1}{3}x^3 + x\right)\Big|_0^1 + \left(3x - \frac{1}{2}x^2\right)\Big|_1^3 \\ &= \left(\frac{1}{3} + 1\right) + \left[\left(9 - \frac{9}{2}\right) - \left(3 - \frac{1}{2}\right)\right] = \frac{10}{3}。\end{aligned}$$

例 3　求 $\lim\limits_{x\to 0}\dfrac{\int_0^x \frac{\cos t}{1+t^2}\mathrm{d}t}{x}$。

解　这是一个 $\frac{0}{0}$ 型的不定式，利用洛必达法则有

$$\lim_{x\to 0}\frac{\int_0^x \frac{\cos t}{1+t^2}\mathrm{d}t}{x} = \lim_{x\to 0}\frac{\cos x}{1+x^2} = 1。$$

例 4　求 $\lim\limits_{x\to 0}\dfrac{\int_1^{\cos x}\mathrm{e}^{-t^2}\mathrm{d}t}{x^2}$。

解　这是一个 $\frac{0}{0}$ 型的不定式，利用洛必达法则来计算，令上限 $\cos x = u$，则分子可看成是以 u 为中间变量，x 为自变量的复合函数，故

$$\lim_{x\to 0}\frac{\int_1^{\cos x}\mathrm{e}^{-t^2}\mathrm{d}t}{x^2} = \lim_{x\to 0}\frac{\int_1^{u}\mathrm{e}^{-t^2}\mathrm{d}t}{x^2} = \lim_{x\to 0}\frac{\mathrm{e}^{-u^2}\cdot(\cos x)'}{2x}$$

$$= \lim_{x \to 0} \frac{e^{-\cos^2 x} \cdot (-\sin x)}{2x}$$

$$= \lim_{x \to 0} \frac{e^{-1} \cdot (-\sin x)}{2x} = -\frac{1}{2e}。$$

例 5　求函数 $G(x) = \int_{\ln x}^{2} \frac{1}{1+t^2} dt$ 的导数。

解　$G'(x) = \left(-\int_{2}^{\ln x} \frac{1}{1+t^2} dt\right)' = -\frac{1}{1+\ln^2 x} \cdot (\ln x)' = -\frac{1}{x(1+\ln^2 x)}$。

例 6　求函数 $G(x) = \int_{x^2}^{x^3} e^{2t} dt$ 的导数。

解　$G'(x) = \left(\int_{x^2}^{x^3} e^{2t} dt\right)' = \left(\int_{x^2}^{0} e^{2t} dt + \int_{0}^{x^3} e^{2t} dt\right)' = \left(\int_{x^2}^{0} e^{2t} dt\right)' + \left(\int_{0}^{x^3} e^{2t} dt\right)'$

$$= -e^{2x^2} \cdot 2x + e^{2x^3} \cdot 3x^2 = 3x^2 e^{2x^3} - 2x e^{2x^2}。$$

例 7　求函数 $G(x) = \int_{0}^{x} (x + e^{t^2})^2 dt$ 的导数。

解　因 t 是积分变量，而 x 在积分过程中是常量，故

$$G(x) = \int_{0}^{x} (x + e^{t^2})^2 dt = \int_{0}^{x} (x^2 + 2x e^{t^2} + e^{2t^2}) dt$$

$$= x^3 + 2x \int_{0}^{x} e^{t^2} dt + \int_{0}^{x} e^{2t^2} dt,$$

从而

$$G'(x) = 3x^2 + (2x)' \int_{0}^{x} e^{t^2} dt + 2x \left(\int_{0}^{x} e^{t^2} dt\right)' + \left(\int_{0}^{x} e^{2t^2} dt\right)'$$

$$= 3x^2 + 2\int_{0}^{x} e^{t^2} dt + 2x e^{x^2} + e^{2x^2}。$$

习题 5.3

1. 求下列各导数。

(1) $\left(\int_{1}^{x} \sin t dt\right)'$；　(2) $\left(\int_{1}^{2} f(x) dx\right)'$；　(3) $\frac{d}{dx}\int_{a}^{b} f(x) dx$；

(4) $\frac{d}{dx}\int_{a}^{x} \cos t^2 dt$；　(5) $\frac{d}{dx}\int_{0}^{x^2} \sin t dt$；　(6) $\frac{d}{dx}\int_{x^2}^{x^3} \sin t^2 dt$。

2. 计算下列定积分。

(1) $\int_{0}^{1} x^{100} dx$；　(2) $\int_{0}^{1} 100^x dx$；　(3) $\int_{0}^{\frac{\pi}{2}} \sin x dx$；

(4) $\int_{0}^{1} \sqrt{x} dx$；　(5) $\int_{1}^{27} \frac{1}{\sqrt[3]{x}} dx$；　(6) $\int_{1}^{4} \left(\sqrt{x} + \frac{1}{2\sqrt{x}}\right) dx$；

(7) $\int_{-1}^{1}(x^3-3x^2)\mathrm{d}x$；　　(8) $\int_{0}^{1}(x^3+3^x+\mathrm{e}^{3x})x\mathrm{d}x$；　　(9) $\int_{-2}^{1}x^2\,|\,x\,|\,\mathrm{d}x$；

(10) $\int_{0}^{\frac{\pi}{2}}\left|\frac{1}{2}-\sin x\right|\mathrm{d}x$。

3. 求下列各极限。

(1) $\lim\limits_{x\to1}\dfrac{\int_{1}^{x}\sin\pi t\mathrm{d}t}{1+\cos\pi x}$；　　(2) $\lim\limits_{x\to1}\dfrac{\int_{1}^{x}\mathrm{e}^{t^2}\mathrm{d}t}{\ln x}$；　　(3) $\lim\limits_{x\to0}\dfrac{\int_{x}^{0}\ln(1+t)\mathrm{d}t}{x^2}$。

5.4　定积分的换元积分法和分部积分法

根据牛顿 - 莱布尼兹公式，定积分的计算可分为两步：(1) 求被积函数的原函数；(2) 代积分限。而不定积分的计算是求原函数的全体，这说明定积分的计算与不定积分的计算有着密切的联系。在一定条件下，不定积分中的换元积分法和分部积分法对定积分仍然适用。

5.4.1　定积分的换元积分法

定理 5.4　若函数 $f(x)$ 在区间 $[a,b]$ 上连续，函数 $x=\varphi(t)$ 在区间 $[\alpha,\beta]$（或区间 $[\beta,\alpha]$）上有连续导数，且 $\varphi(\alpha)=a,\varphi(\beta)=b$，则

$$\int_{a}^{b}f(x)\mathrm{d}x=\int_{\alpha}^{\beta}f[\varphi(t)]\varphi'(t)\mathrm{d}t。\tag{1}$$

证　设 $F(x)$ 是 $f(x)$ 在 $[a,b]$ 上的一个原函数，则

$$\int_{a}^{b}f(x)\mathrm{d}x=F(b)-F(a)。$$

又由复合函数求导链规则知

$$\frac{\mathrm{d}F(x)}{\mathrm{d}t}=\frac{\mathrm{d}F(x)}{\mathrm{d}x}\cdot\frac{\mathrm{d}x}{\mathrm{d}t}=f(x)\varphi'(t)=f[\varphi(t)]\varphi'(t)。$$

这说明 $F(x)=F[\varphi(t)]$ 是 $f[\varphi(t)]\varphi'(t)$ 的一个原函数，故

$$\int_{\alpha}^{\beta}f[\varphi(t)]\varphi'(t)\mathrm{d}t=F[\varphi(\beta)]-F[\varphi(\alpha)]=F(b)-F(a),$$

即(1) 式成立。

注意　① 在使用定积分的换元积分法时，务必注意“换元必换积分限”；② 若将(1)式反过来写，则需调整积分变量所用的字母，即

$$\int_{\alpha}^{\beta}f[\varphi(x)]\varphi'(x)\mathrm{d}x=\int_{a}^{b}f(u)\mathrm{d}u。$$

此式与不定积分的凑微分法相似。

例 1　计算$\int_0^1 e^{2x}dx$。

解　令 $u=2x$，则 $du=2dx, dx=\frac{1}{2}du$，且当 $x=0$ 时，$u=0$；当 $x=1$ 时，$u=2$。即 x 由 0 变到 1 时，u 由 0 变到 2，故

$$\int_0^1 e^{2x}dx=\int_0^2 e^u\cdot\frac{1}{2}du=\frac{1}{2}\int_0^2 e^u du=\frac{1}{2}e^u\Big|_0^2=\frac{1}{2}(e^2-1)。$$

例 2　计算$\int_1^4\frac{1}{1+\sqrt{x}}dx$。

解　令 $t=\sqrt{x}$，则

$$x=t^2, dx=2tdt,$$

且当 $x=1$ 时，$t=1$；当 $x=4$ 时，$t=2$。故

$$\begin{aligned}\int_1^4\frac{1}{1+\sqrt{x}}dx&=\int_1^2\frac{1}{1+t}\cdot 2tdt=2\int_1^2\frac{t+1-1}{1+t}dt\\&=2\int_1^2\left(1-\frac{1}{1+t}\right)dt=2(t-\ln|t+1|)\Big|_1^2=2\left(1+\ln\frac{2}{3}\right)。\end{aligned}$$

例 3　计算$\int_0^1\sqrt{1-x^2}dx$。

解　令 $x=\sin t$，则

$$dx=\cos t dt,$$

且当 $x=0$ 时，$t=0$；当 $x=1$ 时，$t=\frac{\pi}{2}$。故

$$\begin{aligned}\int_0^1\sqrt{1-x^2}dx&=\int_0^{\frac{\pi}{2}}\sqrt{1-\sin^2 t}\cdot\cos t dt=\int_0^{\frac{\pi}{2}}\cos^2 t dt\\&=\int_0^{\frac{\pi}{2}}\frac{1+\cos 2t}{2}dt=\frac{1}{2}\int_0^{\frac{\pi}{2}}(1+\cos 2t)dt\\&=\frac{1}{2}\left(t+\frac{1}{2}\sin 2t\right)\Big|_0^{\frac{\pi}{2}}=\frac{\pi}{4}。\end{aligned}$$

例 4　计算$\int_0^{\frac{\pi}{2}}\sin x\cos x dx$。

解　令 $u=\sin x$，则

$$du=\cos x dx,$$

且当 $x=0$ 时，$u=0$；当 $x=\frac{\pi}{2}$ 时，$u=1$。故

$$\int_0^{\frac{\pi}{2}}\sin x\cos x dx=\int_0^1 u du=\frac{1}{2}u^2\Big|_0^1=\frac{1}{2}。$$

在用凑微分法求原函数时，若不引进新的变元，则积分限不需变换，如例 4 也可以这样计算：

$$\int_0^{\frac{\pi}{2}}\sin x\cos x\mathrm{d}x=\int_0^{\frac{\pi}{2}}\sin x\mathrm{d}(\sin x)=\frac{1}{2}\sin^2 x\Big|_0^{\frac{\pi}{2}}=\frac{1}{2}。$$

利用定积分的换元积分法还可以证明一些恒等式。

例 5　设 $f(x)$ 为对称区间$[-a,a]$上的连续函数,证明:

(1) 若 $f(x)$ 是$[-a,a]$上的奇函数,则$\int_{-a}^{a}f(x)\mathrm{d}x=0$;

(2) 若 $f(x)$ 是$[-a,a]$上的偶函数,则$\int_{-a}^{a}f(x)\mathrm{d}x=2\int_0^a f(x)\mathrm{d}x$。

证　因

$$\int_{-a}^{a}f(x)\mathrm{d}x=\int_{-a}^{0}f(x)\mathrm{d}x+\int_0^a f(x)\mathrm{d}x,$$

在$\int_{-a}^{0}f(x)\mathrm{d}x$中令$x=-t$,则

$$\int_{-a}^{0}f(x)\mathrm{d}x=-\int_a^0 f(-t)\mathrm{d}t=\int_0^a f(-t)\mathrm{d}t=\int_0^a f(-x)\mathrm{d}x。$$

(1) 若 $f(x)$ 是$[-a,a]$上的奇函数,则$\int_0^a f(-x)\mathrm{d}x=-\int_0^a f(x)\mathrm{d}x$,故

$$\int_{-a}^{a}f(x)\mathrm{d}x=-\int_0^a f(x)\mathrm{d}x+\int_0^a f(x)\mathrm{d}x=0。$$

(2) 若 $f(x)$ 是$[-a,a]$上的偶函数,则$\int_0^a f(-x)\mathrm{d}x=\int_0^a f(x)\mathrm{d}x$,故

$$\int_{-a}^{a}f(x)\mathrm{d}x=\int_0^a f(x)\mathrm{d}x+\int_0^a f(x)\mathrm{d}x=2\int_0^a f(x)\mathrm{d}x。$$

例如,由上述结论很容易推知:

$$\int_{-1}^{1}x^3\mathrm{e}^{x^2}\cos x\mathrm{d}x=0。$$

5.4.2　定积分的分部积分法

定理 5.5　若 $u(x),v(x)$ 在$[a,b]$上都有连续的导函数,则

$$\int_a^b u(x)\mathrm{d}v(x)=u(x)v(x)\Big|_a^b-\int_a^b v(x)\mathrm{d}u(x)\quad 或\quad \int_a^b u\mathrm{d}v=uv\Big|_a^b-\int_a^b v\mathrm{d}u。$$

上述公式称为定积分的分部积分公式。

证　因$[u(x)v(x)]'=u(x)v'(x)+u'(x)v(x)$,故 $u(x)v(x)$ 是 $u(x)v'(x)+u'(x)v(x)$ 的一个原函数。于是可得

$$\int_a^b[u(x)v'(x)+u'(x)v(x)]\mathrm{d}x=u(x)v(x)\Big|_a^b,$$

即

$$\int_a^b u(x)\mathrm{d}v(x)+\int_a^b v(x)\mathrm{d}u(x)=u(x)v(x)\Big|_a^b,$$

也即

$$\int_a^b u(x)\mathrm{d}v(x) = u(x)v(x)\Big|_a^b - \int_a^b v(x)\mathrm{d}u(x)。$$

例 6　计算$\int_0^1 x\mathrm{e}^x\mathrm{d}x$。

解　令 $u = x, \mathrm{d}v = \mathrm{e}^x\mathrm{d}x$，则

$$\mathrm{d}u = \mathrm{d}x, v = \mathrm{e}^x,$$

故

$$\int_0^1 x\mathrm{e}^x\mathrm{d}x = x\mathrm{e}^x\Big|_0^1 - \int_0^1 \mathrm{e}^x\mathrm{d}x = \mathrm{e} - \mathrm{e}^x\Big|_0^1 = \mathrm{e} - (\mathrm{e}-1) = 1。$$

对过程熟练掌握后，分部积分过程可简写。

例 7　计算$\int_1^{\mathrm{e}} \ln x\mathrm{d}x$。

解　$\int_1^{\mathrm{e}} \ln x\mathrm{d}x = x\ln x\Big|_1^{\mathrm{e}} - \int_1^{\mathrm{e}}\mathrm{d}x = \mathrm{e} - (\mathrm{e}-1) = 1$。

计算定积分时，通常把换元积分法和分部积分法结合起来使用。

例 8　计算$\int_0^1 \mathrm{e}^{\sqrt{x}}\mathrm{d}x$。

解　令 $t = \sqrt{x}$，则

$$x = t^2, \mathrm{d}x = 2t\mathrm{d}t,$$

且当 $x = 0$ 时，$t = 0$；当 $x = 1$ 时，$t = 1$。故

$$\int_0^1 \mathrm{e}^{\sqrt{x}}\mathrm{d}x = 2\int_0^1 t\mathrm{e}^t\mathrm{d}t = 2\int_0^1 t\mathrm{d}(\mathrm{e}^t) = 2\,(t\mathrm{e}^t)\Big|_0^1 - 2\int_0^1 \mathrm{e}^t\mathrm{d}t = 2\mathrm{e} - 2\mathrm{e}^t\Big|_0^1 = 2。$$

习题 5.4

1. 计算下列定积分。

(1) $\int_0^{\frac{\pi}{6}} 2\sin(-3x)\mathrm{d}x$；　(2) $\int_1^8 \sqrt{3t+1}\,\mathrm{d}t$；

(3) $\int_{\frac{\pi}{3}}^{\pi} \sin\left(x+\frac{\pi}{3}\right)\mathrm{d}x$；　(4) $\int_{\frac{\pi}{6}}^{\frac{\pi}{2}} \cos^2 u\mathrm{d}u$；

(5) $\int_{-1}^1 \frac{x}{\sqrt{5-4x}}\mathrm{d}x$；　(6) $\int_0^1 t\mathrm{e}^{-\frac{t^2}{2}}\mathrm{d}t$；

(7) $\int_0^1 \frac{1}{1+\mathrm{e}^x}\mathrm{d}x$；　(8) $\int_0^a \sqrt{a^2-x^2}\,\mathrm{d}x\,(a>0)$。

2. 计算下列定积分。

(1) $\int_0^{\frac{\pi}{2}} x\sin x\mathrm{d}x$；　(2) $\int_0^{\frac{\pi}{2}} \mathrm{e}^x\sin x\mathrm{d}x$；

(3) $\int_0^1 x\mathrm{e}^{-x}\mathrm{d}x$；　(4) $\int_0^{\frac{\pi}{2}} (x+x\sin x)\mathrm{d}x$；

(5) $\int_{\frac{1}{e}}^{e}|\ln x|\mathrm{d}x$； (6) $\int_{0}^{\frac{\pi}{2}}x^2\cos x\mathrm{d}x$；

(7) $\int_{0}^{1}x\arctan x\mathrm{d}x$； (8) $\int_{0}^{\frac{\pi}{2}}\mathrm{e}^{2x}\cos x\mathrm{d}x$。

3. 利用函数的奇偶性计算下列定积分。

(1) $\int_{-1}^{1}x^2\mathrm{e}^{x^2}\sin x\mathrm{d}x$； (2) $\int_{-2}^{3}x\sqrt{|x|}\mathrm{d}x$。

5.5 定积分的应用

定积分在几何学、物理学、经济学、社会学等方面都有着十分广泛的应用。本节将着重介绍定积分在几何学和物理学中的应用。在学习过程中，我们不仅要掌握解决某些实际问题的计算公式，还要深刻领会用定积分解决实际问题的重要数学思想方法 —— 微元法。

5.5.1 定积分的微元法

为了说明微元法，我们回顾求曲边梯形面积 S 的过程，可以分四步：

(1) **分割** 把 $[a,b]$ 分割成 n 个小区间 $[x_{i-1},x_i]$，$i=1,2,\cdots,n$。S 相应地分成 n 份，则 $S=\sum_{i=1}^{n}\Delta S_i$；

(2) **近似** 求出 ΔS_i 的近似值：

$$\Delta S_i\approx f(\xi_i)\Delta x_i\quad(i=1,2,\cdots,n);$$

(3) **求和** 将 $\sum_{i=1}^{n}f(\xi_i)\Delta x_i$ 作为 S 的近似值；

(4) **取极限** 令最大区间的长度 $\lambda\to 0$ 时，取上述和式的极限，便得曲边梯形面积

$$S=\lim_{\lambda\to 0}\sum_{i=1}^{n}f(\xi_i)\Delta x_i=\int_a^b f(x)\mathrm{d}x。$$

这种方法称作“**分割求和法**”，它步骤清晰，直观易懂，但是过程太繁琐，如果每个实际问题都如此讨论，显然不可行。为了简化解题步骤，我们介绍定积分的微元法。

首先来逆推分析曲边梯形的面积 S 的积分表示，如图 5-10 所示。

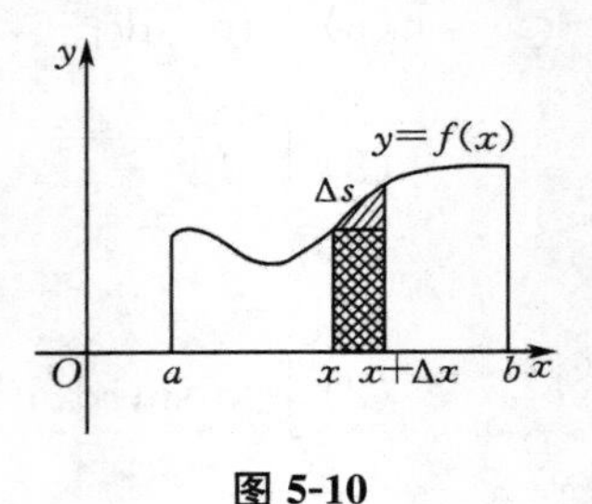

图 5-10

若记 $S(x)=\int_a^x f(x)\mathrm{d}x$，则当 $\Delta x\to 0$ 时，有

$$\Delta S(x)=S(x+\Delta x)-S(x)=\int_x^{x+\Delta x}f(t)\mathrm{d}t\approx f(x)\Delta x。$$

此式表明，若能求出 S 在微元区间$[x,x+\Delta x]$上 ΔS 的近似值 $f(x)\Delta x$，则 $f(x)$ 在$[a,b]$上的定积分即为曲边梯形的面积 S。

此时，称 ΔS 的近似值 $f(x)\Delta x$ 为面积 S 在微元区间$[x,x+\Delta x]$上的面积微元，记作 $\mathrm{d}S$，即

$$\mathrm{d}S=f(x)\Delta x\ (\Delta x\to 0)\quad 或\quad \mathrm{d}S=f(x)\mathrm{d}x。$$

再以 $\mathrm{d}S=f(x)\mathrm{d}x$ 作为被积表达式，就得到所求量 S 的积分表达式 $S=\int_a^b f(x)\mathrm{d}x$。

这种方法称作“**微元法**”，其关键是求出形如 $f(x)\Delta x$ 的面积微元。下面就用此法研究一些几何中的问题。

5.5.2　平面图形的面积

在区间$[a,b]$上 $f_2(x)\geqslant f_1(x)$，由连续曲线 $y=f_1(x)$，$y=f_2(x)$ 及两条直线 $x=a$、$x=b$ 所围成的封闭图形的面积，如图 5-11 所示，则

$$S=\int_a^b[f_2(x)-f_1(x)]\mathrm{d}x。$$

因为在微元区间$[x,x+\Delta x]$上的面积微元

$$\mathrm{d}S=[f_2(x)-f_1(x)]\mathrm{d}x,$$

故将这些面积从 $x=a$ 到 $x=b$“累加起来”，即求定积分便可得所求图形的面积 S。

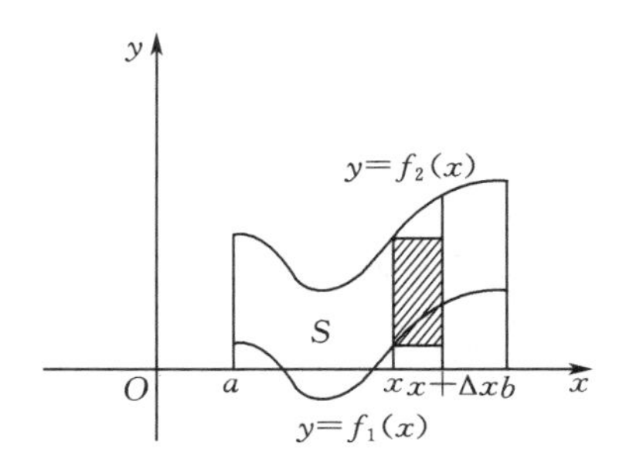

图 5-11

特别地，如图 5-12 所示，当 $y=f_1(x)=0$ 时，有

$$S_1=\int_a^b[f_2(x)-0]\mathrm{d}x=\int_a^b f_2(x)\mathrm{d}x;$$

当 $y=f_2(x)=0$ 时，有

$$S_2=\int_a^b[0-f_1(x)]\mathrm{d}x=-\int_a^b f_1(x)\mathrm{d}x。$$

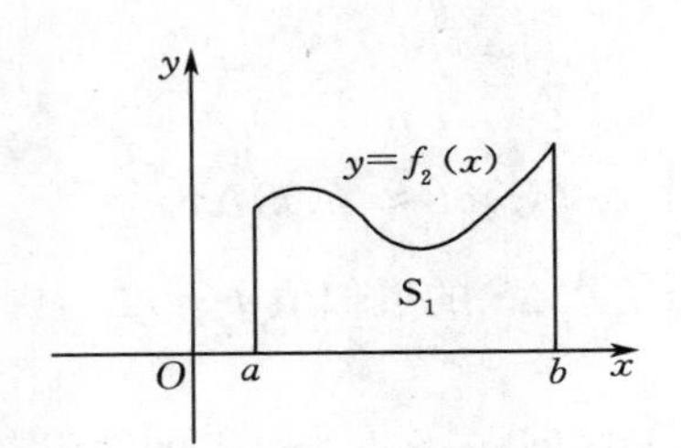

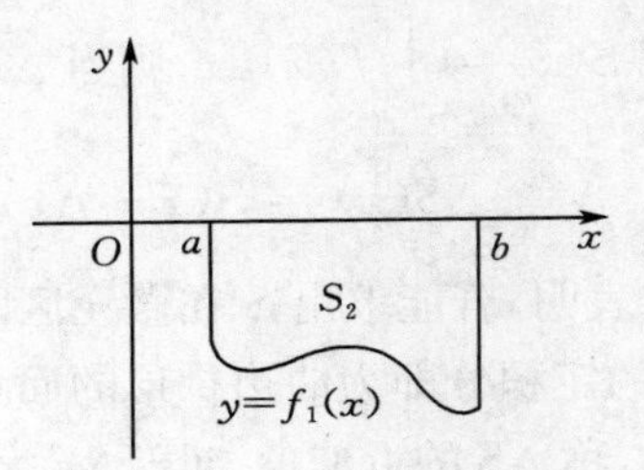

图 5-12

例 1　求由两条曲线 $y=x^2$ 与 $y=\sqrt{x}$ 所围成的封闭图形的面积，如图 5-13 所示。

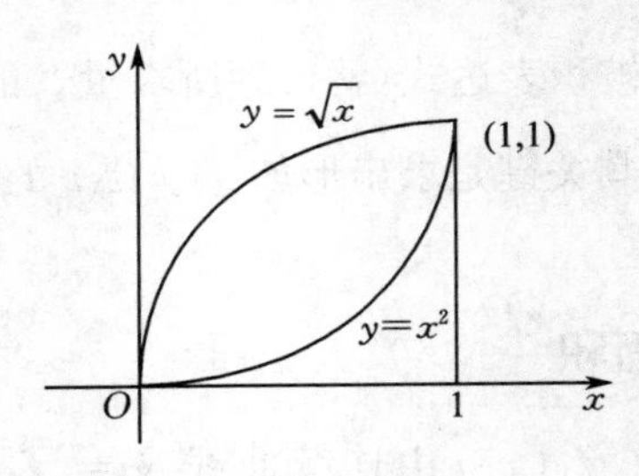

图 5-13

解　因两条曲线 $y=x^2$ 与 $y=\sqrt{x}$ 的交点坐标是(0,0)，(1,1)，故

$$S=\int_0^1(\sqrt{x}-x^2)\mathrm{d}x=\left(\frac{2}{3}x^{\frac{3}{2}}-\frac{1}{3}x^3\right)\Big|_0^1=\frac{1}{3}。$$

在区间$[c,d]$上，$g_2(y)\geqslant g_1(y)$，如图 5-14 所示，由连续曲线 $x=g_1(y)$，$x=g_2(y)$ 及两条直线$y=c$，$y=d$ 所围成的封闭图形的面积

$$S=\int_c^d[g_2(y)-g_1(y)]\mathrm{d}y。$$

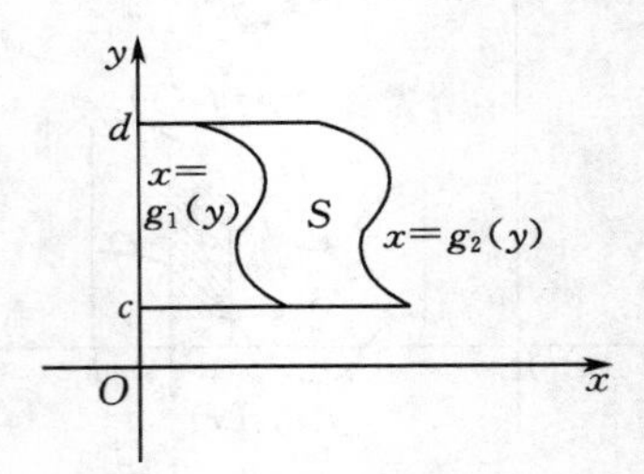

图 5-14

分析可知，若此时采用 x 作为积分变量，显然不太合适。若采用 y 作为积分变量，在微元区间$[y,y+\Delta y]$上，面积微元

$$\mathrm{d}S=[g_2(y)-g_1(y)]\mathrm{d}y,$$

从而

$$S=\int_c^d[g_2(y)-g_1(y)]\mathrm{d}y。$$

特别地，若 $x=g_1(y)=0$，如图 5-15 所示，则

$$S=\int_c^d g_2(y)\mathrm{d}y。$$

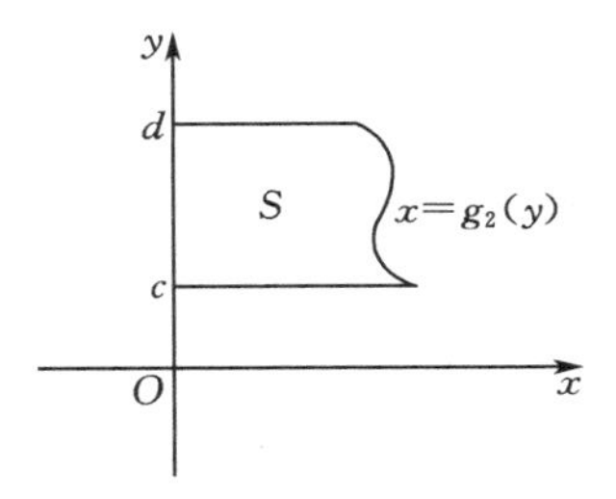

图 5-15

例 2　求由曲线 $y^2=2x$ 与直线 $x-y-4=0$ 所围成的封闭图形的面积，如图 5-16 所示。

解　因曲线 $y^2=2x$ 与直线 $x-y-4=0$ 的交点坐标是 $(2,-2)$，$(8,4)$，故所求的面积

$$S=\int_{-2}^4\left(y+4-\frac{1}{2}y^2\right)\mathrm{d}y=\left(\frac{1}{2}y^2+4y-\frac{1}{6}y^3\right)\bigg|_{-2}^4=18。$$

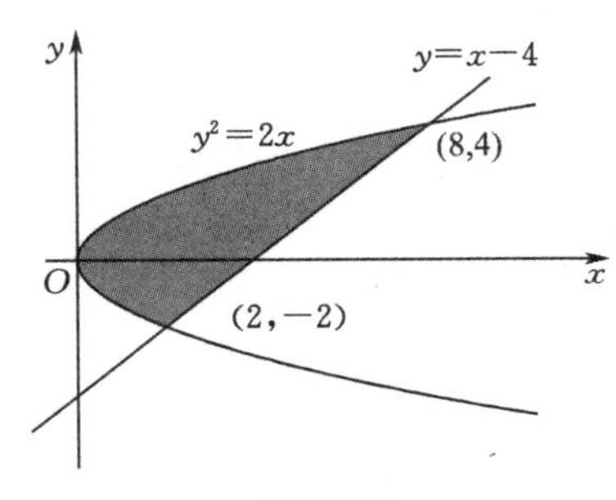

图 5-16

5.5.3　旋转体的体积

旋转体就是由一个平面图形绕该平面内一条直线旋转一周而成的立体。这条直线叫作**旋转轴**。比如，圆柱体、圆锥体、圆台体等都是旋转体。

设旋转体由区间 $[a,b]$ 上连续的曲线 $y=f(x)>0$，直线 $x=a$，$x=b$ 所围成的封闭图形绕 x 轴旋转一周而成，如图 5-17 所示，求其体积 V。

选 x 为积分变量，取区间 $[a,b]$ 中的微区间 $[x,x+\mathrm{d}x]$，在 $[x,x+\mathrm{d}x]$ 上的体积 ΔV 可用半径为 $f(x)$，高为 $\mathrm{d}x$ 的圆柱体体积近似代替，即

$$\Delta V\approx\pi\left[f(x)\right]^2\mathrm{d}x,$$

故体积微元

$$\mathrm{d}V=\pi\left[f(x)\right]^2\mathrm{d}x,$$

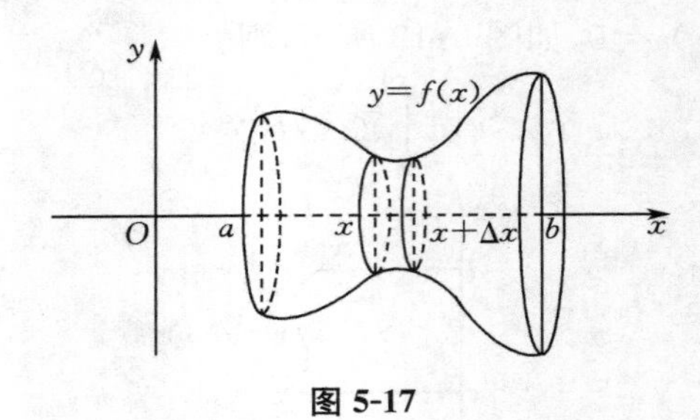

图 5-17

从而，所求旋转体体积

$$V_x=\int_a^b \pi [f(x)]^2 \mathrm{d}x。$$

类似可得，由区间$[c,d]$上连续的曲线$x=\varphi(y)>0$，直线$y=c,y=d$所围成的封闭图形绕y轴旋转一周而成的旋转体的体积

$$V_y=\int_c^d \pi [\varphi(y)]^2 \mathrm{d}y。$$

例 3 求由曲线$y=x^2$，直线$x=2,y=0$所围成的封闭图形分别绕x轴和y轴旋转所产生的旋转体的体积。

解 如图 5-18 所示，曲线$y=x^2$与直线$x=2$的交点为(2,4)。此封闭图形绕x轴旋转所产生的旋转体的体积

$$\begin{aligned} V_x &= \int_0^2 \pi (x^2)^2 \mathrm{d}x \\ &= \pi\int_0^2 x^4 \mathrm{d}x = \left[\frac{\pi x^5}{5}\right]_0^2 \\ &= \frac{32\pi}{5}。\end{aligned}$$

因弧段OA的方程为$x=\sqrt{y}$，故此封闭图形绕y轴旋转所产生的旋转体的体积

$$V_y=\pi\cdot 2^2\cdot 4-\int_0^4 \pi (\sqrt{y})^2 \mathrm{d}y$$

$$V_y=16\pi-\pi\int_0^4 y\,\mathrm{d}y=16\pi-\left[\frac{1}{2}\pi y^2\right]_0^4=16\pi-8\pi=8\pi。$$

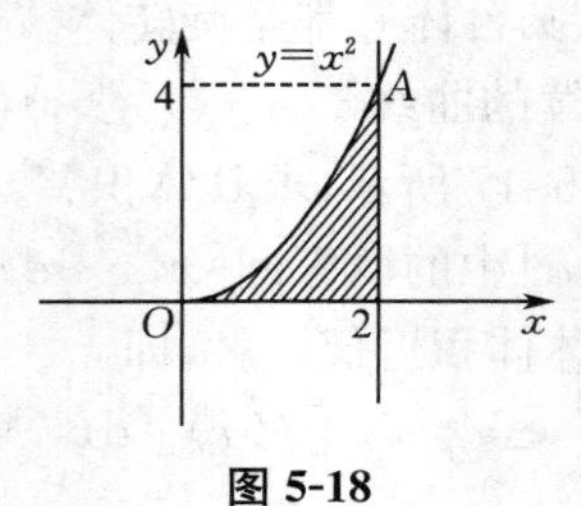

图 5-18

5.5.4　平面曲线的弧长

如图 5-19 所示。

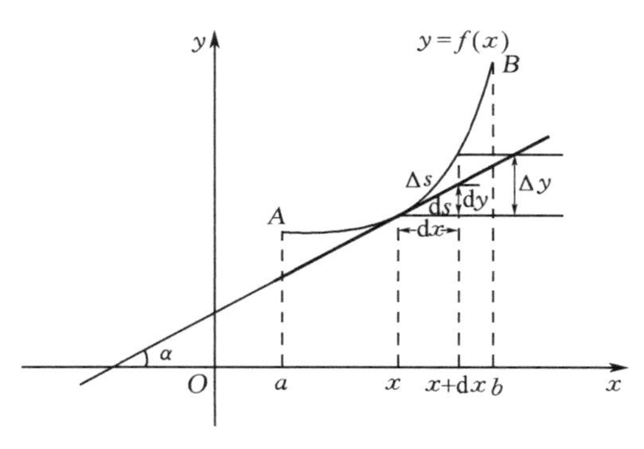

图 5-19

设曲线弧$\overset{\frown}{AB}$ 方程为

$$y = f(x)(a \leqslant x \leqslant b),$$

其中 $f(x)$ 在$[a,b]$上具有一阶连续导数。下面用微元法来求这段曲线弧的长度。

选 x 为积分变量，其变化区间为$[a,b]$。取区间$[a,b]$上任一微区间$[x,x+\mathrm{d}x]$，在$[x,x+\mathrm{d}x]$上的一段弧长 Δs 可以用该曲线在点$(x,f(x))$处的切线上相应的一小段的长度来近似代替，即

$$\Delta s \approx \sqrt{(\mathrm{d}x)^2 + (\mathrm{d}y)^2} = \sqrt{1 + y'^2}\,\mathrm{d}x,$$

故弧长微元

$$\mathrm{d}s = \sqrt{1 + y'^2}\,\mathrm{d}x,$$

从而所求弧长为

$$s = \int_a^b \sqrt{1 + y'}\,\mathrm{d}s。$$

注意　(1) 若曲线方程是参数式$\begin{cases} x = x(t) \\ y = y(t) \end{cases}(\alpha \leqslant t \leqslant \beta)$，则有

$$\mathrm{d}s = \sqrt{(\mathrm{d}x)^2 + (\mathrm{d}y)^2} = \sqrt{[x'(t)\mathrm{d}t]^2 + [y'(t)\mathrm{d}t]^2} = \sqrt{x'^2(t) + y'^2(t)}\,\mathrm{d}t,$$

故

$$s = \int_\alpha^\beta \sqrt{x'^2(t) + y'^2(t)}\,\mathrm{d}t。$$

(2) 若曲线方程是极坐标式 $r = r(\theta)$，$\alpha \leqslant \theta \leqslant \beta$，则由直角坐标与极坐标的关系可得

$$\begin{cases} x = r(\theta)\cos\theta, \\ y = r(\theta)\sin\theta \end{cases}(\alpha \leqslant \theta \leqslant \beta)。$$

这就是以 θ 为参数的曲线弧的参数式方程，于是

$$\mathrm{d}s = \sqrt{x'^2(\theta) + y'^2(\theta)}\,\mathrm{d}\theta = \sqrt{r^2(\theta) + r'^2(\theta)}\,\mathrm{d}\theta,$$

故
$$s=\int_{\alpha}^{\beta}\sqrt{r^{2}(\theta)+r'^{2}(\theta)}\,\mathrm{d}\theta。$$

例 4　计算曲线 $y=\frac{4}{3}x^{\frac{3}{2}}$ 上相应于区间[0,2]上的一段弧。

解　因 $y'=2x^{\frac{1}{2}}$,故弧长微元为
$$\mathrm{d}s=\sqrt{1+y'^{2}}\,\mathrm{d}x=\sqrt{1+4x}\,\mathrm{d}x,$$
因此,所求弧长为
$$s=\int_{0}^{2}\sqrt{1+4x}\,\mathrm{d}x=\frac{1}{4}\cdot\frac{2}{3}\,(1+4x)^{\frac{3}{2}}\Big|_{0}^{2}=\frac{13}{3}。$$

例 5　求摆线 $x=a(t-\sin t),y=a(1-\cos t)$ 一拱($0\leqslant t\leqslant 2\pi$) 的弧长,如图 5-20 所示。

解
$$s=a\int_{0}^{2\pi}\sqrt{(1-\cos t)^{2}+\sin^{2}t}\,\mathrm{d}t=a\int_{0}^{2\pi}\sqrt{2(1-\cos t)}\,\mathrm{d}t$$
$$=2a\int_{0}^{2\pi}\sin\frac{t}{2}\mathrm{d}t=4a\left[-\cos\frac{t}{2}\right]_{0}^{2\pi}=8a。$$

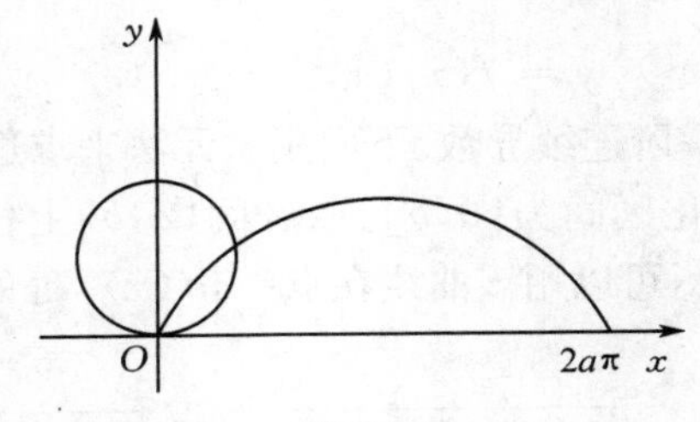

图 5-20

5.5.5　定积分的物理应用举例

例 6　一直径为 6 米的圆形管道,有一道闸门,问盛水半满时,闸门所受的压力为多少?

解　为方便起见,取 x 轴与 y 轴如图 5-21 所示,只需求出圆 $x^{2}+y^{2}=9$ 在第一象限部分所受的压力 P,则整个闸门所受的压力便是 $2P$。

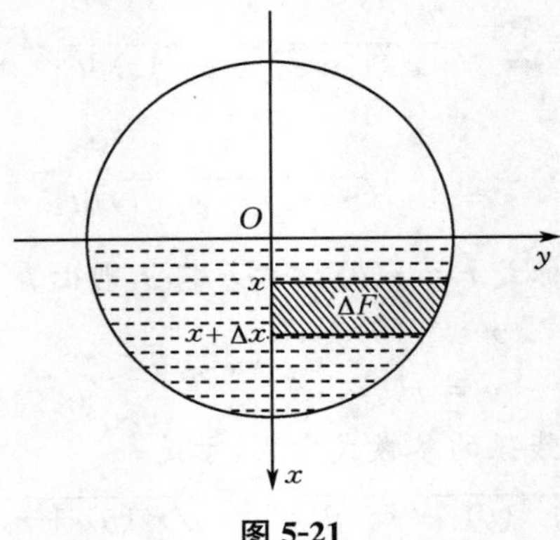

图 5-21

由于在相同深处压强（即单位面积所受的压力）相同，故当 Δx 很小时，闸门从深度 x 到 $x+\Delta x$ 的一层 ΔF 上各点的压强等于水的比重 1（吨 / 米^3）乘以深度，即 ΔF 上各点的压强 $\approx x$（吨 / 米^3）。

由于 ΔF 的面积近似于 $\sqrt{9-x^2}\,\Delta x$（米^2），所以在 ΔF 上所受的压力为

$$\Delta P \approx x\sqrt{9-x^2}\,\Delta x(\text{吨})。$$

从而

$$\mathrm{d}P = x\sqrt{9-x^2}\,\mathrm{d}x,$$

通过计算从 0 到 3 的积分，即得

$$P=\int_0^3 x\sqrt{9-x^2}\,\mathrm{d}x = 9(\text{吨})。$$

所以整个闸门所受的压力为 18 吨。

例 7　把一个带电量为 $+q$ 的点电荷放在 r 轴的原点处 O 处，它产生一个电场，并对周围的电荷产生作用力，由物理学知识可知，如果有一个单位正电荷放在这个电场中距离原点 O 为 r 的地方，那么电场对它的作用力大小为 $F=k\dfrac{q}{r^2}$（k 是常数），如图 5-22 所示。计算当这个单位正电荷在电场中从 $r=a$ 处沿 r 轴移动到 $r=b$，$a<b$ 处时电场力 F 对它所作用的功。

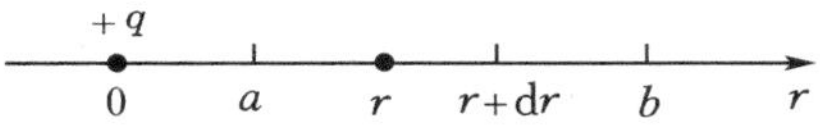

图 5-22

解　在上述移动过程中，电场对这个单位正电荷的作用力是不断变化的。取 r 为积分变量，它的变化区间为 $[a,b]$，在 $[a,b]$ 上任取一小区间 $[r,r+\mathrm{d}r]$，当单位正电荷从 r 移动到 $r+\mathrm{d}r$ 时，可近似地认为它所受到的电场力为常力 $\dfrac{kq}{r^2}$，于是电场力所做的功近似于 $\dfrac{kq}{r^2}\mathrm{d}r$，从而得到功元素为 $\mathrm{d}W=\dfrac{kq}{r^2}\mathrm{d}r$，于是所求的功为

$$W=\int_a^b \frac{kq}{r^2}\mathrm{d}r = kq\left[-\frac{1}{r}\right]_a^b = kq\left(\frac{1}{a}-\frac{1}{b}\right)。$$

例 8　一个半径为 R(m) 的球形贮水箱内存满了某种液体，如果把箱内的液体从顶部全部抽出，需要做多少功？

解　作 x 轴如图 5-23 所示，$x=0$ 是球心的位置。取 x 为积分变量，它的变化区间为 $[-R,R]$ 上任取的一小区间 $[x,x+\mathrm{d}r]$，相应于该小区间的一薄层液体的底面积近似为 $\pi(R^2-x^2)\mathrm{d}x$。如果液体的密度为 $\mu(\mathrm{kg/m^3})$，则这一薄层液体的重力近似为 $\mu g\pi(R^2-x^2)\mathrm{d}x$，其中 g 为重力加速度，且这一层液体离顶部的距离为 $R-x$，故把这一层液体从顶部抽出需做的功近似地认为

$$\mathrm{d}W=\mu g\pi(R^2-x^2)(R-x)\mathrm{d}x,$$

这就是功元素。于是所求功为

$$W=\int_{-R}^{R}\mu g\pi(R^2-x^2)(R-x)\mathrm{d}x=\mu g\pi\int_{-R}^{R}R(R^2-x^2)\mathrm{d}x-\mu g\pi\int_{-R}^{R}x(R^2-x^2)\mathrm{d}x,$$

显然上式右端第二个定积分为0,故有

$$W=2\mu g\pi R\int_{0}^{R}(R^2-x^2)\mathrm{d}x=\frac{4}{3}\mu g\pi R^4(J)。$$

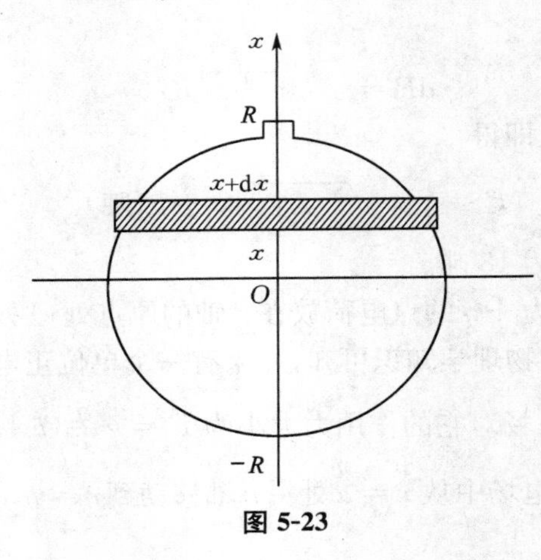

图 5-23

习题 5.5

1. 求由下列各曲线所围成的封闭图形的面积。

 (1) $y=\frac{1}{x}$ 与 $y=x,x=2$;

 (2) $y=x^3$ 与 $y=\sqrt[3]{x}$;

 (3) $y=x^2$ 与 $y=2x$;

 (4) $y=\ln x,y=\ln a,y=\ln b$ 及 y 轴($b>a>0$);

 (5) $y=x^2$ 与 $y=x,y=2x$;

 (6) $y=1-\mathrm{e}^x,y=1-\mathrm{e}^{-x}$ 及 $x=1$。

2. 求由下列各曲线所围成的图形,绕所指定的轴旋转所产生的旋转体的体积。

 (1) $y=\sqrt{x}$ 与 $x=1,x=4,y=0$,绕 x 轴;

 (2) $y=x^2,x=y^2$,绕 y 轴;

 (3) $y=\sin x(x\in[0,\pi])$ 绕 x 轴和 y 轴。

3. 求椭圆$\frac{x^2}{a^2}+\frac{y^2}{b^2}=1$分别绕 x 轴和 y 轴所产生的旋转体的体积。

4. 求曲线 $x=\arctan t,y=\frac{1}{2}\ln(1+t^2)$ 自 $t=0$ 到 $t=1$ 的一段弧长。

5. 求曲线 $r = a\sin^2\dfrac{\theta}{2}$ 的全长。

6. 试证曲线 $y=\cos x(0\leqslant x\leqslant 2\pi)$ 的弧长为椭圆 $2x^2+y^2=8$ 的周长的一半。

7. 设一半球形水池，直径为 6cm，水面离开池口 1cm 深，现将水池内水抽尽，要作多少功？

8. 一根长为 l，质量为 M 的均匀细棒，在它的一端垂线上距棒 a 处有一质量为 m 的质点，求棒对质点的引力。

5.6　广义积分

在定积分中，积分区间是一个有限的闭区间，被积函数是有界函数。然而，在实际应用中，经常遇到无穷区间或无界函数的积分问题，这样定积分的两个条件限制就显得有些苛刻。因此，有必要将定积分的概念、方法和结论进行推广，这种推广后的积分称为**广义积分**或**反常积分**，而定积分称为正常积分。

广义积分大致可以分为两类：一类是积分区间无限，简称为无穷积分；另一类是被积函数无界，称为瑕积分。

5.6.1　无限区间的广义积分

定义 5.2　设函数 $f(x)$ 在区间 $[a,+\infty)$ 上有定义，且对任意 $b>a$，$f(x)$ 在 $[a,b]$ 上可积，则称极限

$$\lim_{b\to+\infty}\int_a^b f(x)\mathrm{d}x \tag{1}$$

为函数 $f(x)$ 在 $[a,+\infty)$ 上的**无穷积分**，记作 $\int_a^{+\infty}f(x)\mathrm{d}x$，即

$$\int_a^{+\infty}f(x)\mathrm{d}x=\lim_{b\to+\infty}\int_a^b f(x)\mathrm{d}x。\tag{2}$$

若上式极限存在，则称此**无穷积分收敛**，否则称此**无穷积分发散**。

当 $\int_a^{+\infty}f(x)\mathrm{d}x$ 收敛时，该积分在几何上表示的是由 x 轴，直线 $x=a$ 及曲线 $y=f(x)$ 所围成的开口图形的面积，如图 5-24 所示。

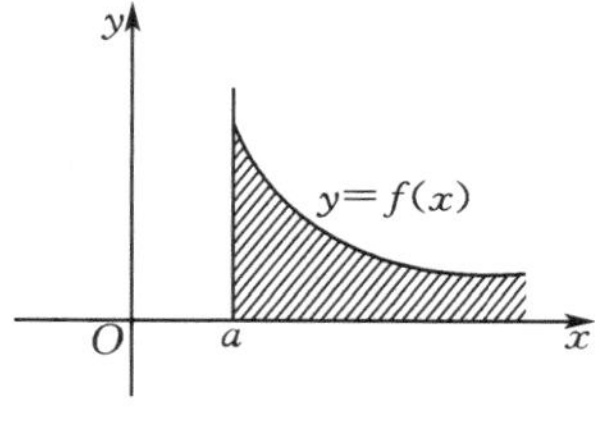

图 5-24

类似可定义区间 $(-\infty,b]$ 上的无穷积分为

$$\int_{-\infty}^{b} f(x)\mathrm{d}x = \lim_{a \to -\infty} \int_{a}^{b} f(x)\mathrm{d}x, \tag{3}$$

以及

$$\int_{-\infty}^{+\infty} f(x)\mathrm{d}x = \int_{-\infty}^{c} f(x)\mathrm{d}x + \int_{c}^{+\infty} f(x)\mathrm{d}x \ , \tag{4}$$

其中 c 为任意常数。

注意　当且仅当(4)式右端两个无穷积分均收敛时，无穷积分$\int_{-\infty}^{+\infty} f(x)\mathrm{d}x$ 才是收敛的；若右端两个无穷积分中至少有一个发散，则$\int_{-\infty}^{+\infty} f(x)\mathrm{d}x$ 发散。

例 1　计算广义积分$\int_{0}^{+\infty} \frac{1}{1+x^2}\mathrm{d}x$ 。

解　由定义 5.1 知

$$\int_{0}^{+\infty} \frac{1}{1+x^2}\mathrm{d}x = \lim_{b \to +\infty} \int_{0}^{b} \frac{1}{1+x^2}\mathrm{d}x = \lim_{b \to +\infty} (\arctan x \Big|_0^b) = \lim_{b \to +\infty} \arctan b = \frac{\pi}{2},$$

故广义积分$\int_{0}^{1} \frac{1}{1+x^2}\mathrm{d}x$ 收敛于$\frac{\pi}{2}$。

为方便计算，上述过程可简化如下：

$$\int_{0}^{+\infty} \frac{1}{1+x^2}\mathrm{d}x = \arctan x \Big|_0^{+\infty} = \frac{\pi}{2} - 0 = \frac{\pi}{2}。$$

例 2　讨论广义积分$\int_{1}^{+\infty} \frac{1}{\sqrt{x}}\mathrm{d}x$ 的敛散性。

解　因

$$\int_{1}^{+\infty} \frac{1}{\sqrt{x}}\mathrm{d}x = \left[2x^{\frac{1}{2}}\right]_1^{+\infty} = +\infty,$$

故广义积分$\int_{1}^{+\infty} \frac{1}{\sqrt{x}}\mathrm{d}x$ 发散。

例 3　讨论广义积分$\int_{-\infty}^{+\infty} \sin x\mathrm{d}x$ 的敛散性。

解　因

$$\int_{-\infty}^{+\infty} \sin x\mathrm{d}x = \int_{-\infty}^{0} \sin x\mathrm{d}x + \int_{0}^{+\infty} \sin x\mathrm{d}x,$$

而

$$\int_{-\infty}^{0} \sin x\mathrm{d}x = \lim_{a \to -\infty} \int_{a}^{0} \sin x\mathrm{d}x = \lim_{a \to -\infty} (\cos a - 1),$$

此极限不存在，即$\int_{-\infty}^{0} \sin x\mathrm{d}x$ 发散，故原积分发散。

例 4　讨论广义积分$\int_{1}^{+\infty} \frac{1}{x^p}\mathrm{d}x$ 的敛散性。

解　当 $p = 1$ 时，

$$\int_1^{+\infty}\frac{1}{x}\mathrm{d}x=[\ln x]_1^{+\infty}=+\infty。$$

当 $p\neq 1$ 时，

$$\int_1^{+\infty}\frac{1}{x^p}\mathrm{d}x=\lim_{b\to+\infty}\int_1^b x^{-p}\mathrm{d}x=\lim_{b\to+\infty}\left[\frac{1}{1-p}\cdot x^{1-p}\right]_1^b$$

$$=\lim_{b\to+\infty}\left[\frac{1}{1-p}\cdot b^{1-p}-\frac{1}{1-p}\right]=\lim_{b\to+\infty}\left[\frac{1}{1-p}\cdot\left(\frac{1}{b^{p-1}}-1\right)\right]$$

$$=\begin{cases}\dfrac{1}{p-1}, & p>1,\\ +\infty, & p<1。\end{cases}$$

综上可知，当 $p>1$ 时，原积分收敛；当 $p\leqslant 1$ 时，原积分发散。

5.6.2　无界函数的广义积分

定义 5.3　设函数 $f(x)$ 在区间 $[a,b)$ 上连续，且 $\lim\limits_{x\to b^-}f(x)=\infty$（称点 b 为 $f(x)$ 的**奇点或瑕点**），则称极限

$$\lim_{u\to b^-}\int_a^u f(x)\mathrm{d}x$$

为无界函数 $f(x)$ 在区间 $[a,b)$ 上的**瑕积分**，记作

$$\int_a^b f(x)\mathrm{d}x=\lim_{u\to b^-}\int_a^u f(x)\mathrm{d}x。$$

若极限 $\lim\limits_{u\to b^-}\int_a^u f(x)\mathrm{d}x$ 存在，则称此**瑕积分收敛**，否则称此**瑕积分发散**。

此时，它在几何上表示：由 x 轴，直线 $x=a$，$x=b$ 及曲线 $y=f(x)$ 所围成的开口图形的面积，如图 5-25 所示。

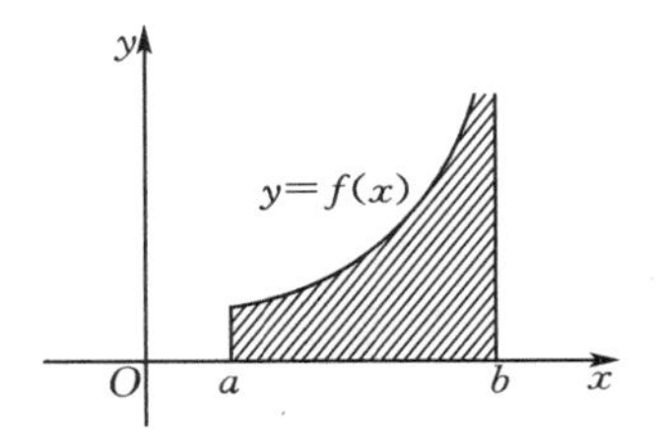

图 5-25

类似可定义区间 $(a,b]$ 上奇点为 a 的瑕积分为

$$\int_a^b f(x)\mathrm{d}x=\lim_{v\to a^+}\int_v^b f(x)\mathrm{d}x。$$

若 $f(x)$ 的奇点 $c\in(a,b)$，则可定义瑕积分

$$\int_a^b f(x)\mathrm{d}x=\int_a^c f(x)\mathrm{d}x+\int_c^b f(x)\mathrm{d}x=\lim_{v\to c^+}\int_a^v f(x)\mathrm{d}x+\lim_{u\to c^-}\int_u^b f(x)\mathrm{d}x。$$

注意　(1) 当且仅当上式右端两个瑕积分均收敛时，瑕积分$\int_a^b f(x)\mathrm{d}x$才是收敛的；若右端两个瑕积分中至少有一个发散，则$\int_a^b f(x)\mathrm{d}x$发散。

(2) 若a和b两点都是$f(x)$的奇点，则可定义瑕积分

$$\int_a^b f(x)\mathrm{d}x=\int_a^c f(x)\mathrm{d}x+\int_c^b f(x)\mathrm{d}x=\lim_{v\to a^+}\int_v^c f(x)\mathrm{d}x+\lim_{u\to b^-}\int_c^u f(x)\mathrm{d}x。$$

(3) 如果$\int_a^b f(x)\mathrm{d}x$中，既包含无限区间，也包含有限个奇点，则可将积分区间分成有限个部分，使在每一个部分中只含奇点，$+\infty$，$-\infty$之一，则当且仅当每一个部分的积分都收敛时，积分$\int_a^b f(x)\mathrm{d}x$才是收敛的。

例 5　计算广义积分$\int_0^1 \ln x\mathrm{d}x$。

解　因被积函数$f(x)=\ln x$在区间$[0,1]$内除点$x=0$外均连续，且

$$\lim_{x\to 0^+}\ln x=-\infty,$$

故$x=0$是被积函数的奇点，于是

$$\int_0^1 \ln x\mathrm{d}x=\lim_{v\to 0^+}\int_v^1 \ln x\mathrm{d}x=\lim_{v\to 0^+}[x\ln x-x]_v^1$$
$$=\lim_{v\to 0^+}(-v\ln v+v-1)=-1。$$

为方便计算，上述过程可简化如下：

$$\int_0^1 \ln x\mathrm{d}x=[x\ln x-x]_0^1=-1-0=-1。$$

例 6　讨论广义积分$\int_{-1}^1 \frac{1}{x^2}\mathrm{d}x$的敛散性。

解　因被积函数$f(x)=\frac{1}{x^2}$在区间$[-1,1]$内除点$x=0$外均连续，且

$$\lim_{x\to 0}\frac{1}{x^2}=\infty,$$

故$x=0$是被积函数的奇点，于是

$$\int_{-1}^1 \frac{1}{x^2}\mathrm{d}x=\int_{-1}^0 \frac{1}{x^2}\mathrm{d}x+\int_0^1 \frac{1}{x^2}\mathrm{d}x。$$

又因

$$\int_{-1}^0 \frac{1}{x^2}\mathrm{d}x=\left[-\frac{1}{x}\right]_{-1}^0=\lim_{x\to 0^-}\left(-\frac{1}{x}\right)-1=+\infty,$$

故$\int_{-1}^0 \frac{1}{x^2}\mathrm{d}x$发散，从而积分$\int_{-1}^1 \frac{1}{x^2}\mathrm{d}x$发散。

此题中，如果忽视了$x=0$是被积函数的奇点，就会导致以下错误：

$$\int_{-1}^{1}\frac{1}{x^2}dx=\left[-\frac{1}{x}\right]_{-1}^{1}=-1-1=-2。$$

例 7　计算广义积分$\int_{-1}^{1}\frac{1}{\sqrt{1-x^2}}dx$。

解　因 $x=\pm1$ 是被积函数 $f(x)=\frac{1}{\sqrt{1-x^2}}$ 的奇点，于是

$$\begin{aligned}\int_{-1}^{1}\frac{1}{\sqrt{1-x^2}}dx&=\int_{-1}^{0}\frac{1}{\sqrt{1-x^2}}dx+\int_{0}^{1}\frac{1}{\sqrt{1-x^2}}dx\\&=[\arcsin x]_{-1}^{0}+[\arcsin x]_{0}^{1}\\&=\left[0-\left(-\frac{\pi}{2}\right)\right]+\left[\frac{\pi}{2}-0\right]\\&=\pi。\end{aligned}$$

习题 5.6

1. 下列解法是否正确？为什么？

(1) $\int_{-1}^{2}\frac{1}{x}dx=\ln|x|\Big|_{-1}^{2}=\ln2-\ln1=\ln2$；

(2) $\int_{0}^{\infty}e^{x}dx=\lim\limits_{b\to\infty}\int_{0}^{b}e^{-x}dx=-\lim\limits_{b\to\infty}e^{-x}\Big|_{0}^{b}=\lim\limits_{b\to\infty}(1-e^{-b})=1-0=1$。

2. 判断下列广义积分是否收敛，若收敛求其值。

(1) $\int_{0}^{+\infty}\frac{1}{x^2}dx$；　(2) $\int_{1}^{+\infty}\frac{1}{x^4}dx$；

(3) $\int_{1}^{+\infty}\frac{1}{\sqrt{x}(1+x)}dx$；　(4) $\int_{-\infty}^{+\infty}\frac{1}{x^2+2x+2}dx$；

(5) $\int_{1}^{+\infty}e^{-100x}dx$；　(6) $\int_{0}^{1}\frac{1}{\sqrt{x}}dx$；

(7) $\int_{0}^{6}(x-4)^{-\frac{2}{3}}dx$；　(8) $\int_{1}^{2}\frac{x}{\sqrt{x-1}}dx$。

3. 设 $\Gamma(s)=\int_{0}^{+\infty}e^{-x}x^{s-1}dx\ (s>0)$，试证：$\Gamma(s+1)=s\Gamma(s)$。

复习题 5

一、选择题。

1. 下列等式正确的是(　　)。

(A) $\int f'(x)dx=f(x)$　(B) $\frac{d}{dx}\int f(x)dx=f(x)+C$

(C) $\frac{d}{dx}\int_{a}^{b}f(x)dx=f(x)+C$　(D) $\frac{d}{dx}\int_{a}^{b}f(x)dx=0$

2. 下列函数在区间[0,2]上不可积的是(　　)。

(A) $f(x)=\sin\sqrt{x-1}$　　(B) $f(x)=\begin{cases}1, & (0\leqslant x<1),\\ -1, & (1\leqslant x\leqslant 2)\end{cases}$

(C) $f(x)=\begin{cases}x^2, & (0\leqslant x<1),\\ 2-x, & (1\leqslant x\leqslant 2)\end{cases}$　　(D) $f(x)=\begin{cases}1, & (x\text{为有理数}),\\ 0, & (x\text{为无理数})\end{cases}$

3. $\left[\int_a^b \arctan x\mathrm{d}x\right]'=$(　　)。

(A) $\arctan x$　　(B) 0

(C) $\dfrac{1}{1+b^2}-\dfrac{1}{1+a^2}$　　(D) $\dfrac{1}{1+x^2}$

4. $\int_{-\frac{\pi}{2}}^{\frac{\pi}{2}}|\sin x|\mathrm{d}x\neq$(　　)。

(A) 0　　(B) $2\int_0^{\frac{\pi}{2}}|\sin x|\mathrm{d}x$

(C) $2\int_{-\frac{\pi}{2}}^{0}(-\sin x)\mathrm{d}x$　　(D) $2\int_0^{\frac{\pi}{2}}\sin x\mathrm{d}x$

5. 设 $f(x)$ 在$[a,b]$上连续,则下列等式中成立的是(　　)。

(A) $\int_a^b xf(t)\mathrm{d}t=x\int_a^b f(t)\mathrm{d}t$　　(B) $\int_a^b xf(x)\mathrm{d}x=x\int_a^b f(x)\mathrm{d}x$

(C) $\int_a^b tf(x)\mathrm{d}t=t\int_a^b f(x)\mathrm{d}t$　　(D) $\int_a^b xf(t)\mathrm{d}x=x\int_a^b f(t)\mathrm{d}x$

6. $\int_a^b f'(2x)\mathrm{d}x=$(　　)。

(A) $f(b)-f(a)$　　(B) $f(2b)-f(2a)$

(C) $\dfrac{1}{2}[f(2b)-f(2a)]$　　(D) $2[f(2b)-f(2a)]$

二、填空题。

1. $\int_{-1}^{1}(x+\sqrt{1-x^2})^2\mathrm{d}x=$________。

2. 设 $f(5)=2,\int_0^5 f(x)\mathrm{d}x=3$,则$\int_0^5 xf'(x)\mathrm{d}x=$________。

3. $\dfrac{\mathrm{d}}{\mathrm{d}x}\int_a^b \sin x^2\mathrm{d}x=$________。

4. 由曲线 $y=\ln x$ 与两直线 $y=(\mathrm{e}+1)-x$ 及 $y=0$ 所围成的平面图形的面积是________。

5. 位于曲线 $y=x\mathrm{e}^{-x}(0\leqslant x<+\infty)$ 下方,x 轴上方的无界图形的面积是________。

三、求极限$\lim\limits_{x\to 0}\dfrac{\left(\int_0^x \mathrm{e}^{t^2}\mathrm{d}t\right)^2}{\int_0^x t\mathrm{e}^{2t^2}\mathrm{d}t}$。

四、设 $f(t)$ 在 $0 \leqslant t < +\infty$ 上连续，若 $\int_0^{x^2} f(t)\mathrm{d}t = x^2(1+x)$，求 $f(2)$。

五、计算下列定积分：

1. $\int_{-2}^{3} (x-1)^3 \mathrm{d}x$；　　2. $\int_1^2 \frac{\sqrt{x^2-1}}{x}\mathrm{d}x$；

3. $\int_0^{\frac{\pi}{2}} \mathrm{e}^x \sin x \mathrm{d}x$；　　4. $\int_{-1}^{2} |x^2 - x| \mathrm{d}x$。

六、计算下列各题中平面图形的面积。

1. 曲线 $y = x^2 + 3$ 在区间$[0,1]$上的曲边梯形；
2. 曲线 $y = x^2$ 与 $y = 2 - x^2$ 所围成的图形；
3. 曲线 $y = x^2, 4y = x^2$ 及直线 $y = 1$ 所围成的图形。

七、过曲线 $y = x^2 (x \geqslant 0)$ 上某点 P 作一切线，使之与曲线及 x 轴所围成的图形的面积为 $\frac{1}{12}$。求：

1. 切点 P 的坐标；
2. 过切点 P 的切线方程；
3. 由上述图形绕 x 轴旋转而成旋转体体积 V。

八、求椭圆 $\frac{x^2}{a^2} + \frac{y^2}{b^2} = 1$ 绕 y 轴旋转所得旋转体的体积。

九、求曲线弧 $y = \frac{2}{3}x^{\frac{3}{2}} (0 \leqslant x \leqslant 3)$ 的弧长。

十、一个半径为 10cm 的半球形桶，装满水，若将其中所有的水抽到桶顶部上方 6cm 处，求所做的功。

十一、一底为 8cm，高为 6cm 的等腰三角形物体铅直沉没在水中，顶在上，底在下，而顶离水面 3cm，试求其一侧腰上水的静压力。

十二、计算下列广义积分。

1. $\int_0^{+\infty} \frac{\mathrm{d}x}{100 + x^2}$；　　2. $\int_0^{+\infty} \mathrm{e}^{-2x} \mathrm{d}x$；

3. $\int_1^2 \frac{x}{\sqrt{x-1}} \mathrm{d}x$。

第 6 章　常微分方程

常微分方程是数学学科各专业的一门基础课，是整个数学课程体系中一个重要组成部分。它在物理学，天文学，电信、通信以及经济学等领域中都有广泛应用。著名数学家塞蒙斯(Simmons)曾如此评价微分方程在数学中的地位："300 年来分析是数学里首要的分支，而微分方程又是分析的心脏，这是初等微积分的天然后继课，又是为了解物理科学的一门最重要的数学，而且在它所产生的较深的问题中，它又是高等分析里大部分思想和理论的根源。"

本章将介绍常微分方程的基本概念、几种常用的微分方程的解法以及微分方程在生产实践中广泛应用的实例。

6.1　常微分方程的基本概念

6.1.1　有关微分方程概念的引例

首先我们考察两个实例。通过例题来说明微分方程的基本概念。

例 1　一曲线通过点(1,2)，且在该曲线上任一点 $M(x,y)$ 处的切线的斜率为 $2x$，求该曲线的方程。

解　设所求曲线的方程为 y，根据导数的几何意义，可知未知函数 $y=f(x)$ 应满足关系式

$$\frac{\mathrm{d}y}{\mathrm{d}x}=2x。\tag{1}$$

此外，未知函数 $y=f(x)$ 还应满足条件：当 $x=1$ 时，$y=2$。

对(1) 式两端积分，得 $y=\int 2x\mathrm{d}x$，即

$$y=x^2+C,\tag{2}$$

其中，C 是任意常数。

把条件"$x=1$ 时，$y=2$"代入(2) 式，得

$$2=1^2+C。$$

由此定出 $C=1$。把 $C=1$ 代入(2) 式，即得所求曲线方程　$y=x^2+1$。

例 2　列车在水平路线上以 20m/s 的速度行驶，当制动时列车获得加速度 $-0.4\mathrm{m/s^2}$。问开始制动后多少时间列车才能停住以及列车在这段时间里行驶了多少

路程?

解　设列车在开始制动后经过 t 秒时行驶了位移 s。如果把列车刹车时的时刻记为 $t=0$,根据加速度的物理意义,反映制动阶段列车运动位移的函数 $s=s(t)$ 应满足关系式

$$\frac{\mathrm{d}^2 s}{\mathrm{d}t^2}=-0.4, \tag{3}$$

此外,未知函数 $s=s(t)$ 还应满足条件:$t=0$ 时,$s=0$,$v=\frac{\mathrm{d}s}{\mathrm{d}t}=20$。

对(3) 式两端积分一次,得

$$v=\frac{\mathrm{d}s}{\mathrm{d}t}=-0.4t+C_1 \tag{4}$$

再对(4) 式两端积分一次,得

$$s=-0.2t^2+C_1t+C_2, \tag{5}$$

这里 C_1,C_2 都是任意常数。

把条件"$t=0$ 时,$v=20$"代入(4) 式,得 $20=C_1$;把条件"$t=0$ 时,$s=0$"代入(5) 式,得 $0=C_2$。把 C_1,C_2 的值代入(4) 及(5) 式,得

$$v=-0.4t+20, \tag{6}$$

$$s=-0.2t^2+20t, \tag{7}$$

在(6) 式中令 $v=0$ 得到列车从开始制动到完全停住所需的时间 $t=\frac{20}{0.4}=50(\mathrm{s})$。再把 $t=50$ 代 入(7) 式,得到列车在制动阶段行驶的位移

$$s=-0.2\times 50^2+20\times 50=500(\mathrm{m})。$$

上述两个例子中的关系式(1) 和(3) 都含有未知函数的导数,这些实际问题都归结为求解一种方程,这些方程中都含有未知数的导数,此外还有一些附加的条件。下面我们就给出微分方程的基本概念。

6.1.2　微分方程的概念及其类型

一般的,把表示未知函数或者未知函数的导数与自变量之间的关系的方程,叫作**微分方程**,有时也简称方程。未知函数是一元函数的微分方程称为**常微分方程**,未知函数是多元函数的微分方程称为**偏微分方程**,本章只讨论常微分方程。

微分方程中所出现的未知函数导数的最高阶数称为**微分方程的阶**。上述例 1 中的方程是一阶微分方程;例 2 中的方程是二阶微分方程。方程 $x^3y'''+x^2y''-4xy'=3x^2$ 是三阶微分方程;方程 $y^{(4)}-4y'''+10y''-12y'+5y=\sin 2x$ 是四阶微分方程。

一般的,n 阶微分方程的形式是

$$F(x,y,y',\cdots,y^{(n)})=0。 \tag{8}$$

这里必须指出,在方程(8) 中,$y^{(n)}$ 是必须出现的,而 $x,y,y',\cdots,y^{(n-1)}$ 等变量则可以不出现。例如,n 阶微分方程 $y^{(n)}+1=0$ 中,除 $y^{(n)}$ 外,其他变量都没有出现。

如果能从方程(8) 中解出最高阶导数,则可得微分方程

$$y^{(n)} = f(x, y, y', \cdots, y^{(n-1)})。 \tag{9}$$

以后我们讨论的微分方程都是已解出最高阶导数的方程或能解出最高阶导数的方程。

如果微分方程中所含有的未知函数及其各阶导数均为一次的且不含有这些变量的乘积项，则称这样的微分方程为**线性微分方程**。n 阶线性微分方程的一般形式为

$$a_0(x)y^{(n)} + a_1(x)y^{(n-1)} + \cdots + a_{n-1}(x)y' + a_n(x)y = f(x),$$

其中，$a_k(x)(0 \leqslant k \leqslant n)$ 和 $f(x)$ 是已知的函数。

若 $f(x) \equiv 0$，这样的微分方程称为**线性齐次微分方程**，否则就称为**线性非齐次微分方程**。若系数 $a_k(x)(0 \leqslant k \leqslant n)$ 全是常数，这样的微分方程称为**常系数线性微分方程**，否则就称为**变系数线性微分方程**。

例如，$\frac{\mathrm{d}y}{\mathrm{d}x} = 2x$ 是一阶常系数线性微分方程；$\frac{\mathrm{d}^2 y}{\mathrm{d}x^2} + a^2 y = 0$ 是二阶常系数线性齐次微分方程。

6.1.3　微分方程的解

由前面的例子我们看到，在研究某些实际问题时，首先要建立微分方程，然后找出满足微分方程的函数（解微分方程），就是说，找出这样的函数，把这个函数代入微分方程能使该方程成为恒等式，这个**函数**就叫作该**微分方程的解**。确切地说，设函数 $y = \varphi(x)$ 在区间 I 上有 n 阶连续导数，如果在区间 I 上，

$$F[x, \varphi(x), \varphi'(x), \cdots, \varphi^{(n)}(x)] \equiv 0, \tag{10}$$

那么函数 $y = \varphi(x)$ 就叫作微分方程(10) 在区间 I 上的解。

如果微分方程的解中含有任意常数，且任意常数的个数与微分方程的阶数相同，这样的解叫作微分方程的**通解**。例如，函数 $y = x^2 + C$ 是方程 $\frac{\mathrm{d}y}{\mathrm{d}x} = 2x$ 的通解，它含有一个任意常数，而方程 $\frac{\mathrm{d}y}{\mathrm{d}x} = 2x$ 是一阶的。又如，函数 $s = -0.2t^2 + C_1 t + C_2$ 是方程 $\frac{\mathrm{d}^2 s}{\mathrm{d}t^2} = -0.4$ 的通解，它含有两个任意常数，而方程 $\frac{\mathrm{d}^2 s}{\mathrm{d}t^2} = -0.4$ 是二阶的。

由于通解中含有任意常数，所以它还不能完全确定地反映某一客观事物的规律性。要完全确定地反映客观事物的规律性，必须确定这些常数的值。为此，要根据问题的实际情况，提出确定这些常数的条件。由函数在一特定点的状态所给出的，用来确定通解中任意常数的附加条件，称为**初始条件**。

例如，例 1 中的初始条件可以写为 $y|_{x=1} = 2$ 或 $y(1) = 2$。确定了通解中的任意常数以后，就得到微分方程的**特解**。例如 $y = x^2 + 1$ 是方程 $\frac{\mathrm{d}y}{\mathrm{d}x} = 2x$ 满足条件 $y|_{x=1} = 2$ 的特解。

求微分方程 $y' = f(x, y)$ 满足初始条件 $y|_{x=x_0} = y_0$ 的特解这样的问题，叫作一阶微

分方程的**初值问题**，记作

$$\begin{cases} y' = f(x, y), \\ y|_{x=x_0} = y_0。\end{cases}$$

微分方程的解的图形是一簇曲线，叫作微分方程的**积分曲线**。一阶微分方程的初值问题的几何意义，就是求微分方程通过点(x_0, y_0)的那条积分曲线。

例 3　验证函数 $x = C_1\cos kt + C_2\sin kt$ 是微分方程$\frac{d^2x}{dt^2} + k^2x = 0$ 的通解。

解　求所给函数的导数得

$$\frac{dx}{dt} = -kC_1\sin kt + kC_2\cos kt,$$

$$\frac{d^2x}{dt^2} = -k^2C_1\cos kt - k^2C_2\sin kt = -k^2(C_1\cos kt + C_2\sin kt)。$$

把$\frac{d^2x}{dt^2}$及 x 的表达式代入微分方程得

$$-k^2(C_1\cos kt + C_2\sin kt) + k^2(C_1\cos kt + C_2\sin kt) \equiv 0。$$

因此，函数 $x = C_1\cos kt + C_2\sin kt$ 是微分方程$\frac{d^2x}{dt^2} + k^2x = 0$ 的通解。如果再给出初始条件 $x|_{t=0} = A, \frac{dx}{dt}|_{t=0} = 0$，则可以得出 $C_1 = A, C_2 = 0$，代入通解中可以得到 $x = A\cos kt$ 是微分方程$\frac{d^2x}{dt^2} + k^2x = 0$ 的特解。

例 4　设 C 是任意常数，求以 $y = \frac{1}{(Cx^2+1)}$ 为通解的一阶微分方程。

解　由于 $y(Cx^2+1) = 1$，对方程两边求导数，得

$$y'(Cx^2+1) + 2Cxy = 0。$$

根据原方程可以得出 $C = \frac{\frac{1}{y} - 1}{x^2}$，代入上式得

$$y'\frac{x}{y} + 2(1-y) = 0,$$

该微分方程即为所求的一阶微分方程。

习题 6.1

1. 指出下列方程的类型。

(1) $y'^2 + 2xy = x^2$；　(2) $y'' + 2xy = x^2$；

(3) $y'' + 2xy' + y^2 = 1$；　(4) $y'' + 2xy' + xy = 0$。

2. 证明下面函数是所给方程的解,并指出是通解还是特解。

(1) $y'-x+y=0, y=Ce^{-x}+x-1$, C 为任意常数;

(2) $\frac{d^2y}{dt^2}+2\frac{dy}{dt}-3y=2\cos t-4\sin t, y=C_1e^t+C_2e^{-3t}+\sin t, C_1, C_2$ 为任意常数。

3. 确定下列函数关系中的任意常数,使函数满足所给的初始条件。

(1) $y=(C_1+C_2x)e^{2x}, y|_{x=0}=0, y'|_{x=0}=1$;

(2) $y=C_1e^t+C_2e^{-3t}+\sin t, y|_{t=0}=2, y'|_{t=0}=-5$。

4. 求曲线族 $C_1x^2+C_2y^2=1$(C_1, C_2 为任意常数)所满足的微分方程。

6.2 一阶常微分方程

微分方程的类型是多种多样的,它们的解法也各不相同。从本节开始我们将根据微分方程的不同类型给出相应的解法。本节首先介绍可分离变量的一阶微分方程

$$y'=f(x,y)$$

的一些解法。

一阶微分方程有时也写成如下的对称形式:

$$P(x,y)dx+Q(x,y)dy=0。$$

在此方程中,变量 x 与 y 对称,它既可看作是以 x 为自变量、y 为因变量的方程

$$\frac{dy}{dx}=-\frac{P(x,y)}{Q(x,y)}(\text{这时 } Q(x,y)\neq 0),$$

也可看作是以 y 为自变量、x 为因变量的方程

$$\frac{dx}{dy}=-\frac{Q(x,y)}{P(x,y)}(\text{这时 } P(x,y)\neq 0)。$$

在 6.1 节的例题中我们遇到一阶微分方程

$$\frac{dy}{dx}=2x,$$

将其写成 $dy=2xdx$,再两端积分就得到这个方程的通解

$$y=x^2+C。$$

但是并不是所有的一阶微分方程都能这样求解。例如,对于一阶微分方程

$$\frac{dy}{dx}=2xy^2$$

来说,就不能像上面那样用直接对两端积分的方法求出它的通解,这是什么缘故呢?原因是该方程的右端含有与 x 存在函数关系的变量 y,积分$\int 2xy^2dx$ 无法计算出来,这是困难所在。为了解决这个困难,在该方程的两端同时乘以$\frac{dx}{y^2}$,把方程变为

$$\frac{dy}{y^2}=2xdx,$$

这样，变量 x 与 y 已分别出现在等式的两端，然后两端积分得

$$-\frac{1}{y}=x^2+C,$$

或

$$y=-\frac{1}{x^2+C}。$$

其中，C 是任意常数。可以验证，函数 $y=-\frac{1}{x^2+C}$ 是方程 $\frac{\mathrm{d}y}{\mathrm{d}x}=2xy^2$ 的通解。

6.2.1　可分离变量方程

由上述讨论可以看出，如果一个一阶微分方程能写成

$$g(y)\mathrm{d}y=f(x)\mathrm{d}x \tag{1}$$

的形式，就是说，能把微分方程写成一端只含 y 的函数和 $\mathrm{d}y$ 的式子，另一端只含 x 的函数和 $\mathrm{d}x$ 的式子，那么原方程就称为**可分离变量的方程**，其中，函数 $g(y)$ 和 $f(x)$ 是连续的。

可分离变量的方程的解法：首先把方程化简为(1) 的形式(这个过程叫**分离变量**)，然后对这个已分离变量的方程两边取积分即可得到通解。

例 1　求微分方程 $\frac{\mathrm{d}y}{\mathrm{d}x}=2xy$ 的通解。

解　方程是可分离变量的，分离变量后得

$$\frac{\mathrm{d}y}{y}=2x\mathrm{d}x,$$

两端积分有

$$\int\frac{\mathrm{d}y}{y}=\int 2x\mathrm{d}x,$$

得

$$\ln|y|=x^2+C_1,$$

从而

$$y=\pm \mathrm{e}^{x^2+C_1}=\pm \mathrm{e}^{C_1}\mathrm{e}^{x^2}。$$

因 $\pm \mathrm{e}^{C_1}$ 是任意非零常数，又 $y\equiv 0$ 也是方程的解，故得方程(7) 的通解 $y=C\mathrm{e}^{x^2}$。

例 2　求初值问题

$$\begin{cases}\cos y\mathrm{d}x+(1+\mathrm{e}^{-x})\sin y\mathrm{d}y=0,\\ y|_{x=0}=\frac{\pi}{4}。\end{cases}$$

解　先求出 $\cos y\mathrm{d}x+(1+\mathrm{e}^{-x})\sin y\mathrm{d}y=0$ 的通解。分离变量后可得

$$-\frac{\sin y}{\cos y}\mathrm{d}y=\frac{1}{1+\mathrm{e}^{-x}}\mathrm{d}x,$$

等式两端积分，得

$$\ln\cos y=\ln C(1+\mathrm{e}^x),$$

即 $\cos y=C(1+\mathrm{e}^x)$ 是方程的通解。根据初始条件 $y|_{x=0}=\frac{\pi}{4}$ 知，$C=\frac{\sqrt{2}}{4}$。所以，方程的特解为

$$\cos y=\frac{\sqrt{2}}{4}(1+\mathrm{e}^{x})。$$

例 3 设降落伞从跳伞塔下落后，所受空气阻力与速度成正比，并设降落伞离开跳伞塔时($t=0$) 速度为零(如图 6-1 所示)，求降落伞下落速度与时间的函数关系。

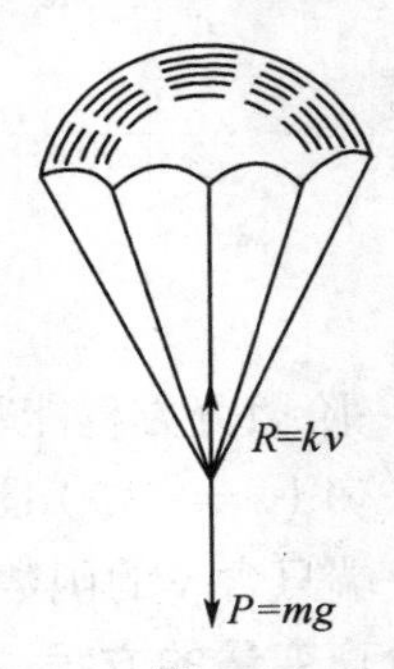

图 6-1

解 设降落伞下落速度为 $v(t)$，降落伞在空中下落时，同时受到重力 P 与阻力 R 的作用。重力大小为 mg，方向与 v 一致；阻力大小为 kv(k 为比例系数)，方向与 v 相反，从而降落伞所受外力为

$$F=mg-kv,$$

根据牛顿第二定律 $F=ma$(其中 a 为加速度)，得函数 $v(t)$ 应满足的方程为

$$m\frac{\mathrm{d}v}{\mathrm{d}t}=mg-kv,$$

按题意，初始条件为 $v|_{t=0}=0$，对上述微分方程分离变量后得

$$\frac{\mathrm{d}v}{mg-kv}=\frac{\mathrm{d}t}{m},$$

两端积分
$$\int\frac{\mathrm{d}v}{mg-kv}=\int\frac{\mathrm{d}t}{m},$$

考虑到 $mg-kv>0$，得

$$-\frac{1}{k}\ln(mg-kv)=\frac{t}{m}+C_1,$$

即
$$mg-kv=\mathrm{e}^{-\frac{k}{m}t-kC_1},$$

或
$$v=\frac{mg}{k}+C\mathrm{e}^{-\frac{k}{m}t}(其中\ C=-\frac{\mathrm{e}^{-kC_1}}{k})。$$

这就是原方程的通解。

将初始条件 $v|_{t=0}=0$ 代入上式，得 $C=-\frac{mg}{k}$。于是所求的特解为

$$v=\frac{mg}{k}(1-\mathrm{e}^{-\frac{k}{m}t})。$$

由特解的结果可以看出，随着时间 t 的增大，速度 v 逐渐接近于常数$\frac{mg}{k}$，且不会超过

$\frac{mg}{k}$。也就是说，跳伞后开始阶段是加速运动，但以后逐渐接近于等速运动。

6.2.2　齐次方程

如果一阶微分方程可化成

$$\frac{\mathrm{d}y}{\mathrm{d}x}=f\left(\frac{y}{x}\right) \tag{2}$$

的形式，那么就称这种形式的方程为**齐次微分方程**，$f\left(\frac{y}{x}\right)$为 x 和 y 的齐次函数。

例如，$(xy-y^2)\mathrm{d}x-(x^2-2xy)\mathrm{d}y=0$ 是齐次方程，因为它可化成

$$\frac{\mathrm{d}y}{\mathrm{d}x}=\frac{xy-y^2}{x^2-2xy},$$

即

$$\frac{\mathrm{d}y}{\mathrm{d}x}=\frac{\frac{y}{x}-\left(\frac{y}{x}\right)^2}{1-2\left(\frac{y}{x}\right)}。$$

在齐次方程

$$\frac{\mathrm{d}y}{\mathrm{d}x}=f\left(\frac{y}{x}\right)$$

中，令 $u=\frac{y}{x}$，即 $y=ux$。于是就有$\frac{\mathrm{d}y}{\mathrm{d}x}=u+x\frac{\mathrm{d}u}{\mathrm{d}x}$。把它代入方程(2)就可以把它化为可分离变量的方程 $u+x\frac{\mathrm{d}u}{\mathrm{d}x}=f(u)$，即

$$x\frac{\mathrm{d}u}{\mathrm{d}x}=f(u)-u。$$

分离变量，得

$$\frac{\mathrm{d}u}{f(u)-u}=\frac{\mathrm{d}x}{x},$$

两端积分，得

$$\int\frac{\mathrm{d}u}{f(u)-u}=\int\frac{\mathrm{d}x}{x}。$$

求出积分后，再以$\frac{y}{x}$代替 u，便得所给齐次方程的通解。

例 4　解方程 $y^2+x^2\frac{\mathrm{d}y}{\mathrm{d}x}=xy\frac{\mathrm{d}y}{\mathrm{d}x}$。

解　原方程可写成

$$\frac{\mathrm{d}y}{\mathrm{d}x}=\frac{y^2}{xy-x^2}=\frac{\left(\frac{y}{x}\right)^2}{\frac{y}{x}-1},$$

因此是齐次方程。令$\frac{y}{x}=u$，则

$$y=ux,\quad \frac{\mathrm{d}y}{\mathrm{d}x}=u+x\frac{\mathrm{d}u}{\mathrm{d}x},$$

于是原方程变为

$$u+x\frac{\mathrm{d}u}{\mathrm{d}x}=\frac{u^2}{u-1},$$

即

$$x\frac{\mathrm{d}u}{\mathrm{d}x}=\frac{u}{u-1}。$$

分离变量，得

$$\left(1-\frac{1}{u}\right)\mathrm{d}u=\frac{\mathrm{d}x}{x},$$

两端积分，得

$$u-\ln|u|+C=\ln|x|,$$

或写为

$$\ln|xu|=u+C。$$

以$\frac{y}{x}$代上式中的u，便得所给方程的通解为

$$\ln|y|=\frac{y}{x}+C。$$

例 5 某城市甲种商品和乙种商品的售价分别是x(元)和y(元)，已知价格x和y有关。当$x=10$(元)时，$y=20$(元)。并且y相对于x的弹性为$\frac{2y^2-x^2}{x^2+2y^2}$，试求$y$与$x$之间的函数关系。

解 由题意可知

$$\begin{cases}\frac{x\mathrm{d}y}{y\mathrm{d}x}=\frac{2y^2-x^2}{x^2+2y^2},\\ y|_{x=10}=20。\end{cases}$$

先把方程$\frac{x\mathrm{d}y}{y\mathrm{d}x}=\frac{2y^2-x^2}{x^2+2y^2}$化为齐次微分方程，即

$$\frac{\mathrm{d}y}{\mathrm{d}x}=\frac{2\left(\frac{y}{x}\right)^2-1}{1+2\left(\frac{y}{x}\right)^2}\left(\frac{y}{x}\right),$$

以$\frac{y}{x}=u$及$\frac{\mathrm{d}y}{\mathrm{d}x}=u+x\frac{\mathrm{d}u}{\mathrm{d}x}$代入，则原方程变为

$$x\frac{\mathrm{d}u}{\mathrm{d}x}=-\frac{2u}{1+2u^2},$$

分离变量，得

$$\frac{1+2u^2}{u}\mathrm{d}u=-\frac{2\mathrm{d}x}{x},$$

两边积分，得

$$u^2+\ln u=-2\ln x+\ln C,$$

即
$$x^2ue^{u^2}=C,$$

以$\frac{y}{x}$代上式中的u,便得所给方程的通解为$xye^{(\frac{y}{x})^2}=C$。

把条件$y|_{x=10}=20$代入通解,得$200e^4=C$。所以,y与x之间的函数关系可由$xye^{(\frac{y}{x})^2}=200e^4$确定。

6.2.3　一阶线性微分方程

把形如
$$\frac{dy}{dx}+P(x)y=Q(x) \tag{3}$$
的方程叫作**一阶线性微分方程**,因为它对于未知函数y及其导数是一次方程。如果$Q(x)\equiv 0$,则方程(3)称为**齐次线性微分方程**;如果$Q(x)\neq 0$,则方程(3)称为**非齐次线性微分方程**。

齐次线性方程
$$\frac{dy}{dx}+P(x)y=0 \tag{4}$$
是可分离变量的方程,分离变量后得
$$\frac{dy}{y}=-P(x)dx,$$

两端积分,得
$$\ln|y|=-\int P(x)dx+C_1,$$

即
$$y=Ce^{-\int P(x)dx}(C=\pm e^{C_1})。$$

这是对应的齐次线性方程(4)的通解。

现在我们给出求非齐次线性方程(3)的通解的方法——**常数变易法**。此方法是把(4)式的通解中的C换成x的未知函数$u(x)$,即作变换$y=u(x)e^{-\int P(x)dx}$,令其是(3)式的解,由于
$$\frac{dy}{dx}=u'(x)e^{-\int P(x)dx}-u(x)P(x)e^{-\int P(x)dx},$$

所以有
$$u'(x)e^{-\int P(x)dx}-u(x)P(x)e^{-\int P(x)dx}+P(x)u(x)e^{-\int P(x)dx}=Q(x),$$

即
$$u'(x)=Q(x)e^{\int P(x)dx}。$$

两端积分,得
$$u(x)=\int Q(x)e^{\int P(x)dx}dx+C。$$

把上式代入变换$y=u(x)e^{-\int P(x)dx}$中,便得非齐次线性方程(3)的通解
$$y=\left[\int Q(x)e^{\int P(x)dx}dx+C\right]e^{-\int P(x)dx}, \tag{5}$$

将(5) 式改写成两项之和

$$y = C\mathrm{e}^{-\int P(x)\mathrm{d}x} + \mathrm{e}^{-\int P(x)\mathrm{d}x}\int Q(x)\mathrm{e}^{\int P(x)\mathrm{d}x}\mathrm{d}x。$$

上式右端第一项是对应的齐次线性方程(4) 的通解，第二项是非齐次线性方程(3) 的一个特解(在通解(5) 式中取 $C=0$ 便得到这个特解)。由此可知，一阶非齐次线性方程的通解结构是：**非齐次线性方程的通解等于其对应的齐次方程的通解与它本身的一个特解之和**。

例 6　求方程$\dfrac{\mathrm{d}y}{\mathrm{d}x} - \dfrac{2y}{x+1} = (x+1)^{\frac{5}{2}}$ 的通解。

解　这是一个非齐次线性方程，先求其对应的齐次方程的通解。根据

$$\frac{\mathrm{d}y}{\mathrm{d}x} - \frac{2}{x+1}y = 0,$$

得到

$$\frac{\mathrm{d}y}{y} = \frac{2\mathrm{d}x}{x+1},$$

即

$$\ln|y| = 2\ln|x+1| + \ln|C_1|,$$

或

$$y = C_1(x+1)^2。$$

用常数变易法，把 C_1 换成 $u(x)$，即令 $y = u(x)(x+1)^2$ 是原微分方程的解，那么

$$\frac{\mathrm{d}y}{\mathrm{d}x} = u'(x)(x+1)^2 + 2u(x)(x+1),$$

代入所给原非齐次方程中，得

$$u'(x) = (x+1)^{\frac{1}{2}},$$

两端积分，得

$$u(x) = \frac{2}{3}(x+1)^{\frac{3}{2}} + C,$$

再把上式代入 $y = u(x)(x+1)^2$ 中，即得所求方程的通解为

$$y = (x+1)^2\left[\frac{2}{3}(x+1)^{\frac{3}{2}} + C\right]。$$

例 7　解方程$\dfrac{\mathrm{d}y}{\mathrm{d}x} = \dfrac{1}{x+y}$。

解　若把所给方程变形为

$$\frac{\mathrm{d}x}{\mathrm{d}y} - x = y,$$

把 y 看成自变量，把 x 看成因变量，即为一阶线性方程，其中 $P(y) = -1, Q(y) = y$。则按一阶线性方程的解法可求得通解

$$\begin{aligned} x &= C\mathrm{e}^{-\int P(y)\mathrm{d}y} + \mathrm{e}^{-\int P(y)\mathrm{d}y}\int Q(y)\mathrm{e}^{\int P(y)\mathrm{d}y}\mathrm{d}y \\ &= C\mathrm{e}^{\int \mathrm{d}y} + \mathrm{e}^{\int \mathrm{d}y}\int y\mathrm{e}^{-\int \mathrm{d}y}\mathrm{d}y = C\mathrm{e}^{y} + \mathrm{e}^{y}\int y\mathrm{e}^{-y}\mathrm{d}y \\ &= C\mathrm{e}^{y} + \mathrm{e}^{y}[-\mathrm{e}^{-y}(y+1)] = C\mathrm{e}^{y} - y - 1。\end{aligned}$$

也可用变量代换来解所给方程。

令 $x+y=u$，则 $y=u-x$，$\frac{\mathrm{d}y}{\mathrm{d}x}=\frac{\mathrm{d}u}{\mathrm{d}x}-1$。代入原方程，得

$$\frac{\mathrm{d}u}{\mathrm{d}x}=\frac{u+1}{u}。$$

分离变量得

$$\frac{u}{u+1}\mathrm{d}u=\mathrm{d}x,$$

两端积分得

$$u-\ln|u+1|=x+C_1。$$

以 $u=x+y$ 代入上式，即得

$$y-\ln|x+y+1|=C_1,$$

或

$$x=C\mathrm{e}^y-y-1(C=\pm\mathrm{e}^{-C_1})。$$

6.2.4　伯努利方程

特别地，把方程

$$\frac{\mathrm{d}y}{\mathrm{d}x}+P(x)y=Q(x)y^n(n\neq 0,1) \tag{6}$$

叫作**伯努利(Bernoulli)方程**。当 $n=0$ 或 $n=1$ 时，方程(6)是线性微分方程；当 $n\neq 0$，$n\neq 1$ 时，方程(6)不是线性的，但是通过变量的代换，可把它化为线性的。事实上，以 y^n 除方程(6)的两端，得

$$y^{-n}\frac{\mathrm{d}y}{\mathrm{d}x}+P(x)y^{1-n}=Q(x), \tag{7}$$

容易看出，上式左端第一项与 $\frac{\mathrm{d}}{\mathrm{d}x}(y^{1-n})$ 只差一个常数因子 $1-n$，因此我们引入新的因变量

$$z=y^{1-n},$$

那么

$$\frac{\mathrm{d}z}{\mathrm{d}x}=(1-n)y^{-n}\frac{\mathrm{d}y}{\mathrm{d}x}。$$

用 $(1-n)$ 乘方程(7)的两端，再通过上述代换便得线性方程

$$\frac{\mathrm{d}z}{\mathrm{d}x}+(1-n)P(x)z=(1-n)Q(x),$$

求出此方程的通解后，以 y^{1-n} 代 z 便得到伯努利方程的通解。

例 8　求方程 $\frac{\mathrm{d}y}{\mathrm{d}x}+\frac{y}{x}=a(\ln x)y^2$ 的通解。

解　以 y^2 除方程的两端，得

$$y^{-2}\frac{\mathrm{d}y}{\mathrm{d}x}+\frac{1}{x}y^{-1}=a\ln x,$$

即

$$-\frac{\mathrm{d}(y^{-1})}{\mathrm{d}x}+\frac{1}{x}y^{-1}=a\ln x,$$

令 $z = y^{-1}$，则上述方程成为

$$\frac{dz}{dx} - \frac{1}{x}z = -a\ln x。$$

这是一个线性方程，它的通解为

$$z = x\left[C - \frac{a}{2}(\ln x)^2\right]。$$

以 y^{-1} 代 z，得所求方程的通解为

$$yx\left[C - \frac{a}{2}(\ln x)^2\right] = 1。$$

习题 6.2

1. 解下列微分方程。

(1) $xy' - y\ln y = 0$；　(2) $y' = e^{2x-y}, y|_{x=0} = 0$；　(3) $\frac{du}{dt} = u + ut^2, u(0) = 5$。

2. 解下列微分方程。

(1) $y^2 + x^2\frac{dy}{dx} = xy\frac{dy}{dx}$；(2) $(y^2 - 2xy)dx + x^2dy = 0$；(3) $\frac{dy}{dx} = \frac{x}{y} + \frac{y}{x}, y|_{x=1} = 2$。

3. 解下列微分方程。

(1) $\frac{dy}{dx} + y = e^{-x}$；　(2) $(y^2 - 6x)\frac{dy}{dx} + 2y = 0$；　(3) $\frac{dy}{dx} + \frac{y}{x} = \frac{\sin x}{x}, y|_{x=\pi} = 1$。

4. 求方程 $y' + xy = x^3y^3$ 的通解。

6.3　可降阶的高阶微分方程

从这一节起我们将讨论二阶及二阶以上的微分方程，即所谓**高阶微分方程**。对于有些高阶微分方程，我们可以通过代换将它化成较低阶的方程来求解。以二阶微分方程 $y'' = f(x, y, y')$ 为例，如果我们能设法作代换把它从二阶降至一阶，那么就有可能应用前面几节中所讲的方法来求出它的解了。

下面介绍三种容易降阶的高阶微分方程的求解方法。

6.3.1　$y^{(n)} = f(x)$ 型的微分方程

微分方程

$$y^{(n)} = f(x) \tag{1}$$

的右端仅含有自变量 x。容易看出，只要把 $y^{(n-1)}$ 作为新的未知函数，那么(1) 式就是新未知函数的一阶微分方程。两边积分，就得到一个 $n-1$ 阶微分方程

$$y^{(n-1)} = \int f(x)dx + C_1。$$

同理可得
$$y^{(n-2)}=\int\left[\int f(x)\mathrm{d}x+C_1\right]\mathrm{d}x+C_2。$$
依此法继续进行，连续积分 n 次，便得方程(1) 的含有 n 个任意常数的通解。

例 1　求微分方程 $y'''=\mathrm{e}^{2x}-\cos x$ 的通解。

解　对所给方程接连积分三次，得
$$y''=\frac{1}{2}\mathrm{e}^{2x}-\sin x+C,$$
$$y'=\frac{1}{4}\mathrm{e}^{2x}+\cos x+Cx+C_2,$$
$$y=\frac{1}{8}\mathrm{e}^{2x}+\sin x+C_1x^2+C_2x+C_3\left(C_1=\frac{C}{2}\right)。$$
这就是所求的通解。

6.3.2　$y''=f(x,y')$ 型的微分方程

微分方程
$$y''=f(x,y') \tag{2}$$
的右端不显含未知函数 y。如果我们设 $y'=p$，那么
$$y''=\frac{\mathrm{d}p}{\mathrm{d}x}=p',$$
而方程(2) 就成为
$$p'=f(x,p)。$$
这是一个关于变量 x、p 的一阶微分方程。设其通解为
$$p=\varphi(x,C_1),$$
但是 $p=\dfrac{\mathrm{d}y}{\mathrm{d}x}$，因此又得到一个一阶微分方程
$$\frac{\mathrm{d}y}{\mathrm{d}x}=\varphi(x,C_1)。$$
对它进行积分，便得方程(2) 的通解为
$$y=\int\varphi(x,C_1)\mathrm{d}x+C_2。$$

例 2　求微分方程 $(1+x^2)y''=2xy'$ 满足初始条件 $y|_{x=0}=1$，$y'|_{x=0}=3$的特解。

解　所给方程是 $y''=f(x,y')$ 型的。设 $y'=p(x)$，代入方程并分离变量后，有
$$\frac{\mathrm{d}p}{p}=\frac{2x}{1+x^2}\mathrm{d}x,$$
两端积分，得
$$\ln|p|=\ln(1+x^2)+C,$$
即
$$p=y'=C_1(1+x^2)(C_1=\pm\,\mathrm{e}^C)。$$
由条件 $y'|_{x=0}=3$，得 $C_1=3$，所以 $y'=3(1+x^2)$。两端再积分，得

$$y = x^3 + 3x + C_2。$$

又由条件 $y|_{x=0} = 1$，得 $C_2 = 1$，于是所求的特解为

$$y = x^3 + 3x + 1。$$

6.3.3　$y'' = f(y, y')$ 型的微分方程

微分方程

$$y'' = f(y, y') \tag{3}$$

中不明显地含自变量 x。为了求出它的解，我们令 $y' = p(y)$，并利用复合函数的求导法则把 y'' 化为对 y 的导数，即

$$y'' = \frac{\mathrm{d}p}{\mathrm{d}x} = \frac{\mathrm{d}p}{\mathrm{d}y} \cdot \frac{\mathrm{d}y}{\mathrm{d}x} = p\frac{\mathrm{d}p}{\mathrm{d}y}。$$

这样，方程(3) 就成为

$$p\frac{\mathrm{d}p}{\mathrm{d}y} = f(y, p)。$$

这是一个关于变量 y、p 的一阶微分方程。设它的通解为

$$y' = p = \varphi(y, C_1),$$

分离变量并积分，便得方程(3) 的通解为

$$\int \frac{\mathrm{d}y}{\varphi(y, C_1)} = x + C_2。$$

例 3　求微分方程 $yy'' - y'^2 = 0$ 的通解。

解　由于方程不明显地含自变量 x，设 $y' = p(y)$，则

$$y'' = p\frac{\mathrm{d}p}{\mathrm{d}y},$$

代入方程 $yy'' - y'^2 = 0$，得

$$yp\frac{\mathrm{d}p}{\mathrm{d}y} - p^2 = 0。$$

在 $y \neq 0, p \neq 0$ 时，约去 p 并分离变量，得

$$\frac{\mathrm{d}p}{p} = \frac{\mathrm{d}y}{y},$$

两端积分，得

$$\ln|p| = \ln|y| + C,$$

即　$$p = C_1 y，或\ y' = C_1 y\ (C_1 = \pm \mathrm{e}^C)。$$

再分离变量并对两端积分，便得方程的通解为

$$\ln|y| = C_1 x + C_2',$$

或　$$y = C_2 \mathrm{e}^{C_1 x}\ (C_2 = \pm \mathrm{e}^{C_2'})。$$

(当 $p = 0$ 时，即 $y' = 0$，得到积分 $y = C$，这个解也包含在上面通解当中。)

6.3.4　二阶齐次线性方程的常用定理介绍

通常把形如

$$\frac{\mathrm{d}^2 y}{\mathrm{d}x^2}+P(x)\frac{\mathrm{d}y}{\mathrm{d}x}+Q(x)y=f(x) \tag{4}$$

的微分方程称为**二阶线性微分方程**。当方程右端 $f(x)\equiv 0$ 时，方程叫作齐次的；当 $f(x)\neq 0$ 时，方程叫作**非齐次的**。

对于二阶齐次线性方程

$$y''+P(x)y'+Q(x)y=0, \tag{5}$$

下面将不加证明地给出几个常用的定理

定理 6.1　如果函数 $y_1(x)$ 与 $y_2(x)$ 是方程(5)的两个解，那么

$$y=C_1y_1(x)+C_2y_2(x)$$

也是(5)的解，其中 C_1、C_2 是任意常数。

现在介绍线性相关和线性无关两个概念。设 $y_1(x),y_2(x),\cdots,y_n(x)$ 为定义在区间 I 上的 n 个函数，如果存在 n 个不全为零的常数 $k_1,k_2,\cdots,k_n$，使得当 $x\in I$ 时有恒等式

$$k_1y_1+k_2y_2+\cdots+k_ny_n\equiv 0$$

成立，那么称这 n 个函数在区间 I 上**线性相关**；否则称**线性无关**。

例如，函数 $1,\cos^2 x,\sin^2 x$ 在整个数轴上是线性相关的，因为取 $k_1=1,k_2=k_3=-1$，就有恒等式

$$1-\cos^2 x-\sin^2 x\equiv 0。$$

又如，函数 $1,x,x^2$ 在任何区间(a,b)内是线性无关的。因为如果 k_1,k_2,k_3 不全为零，那么在该区间内至多只有两个 x 值能使二次三项式

$$k_1+k_2x+k_3x^2=0,$$

要使它恒等于零，必须 k_1,k_2,k_3 全为零。

应用上述概念可知，对于两个函数情形，它们线性相关与否，只要看它们的比是否为常数；如果比为常数，那它们就线性相关；否则就线性无关。

有了一组函数线性相关或线性无关的概念后，我们有如下关于二阶齐次线性微分方程的通解结构的定理。

定理 6.2　如果函数 $y_1(x)$ 与 $y_2(x)$ 是方程(5)的两个线性无关解，那么

$$y=C_1y_1(x)+C_2y_2(x)\ (C_1、C_2 \text{ 是两个任意常数})$$

就是方程(5)的通解。

推论 6.1　如果 $y_1(x),y_2(x),\cdots,y_n(x)$ 是 n 阶齐次线性方程

$$y^{(n)}+a_1(x)y^{(n-1)}+\cdots+a_{n-1}(x)y'+a_n(x)y=0$$

的 n 个线性无关解，那么，此方程的通解为

$$y=C_1y_1(x)+C_2y_2(x)+\cdots+C_ny_n(x),$$

其中，$C_1,C_2,\cdots,C_n$ 为任意常数。

下面讨论二阶非齐次线性方程(4)。

定理 6.3 设 $y^*(x)$ 是二阶非齐次线性方程(4) 的一个特解，$Y(x)$ 是与之对应的齐次方程(5) 的通解，那么

$$y = Y(x) + y^*(x) \tag{6}$$

是二阶非齐次线性方程(4) 的通解。

定理 6.4 设非齐次线性方程(4) 的右端 $f(x)$ 是两个函数之和，即

$$y'' + P(x)y' + Q(x)y = f_1(x) + f_2(x), \tag{7}$$

而 $y_1^*(x)$ 与 $y_2^*(x)$ 分别是方程

$$y'' + P(x)y' + Q(x)y = f_1(x)$$

与

$$y'' + P(x)y' + Q(x)y = f_2(x)$$

的特解，那么 $y_1^*(x) + y_2^*(x)$ 就是原方程的特解。

这一定理常称为线性微分方程的**解的叠加原理**。

习题 6.3

1. 求下列各微分方程的通解。

(1) $y'' = x + \cos x$； (2) $y'' - y' = x$； (3) $y'' + y'^2 = 0$。

2. 求解下列初始问题。

(1) $y^3 y'' + 1 = 0, y(1) = 1, y'(1) = 0$； (2) $y'' = \dfrac{3x^2}{1+x^3}y', y(0) = 1, y'(0) = 4$。

6.4 二阶常系数线性微分方程

6.4.1 二阶常系数齐次线性微分方程

在二阶齐次线性微分方程

$$y'' + P(x)y' + Q(x)y = 0 \tag{1}$$

中，如果 y'、y 的系数 $P(x)$、$Q(x)$ 均为常数，即(1) 式成为

$$y'' + py' + qy = 0, \tag{2}$$

其中 p,q 是常数，则称(2) 为**二阶常系数齐次线性微分方程**。如果 p,q 不全为常数，称(1) 为**二阶变系数齐次线性微分方程**。

由上节讨论可知，要求微分方程(2) 的通解，可以先求出它的两个解 y_1、y_2，如果 $\dfrac{y_2}{y_1} \neq$ 常数，即 y_1 与 y_2 线性无关，那么 $y = C_1 y_1 + C_2 y_2$ 就是方程(2) 的通解。

当 r 为常数时，指数函数 $y = e^{rx}$ 和它的各阶导数都只差一个常数因子。根据指数函数的这个特点，接下来用 $y = e^{rx}$ 进行尝试，看能否选取适当的常数 r，使 $y = e^{rx}$ 满足方

程(2)。

将 $y=e^{rx}$ 求导,得到

$$y'=re^{rx},y''=r^2e^{rx},$$

把 y、y' 和 y'' 代入方程(2),得

$$(r^2+pr+q)e^{rx}=0。$$

由于 $e^{rx}\neq 0$,所以

$$r^2+pr+q=0。\tag{3}$$

由此可见,只要 r 满足代数方程(3),函数 $y=e^{rx}$ 就是微分方程(2)的解,我们把代数方程(3)叫作微分方程(2)的**特征方程**。

特征方程(3)是一个二次代数方程,其中 r^2、r 的系数及常数项恰好依次是微分方程(2)中 y''、y' 及 y 的系数。

特征方程(3)的两个根 r_1、r_2 可以用公式

$$r_{1,2}=\frac{-p\pm\sqrt{p^2-4q}}{2}$$

求出,它们有三种不同的情形:

1. 当 $p^2-4q>0$ 时,r_1、r_2 是两个不相等的实根:$r_1=\frac{-p+\sqrt{p^2-4q}}{2}$,$r_2=\frac{-p-\sqrt{p^2-4q}}{2}$。由上面的讨论知道,$y_1=e^{r_1x}$,$y_2=e^{r_2x}$ 是微分方程(2)的两个解,并且 $\frac{y_2}{y_1}=e^{(r_2-r_1)x}$ 不是常数,因此,微分方程(2)的通解为

$$y=C_1e^{r_1x}+C_2e^{r_2x}。$$

2. 当 $p^2-4q=0$ 时,r_1、r_2 是两个相等的实根:$r_1=r_2=-\frac{p}{2}$。这时,只能得到方程的一个解 $y_1=e^{r_1x}$。还需求出另一个解 y_2,且要求$\frac{y_2}{y_1}$不是常数。

设$\frac{y_2}{y_1}=u(x)$,即 $y_2=e^{r_1x}u(x)$。将 y_2 求导,得

$$y_2{}'=e^{r_1x}(u'+r_1u),$$
$$y_2{}''=e^{r_1x}(u''+2r_1u'+r_1^2u),$$

将 y_2、$y_2{}'$ 和 $y_2{}''$ 代入微分方程(2),得

$$e^{r_1x}[(u''+2r_1u'+r_1^2u)+p(u'+r_1u)+qu]=0,$$

约去 e^{r_1x},并以 u''、u'、u 为对象进行合并同类项,得

$$u''+(2r_1+p)u'+(r_1^2+pr_1+q)u=0。$$

由于 r_1 是特征方程(3)的二重根,因此 $r_1^2+pr_1+q=0$,且 $2r_1+p=0$,于是得

$$u''=0。$$

因为这里只要得到一个不为常数的解,所以不妨选取 $u=x$,由此得到微分方程(2)

的另一个解

$$y_2 = xe^{r_1 x}。$$

从而微分方程(2)的通解为

$$y = C_1 e^{r_1 x} + C_2 x e^{r_1 x},$$

即

$$y = (C_1 + C_2 x) e^{r_1 x}。$$

3. 当 $p^2 - 4q < 0$ 时，r_1、r_2 是一对共轭复根：$r_1 = \alpha + i\beta, r_2 = \alpha - i\beta$，其中，$\alpha = -\frac{p}{2}$，$\beta = \frac{\sqrt{4q - p^2}}{2}$。这时，我们得到微分方程的两个复值形式的解 $y_1 = e^{(\alpha + i\beta)x}, y_2 = e^{(\alpha - i\beta)x}$。为了得到实值函数形式的解，利用欧拉公式 $e^{i\theta} = \cos\theta + i\sin\theta$ 把 y_1、y_2 改写为

$$y_1 = e^{(\alpha + i\beta)x} = e^{\alpha x} \cdot e^{i\beta x} = e^{\alpha x}(\cos\beta x + i\sin\beta x),$$

$$y_2 = e^{(\alpha - i\beta)x} = e^{\alpha x} \cdot e^{-i\beta x} = e^{\alpha x}(\cos\beta x - i\sin\beta x)。$$

取

$$\bar{y}_1 = \frac{1}{2}(y_1 + y_2) = e^{\alpha x}\cos\beta x, \qquad \bar{y}_2 = \frac{1}{2i}(y_1 - y_2) = e^{\alpha x}\sin\beta x。$$

$\bar{y}_1, \bar{y}_2$ 是两个实值函数。根据本章定理知 $\bar{y}_1, \bar{y}_2$ 仍是方程(2)的解，且

$$\frac{\bar{y}_1}{\bar{y}_2} = \frac{e^{\alpha x}\cos\beta x}{e^{\alpha x}\sin\beta x} = \cot\beta x$$

不是常数，所以微分方程(2)的通解为

$$y = e^{\alpha x}(C_1\cos\beta x + C_2\sin\beta x)。$$

综上所述，求二阶常系数齐次线性方程 $y'' + py' + qy = 0$ 的通解的步骤如下：

(1) 写出微分方程对应的特征方程。

(2) 求出特征方程的两个根 r_1, r_2。

(3) 根据特征方程的两个根的不同情形，按照下列表格写出该微分方程的通解：

表 6-1

特征方程 $r^2 + pr + q = 0$ 的两个根 r_1, r_2	微分方程 $y'' + py' + qy = 0$ 的通解
两个不相等实根 r_1, r_2	$y = C_1 e^{r_1 x} + C_2 e^{r_2 x}$
两个相等实根 $r_1 = r_2$	$y = (C_1 + C_2 x) e^{r_1 x}$
一对共轭复根 $r_{1,2} = \alpha \pm i\beta$	$y = e^{\alpha x}(C_1\cos\beta x + C_2\sin\beta x)$

例 1 求微分方程 $y'' - 2y' - 3y = 0$ 的通解。

解 所给微分方程的特征方程为

$$r^2 - 2r - 3 = 0,$$

其根 $r_1 = -1, r_2 = 3$ 是两个不相等的实根，因此所求通解为

$$y = C_1 e^{-x} + C_2 e^{3x}。$$

例 2 求方程 $\frac{d^2 s}{dt^2} + 2\frac{ds}{dt} + s = 0$ 满足初值条件 $s|_{t=0} = 4$、$s'|_{t=0} = -2$ 的特解。

解　所给微分方程的特征方程为

$$r^2+2r+1=0,$$

其根 $r_1=r_2=-1$ 是两个相等的实根，因此所求通解为

$$s=(C_1+C_2t)\mathrm{e}^{-t}。$$

将条件 $s|_{t=0}=4$ 代入通解，得 $C_1=4$，从而

$$s=(4+C_2t)\mathrm{e}^{-t}。$$

将上式对 t 求导，得

$$s'=(C_2-4-C_2t)\mathrm{e}^{-t}。$$

再把条件 $s'|_{t=0}=-2$ 代入上式，得 $C_2=2$。于是所求特解为

$$s=(4+2t)\mathrm{e}^{-t}。$$

例 3　求微分方程 $y''-2y'+5y=0$ 的通解。

解　所给方程的特征方程为

$$r^2-2r+5=0,$$

其根 $r_{1,2}=1\pm 2\mathrm{i}$ 为一对共轭复根。因此所求通解为

$$y=\mathrm{e}^x(C_1\cos 2x+C_2\sin 2x)。$$

6.4.2　二阶常系数非齐次线性微分方程

二阶常系数非齐次线性微分方程的一般形式是

$$y''+py'+qy=f(x), \tag{4}$$

其中，p,q 是常数。

由上节定理可知，求二阶常系数非齐次线性微分方程的通解归结为求对应的齐次方程 $y''+py'+qy=0$ 的通解和非齐次方程(4) 本身的一个特解。根据上述讨论，二阶常系数齐次线性方程的通解的求法已得到解决，这里只讨论求二阶常系数非齐次线性微分方程的一个特解 y^* 的方法。

本节只介绍当方程(4) 中的 $f(x)$ 取两种常见形式时求 y^* 的方法，叫作**待定系数法**。

定理 6.5　如果方程(4) 中 $f(x)=P_m(x)\mathrm{e}^{\lambda x}$，则方程(4) 具有形如

$$y^*=x^kQ_m(x)\mathrm{e}^{\lambda x}$$

的特解，其中 $Q_m(x)$ 是与 $P_m(x)$ 同次(m 次) 的待定多项式，而 k 按以下三种情况决定：

(1) 当 λ 不是相应齐次方程的特征根时，$k=0$；

(2) 当 λ 是相应齐次方程的单特征根时，$k=1$；

(3) 当 λ 是相应齐次方程的重特征根时，$k=2$。

例 4　求微分方程 $y''-2y'-3y=3x+1$ 的一个特解并求其通解。

解　这是二阶常系数非齐次线性微分方程，且函数 $f(x)$ 是 $P_m(x)\mathrm{e}^{\lambda x}$ 型(其中 $P_m(x)=3x+1,\lambda=0$)，

与所给方程对应的齐次方程为

$$y''-2y'-3y=0,$$

它的特征方程为

$$r^2-2r-3=0。$$

由于这里 $\lambda=0$ 不是特征方程的根，所以应设特解为

$$y^*=b_0x+b_1。$$

把它代入所给方程，得

$$-3b_0x-2b_0-3b_1=3x+1,$$

比较两端 x 同次幂的系数，得

$$\begin{cases}-3b_0=3,\\-2b_0-3b_1=1.\end{cases}$$

由此求得 $b_0=-1,b_1=\frac{1}{3}$。于是求得一个特解为

$$y^*=-x+\frac{1}{3}。$$

于是，方程的通解是 $y=C_1\mathrm{e}^{3x}+C_2\mathrm{e}^{-x}-x+\frac{1}{3}$。

例 5 求微分方程 $y''-5y'+6y=x\mathrm{e}^{2x}$ 的通解。

解 所给方程也是二阶常系数非齐次线性微分方程，且 $f(x)$ 是 $P_m(x)\mathrm{e}^{\lambda x}$ 型（其中 $P_m(x)=x,\lambda=2$）。

与所给方程对应的齐次方程为

$$y''-5y'+6y=0,$$

它的特征方程

$$r^2-5r+6=0$$

有两个实根 $r_1=2,r_2=3$。于是与所给方程对应的齐次方程的通解为

$$Y=C_1\mathrm{e}^{2x}+C_2\mathrm{e}^{3x}。$$

由于 $\lambda=2$ 是特征方程的单根，所以应设 y^* 为

$$y^*=x(b_0x+b_1)\mathrm{e}^{2x},$$

把它代入所给方程，得

$$-2b_0x+2b_0-b_1=x,$$

比较等式两端同次幂的系数，得

$$\begin{cases}-2b_0=1,\\2b_0-b_1=0,\end{cases}$$

解得 $b_0=-\frac{1}{2},b_1=-1$。因此求得一个特解为

$$y^*=x\left(-\frac{1}{2}x-1\right)\mathrm{e}^{2x}。$$

从而所求的通解为

$$y=C_1e^{2x}+C_2e^{3x}-\frac{1}{2}(x^2+2x)e^{2x}。$$

定理 6.6　如果方程(4)中 $f(x)=e^{\alpha x}P_m(x)\cos\beta x$ 或 $f(x)=e^{\alpha x}P_m(x)\sin\beta x$（$P_m(x)$ 为待定的 x 的 m 次多项式），则方程(4)的一特解 y^* 有如下形式

$$y^*=x^k[A_m(x)\cos\beta x+B_m(x)\sin\beta x]e^{\alpha x},$$

其中，$A_m(x)$，$B_m(x)$ 是系数待定的 x 的 m 次多项式，k 由下列情形决定：

(1) 当 $\alpha+i\beta$ 是相应齐次方程的特征根时，取 $k=1$；

(2) 当 $\alpha+i\beta$ 不是相应齐次方程的特征根时，取 $k=0$。

例 6　求方程 $\frac{d^2y}{dx^2}+4\frac{dy}{dx}+4y=\cos2x$ 的通解。

解　特征方程为 $r^2+4r+4=0$ 有重根 $r_1=r_2=-2$，因此，对应的齐次线性微分方程的通解为

$$y=(C_1+C_2x)e^{-2x},$$

其中 C_1，C_2 为任意常数。现求非齐次线性微分方程的一个特解。因为 $\pm2i$ 不是特征根，我们求形如 $y=A\cos2x+B\sin2x$ 的特解，将它代入原方程并化简得到

$$8B\cos2x-8A\sin2x=\cos2x,$$

比较同类项系数得 $A=0$，$B=\frac{1}{8}$，从而 $y^*=\frac{1}{8}\sin2x$，因此原方程的通解为

$$y=(C_1+C_2x)e^{-2x}+\frac{1}{8}\sin2x。$$

例 7　求微分方程 $y''-y=e^x\cos2x$ 的一个特解。

解　特征方程为 $r^2-1=0$，$\lambda=1+2i$ 不是特征方程的根，所以设特解为

$$y^*=e^x(a\cos2x+b\sin2x)。$$

求导得

$$(y^*)'=e^x[(a+2b)\cos2x+(-2a+b)\sin2x],$$

$$(y^*)''=e^x[(-3a+4b)\cos2x+(-4a-3b)\sin2x]。$$

代入所给方程，得

$$4e^x[(-a+b)\cos2x-(a+b)\sin2x]=e^x\cos2x,$$

比较两端同类项的系数，有

$$\begin{cases}-a+b=\frac{1}{4},\\ a+b=0,\end{cases}$$

解得 $\begin{cases}a=-\frac{1}{8},\\ b=\frac{1}{8}.\end{cases}$ 因此所给方程的一个特解为

$$y^*=\frac{1}{8}e^x(\sin2x-\cos2x)。$$

习题 6.4

1. 求下列微分方程的通解。

(1)$y''+y'-2y=0$； (2)$y''-4y'=0$；

(3)$y''+y=0$； (4)$y''-4y'+4y=0$。

2. 求下列初值问题。

(1)$y''+4y'+29y=0, y(0)=0, y'(0)=15$；

(2)$4y''=4y'+y=0, y(0)=2, y'(0)=0$；

(3)$y''-4y'+3y=0, y(0)=6, y'(0)=10$；

(4)$y''+25y=0, y(0)=2, y'(0)=5$。

6.5 微分方程的应用

6.5.1 微分方程在几何上的应用

例 1 光滑曲线 L 过原点和点(2,3)，如图 6-2 所示，任取 L 上一点 $P(x,y)$，过 P 点作两坐标轴的平行线 PA，PB，PA 与 x 轴和曲线 L 所围成图形的面积等于 PB 与 y 轴和曲线 L 所围成图形面积的 2 倍，求曲线 L 的方程。

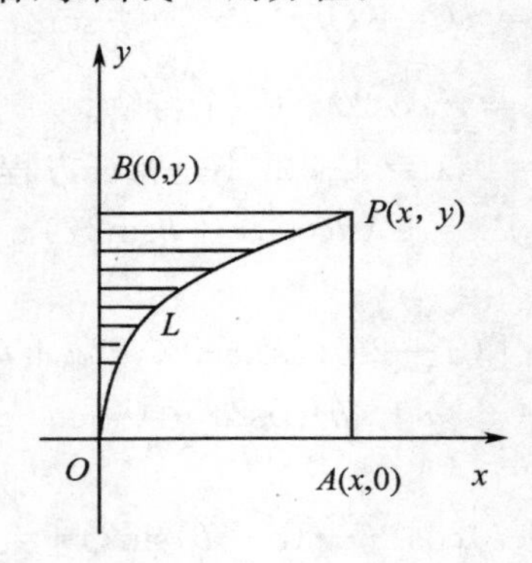

图 6-2

解 设曲线 L 的方程为 $y=y(x)$，依题意得 $\int_0^x y(t)\mathrm{d}t=\frac{2}{3}xy(x)$，这是个积分方程，两边求导得 $3y=2(xy'+y)$，方程可变为 $\frac{\mathrm{d}y}{y}=\frac{\mathrm{d}x}{2x}$，这是变量可分离的方程，解得 $y^2=Cx$，代入初始 条件 $Y(2)=3$，得 $C=\frac{9}{2}$，于是所求曲线为 $y^2=\frac{9}{2}x$

注意，若曲线 L 的微分方程建立为 $\int_0^x y(t)\mathrm{d}t=\int_0^x[y(x)-y(t)]\mathrm{d}t$，则需将等号右端积分变为 $xy(x)-2\int_0^x y(t)\mathrm{d}t$，然后两边才能求导。

例 2　求与抛物线族 $Cy=x^2$ 中每条曲线正交（即交点处切线互相垂直）的曲线（即抛物线族 $Cy=x^2$ 的正交轨线）。

解　首先建立抛物线族满足的微分方程 $Cy=x^2$，两边求导得 $Cy'=2x$，再与抛物线族方程联立，消去 C 得 $y'=\frac{2y}{x}$，它表示抛物线族上的点 (x,y) 处切线的斜率。现设所求的正交轨线方程为 $y=y(x)$，其切线斜率为 y'，则

$$y'=-\frac{x}{2y},$$

即

$$2yy'=-x。$$

这便是正交线所满足的方程，两边取积分，得

$$y^2=-\frac{x^2}{2}+C,$$

即 $2y^2+x^2=C$。于是抛物线族 $Cy=x^2$ 的正交轨线为 $2y^2+x^2=C(C>O)$，它是一个椭圆族。

6.5.2　微分方程在其他方面的应用

例 3　将一个温度为 50℃ 的物体，放在 20℃ 的恒温环境中冷却，已知物体冷却的速度与温差成正比，求物体温度变化的规律。

解　设 t 时刻物体的温度为 $y(t)$，则 $\frac{\mathrm{d}y}{\mathrm{d}t}=-k(y-20)$，$y(0)=50$，其中常数 k 大于 0，"—"号表示温度 y 是减少的。此方程是可分离变量的方程，解得 $y-20=Ce^{-kt}$，代入初始条件 $y|_{t=0}=50$ 得 $C=30$。从而所求温度变化规律为

$$y=20+30e^{-kt}。$$

例 4　设细菌的增长率与总数称正比，如果培养的细菌总数在 24 小时内由 100 增长到 400，那么在前 12 小时之后的总数是多少？

解　设 t 时刻细菌的总数为 y，首先建立满足的微分方程 $ky=\frac{\mathrm{d}y}{\mathrm{d}t}$，即 $y(t)=Ce^{kt}$，且 $y(0)=100$，$y(24)=400$。解得 $C=100$，$k=\frac{\ln 4}{24}$，则 $y(t)=100e^{\frac{\ln 4}{24}t}=100\times 2^{\frac{t}{12}}$，所以，

$$y(12)=100\times 2^{\frac{12}{12}}=100\times 2=200。$$

习题 6.5

1. 求曲线方程 $y=f(x)$，已知 $y''=x$，曲线过 $M(0,1)$ 且在此点与直线 $y=\frac{x}{2}+1$ 相切。
2. 设跳伞运动员从跳伞塔下落后，所受阻力与速度成正比。运动员离塔时速度为零，求运动员下落过程中速度和时间的函数关系。
3. 一个质量均匀的链条挂在一个无摩擦的钉子上。运动开始时，链条一边下垂 8m，另一边

下垂10m。问整个链条滑过钉子需要多长时间?

复习题6

一、填空题。

1. 微分方程$(y'')^4+(y')^3+4y^2-x^2=1$的阶数是________。

2. 通解为$xy=C_1e^x+C_2e^{-x}$的微分方程是________。

3. 方程$y''-4y=0$的特征方程是________。

二、多项选择题。

1. 已知函数$y=5x^2$是方程$xy'=2y$的解,则方程的通解为(　　)。

(A) $y=5x^2+C$　　(B) $y=5Cx^2$

(C) $y=(5+C)x^2$　　(D) $y=5(x^2+C)$

2. 方程$y'+\frac{x}{1+x^2}y=\frac{1}{2x(1+x^2)}$属于(　　)。

(A) 线性方程　　(B) 齐次方程

(C) 线性非齐次方程　　(D) 线性齐次方程

3. 若y_1, y_2, y_3是某二阶线性齐次方程的三个相异的非零解,且y_1, y_2不为常数,则该方程的通解是(　　)。

(A) $C_1y_1+C_2y_2+C_3y_3$　　(B) $C_1y_1+C_2y_2+y_3$

(C) $C_1y_1+y_2+C_3y_3$　　(D) $y_1+C_2y_2+C_3y_3$

三、求下列方程的通解。

1. $xy'-y-\sqrt{y^2-x^2}=0$;　　2. $y\ln y\mathrm{d}x+(x-\ln y)\mathrm{d}y=0$;

3. $y''+4y'+4y=0$。

四、求下列初始问题的解。

$$y''=3\sqrt{y},\ y(0)=1,\quad y'(0)=2。$$

五、已知某曲线过点(1,1),它的切线在纵轴上截距等于切点的横坐标,求它的方程。

六、设$f(x)$连续且满足$f(x)=e^x+\int_0^x(t-x)f(t)\mathrm{d}t$,求$f(x)$。

第7章　向量代数与空间解析几何

向量的概念产生于物理学，通过数学的概括、抽象、研究已经广泛应用于工程技术与自然科学诸领域，成为重要的数学工具。本章包含两部分内容：第一部分是向量代数，主要介绍关于向量的线性运算和向量之间的乘法运算。第二部分是空间解析几何。解析几何学是几何学的一个分支，是连接几何形式与数量关系的一座桥梁，也是一门阐述用代数方法（坐标法和向量运算）研究空间几何问题的基础课程。这一部分主要介绍平面与直线、二次曲面的基本概念和基础知识，使学生借助几何形式掌握直观方面分析和解决问题的能力。

7.1　空间直角坐标系

7.1.1　空间直角坐标系

将数轴（一维）、平面直角坐标系（二维）进一步推广建立空间直角坐标系（三维），就是一个"点 — 面 — 体"的变化过程。我们生活的现实空间就是一个"三维空间"，在这个空间里，可以有左右、上下、前后三个方向的活动，称为有三个自由度。接下来就介绍一下空间直角坐标系。在空间取定一点 O 和三条相互垂直的数轴（（如图 7-1 所示），它们都以 O 为原点，且具有相同的长度单位。这三条轴依次记为 x 轴（横轴）、y 轴（纵轴）、z 轴（竖轴），统称为坐标轴。它们构成一个空间直角坐标系，称为 $Oxyz$ 坐标系。

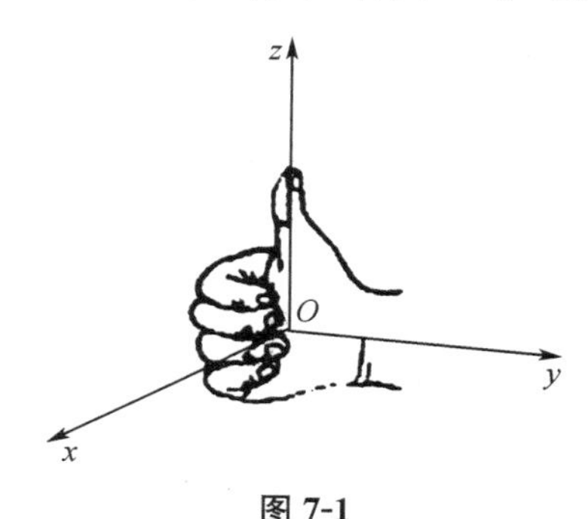

图 7-1

注意：(1) 通常把 x 轴和 y 轴放置在水平面上，而 z 轴则是一条垂直线；

(2)z 轴的正方向的确定符合右手法则，即伸开右手，四指并拢，当右手的四个手指从正向 x 轴的正方向以小于 $90°$ 角度转向 y 轴的正方向时，大拇指的指向就是 z 轴的正方向。

在空间直角坐标系中，任意两个坐标轴可以确定一个平面，这种平面称为**坐标面**。x 轴及 y 轴所确定的坐标面叫作 xOy 面，另两个坐标面是 yOz 面和 zOx 面。三个坐标面把空间分成八个部分，每一部分叫作**卦限**。含有三个正半轴的卦限叫作第一卦限，它位于 xOy 面的上方。在 xOy 面的上方，按逆时针方向排列着第二卦限、第三卦限和第四卦限。在 xOy 面的下方，与第一卦限对应的是第五卦限，按逆时针方向还排列着第六卦限、第七卦限和第八卦限。八个卦限分别用字母 Ⅰ、Ⅱ、Ⅲ、Ⅳ、Ⅴ、Ⅵ、Ⅶ、Ⅷ 表示。

八个卦限，如图 7-2 所示：

第一卦限 $x>0,y>0,z>0$；　第二卦限 $x<0,y>0,z>0$；

第三卦限 $x<0,y<0,z>0$；　第四卦限 $x>0,y<0,z>0$；

第五卦限 $x>0,y>0,z<0$；　第六卦限 $x<0,y>0,z<0$；

第七卦限 $x<0,y<0,z<0$；　第八卦限 $x>0,y<0,z<0$；

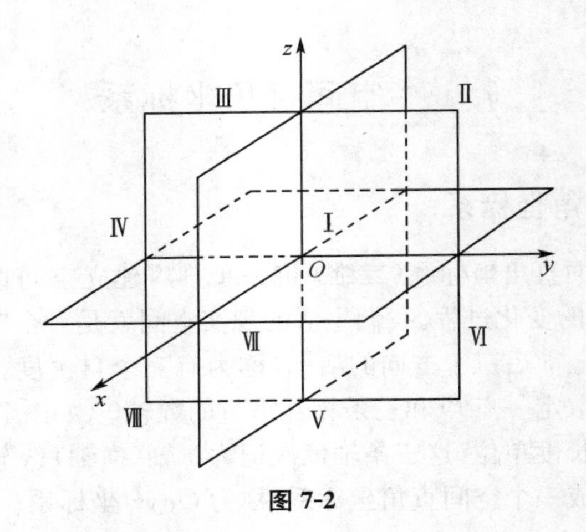

图 7-2

下面给出一些空间中特殊位置点的特征

表 7-1

坐标面	xOy	yOz	zOx
特征	$z=0$	$x=0$	$y=0$

表 7-2

坐标轴	x 轴	y 轴	z 轴
特征	$y=0$ $z=0$	$z=0$ $x=0$	$x=0$ $y=0$

任意点 $M(x,y,z)$ 关于坐标面、坐标轴、坐标原点对称之后的点的坐标分别是

表 7-3

点 M	对称于 xOy 面	对称于 yOz 面	对称于 zOx 面	对称于 x 轴	对称于 y 轴	对称于 z 轴	对称于原点
(x,y,z)	$(x,y,-z)$	$(-x,y,z)$	$(x,-y,z)$	$(x,-y,-z)$	$(-x,y,-z)$	$(-x,-y,z)$	$(-x,-y,-z)$

例 1　在空间直角坐标系中，指出下列各点位置的特点。

$$O(0,0,0),A(0,-1,0),B(5,0,-2),C(-2,3,4)。$$

解　$O(0,0,0)$ 在坐标原点，$A(0,-1,0)$ 在 y 轴的负半轴上，$B(5,0,-2)$ 在 zOx 面上，$C(-2,3,4)$ 在第二卦限内。

7.1.2　空间两点间的距离

若 $M_1(x_1,y_1,z_1)$、$M_2(x_2,y_2,z_2)$ 为空间任意两点，则 M_1M_2 的距离公式(如图 7-3 所示)利用直角三角形勾股定理为：

$$d^2=|M_1M_2|^2=|M_1N|^2+|NM_2|^2$$
$$=|M_1P|^2+|PN|^2+|NM_2|^2,$$

而

$$|M_1P|=|x_2-x_1|,$$
$$|PN|=|y_2-y_1|,$$
$$|NM_2|=|z_2-z_1|$$

所以

$$d=|M_1M_2|=\sqrt{(x_2-x_1)^2+(y_2-y_1)^2+(z_2-z_1)^2}。\tag{1}$$

特殊地，若两点分别为 $M(x,y,z)$，$O(0,0,0)$，则

$$d=|OM|=\sqrt{x^2+y^2+z^2}。$$

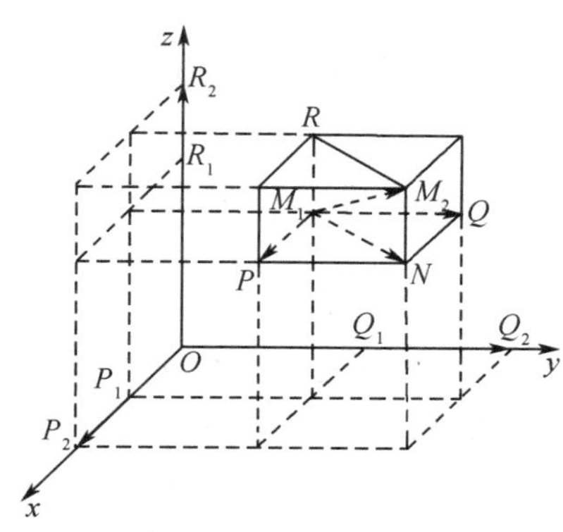

图 7-3

例 2　在 y 轴上求与点 $A(1,-3,7)$ 和 $B(5,7,-5)$ 等距离的点。

解　因为所求的点在 y 轴上，故可设它为 $M(0,y,0)$，依题意有 $|MA|=|MB|$，

即有

$$\sqrt{(1-0)^2+(-3-y)^2+(7-0)^2}=\sqrt{(5-0)^2+(7-y)^2+(-5-0)^2},$$

解得 $y=2$,因此,所求的点为 $M(0,2,0)$。

例 3 求证以 $M_1(4,3,1)$、$M_2(7,1,2)$、$M_3(5,2,3)$ 三点为顶点的三角形是一个等腰三角形。

证

$$|M_1M_2|^2=(4-7)^2+(3-1)^2+(1-2)^2=14,$$
$$|M_2M_3|^2=(5-7)^2+(2-1)^2+(3-2)^2=6,$$
$$|M_3M_1|^2=(5-4)^2+(2-3)^2+(3-1)^2=6。$$

由于 $|M_2M_3|=|M_3M_1|$,原结论成立。

例 4 设 P 在 x 轴上,它到 $P_1(0,\sqrt{2},3)$ 的距离为到点 $P_2(0,1,-1)$ 的距离的两倍,求点 P 的坐标。

解 因为 P 在 x 轴上,设 P 点坐标为$(x,0,0)$,则

$$|PP_1|=\sqrt{x^2+(\sqrt{2})^2+3^2}=\sqrt{x^2+11},$$
$$|PP_2|=\sqrt{x^2+(-1)^2+1^2}=\sqrt{x^2+2}$$

因为$|PP_1|=2|PP_2|$,所以 $\sqrt{x^2+11}=2\sqrt{x^2+2}$,故 $x=\pm 1$,所求点为:$(1,0,0)$ 或$(-1,0,0)$。

习题 7.1

1. 求点 $M(3,-4,5)$ 关于各坐标面对称的点的坐标。
2. 求点 $M(3,-4,5)$ 关于各坐标轴对称的点的坐标。
3. 求点 $M(3,-4,5)$ 关于原点对称的点的坐标。
4. 在 z 轴上求一点,使它到点 $M_1(-4,1,7)$ 和 $M_2(3,5,-2)$ 的距离相等。

7.2 向量及其线性运算

向量是研究数学本身许多问题的基础之一,在解析几何里,应用更直接。

7.2.1 向量概念

在物理学中接触到很多的量,把既有大小又有方向的这一类量叫作**向量**(或**矢量**),把只有大小没有方向的一类量称为**标量**(或**纯量**)。在数学上,用一条有方向的线段(称为有向线段)来表示向量。有向线段的长度表示向量的大小,有向线段的方向表示向量的方向。

以 A 为起点、B 为终点的有向线段所表示的向量记作$\overrightarrow{AB}$。向量可用粗体字母表示,也可用上加箭头书写体字母表示。例如,$\boldsymbol{a}$、$\boldsymbol{r}$、$\boldsymbol{v}$、$\boldsymbol{F}$ 或$\vec{a}$、$\vec{r}$、$\vec{v}$、$\vec{F}$。

一切向量的共性是它们都有大小和方向,在数学上我们主要研究与起点无关的向量,

并称这种向量为**自由向量**，简称向量。如果向量 $\boldsymbol{a}$ 和 $\boldsymbol{b}$ 的大小相等，且方向相同，则说向量 $\boldsymbol{a}$ 和 $\boldsymbol{b}$ 是相等的，记为 $\boldsymbol{a}=\boldsymbol{b}$。相等的向量经过平移后可以完全重合。

通常把向量的大小叫作向量的**模**（或称为**向量的长度**），比如，向量 $\boldsymbol{a}$、$\vec{a}$、$\overrightarrow{AB}$ 的模分别记为 $|\boldsymbol{a}|$、$|\vec{a}|$、$|\overrightarrow{AB}|$。模等于 0 的向量叫作**零向量**，记作 $\mathbf{0}$ 或 $\vec{0}$。零向量的起点与终点重合，它的方向可以看作是任意的。称 $\overrightarrow{BA}$ 是 $\overrightarrow{AB}$ 的**负向量**，记为 $\overrightarrow{BA}=-\overrightarrow{AB}$。称模等于 1 的向量为**单位向量**。两个非零向量如果它们的方向相同或相反，就称这两个向量平行。向量 $\boldsymbol{a}$ 与 $\boldsymbol{b}$ 平行，记作 $\boldsymbol{a}\parallel\boldsymbol{b}$。规定零向量与任何向量都平行。

当两个平行向量的起点放在同一点时，它们的终点和公共的起点必在同一条直线上。因此，两向量平行又可称两向量共线。类似还有共面的概念，设有 $k(k\geqslant 3)$ 个向量，当把它们的起点放在同一点时，如果 k 个终点和公共起点在一个平面上，就称这 k 个向量共面。

7.2.2　向量的线性运算

向量的线性运算包括两个向量的加法、减法和数量与向量的相乘。

1. 向量的加法

定义 7.1　设有两个向量 $\boldsymbol{a}$ 与 $\boldsymbol{b}$，平移向量使 $\boldsymbol{b}$ 的起点与 $\boldsymbol{a}$ 的终点重合，此时从 $\boldsymbol{a}$ 的起点到 $\boldsymbol{b}$ 的终点的向量 $\boldsymbol{c}$ 称为向量 $\boldsymbol{a}$ 与 $\boldsymbol{b}$ 的和，记作 $\boldsymbol{a}+\boldsymbol{b}$，即 $\boldsymbol{c}=\boldsymbol{a}+\boldsymbol{b}$。这种求和方法称为**三角形法则**（如图 7-4 所示）。

当向量 $\boldsymbol{a}$ 与 $\boldsymbol{b}$ 不平行时，平移向量使 $\boldsymbol{a}$ 与 $\boldsymbol{b}$ 的起点重合，以 $\boldsymbol{a}$，$\boldsymbol{b}$ 为邻边作一平行四边形，从公共起点到对角的向量等于向量 $\boldsymbol{a}$ 与 $\boldsymbol{b}$ 的和 $\boldsymbol{a}+\boldsymbol{b}$。这种求和方法称为**平行四边形法则**（如图 7-5 所示），显然，三角形法则比平行四边形法则简单。

图 7-4　　图 7-5

按照上述定义，容易证明向量的加法有以下运算规律：

(1) 交换律：$\boldsymbol{a}+\boldsymbol{b}=\boldsymbol{b}+\boldsymbol{a}$；

(2) 结合律：$(\boldsymbol{a}+\boldsymbol{b})+\boldsymbol{c}=\boldsymbol{a}+(\boldsymbol{b}+\boldsymbol{c})$；

(3) $\boldsymbol{a}-\boldsymbol{a}=\boldsymbol{a}+(-\boldsymbol{a})=\mathbf{0}$，$\boldsymbol{a}+\mathbf{0}=\boldsymbol{a}$。

由于向量的加法符合交换律与结合律，故 n 个向量 $\boldsymbol{a}_1,\boldsymbol{a}_2,\cdots,\boldsymbol{a}_n$（$n$ 为有限数，且 $n\geqslant 3$）相加可写成 $\boldsymbol{a}_1+\boldsymbol{a}_2+\cdots+\boldsymbol{a}_n$，并按向量相加的三角形法则，可得 n 个向量相加的多边形法则如下：使前一向量的终点作为后一向量的起点，相继作向量 $\boldsymbol{a}_1,\boldsymbol{a}_2,\cdots,\boldsymbol{a}_n$，再以第一向量的起点为起点，最后一向量的终点为终点作一向量，这个向量即为所求的和。

根据三角形法则可以推广为下面的多边形法则（如图 7-6 所示），向量

$$\boldsymbol{s}=\boldsymbol{a}_1+\boldsymbol{a}_2+\boldsymbol{a}_3+\boldsymbol{a}_4+\boldsymbol{a}_5。$$

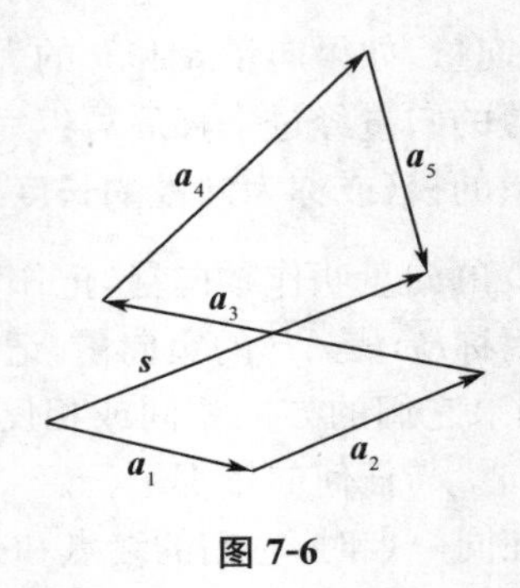

图 7-6

2. 向量的减法

定义 7.2　我们规定两个向量 $\boldsymbol{b}$ 与 $\boldsymbol{a}$ 的差为 $\boldsymbol{b}-\boldsymbol{a}=\boldsymbol{b}+(-\boldsymbol{a})$。即把向量 $-\boldsymbol{a}$ 加到向量 $\boldsymbol{b}$ 上，便得 $\boldsymbol{b}$ 与 $\boldsymbol{a}$ 的差 $\boldsymbol{b}-\boldsymbol{a}$（如图 7-7）。

特别地，当 $\boldsymbol{b}=\boldsymbol{a}$ 时，有 $\boldsymbol{a}-\boldsymbol{a}=\boldsymbol{a}+(-\boldsymbol{a})=\boldsymbol{0}$。

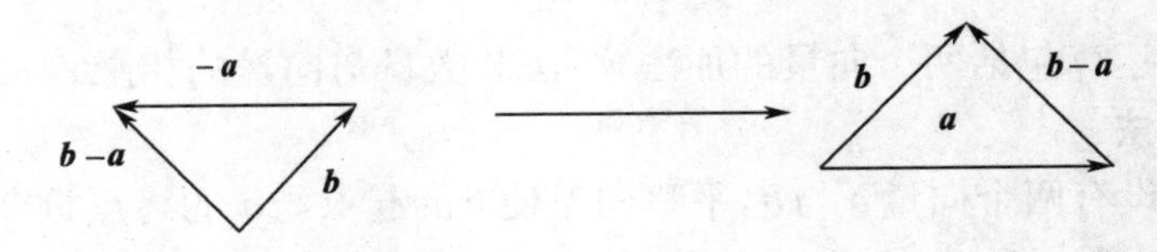

图 7-7

显然，任给向量 $\overrightarrow{AB}$ 及点 O，有 $\overrightarrow{AB}=\overrightarrow{AO}+\overrightarrow{OB}=\overrightarrow{OB}-\overrightarrow{OA}$。

因此，若把向量 $\boldsymbol{a}$ 与 $\boldsymbol{b}$ 移到同一起点 O，则从 $\boldsymbol{a}$ 的终点 A 向 $\boldsymbol{b}$ 的终点 B 所引向量 $\overrightarrow{AB}$ 便是向量 $\boldsymbol{b}$ 与 $\boldsymbol{a}$ 的差 $\boldsymbol{b}-\boldsymbol{a}$。

由三角形两边之和大于第三边的原理，有以下三角不等式：

$$|\boldsymbol{a}+\boldsymbol{b}|\leqslant|\boldsymbol{a}|+|\boldsymbol{b}| \text{ 及 } |\boldsymbol{a}-\boldsymbol{b}|\leqslant|\boldsymbol{a}|+|\boldsymbol{b}|,$$

其中等号在 $\boldsymbol{b}$ 与 $\boldsymbol{a}$ 同向或反向时成立。

3. 向量与数的乘法

定义 7.3　向量 $\boldsymbol{a}$ 与实数 λ 的乘积记作 $\lambda\boldsymbol{a}$，规定 $\lambda\boldsymbol{a}$ 是一个向量，它的模 $|\lambda\boldsymbol{a}|=|\lambda||\boldsymbol{a}|$，它的方向当 $\lambda>0$ 时与 $\boldsymbol{a}$ 相同，当 $\lambda<0$ 时与 $\boldsymbol{a}$ 相反。

当 $\lambda=0$ 时，$|\lambda\boldsymbol{a}|=0$，即 $\lambda\boldsymbol{a}$ 为零向量，这时它的方向可以是任意的。

特别地，当 $\lambda=\pm1$ 时，有

$$1\cdot\boldsymbol{a}=\boldsymbol{a},(-1)\boldsymbol{a}=-\boldsymbol{a}。$$

向量与数的乘法运算有以下运算规律：

(1) 结合律 $\lambda(\mu\boldsymbol{a})=\mu(\lambda\boldsymbol{a})=(\lambda\mu)\boldsymbol{a}$；

(2) 分配律 $(\lambda+\mu)\boldsymbol{a}=\lambda\boldsymbol{a}+\mu\boldsymbol{a}$，$\lambda(\boldsymbol{a}+\boldsymbol{b})=\lambda\boldsymbol{a}+\lambda\boldsymbol{b}$。

在向量的运算中，有一种运算称为向量的单位化，也就是寻找与一个向量 $\boldsymbol{a}$ 同方向的单位向量的运算。设 $\boldsymbol{a}\neq0$，则向量 $\dfrac{\boldsymbol{a}}{|\boldsymbol{a}|}$ 是与 $\boldsymbol{a}$ 同方向的单位向量，记为 $\boldsymbol{a}^\circ$，于是 $\boldsymbol{a}=|\boldsymbol{a}|\boldsymbol{a}^\circ$。

例 1　在平行四边形 $ABCD$ 中，设$\overrightarrow{AB}=\boldsymbol{a}$，$\overrightarrow{AD}=\boldsymbol{b}$。试用 $\boldsymbol{a}$ 和 $\boldsymbol{b}$ 表示向量$\overrightarrow{MA}$、$\overrightarrow{MB}$、$\overrightarrow{MC}$、$\overrightarrow{MD}$，其中 M 是平行四边形对角线的交点(如图 7-8 所示)。

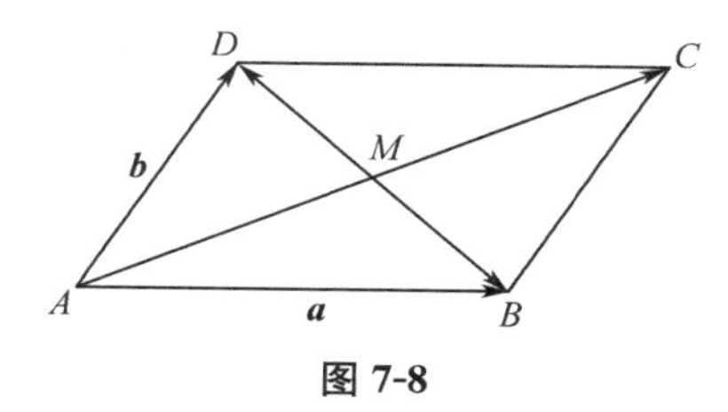

图 7-8

解　由于平行四边形的对角线互相平分，所以 $\boldsymbol{a}+\boldsymbol{b}=\overrightarrow{AC}=2\overrightarrow{AM}$，即 $-(\boldsymbol{a}+\boldsymbol{b})=2\overrightarrow{MA}$，于是 $\overrightarrow{MA}=-\dfrac{1}{2}(\boldsymbol{a}+\boldsymbol{b})$。因为$\overrightarrow{MC}=-\overrightarrow{MA}$，所以 $\overrightarrow{MC}=\dfrac{1}{2}(\boldsymbol{a}+\boldsymbol{b})$。

又因$-\boldsymbol{a}+\boldsymbol{b}=\overrightarrow{BD}=2\overrightarrow{MD}$，所以$\overrightarrow{MD}=\dfrac{1}{2}(\boldsymbol{b}-\boldsymbol{a})$。由于$\overrightarrow{MB}=-\overrightarrow{MD}$，所以$\overrightarrow{MB}=\dfrac{1}{2}(\boldsymbol{a}-\boldsymbol{b})$。

定理 7.1　设向量 $\boldsymbol{a}\neq\boldsymbol{0}$，那么，向量 $\boldsymbol{b}$ 平行于 $\boldsymbol{a}$ 的充分必要条件是：存在唯一的实数 λ，使 $\boldsymbol{b}=\lambda\boldsymbol{a}$。

证　条件的充分性是显然的，下面证明条件的必要性。

假设 $\boldsymbol{b}\parallel\boldsymbol{a}$。取 $\lambda=\dfrac{|\boldsymbol{b}|}{|\boldsymbol{a}|}$，当 $\boldsymbol{b}$ 与 $\boldsymbol{a}$ 同向时 λ 取正值，当 $\boldsymbol{b}$ 与 $\boldsymbol{a}$ 反向时 λ 取负值，即 $\boldsymbol{b}=\lambda\boldsymbol{a}$。这是因为此时 $\boldsymbol{b}$ 与 $\lambda\boldsymbol{a}$ 同向，且 $|\lambda\boldsymbol{a}|=|\lambda||\boldsymbol{a}|=\dfrac{|\boldsymbol{b}|}{|\boldsymbol{a}|}|\boldsymbol{a}|=|\boldsymbol{b}|$。

接下来证明数 l 的唯一性。设 $\boldsymbol{b}=\lambda\boldsymbol{a}$，又设 $\boldsymbol{b}=\mu\boldsymbol{a}$，两式相减，便得 $(\lambda-\mu)\boldsymbol{a}=0$，即 $|\lambda-\mu||\boldsymbol{a}|=0$。因 $|\boldsymbol{a}|\neq 0$，故 $|\lambda-\mu|=0$，即 $\lambda=\mu$。命题得证。

习题 7.2

1. 设 $\boldsymbol{u}=\boldsymbol{a}-\boldsymbol{b}+2\boldsymbol{c}$，$\boldsymbol{v}=-\boldsymbol{a}+3\boldsymbol{b}-\boldsymbol{c}$，试用 $\boldsymbol{a},\boldsymbol{b},\boldsymbol{c}$ 表示 $2\boldsymbol{u}-3\boldsymbol{v}$。
2. 已知 $\boldsymbol{a}=\{1,2\}$，$\boldsymbol{b}=\{x,1\}$，若 $2\boldsymbol{a}-\boldsymbol{b}$ 与 $\boldsymbol{a}+2\boldsymbol{b}$ 平行，求 x 的值。

7.3　向量的坐标

从上一节的讨论中可以得知，如果给定一个点及一个单位向量就确定了一条数轴。设点 O 及单位向量 $\boldsymbol{i}$ 确定了数轴 Ox，对于轴上任一点 P，对应一个向量$\overrightarrow{OP}$，由$\overrightarrow{OP}\parallel\boldsymbol{i}$，根据定理 7.1，必有唯一的实数 x，使$\overrightarrow{OP}=x\boldsymbol{i}$(实数 x 叫作轴上有向线段$\overrightarrow{OP}$ 的值)，并知$\overrightarrow{OP}$ 与实数 x 一一对应。于是，点 $P\leftrightarrow$向量$\overrightarrow{OP}$，同时 $x\boldsymbol{i}\leftrightarrow$实数 x，从而数轴上的点 P 与实数 x 有一一对应的关系。接下来就介绍关于向量的坐标。

7.3.1　向量的坐标表示

在 x 轴、y 轴、z 轴上各取一个与坐标轴正向同向的单位向量，分别记为 $\boldsymbol{i}$、$\boldsymbol{j}$、$\boldsymbol{k}$，称 $\boldsymbol{i}$、$\boldsymbol{j}$、

$\boldsymbol{k}$ 为基本单位向量，如图 7-9 所示。

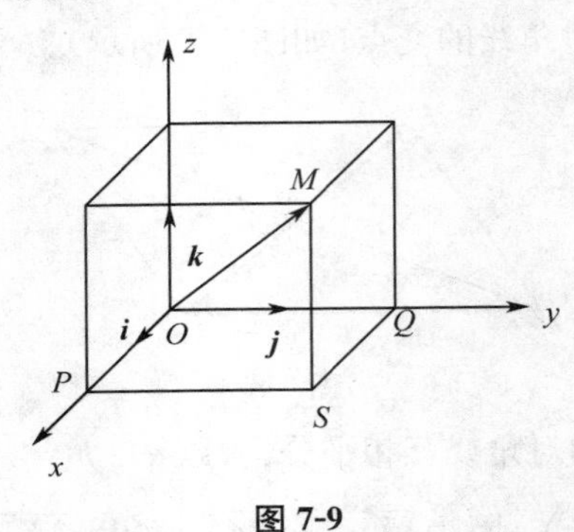

图 7-9

定义 7.4　把 $\boldsymbol{r}=\overrightarrow{OM}=x\boldsymbol{i}+y\boldsymbol{j}+z\boldsymbol{k}$ 称为向量 $\boldsymbol{r}$ 的坐标分解式，$x\boldsymbol{i}$、$y\boldsymbol{j}$、$z\boldsymbol{k}$ 称为向量 $\boldsymbol{r}$ 沿三个坐标轴方向的分向量。

有序数 x、y、z 称为向量 $\boldsymbol{r}$（在坐标系 $Oxyz$）中的**坐标**，记作 $\boldsymbol{r}=\{x,y,z\}$；有序数 x、y、z 也称为点 M（在坐标系 $Oxyz$）的坐标，记为 $M(x,y,z)$。向量 $\boldsymbol{r}=\overrightarrow{OM}$ 称为点 M 关于原点 O 的**向径**。根据上述定义，一个点与该点的向径有相同的坐标。记号 $M(x,y,z)$ 既表示点 M，又表示向量 $\overrightarrow{OM}$。

向量 $\boldsymbol{r}$ 与三个有序数 x、y、z 之间有着以下的一一对应关系：

$$M\leftrightarrow\boldsymbol{r}=\overrightarrow{OM}=x\boldsymbol{i}+y\boldsymbol{j}+z\boldsymbol{k}\leftrightarrow(x,y,z)。$$

为了方便书写，对于任意向量 $\boldsymbol{a}$，用 $\{a_x,a_y,a_z\}$ 记其坐标，即 $\boldsymbol{a}=\{a_x,a_y,a_z\}$。根据向量的线性运算，有

$$\boldsymbol{a}\pm\boldsymbol{b}=\{a_x\pm b_x,a_y\pm b_y,a_z\pm b_z\};\lambda\boldsymbol{a}=\{\lambda a_x,\lambda a_y,\lambda a_z\}。$$

也就是说，把向量的线性运算转化为其坐标的相应运算，这样就简化了对应的运算过程。

坐标面上和坐标轴上的点，其坐标各有一定的特征。例如，点 M 在 yOz 面上，则 $x=0$；同样，在 zOx 面上的点，$y=0$；在 xOy 面上的点，$z=0$。如果点 M 在 x 轴上，则 $y=z=0$；同样在 y 轴上，有 $z=x=0$；在 z 轴上的点，有 $x=y=0$。如果点 M 为原点，则 $x=y=z=0$。

定理 7.2　设 $\boldsymbol{a}$、$\boldsymbol{b}$ 是两个非零向量，则 $\boldsymbol{a}$ 与 $\boldsymbol{b}$ 共线的充要条件是 $\dfrac{b_x}{a_x}=\dfrac{b_y}{a_y}=\dfrac{b_z}{a_z}$。

证　设 $\boldsymbol{a}=\{a_x,a_y,a_z\}\neq 0$，$\boldsymbol{b}=\{b_x,b_y,b_z\}$，向量 $\boldsymbol{b}\parallel\boldsymbol{a}\Leftrightarrow\boldsymbol{b}=\lambda\boldsymbol{a}$，即 $\boldsymbol{b}\parallel\boldsymbol{a}\Leftrightarrow\{b_x,b_y,b_z\}=\lambda\{a_x,a_y,a_z\}$，于是 $\dfrac{b_x}{a_x}=\dfrac{b_y}{a_y}=\dfrac{b_z}{a_z}$。

在上面这个比例式中规定：如果某个分母为零，相应的分子也为零。

例 1　求解以向量为未知元的线性方程组 $\begin{cases}5\boldsymbol{x}-3\boldsymbol{y}=\boldsymbol{a},\\3\boldsymbol{x}-2\boldsymbol{y}=\boldsymbol{b}。\end{cases}$ 其中 $\boldsymbol{a}=\{2,1,2\}$，$\boldsymbol{b}=\{-1,1,-2\}$。

解　如同解二元一次线性方程组，可得

$$\boldsymbol{x}=2\boldsymbol{a}-3\boldsymbol{b},\boldsymbol{y}=3\boldsymbol{a}-5\boldsymbol{b}。$$

以 $\boldsymbol{a}$、$\boldsymbol{b}$ 的坐标表示式代入，即得

$$\boldsymbol{x}=2\{2,1,2\}-3\{-1,1,-2\}=\{7,-1,10\},$$
$$\boldsymbol{y}=3\{2,1,2\}-5\{-1,1,-2\}=\{11,-2,16\}。$$

例 2　已知两点 $A(x_1,y_1,z_1)$，$B(x_2,y_2,z_2)$ 以及实数 $\lambda\neq-1$，在直线 AB 上求一点 M，使 $\overrightarrow{AM}=\lambda\overrightarrow{MB}$。

解　由于 $\overrightarrow{AM}=\overrightarrow{OM}-\overrightarrow{OA}$，$\overrightarrow{MB}=\overrightarrow{OB}-\overrightarrow{OM}$，因此 $\overrightarrow{OM}-\overrightarrow{OA}=\lambda(\overrightarrow{OB}-\overrightarrow{OM})$，从而

$$\overrightarrow{OM}=\frac{1}{1+\lambda}(\overrightarrow{OA}+\lambda\overrightarrow{OB})=\left\{\frac{x_1+\lambda x_2}{1+\lambda},\frac{y_1+\lambda y_2}{1+\lambda},\frac{z_1+\lambda z_2}{1+\lambda}\right\},$$

这就是点 M 的坐标。

当 $\lambda=1$，点 M 是有向线段 $\overrightarrow{AB}$ 的中点，从而得到中点坐标公式为

$$x=\frac{x_1+x_2}{2},y=\frac{y_1+y_2}{2},z=\frac{z_1+z_2}{2}。$$

7.3.2　向量的模、方向角、投影

1. 向量的模

设向量 $\boldsymbol{r}=\{x,y,z\}$，作 $\overrightarrow{OM}=\boldsymbol{r}$，则 $\boldsymbol{r}=\overrightarrow{OM}=\overrightarrow{OP}+\overrightarrow{OQ}+\overrightarrow{OR}$，按勾股定理可得

$$|\boldsymbol{r}|=|OM|=\sqrt{|OP|^2+|OQ|^2+|OR|^2},$$

设 $\overrightarrow{OP}=x\boldsymbol{i}$，$\overrightarrow{OQ}=y\boldsymbol{j}$，$\overrightarrow{OR}=z\boldsymbol{k}$，有 $|OP|=|x|$，$|OQ|=|y|$，$|OR|=|z|$，于是得向量模的坐标表示式

$$|\boldsymbol{r}|=\sqrt{x^2+y^2+z^2}。$$

例 3　已知两点 $A(4,0,5)$ 和 $B(7,1,3)$，求与 $\overrightarrow{AB}$ 方向相同的单位向量 $\boldsymbol{a}^{\circ}$。

解　因为

$$\overrightarrow{AB}=\{7,1,3\}-\{4,0,5\}=\{3,1,-2\},\ |\overrightarrow{AB}|=\sqrt{3^2+1^2+(-2)^2}=\sqrt{14},$$

所以

$$\boldsymbol{a}^{\circ}=\frac{\overrightarrow{AB}}{|\overrightarrow{AB}|}=\frac{1}{\sqrt{14}}\{3,1,-2\}。$$

2. 方向角与方向余弦

当把两个非零向量 $\boldsymbol{a}$ 与 $\boldsymbol{b}$ 的起点放到同一点时，两个向量之间的不超过 π 的夹角称为向量 $\boldsymbol{a}$ 与 $\boldsymbol{b}$ 的夹角，记作 $(\widehat{\boldsymbol{a},\boldsymbol{b}})$ 或 $(\widehat{b,a})$。如果向量 $\boldsymbol{a}$ 与 $\boldsymbol{b}$ 中有一个是零向量，规定它们的夹角可以在 0 与 π 之间任意取值。非零向量 $\boldsymbol{a}$ 与三条坐标轴的夹角 α、β、γ 称为向量 $\boldsymbol{a}$ 的**方向角**。$\cos\alpha$、$\cos\beta$、$\cos\gamma$ 称为向量 $\boldsymbol{a}$ 的**方向余弦**。

设 $\boldsymbol{a}=\{x,y,z\}$，则 $x=|\boldsymbol{a}|\cos\alpha$，$y=|\boldsymbol{a}|\cos\beta$，$z=|\boldsymbol{a}|\cos\gamma$，即

$$\cos\alpha=\frac{x}{|\boldsymbol{a}|},\cos\beta=\frac{y}{|\boldsymbol{a}|},\cos\gamma=\frac{z}{|\boldsymbol{a}|}。$$

从而

$$\{\cos\alpha,\cos\beta,\cos\gamma\}=\frac{1}{|\boldsymbol{a}|}\boldsymbol{a}=\boldsymbol{a}^{\circ}。$$

上式表明,以向量 $\boldsymbol{a}$ 的方向余弦为坐标的向量就是与 $\boldsymbol{a}$ 同方向的单位向量 $\boldsymbol{a}^{\circ}$。因此

$$\cos^2\alpha+\cos^2\beta+\cos^2\gamma=1。$$

例 4 设已知两点 $A(2,2,\sqrt{2}))$ 和 $B(1,3,0)$,计算向量$\overrightarrow{AB}$ 的模、方向余弦和方向角。

解 因为

$$\overrightarrow{AB}=\{1-2,3-2,0-\sqrt{2}\}=\{-1,1,-\sqrt{2}\};$$

$$|\overrightarrow{AB}|=\sqrt{(-1)^2+1^2+(-\sqrt{2})^2}=2;$$

方向余弦依次为

$$\cos\alpha=-\frac{1}{2},\ \cos\beta=\frac{1}{2},\ \cos\gamma=-\frac{\sqrt{2}}{2};$$

所对应的方向角为

$$\alpha=\frac{2\pi}{3},\ \beta=\frac{\pi}{3},\ \gamma=\frac{3\pi}{4}。$$

3. 向量在轴上的投影

定义 7.5 $|\boldsymbol{a}|\cos(\widehat{\boldsymbol{a},\boldsymbol{b}})$ 称为向量 $\boldsymbol{a}$ 在向量 $\boldsymbol{b}(\boldsymbol{b}\neq\boldsymbol{0})$ 上的投影,记为 $\mathrm{Prj}_b\boldsymbol{a}$,即 $\mathrm{Prj}_b\boldsymbol{a}=\boldsymbol{a}\cdot\boldsymbol{b}^{\circ}$。

按此定义,向量 $\boldsymbol{a}$ 在直角坐标系 $Oxyz$ 中的坐标 a_x,a_y,a_z 就是 $\boldsymbol{a}$ 在三条坐标轴上的投影,即

$$a_x=\mathrm{Prj}_x\boldsymbol{a},\ a_y=\mathrm{Prj}_y\boldsymbol{a},\ a_z=\mathrm{Prj}_z\boldsymbol{a}。$$

下面不加证明地给出关于投影的定理:

定理 7.3 设 $\boldsymbol{b}\neq\boldsymbol{0},\boldsymbol{a}_1,\boldsymbol{a}_2,\cdots,\boldsymbol{a}_n$ 为有限个向量,则

$$(\boldsymbol{a}_1+\boldsymbol{a}_2+\cdots+\boldsymbol{a}_n)_b=(\boldsymbol{a}_1)_b+(\boldsymbol{a}_2)_b+\cdots+(\boldsymbol{a}_n)_b。$$

习题 7.3

1. 设 $\boldsymbol{a}=2\boldsymbol{i}-3\boldsymbol{j}+\boldsymbol{k},\boldsymbol{b}=\boldsymbol{i}+2\boldsymbol{j}-3\boldsymbol{k}$,计算 $3\boldsymbol{a}+2\boldsymbol{b}$。
2. 已知两点 $M_1(0,1,2)$ 和 $M_2(1,-1,0)$,试用坐标表示矢量$\overrightarrow{M_1M_2}$ 及 $-2\overrightarrow{M_1M_2}$。
3. 设已知两点 $M_1(4,\sqrt{2},1)$ 和 $M_2(3,0,2)$,计算矢量$\overrightarrow{M_1M_2}$ 的模,方向余弦和方向角。
4. 设矢量的方向余弦分别满足 $\cos\alpha=0;\cos\beta=1;\cos\alpha=\cos\beta=0$,问这些矢量与坐标轴或坐标面的关系如何?
5. 求平行于矢量 $\boldsymbol{a}=\{6,7,-6\}$ 的单位矢量。
6. 已知 $\boldsymbol{a}=m\boldsymbol{i}+5\boldsymbol{j}-\boldsymbol{k}$ 与 $\boldsymbol{b}=3\boldsymbol{i}+\boldsymbol{j}+n\boldsymbol{k}$ 平行,试求系数 m 和 n.
7. 两船在某瞬间位于 $P(18,7,0)$,$Q(8,12,O)$,假设两船均沿 PQ 作相向等速直线运动,且速率之比为 $3:2$,问在何点两船将相遇?

8. 已知向量 $\boldsymbol{a}$ 的起点为 $(2,0,-1)$，$|\boldsymbol{a}|=3$，$\boldsymbol{a}$ 的方向余弦 $\cos\alpha=\dfrac{1}{2}$，$\cos\beta=\dfrac{1}{2}$，试求 $\boldsymbol{a}$ 的坐标表示及它的终点坐标。

7.4　向量间的乘法

7.4.1　两向量的数量积

在物理知识中，我们知道常力 $\boldsymbol{F}$ 所做的功为

$$W=|\boldsymbol{F}||\boldsymbol{s}|\cos\theta,\text{其中 }\theta\text{ 为 }\boldsymbol{F}\text{ 与 }\boldsymbol{s}\text{ 的夹角。}$$

类似这样的乘法在其他运算中也会遇到，给出以下定义

定义 7.6　对于两个向量 $\boldsymbol{a}$ 和 $\boldsymbol{b}$，它们的模 $|\boldsymbol{a}|$，$|\boldsymbol{b}|$ 及它们的夹角 θ 的余弦的乘积称为向量 $\boldsymbol{a}$ 和 $\boldsymbol{b}$ 的数量积(也称为内积或点积)，记作 $\boldsymbol{a}\cdot\boldsymbol{b}$，即

$$\boldsymbol{a}\cdot\boldsymbol{b}=|\boldsymbol{a}||\boldsymbol{b}|\cos\theta。$$

由于 $|\boldsymbol{b}|\cos\theta=|\boldsymbol{b}|\cos(\widehat{\boldsymbol{a},\boldsymbol{b}})$，当 $\boldsymbol{a}\neq\boldsymbol{0}$ 时，$|\boldsymbol{b}|\cos(\widehat{\boldsymbol{a},\boldsymbol{b}})$ 是向量 $\boldsymbol{b}$ 在向量 $\boldsymbol{a}$ 的方向上的投影，于是 $\boldsymbol{a}\cdot\boldsymbol{b}=|\boldsymbol{a}|\mathrm{Prj}_{\boldsymbol{a}}\boldsymbol{b}$。同理，当 $\boldsymbol{b}\neq\boldsymbol{0}$ 时，$\boldsymbol{a}\cdot\boldsymbol{b}=|\boldsymbol{b}|\mathrm{Prj}_{\boldsymbol{b}}\boldsymbol{a}$。

根据数量积的定义，可以得出以下结论：

1. 数量积的性质

(1) $\boldsymbol{a}\cdot\boldsymbol{a}=|\boldsymbol{a}|^2$；

(2) 对于两个非零向量 $\boldsymbol{a}$、$\boldsymbol{b}$，如果 $\boldsymbol{a}\cdot\boldsymbol{b}=0$，则 $\boldsymbol{a}\perp\boldsymbol{b}$。反之，如果 $\boldsymbol{a}\perp\boldsymbol{b}$，则 $\boldsymbol{a}\cdot\boldsymbol{b}=0$。如果认为零向量与任何向量都垂直，则 $\boldsymbol{a}\perp\boldsymbol{b}\Leftrightarrow\boldsymbol{a}\cdot\boldsymbol{b}=0$。

2. 数量积的运算律

(1) 交换律：$\boldsymbol{a}\cdot\boldsymbol{b}=\boldsymbol{b}\cdot\boldsymbol{a}$；

(2) 分配律：$(\boldsymbol{a}+\boldsymbol{b})\cdot\boldsymbol{c}=\boldsymbol{a}\cdot\boldsymbol{c}+\boldsymbol{b}\cdot\boldsymbol{c}$；

(3) $(\lambda\boldsymbol{a})\cdot\boldsymbol{b}=\boldsymbol{a}\cdot(\lambda\boldsymbol{b})=\lambda(\boldsymbol{a}\cdot\boldsymbol{b})$，$(\lambda\boldsymbol{a})\cdot(\mu\boldsymbol{b})=\lambda\mu(\boldsymbol{a}\cdot\boldsymbol{b})$，$\lambda,\mu$ 为实数。

例 1　证明三角形的余弦定理。

证　$\triangle ABC$ 如图 7-10 所示。

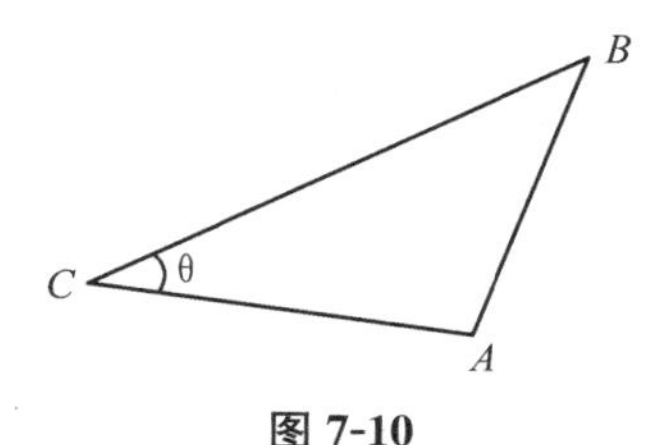

图 7-10

设 $\angle BCA=\theta$，$|BC|=a$，$|CA|=b$，$|AB|=c|$，要证

$$c^2=a^2+b^2-2ab\cos\theta。$$

记 $\overrightarrow{CB}=\boldsymbol{a}$，$\overrightarrow{CA}=\boldsymbol{b}$，$\overrightarrow{AB}=\boldsymbol{c}$，则有 $\boldsymbol{c}=\boldsymbol{a}-\boldsymbol{b}$，从而

$$|c|^2 = \boldsymbol{c}\cdot\boldsymbol{c} = (\boldsymbol{a}-\boldsymbol{b})(\boldsymbol{a}-\boldsymbol{b}) = \boldsymbol{a}\cdot\boldsymbol{a}+\boldsymbol{b}\cdot\boldsymbol{b}-2\boldsymbol{a}\cdot\boldsymbol{b}$$
$$= |\boldsymbol{a}|^2 + |\boldsymbol{b}|^2 - 2|\boldsymbol{a}||\boldsymbol{b}|\cos\theta,$$

即
$$c^2 = a^2 + b^2 - 2ab\cos\theta。$$

3. 数量积的坐标表示

设 $\boldsymbol{a} = \{a_x, a_y, a_z\}$，$\boldsymbol{b} = \{b_x, b_y, b_z\}$，则 $\boldsymbol{a}\cdot\boldsymbol{b} = a_xb_x + a_yb_y + a_zb_z$。

4. 两向量夹角的余弦的坐标表示

设 θ 是向量 $\boldsymbol{a}$，$\boldsymbol{b}$ 之间的夹角，则当 $\boldsymbol{a}\neq\boldsymbol{0}$，$\boldsymbol{b}\neq\boldsymbol{0}$ 时，有

$$\cos\theta = \frac{\boldsymbol{a}\cdot\boldsymbol{b}}{|\boldsymbol{a}||\boldsymbol{b}|} = \frac{a_xb_x + a_yb_y + a_zb_z}{\sqrt{a_x^2+a_y^2+a_z^2}\sqrt{b_x^2+b_y^2+b_z^2}}。$$

例 2 已知三点 $M(1,1,1)$，$A(2,2,1)$ 和 $B(2,1,2)$，求 $\angle AMB$。

解 从 M 到 A 的向量记为 $\boldsymbol{a}$，从 M 到 B 的向量记为 $\boldsymbol{b}$，则 $\angle AMB$ 就是向量 $\boldsymbol{a}$ 与 $\boldsymbol{b}$ 的夹角。

因为 $\boldsymbol{a} = \{1,1,0\}$，$\boldsymbol{b} = \{1,0,1\}$，所以

$$\boldsymbol{a}\cdot\boldsymbol{b} = 1\times1 + 1\times0 + 0\times1 = 1,$$
$$|\boldsymbol{a}| = \sqrt{1^2+1^2+0^2} = \sqrt{2},$$
$$|\boldsymbol{b}| = \sqrt{1^2+0^2+1^2} = \sqrt{2},$$
$$\cos\angle AMB = \frac{\boldsymbol{a}\cdot\boldsymbol{b}}{|\boldsymbol{a}||\boldsymbol{b}|} = \frac{1}{\sqrt{2}\cdot\sqrt{2}} = \frac{1}{2}。$$

从而 $\angle AMB = \frac{\pi}{3}$。

7.4.2 两向量的向量积

先看一个物理问题。设 O 为一根杠杆 L 的支点，力 $\boldsymbol{F}$ 作用于此杠杆的 P 点处，力与杠杆的夹角为 θ（如图 7-11），由力学知，力 $\boldsymbol{F}$ 对支点 O 的力矩是一个向量 $\boldsymbol{M}$，其模为 $|\boldsymbol{M}| = |\overrightarrow{OP}||\boldsymbol{F}|\sin\theta$。从此问题中可以抽象出两个向量的向量积概念。

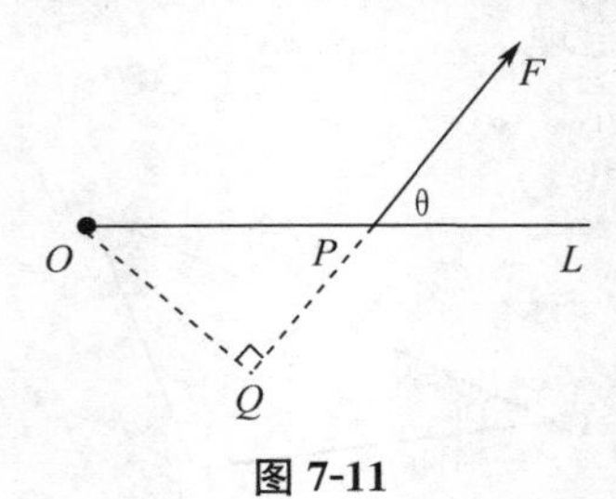

图 7-11

定义 7.7 向量 $\boldsymbol{a}$ 与 $\boldsymbol{b}$ 的向量积 $\boldsymbol{a}\times\boldsymbol{b}$ 是一个向量，其模与方向规定如下：

(1) $|\boldsymbol{a}\times\boldsymbol{b}| = |\boldsymbol{a}||\boldsymbol{b}|\sin\theta$，其中 θ 为 $\boldsymbol{a}$ 与 $\boldsymbol{b}$ 间的夹角；

(2) $\boldsymbol{a}\times\boldsymbol{b}$ 的方向垂直于 $\boldsymbol{a}$ 与 $\boldsymbol{b}$ 所决定的平面，且 $\boldsymbol{a}$，$\boldsymbol{b}$，$\boldsymbol{a}\times\boldsymbol{b}$ 符合右手法则。

向量积也称为**叉乘**或**外积**。

根据定义可得向量积的几何意义：$|\boldsymbol{a}\times\boldsymbol{b}|$ 是以 $\boldsymbol{a}$、$\boldsymbol{b}$ 为邻边的平行四边形的面积(如图 7-12)。

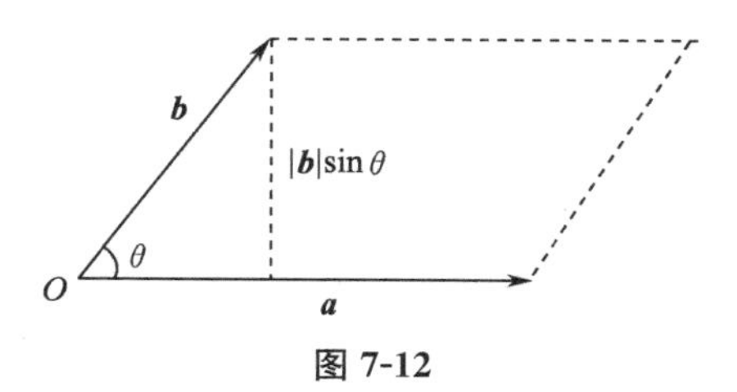

图 7-12

由向量积的定义，可得以下性质：

(1)$\boldsymbol{a}\times\boldsymbol{a}=\boldsymbol{0}$;

(2) 对于两个非零向量 $\boldsymbol{a}$,$\boldsymbol{b}$,如果 $\boldsymbol{a}\times\boldsymbol{b}=\boldsymbol{0}$，则 $\boldsymbol{a}\parallel\boldsymbol{b}$;反之，如果 $\boldsymbol{a}\parallel\boldsymbol{b}$，则 $\boldsymbol{a}\times\boldsymbol{b}=\boldsymbol{0}$。

如果认为零向量与任何向量都平行，则 $\boldsymbol{a}\parallel\boldsymbol{b}\Leftrightarrow\boldsymbol{a}\times\boldsymbol{b}=\boldsymbol{0}$。

对于基本单位向量 $\boldsymbol{i}$,$\boldsymbol{j}$,$\boldsymbol{k}$ 有如下的关系式：

$$\begin{cases}\boldsymbol{i}\times\boldsymbol{i}=\boldsymbol{j}\times\boldsymbol{j}=\boldsymbol{k}\times\boldsymbol{k}=\boldsymbol{0},\\ \boldsymbol{i}\times\boldsymbol{j}=\boldsymbol{k},\boldsymbol{j}\times\boldsymbol{k}=\boldsymbol{i},\boldsymbol{k}\times\boldsymbol{i}=\boldsymbol{j}。\end{cases}$$

向量积的运算满足以下运算律：

(1) 交换律：$\boldsymbol{a}\times\boldsymbol{b}=-\boldsymbol{b}\times\boldsymbol{a}$;

(2) 分配律：$(\boldsymbol{a}+\boldsymbol{b})\times\boldsymbol{c}=\boldsymbol{a}\times\boldsymbol{c}+\boldsymbol{b}\times\boldsymbol{c}$;

(3)$(\lambda\boldsymbol{a})\times\boldsymbol{b}=\boldsymbol{a}\times(\lambda\boldsymbol{b})=\lambda(\boldsymbol{a}\times\boldsymbol{b})$ (λ 为实数)。

根据向量的坐标表示方法，若向量 $\boldsymbol{a}=a_x\boldsymbol{i}+a_y\boldsymbol{j}+a_z\boldsymbol{k}$，$\boldsymbol{b}=b_x\boldsymbol{i}+b_y\boldsymbol{j}+b_z\boldsymbol{k}$，则

$$\begin{aligned}\boldsymbol{a}\times\boldsymbol{b}&=a_xb_x(\boldsymbol{i}\times\boldsymbol{i})+a_xb_y(\boldsymbol{i}\times\boldsymbol{j})+a_xb_z(\boldsymbol{i}\times\boldsymbol{k})\\&\quad+a_yb_x(\boldsymbol{j}\times\boldsymbol{i})+a_yb_y(\boldsymbol{j}\times\boldsymbol{j})+a_yb_z(\boldsymbol{j}\times\boldsymbol{k})\\&\quad+a_zb_x(\boldsymbol{k}\times\boldsymbol{i})+a_zb_y(\boldsymbol{k}\times\boldsymbol{j})+a_zb_z(\boldsymbol{k}\times\boldsymbol{k})\\&=(a_yb_z-a_zb_y)\boldsymbol{i}+(a_zb_x-a_xb_z)\boldsymbol{j}+(a_xb_y-a_yb_x)\boldsymbol{k}\\&=\begin{vmatrix}a_y&a_z\\b_y&b_z\end{vmatrix}\boldsymbol{i}-\begin{vmatrix}a_x&a_z\\b_x&b_z\end{vmatrix}\boldsymbol{j}+\begin{vmatrix}a_x&a_y\\b_x&b_y\end{vmatrix}\boldsymbol{k}=\begin{vmatrix}\boldsymbol{i}&\boldsymbol{j}&\boldsymbol{k}\\a_x&a_y&a_z\\b_x&b_y&b_z\end{vmatrix}。\end{aligned}$$

例 3　设 $\boldsymbol{a}=\{2,1,-1\}$,$\boldsymbol{b}=\{1,-1,2\}$，计算 $\boldsymbol{a}\times\boldsymbol{b}$。

解

$$\boldsymbol{a}\times\boldsymbol{b}=\begin{vmatrix}\boldsymbol{i}&\boldsymbol{j}&\boldsymbol{k}\\2&1&1\\1&1&2\end{vmatrix}=2\boldsymbol{i}-\boldsymbol{j}-2\boldsymbol{k}-\boldsymbol{k}-4\boldsymbol{j}-\boldsymbol{i}=\boldsymbol{i}-5\boldsymbol{j}-3\boldsymbol{k}。$$

例 4　已知三角形 ABC 的顶点分别是 A (1,2,3)、B (3,4,5)、C (2,4,7)，求三角形 ABC 的面积。

解　根据向量积的定义，可知三角形 ABC 的面积

$$S_{\triangle ABC}=\frac{1}{2}|\overrightarrow{AB}||\overrightarrow{AC}|\sin\angle A=\frac{1}{2}|\overrightarrow{AB}\times\overrightarrow{AC}|。$$

由于$\overrightarrow{AB}=\{2,2,2\}$，$\overrightarrow{AC}=\{1,2,4\}$，因此

$$\overrightarrow{AB}\times\overrightarrow{AC}=\begin{vmatrix} \boldsymbol{i} & \boldsymbol{j} & \boldsymbol{k} \\ 2 & 2 & 2 \\ 1 & 2 & 4 \end{vmatrix}=4\boldsymbol{i}-6\boldsymbol{j}+2\boldsymbol{k}。$$

于是

$$S_{\triangle ABC}=\frac{1}{2}\mid 4\boldsymbol{i}-6\boldsymbol{j}+2\boldsymbol{k}\mid=\frac{1}{2}\sqrt{4^2+(-6)^2+2^2}=\sqrt{14}。$$

7.4.3 向量的混合积

定义 7.8 向量$\boldsymbol{a},\boldsymbol{b},\boldsymbol{c}$的混合积定义为$(\boldsymbol{a}\times\boldsymbol{b})\cdot\boldsymbol{c}$，记为$[\boldsymbol{abc}]$。

根据混合积的定义，向量$\boldsymbol{a},\boldsymbol{b},\boldsymbol{c}$的混合积$[\boldsymbol{abc}]$是一实数。下面推导向量混合积的坐标表示式。

设$\boldsymbol{a}=\{a_x,a_y,a_z\}$，$\boldsymbol{b}=\{b_x,b_y,b_z\}$，$\boldsymbol{c}=\{c_x,c_y,c_z\}$，则

$$\boldsymbol{a}\times\boldsymbol{b}=\begin{vmatrix} a_y & a_z \\ b_y & b_z \end{vmatrix}\boldsymbol{i}-\begin{vmatrix} a_x & a_z \\ b_x & b_z \end{vmatrix}\boldsymbol{j}+\begin{vmatrix} a_x & a_y \\ b_x & b_y \end{vmatrix}\boldsymbol{k},$$

所以

$$[\boldsymbol{abc}]=(\boldsymbol{a}\times\boldsymbol{b})\cdot\boldsymbol{c}=\begin{vmatrix} a_y & a_z \\ b_y & b_z \end{vmatrix}c_x-\begin{vmatrix} a_x & a_z \\ b_x & b_z \end{vmatrix}c_y+\begin{vmatrix} a_x & a_y \\ b_x & b_y \end{vmatrix}c_z$$

$$=\begin{vmatrix} c_x & c_y & c_z \\ a_x & a_y & a_z \\ b_x & b_y & b_z \end{vmatrix}=\begin{vmatrix} a_x & a_y & a_z \\ b_x & b_y & b_z \\ c_x & c_y & c_z \end{vmatrix}=\begin{vmatrix} b_x & b_y & b_z \\ c_x & c_y & c_z \\ a_x & a_y & a_z \end{vmatrix}$$

$$=[\boldsymbol{bca}]=[\boldsymbol{cab}]。$$

混合积$[\boldsymbol{abc}]$的几何意义是：它的绝对值等于以$\boldsymbol{a},\boldsymbol{b},\boldsymbol{c}$为棱的平行六面体的体积，如图 7-13 所示。这个平行六面体的底面积是$S=|\boldsymbol{a}\times\boldsymbol{b}|$，高为$h=|\boldsymbol{c}|\cos\theta$，其中$\theta$是$\boldsymbol{a}\times\boldsymbol{b}$与$\boldsymbol{c}$的夹角。根据体积公式，$V=S=|\boldsymbol{a}\times\boldsymbol{b}|\cdot|\boldsymbol{c}|\cdot\cos\theta=|(\boldsymbol{a}\times\boldsymbol{b})\cdot\boldsymbol{c}|$。

当三个向量$\boldsymbol{a},\boldsymbol{b},\boldsymbol{c}$共面时，混合积等于 0，即$[\boldsymbol{abc}]=0$。反之也成立

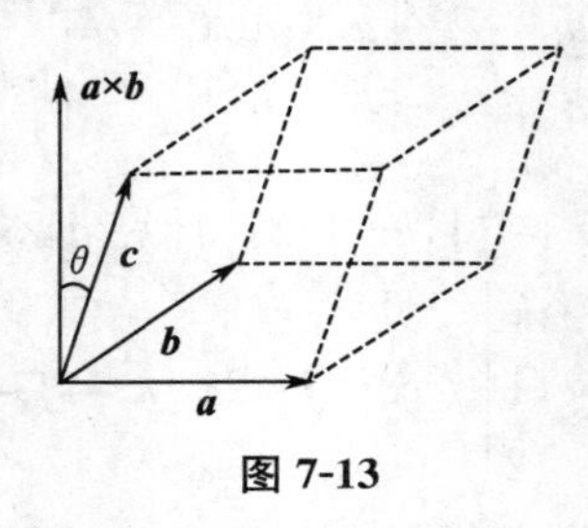

图 7-13

习题 7.4

1. 设$\boldsymbol{a}=3\boldsymbol{j}-\boldsymbol{j}-2\boldsymbol{k}$，$\boldsymbol{b}=\boldsymbol{i}+2\boldsymbol{j}-\boldsymbol{k}$，求$\boldsymbol{a}\cdot\boldsymbol{b}$及$\boldsymbol{a}\times\boldsymbol{b}$；$\boldsymbol{a}\cdot\boldsymbol{b}$夹角的余弦；$(-2\boldsymbol{a})\cdot 3\boldsymbol{b}$及$\boldsymbol{a}\times 2\boldsymbol{b}$。

2. 设 $\boldsymbol{a},\boldsymbol{b},\boldsymbol{c}$ 为单位矢量，且满足 $\boldsymbol{a}+\boldsymbol{b}+\boldsymbol{c}=0$，求 $\boldsymbol{a}\cdot\boldsymbol{b}+\boldsymbol{b}\cdot\boldsymbol{c}+\boldsymbol{c}\cdot\boldsymbol{a}$。
3. 已知 $M_1(1,-1,2)$，$M_2(3,3,1)M_3(3,1,3)$，求与 $\overrightarrow{M_1M_2}$，$\overrightarrow{M_2M_3}$ 同时垂直的单位矢量。
4. 求矢量 $\boldsymbol{a}=\{4,-3,4\}$ 在矢量 $\boldsymbol{b}=\{2,2,1\}$ 上的投影。
5. 已知 $\overrightarrow{OA}=\boldsymbol{i}+3\boldsymbol{k}$，$\overrightarrow{OB}=\boldsymbol{j}+3\boldsymbol{k}$，求三角形 OAB 的面积。
6. 已知 $\boldsymbol{a}=2\boldsymbol{i}+\boldsymbol{j}-\boldsymbol{k}$，$\boldsymbol{b}=3\boldsymbol{i}+7\boldsymbol{j}+13\boldsymbol{k}$，$\boldsymbol{c}=20\boldsymbol{i}-29\boldsymbol{j}+11\boldsymbol{k}$，证明这三个矢量两两互相垂直。
7. 设向量 $\boldsymbol{a}=\{3,5,-2\}$，$\boldsymbol{b}=\{2,1,4\}$，问 λ,μ 满足什么关系时，能使向量 $\lambda\boldsymbol{a}+\mu\boldsymbol{b}$ 与 z 轴垂直？
8. 设向量 $|\boldsymbol{a}|=|\boldsymbol{b}|=5$，$\boldsymbol{a}$ 与 $\boldsymbol{b}$ 的夹角等于 $\frac{\pi}{4}$，计算以 $\boldsymbol{a}-2\boldsymbol{b}$ 和 $3\boldsymbol{a}+2\boldsymbol{b}$ 为邻边构成的三角形的面积。
9. 设 $|\boldsymbol{a}|=11$，$|\boldsymbol{b}|=23$，$|\boldsymbol{a}-\boldsymbol{b}|=30$，求 $|\boldsymbol{a}+\boldsymbol{b}|$。

7.5　平面及其方程

给定平面 Π，依据不同的条件，平面方程可以取不同的形式，现分述如下：

7.5.1　平面的点法式方程

定义 7.9　如果一非零向量垂直于一平面，这向量就叫作该平面的**法线向量**。

显然，平面上的任一向量均与该平面的法线向量垂直。当平面 Π 上一点 $M_0(x_0,y_0,z_0)$ 和它的一个法线向量 $\boldsymbol{n}=\{A,B,C\}$ 为已知时，平面 Π 的位置就完全确定了。

设 $M(x,y,z)$ 是平面 Π 上的任一点，那么向量 $\overrightarrow{M_0M}$ 必与平面 Π 的法线向量 $\boldsymbol{n}$ 垂直，即它们的数量积等于零：　$\boldsymbol{n}\cdot\overrightarrow{M_0M}=0$。

由于

$$\boldsymbol{n}=\{A,B,C\},\overrightarrow{M_0M}=\{x-x_0,y-y_0,z-z_0\},$$

所以

$$A(x-x_0)+B(y-y_0)+C(z-z_0)=0, \tag{1}$$

这就是平面 Π 上任一点 M 的坐标 x,y,z 所满足的方程。

反过来，如果 $M(x,y,z)$ 不在平面 Π 上，那么向量 $\overrightarrow{M_0M}$ 与法线向量 $\boldsymbol{n}$ 不垂直，从而 $\boldsymbol{n}\cdot\overrightarrow{M_0M}\neq 0$。即不在平面 Π 上的点 M 的坐标 x,y,z 不满足方程(1)。

由此可知，方程(1)就是平面 Π 的方程，而平面 Π 就是平面方程的图形。由于方程(1)是由平面 Π 上的一点 $M_0(x_0,y_0,z_0)$ 及它的一个法线向量 $\boldsymbol{n}=\{A,B,C\}$ 确定的，所以方程(1)叫作平面的**点法式方程**。

例 1　求过点 $M(2,-3,0)$ 且以 $\boldsymbol{n}=\{1,-2,3\}$ 为法线向量的平面的方程。

解　根据平面的点法式方程，得所求平面的方程为

$$(x-2)-2(y+3)+3z=0,$$

即
$$x-2y+3z-8=0。$$

例 2 求过三点 $M_1(2,-1,4)$、$M_2(-1,3,-2)$ 和 $M_3(0,2,3)$ 的平面的方程。

解 我们可以用$\overrightarrow{M_1M_2}\times\overrightarrow{M_1M_3}$ 作为平面的法线向量 $\boldsymbol{n}$。

因为$\overrightarrow{M_1M_2}=(-3,4,-6)$,$\overrightarrow{M_1M_3}=(-2,3,-1)$,所以

$$\boldsymbol{n}=\overrightarrow{M_1M_2}\times\overrightarrow{M_1M_3}=\begin{vmatrix}\boldsymbol{i}&\boldsymbol{j}&\boldsymbol{k}\\-3&4&-6\\-2&3&-1\end{vmatrix}=14\boldsymbol{i}+9\boldsymbol{j}-\boldsymbol{k}。$$

根据平面的点法式方程,得所求平面的方程为

$$14(x-2)+9(y+1)-(z-4)=0,$$

即
$$14x+9y-z-15=0。$$

7.5.2 平面的一般方程

由于平面的点法式方程是 x,y,z 的一次方程,而任一平面都可以用它上面的一点及它的法线向量来确定,所以任一平面都可以用三元一次方程来表示 。

反过来,设有三元一次方程

$$Ax+By+Cz+D=0, \tag{2}$$

我们任取满足该方程的一组数 x_0,y_0,z_0,即 $Ax_0+By_0+Cz_0+D=0$。

把上述两等式相减,得

$$A(x-x_0)+B(y-y_0)+C(z-z_0)=0,$$

这正是通过点$M_0(x_0,y_0,z_0)$且以$\boldsymbol{n}=\{A,B,C\}$为法线向量的平面方程。由于方程(2) 与方程(1) 同解,所以任一三元一次方程 $Ax+By+Cz+D=0$ 的图形总是一个平面。

定理 7.4 平面方程是三元一次方程,且任何三元一次方程(2) 都表示平面,则 $\{A,B,C\}$ 是该平面的一个法向量。

把方程(2) 称为**平面的一般方程**,其中 x,y,z 的系数就是该平面的一个法线向量$\boldsymbol{n}$ 的坐标,即 $\boldsymbol{n}=\{A,B,C\}$。

例如,方程 $3x-4y+z-9=0$ 表示一个平面,$\boldsymbol{n}=\{3,-4,1\}$ 是这平面的一个法线向量。

在方程(2) 中,通过系数的取值情况可以判断平面的位置关系,现总结如下:

(1) 若 $D=0$,则平面过原点;.

(2) 若 $\boldsymbol{n}=\{0,B,C\}$,则法线向量垂直于 x 轴,平面平行于 x 轴;.

(3) 若 $\boldsymbol{n}=\{A,0,C\}$,则法线向量垂直于 y 轴,平面平行于 y 轴;.

(4) 若 $\boldsymbol{n}=\{A,B,0\}$,则法线向量垂直于 z 轴,平面平行于 z 轴;.

(5) 若 $\boldsymbol{n}=\{0,0,C\}$,则法线向量垂直于 x 轴和 y 轴,平面平行于 xOy 平面;

(6) 若 $\boldsymbol{n}=\{A,0,0\}$,则法线向量垂直于 y 轴和 z 轴,平面平行于 yOz 平面;

(7) 若 $\boldsymbol{n}=\{0,B,0\}$,则法线向量垂直于 x 轴和 z 轴,平面平行于 zOx 平面。

例 3　求通过 x 轴和点$(4,-3,-1)$的平面的方程。

解　平面通过 x 轴，一方面表明它的法线向量垂直于 x 轴，即 $A=0$；另一方面表明，它必通过原点，即 $D=0$。因此可设这平面的方程为

$$By+Cz=0。$$

又因为这平面通过点$(4,-3,-1)$，所以有

$$-3B-C=0,$$

将其代入所设方程并除以 $B\ (B\neq 0)$，便得所求的平面方程为

$$y-3z=0。$$

例 4　设一平面与 x,y,z 轴的交点依次为 $P(a,0,0)$，$Q(0,b,0)$，$R(0,0,c)$ 三点（如图 7-14），求该平面的方程（其中 $abc\neq 0$）。

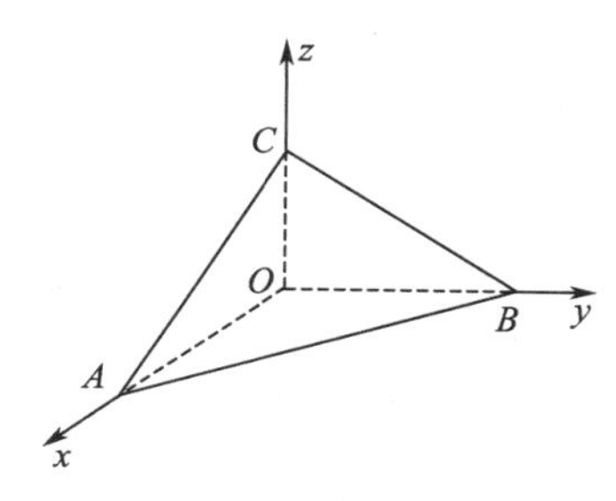

图 7-14

解　设所求平面的方程为

$$Ax+By+Cz+D=0,$$

因为点 $P(a,0,0)$，$Q(0,b,0)$，$R(0,0,c)$ 都在这平面上，所以点 P、Q、R 的坐标都满足所设方程，即有

$$\begin{cases} aA+D=0, \\ bB+D=0, \\ cC+D=0, \end{cases}$$

由此得

$$A=-\frac{D}{a},B=-\frac{D}{b},C=-\frac{D}{c}。$$

将其代入所设方程，得

$$-\frac{D}{a}x-\frac{D}{b}y-\frac{D}{c}z+D=0,$$

即

$$\frac{x}{a}+\frac{y}{b}+\frac{z}{c}=1。$$

上述方程叫作平面的**截距式方程**，而 a,b,c 依次叫作平面在 x,y,z 轴上的截距。

另外，还有一种常见形式称为**三点式方程**，设有通过不共线的三点 $M_i(x_i,y_i,z_i)(i=1,2,3)$，则过这三点的平面方程为

$$\begin{vmatrix} x-x_1 & y-y_1 & z-z_1 \\ x_2-x_1 & y_2-y_1 & z_2-z_1 \\ x_3-x_1 & y_3-y_1 & z_3-z_1 \end{vmatrix}=0。\tag{3}$$

7.5.3 两平面的夹角

通常把两平面的法线向量的夹角(通常指锐角) 称为**两平面的夹角**。

设平面Π_1和Π_2的法线向量分别为$\boldsymbol{n}_1=\{A_1,B_1,C_1\}$和$\boldsymbol{n}_2=\{A_2,B_2,C_2\}$,那么平面$\Pi_1$和$\Pi_2$的夹角$\theta$应是$(\widehat{\boldsymbol{n}_1,\boldsymbol{n}_2})$和$(\widehat{-\boldsymbol{n}_1,\boldsymbol{n}_2})=\pi-(\widehat{\boldsymbol{n}_1,\boldsymbol{n}_2})$两者中的锐角,因此,$\cos\theta=|\cos(\widehat{\boldsymbol{n}_1,\boldsymbol{n}_2})|$。按两向量夹角余弦的坐标表示式,平面$\Pi_1$和$\Pi_2$的夹角$\theta$可由

$$\cos\theta=|\cos(\widehat{\boldsymbol{n}_1,\boldsymbol{n}_2})|=\frac{|A_1A_2+B_1B_2+C_1C_2|}{\sqrt{A_1^2+B_1^2+C_1^2}\cdot\sqrt{A_2^2+B_2^2+C_2^2}}$$

来确定。

从两向量垂直、平行的充分必要条件得下列结论:

(1) 平面Π_1和Π_2垂直$\Leftrightarrow A_1A_2+B_1B_2+C_1C_2=0$;

(2) 平面Π_1和Π_2平行或重合$\Leftrightarrow \dfrac{A_1}{A_2}=\dfrac{B_1}{B_2}=\dfrac{C_1}{C_2}$。

例 5 求两平面$x-y+2z-6=0$和$2x+y+z-5=0$的夹角。

解 $\boldsymbol{n}_1=\{A_1,B_1,C_1\}=\{1,-1,2\}$,$\boldsymbol{n}_2=\{A_2,B_2,C_2\}=\{2,1,1\}$,

$$\begin{aligned}\cos\theta&=\frac{|A_1A_2+B_1B_2+C_1C_2|}{\sqrt{A_1^2+B_1^2+C_1^2}\cdot\sqrt{A_2^2+B_2^2+C_2^2}}\\&=\frac{|1\times2+(-1)\times1+2\times1|}{\sqrt{1^2+(-1)^2+2^2}\cdot\sqrt{2^2+1^2+1^2}}=\frac{1}{2}。\end{aligned}$$

所以,所求夹角为$\theta=\dfrac{\pi}{3}$。

例 6 一平面通过两点$M_1(1,1,1)$和$M_2(0,1,-1)$且垂直于平面$x+y+z=0$,求它的方程。

解 方法一:已知从点M_1到点M_2的向量为$\boldsymbol{n}_1=\{-1,0,-2\}$,平面$x+y+z=0$的法线向量为$\boldsymbol{n}_2=\{1,1,1\}$。

设所求平面的法线向量为$\boldsymbol{n}=\{A,B,C\}$,因为点$M_1(1,1,1)$和$M_2(0,1,-1)$在所求平面上,所以$\boldsymbol{n}\perp\boldsymbol{n}_1$,即$-A-2C=0$。又因为所求平面垂直于平面$x+y+z=0$,所以$\boldsymbol{n}\perp\boldsymbol{n}_2$,即$A+B+C=0$,从而,$B=C$。

于是由点法式方程,所求平面为

$$-2C(x-1)+C(y-1)+C(z-1)=0,$$

即

$$2x-y-z=0。$$

方法二:从点M_1到点M_2的向量为$\boldsymbol{n}_1=\{-1,0,-2\}$,平面$x+y+z=0$的法线向量为$\boldsymbol{n}_2=\{1,1,1\}$。设所求平面的法线向量$\boldsymbol{n}$可取为$\boldsymbol{n}_1\times\boldsymbol{n}_2$。

因为

$$n = n_1 \times n_2 = \begin{vmatrix} i & j & k \\ -1 & 0 & -2 \\ 1 & 1 & 1 \end{vmatrix} = 2i - j - k,$$

所以所求平面方程为

$$2(x-1)-(y-1)-(z-1)=0,$$

即

$$2x-y-z=0。$$

习题 7.5

1. 求过点(3,0,－1)且与平面 $3x-7x+5z-12=0$ 平行的平面方程。
2. 求通过 z 轴和点 $M(-3,1,-2)$ 的平面方程
3. 设平面过点(1,2,－1)，且在 x 轴和 z 轴上的截距等于在 y 轴上的截距的两倍，求此平面方程。
4. 求过原点且垂直于两平面 $x-y+z-7=0$ 及 $3x-2y-12z+5=0$ 的平面方程。
5. 求平面 $2x-2y+z+5=0$ 与各坐标面夹角的余弦。

7.6　空间直线及其方程

与平面方程一样，在不同条件下，直线的方程也有不同的形式，介绍如下：

7.6.1　空间直线的一般方程

空间直线 L 可以看作是两个平面 Π_1 和 Π_2 的交线(如图 7-15 所示)。

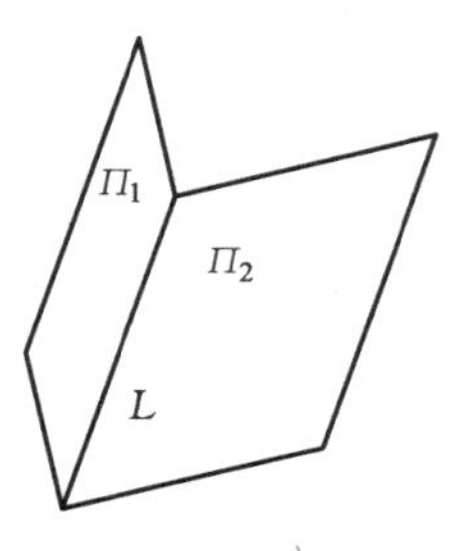

图 7-15

如果两个相交平面 Π_1 和 Π_2 的方程分别为 $A_1x+B_1y+C_1z+D_1=0$ 和 $A_2x+B_2y+C_2z+D_2=0$，那么直线 L 上的任一点的坐标应同时满足这两个平面的方程，即应满足方程组

$$\begin{cases} A_1x+B_1y+C_1z+D_1=0, \\ A_2x+B_2y+C_2z+D_2=0。 \end{cases} \tag{1}$$

反过来，如果点 M 不在直线 L 上，那么它不可能同时在平面 Π_1 和 Π_2 上，所以它的坐

标不满足方程组(1)。因此,直线 L 可以用方程组(1) 来表示。并把方程组(1) 叫作**空间直线的一般方程**。

通过空间一直线 L 的平面有无限多个,只要在这无限多个平面中任意选取两个,把它们的方程联立起来,所得的方程组就表示空间直线 L。

7.6.2 空间直线的对称式方程与参数方程

定义 7.10 如果一个非零向量平行于一条已知直线,称这个向量为这条直线的**方向向量**。

假设直线 L 通过点 $M_0(x_0,y_0,z_0)$,且直线的方向向量为 $\boldsymbol{s}=\{m,n,p\}$,如图 7-16 所示,由于直线上任一向量都平行于该直线的方向向量,则在直线 L 上任取一点 $M(x,y,z)$,那么 $\{x-x_0,y-y_0,z-z_0\}\ /\!/\ \boldsymbol{s}$,从而

$$\frac{x-x_0}{m}=\frac{y-y_0}{n}=\frac{z-z_0}{p}。\tag{2}$$

方程(2) 称作直线的**对称式方程**或**点向式方程**。

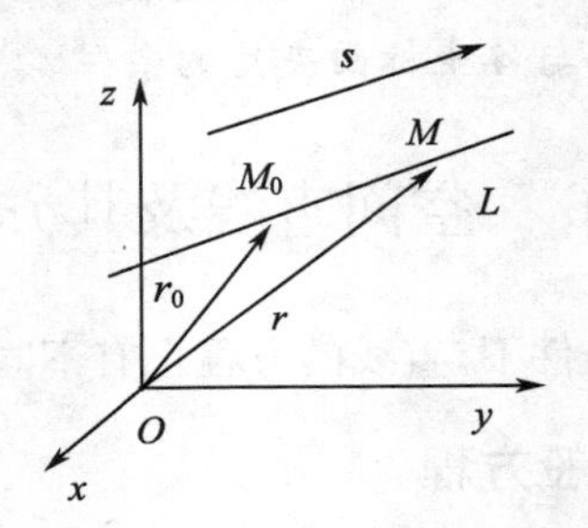

图 7-16

注意:当 m,n,p 中有一个为零,例如 $m=0$,而 $n,p\neq 0$ 时,这方程组应理解为

$$\begin{cases}x=x_0,\\ \dfrac{y-y_0}{n}=\dfrac{z-z_0}{p}。\end{cases}$$

当 m,n,p 中有两个为零,例如 $m=n=0$,而 $p\neq 0$ 时,这方程组应理解为

$$\begin{cases}x=x_0,\\ y=y_0。\end{cases}$$

直线的任一方向向量 $\boldsymbol{s}$ 的坐标 m、n、p 叫作这直线的一组**方向数**,而向量 $\boldsymbol{s}$ 的方向余弦叫作该**直线的方向余弦**。

由直线的对称式方程容易导出直线的参数方程。

设 $\dfrac{x-x_0}{m}=\dfrac{y-y_0}{n}=\dfrac{z-z_0}{p}=t$,得方程组

$$\begin{cases}x=x_0+mt,\\ y=y_0+nt,\\ z=z_0+pt。\end{cases}\tag{3}$$

方程组(3) 就是**直线的参数方程**。

例 1　用对称式方程及参数方程表示直线$\begin{cases}x+y+z=-1,\\2x-y+3z=4。\end{cases}$

解　先求出直线上的一点。取 $x=1$,有

$$\begin{cases}y+z=-2,\\-y+3z=2。\end{cases}$$

解此方程组,得 $y=-2,z=0$, 即$(1,-2,0)$ 就是直线上的一点。

再求这直线的方向向量 $\boldsymbol{s}$,以平面 $x+y+z=-1$ 和 $2x-y+3z=4$ 的法线向量的向量积作为直线的方向向量 $\boldsymbol{s}$,则

$$\boldsymbol{s}=\begin{vmatrix}\boldsymbol{i} & \boldsymbol{j} & \boldsymbol{k}\\1 & 1 & 1\\2 & -1 & 3\end{vmatrix}=4\boldsymbol{i}-\boldsymbol{j}-3\boldsymbol{k}。$$

因此,所给直线的对称式方程为

$$\frac{x-1}{4}=\frac{y+2}{-1}=\frac{z}{-3}。$$

令$\frac{x-1}{4}=\frac{y+2}{-1}=\frac{z}{-3}=t$,得所给直线的参数方程为

$$\begin{cases}x=1+4t,\\y=-2-t,\\z=-3t。\end{cases}$$

7.6.3　两直线的夹角

两直线的方向向量的夹角(通常指锐角) 叫作**两直线的夹角**。

设直线 L_1 和 L_2 的方向向量分别为 $\boldsymbol{s}_1=\{m_1,n_1,p_1\}$ 和 $\boldsymbol{s}_1=\{m_2,n_2,p_2\}$,那么 L_1 和 L_2 的夹角 φ 就是$(\boldsymbol{s}_1\widehat{,}\boldsymbol{s}_2)$ 和$(-\boldsymbol{s}_1\widehat{,}\boldsymbol{s}_2)=\pi-(\boldsymbol{s}_1\widehat{,}\boldsymbol{s}_2)$ 两者中的锐角,因此 $\cos\varphi=|\cos(\boldsymbol{s}_1\widehat{,}\boldsymbol{s}_2)|$。根据两向量的夹角的余弦公式,直线 L_1 和 L_2 的夹角 φ 可由

$$\cos\varphi=|\cos(\boldsymbol{s}_1\widehat{,}\boldsymbol{s}_2)|=\frac{|m_1m_2+n_1n_2+p_1p_2|}{\sqrt{m_1^2+n_1^2+p_1^2}\cdot\sqrt{m_2^2+n_2^2+p_2^2}}$$

来确定。

从两向量垂直、平行的充分必要条件得下列结论:

设有两直线

$$L_1:\frac{x-x_1}{m_1}=\frac{y-y_1}{n_1}=\frac{z-z_1}{p_1},\ L_2:\frac{x-x_2}{m_2}=\frac{y-y_2}{n_2}=\frac{z-z_2}{p_2},$$

则

$$L_1\perp L_2\Leftrightarrow m_1m_2+n_1n_2+p_1p_2=0,$$

$$L_1 /\!/ L_2\Leftrightarrow\frac{m_1}{m_2}=\frac{n_1}{n_2}=\frac{p_1}{p_2}。$$

例 2　求直线 $L_1: \frac{x-1}{1}=\frac{y}{-4}=\frac{z+3}{1}$ 和 $L_2: \frac{x}{2}=\frac{y+2}{-2}=\frac{z}{-1}$ 的夹角。

解　两直线的方向向量分别为 $\boldsymbol{s}_1=\{1,-4,1\}$ 和 $\boldsymbol{s}_2=\{2,-2,-1\}$，设两直线的夹角为 φ，则

$$\cos\varphi=\frac{|1\times 2+(-4)\times(-2)+1\times(-1)|}{\sqrt{1^2+(-4)^2+1^2}\cdot\sqrt{2^2+(-2)^2+(-1)^2}}=\frac{1}{\sqrt{2}}=\frac{\sqrt{2}}{2},$$

所以 $\varphi=\frac{\pi}{4}$。

7.6.4　直线与平面之间的常见问题

1. 距离问题

这一部分介绍：(1) 一点到一个平面的距离问题；(2) 一点到一条直线的距离；(3) 两条异面直线的距离。

解决这三个问题的共同思路是：找出有关垂线的方向向量，然后找出有关向量（平面上任一点或直线上任一点到该定点的向量；一条直线上任一点到另一条直线上任一点的向量）在这垂线方向向量上的投影 a，则所求的距离 $d=|a|$，现分别介绍如下：

(1) 平面外一点到该平面的距离

例 3　设 $M_0(x_0,y_0,z_0)$ 是平面 $Ax+By+Cz+D=0$ 外一点，求 M_0 到这个平面的距离。

解　如图 7-17 所示。

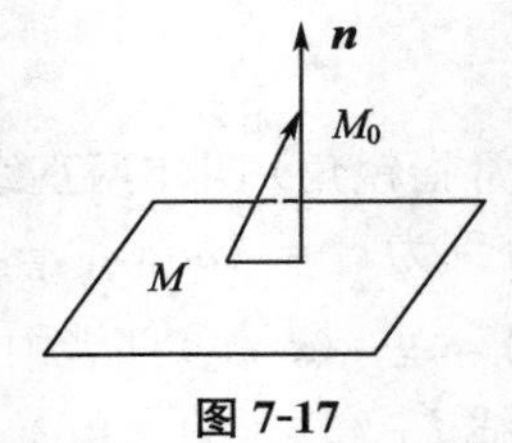

图 7-17

平面法向量 $\boldsymbol{n}=\{A,B,C\}$（如图 7-17 所示），在平面上任意取一点 $M(x,y,z)$，则所求距离 $d=|\operatorname{Prj}_{\boldsymbol{n}}\overrightarrow{MM_0}|$，而

$$\overrightarrow{MM_0}=\{x_0-x,y_0-y,z_0-z\},$$

并取 $\boldsymbol{n}^\circ$ 为向量 $\boldsymbol{n}$ 同向的单位向量，那么有

$$\operatorname{Prj}_{\boldsymbol{n}}\overrightarrow{MM_0}=\overrightarrow{MM_0}\cdot\boldsymbol{n}^\circ$$

而

$$\boldsymbol{n}^\circ=\left\{\frac{A}{\sqrt{A^2+B^2+C^2}},\frac{B}{\sqrt{A^2+B^2+C^2}},\frac{C}{\sqrt{A^2+B^2+C^2}}\right\},$$

所以

$$\operatorname{Prj}_{\boldsymbol{n}}\overrightarrow{MM_0}=\frac{A(x_0-x)}{\sqrt{A^2+B^2+C^2}}+\frac{B(y_0-y)}{\sqrt{A^2+B^2+C^2}}+\frac{C(z_0-z)}{\sqrt{A^2+B^2+C^2}}$$

$$= \frac{Ax_0 + By_0 + Cz_0 - (Ax + By + Cz)}{\sqrt{A^2 + B^2 + C^2}}。$$

由于 M 点在平面上，所以有

$$Ax + By + Cz + D = 0,$$

故

$$\mathrm{Prj}_{\boldsymbol{n}}\overrightarrow{MM_0} = \frac{Ax_0 + By_0 + Cz_0 + D}{\sqrt{A^2 + B^2 + C^2}}。$$

由此得 $M_0(x_0, y_0, z_0)$ 到平面 $Ax + By + Cz + D = 0$ 的距离公式

$$d = \frac{|Ax_0 + By_0 + Cz_0 + D|}{\sqrt{A^2 + B^2 + C^2}}。$$

显然，当 M_0 在平面上时公式也是成立的，不过此时 $d = 0$。

例如，求点 $M_0(0,2,1)$ 到平面 $2x - 3y + 5z - 1 = 0$ 的距离，由公式知

$$d = \frac{|2 \times 0 - 3 \times 2 + 5 \times 1 - 1|}{\sqrt{2^2 + (-3)^2 + 5^2}} = \frac{2}{\sqrt{38}}。$$

例 4　求平行平面 Π_1 与之 Π_2 间的距离 d。

解　这个问题可归结为 Π_1 上任一点 $M_1(x_1, y_1, z_1)$ 到 Π_2 的距离。

设 Π_i 的方程为 $Ax + By + Cz + D_i = 0 (i = 1,2)$。因

$$Ax_1 + By_1 + Cz_1 + D_2 = D_2 - D_1,$$

故由公式得

$$d = \frac{|D_2 - D_1|}{\sqrt{A^2 + B^2 + C^2}}。$$

(2) 求一点到一直线的距离

例 5　求点 $M_1(x_1, y_1, z_1)$ 到直线 $l: \frac{x - x_0}{m} = \frac{y - y_0}{n} = \frac{z - z_0}{p}$ 的距离 d。

解　如图 7-18 所示。

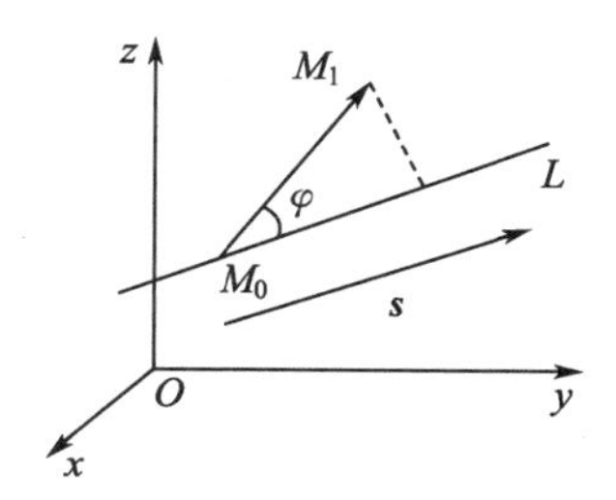

图 7-18

由图 7-18 知 $d = |\overrightarrow{M_0M_1}|\sin\varphi$，而 $|\overrightarrow{M_0M_1} \times \boldsymbol{s}| = |\overrightarrow{M_0M_1}| \cdot |\boldsymbol{s}| \cdot \sin\varphi$，故

$$d = \frac{|\overrightarrow{M_0M_1}|\,|\overrightarrow{M_0M_1} \times \boldsymbol{s}|}{|\overrightarrow{M_0M_1}|\,|\boldsymbol{s}|} = \frac{|\overrightarrow{M_0M_1} \times \boldsymbol{s}|}{|\boldsymbol{s}|}。$$

这里$\overrightarrow{M_0M_1}=\{x_1-x_0,y_1-y_0,z_1-z_0\}$。用坐标表示便得

$$d=\sqrt{\frac{\begin{vmatrix} y_1-y_0 & z_1-z_0 \\ n & p \end{vmatrix}^2+\begin{vmatrix} z_1-z_0 & x_1-x_0 \\ p & m \end{vmatrix}^2+\begin{vmatrix} x_1-x_0 & y_1-y_0 \\ m & n \end{vmatrix}^2}{m^2+n^2+p^2}}。$$

(3) 异面直线的距离

例 6 求两异面直线 $L_i(i=1,2)$:$\dfrac{x-x_i}{m_i}=\dfrac{y-y_i}{n_i}=\dfrac{z-z_i}{p_i}$之间的距离$d$。

解 设$M_i(x_i,y_i,z_i)$,$\boldsymbol{s}_i=\{m_i,n_i,p_i\}(i=1,2)$,如图 7-19 所示,其公垂线$P_1P_2$的方向与$\boldsymbol{s}_1\times\boldsymbol{s}_2$平行,取公共垂线的方向向量为$\boldsymbol{n}=\boldsymbol{s}_1\times\boldsymbol{s}_2$,故$d=|(\overrightarrow{M_1M_2})_n|$。

令$\boldsymbol{n}^\circ$为与$\boldsymbol{n}$同向的单位向量,则$\boldsymbol{n}^\circ=\dfrac{\boldsymbol{s}_1\times\boldsymbol{s}_2}{|\boldsymbol{s}_1\times\boldsymbol{s}_2|}$,于是

$$d=\overrightarrow{M_1M_2}\cdot\boldsymbol{n}^\circ=\frac{|\overrightarrow{M_1M_2}\cdot(\boldsymbol{s}_1\times\boldsymbol{s}_2)|}{\boldsymbol{s}_1\times\boldsymbol{s}_2}=\frac{|[\overrightarrow{M_1M_2}\boldsymbol{s}_1\boldsymbol{s}_2]|}{|\boldsymbol{s}_1\times\boldsymbol{s}_2|},$$

写成坐标形式为

$$d=\frac{\left|\begin{vmatrix} x_2-x_1 & y_2-y_1 & z_2-z_1 \\ m_1 & n_1 & p_1 \\ m_2 & n_2 & p_2 \end{vmatrix}\right|}{\sqrt{\begin{vmatrix} n_1 & p_1 \\ n_2 & p_2 \end{vmatrix}^2+\begin{vmatrix} p_1 & m_1 \\ p_2 & m_2 \end{vmatrix}^2+\begin{vmatrix} m_1 & n_1 \\ m_2 & n_2 \end{vmatrix}^2}}。$$

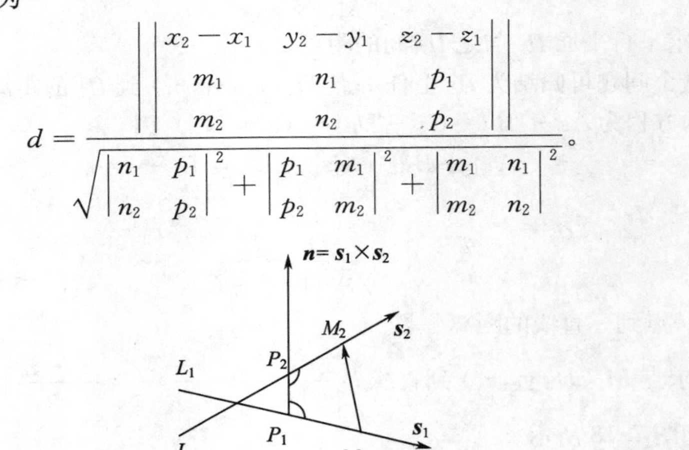

图 7-19

2. 直线与平面的关系

(1) 直线与平面的夹角

当直线与平面不垂直时,直线L和它在平面上的投影直线L'的夹角φ称为直线与平面Π的夹角(如图 7-20 所示),当直线与平面垂直时,规定直线与平面的夹角为$\frac{\pi}{2}$。

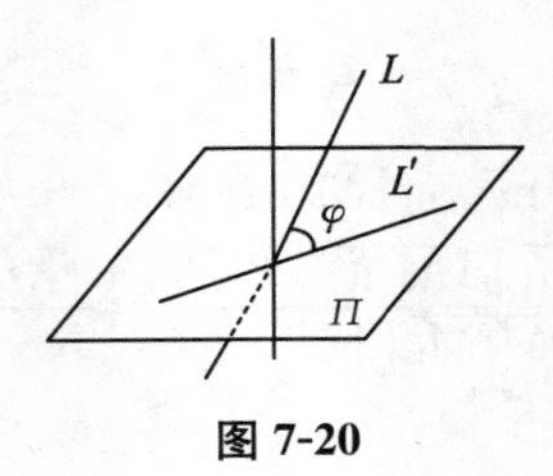

图 7-20

设直线的方向向量 $\boldsymbol{s}=\{m,n,p\}$，平面的法线向量为 $\boldsymbol{n}=\{A,B,C\}$，直线与平面的夹角为 φ，那么 $\varphi=\left|\frac{\pi}{2}-(\widehat{\boldsymbol{s},\boldsymbol{n}})\right|$，因此 $\sin\varphi=|\cos(\widehat{\boldsymbol{s},\boldsymbol{n}})|$。按两向量夹角余弦的坐标表示式，有

$$\sin\varphi=\frac{|Am+Bn+Cp|}{\sqrt{A^2+B^2+C^2}\cdot\sqrt{m^2+n^2+p^2}}。$$

结论：设直线 L 的方向向量为 $\boldsymbol{s}=\{m,n,p\}$，平面 Π 的法线向量为 $\boldsymbol{n}=\{A,B,C\}$，则

$$L\perp\Pi\Leftrightarrow\frac{A}{m}=\frac{B}{n}=\frac{C}{p};$$

$$L\,/\!/\,\Pi\Leftrightarrow Am+Bn+Cp=0。$$

例 7　求直线 $L:\frac{x-2}{1}=\frac{y-3}{1}=\frac{z-4}{2}$ 与平面 $\Pi:2x+y+z-6=0$ 的夹角。

解　L 的方向向量 $\boldsymbol{s}=\{1,1,2\}$，平面 Π 的法向量 $\boldsymbol{n}=\{2,1,1\}$，根据夹角公式得：

$$\sin\varphi=\frac{|1\times2+1\times1+2\times1|}{\sqrt{1^2+1^2+2^2}\sqrt{2^2+1^2+1^2}}=\frac{5}{6}。$$

所以 $\varphi=\arcsin\frac{5}{6}$。

(2) 直线与平面的交点

求直线 $L:\frac{x-x_0}{m}=\frac{y-y_0}{n}=\frac{z-z_0}{p}$ 与平面 $\Pi:Ax+By+Cz+D=0$ 的交点坐标，首先可将直线方程写成参数方程，然后代入平面方程求出交点处的参数值，再代回参数方程即得交点坐标。

例 8　求直线 $L:\frac{x+3}{3}=\frac{y+2}{-2}=\frac{z}{1}$ 与平面 $\Pi:x+2y+2z+6=0$ 的交点。

解　先将直线方程化成参数方程形式：

$$\begin{cases}x=-3+3t,\\y=-2-2t,\quad |t|<+\infty,\\z=t,\end{cases}$$

代入平面方程得

$$(-3+3t)+2(-2-2t)+2\cdot t+6=0,$$

解得 $t=1$，再代入直线的参数方程，即得交点为

$$\begin{cases}x=-3+3\times1=0,\\y=-2-2\times1=-4,\\z=1。\end{cases}$$

(3) 平面束方程

设 Π_1,Π_2 为不平行的两个平面，通过这两个平面交线的所有平面称为由 Π_1,Π_2 所确定的**平面束**。

设这两个平面的方程分别为

$$\Pi_1: A_1x + B_1y + C_1z + D_1 = 0, \Pi_2: A_2x + B_2y + C_2z + D_2 = 0,$$

对于平面束我们有下面的定理：

定理 7.5 设 Π_1, Π_2 为不平行的两个平面，则由 Π_1, Π_2 所确定的平面束可以表示为

$$\lambda(A_1x + B_1y + C_1z + D_1) + \upsilon(A_2x + B_2y + C_2z + D_2) = 0, \tag{4}$$

其中，λ, υ 为不同时为零的常数。

证 首先证明(4)式表示一个平面且属于 Π_1 与 Π_2 所确定的平面束。把(4)式改写成

$$(\lambda A_1 + \upsilon A_2)x + (\lambda B_1 + \upsilon B_2)y + (\lambda C_1 + \upsilon C_2)z + \lambda D_1 + \upsilon D_2 = 0,$$

这是一个一次方程。如若不然，则

$$\lambda A_1 + \upsilon A_2 = \lambda B_1 + \upsilon B_2 = \lambda C_1 + \upsilon C_2 = 0。$$

由于 λ, υ 不同时为 0，不妨设 $\upsilon \neq 0$，则由上式可推出

$$\frac{A_1}{A_2} = -\frac{\lambda}{\upsilon}, \frac{B_1}{B_2} = -\frac{\lambda}{\upsilon}, \frac{C_1}{C_2} = -\frac{\lambda}{\upsilon}。$$

从而得出 $\Pi_1 // \Pi_2$，与已知条件矛盾，所以(4)式不是一个一次方程，由定理 7.4 知(4)式表示一个平面。

将交线上任一点(x,y,z)代入(4)式，则(4)式中两括号内的数都为 0，故交线上任一点都满足方程，因此平面属于 Π_1 和 Π_2 所确定的平面束。

另外可证，(4)式可以表示为过 Π_1, Π_2 交线的任一平面。这只要证明：设 $M_0(x_0, y_0, z_0)$ 为交线外任一点，可以取适当的参数 λ, υ，使得 M_0 满足(4)式。为此将(x_0, y_0, z_0)代入(4)式得

$$\lambda(A_1x_0 + B_1y_0 + C_1z_0 + D_1) + \upsilon(A_2x_2 + B_2y_2 + C_2z_2 + D_2) = 0。$$

因 M_0 不在交线上，所以 $A_1x_0 + B_1y_0 + C_1z_0 + D_1$ 与 $A_2x_0 + B_2y_0 + C_2z_0 + D_2$ 不同时为 0，因此由上式一定可以定出一组不全为 0 的 λ, υ。

注意 平面束方程也可以用含单个参数的一次方程来表示，如

$$(A_1x + B_1y + C_1z + D_1) + \lambda(A_2x + B_2y + C_2z + D_2) = 0, \tag{5}$$

其中参数 λ 为任意实数。(5)式表示 Π_1 与 Π_2 所确定的平面束(仅缺少平面 Π_2)。

例 9 求过平面 $x + 2y - z + 1 = 0, 2x - 3y + z = 0$ 的交线且过点 $M_0(1,2,3)$ 的平面方程。

解 设所求的平面方程为

$$x + 2y - z + 1 + \lambda(2x - 3y + z) = 0,$$

将点 $M_0(1,2,3)$ 代入，得

$$3 - \lambda = 0，即 \lambda = 3。$$

故所求的平面方程为

$$x + 2y - z + 1 + 3(2x - 3y + z) = 0,$$

即

$$7x - 7y + 2z + 1 = 0。$$

7.6.5 综合例题

例 10 求过点$(1, -2, 4)$且与平面 $2x - 3y + z - 4 = 0$ 垂直的直线的方程。

解　平面的法线向量$\{2,-3,1\}$可以作为所求直线的方向向量，由此可得所求直线的方程为

$$\frac{x-1}{2}=\frac{y+2}{-3}=\frac{z-4}{1}。$$

例 11　求与两平面$x-4z=3$和$2x-y-5z=1$的交线平行且过点$(-3,2,5)$的直线的方程。

解　平面$x-4z=3$和$2x-y-5z=1$的交线的方向向量就是所求直线的方向向量$\boldsymbol{s}$，因为

$$\boldsymbol{s}=(\boldsymbol{i}-4\boldsymbol{k})\times(2\boldsymbol{i}-\boldsymbol{j}-5\boldsymbol{k})=\begin{vmatrix}\boldsymbol{i} & \boldsymbol{j} & \boldsymbol{k}\\ 1 & 0 & -4\\ 2 & -1 & -5\end{vmatrix}=-(4\boldsymbol{i}+3\boldsymbol{j}+\boldsymbol{k}),$$

所以所求直线的方程为

$$\frac{x+3}{4}=\frac{y-2}{3}=\frac{z-5}{1}。$$

例 12　求直线$\frac{x-2}{1}=\frac{y-3}{1}=\frac{z-4}{2}$与平面$2x+y+z-6=0$的交点。

解　所给直线的参数方程为

$$x=2+t,y=3+t,z=4+2t,$$

代入平面方程中，得

$$2(2+t)+(3+t)+(4+2t)-6=0。$$

解上述方程，得$t=-1$。将$t=-1$代入直线的参数方程，得所求交点的坐标为

$$x=1,y=2,z=2。$$

例 13　求过点$(2,1,3)$且与直线$\frac{x+1}{3}=\frac{y-1}{2}=\frac{z}{-1}$垂直相交的直线的方程。

解　过点$(2,1,3)$与直线$\frac{x+1}{3}=\frac{y-1}{2}=\frac{z}{-1}$垂直的平面为

$$3(x-2)+2(y-1)-(z-3)=0,$$

即$3x+2y-z=5$。直线$\frac{x+1}{3}=\frac{y-1}{2}=\frac{z}{-1}$与平面$3x+2y-z=5$的交点坐标为$\left(\frac{2}{7},\frac{13}{7},-\frac{3}{7}\right)$。以点$(2,1,3)$为起点，以点$\left(\frac{2}{7},\frac{13}{7},-\frac{3}{7}\right)$为终点的向量为

$$\left\{\frac{2}{7}-2,\frac{13}{7}-1,-\frac{3}{7}-3\right\}=-\frac{6}{7}\{2,-1,4\},$$

所求直线的方程为

$$\frac{x-2}{2}=\frac{y-1}{-1}=\frac{z-3}{4}。$$

习题 7.6

1. 求点$(1,2,1)$到平面$x+2y+2z-10=0$的距离。

2. 求过点(1,2,1)与(1,2,3)的直线方程。

3. 求通过点(2,2,−1)且与平面 $3x-y+2z=4$ 垂直的直线方程。

4. 求过点(−1,2,1)且与两平面 $x+y-2z=1$ 和 $x+2y-z=-1$ 平行的直线方程。

5. 求直线 $\frac{x-1}{1}=\frac{y}{-2}=\frac{z+4}{7}$ 与直线 $\frac{x+6}{5}=\frac{y-2}{1}=\frac{z-3}{-1}$ 夹角的余弦。

6. 求直线 $\begin{cases} x-5y+2z-1=0, \\ z=2+5y \end{cases}$ 的点向式和参数式方程。

7. 一直线过点 $A(2,-3,4)$ 且和 z 轴垂直相交,求它的方程。

8. 试确定下列各题中的直线和平面间的关系:

(1) $\frac{x+3}{-2}=\frac{y+4}{-7}=\frac{z}{3}$ 和 $4x-2y-2z=3$;

(2) $\frac{x}{3}=\frac{y}{-2}=\frac{z}{7}$ 和 $3x-2y+7z=8$;

(3) $\frac{x-2}{3}=\frac{y+2}{1}=\frac{z-3}{-4}$ 和 $x+y+z=3$。

9. 求点 $P(3,-1,2)$ 到直线 $\begin{cases} x+y-z+1=0, \\ 2x-y+z-4=0 \end{cases}$ 的距离。

10. 求直线 $\begin{cases} 2x-4y+z=0, \\ 3x-y-2z-9=0 \end{cases}$ 在平面 $4x-y+z=1$ 上的投影直线的方程。

11. 求直线 $\frac{x+3}{3}=\frac{y+2}{-2}=z$ 与平面 $x+2y+2z=6$ 的交点和交角 α。

7.7 空间曲面与曲线的一般概念

7.7.1 空间曲面及其方程

1. 曲面方程的概念

在空间解析几何中,任何曲面都可以看作点的几何轨迹。在这样的意义下,如果曲面 S 与三元方程 $F(x,y,z)=0$ 有下述关系:

(1) 曲面 S 上任一点的坐标都满足方程 $F(x,y,z)=0$;

(2) 不在曲面 S 上的点的坐标都不满足方程 $F(x,y,z)=0$,

那么,方程 $F(x,y,z)=0$ 就叫作**曲面 S 的方程**,而曲面 S 就叫作方程 $F(x,y,z)=0$ 的图形。

下面来研究曲面的两个基本问题:

(1) 已知一曲面作为点的几何轨迹时,建立该曲面的方程;

(2) 已知坐标 x、y 和 z 间的一个方程时,研究该方程所表示的曲面的形状。

例 1 建立球心在点 $M_0(x_0,y_0,z_0)$,半径为 R 的球面的方程。

解　设 $M(x,y,z)$ 是球面上的任一点，那么 $|MM_0| = R$，即

$$\sqrt{(x-x_0)^2+(y-y_0)^2+(z-z_0)^2} = R,$$

或
$$(x-x_0)^2+(y-y_0)^2+(z-z_0)^2 = R^2。$$

这就是球面上的点的坐标所满足的方程，而不在球面上的点的坐标都不满足这个方程，所以，$(x-x_0)^2+(y-y_0)^2+(z-z_0)^2 = R^2$ 就是球心在点 $M_0(x_0,y_0,z_0)$，半径为 R 的球面的方程。

特殊地，球心在原点 $O(0,0,0)$、半径为 R 的球面的方程为

$$x^2+y^2+z^2 = R^2。$$

例 2　设有点 $A(1,2,3)$ 和 $B(2,-1,4)$，求线段 AB 的垂直平分面的方程。

解　由题意知道，所求的平面就是与 A 和 B 等距离的点的几何轨迹。设 $M(x,y,z)$ 为所求平面上的任一点，则有 $|AM| = |BM|$，即

$$\sqrt{(x-1)^2+(y-2)^2+(z-3)^2} = \sqrt{(x-2)^2+(y+1)^2+(z-4)^2},$$

等式两边平方，然后化简得

$$2x-6y+2z-7 = 0。$$

这就是所求平面上的点的坐标所满足的方程，而不在此平面上的点的坐标都不满足这个方程，所以这个方程就是所求平面的方程。

例 3　方程 $x^2+y^2+z^2-2x+4y = 0$ 表示怎样的曲面？

解　通过配方，原方程可以改写成

$$(x-1)^2+(y+2)^2+z^2 = 5。$$

这是一个球面方程，球心在点 $M(1,-2,0)$，半径为 $R = \sqrt{5}$。

一般地，设有三元二次方程

$$x^2+y^2+z^2+Ax+By+Cz+D = 0,$$

这个方程的特点是没有 xy,yz,zx 各项，而且平方项系数相同，只要将方程经过配方就可以化成方程

$$(x-x_0)^2+(y-y_0)^2+(z-z_0)^2 = R^2$$

的形式，它的图形就是一个球面。

2. 柱面

讨论方程 $x^2+y^2 = R^2$ 表示怎样的曲面？

由于方程 $x^2+y^2 = R^2$ 在 xOy 面上表示圆心在原点 O、半径为 R 的圆。在空间直角坐标系中，这方程不含竖坐标 z，即不论空间点的竖坐标 z 怎样，只要它的横坐标 x 和纵坐标 y 能满足该方程，那么这些点就在这曲面上。也就是说，过 xOy 面上的圆 $x^2+y^2 = R^2$，且平行于 z 轴的直线一定在 $x^2+y^2 = R^2$ 表示的曲面上。所以这个曲面可以看成是由平行于 z 轴的直线 l 沿 xOy 面上的圆 $x^2+y^2 = R^2$ 移动而形成的。如图 7-21 所示。

通常把平行于定直线并沿定曲线 C 移动的直线 L 形成的轨迹叫作**柱面**，定曲线 C 叫作柱面的**准线**，动直线 L 叫作柱面的**母线**，如图 7-22 所示。

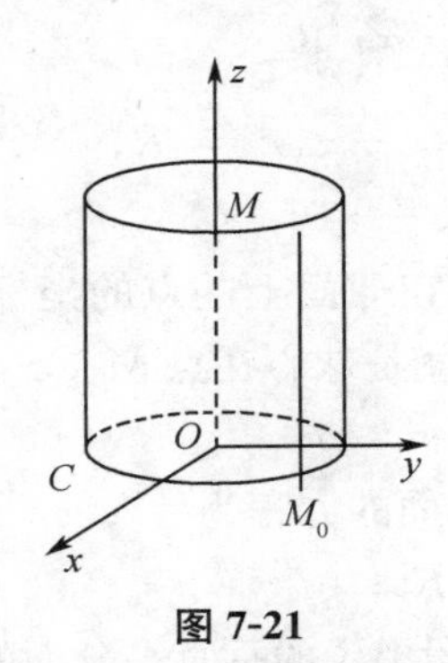

图 7-21

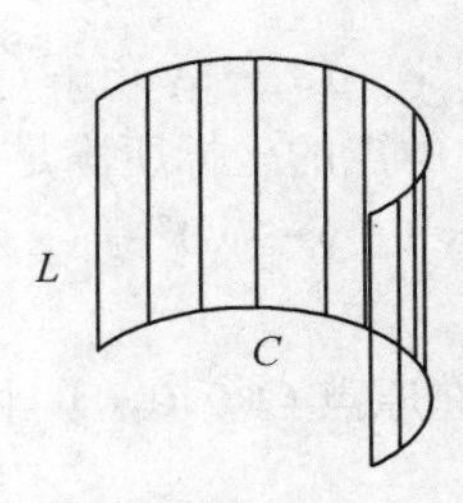

图 7-22

由上面我们看到，不含 z 的方程 $x^2+y^2=R^2$ 在空间直角坐标系中表示圆柱面，它的母线平行于 z 轴，它的准线是 xOy 面上的圆 $x^2+y^2=R^2$。

一般地，只含 x,y 而缺 z 的方程 $F(x,y)=0$，在空间直角坐标系中表示母线平行于 z 轴的柱面，其准线是 xOy 面上的曲线 C：$F(x,y)=0$。

例如，方程 $y^2=2x$ 表示母线平行于 z 轴的柱面，它的准线是 xOy 面上的抛物线 $y^2=2x$，该柱面叫作**抛物柱面**，如图 7-23 所示。

又如，方程 $x-y=0$ 表示母线平行于 z 轴的柱面，其准线是 xOy 面的直线 $x-y=0$，所以它是过 z 轴的平面。

类似地，只含 x,z 而缺 y 的方程 $G(x,z)=0$ 和只含 y,z 而缺 x 的方程 $H(y,z)=0$ 分别表示母线平行于 y 轴和 x 轴的柱面。

例如，方程 $x-z=0$ 表示母线平行于 y 轴的柱面，其准线是 zOx 面上的直线 $x-z=0$，所以它是过 y 轴的平面。

3. 旋转曲面

通常把以一条平面曲线绕其平面上的一条直线旋转一周所成的曲面叫作**旋转曲面**，这条定直线叫作旋转曲面的**旋转轴**，如图 7-24 所示。

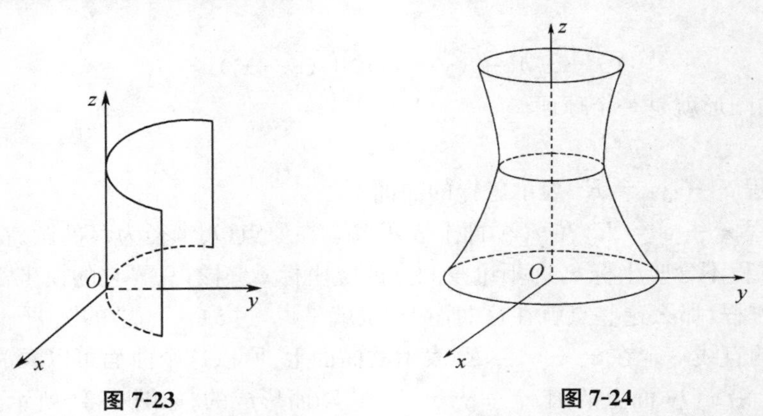

图 7-23　　图 7-24

设在 yOz 坐标面上有一已知曲线 C，它的方程为 $f(y,z)=0$，把这曲线绕 z 轴旋转一周，就得到一个以 z 轴为轴的旋转曲面。它的方程可以按下列方法求得：

设$M(x,y,z)$为曲面上任一点，它是曲线C上点$M_1(0,y_1,z_1)$绕z轴旋转一周而得到的。因此有如下关系等式

$$f(y_1,z_1)=0, z=z_1, |y_1|=\sqrt{x^2+y^2},$$

从而得

$$f(\pm\sqrt{x^2+y^2},z)=0,$$

这就是所求旋转曲面的方程。

因此，若在 yOz 平面上的曲线 C 的方程 $f(y,z)=0$ 中保持 z 不变，而将 y 改成 $\pm\sqrt{x^2+y^2}$，就得到曲线 C 绕 z 轴旋转一周而成的曲面方程

$$f(\pm\sqrt{x^2+y^2},z)=0。$$

同理，曲线 C 围绕 y 轴旋转一周而成的曲面方程为

$$f(y,\pm\sqrt{x^2+z^2})=0。$$

例 4　直线 L 绕另一条与 L 相交的直线旋转一周，所得旋转曲面叫作**圆锥面**(如图 7-25 所示)。两直线的交点叫作圆锥面的**顶点**，两直线的夹角 α $\left(0<\alpha<\frac{\pi}{2}\right)$ 叫作圆锥面的**半顶角**。试建立顶点在坐标原点 O，旋转轴为 z 轴，半顶角为α的圆锥面的方程。

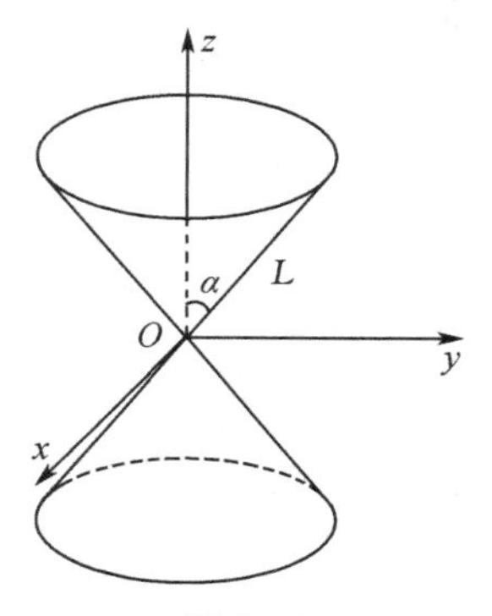

图 7-25

解　在yOz 坐标面内，直线 L 的方程为 $z=y\cot\alpha$，将方程 $z=y\cot\alpha$ 中的 y 改成 $\pm\sqrt{x^2+y^2}$，就得到所要求的圆锥面的方程

$$z=\pm\sqrt{x^2+y^2}\cot\alpha,$$

或

$$z^2=(x^2+y^2)a^2,$$

其中 $a=\cot\alpha$。

例 5　将 zOx 坐标面上的双曲线$\frac{x^2}{a^2}-\frac{z^2}{c^2}=1$ 分别绕 x 轴和 z 轴旋转一周，求所生成的旋转曲面的方程。

解　根据前面的分析，绕 x 轴旋转所形成的旋转曲面的方程为

$$\frac{x^2}{a^2}-\frac{y^2+z^2}{c^2}=1;$$

绕 z 轴旋转所形成的旋转曲面的方程为

$$\frac{x^2+y^2}{a^2}-\frac{z^2}{c^2}=1。$$

这两种曲面分别叫作**双叶旋转双曲面**和**单叶旋转双曲面**。

7.7.2 二次曲面

怎样了解三元方程 $F(x,y,z)=0$ 所表示的曲面的形状呢?方法之一是用坐标面和平行于坐标面的平面与曲面相截,考察其交线的形状,然后加以综合,从而了解曲面的立体形状。这种方法叫作**截痕法**。

三元方程 $F(x,y,z)=0$ 一般表示曲面。特别地,如果 $F(x,y,z)=0$ 为二次方程

$$a_{11}x^2+a_{22}y^2+a_{33}z^2+2a_{12}xy+2a_{13}xz+2a_{23}yz+b_1x+b_2y+b_3z+c=0,$$

则它表示的曲面称为**二次曲面**,如前面讨论的球面 $x^2+y^2+z^2=R^2$,旋转抛物面 $z=x^2+y^2$,锥面 $z^2=x^2+y^2$ 等,都是特殊的二次曲面。

要了解二次曲面的形状,可以讨论二次曲面在空间的范围,对称性以及用“截痕法”进行综合考察,从而了解曲面的全貌,这里所说的“截痕法”,就是用坐标面和平行于坐标面的平面与曲面相截,研究其交线(截痕)的形状的方法,据此,我们讨论几种特殊的二次曲面。

1. 椭球面

方程

$$\frac{x^2}{a^2}+\frac{y^2}{b^2}+\frac{z^2}{c^2}=1$$

所表示的曲面,称为**椭球面**。下面综合考察这种曲面的形状。

(1) 范围

由椭球面的方程可知 $|x|\leqslant a$, $|y|\leqslant b$, $|z|\leqslant c$ 即曲面在 $x=\pm a$, $y=\pm b$, $z=\pm c$ 等六个平面所围成的长方体内,a,b,c 叫作椭球面的半轴。

(2) 对称性

若点 $P(x,y,z)$ 在椭球面上,则点 P 关于三个坐标面 xOy, yOz, zOx 的对称点 $P_1(x,y,-z)$, $P_2(-x,y,z)$, $P_3(x,-y,-z)$ 也在椭球面上,故椭球面关于三个坐标面对称。同理,点 P 关于三条坐标轴的对称点也在椭球面上,故椭球面关于三条坐标轴对称,点 P 关于原点的对称点 $P_4(x,-y,-z)$, $P_5(-x,y,-z)$, $P_6(-x,-y,z)$ 也在椭球面上,故椭球面关于三条坐标轴对称,点 P 关于原点的对称点 $P_7(-x,-y,-z)$ 也在椭球面上,故椭球面关于原点对称。

(3) 截痕

如图 7-26 所示。

若用平面 $z=0$ 去截椭球面,所得的截痕为 xOy 坐标面上的椭圆

$$\frac{x^2}{a^2}+\frac{y^2}{b^2}=1。$$

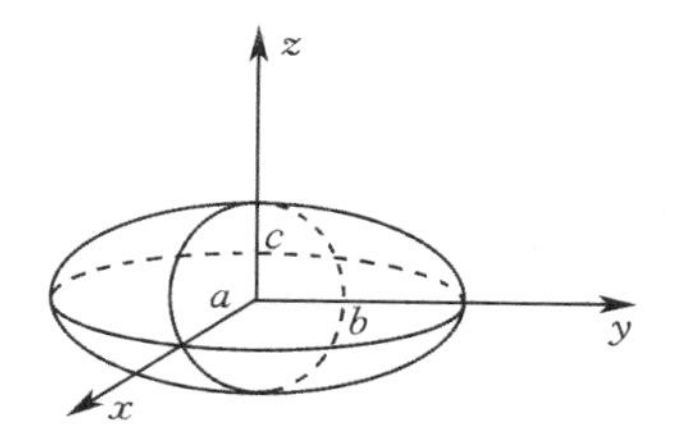

图 7-26　椭球面

若用平面 $z=z_0(-c\leqslant z_0\leqslant c)$ 去截椭球面，所得的截痕为

$$\frac{x^2}{a^2}+\frac{y^2}{b^2}=1-\frac{z_0^2}{c^2},$$

即

$$\frac{x^2}{\frac{a^2}{c}(c^2-z_0^2)}+\frac{y^2}{\frac{b^2}{c^2}(c^2-z_0^2)}=1。$$

这是平面 $z=z_0$ 上的椭圆。当 $|z_0|$ 逐渐增大到 c，则椭圆半轴由大变小，最后变成为零，即椭圆由大变小，最后变成一点 $(0,0,\pm c)$。

类似地，若用平面 $y=y_0(-b\leqslant y_0\leqslant b)$，或 $x=x_0(-a\leqslant x_0\leqslant a)$ 去截椭球面，分别可得与上述类似的结果。

显然，当 $a=b$（或 $a=c$，或 $b=c$）时，椭球面为一旋转椭圆面。当 $a=b=c$ 时，椭球面则为球面。

2. 抛物面

方程

$$\frac{x^2}{a^2}+\frac{y^2}{b^2}=z$$

所表示的曲面，称为**椭圆抛物面**。下面综合考虑这种曲面的形状。

(1) 范围：当 $z\geqslant 0$，曲面在 xOy 面的上方（当 $z\leqslant 0$，曲面在 xOy 面的下方）；

(2) 对称性：曲面关于 yOz 坐标面，zOx 坐标面对称，关于 z 轴对称；

(3) 截痕：若用平面 $z=z_0$ 去截此椭圆抛物面，所得的截痕为

$$\frac{x^2}{a^2}+\frac{y^2}{b^2}=z_0,$$

即

$$\frac{x^2}{a^2z_0}+\frac{y^2}{b^2z_0}=1。$$

这是平面 $z=z_0$ 上的椭圆，其半轴 $a\sqrt{z_0}$ 与 $b\sqrt{z_0}$ 随 z_0 的增大而增大。

若用平面 $x=x_0$ 去截椭圆抛物面，所得的截痕为 $\frac{x_0^2}{a^2}+\frac{y^2}{b^2}=z$，这是平面 $x=x_0$ 上的抛物线

$$z-\frac{x_0^2}{b^2}=\frac{y^2}{b^2}。$$

若用 $y=y_0$ 去截椭圆抛物面，所得的截痕为 $z-\frac{y_0^2}{b^2}=\frac{y^2}{b^2}$ 这是平面 $y=y_0$ 上的抛物线。

综上所诉，椭圆抛物面的形状如图 7-27 所示，当 $a=b$ 时，椭圆抛物面为旋转抛物面。

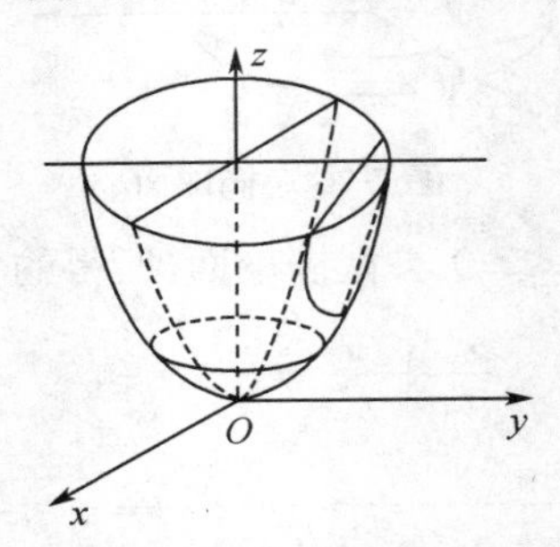

图 7-27 椭圆抛物面

类似可讨论椭圆抛物面 $\frac{x^2}{a^2}+\frac{y^2}{b^2}=-z$，其范围、对称性与截痕等特性，请读者自己完成。

方程 $\frac{x^2}{a^2}-\frac{y^2}{b^2}=z$ 所表示的曲面称为**双曲抛物面**，也称**马鞍面**，形状如图 7-28 所示。

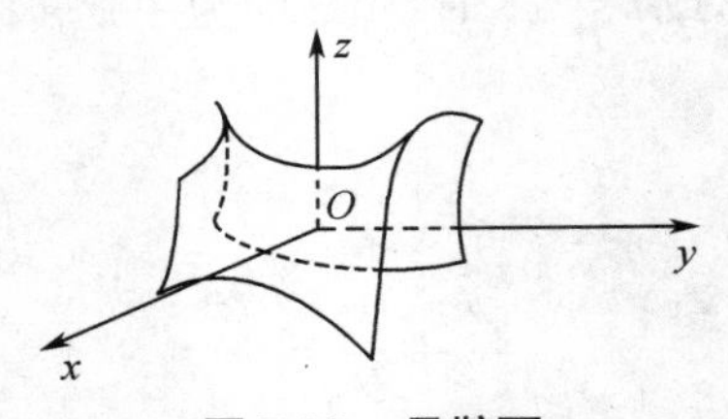

图 7-28 马鞍面

3. 双曲面

方程 $\frac{x^2}{a^2}+\frac{y^2}{b^2}-\frac{z^2}{c^2}=1$ 所表示的曲面，称为**单叶双曲面**，其几何特征为：

(1) 范围：由单叶双曲面的方程，可得 $\frac{x^2}{a^2}+\frac{y^2}{b^2}=1+\frac{z_0^2}{c^2}\geqslant 1$，

(2) 对称性：曲面关于三个坐标面、三条坐标轴、原点都对称；

(3) 截痕：若用平面 $z=z_0$ 去截此单叶双曲面，所得截痕为

$$\frac{x^2}{a^2}+\frac{y^2}{b^2}=1+\frac{z_0^2}{c^2},$$

这是平面 $z=z_0$ 上的椭圆，且随着 $|z_0|$ 增大，椭圆半轴增大，椭圆也变大。

若用平面 $x=x_0$ 或 $y=y_0$ 去截单叶双曲面，所得截痕分别为 $\frac{y^2}{b^2}-\frac{z^2}{c^2}=1-\frac{x_0^2}{a^2}$

或$\frac{x^2}{a^2}-\frac{z^2}{c^2}=1-\frac{y_0^2}{b^2}$。

它们分别是平面 $x=x_0$ 或 $y=y_0$ 上的双曲线。

综上所述,单叶双曲面形状如图 7-29 所示。

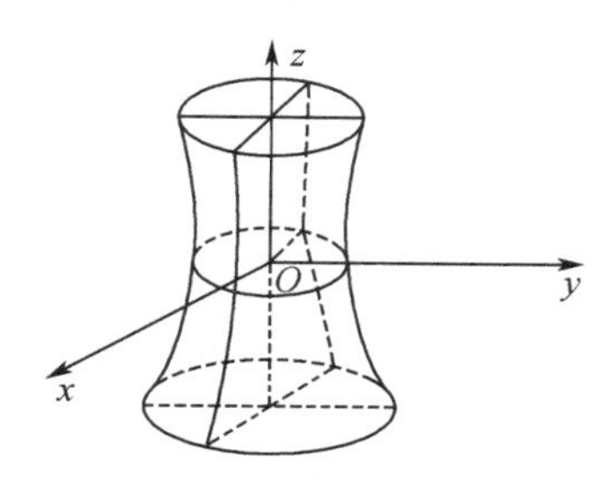

图 7-29　单叶双曲面形状

方程

$$\frac{x^2}{a^2}-\frac{y^2}{b^2}+\frac{z^2}{c^2}=-1$$

所表示的曲面,称为**双叶双曲面**,几何特征为:

(1) 范围:由双叶双曲面的方程,可得$\frac{x^2}{a^2}+\frac{z^2}{c^2}=\frac{y_0^2}{b^2}-1\geqslant 0$,可知$|y|\geqslant|b|$;

(2) 对称性:曲面关于三个坐标面、三条坐标轴、原点都对称;

(3) 截痕:若用平面 $y=y_0$ 去截此双叶双曲面,所得截痕为

$$\frac{x^2}{a^2}+\frac{z^2}{c^2}=\frac{y_0^2}{b^2}-1(|y_0|\geqslant|b|),$$

这是平面 $y=y_0$ 上的椭圆,且随着$|y_0|$增大,椭圆半轴增大,椭圆也变大。

若用平面 $x=x_0$ 或 $z=z_0$ 去截双叶双曲面,所得截痕分别为

$$-\frac{y^2}{b^2}+\frac{z^2}{c^2}=-\left(1+\frac{x_0^2}{a^2}\right)\text{或}\frac{x^2}{a^2}-\frac{y^2}{b^2}=-\left(1+\frac{z_0^2}{c^2}\right),$$

它们分别是平面 $x=x_0$ 或 $y=y_0$ 上的双曲线。

综上所述,双叶双曲面形状如图 7-30 所示。

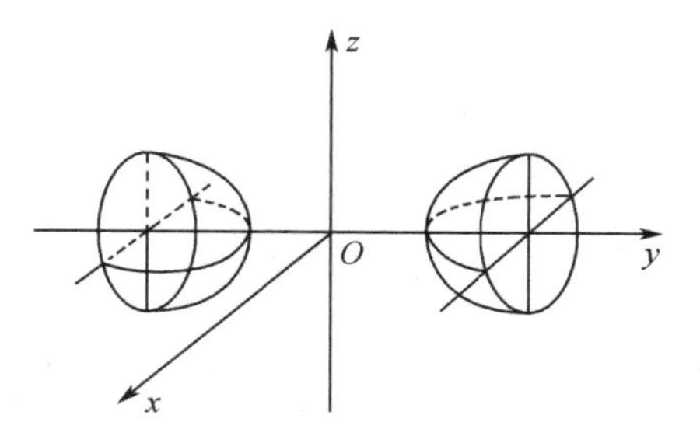

图 7-30　双叶双曲面形状

7.7.3 空间曲线及其方程

1. 空间曲线的一般式方程(交面式方程)

空间曲线可以看作两个曲面的交线,设 $F(x,y,z)=0$ 和 $G(x,y,z)=0$ 是两个曲面方程,它们的交线为 C。因为曲线 C 上的任何点的坐标应同时满足这两个方程,所以应满足方程组

$$\begin{cases} F(x,y,z)=0, \\ G(x,y,z)=0。 \end{cases} \tag{1}$$

反过来,如果点 M 不在曲线 C 上,那么它不可能同时在两个曲面上,所以它的坐标不满足方程组。

因此,曲线 C 可以用上述方程组来表示。方程组(1) 叫作空间曲线 C 的一般方程。

例 1 方程组 $\begin{cases} x^2+y^2=1, \\ 2x+3z=6 \end{cases}$ 表示怎样的曲线?

解 方程组中第一个方程表示母线平行于 z 轴的圆柱面,其准线是 xOy 面上的圆,圆心在原点 O,半径为 1。方程组中第二个方程表示一个母线平行于 y 轴的柱面,由于它的准线是 zOx 面上的直线,因此它是一个平面。方程组就表示上述平面与圆柱面的交线。

例 2 方程组 $\begin{cases} z=\sqrt{a^2-x^2-y^2}, \\ (x-\frac{a}{2})^2+y^2=(\frac{a}{2})^2 \end{cases}$ 表示怎样的曲线?

解 方程组中第一个方程表示球心在坐标原点 O,半径为 a 的上半球面。第二个方程表示母线平行于 z 轴的圆柱面,它的准线是 xOy 面上的圆,该圆的圆心在点$(\frac{a}{2},0)$,半径为$\frac{a}{2}$。方程组就表示上述半球面与圆柱面的交线。

2. 参数方程

空间曲线 C 的方程除了一般方程之外,也可以用参数形式表示,只要将 C 上动点的坐标 x,y,z 表示为参数 t 的函数:

$$\begin{cases} x=x(t), \\ y=y(t), \\ z=z(t)。 \end{cases} \tag{2}$$

当给定 $t=t_1$ 时,就得到 C 上的一个点(x_1,y_1,z_1);随着 t 的变动便得曲线 C 上的全部点。方程组(2) 叫作空间曲线的参数方程。

3. 空间曲线在坐标面上的投影

以曲线 C 为准线、母线平行于 z 轴的柱面叫作曲线 C 关于 xOy 面的**投影柱面**,投影柱面与 xOy 面的交线叫作空间曲线 C 在 xOy 面上的投影曲线,或简称投影(类似地可以定义曲线 C 在其他坐标面上的投影)。

设在空间曲线的一般式方程中消去变量 z 后所得的方程 $H(x,y)=0$，它表示一个母线平行于 z 轴的柱面，另一方面方程 $H(x,y)=0$ 是由方程组消去变量 z 后所得的方程，因此当 x,y,z 满足方程组时，前两个数 x,y 必定满足方程 $H(x,y)=0$，这就说明曲线 C 上的所有点都在方程 $H(x,y)=0$ 所表示的曲面上，即曲线 C 在方程 $H(x,y)=0$ 表示的柱面上。所以方程 $H(x,y)=0$ 表示的柱面就是曲线 C 关于 xOy 面的投影柱面。

因此，曲线 C 在 xOy 面上的投影曲线的方程为 $\begin{cases} H(x,y)=0, \\ z=0。\end{cases}$

讨论：曲线 C 关于 yOz 面和 zOx 面的投影柱面的方程是什么？曲线 C 在 yOz 面和 zOx 面上的投影曲线的方程是什么？

例 4　已知两球面的方程为 $x^2+y^2+z^2=1$ 和 $x^2+(y-1)^2+(z-1)^2=1$，求它们的交线 C 在 xOy 面上的投影方程。

解　先将方程 $x^2+(y-1)^2+(z-1)^2=1$ 化为 $x^2+y^2+z^2-2y-2z=1$，然后与方程 $x^2+y^2+z^2=1$ 相减得 $y+z=1$，将 $z=1-y$ 代入 $x^2+y^2+z^2=1$ 得 $x^2+2y^2-2y=0$。

因此，两球面的交线 C 在 xOy 面上的投影方程为 $\begin{cases} x^2+2y^2-2y=0, \\ z=0。\end{cases}$

习题 7.7

1. 求出下列方程所表示的球面的球心和球半径。

(1) $x^2+y^2+z^2+4x-2y+z+\dfrac{5}{4}=0$；　　(2) $2x^2+2y^2+2z^2-z=0$。

2. 一动点到 $A(2,0,-3)$ 的距离与到点 $B(4,-6,6)$ 的距离之比等于 3，求此动点的轨迹。

3. 指出下列方程各表示什么曲面，并画出其图形。

(1) $\left(x-\dfrac{a}{2}\right)^2+y^2=\dfrac{a^2}{4}$；　　(2) $\dfrac{y^2}{9}-\dfrac{x^2}{4}=1$；

(3) $\dfrac{x^2}{9}+\dfrac{z^2}{4}=1$；　　(4) $z=2-y^2$。

4. 下列方程在平面解析几何和空间几何中分别属于怎样的图形。

(1) $x=2$；　　(2) $y=x+1$；

(3) $x^2+y^2=4$；　　(4) $x^2-y^2=1$；

(5) $\begin{cases} y-5x+1=0, \\ y-2x+3=0; \end{cases}$　　(6) $\begin{cases} \dfrac{x^2}{4}+\dfrac{y^2}{9}=1, \\ y=2。\end{cases}$

5. 求下列旋转曲面方程，并画出其图形。

(1) zOx 平面上的抛物线 $z^2=5x$ 绕 x 轴旋转；

(2) yOz 平面上的椭圆$\frac{y^2}{4}+\frac{z^2}{9}=1$绕 z 轴旋转；

(3) xOy 面上的双曲线 $4x^2-9y^2=36$ 绕 y 轴、x 轴旋转。

6. 分别求母线平行于 x 轴及 y 轴且通过曲线$\begin{cases}2x^2+y^2+z^2=16,\\x^2+z^2-y^2=0\end{cases}$的柱面方程。

7. 求球面 $x^2+y^2+z^2=9$ 与平面 $x+z=1$ 的交线在 xOy 面上的投影方程。

8. 将下列曲线的一般方程化为参数方程。

(1) $\begin{cases}x^2+y^2+z^2=9,\\y=z;\end{cases}$　　(2) $\begin{cases}(x-1)^2+y^2+(z+1)^2=4,\\z=0。\end{cases}$

9. 指出下列方程所表示的曲面，并绘出草图。

(1) $x^2+2y^2+3z^2=9$；　　(2) $\frac{x^2}{4}+\frac{y^2}{9}=3z$；

(3) $x^2+y^2-z^2=1$；　　(4) $x^2-y^2-z^2=1$；

(5) $x^2+y^2=z^2$；　　(6) $x^2-y^2=4z$。

10. 绘出下列各组曲面所围立体的图形。

(1) $z=x^2+y^2, z=0, x^2+y^2=2x$；　　(2) $x^2+y^2+z^2=1, z=x^2+y^2$；

(3) $z=\sqrt{x^2+y^2}, z=\sqrt{a^2-x^2-y^2}$；　　(4) $x^2+y^2+z^2=1, x^2+y^2=x$。

复习题 7

一、填空题。

1. 已知点 $M_1(-1,2,1)$，$M_2(2,-2,1)$ 和向量 $\boldsymbol{a}=\boldsymbol{i}-\boldsymbol{k}$，则：

(1) $\overrightarrow{M_1M_2}$ 的方向余弦为________；　(2) $\overrightarrow{M_1M_2}$ 在 a 上的投影是________________。

2. 设 $|\boldsymbol{a}|=2$，$|\boldsymbol{b}|=1$ 且 $\boldsymbol{a},\boldsymbol{b}$ 的夹角为$\frac{\pi}{3}$，则$(2\boldsymbol{a}+3\boldsymbol{b})\cdot(3\boldsymbol{a}-\boldsymbol{b})=$ ______________。

3. 直线方程$\begin{cases}x+z=0,\\2x+y=0\end{cases}$的对称式方程是______________。

二、计算题。

1. 求同时垂直于向量 $\boldsymbol{a}=\{3,6,8\}$ 和 x 轴的单位向量。

2. 求曲线$\begin{cases}4x^2-9y^2=36,\\z=0\end{cases}$分别绕 x 轴与 y 轴旋转所形成的旋转面的方程。

3. 求平行于 y 轴，且经过点 $A(1,-5,1)$ 与 $B(3,2,-3)$ 的平面方程。

4. 求通过点$(0,2,4)$，且平行于两平面 $x+2z=1$，$y-3z=2$ 的直线方程。

5. 试把曲线方程$\begin{cases}2x^2+z^2+4x=4z,\\y^2+3z^2-8x=12z\end{cases}$换成平行于$x$轴和$z$轴的投影柱面的交线的方程。

6. 求通过点 $A(2,-1,3)$ 且与直线 l：$\frac{x-1}{-1}=\frac{y}{0}=\frac{z-2}{2}$ 垂直相交的直线方程。

7. 求过点 $A_1(0,-1,0)$和 $B_1(0,0,1)$且与 xOy 平面成$\frac{\pi}{3}$角的平面方程。

第 8 章　多元函数微分学

前面研究了一元函数及其微积分，但在自然科学、工程技术和经济生活中的众多领域里，往往与多种因素有关，反映到数学上，就是一个变量依赖于多个变量的关系，这就提出了多元函数的概念及多元函数的微分和积分问题。本章将在一元函数微分学的基础上，讨论以二元函数为主的多元函数微分法及其应用，这些结果可以很自然地推广到二元函数以上的多元函数。

8.1　多元函数、极限与连续性

8.1.1　平面点集与区域

在讨论一元函数有关概念时，经常要用到区间和邻域的概念，在讨论二元函数的有关概念时，需要用到平面点集与区域的概念。为此，首先介绍平面点集与区域的基本知识，并把邻域的概念推广到平面上。

由解析几何知道，平面上建立了直角坐标系 xOy 后，平面上的点 P 与它的坐标 (x,y) 之间随之建立了一一对应的关系，于是可以把平面上的点 P 与它的坐标 (x,y) 同等看待。

所谓**平面点集** D 就是平面上满足某种条件 E 的点的集合，记作

$$D=\{(x,y)\mid(x,y)\text{满足条件 }E\}。$$

例如，全平面上的点所组成的点集是 $R^2=\{(x,y)\mid-\infty<x<+\infty,-\infty<y<+\infty\}$。点集 $C=\{(x,y)\mid x^2+y^2\leqslant1\}$ 表示平面上圆心在原点的单位圆内及圆周上的所有点的集合。

1. 邻域

设 $P_0\in R^2$，$\delta>0$，则点集

$$\{(x,y)\mid(x-x_0)^2+(y-y_0)^2<\delta^2\}$$

称为点 P_0 的 δ **邻域**，简称为**邻域**，记作 $N(P_0,\delta)$。

在几何上，邻域 $N(P_0,\delta)$ 是平面上以点 P_0 为圆心、以 δ 为半径的圆内的点的全体，如果不需要特别强调邻域的半径 δ，就用 $N(P_0)$ 表示点 P_0 的某一邻域。

从 $N(P_0,\delta)$ 中去掉点 P_0 后所得的集合

$$\{(x,y)\mid0<(x-x_0)^2+(y-y_0)^2<\delta^2\}$$

称为 P_0 的**去心 δ 邻域**，简称为**去心邻域**，记作 $N^0(P_0,\delta)$。

2. 区域

设 D 为 R^2 中一点集，点 $P \in D$，若存在点 P 的某个邻域 $N(P)$，使得 $N(P) \subset D$，则称 P 为 D 的一个**内点**，如图 8-1 所示。若点集 D 的所有点都是内点，则称 D 为**开集**。若点 P 的任一邻域内既有属于 D 的点，也有不属于 D 的点，则称 P 为 D 的一个**边界点**，如图 8-2 所示。至于点 P 本身，它可以属于 D，也可以不属于 D，点集 D 的边界点的全体称为 D 的**边界**。

例如，点集

$$D_1 = \{(x,y) \mid 1 < x^2 + y^2 < 4\}$$

的每一个点都是内点，因此 D_1 为开集，它的边界为圆周 $x^2 + y^2 = 1$ 和 $x^2 + y^2 = 4$。

图 8-1　　图 8-2

设 D 是开集，若对 D 内的任意两点 P_1 和 P_2 都能用全属于 D 的一条折线将它们连接起来，则称开集 D 是**连通**的，连通的开集称为**区域**或**开区域**，开区域连同它的边界一起称为**闭区域**。例如上面提到的 D_1 是区域，而 $D_2 = \{(x,y) \mid 1 \leqslant x^2 + y^2 \leqslant 4\}$ 是闭区域。

如果区域 D 内任意两点之间的距离都不超过某一常数 $M(M > 0)$，则称 D 为**有界区域**，否则称 D 为**无界区域**，这一定义也适用于闭区域。例如，D_1 是有界区域，D_2 是有界闭区域，而 $D_3 = \{(x,y) \mid x + y > 0\}$ 则是无界区域。

8.1.2　多元函数的概念

我们着重介绍二元函数的概念，三元及三元以上的多元函数的概念，可以做类似的推广。

定义 8.1　设 D 是非空平面点集，若对 D 中的每一点 $P(x,y)$，按照某对应法则 f，都有唯一的实数 z 与之对应，则称 f 为定义在 D 上的**二元函数**，记作

$$z = f(x,y),(x,y) \in D \quad \text{或} \quad z = f(P), P \in D。$$

这里 D 称为 f 的**定义域**，z 为 f 在点 $P(x,y)$ 的**函数值**，函数值的全体构成的集合

$$f(D) = \{z \mid z = f(x,y),(x,y) \in D\}$$

称为 f 的**值域**。x,y 称为**自变量**，z 称为**因变量**。

对二元函数的定义域需要说明的是：首先，若由某一公式表示的函数 $z = f(x,y)$，通常约定定义域是使这个函数表达式有确定 z 值的 (x,y) 的全体；其次，在实际问题中，二元函数的定义域是由问题的实际意义确定的。

例 1　函数 $z = \ln(x+y)$ 的定义域为 $\{(x,y) \mid x + y > 0\}$，它是一个无界区域。

例 2　函数 $z=\sqrt{1-(x^2+y^2)}$ 的定义域为单位闭圆域 $\{(x,y)\mid x^2+y^2\leqslant 1\}$，它是一个有界闭区域。

设 $z=f(x,y)$ 为定义在 D 上的函数，空间中的点集

$$\{(x,y,z)\mid z=f(x,y),(x,y)\in D\}$$

称为函数 $z=f(x,y)$ 的图形，它一般是一个曲面 S，如图 8-3 所示。

例如，$z=\sqrt{1-(x^2+y^2)}$ 的图形是球心在原点，半径为 1 的上半球面，如图 8-4 所示。

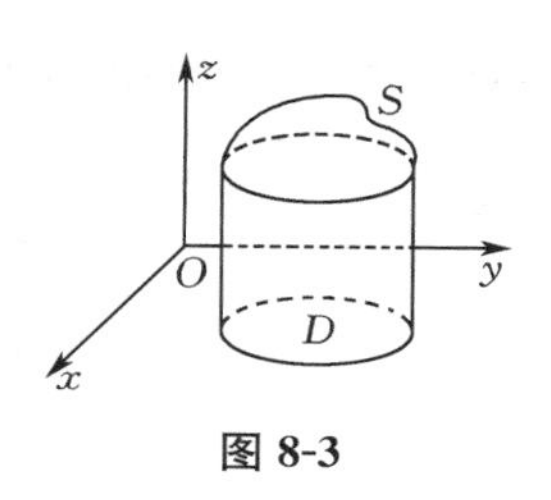

图 8-3

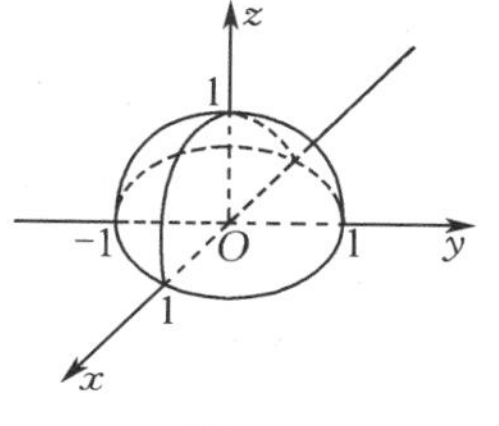

图 8-4

8.1.3　二元函数的极限

现在讨论二元函数 $z=f(x,y)$ 当自变量 $x\to x_0, y\to y_0$ 时，即点 $P(x,y)\to P_0(x_0,y_0)$ 时的极限。为了定量描述点 P 接近点 P_0 的程度，可用点 P 与点 P_0 的距离

$$\rho=\sqrt{(x-x_0)^2+(y-y_0)^2}$$

来衡量。这样

$$P(x,y)\to P_0(x_0,y_0)$$

也可用

$$\rho\to 0$$

来表示。

下面仿照一元函数极限的定义来描述二元函数的极限。

定义 8.2　设 $f(x,y)$ 在点 $P_0(x_0,y_0)$ 的某个去心邻域上有定义，A 是一个确定的常数，若对任意给定的 $\varepsilon>0$，存在某个正数 δ，使得任一点 $P(x,y)\in N^0(P_0,\delta)$，都有

$$|f(x,y)-A|<\varepsilon,$$

则称当 $P\to P_0$ 时，A 为 $f(x,y)$ 的**极限**，记作

$$\lim_{(x,y)\to(x_0,y_0)} f(x,y)=A,$$

或

$$\lim_{P\to P_0} f(P)=\lim_{\substack{x\to x_0\\ y\to y_0}} f(x,y)=A \quad \text{或} \quad f(x,y)\to A(P\to P_0)。$$

二元函数的极限也叫作**二重极限**。

二元函数极限的几何意义是：任给的 $\varepsilon>0$，总存在 $N^0(P_0,\delta)$，在此邻域内曲面 $z=f(x,y)$ 总在平面 $z=A-\varepsilon$ 与 $z=A+\varepsilon$ 之间。

从形式上看，二元函数极限的定义与一元函数极限的定义没什么区别，但实际上二元函数的极限要复杂得多。因为点 $P \to P_0$ 的方式是任意的，因此，即使当点 $P(x,y)$ 沿着许多特殊的方式趋向于点 $P_0(x_0,y_0)$ 时，二元函数 $z=f(x,y)$ 的对应函数值趋近于同一个常数，我们还不能断定 $\lim\limits_{P\to P_0} f(P)$ 存在；但是如果当 $P(x,y)$ 沿任何两条不同的曲线趋向于 $P_0(x_0,y_0)$ 时，函数 $z=f(x,y)$ 趋向于不同的值，则可以断定 $\lim\limits_{P\to P_0} f(P)$ 不存在。举例说明如下：

例 3 讨论函数 $f(x,y)=\dfrac{xy}{x^2+y^2}$ 当 $P(x,y)\to O(0,0)$ 时是否存在极限。

解 当点 $P(x,y)$ 沿 Ox 轴趋近于 $O(0,0)$ 时，有

$$\lim_{x\to 0} f(x,0)=\lim_{x\to 0} 0=0,$$

又当点 $P(x,y)$ 沿 Oy 轴趋近于 $O(0,0)$ 时，有

$$\lim_{y\to 0} f(0,y)=\lim_{y\to 0} 0=0,$$

虽然点 $P(x,y)$ 以上述两种方式趋近于 $O(0,0)$ 时，函数的极限存在且相等，但是不能据此判定函数的极限存在。因为当点 $P(x,y)$ 沿直线 $y=kx$ 趋近于 $O(0,0)$ 时，有

$$\lim_{\substack{x\to 0\\ y=kx\to 0}} \frac{xy}{x^2+y^2}=\lim_{x\to 0}\frac{kx^2}{x^2+k^2x^2}=\frac{k}{1+k^2},$$

当 k 取不同的数值时，上式的值就不相等，即极限值随直线 $y=kx$ 的斜率不同而改变，可见

$$\lim_{(x,y)\to(0,0)} \frac{xy}{x^2+y^2}$$

不存在。

关于一元函数极限的四则运算法则，极限存在的准则都可以推广到二元函数的极限。

例 4 求极限 $\lim\limits_{(x,y)\to(0,2)} \dfrac{\sin(xy)}{x}$。

解

$$\begin{aligned}\lim_{(x,y)\to(0,2)} \frac{\sin(xy)}{x} &= \lim_{(x,y)\to(0,2)} \frac{\sin(xy)}{xy}\cdot y\\ &= \lim_{(x,y)\to(0,2)} \frac{\sin(xy)}{xy}\cdot \lim_{(x,y)\to(0,2)} y\\ &= 2。\end{aligned}$$

8.1.4 二元函数的连续性

类似一元函数连续性的定义，我们可以得到二元函数连续性的定义。

定义 8.3 设二元函数 $z=f(x,y)$ 在点 $P_0(x_0,y_0)$ 的某邻域内有定义，若

$$\lim_{(x,y)\to(x_0,y_0)} f(x,y)=f(x_0,y_0),$$

则称函数 $z=f(x,y)$ 在点 $P(x_0,y_0)$ 处连续，并称 $P(x_0,y_0)$ 为函数 $f(x,y)$ 的一个**连续点**。否则称 $P(x_0,y_0)$ 为函数 $f(x,y)$ 的**间断点**。

函数在一点处连续的定义，也可以用增量的形式表示。若在点 $P(x_0, y_0)$ 处，自变量 x, y 各取得增量 $\Delta x, \Delta y$，函数随之取得增量 Δz，则

$$\Delta z = f(x_0 + \Delta x, y_0 + \Delta y) - f(x_0, y_0)$$

称为函数 $z = f(x, y)$ 在点 $P_0(x_0, y_0)$ 处的**全增量**。这样，$z = f(x, y)$ 在点 $P(x_0, y_0)$ 处连续就等价于

$$\lim_{\substack{\Delta x \to 0 \\ \Delta y \to 0}} \Delta z = \lim_{\substack{\Delta x \to 0 \\ \Delta y \to 0}} [f(x_0 + \Delta x, y_0 + \Delta y) - f(x_0, y_0)] = 0。$$

如果函数 $f(x, y)$ 在开(或闭)区域 D 内每一点连续，就称 $f(x, y)$ 在 D 内(上)**连续**，或称 $f(x, y)$ 是 D 内(上)的**连续函数**。

例如，函数 $f(x, y) = \dfrac{xy}{x^2 + y^2}$ 在点(2,1)处的极限为

$$\lim_{(x,y) \to (2,1)} \frac{xy}{x^2 + y^2} = \frac{2}{5} = f(2,1),$$

故函数在点(2,1)处连续。由例 3 知 $\lim\limits_{(x,y) \to (0,0)} \dfrac{xy}{x^2 + y^2}$ 不存在，故点(0,0)是 $f(x, y)$ 的一个间断点。

对应于一元连续函数的运算法则，多元函数也有类似的法则：连续函数的和、差、积、商(分母不为零)仍是连续函数，多元连续函数的复合函数也是连续函数。

类似于在闭区间上一元连续函数的性质，在有界闭区域上多元连续函数具有以下性质：

性质 8.1　若 $f(x, y)$ 在有界闭区域 D 上连续，则 $f(x, y)$ 在 D 上有界，且在 D 上取得最大值和最小值。

性质 8.2　设 $f(x, y)$ 在有界闭区域 D 上连续，任给的点 $P, Q \in D$，若 $f(P) \leqslant c \leqslant f(Q)$，则存在点 $M \in D$，使得 $f(M) = c$。

习题 8.1

1. 已知函数 $f(x, y) = x^y$，求 $f(xy, x + y)$。

2. 设 $f\left(x + y, \dfrac{y}{x}\right) = x^2 - y^2$，求 $f(x, y)$。

3. 求下列函数的定义域。

(1) $f(x, y) = \sqrt{x - \sqrt{y}}$；　　(2) $f(x, y) = \dfrac{\sqrt{4x - y^2}}{\ln(1 - x^2 - y^2)}$；

(3) $f(x, y) = \dfrac{1}{\sqrt{x + y}} + \dfrac{1}{\sqrt{x - y}}$；　　(4) $f(x, y) = \arcsin \dfrac{x}{y^2} + \ln(1 - \sqrt{y})$。

4. 求下列函数的极限。

(1) $\lim\limits_{\substack{x \to 0 \\ y \to 1}} \dfrac{1 - xy}{x^2 + y^2}$；　　(2) $\lim\limits_{\substack{x \to 0 \\ y \to 0}} \dfrac{2 - \sqrt{xy + 4}}{xy}$；

(3) $\lim\limits_{\substack{x\to 3\\ y\to 0}}\dfrac{\sin(xy)}{y}$； (4) $\lim\limits_{\substack{x\to 0\\ y\to 0}}(x^2+y^2)\sin\dfrac{1}{x^2+y^2}$。

5. 证明极限$\lim\limits_{\substack{x\to 0\\ y\to 0}}\dfrac{x+y}{x-y}$不存在。

8.2 偏导数与全微分

8.2.1 偏导数的概念

一元函数的导数，表现了函数对于自变量的变化率。类似地，现在要研究二元函数关于其自变量 x,y 的变化率。为此，先介绍二元函数的偏增量的概念。

设函数 $z=f(x,y)$ 在点 (x_0,y_0) 的某个邻域内有定义，当 x 在 x_0 取得改变量 $\Delta x(\Delta x\neq 0)$，而 $y=y_0$ 保持不变时，函数 z 得到一个改变量

$$\Delta_x z=f(x_0+\Delta x,y_0)-f(x_0,y_0),$$

称之为函数 z 对 x 的**偏增量**。

类似地，函数 z 对 y 的偏增量为

$$\Delta_y z=f(x_0,y_0+\Delta y)-f(x_0,y_0)。$$

定义 8.4 设函数 $z=f(x,y)$ 在点 (x_0,y_0) 的某一邻域内有定义，若

$$\lim_{\Delta x\to 0}\frac{\Delta_x z}{\Delta x}=\lim_{\Delta x\to 0}\frac{f(x_0+\Delta x,y_0)-f(x_0,y_0)}{\Delta x}$$

存在，则称此极限为函数 $z=f(x,y)$ 在点 (x_0,y_0) 处对 x 的**偏导数**，记作

$$\left.\frac{\partial z}{\partial x}\right|_{\substack{x=x_0\\ y=y_0}},\left.\frac{\partial f}{\partial x}\right|_{\substack{x=x_0\\ y=y_0}},z_x(x_0,y_0)\text{ 或 }f_x(x_0,y_0)。$$

类似地，函数 $z=f(x,y)$ 在点 (x_0,y_0) 处对 y 的偏导数定义为

$$\lim_{\Delta y\to 0}\frac{\Delta_y z}{\Delta y}=\lim_{\Delta y\to 0}\frac{f(x_0,y_0+\Delta y)-f(x_0,y_0)}{\Delta y},$$

记作

$$\left.\frac{\partial z}{\partial y}\right|_{\substack{x=x_0\\ y=y_0}},\left.\frac{\partial f}{\partial y}\right|_{\substack{x=x_0\\ y=y_0}},z_y(x_0,y_0)\text{ 或 }f_y(x_0,y_0)。$$

如果 $z=f(x,y)$ 在区域 D 内每一点 (x,y) 处，对自变量 x 的偏导数都存在，那么这个偏导数仍然是 x,y 的二元函数，称为 $z=f(x,y)$ 在 D 内对 x 的**偏导函数**，简称为**偏导数**，记作

$$\frac{\partial z}{\partial x},\frac{\partial f}{\partial x},z_x\text{ 或 }f_x。$$

类似地可定义 $z=f(x,y)$ 对自变量 y 的偏导数，记作

$$\frac{\partial z}{\partial y},\frac{\partial f}{\partial y},z_y\text{ 或 }f_y。$$

下面来讨论偏导数的几何意义。

我们知道二元函数 $z=f(x,y)$ 表示空间的一张曲面，而函数 $z=f(x,y_0)$ 表示此曲面与平面 $y=y_0$ 的交线 C_x，如图 8-5 所示。根据一元函数导数的几何意义，可知 $f_x(x_0,y_0)$ 就是曲线 C_x 在点 $P(x_0,y_0,f(x_0,y_0))$ 处的切线 T_x 的斜率，即

$$f_x(x_0,y_0)=\tan\alpha。$$

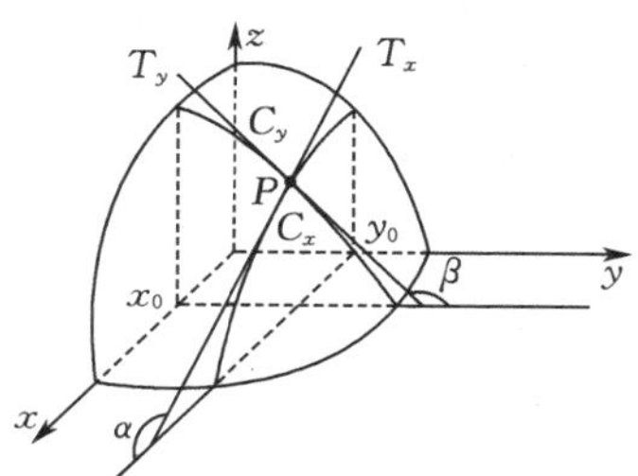

图 8-5

同理可知，$f_y(x_0,y_0)$ 是曲面 $z=f(x,y)$ 与平面 $x=x_0$ 的交线 C_y 在点 P 处的切线 T_y 的斜率，即

$$f_y(x_0,y_0)=\tan\beta。$$

由偏导数的定义可知，函数 $z=f(x,y)$ 对某一个自变量求偏导数时，是先把其他自变量看作常数，从而变成一元函数的求导问题。因此，一元函数求导的一些基本法则，对多元函数求偏导数仍然适用。

例 1　求 $z=x^2+y^2-xy$ 在点(1,2) 处对 x 的偏导数。

解　**方法一**：首先将 $y=2$ 代入得

$$z(x,2)=x^2+4-2x,$$

于是

$$z_x(1,2)=(x^2+4-2x)'\big|_{x=1}=0。$$

方法二：首先将 y 看成常数求得

$$z_x(x,y)=2x-y,$$

然后把 $x=1,y=2$ 代入得

$$z_x(1,2)=(2x-y)\Big|_{\substack{x=1\\y=2}}=0。$$

例 2　设 $f(x,y)=x\sin y+ye^{xy}$，求$\dfrac{\partial f}{\partial x}$和$\dfrac{\partial f}{\partial y}$。

解　$$\frac{\partial f}{\partial x}=\sin y+y^2e^{xy},\frac{\partial f}{\partial y}=x\cos y+(1+xy)e^{xy}。$$

例 3　求 $z=x^y(x>0)$ 的偏导数。

解　$$z_x=yx^{y-1},z_y=x^y\ln x。$$

例 4　求三元函数 $u=\sin(x+y^2-e^z)$ 的偏导数。

解　$u_x=\cos(x+y^2-e^z),u_y=2y\cos(x+y^2-e^z),u_z=-e^z\cos(x+y^2-e^z)$。

例 5 $f(x,y)=\begin{cases}\dfrac{xy}{x^2+y^2}, & x^2+y^2\neq 0,\\ 0, & x^2+y^2=0。\end{cases}$ 求偏导数 $f_x(0,0), f_y(0,0)$。

解
$$f_x(0,0)=\lim_{\Delta x\to 0}\frac{f(0+\Delta x,0)-f(0,0)}{\Delta x}=\lim_{\Delta x\to 0}\frac{0}{\Delta x}=0,$$
$$f_y(0,0)=\lim_{\Delta y\to 0}\frac{f(0,0+\Delta y)-f(0,0)}{\Delta y}=\lim_{\Delta y\to 0}\frac{0}{\Delta y}=0。$$

注意 一元函数中在某点可导,在该点一定连续,但多元函数在某点偏导数存在,在该点处函数未必连续。例5中函数在点(0,0)处,$f_x(0,0)=f_y(0,0)=0$,但在该点处并不连续。

8.2.2 高阶偏导数

设函数 $z=f(x,y)$ 在 D 内存在偏导数 f_x 与 f_y,称它们为函数 f 的**一阶偏导数**。若 f_x 与 f_y 又存在偏导数,则相应的偏导数称为 $z=f(x,y)$ 的**二阶偏导数**,它们是:

(1) $\dfrac{\partial}{\partial x}\left(\dfrac{\partial f}{\partial x}\right)=\dfrac{\partial^2 f}{\partial x^2}=f_{xx}=z_{xx}$,

(2) $\dfrac{\partial}{\partial y}\left(\dfrac{\partial f}{\partial x}\right)=\dfrac{\partial^2 f}{\partial x\partial y}=f_{xy}=z_{xy}$,

(3) $\dfrac{\partial}{\partial x}\left(\dfrac{\partial f}{\partial y}\right)=\dfrac{\partial^2 f}{\partial y\partial x}=f_{yx}=z_{yx}$,

(4) $\dfrac{\partial}{\partial y}\left(\dfrac{\partial f}{\partial y}\right)=\dfrac{\partial^2 f}{\partial y^2}=f_{yy}=z_{yy}$。

其中 f_{xy} 与 f_{yx} 称为**混合偏导数**。当 f_{xy} 与 f_{yx} 为 x,y 的连续函数时,必有 $f_{xy}=f_{yx}$,即一般来说按不同次序求偏导数时其结果是相同的。

类似地可以定义三阶,四阶,……,n 阶偏导数。二阶及二阶以上的偏导数都称为**高阶偏导数**。

例 6 求 $z=x^2\mathrm{e}^y$ 的二阶偏导数。

解 由
$$\frac{\partial z}{\partial x}=2x\mathrm{e}^y,\frac{\partial z}{\partial y}=x^2\mathrm{e}^y,$$
可得
$$\frac{\partial^2 z}{\partial x^2}=2\mathrm{e}^y,\frac{\partial^2 z}{\partial x\partial y}=2x\mathrm{e}^y=\frac{\partial^2 z}{\partial y\partial x},\frac{\partial^2 z}{\partial y^2}=x^2\mathrm{e}^y。$$

例 7 设 $f(x,y)=\mathrm{e}^{ny}\cos nx$,$n$ 是常数。试证:$f_{xx}+f_{yy}=0$。

证 由
$$f_x=-n\mathrm{e}^{ny}\sin nx, f_y=n\mathrm{e}^{ny}\cos nx,$$
可得
$$f_{xx}=-n^2\mathrm{e}^{ny}\cos nx, f_{yy}=n^2\mathrm{e}^{ny}\cos nx,$$

所以

$$f_{xx}+f_{yy}=0。$$

8.2.3 全微分

对二元函数 $z=f(x,y)$，仅研究一个自变量变化时的性态是不够的，经常需要研究自变量 x,y 分别有改变量 $\Delta x,\Delta y$ 时，相应的全增量

$$\Delta z=f(x+\Delta x,y+\Delta y)-f(x,y)$$

的变化规律。全微分是研究这一问题的重要工具。

定义 8.5　设 $z=f(x,y)$ 在点 (x,y) 的某邻域内有定义，若 $z=f(x,y)$ 在点 (x,y) 的全增量

$$\Delta z=f(x+\Delta x,y+\Delta y)-f(x,y)$$

可以表示为

$$\Delta z=A\Delta x+B\Delta y+o(\rho),$$

其中 A,B 仅与 x,y 有关，而与 $\Delta x,\Delta y$ 无关。

$$\rho=\sqrt{(\Delta x)^2+(\Delta y)^2},$$

$o(\rho)$ 是 ρ 的高阶无穷小，则称函数 $z=f(x,y)$ 在点 (x,y) **可微(分)**，而 $A\Delta x+B\Delta y$ 称为函数 $z=f(x,y)$ 在点 (x,y) 的**全微分**，记作 $\mathrm{d}z$，即

$$\mathrm{d}z=A\Delta x+B\Delta y。$$

如果函数在区域 D 内各点处都可微(分)，就称该函数在 D 内可微。

由全微分的定义可知，它是增量 $\Delta x,\Delta y$ 的线性函数，而且由于

$$\lim_{\rho\to0}\frac{\Delta z-\mathrm{d}z}{\rho}=\lim_{\rho\to0}\frac{o(\rho)}{\rho}=0,$$

所以全微分是全增量的线性主部。

定理 8.1　(可微的必要条件) 如果函数 $z=f(x,y)$ 在点 (x,y) 处可微，则函数 $z=f(x,y)$ 在该点处的偏导数 $\frac{\partial z}{\partial x},\frac{\partial z}{\partial y}$ 存在，且 $A=\frac{\partial z}{\partial x},B=\frac{\partial z}{\partial y}$，即全微分

$$\mathrm{d}z=\frac{\partial z}{\partial x}\Delta x+\frac{\partial z}{\partial y}\Delta y=\frac{\partial z}{\partial x}\mathrm{d}x+\frac{\partial z}{\partial y}\mathrm{d}y。$$

一元函数在某点的导数存在则微分存在。若多元函数的各偏导数存在，全微分一定存在吗？例如，

$$f(x,y)=\begin{cases}\dfrac{xy}{\sqrt{x^2+y^2}}, & x^2+y^2\neq0,\\ 0, & x^2+y^2=0\end{cases}$$ 在点 $(0,0)$ 处有

$$f_x(0,0)=f_y(0,0)=0;$$

$$\Delta z-[f_x(0,0)\cdot\Delta x+f_y(0,0)\cdot\Delta y]=\frac{\Delta x\cdot\Delta y}{\sqrt{(\Delta x)^2+(\Delta y)^2}},$$

如果考虑点 $P'(\Delta x,\Delta y)$ 沿着直线 $y=x$ 趋近于(0,0)，则

$$\frac{\dfrac{\Delta x\cdot\Delta y}{\sqrt{(\Delta x)^2+(\Delta y)^2}}}{\rho}=\frac{\Delta x\cdot\Delta x}{(\Delta x)^2+(\Delta x)^2}=\frac{1}{2},$$

说明它不能随着 $\rho\to 0$ 而趋于 0，故函数在点(0,0) 处不可微。

注意　多元函数的各偏导数存在并不能保证全微分存在。

定理8.2　(可微的充分条件) 如果函数 $z=f(x,y)$ 在点(x,y) 的某邻域内有连续的偏导数$\dfrac{\partial z}{\partial x},\dfrac{\partial z}{\partial y}$，则函数在点$(x,y)$ 处可微。

例 8　求 $z=x^2y^2$ 在点(2，－1) 处的全微分。

解　首先，求得偏导数为

$$\frac{\partial z}{\partial x}=2xy^2,\frac{\partial z}{\partial y}=2x^2y,$$

将点(2，－1) 代入得

$$\left.\frac{\partial z}{\partial x}\right|_{\substack{x=2\\y=-1}}=2\times2\times(-1)^2=4,\ \left.\frac{\partial z}{\partial y}\right|_{\substack{x=2\\y=-1}}=2\times2^2\times(-1)=-8,$$

于是函数在点(2，－1) 的全微分为

$$\mathrm{d}z=4\mathrm{d}x-8\mathrm{d}y。$$

二元以上函数的全微分类似于二元函数的全微分，例如函数 $u=u(x,y,z)$ 的全微分为

$$\mathrm{d}u=\frac{\partial u}{\partial x}\mathrm{d}x+\frac{\partial u}{\partial y}\mathrm{d}y+\frac{\partial u}{\partial z}\mathrm{d}z。$$

例 9　设 $u=x\mathrm{e}^{xy+2z}$，求 u 的全微分。

解　首先求出 u 关于各自变量的偏导数

$$\frac{\partial u}{\partial x}=\mathrm{e}^{xy+2z}+x\mathrm{e}^{xy+2z}\cdot y=(1+xy)\mathrm{e}^{xy+2z},$$

$$\frac{\partial u}{\partial y}=x\mathrm{e}^{xy+2z}\cdot x=x^2\mathrm{e}^{xy+2z},$$

$$\frac{\partial u}{\partial z}=x\mathrm{e}^{xy+2z}\cdot 2=2x\mathrm{e}^{xy+2z},$$

于是

$$\begin{aligned}\mathrm{d}u&=\frac{\partial u}{\partial x}\mathrm{d}x+\frac{\partial u}{\partial y}\mathrm{d}y+\frac{\partial u}{\partial z}\mathrm{d}z\\&=(1+xy)\mathrm{e}^{xy+2z}\mathrm{d}x+x^2\mathrm{e}^{xy+2z}\mathrm{d}y+2x\mathrm{e}^{xy+2z}\mathrm{d}z\\&=\mathrm{e}^{xy+2z}[(1+xy)\mathrm{d}x+x^2\mathrm{d}y+2x\mathrm{d}z]。\end{aligned}$$

二元函数的全微分在近似计算中有着广泛地应用。由二元函数全微分的定义及关于

全微分存在的充分条件可知，当函数 $z=f(x,y)$ 在点 (x,y) 的两个偏导数 $f_x(x,y)$，$f_y(x,y)$ 连续，并且 $\Delta x\to 0$ 与 $\Delta y\to 0$ 时，全增量可以用全微分近似代替，即 $\Delta z\approx \mathrm{d}z$，也就是

$$f(x+\Delta x,y+\Delta y)-f(x,y)\approx f_x(x,y)\Delta x+f_y(x,y)\Delta y,$$

或

$$f(x+\Delta x,y+\Delta y)\approx f(x,y)+f_x(x,y)\Delta x+f_y(x,y)\Delta y。$$

例 10　利用全微分近似计算 $(0.98)^{2.03}$。

解　设函数 $z=f(x,y)=x^y$，取 $x=1,y=2,\Delta x=-0.02,\Delta y=0.03$，则要计算的值就是函数 $z=x^y$ 在 $x+\Delta x=0.98,y+\Delta y=2.03$ 处的函数值 $f(0.98,2.03)$。

由公式

$$f(x+\Delta x,y+\Delta y)\approx f(x,y)+f_x(x,y)\Delta x+f_y(x,y)\Delta y,$$

得

$$\begin{aligned}f(0.98,2.03)&=f(1-0.02,2+0.03)\\&\approx f(1,2)+f_x(1,2)(-0.02)+f_y(1,2)(0.03),\end{aligned}$$

而

$$f(1,2)=1,f_x(x,y)=yx^{y-1},f_x(1,2)=2,f_y(x,y)=x^y\ln x,f_y(1,2)=0,$$

所以

$$(0.98)^{2.03}\approx 1+2\times(-0.02)+0\times 0.03=0.96。$$

习题 8.2

1. 求下列函数的偏导数。

(1) $z=xy+\dfrac{x}{y}$；　(2) $z=\tan\dfrac{x}{y}$；　(3) $z=\dfrac{x}{\sqrt{x^2+y^2}}$；

(4) $z=\sqrt{\ln(xy)}$；　(5) $z=x\sin(x+y)$；　(6) $z=\mathrm{e}^{xy}$；

(7) $u=(xy)^z$；　(8) $z=(1+xy)^y$。

2. 求下列函数的二阶偏导数。

(1) $z=x^4+y^4-4x^2y^2$；　(2) $z=x\ln(x+y)$；

(3) $z=\mathrm{e}^{xy}$；　(4) $z=\arctan\dfrac{y}{x}$。

3. 求下列函数的全微分。

(1) $z=xy+\dfrac{x}{y}$；　(2) $z=\mathrm{e}^{xy}$；

(3) $z=\sin(xy+1)$；　(4) $u=x^{yz}$。

4. 计算 $(1.97)^{1.05}$ 的近似值 $(\ln 2=0.693)$。

8.3　多元复合函数与隐函数的微分法

8.3.1　复合函数的微分法

与一元复合函数求导数的链式法则相似，求二元复合函数偏导数也有其相应的链式法则。

定理 8.3　如果函数 $u=u(x,y)$ 及 $v=v(x,y)$ 在点 (x,y) 处的各一阶偏导数都存在，且函数 $z=f(u,v)$ 在对应点 (u,v) 处可微，则复合函数 $z=f[u(x,y),v(x,y)]$ 在点 (x,y) 处的两个偏导数存在，且

$$\frac{\partial z}{\partial x}=\frac{\partial z}{\partial u}\cdot\frac{\partial u}{\partial x}+\frac{\partial z}{\partial v}\cdot\frac{\partial v}{\partial x},\ \frac{\partial z}{\partial y}=\frac{\partial z}{\partial u}\cdot\frac{\partial u}{\partial y}+\frac{\partial z}{\partial v}\cdot\frac{\partial v}{\partial y}。\tag{1}$$

证　在点 (x,y) 处，让 y 保持不变，给 x 以增量 $\Delta x(\Delta x\neq 0)$，则 u,v 分别有偏增量 $\Delta_x u,\Delta_x v$，从而函数 $z=f(u,v)$ 也得到偏增量 $\Delta_x z$。由于 $f(u,v)$ 可微，所以

$$\Delta_x z=\frac{\partial z}{\partial u}\Delta_x u+\frac{\partial z}{\partial v}\Delta_x v+o(\rho),$$

其中 $\rho=\sqrt{(\Delta_x u)^2+(\Delta_x v)^2}$。将上式两边同除 $\Delta x(\Delta x\neq 0)$ 得

$$\frac{\Delta_x z}{\Delta x}=\frac{\partial z}{\partial u}\cdot\frac{\Delta_x u}{\Delta x}+\frac{\partial z}{\partial v}\cdot\frac{\Delta_x v}{\Delta x}+\frac{o(\rho)}{\Delta x},\tag{2}$$

因为 $u=u(x,y),v=v(x,y)$ 在点 (x,y) 处的偏导数都存在，所以

$$\lim_{\Delta x\to 0}\frac{\Delta_x u}{\Delta x}=\frac{\partial u}{\partial x},\lim_{\Delta x\to 0}\frac{\Delta_x v}{\Delta x}=\frac{\partial v}{\partial x},$$

并且当 $\Delta x\to 0$ 时，$\rho\to 0$，于是

$$\begin{aligned}\lim_{\Delta x\to 0}\left|\frac{o(\rho)}{\Delta x}\right|&=\lim_{\Delta x\to 0}\left|\frac{o(\rho)}{\rho}\right|\cdot\left|\frac{\rho}{\Delta x}\right|\\&=\lim_{\Delta x\to 0}\left|\frac{o(\rho)}{\rho}\right|\cdot\lim_{\Delta x\to 0}\sqrt{\left(\frac{\Delta_x u}{\Delta x}\right)^2+\left(\frac{\Delta_x v}{\Delta x}\right)^2}\\&=0\cdot\sqrt{\left(\frac{\partial u}{\partial x}\right)^2+\left(\frac{\partial v}{\partial x}\right)^2}=0,\end{aligned}$$

即 $\lim\limits_{\Delta x\to 0}\dfrac{o(\rho)}{\Delta x}=0$。于是当 $\Delta x\to 0$ 时，式(2)右边极限存在，则左边极限也存在，并且

$$\frac{\partial z}{\partial x}=\frac{\partial z}{\partial u}\cdot\frac{\partial u}{\partial x}+\frac{\partial z}{\partial v}\cdot\frac{\partial v}{\partial x}。$$

同理可证

$$\frac{\partial z}{\partial y}=\frac{\partial z}{\partial u}\cdot\frac{\partial u}{\partial y}+\frac{\partial z}{\partial v}\cdot\frac{\partial v}{\partial y}。$$

(1)中两式称为**链式求导公式**。

注意　应用链式求导公式时要分清楚哪些是中间变量，哪些是自变量，以及中间变量又是哪些自变量的函数。为了清楚起见，可画出复合关系图，如图8-6所示。

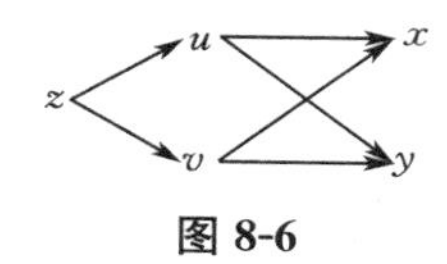

图 8-6

例 1　设 $z=\mathrm{e}^{u}\sin v$，而 $u=xy, v=x+y$，求 $\frac{\partial z}{\partial x}$ 和 $\frac{\partial z}{\partial y}$。

解

$$\begin{aligned}\frac{\partial z}{\partial x}&=\frac{\partial z}{\partial u}\cdot\frac{\partial u}{\partial x}+\frac{\partial z}{\partial v}\cdot\frac{\partial v}{\partial x}\\&=\mathrm{e}^{u}\sin v\cdot y+\mathrm{e}^{u}\cos v\cdot 1\\&=\mathrm{e}^{xy}[y\sin(x+y)+\cos(x+y)],\\\frac{\partial z}{\partial y}&=\frac{\partial z}{\partial u}\cdot\frac{\partial u}{\partial y}+\frac{\partial z}{\partial v}\cdot\frac{\partial v}{\partial y}\\&=\mathrm{e}^{u}\sin v\cdot x+\mathrm{e}^{u}\cos v\cdot 1\\&=\mathrm{e}^{xy}[x\sin(x+y)+\cos(x+y)]。\end{aligned}$$

对于函数中的中间变量或自变量不只是两个的情形，链式求导公式可做如下推广。

(1) 若 $z=f(u,v)$，而 $u=u(x), v=v(x)$，则 z 是 x 的一元函数，这时 z 对 x 的导数称为**全导数**，即

$$\frac{\mathrm{d}z}{\mathrm{d}x}=\frac{\partial z}{\partial u}\cdot\frac{\mathrm{d}u}{\mathrm{d}x}+\frac{\partial z}{\partial v}\cdot\frac{\mathrm{d}v}{\mathrm{d}x}。$$

(2) 若 $z=f(u)$，而 $u=u(x,y)$，则复合函数 $z=f[u(x,y)]$ 对 x,y 的偏导数为

$$\frac{\partial z}{\partial x}=\frac{\mathrm{d}z}{\mathrm{d}u}\cdot\frac{\partial u}{\partial x},\ \frac{\partial z}{\partial y}=\frac{\mathrm{d}z}{\mathrm{d}u}\cdot\frac{\partial u}{\partial y}。$$

(3) 若 $z=f(u,v,w)$，而 $u=u(x,y), v=v(x,y), w=w(x,y)$，则复合函数 $z=f[u(x,y),v(x,y),w(x,y)]$ 对 x,y 的偏导数为

$$\frac{\partial z}{\partial x}=\frac{\partial f}{\partial u}\cdot\frac{\partial u}{\partial x}+\frac{\partial f}{\partial v}\cdot\frac{\partial v}{\partial x}+\frac{\partial f}{\partial w}\cdot\frac{\partial w}{\partial x},$$

$$\frac{\partial z}{\partial y}=\frac{\partial f}{\partial u}\cdot\frac{\partial u}{\partial x}+\frac{\partial f}{\partial v}\cdot\frac{\partial v}{\partial y}+\frac{\partial f}{\partial w}\cdot\frac{\partial w}{\partial y}。$$

(4) 若 $z=f(u,x,y)$，而 $u=u(x,y)$，则复合函数 $z=f[u(x,y),x,y]$ 对 x,y 的偏导数为

$$\frac{\partial z}{\partial x}=\frac{\partial f}{\partial u}\cdot\frac{\partial u}{\partial x}+\frac{\partial f}{\partial x},\ \frac{\partial z}{\partial y}=\frac{\partial f}{\partial u}\cdot\frac{\partial u}{\partial y}+\frac{\partial f}{\partial y}。$$

这里，$\frac{\partial z}{\partial x}$ 与 $\frac{\partial f}{\partial x}$ 是不同的。$\frac{\partial z}{\partial x}$ 是把 $f[u(x,y),x,y]$ 中 y 看作常量，而对 x 求偏导数；$\frac{\partial f}{\partial x}$ 是把 $f(u,x,y)$ 中的 u,y 看作常量，而对 x 求偏导数。$\frac{\partial z}{\partial y}$ 与 $\frac{\partial f}{\partial y}$ 也有类似地区别。为了避免混淆，可以将 $f(u,x,y)$ 的变量加以编号，习惯上将变量从左到右按自然数顺序编号，

于是

$$\frac{\partial z}{\partial x}=f_1\frac{\partial u}{\partial x}+f_2,\ \frac{\partial z}{\partial y}=f_1\frac{\partial u}{\partial y}+f_3,$$

其中 $f_1=\frac{\partial f}{\partial u},f_2=\frac{\partial f}{\partial x},f_3=\frac{\partial f}{\partial y}$。这样可以把求导式子简化。

上面(1),(2),(3) 和(4) 的复合关系图分别如图 8-7 所示：

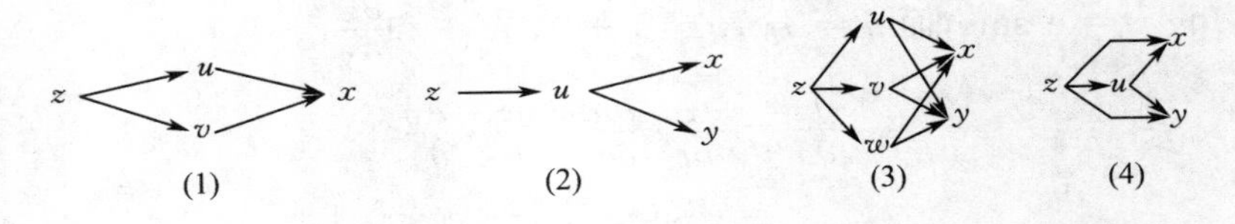

图 8-7

例 2　设 $z=u^2-v^2,u=\sin x,v=\cos x$,求全导数$\frac{\mathrm{d}z}{\mathrm{d}x}$。

解

$$\begin{aligned}\frac{\mathrm{d}z}{\mathrm{d}x}&=\frac{\partial z}{\partial u}\cdot\frac{\mathrm{d}u}{\mathrm{d}x}+\frac{\partial z}{\partial v}\cdot\frac{\mathrm{d}v}{\mathrm{d}x}=2u\cos x-2v(-\sin x)\\&=2\sin x\cos x+2\cos x\sin x=2\sin 2x。\end{aligned}$$

例 3　设 $z=uv+\sin x$,而 $u=\mathrm{e}^x,v=\cos x$,求$\frac{\mathrm{d}z}{\mathrm{d}x}$。

解　$\frac{\mathrm{d}z}{\mathrm{d}x}=\frac{\partial z}{\partial u}\cdot\frac{\mathrm{d}u}{\mathrm{d}x}+\frac{\partial z}{\partial v}\cdot\frac{\mathrm{d}v}{\mathrm{d}x}+\frac{\partial z}{\partial x}=v\mathrm{e}^x-u\sin x+\cos x=\mathrm{e}^x(\cos x-\sin x)+\cos x$。

例 4　设 $w=f(x+y+z,xyz)$,f 具有二阶连续偏导数,求$\frac{\partial w}{\partial x}$ 和$\frac{\partial^2 w}{\partial x\partial z}$。

解　令

$$u=x+y+z,v=xyz,$$

记

$$f_1=\frac{\partial f(u,v)}{\partial u},f_{12}=\frac{\partial^2 f(u,v)}{\partial u\partial v},$$

同理有 f_2,f_{11},f_{22},

$$\frac{\partial w}{\partial x}=\frac{\partial f}{\partial u}\cdot\frac{\partial u}{\partial x}+\frac{\partial f}{\partial v}\cdot\frac{\partial v}{\partial x}=f_1+yzf_2,$$

$$\begin{aligned}\frac{\partial^2 w}{\partial x\partial z}&=\frac{\partial}{\partial z}(f_1+yzf_2)=\frac{\partial f_1}{\partial z}+yf_2+yz\frac{\partial f_2}{\partial z}\\&=\frac{\partial f_1}{\partial u}\cdot\frac{\partial u}{\partial z}+\frac{\partial f_1}{\partial v}\cdot\frac{\partial v}{\partial z}+yf_2+yz\left(\frac{\partial f_2}{\partial u}\cdot\frac{\partial u}{\partial z}+\frac{\partial f_2}{\partial v}\cdot\frac{\partial v}{\partial z}\right)\\&=f_{11}+xyf_{12}+yf_2+yz(f_{21}+xyf_{22})\\&=f_{11}+y(x+z)f_{12}+xy^2zf_{22}+yf_2。\end{aligned}$$

8.3.2　一阶全微分形式的不变性

设函数 $z=f(u,v)$ 具有连续的一阶偏导数，则有全微分为

$$dz=\frac{\partial z}{\partial u}du+\frac{\partial z}{\partial v}dv。$$

设 $u=u(x,y)$，$v=v(x,y)$，且 u,v 在点 (x,y) 处偏导数连续，则复合函数

$$z=f[u(x,y),v(x,y)]$$

在点 (x,y) 处可微，且有

$$\begin{aligned}dz&=\frac{\partial z}{\partial x}dx+\frac{\partial z}{\partial y}dy\\&=\left(\frac{\partial z}{\partial u}\cdot\frac{\partial u}{\partial x}+\frac{\partial z}{\partial v}\cdot\frac{\partial v}{\partial x}\right)dx+\left(\frac{\partial z}{\partial u}\cdot\frac{\partial u}{\partial y}+\frac{\partial z}{\partial v}\cdot\frac{\partial v}{\partial y}\right)dy\\&=\frac{\partial z}{\partial u}\left(\frac{\partial u}{\partial x}dx+\frac{\partial u}{\partial y}dy\right)+\frac{\partial z}{\partial v}\left(\frac{\partial v}{\partial x}dx+\frac{\partial v}{\partial y}dy\right),\end{aligned}$$

由于 u,v 在点 (x,y) 处偏导数连续，于是有

$$du=\frac{\partial u}{\partial x}dx+\frac{\partial u}{\partial y}dy,dv=\frac{\partial v}{\partial x}dx+\frac{\partial v}{\partial y}dy,$$

所以

$$dz=\frac{\partial z}{\partial x}dx+\frac{\partial z}{\partial y}dy=\frac{\partial z}{\partial u}du+\frac{\partial z}{\partial v}dv$$

这说明，无论 u,v 是自变量还是中间变量，函数 $z=f(u,v)$ 的全微分形式都是一样的。这个性质称为**一阶全微分形式的不变性**。

类似地，可以证明三元及三元以上的多元函数的一阶全微分也具有这个性质。

利用多元函数一阶全微分形式的不变性求微分运算及偏导数将会更方便。

设 u,v 是可微的多元函数，应用一阶全微分形式不变性，可以证明全微分运算形式：

(1) $d(u\pm v)=du\pm dv$；

(2) $d(uv)=vdu+udv$；

(3) $d\left(\frac{u}{v}\right)=\frac{vdu-udv}{v^2}\ (v\neq 0)$。

例 5　已知 $e^{-xy}-2z+e^z=0$，求$\frac{\partial z}{\partial x}$ 和$\frac{\partial z}{\partial y}$。

解　对原等式两边同时求微分，得

$$d(e^{-xy}-2z+e^z)=0,$$

即

$$e^{-xy}d(-xy)-2dz+e^z dz=0,$$

也即

$$(e^z-2)dz=e^{-xy}(xdy+ydx),$$

于是

$$dz = \frac{ye^{-xy}}{e^z - 2}dx + \frac{xe^{-xy}}{e^z - 2}dy,$$

所以

$$\frac{\partial z}{\partial x} = \frac{ye^{-xy}}{e^z - 2}, \frac{\partial z}{\partial y} = \frac{xe^{-xy}}{e^z - 2}。$$

8.3.3 隐函数的微分法

与一元隐函数类似，多元隐函数也是由方程式来确定的函数。

设由方程 $F(x,y,z) = 0$ 所确定的二元函数 $z = f(x,y)$，若 $F(x,y,z)$ 具有连续的偏导数，且 $\frac{\partial F}{\partial z} \neq 0$，则由

$$F(x,y,f(x,y)) = 0,$$

可得

$$\frac{\partial F}{\partial x} + \frac{\partial F}{\partial z} \cdot \frac{\partial z}{\partial x} = 0, \frac{\partial F}{\partial y} + \frac{\partial F}{\partial z} \cdot \frac{\partial z}{\partial y} = 0,$$

于是有

$$\frac{\partial z}{\partial x} = -\frac{\frac{\partial F}{\partial x}}{\frac{\partial F}{\partial z}} = -\frac{F_x}{F_z}, \frac{\partial z}{\partial y} = -\frac{\frac{\partial F}{\partial y}}{\frac{\partial F}{\partial z}} = -\frac{F_y}{F_z}。$$

特别地，由方程 $F(x,y) = 0$ 确定的函数 $y = f(x)$ 的导数

$$\frac{dy}{dx} = -\frac{\frac{\partial F}{\partial x}}{\frac{\partial F}{\partial y}} = -\frac{F_x}{F_y}。$$

例 6 设函数 $y = f(x)$ 由方程 $\sin y + e^x - xy^2 = 1$ 确定，求 $\frac{dy}{dx}$。

解 设

$$F(x,y) = \sin y + e^x - xy^2 - 1, F_x = e^x - y^2, F_y = \cos y - 2xy,$$

则有

$$\frac{dy}{dx} = -\frac{F_x}{F_y} = -\frac{e^x - y^2}{\cos y - 2xy}。$$

例 7 求由方程 $x^2 + 2y^2 + 3z^2 - 4 = 0$ 所确定的关于 x 和 y 的二元隐函数 $z = f(x,y)$ 的一阶偏导数。

解 设

$$F(x,y,z) = x^2 + 2y^2 + 3z^2 - 4,$$

可得

$$F_x=2x,F_y=4y,F_z=6z,$$

则有

$$\frac{\partial z}{\partial x}=-\frac{x}{3z},\frac{\partial z}{\partial y}=-\frac{2y}{3z}。$$

例 8　设 $x^2+y^2+z^2-4z=0$，求$\frac{\partial^2 z}{\partial x^2}$。

解　令

$$F(x,y,z)=x^2+y^2+z^2-4z,$$

$$F_x=2x,F_z=2z-4,\frac{\partial z}{\partial x}=-\frac{F_x}{F_z}=\frac{x}{2-z},$$

则可得

$$\frac{\partial^2 z}{\partial x^2}=\frac{(2-z)+x\frac{\partial z}{\partial x}}{(2-z)^2}=\frac{(2-z)+x\cdot\frac{x}{2-z}}{(2-z)^2}$$

$$=\frac{(2-z)^2+x^2}{(2-z)^3}。$$

习题 8.3

1. 设 $z=u^2\ln v,u=\frac{x}{y},v=3x-2y$，求$\frac{\partial z}{\partial x},\frac{\partial z}{\partial y}$。

2. 设 $z=\mathrm{e}^{x-2y},y=\sin x$，求$\frac{\mathrm{d}z}{\mathrm{d}x}$。

3. 求下列复合函数的一阶偏导数，其中 f 具有一阶连续偏导数。

   (1) $z=f(x+y,x-y)$；　(2) $z=f(x^2-y^2,\mathrm{e}^{xy})$；

   (3) $z=f(x\cos y,x\sin y)$；　(4) $z=f(x+y,\frac{y}{x})$。

4. 设 $z=f(x+y,xy)$，其中 f 具有二阶连续偏导数，求$\frac{\partial^2 z}{\partial x^2},\frac{\partial^2 z}{\partial x\partial y}$。

5. 设函数 $y=f(x)$ 由方程 $xy+x+y=1$ 确定，求$\frac{\mathrm{d}y}{\mathrm{d}x}$。

6. 设函数 $y=f(x)$ 由方程 $y=1+y^x$ 确定，求$\frac{\mathrm{d}y}{\mathrm{d}x}$。

7. 设二元函数 $z=f(x,y)$ 由方程 $x^3+y^3+z^3-3axyz=0$ 确定，求$\frac{\partial z}{\partial x},\frac{\partial z}{\partial y}$。

8. 设二元函数 $z=f(x,y)$ 由方程 $x+2y+z-2\sqrt{xyz}=0$ 确定，求$\frac{\partial z}{\partial x},\frac{\partial z}{\partial y}$。

9. 设 $xyz=x+y+z$，求$\frac{\partial^2 z}{\partial x\partial y}$。

10. 设 $x^2+y^2+z^2=4z$，求$\frac{\partial^2 z}{\partial x^2}$。

8.4 多元函数的极值

8.4.1 多元函数的极值与最值

多元函数的极值是多元函数微分学的重要内容，它在生产实际、科学研究中有着广泛地应用。与一元函数类似，多元函数的最大值、最小值与极大值、极小值有密切的关系。下面以二元函数为例，讨论多元函数的极值问题。

定义 8.6 设函数 $z=f(x,y)$ 在点 (x_0,y_0) 的某邻域内有定义，对于点 (x_0,y_0) 的去心邻域内任意点 (x,y)，若满足不等式 $f(x,y)<f(x_0,y_0)$，则称函数在点 (x_0,y_0) 有**极大值** $f(x_0,y_0)$；若满足不等式 $f(x,y)>f(x_0,y_0)$，则称函数在点 (x_0,y_0) 有**极小值** $f(x_0,y_0)$。极大值、极小值统称为**极值**。使函数取得极值的点称为**极值点**。

例 1 函数 $z=3x^2+4y^2$ 在 $(0,0)$ 处有极小值。因为函数在该点的值等于 0，而在其附近任何一点 $(x,y)\neq(0,0)$ 处的函数值均大于 0。

例 2 函数 $z=-\sqrt{x^2+y^2}$ 在 $(0,0)$ 处有极大值。

例 3 函数 $z=xy$ 在 $(0,0)$ 处没有极值。因为在点 $(0,0)$ 的任何邻域内总有函数值为正的点，也有函数值为负的点。

定理 8.4 （极值的必要条件）设函数 $z=f(x,y)$ 在点 (x_0,y_0) 具有偏导数，且在点 (x_0,y_0) 处有极值，则它在该点的偏导数必然为零，即

$$f_x(x_0,y_0)=0,\ f_y(x_0,y_0)=0。$$

证 不妨设 $z=f(x,y)$ 在点 (x_0,y_0) 处有极大值。由极大值的定义，在点 (x_0,y_0) 的某邻域内异于 (x_0,y_0) 的点 (x,y) 都满足

$$f(x,y)<f(x_0,y_0),$$

在该邻域内取 $y=y_0,x\neq x_0$ 的点，显然有

$$f(x,y_0)<f(x_0,y_0),$$

这说明一元函数 $f(x,y_0)$ 在 $x=x_0$ 处有极大值，于是有

$$f_x(x_0,y_0)=0。$$

类似地可以证明

$$f_y(x_0,y_0)=0。$$

使得 $f_x(x_0,y_0)=0,f_y(x_0,y_0)=0$ 同时成立的点 (x,y) 称为函数的**驻点**。

极值存在的必要条件提供了找极值点的途径。首先，对于偏导数存在的函数，如果它有极值点，则极值点一定是驻点。但上面的条件并不充分，即函数的驻点不一定是极值点。例如，点 $(0,0)$ 是函数 $z=xy$ 的驻点，但不是极值点。其次，极值点也可能在偏导数不存在的点取得。如例 2 中函数在点 $(0,0)$ 的两个偏导数值不存在，但是 $(0,0)$ 是极大值点。

怎样判定一个驻点是否为极值点呢?下面的定理回答了这个问题。

定理 8.5 （极值的充分条件）设函数 $z=f(x,y)$ 在点 (x_0,y_0) 的某邻域内连续，且

具有一阶及二阶连续偏导数，又

$$f_x(x_0,y_0)=0, f_y(x_0,y_0)=0,$$

令

$$f_{xx}(x_0,y_0)=A, f_{xy}(x_0,y_0)=B, f_{yy}(x_0,y_0)=C,$$

则

(1) 当 $B^2-AC<0$ 时，函数 $f(x,y)$ 在点 (x_0,y_0) 处取得极值，且当 $A<0$（或 $C<0$）时取极大值，当 $A>0$（或 $C>0$）时取极小值；

(2) 当 $B^2-AC>0$ 时，函数 $f(x,y)$ 在点 (x_0,y_0) 处无极值；

(3) 当 $B^2-AC=0$ 时，函数 $f(x,y)$ 在点 (x_0,y_0) 处可能有极值，也可能没有极值，还需根据具体问题另作讨论。

证　（略）

例 4　求函数 $f(x,y)=x^3-4x^2+2xy-y^2$ 的极值。

解　求偏导数得

$$f_x(x,y)=3x^2-8x+2y, f_y(x,y)=2x-2y,$$
$$f_{xx}(x,y)=6x-8, f_{xy}(x,y)=2, f_{yy}(x,y)=-2,$$

解下面方程组：

$$\begin{cases}3x^2-8x+2y=0,\\2x-2y=0。\end{cases}$$

得函数的驻点分别为(0,0)，(2,2)。

在驻点(0,0)处，

$$A=f_{xx}(0,0)=-8, B=f_{xy}(0,0)=2, C=f_{yy}(0,0)=-2,$$
$$B^2-AC=-12<0, A=-8<0,$$

所以有极大值

$$f(0,0)=0。$$

在驻点(2,2)处，

$$A=f_{xx}(2,2)=4, B=f_{xy}(2,2)=2, C=f_{yy}(2,2)=-2,$$
$$B^2-AC=12>0,$$

所以点(2,2)不是极值点。

与一元函数类似，可以通过求二元函数 $f(x,y)$ 的极值来求它的最大值和最小值。我们知道，若 $f(x,y)$ 在有界闭区域 D 上连续，则 $f(x,y)$ 在 D 上必定能取得最大值和最小值。这种使函数取得最大值和最小值的点既可能在 D 的内部，也可能在 D 的边界上。若这样的点位于区域 D 的内部，则这个最大值点（或最小值点）也必定是函数的驻点或偏导数不存在的点。因此，求函数最大值和最小值的一般方法是：

(1) 先求 $f(x,y)$ 在 D 内的所有的极值；

(2) 再求 $f(x,y)$ 在 D 的边界上的最大值和最小值；

(3) 比较 $f(x,y)$ 的极值和它在 D 的边界上的最大（小）值，其中最大者即为所求的最大值，最小者即为所求的最小值。

这种方法通常在计算中较为复杂。如果能根据问题的特性确定 $f(x,y)$ 的最大值(或最小值) 必在 D 的内部取得，而函数在 D 内有唯一一个极值点，则可断定 $f(x,y)$ 在该极值点处取得最大值(或最小值)。

例 5 求二元函数 $f(x,y)=x^2y(4-x-y)$ 在直线 $x+y=6$，x 轴和 y 轴所围成的闭区域 D 上的最大值与最小值。

解 先求函数在 D 内的驻点，解方程组

$$\begin{cases} f_x(x,y)=2xy(4-x-y)-x^2y=0, \\ f_y(x,y)=x^2(4-x-y)-x^2y=0。\end{cases}$$

得区域 D 内唯一驻点(2,1)，且

$$f(2,1)=4。$$

再求 $f(x,y)$ 在 D 边界上的最值，在边界 $x=0$ 和 $y=0$ 上

$$f(x,y)=0,$$

在边界 $x+y=6$ 上，即 $y=6-x$，函数

$$f(x,y)=x^2(6-x)(-2)(0\leqslant x\leqslant 6),$$

由

$$f_x=4x(x-6)+2x^2=0,$$

得

$$x_1=0,x_2=4,$$

在区间(0,6) 内的驻点为 $x=4$，这时

$$y=6-x\,|_{x=4}=2。$$

从而 $f(x,y)$ 在区域边界上有一驻点(4,2)。

比较可知 $f(2,1)=4$ 为最大值，$f(4,2)=-64$ 为最小值。

8.4.2 条件极值

上面讨论的极值问题，仅要求自变量在定义域内，并无其他约束条件，这样一类极值称为**无条件极值**。但在许多实际问题中，会遇到对自变量附加某种约束条件的极值问题，这类有约束条件的极值称为**条件极值**。

例如，要求表面积为 a^2，而体积最大的长方体，若用 x,y,z 分别表示长方体的长、宽、高，V 表示其体积，则它实际上就是在约束条件 $2xy+2yz+2zx=a^2$ 的限制下，求函数 $V=xyz$ 的极大值。为此，下面介绍求条件极值的**拉格朗日乘数法**。

用拉格朗日乘数法求目标函数 $z=f(x,y)$ 在约束条件 $\varphi(x,y)=0$ 下的极值的一般步骤：

(1) 构造拉格朗日函数 $F(x,y)=f(x,y)+\lambda\varphi(x,y)$，$\lambda$ 称为**拉格朗日乘数**；

(2) 求出拉格朗日函数 F 对 x,y,λ 的一阶偏导数，并令其为零，得联合方程组

$$\begin{cases} F_x = f_x(x,y) + \lambda\varphi_x(x,y) = 0, \\ F_y = f_y(x,y) + \lambda\varphi_y(x,y) = 0, \\ F_\lambda = \varphi(x,y) = 0。\end{cases}$$

(3) 求解上述方程组,得出可能的极值点(x,y);

(4) 根据实际问题的性质,判断点(x,y)是否为极值点。

拉格朗日乘数法可推广到自变量多于两个,约束条件有两个的情况。例如,求函数 $u = f(x,y,z,t)$ 在条件 $\varphi(x,y,z,t) = 0, \psi(x,y,z,t) = 0$ 下的极值。先构造函数

$$F(x,y,z,t) = f(x,y,z,t) + \lambda_1\varphi(x,y,z,t) + \lambda_2\psi(x,y,z,t),$$

其中 λ_1, λ_2 均为常数,可由偏导数为零及条件解出 x,y,z,t,即得极值点的坐标。

例 6　将正数 12 分成三个正数 x,y,z 之和,使得 $u = x^3y^2z$ 为最大。

解　令

$$F(x,y,z) = x^3y^2z + \lambda(x + y + z - 12),$$

则

$$\begin{cases} F_x = 3x^2y^2z + \lambda = 0, \\ F_y = 2x^3yz + \lambda = 0, \\ F_z = x^3y^2 + \lambda = 0, \\ F_\lambda = x + y + z = 12。\end{cases}$$

解得唯一驻点$(6,4,2)$,故最大值为

$$u_{\max} = 6^3 \times 4^2 \times 2 = 6912。$$

例 7　求内接于椭球面$\frac{x^2}{a^2} + \frac{y^2}{b^2} + \frac{z^2}{c^2} = 1$的长方体的最大体积。

解　设长方体与椭球面在第一卦限的内接点坐标为(x,y,z),则内接长方体的体积为

$$V = 8xyz,$$

于是问题化为求函数

$$f(x,y,z) = 8xyz$$

在条件

$$\frac{x^2}{a^2} + \frac{y^2}{b^2} + \frac{z^2}{c^2} = 1$$

下的最大值。

构造函数

$$F(x,y,z) = 8xyz + \lambda\left(\frac{x^2}{a^2} + \frac{y^2}{b^2} + \frac{z^2}{c^2} - 1\right), x > 0, y > 0, z > 0,$$

得方程组

$$\begin{cases} F_x(x,y,z) = 8yz + \dfrac{2\lambda x}{a^2} = 0, \\ F_y(x,y,z) = 8xz + \dfrac{2\lambda y}{b^2} = 0, \\ F_z(x,y,z) = 8xy + \dfrac{2\lambda z}{c^2} = 0, \\ F_\lambda(x,y,z) = \dfrac{x^2}{a^2} + \dfrac{y^2}{b^2} + \dfrac{z^2}{c^2} - 1 = 0。 \end{cases}$$

把前三式分别乘以 x,y,z,然后与第四式联立,得

$$8xyz = -\frac{2}{3}\lambda,$$

再把它分别与前三式联立,解得

$$x = \frac{a}{\sqrt{3}}, y = \frac{b}{\sqrt{3}}, z = \frac{c}{\sqrt{3}}。$$

依题意可知,内接于椭球面体积最大的长方体是存在的,而方程组的解又是唯一的,故$\left(\frac{a}{\sqrt{3}},\frac{b}{\sqrt{3}},\frac{c}{\sqrt{3}}\right)$就是所求的最大值点。所求的最大体积为

$$V_{\max} = \frac{8\sqrt{3}}{9}abc。$$

习题 8.4

1. 求下列各函数的极值。
   (1) $f(x,y) = 4(x-y) - x^2 - y^2$;
   (2) $f(x,y) = x^2 + xy + y^2 - 2x - y$;
   (3) $f(x,y) = \dfrac{8}{x} + \dfrac{x}{y} + y(x>0,y>0)$;
   (4) $f(x,y) = x^3 + y^3 - 3xy$。
2. 求函数 $z = xy$ 在条件 $x + y = 1$ 下的极大值。
3. 求函数 $z = x^2 + y^2 + 2xy - 2x$ 在条件 $x^2 + y^2 = 1$ 下的最大值,最小值。
4. 设四个正数 a,b,c,d 的和为常数 4μ,求乘积 $u = abcd$ 的最大值。
5. 某工厂要用铁板做成一个体积为 $2\ \mathrm{m}^3$ 的有盖长方体水箱。问当长、宽、高各取怎样的尺寸时,才能使用料最省。

8.5 多元函数微分法在几何上的应用

8.5.1 空间曲线的切线与法平面

类似于平面曲线的切线的概念,一条空间曲线Γ在点$M(x_0,y_0,z_0)$处(点M在曲线Γ

上）的切线是这样定义的：在曲线 Γ 上找一异于点 M 的点 $N(x+\Delta x, y_0+\Delta y, z_0+\Delta z)$，作割线 MN，则当点 N 沿曲线 Γ 趋于点 M 时，割线 MN 的极限位置 MT 就称为空间曲线 Γ 在点 $M(x_0, y_0, z_0)$ 处的切线（如图 8-8 所示）。

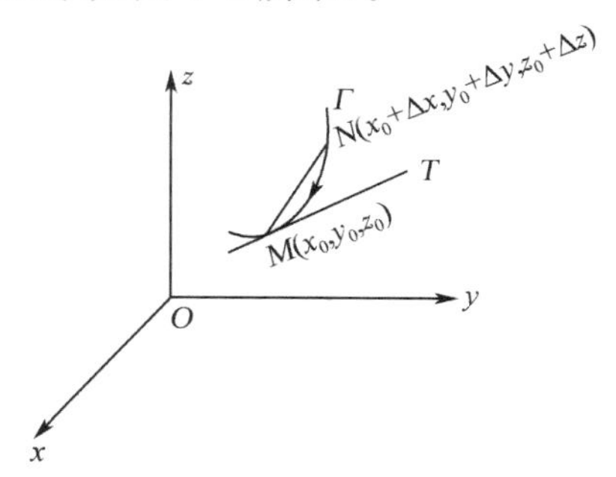

图 8-8

通过点 $M(x_0, y_0, z_0)$ 并与空间曲线 Γ 在点 $M(x_0, y_0, z_0)$ 处的切线垂直的平面称为空间曲线 Γ 在点 M 处的**法平面**。

下面我们来推导空间曲线 Γ 在点 M 处的切线及法平面的方程。

设空间曲线 Γ 的方程为

$$x=\varphi(t),\ y=\psi(t),\ z=\omega(t),$$

其中，函数 $\varphi(t)$，$\psi(t)$，$\omega(t)$ 可导，且导数不全为零。又设点 $M(x_0, y_0, z_0)$ 和 $N(x_o+\Delta x, y_0+\Delta y, z_0+\Delta z)$ 分别对应于参数 $t=t_0$ 和 $t=t_0+\Delta t$。显然，当 $N\to M$ 时，有 $\Delta t\to 0$。

由于向量 $\overrightarrow{MN}=\{\Delta x, \Delta y, \Delta z\}$ 是割线 MN 的一个方向向量，点 $M(x_0, y_0, z_0)$ 在割线 MN 上，于是，割线 MN 的方程为

$$\frac{x-x_0}{\Delta x}=\frac{y-y_0}{\Delta y}=\frac{z-z_0}{\Delta z},$$

上式的各分母中同除以 Δt，得

$$\frac{x-x_0}{\frac{\Delta x}{\Delta t}}=\frac{y-y_0}{\frac{\Delta y}{\Delta t}}=\frac{z-z_0}{\frac{\Delta z}{\Delta t}},$$

令 $N\to M$（相应的，有 $\Delta t\to 0$），通过上式对分母求极限，得

$$\frac{x-x_0}{\varphi'(t_0)}=\frac{y-y_0}{\psi'(t_0)}=\frac{z-z_0}{\omega'(t_0)}。\tag{1}$$

这就是空间曲线 Γ 在点 $M(x_0, y_0, z_0)$ 处的切线方程。

注意　当 $\varphi'(t_0)$，$\psi'(t_0)$，$\omega'(t_0)$ 中有一个或两个是零时，为了表达简便，我们仍写成式(1) 的形式。当 $\varphi'(t_0)$，$\psi'(t_0)$，$\omega'(t_0)$ 有一个是零（例如，$\varphi'(t_0)=0$）时，式(1) 即表示方程组

$$\begin{cases} x-x_0=0, \\ \dfrac{y-y_0}{\psi'(t_0)}=\dfrac{z-z_0}{\omega'(t_0)}。\end{cases}$$

当 $\varphi'(t_0),\psi'(t_0),\omega'(t_0)$ 中有两个是零(例如,$\varphi'(t_0)=\psi'(t_0)=0$) 时,式(1) 即表示方程组

$$\begin{cases} x-x_0=0, \\ y-y_0=0。\end{cases}$$

由于曲线 Γ 在点 $M(x_0,y_0,z_0)$ 处的切线与法平面垂直,故切线的方向向量 $\{\varphi'(t_0),\psi'(t_0),\omega'(t_0)\}$就是法平面的法向量。又因为法平面通过点 $M(x_0,y_0,z_0)$,所以,空间曲线 Γ 在点 $M(x_0,y_0,z_0)$ 处的法平面方程为

$$\varphi'(t_0)(x-x_0)+\psi'(t_0)(y-y_0)+\omega'(t_0)(z-z_0)=0。 \tag{2}$$

例 1 求曲线 $x=a\cos t, y=a\sin t, z=bt$ 在点 $M(a,0,0)$ 处的切线方程和法平面方程。

解 点 $M(a,0,0)$ 对应的参数为 $t=0$。由于

$$\left.\frac{\mathrm{d}x}{\mathrm{d}t}\right|_{t=0}=-a\sin t\Big|_{t=0}=0, \left.\frac{\mathrm{d}y}{\mathrm{d}t}\right|_{t=0}=a\cos t\Big|_{t=0}=a, \left.\frac{\mathrm{d}z}{\mathrm{d}t}\right|_{t=0}=b\Big|_{t=0}=b,$$

所以,曲线在点 $M(a,0,0)$ 处的切线方程为

$$\frac{x-a}{0}=\frac{y-0}{a}=\frac{z-0}{b},$$

即

$$\begin{cases} x-a=0, \\ \dfrac{y}{a}=\dfrac{z}{b}。\end{cases}$$

法平面方程为

$$0\cdot(x-a)+a(y-0)+b(z-0)=0,$$

即

$$ay+bz=0。$$

例 2 求曲线 Γ: $\begin{cases} y=2x^3, \\ z=x+3\end{cases}$ 在点 $M(1,2,4)$ 处的切线方程和法平面方程。

解 取 x 为参数,则曲线 Γ 的参数方程为

$$x=x,\ y=2x^2,\ z=2x+3。$$

因为

$$x'\Big|_{x=1}=1, y'\Big|_{x=1}=4x\Big|_{x=1}=4, z'\Big|_{x=1}=1\Big|_{x=1}=1,$$

所以,曲线 Γ 在点 $M(1,2,4)$ 处的切线方程为

$$\frac{x-1}{1}=\frac{y-2}{4}=\frac{z-4}{1};$$

曲线 Γ 在点 $M(1,2,4)$ 处的法平面方程为

$$(x-1)+4(y-2)+(z-3)=0,$$

即

$$x+4y+z-12=0。$$

8.5.2　空间曲面的切平面与法线

我们知道，过一张曲面Σ上一点M并在曲面Σ上的曲线有无数条，每一条曲线在点M处都有一条切线。下面将看到，在一定的条件下，所有这些切线都在同一平面上，这个平面就称为曲面Σ在点M处的**切平面**。

设曲面Σ的方程为

$$F(x,y,z)=0, \tag{3}$$

点$M(x_0,y_0,z_0)$是曲面上一点，函数$F(x,y,z)$点M处有连续的偏导数，且三个偏导数不全为零。另设Γ是过点M且在曲面Σ上的任意一条曲线，它的方程为

$$x=\varphi(t),y=\psi(t),z=\omega(t)。$$

$t=t_0$是对应于点$M(x_0,y_0,z_0)$的参数，$\varphi'(t_0)$，$\psi'(t_0)$，$\omega'(t_0)$不全为零。

由于曲线Γ在曲面Σ上，于是，曲面Σ上的点$(\varphi(t),\psi(t),\omega(t))$的坐标满足曲面$\Sigma$的方程，即有恒等式：

$$F[\varphi(t),\psi(t),\omega(t)]\equiv 0。$$

又由于函数$F(x,y,z)$在点$M(x_0,y_0,z_0)$处有连续的偏导数，函数$x=\varphi(t)$，$y=\psi(t)$，$z=\omega(t)$在$t=t_0$处可导，所以，复合函数$F[\varphi(t),\psi(t),\omega(t)]$在$t=t_0$处有全导数且全导数为

$$\left.\frac{\mathrm{d}F}{\mathrm{d}t}\right|_{t=t_0}=F'_x(x_0,y_0,z_0)\varphi'(t_0)+F'_y(x_0,y_0,z_0)\psi'(t_0)+F'_z(x_0,y_0,z_0)\omega'(t_0)。$$

令$\left.\dfrac{\mathrm{d}F}{\mathrm{d}t}\right|_{t=t_0}=0$，有

$$F'_x(x_0,y_0,z_0)\varphi'(t_0)+F'_y(x_0,y_0,z_0)\psi'(t_0)+F'_z(x_0,y_0,z_0)\omega'(t_0)=0。$$

上式说明，向量$\boldsymbol{n}=\{F'_x(x_0,y_0,z_0),F'_y(x_0,y_0,z_0),F'_z(x_0,y_0,z_0)\}$与向量$\boldsymbol{s}=\{\varphi'(t_0),\psi'(t_0),\omega'(t_0)\}$垂直。向量$\boldsymbol{s}$是曲线$\Gamma$在点$M(x_0,y_0,z_0)$处的切线的方向向量，由曲线$\Gamma$的任意性知，所有过点$M$且在曲面$\Sigma$上的曲线在点$M$处的切线都与向量$\boldsymbol{n}$垂直，所以，这些切线都在以向量$\boldsymbol{n}$为法向量且过点$M$的平面上。因此，曲面$\Sigma$在点$M$处的切平面方程为

$$F'_x(x_0,y_0,z_0)(x-x_0)+F'_y(x_0,y_0,z_0)(y-y_0)+F'_z(x_0,y_0,z_0)(z-z_0)=0。\tag{4}$$

我们称过点$M(x_0,y_0,z_0)$且垂直于该点处的切平面(4)的直线为曲面Σ在点M处的法线。显然，切平面的法向量$\{F'_x(x_0,y_0,z_0),F'_y(x_0,y_0,z_0),F'_z(x_0,y_0,z_0)\}$就是法线的一个方向向量。因此，曲面$\Sigma$在点$M$处的法线方程为

$$\frac{(x-x_0)}{F'_x(x_0,y_0,z_0)}=\frac{(y-y_0)}{F'_y(x_0,y_0,z_0)}=\frac{(z-z_0)}{F'_z(x_0,y_0,z_0)}。\tag{5}$$

如果曲面的方程为

$$z=f(x,y), \tag{6}$$

则只要令

$$F(x,y,z)=f(x,y)-z,$$

曲面方程(6) 就可以化成方程(3) 的形式,且

$$F'_x(x,y,z)=f'_x(x,y),\quad F'_y(x,y,z)=f'_y(x,y),\quad F'_z(x,y,z)=-1。$$

所以,曲面在点 $M(x_0,y_0,z_0)$ 处的切平面方程为

$$f'_x(x_0,y_0)(x-x_0)+f'_y(x_0,y_0)(y-y_0)-(z-z_0)=0。\tag{7}$$

曲面在点 $M(x_0,y_0,z_0)$ 处的法线方程为

$$\frac{(x-x_0)}{f'_x(x_0,y_0)}=\frac{(y-y_0)}{f'_y(x_0,y_0)}=\frac{(z-z_0)}{-1}。\tag{8}$$

例 3 求曲面 $3x^2+y^2-z^2=27$ 在点(3,1,1) 处的切平面方程和法线方程。

解 设 $F(x,y,z)=3x^2+y^2-z^2-27$,于是有

$$F'_x\Big|_{(3,1,1)}=6x\Big|_{(3,1,1)}=18,$$

$$F'_y\Big|_{(3,1,1)}=2y\Big|_{(3,1,1)}=2,$$

$$F'_z\Big|_{(3,1,1)}=-2z\Big|_{(3,1,1)}=-2,$$

因此,曲面 $3x^2+y^2-z^2=27$ 在点(3,1,1) 处的切平面方程为

$$18(x-3)+2(y-1)-2(z-1)=0,$$

即

$$9x+y-z-27=0。$$

法线方程为

$$\frac{(x-3)}{18}=\frac{(y-1)}{2}=\frac{(z-1)}{-2},$$

即·

$$\frac{x-3}{9}=\frac{y-1}{1}=\frac{z-1}{-1}。$$

例 4 求圆锥面 $z=\sqrt{x^2+y^2}$ 在点(1,0,1) 处的切平面方程和法线方程。

解 令 $F(x,y,z)=\sqrt{x^2+y^2}-z$,则

$$F'_x(x,y,z)=\frac{x}{\sqrt{x^2+y^2}},F'_y(x,y,z)=\frac{y}{\sqrt{x^2+y^2}},F'_z(x,y,z)=-1,$$

所以

$$F'_x(1,0,1)=1,F'_y(1,0,1)=0,F'_z(1,0,1)=-1,$$

因此,圆锥面在点(1,0,1) 处的切平面方程为

$$1\cdot(x-1)+0\cdot(y-0)-(z-1)=0,$$

即

$$x-z=0。$$

法线方程为

$$\frac{x-1}{1}=\frac{y}{0}=\frac{z-1}{-1}。$$

例 5 求椭圆面 $x^2+2y^2+z^2=1$ 上平行于平面 $x-y+2z=0$ 的切平面方程。

解 设椭球面在点 $M(x_0,y_0,z_0)$ 处的切平面与平面 $x-y+2z=0$ 平行。因为

$$F(x,y,z)=x^2+2y^2+z^2-1,$$

于是,椭球面在点 M 处的切平面的法向量为

$$\{F'_x(x_0,y_0,z_0),F'_y(x_0,y_0,z_0),F'_z(x_0,y_0,z_0)\}=\{2x_0,4y_0,2z_0\},$$

又因为所求的切平面与平面 $x-y+2z=0$ 平行,所以

$$\frac{2x_0}{1}=\frac{4y_0}{-1}=\frac{2z_0}{2},$$

由此得

$$z_0=2x_0,\ y_0=-\frac{1}{2}x_0。$$

由于点 $M(x_0,y_0,z_0)$ 在椭球面上,故它的坐标满足曲面方程,即有

$$x_0^2+2y_0^2+z_0^2=1。$$

将关系式 $z_0=2x_0,\ y_0=-\frac{1}{2}x_0$ 代入上式,得

$$x_0^2+2\left(-\frac{1}{2}x_0\right)^2+(2x_0)^2=1,$$

解方程,得

$$x_0=\pm\sqrt{\frac{2}{11}},$$

代入 $z_0=2x_0,\ y_0=-\frac{1}{2}x_0$ 中,又求得

$$y_0=\mp\frac{1}{2}\sqrt{\frac{2}{11}},z_0=\pm 2\sqrt{\frac{2}{11}},$$

所以,在点 M 处的切平面的法向量为

$$\boldsymbol{n}=\{2x_0,4y_0,2z_0\}=\left\{\pm 2\sqrt{\frac{2}{11}},\mp 2\sqrt{\frac{2}{11}},\pm 4\sqrt{\frac{2}{11}}\right\}。$$

因此,所求的切平面方程为

$$2\sqrt{\frac{2}{11}}\left(x-\sqrt{\frac{2}{11}}\right)-2\sqrt{\frac{2}{11}}\left(y+\frac{1}{2}\sqrt{\frac{2}{11}}\right)+4\sqrt{\frac{2}{11}}\left(z-2\sqrt{\frac{2}{11}}\right)=0,$$

或

$$-2\sqrt{\frac{2}{11}}\left(x+\sqrt{\frac{2}{11}}\right)+2\sqrt{\frac{2}{11}}\left(y-\frac{1}{2}\sqrt{\frac{2}{11}}\right)-4\sqrt{\frac{2}{11}}\left(z+2\sqrt{\frac{2}{11}}\right)=0,$$

即

$$x-y+2z=\sqrt{\frac{11}{2}}\text{ 或 }-x+y-2z=-\sqrt{\frac{11}{2}}。$$

例6　求曲面 $x^2+2y^2+z^2=7$ 与平面 $2x+5y-3z+4=0$ 的交线上的点 $M_0(2,-1,1)$ 处的切线方程。

解　因为已知曲线是曲面 $x^2+2y^2+z^2=7$ 与平面 $2x+5y-3z+4=0$ 的交线,它既在曲面上,也在平面上,所以,它在点 $M_0(2,-1,1)$ 处的切线的方向向量既与曲面的

切平面的法向量 $\boldsymbol{n}_1$ 垂直,也与平面的法向量 $\boldsymbol{n}_2$ 垂直。因此,可取曲线的切线的方向向量 $\boldsymbol{s}$ 为

$$\boldsymbol{s}=\boldsymbol{n}_1\times\boldsymbol{n}_2。$$

设 $F(x,y,z)=x^2+2y^2+z^2-7$,则

$$F'_x\Big|_{(2,-1,1)}=2x\Big|_{(2,-1,1)}=4,$$

$$F'_y\Big|_{(2,-1,1)}=4y\Big|_{(2,-1,1)}=-4,$$

$$F'_z\Big|_{(2,-1,1)}=2z\Big|_{(2,-1,1)}=2,$$

从而曲面 $x^2+2y^2+z^2=7$ 在点 $M_0(2,-1,1)$ 处的切平面的法向量为

$$\boldsymbol{n}_1=\{4,-4,2\}。$$

由于平面 $2x+5y-3z+4=0$ 的法向量为 $\boldsymbol{n}_2=\{2,5,-3\}$,于是

$$\boldsymbol{s}=\boldsymbol{n}_1\times\boldsymbol{n}_2=\begin{vmatrix}\boldsymbol{i}&\boldsymbol{j}&\boldsymbol{k}\\4&-4&2\\2&5&-3\end{vmatrix}=2\boldsymbol{i}+16\boldsymbol{j}+28\boldsymbol{k},$$

因此,交线在点 $M_0(2,-1,1)$ 处的切线方程为

$$\frac{x-2}{2}=\frac{y+1}{16}=\frac{z-1}{28},$$

即

$$\frac{x-2}{1}=\frac{y+1}{8}=\frac{z-1}{14}。$$

习题 8.5

1. 求曲线 $x=t-\sin t,y=1-\cos t,z=4\sin\frac{t}{2}$ 在点 $\left(\frac{\pi}{2}-1,1,2\sqrt{2}\right)$ 处的切线方程和法平面方程。
2. 求曲线 $x=\frac{t}{1+t},\ y=\frac{1+t}{t},\ z=t^2$ 在对应于 $t=1$ 的点处的切线方程和法平面方程。
3. 求曲线 $\begin{cases}y=x^2,\\z=3x+1\end{cases}$ 在点 $M(0,0,1)$ 处的切线方程和法平面方程。
4. 求曲线 $x=t,\ y=t^2,\ z=t^3$ 上使曲线在该点处的切线与平面 $x+2y+z=4$ 平行的点。
5. 求曲面 $e^z-z+xy=3$ 在点 $(2,1,0)$ 处的切平面方程及法线方程。
6. 求椭球面 $x^2+2y^2+3z^2=21$ 平行于平面 $x+4y+6z=0$ 的切平面方程。
7. 设点 $M(x,y,z)$ 是曲面 $z=xe^{\frac{y}{x}}$ 上任意一点,试证:曲面在点 M 处的法线与直线 OM(O 为坐标原点)垂直。
8. 求证:曲面 $\sqrt{x}+\sqrt{y}+\sqrt{z}=\sqrt{a}\,(a>0)$ 上任意一点 M 处的切平面在各坐标轴上的截距之和等于 a。

8.6　方向导数与梯度

8.6.1　方向导数

在一些实际问题中需要研究函数 $z=f(x,y)$ 在某一点 $P(x,y)$ 沿任意方向的变化率，由此产生了方向导数的概念。

定义 8.7　设函数 $z=f(x,y)$ 在点 $P(x,y)$ 的某一领域内有定义，以点 P 为端点作一条射线 l，记 x 轴的正向到射线 l 的转角为 θ。又设点 $Q(x+\Delta x,y+\Delta y)$ 在射线 l 上且在点 P 的邻域内（如图 8-9 所示），如果当点 Q 沿着射线 l 趋近于点 P 时，比式

$$\frac{f(x+\Delta x,y+\Delta y)-f(x,y)}{\rho}\quad(\rho=\sqrt{\Delta x^2+\Delta y^2})$$

的极限存在，则称此极限为 $z=f(x,y)$ 在点 $P(x,y)$ 处沿方向 l 的**方向导数**，记作 $\frac{\partial f}{\partial l}$，即

$$\frac{\partial f}{\partial l}=\lim_{\rho\to 0}\frac{f(x+\Delta x,y+\Delta y)-f(x,y)}{\rho}。\tag{1}$$

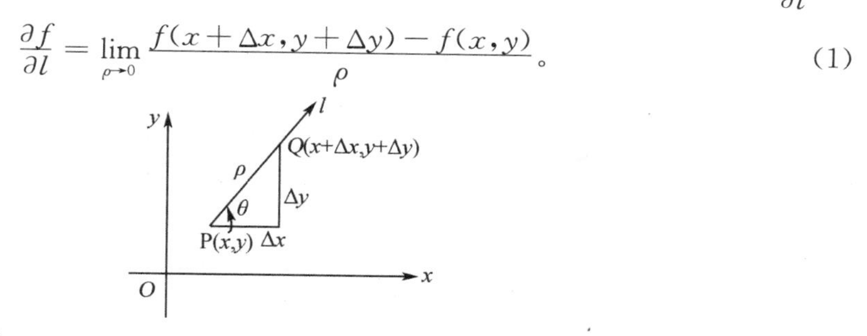

图 8-9

下面给出方向导数存在的充分条件。

定理 8.6　如果函数 $z=f(x,y)$ 在点 $P(x,y)$ 处是可微分的，则它在该点沿任一方向 l 的方向导数都存在，且

$$\frac{\partial f}{\partial l}=\frac{\partial f}{\partial x}\cos\theta+\frac{\partial f}{\partial y}\sin\theta,\tag{2}$$

其中，θ 是 x 轴的正向到射线 l 的转角。

证　因为函数 $z=f(x,y)$ 在点 $P(x,y)$ 处是可微分的，所以，函数的全增量可以表示成

$$f(x+\Delta x,y+\Delta y)-f(x,y)=\frac{\partial f}{\partial x}\Delta x+\frac{\partial f}{\partial y}\Delta y+o(\rho),$$

上式两边同时除以 ρ，得

$$\begin{aligned}\frac{f(x+\Delta x,y+\Delta y)-f(x,y)}{\rho}&=\frac{\partial f}{\partial x}\cdot\frac{\Delta x}{\rho}+\frac{\partial f}{\partial y}\cdot\frac{\Delta y}{\rho}+\frac{o(\rho)}{\rho}\\&=\frac{\partial f}{\partial x}\cos\theta+\frac{\partial f}{\partial y}\sin\theta+\frac{o(\rho)}{\rho}。\end{aligned}$$

当 $\rho \to 0$ 时，两边求极限，又得

$$\lim_{\rho \to 0} \frac{f(x+\Delta x, y+\Delta y) - f(x,y)}{\rho} = \frac{\partial f}{\partial x}\cos\theta + \frac{\partial f}{\partial y}\sin\theta,$$

因此，$z = f(x,y)$ 在点 $P(x,y)$ 处沿方向 l 的方向导数存在，且

$$\frac{\partial f}{\partial l} = \frac{\partial f}{\partial x}\cos\theta + \frac{\partial f}{\partial y}\sin\theta。$$

上述定义 8.7 和定理 8.6 均可直接推广到二元以上的函数中去。例如，对于一个三元函数 $u = f(x,y,z)$，它在空间内的点 $P(x,y,z)$ 处沿方向角为 α,β,γ 的方向 l 的方向导数定义为

$$\frac{\partial f}{\partial l} = \lim_{\rho \to 0} \frac{f(x+\Delta x, y+\Delta y, z+\Delta z) - f(x,y,z)}{\rho}, \tag{3}$$

其中，$\rho = \sqrt{\Delta x^2 + \Delta y^2 + \Delta z^2}$，如图 8-10 所示。如果函数 $u = f(x,y,z)$ 在点 $P(x,y,z)$ 处是可微的，那么，它在点 $P(x,y)$ 处沿方向 l 的方向导数为

$$\frac{\partial f}{\partial l} = \frac{\partial f}{\partial x}\cos\alpha + \frac{\partial f}{\partial y}\cos\beta + \frac{\partial f}{\partial z}\cos\gamma, \tag{4}$$

其中 $\cos\alpha, \cos\beta, \cos\gamma$ 是方向 l 的方向余弦。

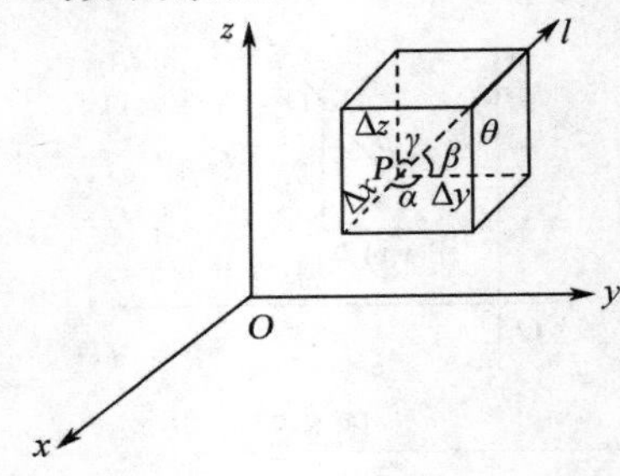

图 8-10

例 1　求函数 $z = x^2 - xy + y^2$ 在点 $P(1,1)$ 处沿与 x 轴的正向夹角为 $\frac{\pi}{3}$ 的方向 l 的方向导数。

解　因为

$$\left.\frac{\partial z}{\partial x}\right|_{\substack{x=1\\y=1}} = (2x-y)\Big|_{\substack{x=1\\y=1}} = 1,$$

$$\left.\frac{\partial z}{\partial y}\right|_{\substack{x=1\\y=1}} = (-x+2y)\Big|_{\substack{x=1\\y=1}} = 1,$$

所以，由公式(2) 得

$$\frac{\partial f}{\partial l} = \frac{\partial f}{\partial x}\cos\theta + \frac{\partial f}{\partial y}\sin\theta = 1 \cdot \cos\frac{\pi}{3} + 1 \cdot \sin\frac{\pi}{3} = \frac{1}{2} + \frac{\sqrt{3}}{2}。$$

例 2　求函数 $u = xy + e^z$ 在点 $P(1,1,0)$ 沿由点 $P(1,1,0)$ 到点 $Q(2,0,1)$ 的方向 l 的方向导数。

解　因为 l 的方向就是向量 $\overrightarrow{PQ}=\{1,-1,1\}$ 的方向，向量 $\overrightarrow{PQ}$ 的方向余弦为

$$\cos\alpha=\frac{1}{\sqrt{1^2+(-1)^2+1^2}}=\frac{1}{\sqrt{3}},$$

$$\cos\beta=\frac{-1}{\sqrt{1^2+(-1)^2+1^2}}=\frac{-1}{\sqrt{3}},$$

$$\cos\gamma=\frac{1}{\sqrt{1^2+(-1)^2+1^2}}=\frac{1}{\sqrt{3}},$$

又因为

$$\left.\frac{\partial u}{\partial x}\right|_{(1,1,0)}=y\big|_{(1,1,0)}=1,$$

$$\left.\frac{\partial u}{\partial y}\right|_{(1,1,0)}=x\big|_{(1,1,0)}=1,$$

$$\left.\frac{\partial u}{\partial z}\right|_{(1,1,0)}=\mathrm{e}^z\big|_{(1,1,0)}=\mathrm{e}^0=1,$$

所以，由式(4) 得

$$\frac{\partial u}{\partial l}=\frac{\partial u}{\partial x}\cos\alpha+\frac{\partial u}{\partial y}\cos\beta+\frac{\partial u}{\partial z}\cos\gamma=1\times\frac{1}{\sqrt{3}}+1\times\left(-\frac{1}{\sqrt{3}}\right)+1\times\frac{1}{\sqrt{3}}=\frac{1}{\sqrt{3}}。$$

8.6.2　梯度

由式(2) 可以看到，一个函数 $z=f(x,y)$ 在点 $P(x,y)$ 沿着不同的方向 l 的方向导数是不同的。现在要问，这些方向导数中，有没有一个最大的方向导数？如果有的话，那么，沿着哪个方向的方向导数最大？下面我们来讨论这个问题。

引入向量 $\boldsymbol{g}=\left\{\frac{\partial f}{\partial x},\frac{\partial f}{\partial y}\right\}$，$\boldsymbol{e}=\{\cos\theta,\sin\theta\}$，于是，式(2) 可以写成

$$\frac{\partial f}{\partial l}=\left\{\frac{\partial f}{\partial x},\frac{\partial f}{\partial y}\right\}\cdot\{\cos\theta,\sin\theta\}=\boldsymbol{g}\cdot\boldsymbol{e},$$

而根据数量积的定义知

$$\begin{aligned}\boldsymbol{g}\cdot\boldsymbol{e}&=|\boldsymbol{g}||\boldsymbol{e}|\cos(\widehat{\boldsymbol{g},\boldsymbol{e}})=\sqrt{\left(\frac{\partial f}{\partial x}\right)^2+\left(\frac{\partial f}{\partial y}\right)^2}\sqrt{\cos^2\theta+\sin^2\theta}\cos(\widehat{\boldsymbol{g},\boldsymbol{e}})\\&=\sqrt{\left(\frac{\partial f}{\partial x}\right)^2+\left(\frac{\partial f}{\partial y}\right)^2}\cos(\widehat{\boldsymbol{g},\boldsymbol{e}}),\end{aligned}$$

于是又有

$$\frac{\partial f}{\partial l}=\sqrt{\left(\frac{\partial f}{\partial x}\right)^2+\left(\frac{\partial f}{\partial y}\right)^2}\cos(\widehat{\boldsymbol{g},\boldsymbol{e}})。\tag{5}$$

由式(5) 可以看到，当 $\cos(\widehat{\boldsymbol{g},\boldsymbol{e}})=1$ 时，方向导数 $\frac{\partial f}{\partial l}$ 最大，即方向 l 与向量 $\boldsymbol{g}=\left\{\frac{\partial f}{\partial x},\frac{\partial f}{\partial y}\right\}$ 的方向一致时，方向导数最大。此时，方向导数的值为向量 $\boldsymbol{g}$ 的模。向量 $\boldsymbol{g}$ 称为函数 $z=f(x,y)$

在点 $P(x,y)$ 的梯度。

定义 8.8 设函数 $z=f(x,y)$ 在点 $P(x,y)$ 处具有连续的偏导数$\frac{\partial f}{\partial x}$和$\frac{\partial f}{\partial y}$，则称向量$\frac{\partial f}{\partial x}\boldsymbol{i}+\frac{\partial f}{\partial y}\boldsymbol{j}$ 为函数 $z=f(x,y)$ 在点 $P(x,y)$ 的**梯度**，记作 $\mathrm{grad}f(x,y)$，即

$$\mathrm{grad}f(x,y)=\frac{\partial f}{\partial x}\boldsymbol{i}+\frac{\partial f}{\partial y}\boldsymbol{j}。\tag{6}$$

由前面的讨论可知，函数 $z=f(x,y)$ 在点 $P(x,y)$ 的梯度 $\mathrm{grad}f(x,y)$ 是这样一个向量：

① 它的方向与在点 $P(x,y)$ 处取得最大的方向导数的方向相同；

② 它的模 $|\mathrm{grad}f(x,y)|$ 等于点 $P(x,y)$ 处的方向导数的最大值。

有了梯度的概念之后，函数在点 $P(x,y)$ 处沿着方向 $\boldsymbol{l}$ 的方向导数就可以表示成

$$\frac{\partial f}{\partial l}=\mathrm{grad}f(x,y)\cdot\boldsymbol{e},\tag{7}$$

这里，$\boldsymbol{e}=\{\cos\theta,\sin\theta\}$ 是 $\boldsymbol{l}$ 方向上的单位向量。

类似的，如果三元函数 $u=f(x,y,z)$ 在点 $P(x,y,z)$ 处具有连续的偏导数$\frac{\partial f}{\partial x}$，$\frac{\partial f}{\partial y}$和$\frac{\partial f}{\partial z}$，那么它在点 $P(x,y)$ 的梯度定义为

$$\mathrm{grad}f(x,y,z)=\frac{\partial f}{\partial x}\boldsymbol{i}+\frac{\partial f}{\partial y}\boldsymbol{j}+\frac{\partial f}{\partial z}\boldsymbol{k}。\tag{8}$$

函数 $u=f(x,y,z)$ 在点 $P(x,y,z)$ 处沿方向 $\boldsymbol{l}$ 的方向导数就可以表示成

$$\frac{\partial f}{\partial l}=\mathrm{grad}f(x,y,z)\cdot\boldsymbol{e},\tag{9}$$

这里，$\boldsymbol{e}=\{\cos\alpha,\cos\beta,\cos\gamma\}$ 是 $\boldsymbol{l}$ 方向上的单位向量。由式(9)可看到，函数 $u=f(x,y,z)$ 沿着梯度 $\mathrm{grad}f(x,y,z)$ 的方向上的方向导数最大，方向导数的最大值等于梯度的模 $|\mathrm{grad}f(x,y,z)|$。

例 3 求函数 $f(x,y)=\mathrm{arccot}\,\frac{y}{x}$ 在点(x,y)的梯度。

解 由

$$\frac{\partial f}{\partial x}=-\frac{1}{1+\left(\frac{y}{x}\right)^2}\left(-\frac{y}{x^2}\right)=\frac{y}{x^2+y^2},$$

$$\frac{\partial f}{\partial y}=-\frac{1}{1+\left(\frac{y}{x}\right)^2}\cdot\frac{1}{x}=-\frac{y}{x^2+y^2},$$

得

$$\mathrm{grad}f(x,y)=\frac{y}{x^2+y^2}\boldsymbol{i}-\frac{y}{x^2+y^2}\boldsymbol{j}。$$

例 4　求函数 $f(x,y,z)=xy+yz+zx$ 在点 $M(1,0,-1)$ 处的最大方向导数。

解　因为

$$\left.\frac{\partial f}{\partial x}\right|_{(1,0,-1)}=(y+z)\big|_{(1,0,-1)}=-1,$$

$$\left.\frac{\partial f}{\partial y}\right|_{(1,0,-1)}=(x+z)\big|_{(1,0,-1)}=0,$$

$$\left.\frac{\partial f}{\partial z}\right|_{(1,0,-1)}=(y+x)\big|_{(1,0,-1)}=1,$$

所以

$$\mathrm{grad}f(1,0,-1)=-\boldsymbol{i}+\boldsymbol{k},$$

因此，函数 $f(x,y,z)=xy+yz+zx$ 在点 $M(1,0,-1)$ 处的最大方向导数为

$$|\mathrm{grad}f(1,0,-1)|=\sqrt{(-1)^2+0^2+1^2}=\sqrt{2}。$$

习题 8.6

1. 求函数 $z=3x^4+xy+y^3$ 在点 $(1,2)$ 处沿从点 $(1,2)$ 到 $(2,1)$ 方向的方向导数。
2. 求函数 $u=\sqrt{x^2+y^2+z^2}$ 在点 $(1,0,1)$ 处沿从点 $(1,0,1)$ 到点 $(2,-1,2)$ 方向的方向导数。
3. 求 $u=xy+yz+zx$ 在点 $(1,2,3)$ 处的梯度。
4. 设 u,v 都是 x,y,z 的函数，u,v 的各偏导数都存在且连续，证明：

$$\mathrm{grad}(uv)=v\,\mathrm{grad}u+u\,\mathrm{grad}v。$$

复习题 8

一、求下列函数的定义域。

1. $z=\dfrac{1}{x^2+y^2}$；　　2. $z=\sqrt{x}\ln(x+y)$；

3. $z=\arcsin\dfrac{y}{x}$；　　4. $z=\sqrt{R^2-x^2-y^2}+\sqrt{x^2+y^2-r^2}\ (R>r>0)$。

二、设函数 $f(x,y)=\dfrac{xy(x^2-y^2)}{x^2+y^2}$，证明：$\lim\limits_{\substack{x\to0\\y\to0}}f(x,y)=0$。

三、设函数 $f(x,y)=\dfrac{x^2y^2}{x^2y^2+(x-y)^2}$，证明：$\lim\limits_{\substack{x\to0\\y\to0}}f(x,y)$ 不存在。

四、求下列函数的偏导数。

1. $z=x^3y-xy^3$；　　2. $z=\mathrm{e}^{xy}\sin y$；

3. $z=x^2\ln(x^2+y^2)$；　　4. $z=\ln(x+\ln y)$。

五、证明：$z = xy + xe^{\frac{y}{x}}$ 满足方程 $x\frac{\partial z}{\partial x} + y\frac{\partial z}{\partial y} = xy + z$。

六、求下列函数的所有二阶偏导数。

1. $u = xy + yz + zx$； 2. $z = x\ln(x + y)$；

3. $z = \ln(x^2 + y)$； 4. $z = x^y$。

七、求下列函数的全微分。

1. $z = \cos(xy)$； 2. $u = x^{yz}$；

3. $u = \ln(x^2 + y^2 + z^2)$； 4. $u = \frac{z}{x^2 + y^2}$。

八、求下列复合函数的偏导数(或导数)。

1. 设 $z = \ln(e^x + e^y), y = x^3$，求$\frac{dz}{dx}$；

2. 设 $u = x^2 + y^2 + xy, x = \sin t, y = e^t$，求$\frac{du}{dt}$；

3. 设 $z = \arctan\frac{u}{v}, u = x + y, v = x - y$，求$\frac{\partial z}{\partial x}, \frac{\partial z}{\partial y}$；

4. 设 $z = f(x^2 - y^2, e^{xy})$，且 f 具有一阶连续偏导数，求$\frac{\partial z}{\partial x}, \frac{\partial z}{\partial y}$；

5. 设 $u = f(x, xy, xyz)$，且 f 具有一阶连续偏导数，求$\frac{\partial u}{\partial x}, \frac{\partial u}{\partial y}, \frac{\partial u}{\partial z}$；

6. 设 $z = f(xy, x^2 + y^2)$，且 f 具有二阶连续偏导数，求$\frac{\partial^2 z}{\partial x^2}$。

九、求下列隐函数的导数(或偏导数)。

1. $\sin y + e^x - xy^2 = 0$，求$\frac{dy}{dx}$； 2. $e^z - xyz = 0$，求$\frac{\partial z}{\partial x}, \frac{\partial z}{\partial y}$；

3. $z^3 + 3xyz = 0$，求$\frac{\partial z}{\partial x}, \frac{\partial z}{\partial y}$； 4. $e^z = x + y + z$，求$\frac{\partial^2 z}{\partial x \partial y}$。

十、求下列函数的极值点。

1. $z = x^2 - xy + y^2 - 2x + y$； 2. $z = e^{2x}(x + y^2 + 2y)$；

3. $z = x^2 + 5y^2 - 6x + 10y + 6$； 4. $z = x^3 - y^3 + 3x^2 + 3y^2 - 9x$。

十一、求下列函数在指定范围内的最大值和最小值。

1. $z = x^2 - y^2, \{(x, y) \mid x^2 + y^2 \leqslant 4\}$；

2. $z = x^2 - xy + y^2, \{(x, y) \mid |x| + |y| \leqslant 1\}$。

十二、在球面 $x^2 + y^2 + z^2 = 5R^2$ 上的第一卦限部分求一点，使得 $u = xyz^3$ 取最大值。

十三、要建造一个容积为定值K的长方体无盖水池，应如何选择水池的尺寸，方可使它的表面积最小。

十四、求下列曲线在指定点处的切线与法平面方程。

(1) $x = t, y = 2t^2, z = 3t^3$，点$(1,2,3)$；

(2) $x = t - \sin t, y = 1 - \cos t, z = 4$ 对应于 $t = \frac{\pi}{2}$ 的点；

(3) $\begin{cases} y^2 + z^2 = 25, \\ x^2 + y^2 = 10, \end{cases}$ 点$(1,3,4)$。

十五、求曲面 $z = \arctan \frac{y}{x}$ 在点$(1,1,\frac{\pi}{4})$ 处的切平面方程及法线方程。

十六、求抛物面 $z = x^2 + y^2$ 的切平面，使切平面与平面 $x - y + 2z = 0$ 平行。

十七、求函数 $u = xyz$ 在点 $A(5,1,2)$ 处沿从 A 到点 $B(9,4,1)$ 方向的方向导数。

十八、求函数 $u = \ln(x^2 + y^2)$ 在点$(3,4)$ 处沿其梯度方向的方向导数。

十九、求函数 $u = x^2 + 2y^2 + 3z^2 + xy + 3x - 2y - 6z$ 在点 $P(1,1,1)$ 处的梯度以及沿点 P 的向径 $\overrightarrow{OP}$ 方向的方向导数。

第 9 章　重积分

在第 5 章中我们讨论了定积分，它是定义在有限区间上的一元函数积分和的极限，定积分的被积函数是一元函数，积分范围是数轴上的有限区间。在工程技术领域中，通常还需要计算定义在平面区域或空间区域上的多元函数的积分，这就需要把定积分的概念进行推广，当积分范围是平面区域时，被积函数为二元函数的积分就是二重积分；当积分范围是空间区域时，被积函数为三元函数的积分就是三重积分，二重积分和三重积分统称为重积分。

9.1　二重积分的概念与性质

9.1.1　两个典型的问题

1. 求曲顶柱体的体积

所谓曲顶柱体是指：以 xOy 平面上的有界闭区域 D 为底面，以 D 的边界曲线为准线，母线平行于 z 轴的柱面为侧面，定义在 D 上的连续曲面 $z=f(x,y)(f(x,y)\geqslant 0)$ 为顶面，所围成的立体图形(如图 9-1 所示)。

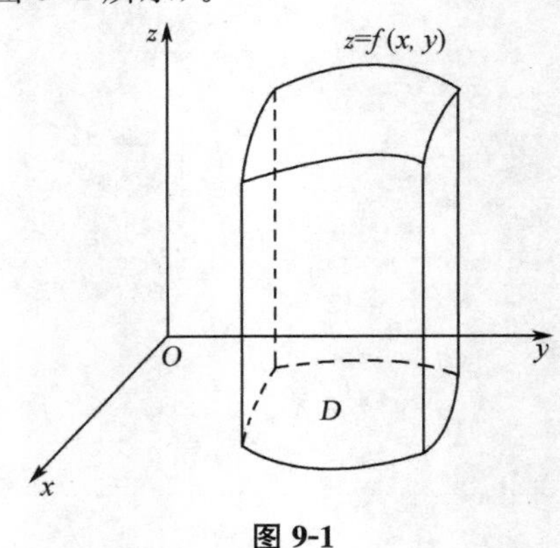

图 9-1

显然，曲顶柱体的体积不能直接利用平顶柱体的体积公式“体积＝高×底面积”来计算，这是因为曲顶柱体的高不是常数，而是变化的。这与计算曲边梯形面积时遇到的问题是类似的。参照曲边梯形面积求解的方法，采用如下的步骤来求曲顶柱体的体积 V。

(1) 分割：把区域 D 任意分割为 n 个小区域 $D_1,D_2,\cdots,D_n$，用 $\Delta\sigma_i$ 表示第 i 个小区域 D_i 的面积。分别以每个小区域的边界曲线为准线，作母线平行于 z 轴的柱面，这些柱面把曲

顶柱体分割为 n 个细长的小曲顶柱体，以 ΔV_i 表示以 D_i 为底面的第 i 个小曲顶柱体的体积。显然，以区域 D 为底的曲顶柱体的体积 $V=\sum_{i=1}^{n}\Delta V_i$。

(2) 取近似值：在每个小区域 $D_i(i=1,2,\cdots,n)$ 内任取一点 (ξ_i,η_i) 由于这些小区域 D_i 比较小，连续函数 $f(x,y)$ 对于同一个小区域来说，其值的变化也很小。因此，第 i 个小曲顶柱体的体积，近似地等于以 $f(\xi_i,\eta_i)$ 为高，以区域 D_i 为底的平顶柱体的体积(如图 9-2 所示)，即

$$\Delta V_i \approx f(\xi_i,\eta_i)\Delta\sigma_i (i=1,2,\cdots,n)。$$

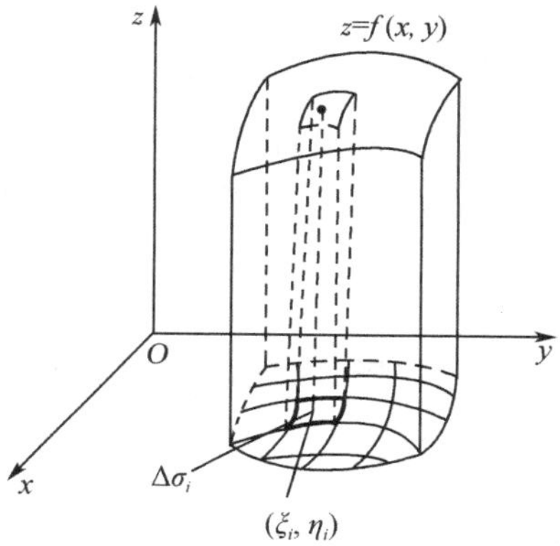

图 9-2

(3) 求和：将所有小曲顶柱体体积的近似值相加，就得到曲顶柱体体积 V 的近似值，即

$$V=\sum_{i=1}^{n}\Delta V_i \approx \sum_{i=1}^{n} f(\xi_i,\eta_i)\Delta\sigma_i$$

(4) 取极限：用 d 表示各个小闭区域 $D_i(i=1,2,\cdots,n)$ 的直径的最大值(所谓闭区域直径是指该区域中边界上任意两点间的距离的最大值)，随着 D 分割的无限细小，上述近似的精确度越来越高，当每个小区域都收缩成趋于一点时若上述和式的极限存在，则这个极限值就是曲顶柱体的体积，即

$$V=\lim_{d\to 0}\sum_{i=1}^{n} f(\xi_i,\eta_i)\Delta\sigma_i。$$

2. 平面薄片的质量

设有一平面薄片占有 xOy 面上的闭区域 D，它在点 (x,y) 处的面密度为 $\rho(x,y)$，这里 $\rho(x,y)>0$ 且在 D 上连续，问如何计算该薄片的质量 M?

若薄片是均匀的，即面密度是常数，那么薄片的质量可以用公式“质量 = 面密度 × 面积”来计算。现在面密度 $\rho(x,y)$ 是变量，薄片的质量就不能直接用上式来计算，但是上面用来处理曲顶柱体体积问题的方法完全适用于解决本问题。

先作划分，把薄片分成 n 个小块后，由于 $\rho(x,y)$ 连续，只要每小块所占用的闭区域

ΔD_i 的直径很小,这些小块就可以近似看成均匀薄片。在 ΔD_i 上任取一点(ξ_i,η_i),即可得每个小块的质量 ΔM_i 的近似值为:

$$\Delta M_i \approx \rho(\xi_i,\eta_i)\Delta\sigma_i (i=1,2,\cdots,n),$$

通过求和即得平面薄片的质量的近似值

$$M=\sum_{i=1}^{n}\Delta M_i \approx \sum_{i=1}^{m}\rho(\xi_i,\eta_i)\Delta\sigma_i,$$

用 d 表示各个小闭区域 $\Delta D_i(i=1,2,\cdots,n)$ 的直径的最大值,最后通过取极限就可以得到所要求的平面薄片的质量

$$M=\lim_{d\to 0}\sum_{i=1}^{n}\rho(\xi_i,\eta_i)\Delta\sigma_i。$$

除了上述问题外,还有许多的实际问题都归结为上述类型的"和式"的极限,我们将这种"和式"的极限形式加以抽象,从而便得二重积分的概念。

9.1.2 二重积分的定义

定义 9.1 设 $f(x,y)$ 是有界闭区域 D 上的有界函数,将 D 任意划分成 n 个小闭区域 $\Delta D_1,\Delta D_2,\cdots,\Delta D_n$,并用 $\Delta\sigma_i$ 表示第 $i(i=1,2,\cdots,n)$ 个小闭区域的面积,在每个 ΔD_i 上任取一点(ξ_i,η_i),作乘积 $f(\xi_i,\eta_i)\Delta\sigma_i(i=1,2,\cdots,n)$,并作和 $\sum\limits_{i=1}^{n}f(\xi_i,\eta_i)\Delta\sigma_i$,当小闭区域的直径中的最大值 d 趋于零时,若此和式的极限存在,则称此极限为函数 $f(x,y)$ 在闭区域 D 上的**二重积分**,记作 $\iint\limits_{D}f(x,y)\mathrm{d}\sigma$,即

$$\iint\limits_{D}f(x,y)\mathrm{d}\sigma=\lim_{d\to 0}\sum_{i=1}^{n}f(\xi_i,\eta_i)\Delta\sigma_i, \tag{1}$$

其中 $f(x,y)$ 叫作**被积函数**,$f(x,y)\mathrm{d}\sigma$ 叫作**被积表达式**,$\mathrm{d}\sigma$ 叫作**面积元素**,x 与 y 叫作**积分变量**,D 叫作**积分区域**,$\sum\limits_{i=1}^{n}f(\xi_i,\eta_i)\Delta\sigma_i$ 叫作**积分和(黎曼和)**。

注意:在二重积分的定义中,并没有规定 $f(x,y)\geqslant 0$。

当 $f(x,y)>0$ 时,二重积分 $\iint\limits_{D}f(x,y)\mathrm{d}\sigma$ 的几何意义是:以曲面 $z=f(x,y)$ 为顶,以 D 为底,且以 D 的边界曲线为准线,母线平行于 Z 轴的柱面为侧面的曲顶柱体的体积 V;

当 $f(x,y)<0$ 时,$\iint\limits_{D}f(x,y)\mathrm{d}\sigma$ 表示以曲面 $z=f(x,y)$ 为顶,以 D 为底,且以 D 的边界曲线为准线,母线平行于 Z 轴的柱面为侧面的曲顶柱体的体积的相反数 $-V$。

二重积分与定积分类似有存在定理。

定理 9.1 若函数 $f(x,y)$ 在有界闭区域 D 上连续,则二重积分 $\iint\limits_{D}f(x,y)\mathrm{d}\sigma$ 存在。

以后通常假定被积函数 $f(x,y)$ 在积分区域上是连续的。

利用定义可以证明二重积分具有如下性质：

9.1.3　二重积分的性质

性质 9.1　设 k 为任意常数，则有 $\iint\limits_D kf(x,y)\mathrm{d}\sigma = k\iint\limits_D f(x,y)\mathrm{d}\sigma$。

性质 9.2　$\iint\limits_D [f(x,y)\pm g(x,y)]\mathrm{d}\sigma = \iint\limits_D f(x,y)\mathrm{d}\sigma \pm \iint\limits_D g(x,y)\mathrm{d}\sigma$。

性质 9.3　若闭区域 D 被曲线分成两个小区域 D_1, D_2，则

$$\iint\limits_D f(x,y)\mathrm{d}\sigma = \iint\limits_{D_1} f(x,y)\mathrm{d}\sigma + \iint\limits_{D_2} f(x,y)\mathrm{d}\sigma。$$

性质 9.4　若在闭区域 D 上有 $f(x,y)\leqslant g(x,y)$，则

$$\iint\limits_D f(x,y)\mathrm{d}\sigma \leqslant \iint\limits_D g(x,y)\mathrm{d}\sigma。$$

性质 9.5　$\left|\iint\limits_D f(x,y)\mathrm{d}\sigma\right| \leqslant \iint\limits_D |f(x,y)|\mathrm{d}\sigma$。

性质 9.6　（估值定理）设 M, m 分别是 $f(x,y)$ 在闭区域 D 上的最大值和最小值，σ 是 D 的面积，则有 $m\sigma \leqslant \iint\limits_D f(x,y)\mathrm{d}\sigma \leqslant M\sigma$。

性质 9.7　（中值定理）设 $f(x,y)$ 在闭区域 D 上连续，σ 是 D 的面积，则至少存在一点 $(\xi,\eta)\in D$，使

$$\iint\limits_D f(x,y)\mathrm{d}\sigma = f(\xi,\eta)\sigma。$$

通常把 $\frac{1}{\sigma}\iint\limits_D f(x,y)\mathrm{d}\sigma$ 称为函数 $f(x,y)$ 在闭区域 D 上的**积分平均值**。

例 1　利用二重积分性质，比较下列积分大小。

(1) $\iint\limits_D (x+y)^2\mathrm{d}\sigma$ 与 $\iint\limits_D (x+y)^3\mathrm{d}\sigma$。其中积分区域 D：

① 是由 x 轴、y 轴与直线 $x+y=1$ 所围；

② 是由圆周 $(x-1)^2+(y-1)^2=1$ 所围；

(2) $\iint\limits_D \ln(x+y)\mathrm{d}\sigma$ 与 $\iint\limits_D [\ln(x+y)]^2\mathrm{d}\sigma$。其中积分区域 D：

① 是三角形闭区域，三顶点分别是 $(1,0),(1,1),(2,0)$；

② 是矩形闭区域：$3\leqslant x\leqslant 5, 0\leqslant y\leqslant 1$。

解　(1)① 积分区域 D 如图 9-3 所示，由于 D 内任何一点 (x,y) 都满足 $0<x+y<1$ 于是

$$(x+y)^2 > (x+y)^3，$$

所以

$$\iint_D (x+y)^2 \mathrm{d}\sigma \geqslant \iint_D (x+y)^3 \mathrm{d}\sigma;$$

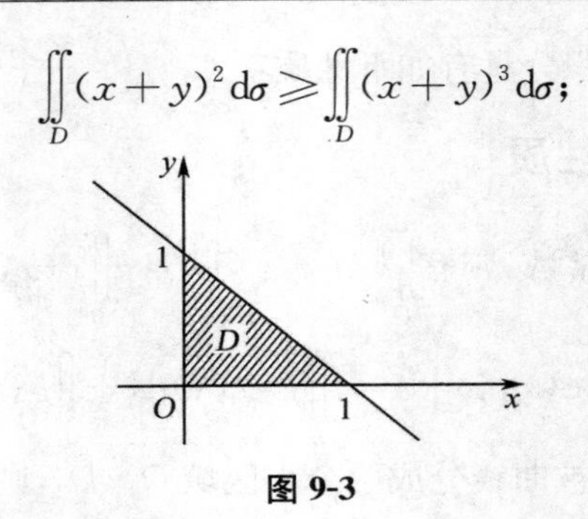

图 9-3

② 积分区域 D 如图 9-4 所示，在这区域内，$1 \leqslant x \leqslant 3, 0 \leqslant y \leqslant 2$，于是 $x+y \geqslant 1$，故

$$(x+y)^2 \leqslant (x+y)^3$$

从而

$$\iint_D (x+y)^2 \mathrm{d}\sigma \leqslant \iint_D (x+y)^3 \mathrm{d}\sigma;$$

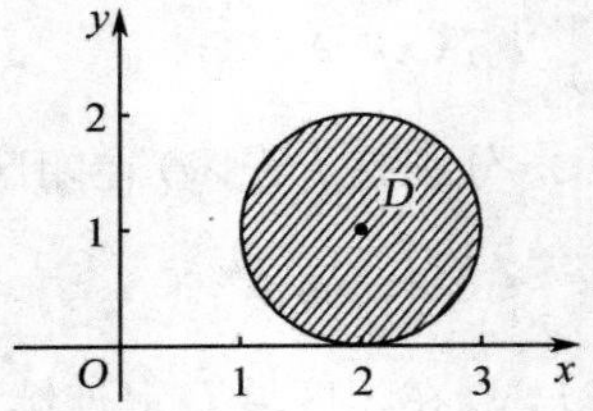

图 9-4

(2)① 积分区域 D 如图 9-5 所示，在区域内任一点 (x,y) 满足 $1 \leqslant x+y \leqslant 2$，即

$$0 < \ln(x+y) < \ln 2 < 1,$$

故

$$\iint_D \ln(x+y) \mathrm{d}\sigma \geqslant \iint_D [\ln(x+y)]^2 \mathrm{d}\sigma;$$

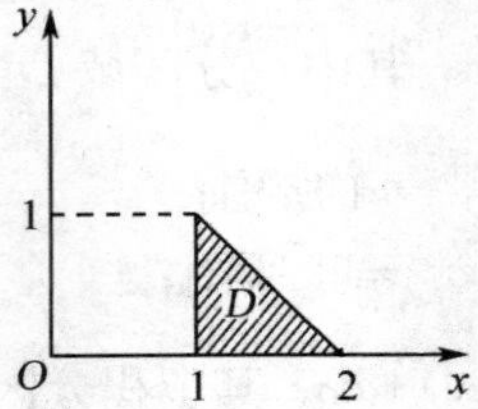

图 9-5

② 积分区域 D 如图 9-6 所示，在区域 D 中，$x \geqslant 3, y \geqslant 0, x+y \geqslant 3, \ln(x+y) > 1$，从而

$$\iint_D \ln(x+y) \mathrm{d}\sigma \leqslant \iint_D [\ln(x+y)]^2 \mathrm{d}\sigma。$$

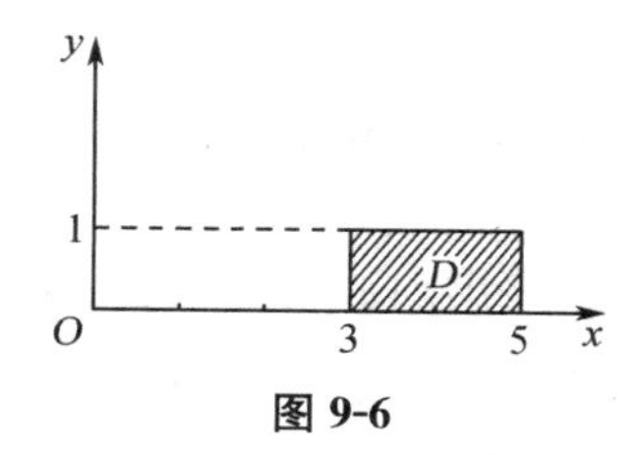

图 9-6

例 2　估计二重积分 $I=\iint\limits_D(x+y+10)\mathrm{d}\sigma$ 的值，其中 D 是圆形域：$x^2+y^2\leqslant 4$。

解　令 $Z=x+y+10$，在 D 的内部，有 $\begin{cases} z_x=1,\\ z_y=1\end{cases}$ 故在 D 的内部无驻点；在 D 的边界上，有 $x^2+y^2=4$，设

$$\begin{cases} x=2\cos\theta,\\ y=2\sin\theta\end{cases}\ (0\leqslant\theta\leqslant 2\pi),$$

则

$$z=2\sqrt{2}\sin\left(\theta+\frac{\pi}{4}\right),\ z_{\max}=10+2\sqrt{2},\ z_{\min}=10-2\sqrt{2},$$

故

$$10-2\sqrt{2}\leqslant x+y+10\leqslant 10+2\sqrt{2},$$

所以

$$4\pi(10-2\sqrt{2})\leqslant I\leqslant 4\pi(10+2\sqrt{2})。$$

习题 9.1

1. 利用二重积分的性质，比较下列积分的大小。

(1) $\iint\limits_D(x+y)^2\mathrm{d}x\mathrm{d}y$ 与 $\iint\limits_D(x+y)^3\mathrm{d}x\mathrm{d}y$，$D$ 是由直线 $x=0$，$y=0$ 及直线 $x+y=1$ 所围成的闭区域。

(2) $\iint\limits_D \mathrm{e}^{xy}\mathrm{d}x\mathrm{d}y$ 与 $\iint\limits_D \mathrm{e}^{2xy}\mathrm{d}x\mathrm{d}y$，$D$ 是方形区域：$D=[0,1]\times[0,1]$。

2. 利用二重积分的性质，估计下列积分的值。

(1) $\iint\limits_D \mathrm{e}^{x^2+y^2}\mathrm{d}x\mathrm{d}y$，其中 D 为圆形闭区域 $x^2+y^2\leqslant 1$；

(2) $\iint\limits_D(x^2+4y^2+9)\mathrm{d}\sigma$，其中 D 是圆形闭区域：$x^2+y^2\leqslant 4$。

3. 设 D 是平面有界闭区域，$f(x,y)$ 在 D 上连续，证明：

若 $f(x,y)$ 在 D 上非负，且 $\iint\limits_D f(x,y)\mathrm{d}x\mathrm{d}y=0$，则在 D 上有 $f(x,y)=0$。

9.2　二重积分的计算

本节讨论二重积分的算法。在被积函数连续的条件下，计算二重积分比较有效的方法是，将二重积分化为两次定积分，即将重积分化为逐次积分（或累次积分）来计算。根据积分区域和被积函数的特点，有时利用直角坐标系计算比较方便，有时利用极坐标系计算比较方便，下面我们分别加以讨论。

9.2.1　直角坐标系下二重积分的计算

我们从二重积分的几何意义出发来推导计算公式，在推导中假定 $f(x, y) \geqslant 0$，但所得结果并不受此条件的限制。

(1) 设积分区域 D 是由两条平行于 y 轴的直线 $x = a$，$x = b$ 及两条曲线 $y = y_1(x)$，$y = y_2(x)$ 围成，则称 D 为 x - **型区域**（如图 9-7 所示）。特别情形是 A、B 退缩成一点，E、F 退缩成一点（如图 9-8 所示），此时，D 可用不等式组表示为：

$$D:\begin{cases} a \leqslant x \leqslant b \\ y_1(x) \leqslant y \leqslant y_2(x)。\end{cases}$$

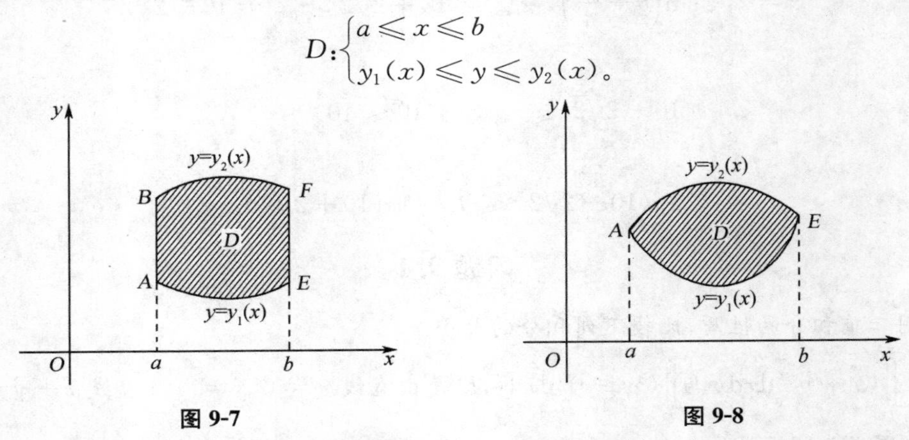

图 9-7　　　　图 9-8

x - 型区域的特点是：穿过 D 内部且垂直于 x 轴的直线与 D 的边界相交不多于两点。

由几何意义知，$f(x, y) \geqslant 0$ 时，$\iint\limits_D f(x,y)\mathrm{d}\sigma$ 表示以 $z = f(x,y)$ 为顶，D 为底的曲顶柱体体积。下面用定积分中"已知平行截面面积求立体体积"的方法来计算曲顶柱体的体积。

在区间 $[a,b]$ 内任意取定一点 x_0，过点 x_0 作平面 $x = x_0$，截面是平面 $x = x_0$ 上的，以 $z = f(x_0, y)$ 为曲边的曲边梯形（如图 9-9 所示），用 $A(x_0)$ 表示此截面的面积，则由定积分的几何意义有

$$A(x_0) = \int_{y_1(x_0)}^{y_2(x_0)} f(x_0, y)\mathrm{d}y,$$

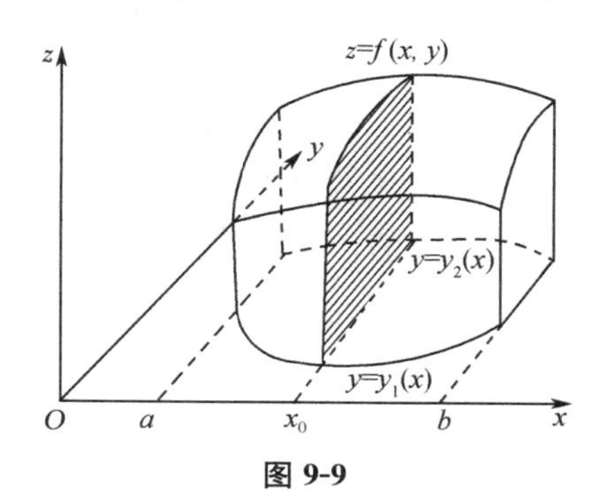

图 9-9

一般地，过$[a,b]$内任意一点x作平行于yOz面的平面，所得截面面积为

$$A(x)=\int_{y_1(x)}^{y_2(x)}f(x,y)\mathrm{d}y。$$

计算此积分时，把x看成常数，于是曲顶柱体的体积

$$V=\int_a^b A(x)\mathrm{d}x=\int_a^b\left[\int_{y_1(x)}^{y_2(x)}f(x,y)\mathrm{d}y\right]\mathrm{d}x,$$

故有

$$\iint_D f(x,y)\mathrm{d}\sigma=\int_a^b\left[\int_{y_1(x)}^{y_2(x)}f(x,y)\mathrm{d}y\right]\mathrm{d}x。$$

上式右端称为先对y，再对x的二次积分（累次积分），常记作

$$\int_a^b\mathrm{d}x\int_{y_1(x)}^{y_2(x)}f(x,y)\mathrm{d}y,$$

因此有

$$\iint_D f(x,y)\mathrm{d}\sigma=\int_a^b\mathrm{d}x\int_{y_1(x)}^{y_2(x)}f(x,y)\mathrm{d}y=\int_a^b\left[\int_{y_1(x)}^{y_2(x)}f(x,y)\mathrm{d}y\right]\mathrm{d}x。\tag{1}$$

计算原则：由里到外，即先将x看作常数，以y为积分变量，求里层积分，得到的结果作为外层积分（以x为积分变量）的被积函数。

(2) 类似地，若积分区域D是由两条平行于x轴的直线$y=c$，$y=d(c<d)$及两条曲线$x=\varphi_1(y)$，$x=\varphi_2(y)$（当$c\leqslant y\leqslant d$时，$\varphi_1(y)\leqslant\varphi_2(y)$）所围成，则称$D$为**$y$-型区域**，如图 9-10 所示。

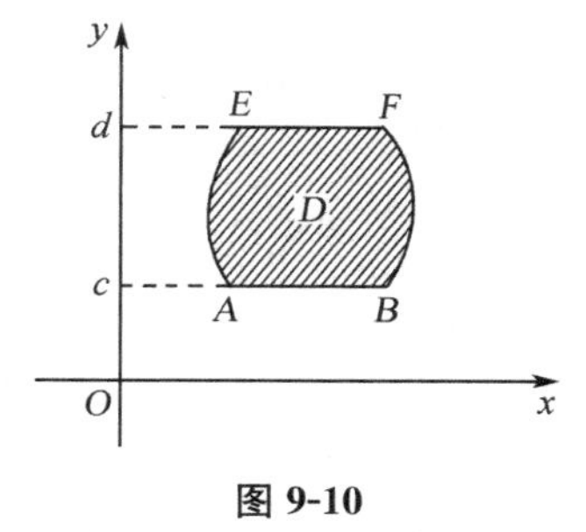

图 9-10

特别情形是A、B退缩成一点，E、F退缩成一点，D可表示为

$$D:\begin{cases} c \leqslant y \leqslant d, \\ \varphi_1(y) \leqslant x \leqslant \varphi_2(y) \end{cases}$$

则二重积分可化为先对 x，再对 y 的二次积分。

即

$$\iint\limits_D f(x,y)\mathrm{d}\sigma = \int_c^d \left[\int_{x_1(y)}^{x_2(y)} f(x,y)\mathrm{d}x\right]\mathrm{d}y = \int_c^d \mathrm{d}y \int_{x_1(y)}^{x_2(y)} f(x,y)\mathrm{d}x。\tag{2}$$

y- 型区域的特点是：穿过 D 内部且垂直于 y 轴的直线与 D 的边界相交不多于两点。

在应用此两公式时要注意以下几点：

(1) 若 D 既是 x- 型区域，又是 y- 型区域(如图 9-11 所示)，则既可先对 x 积分，又可先对 y 积分，此时，

$$\iint\limits_D f(x,y)\mathrm{d}\sigma = \int_a^b \mathrm{d}x \int_{y_1(x)}^{y_2(x)} f(x,y)\mathrm{d}y = \int_c^d \mathrm{d}y \int_{x_1(y)}^{x_2(y)} f(x,y)\mathrm{d}x。$$

在计算二重积分时，应视具体情况选择恰当的积分次序。

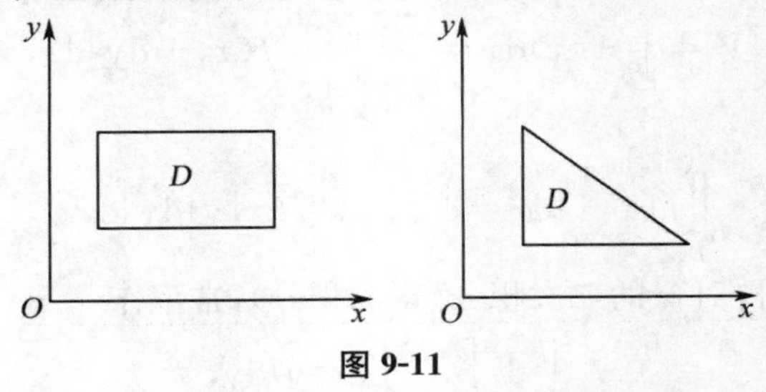

图 9-11

(2) 若 D 既不是 x- 型区域，也不是 y- 型区域(如图 9-12 所示)，则可用一些平行于 x 轴和平行于 y 轴的直线将其分成若干块，使每一块或为 x- 型区域，或为 y- 型区域，再利用积分区域的可加性，将这些小区域上的二重积分的计算结果相加，就可得到整个区域 D 上的二重积分，即

$$\iint\limits_D f(x,y)\mathrm{d}\sigma = \iint\limits_{D_1} f(x,y)\mathrm{d}\sigma + \iint\limits_{D_2} f(x,y)\mathrm{d}\sigma + \iint\limits_{D_3} f(x,y)\mathrm{d}\sigma。$$

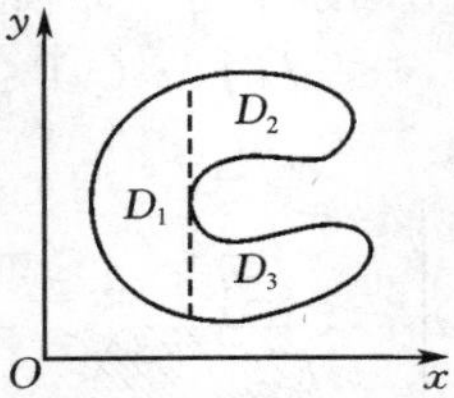

图 9-12

例 1　计算 $\iint\limits_D x\mathrm{d}x\mathrm{d}y$，其中 D 是由直线 $y=1$，$x=2$ 及 $y=x$ 所围成的闭区域。

解　如图 9-13 所示，D 既是 x- 型区域，又是 y- 型区域。若按 x- 型区域计算，则先确定 D 中的点的横坐标 x 的变化范围是区间 $[1,2]$，然后任取 $x \in [1,2]$，过点 $(x,0)$ 作平行于 y 轴的向量，且该向量与 y 轴同向，则此向量与 D 的边界先交于直线 $y=1$，后交于直

线 $y=x$，因此 D 可表示为：

$$D:\begin{cases}1\leqslant x\leqslant 2,\\1\leqslant y\leqslant x。\end{cases}$$

于是由(1) 式有

$$\iint\limits_D x\,\mathrm{d}x\mathrm{d}y=\int_1^2\mathrm{d}x\int_1^x x\,\mathrm{d}y=\int_1^2 x(x-1)\mathrm{d}x=\frac{5}{6}。$$

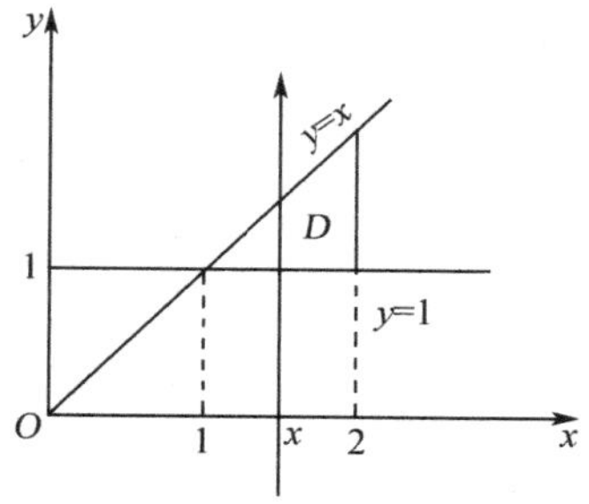

图 9-13

若按 y- 型区域计算，则先确定 D 中的点的纵坐标 y 的变化范围是区间$[1,2]$，然后任取 $y\in[1,2]$，过点$(0,y)$ 作平行于 x 轴的向量，且该向量与 x 轴同向(如图 9-14 所示)，则此向量与 D 的边界先交于直线 $x=y$，后交于直线 $x=2$，因此 D 可表示为：

$$D:\begin{cases}1\leqslant y\leqslant 2,\\y\leqslant x\leqslant 2。\end{cases}$$

于是由(2) 式有

$$\iint\limits_D x\,\mathrm{d}x\mathrm{d}y=\int_1^2\mathrm{d}y\int_y^2 x\,\mathrm{d}x=\int_1^2\frac{1}{2}(4-y^2)\mathrm{d}x=\frac{5}{6}。$$

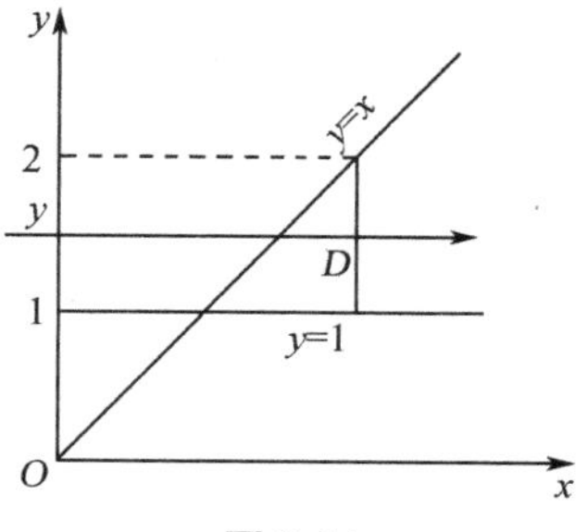

图 9-14

例 2　计算$\iint\limits_D|y-x^2|\,\mathrm{d}x\mathrm{d}y$，其中 D 为正方形域 $0\leqslant x\leqslant 1,0\leqslant y\leqslant 1$。

解　因为

$$|y-x^2|=\begin{cases}y-x^2,y\geqslant x^2,\\x^2-y,y<x^2,\end{cases}$$

从而用抛物线 $y=x^2$ 将 D 分成 D_1、D_2 两部分(如图 9-15 所示)，其中

$$D_1:\begin{cases}0\leqslant x\leqslant 1,\\ x^2\leqslant y\leqslant 1;\end{cases}\qquad D_2:\begin{cases}0\leqslant x\leqslant 1,\\ 0\leqslant y\leqslant x^2。\end{cases}$$

于是

$$\begin{aligned}\iint_D |y-x^2|\,\mathrm{d}x\mathrm{d}y &= \iint_{D_1}(y-x^2)\mathrm{d}x\mathrm{d}y+\iint_{D_2}(x^2-y)\mathrm{d}x\mathrm{d}y\\ &=\int_0^1\mathrm{d}x\int_{x^2}^1(y-x^2)\mathrm{d}y+\int_0^1\mathrm{d}x\int_0^{x^2}(x^2-y)\mathrm{d}y\\ &=\int_0^1\left(\frac{1}{2}y^2-x^2y\right)\Big|_{x^2}^1\mathrm{d}x+\int_0^1\left(x^2y-\frac{1}{2}y^2\right)\Big|_0^{x^2}\mathrm{d}x\\ &=\int_0^1\left(\frac{1}{2}-x^2+\frac{1}{2}x^4\right)\mathrm{d}x+\int_0^1\frac{1}{2}x^4\mathrm{d}x\\ &=\frac{4}{15}+\frac{1}{10}=\frac{11}{30}。\end{aligned}$$

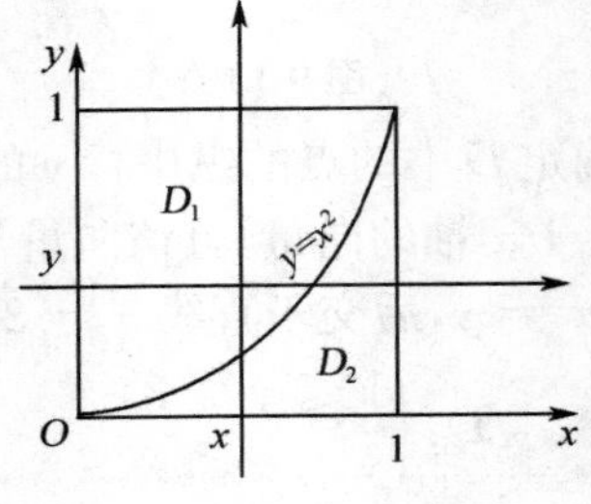

图 9-15

例 3 计算$\iint\limits_D \sin y^2\,\mathrm{d}x\mathrm{d}y$,其中 D 是由直线 $y=1,x=0$ 及 $y=x$ 所围成的闭区域。

解 如图 9-16 所示,按 x- 型区域计算,得

$$\iint_D \sin y^2\,\mathrm{d}x\mathrm{d}y=\int_0^1\mathrm{d}x\int_x^1\sin y^2\,\mathrm{d}y,$$

由于 $\sin y^2$ 的原函数不是初等函数,故积分$\int_x^1\sin y^2\,\mathrm{d}y$ 无法用牛顿 - 莱布尼兹公式算出,若按 y- 型区域计算,则有

$$\iint_D \sin y^2\,\mathrm{d}x\mathrm{d}y=\int_0^1\mathrm{d}y\int_0^y\sin y^2\,\mathrm{d}x=\int_0^1 y\sin y^2\,\mathrm{d}y=\frac{1-\cos 1}{2}。$$

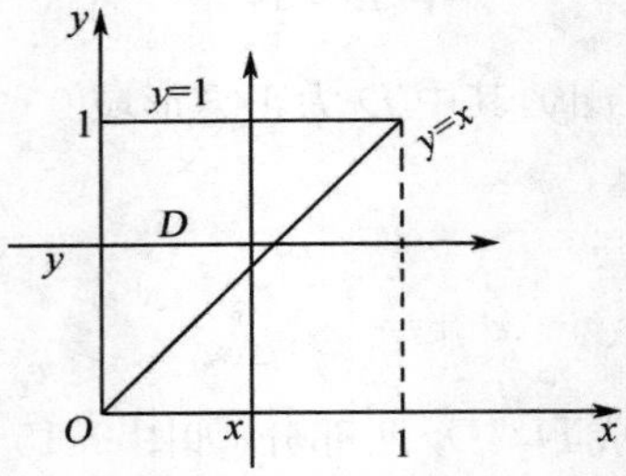

图 9-16

从例 3 可看到,二次积分的次序选择是否恰当,有时直接关系到能否算出二重积分的结果。

例 4　交换下列积分的积分次序。

$$I=\int_0^2 \mathrm{d}y\int_{y^2}^{2y} f(x,y)\mathrm{d}x。$$

解　从积分可看出积分区域 D 可表示为:

$$D:\begin{cases}0\leqslant y\leqslant 2,\\ y^2\leqslant x\leqslant 2y,\end{cases}$$

不难画出 D 的图形如图 9-17 所示,把 D 转换成 x - 型,得

$$I=\int_0^4 \mathrm{d}x\int_{\frac{x}{2}}^{\sqrt{x}} f(x,y)\mathrm{d}y。$$

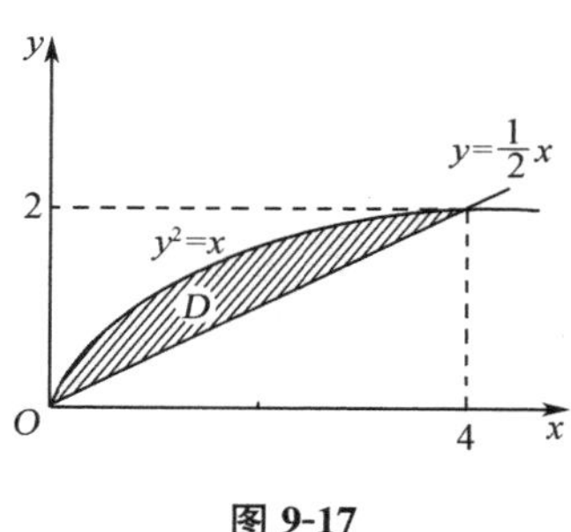

图 9-17

例 5　计算二重积分 $I=\iint\limits_D 6x^2y\mathrm{d}x\mathrm{d}y$,其中 D 是由三条直线 $y=x+1$,$y=-x+1$ 和 $y=0$ 所围成的闭区域。

解　积分区域 D 如图 9-18 所示。

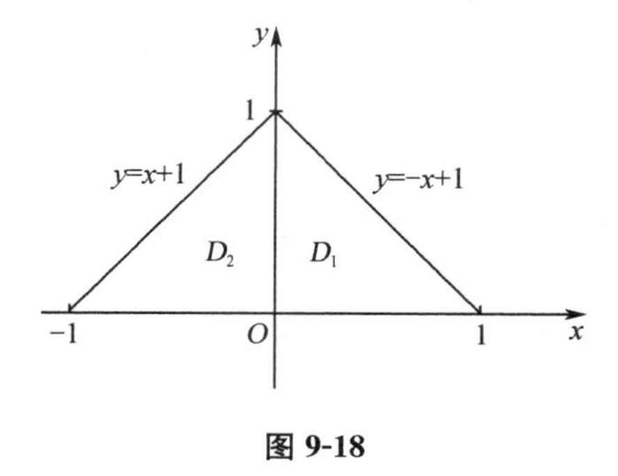

图 9-18

D 可以分为关于 y 轴对称的两块子域 D_1 和 D_2,被积函数 $f(x,y)=6x^2y$ 在对称点的函数值有 $f(-x,y)=f(x,y)$,即 $f(x,y)$ 关于 x 是偶函数,利用这种对称性可简化二重积分的计算,事实上,二重积分 I 的值表示以曲面 $f(x,y)=6x^2y$ 为顶的曲顶柱体的体积,其底面所在区域 D 和曲面都具有对称性,故曲顶柱体的体积等于它在 D_1 上积分的两

倍,即

$$I = 2\iint_{D_1} 6x^2 y\mathrm{d}x\mathrm{d}y = 2\int_0^1 x^2 \mathrm{d}x \int_0^{1-x} 6y\mathrm{d}y = 2\int_0^1 x^2 \cdot 3(1-x)^2 \mathrm{d}x$$

$$= 6\int_0^1 (x^2 - 2x^3 + x^4)\mathrm{d}x = \frac{1}{5}。$$

例 6 计算二重积分 $I = \iint_D 6x^2 y\mathrm{d}x\mathrm{d}y$,其中 D 是由三条直线 $y = 1-x, y = x-1$ 和 $x = 0$ 所围成的闭区域。

解 积分区域 D 如图 9-19 所示。

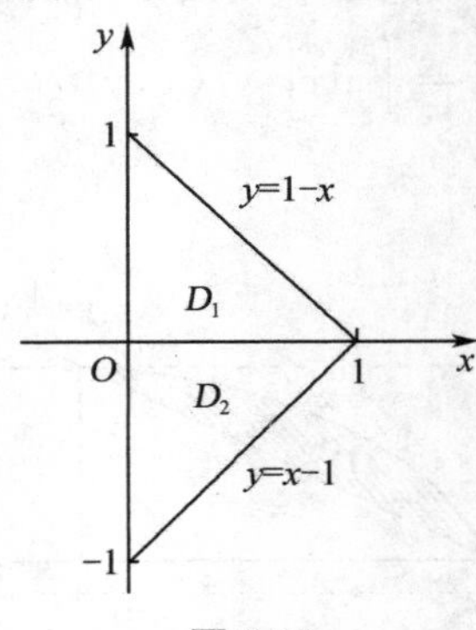

图 9-19

D 可以分为关于 x 轴对称的两块子域 D_1 和 D_2,被积函数 $f(x,y) = 6x^2 y$ 在对称点的函数值具有 $f(x,-y) = -f(x,y)$ 即 $f(x,y)$ 关于 y 是奇函数,从而可知 $\iint_{D_1} f(x,y)\mathrm{d}x\mathrm{d}y$ 与 $\iint_{D_2} f(x,y)\mathrm{d}x\mathrm{d}y$ 互为相反数,故 $I = 0$。

从上面两例可以看出,利用对称性计算二重积分时必须同时考虑积分区域的对称性及被积函数在对称点的函数值是否相等或反号(即被积函数关于相应某变量的奇偶性),进而确定如何简化计算。

9.2.2 极坐标系下二重积分的计算

除了可以利用直角坐标系将二重积分化为二次积分之外,通常还可以利用极坐标系将二重积分 $\iint_D f(x,y)$ 化为二次积分进行计算。

由于直角坐标与极坐标之间的转换公式为 $\begin{cases} x = r\cos\theta, \\ y = r\sin\theta, \end{cases}$ 由此可将被积函数转化为 $f(x,y) = f(r\cos\theta, r\sin\theta)$。

下面求极坐标系下的面积元素 $\mathrm{d}\sigma$。

设从极点出发的射线穿过区域 D 的内部,与 D 的边界相交不多于两点。

用以极点为中心的同心圆族($r=$ 常数)和从极点出发的射线族($\theta=$ 常数)将区域 D 分成 n 个小区域(如图 9-20 所示),设 $\Delta\sigma$ 是极角为 θ 和 $\theta+\mathrm{d}\theta$ 的两条射线及半径为 r 和 $r+\mathrm{d}r$ 的两条圆弧所围成的小曲边矩形的面积,有 $\Delta\sigma\approx r\mathrm{d}r\mathrm{d}\theta$,称 $\Delta\sigma\approx r\mathrm{d}r\mathrm{d}\theta$ 为极坐标系下的**面积元素**,因此二重积分在极坐标系下可记为

$$\iint_D f(x,y)\mathrm{d}\sigma=\iint_D f(r\cos\theta,r\sin\theta)r\mathrm{d}r\mathrm{d}\theta$$

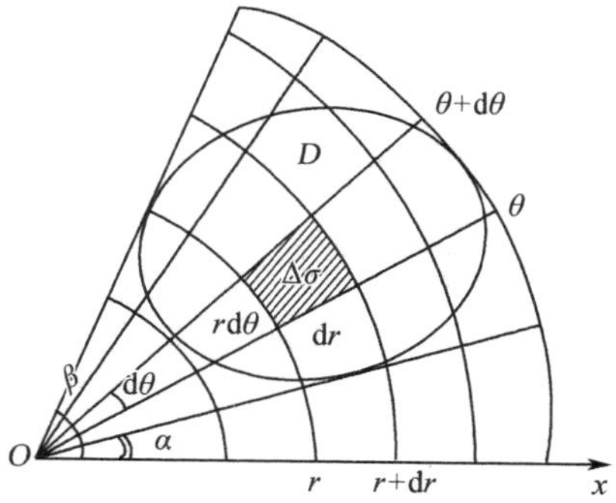

图 9-20

下面给出利用极坐标系将二重积分化为二次积分的计算公式。

1. 当极点 O 在区域 D 外时

设区域 D 由射线 $\theta=\alpha,\theta=\beta(\alpha\leqslant\beta)$ 及曲线 $r=r_1(\theta)$ 和 $r=r_2(\theta)$(当 $\alpha\leqslant\beta$ 时,$r_1(\theta)\leqslant r_2(\theta)$) 所围。如图 9-21 所示,此时可记

$$D:\begin{cases}\alpha\leqslant\theta\leqslant\beta,\\ r_1(\theta)\leqslant r\leqslant r_2(\theta),\end{cases}$$

则有

$$\iint_D f(r\cos\theta,r\sin\theta)r\mathrm{d}r\mathrm{d}\theta=\int_\alpha^\beta\mathrm{d}\theta\int_{r_1(\theta)}^{r_2(\theta)}f(r\cos\theta,r\sin\theta)r\mathrm{d}r。$$

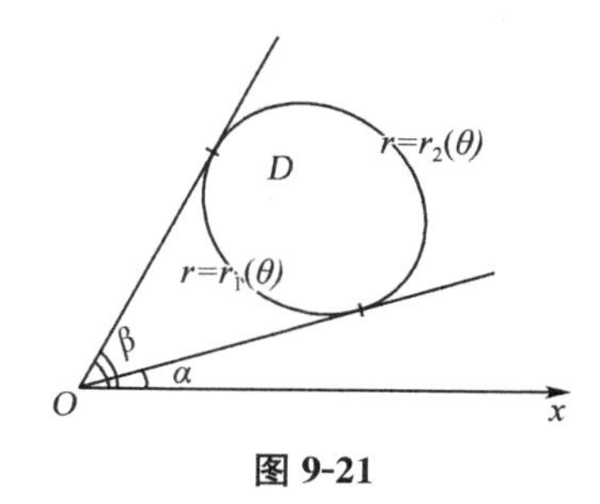

图 9-21

2. 当极点 O 在区域 D 的内部时

设 D 的边界方程为 $r=r(\theta)$(如图 9-22 所示),此时可记

$$D:\begin{cases}0\leqslant\theta\leqslant 2\pi,\\ 0\leqslant r\leqslant r(\theta),\end{cases}$$

则有

$$\iint_D f(r\cos\theta, r\sin\theta) r\mathrm{d}r\mathrm{d}\theta = \int_0^{2\pi}\mathrm{d}\theta\int_0^{r(\theta)} f(r\cos\theta, r\sin\theta) r\mathrm{d}r。$$

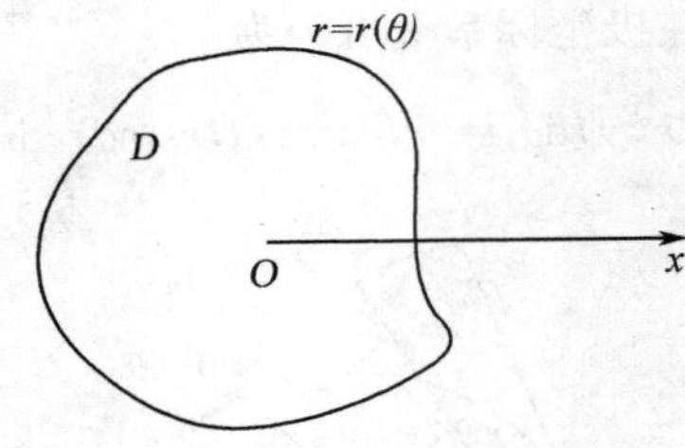

图 9-22

3. 当极点 O 在区域 D 的边界上时

设 D 的边界曲线的方程为 $r = r(\theta)(\alpha \leqslant \theta \leqslant \beta)$，如图 9-23 所示，此时可记

$$D:\begin{cases}\alpha \leqslant \theta \leqslant \beta,\\ 0 \leqslant r \leqslant r(\theta),\end{cases}$$

则有

$$\iint_D f(r\cos\theta, r\sin\theta) r\mathrm{d}r\mathrm{d}\theta = \int_\alpha^{\beta}\mathrm{d}\theta\int_0^{r(\theta)} f(r\cos\theta, r\sin\theta) r\mathrm{d}r。$$

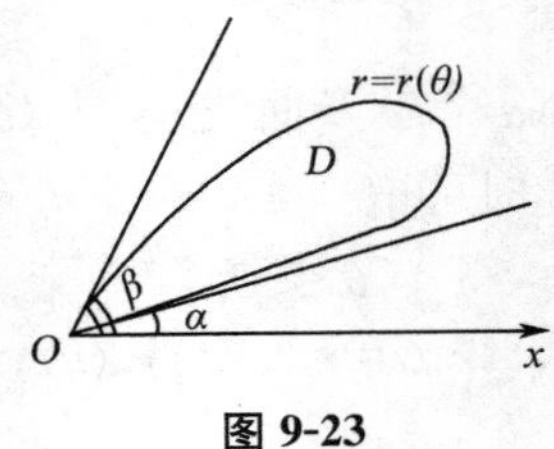

图 9-23

一般地，若区域 D 的边界曲线或被积函数可表示为 x^2+y^2 或 $\frac{y}{x}$ 的函数时，用极坐标将二重积分化为二次积分可简化运算。

例 7　计算二重积分 $\iint_D (x^2+y^2)\mathrm{d}\sigma$，其中 D 为：$1 \leqslant x^2+y^2 \leqslant 4$。

解　积分区域 D 的图形（如图 9-24 所示）为一圆环，若利用直角坐标系计算，至少需要将 D 分成四个部分，计算很麻烦，但若利用极坐标计算，则十分简单。

设 $\begin{cases}x = r\cos\theta,\\ y = r\sin\theta,\end{cases}$ 则 D 可表示为

$$D:\begin{cases}0 \leqslant \theta \leqslant 2\pi,\\ 1 \leqslant r \leqslant 2,\end{cases}$$

从而有

$$\iint_D (x^2+y^2)\mathrm{d}\sigma = \iint_D r^2 \cdot r\mathrm{d}r\mathrm{d}\theta = \int_0^{2\pi}\mathrm{d}\theta\int_1^2 \mathrm{r}^3\,\mathrm{d}r = \int_0^{2\pi}\frac{r^4}{4}\bigg|_1^2\mathrm{d}\theta = \int_0^{2\pi}\frac{15}{4}\mathrm{d}\theta = \frac{15}{2}\pi。$$

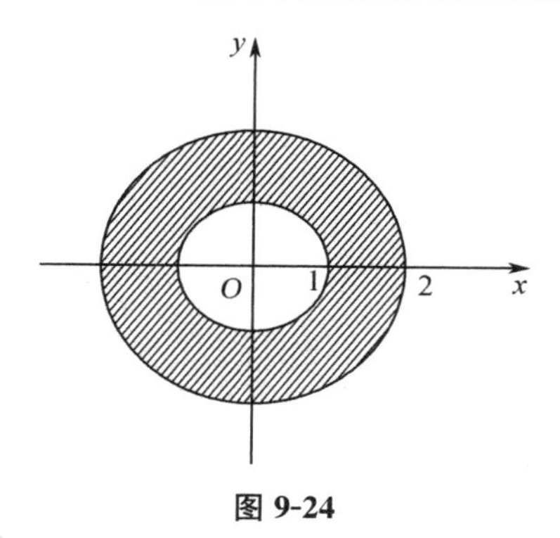

图 9-24

例 8　计算$\iint\limits_D e^{-x^2-y^2}\,dxdy$,其中 D 为 $x^2+y^2\leqslant a^2$。

解　由于$\int e^{-x^2}\,dx$ 不能用初等函数表示,因此本题用直角坐标系难以计算,现改用极坐标计算(如图 9-25 所示)。

$$D:\begin{cases}0\leqslant\theta\leqslant 2\pi,\\0\leqslant r\leqslant a,\end{cases}$$

故有

$$\iint\limits_D e^{-x^2-y^2}\,dxdy=\iint\limits_D e^{-r^2}\,r\,dr\,d\theta=\int_0^{2\pi}d\theta\int_0^a e^{-r^2}\,r\,dr$$

$$=2\pi\left[-\frac{1}{2}e^{-r^2}\right]_0^a=\pi(1-e^{-a^2})。$$

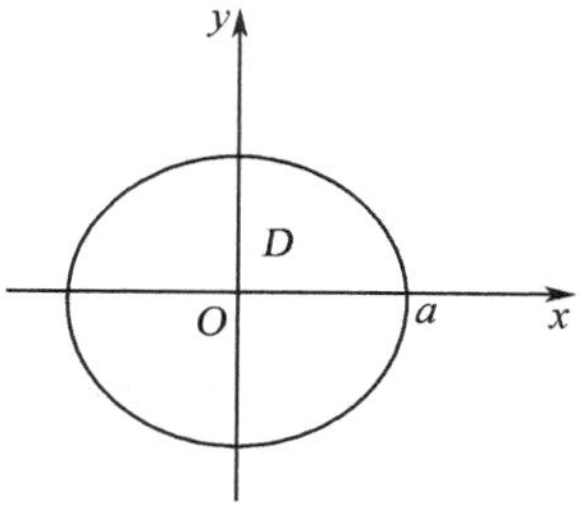

图 9-25

现在我们利用上面的结果来计算概率论及工程上常用的广义积分$\int_0^{+\infty}e^{-x^2}\,dx$。设

$$D_1=\{(x,y)\mid x^2+y^2\leqslant R^2\},$$
$$D_2=\{(x,y)\mid x^2+y^2\leqslant 2R^2\},$$
$$S=\{(x,y)\mid -R\leqslant x\leqslant R,-R\leqslant y\leqslant R\},$$

显然 $D_1\subset S\subset D_2$(如图 9-26 所示),又 $e^{-x^2-y^2}>0$,所以有不等式

$$\iint\limits_{D_1}e^{-x^2-y^2}\,dxdy<\iint\limits_S e^{-x^2-y^2}\,dxdy<\iint\limits_{D_2}e^{-x^2-y^2}\,dxdy$$

而

$$\iint_S e^{-x^2-y^2}\,dxdy=\int_{-R}^{R}e^{-x^2}\,dx\cdot\int_{-R}^{R}e^{-y^2}\,dy=\left(\int_{-R}^{R}e^{-x^2}\,dx\right)^2=\left(2\int_0^R e^{-x^2}\,dx\right)^2。$$

再利用上面的结果，有

$$\iint_{D_1} e^{-x^2-y^2}\,dxdy=\pi(1-e^{-R^2}),\quad \iint_{D_2} e^{-x^2-y^2}\,dxdy=\pi(1-e^{-2R^2})。$$

于是上面不等式可以写成

$$\pi(1-e^{-R^2})\leqslant 4\left(\int_0^R e^{-x^2}\,dx\right)^2\leqslant \pi(1-e^{-2R^2}),$$

令 $R=+\infty$，则上式两端趋于同一个极限 π，从而有

$$\int_0^{+\infty} e^{-x^2}\,dx=\frac{\sqrt{\pi}}{2}。$$

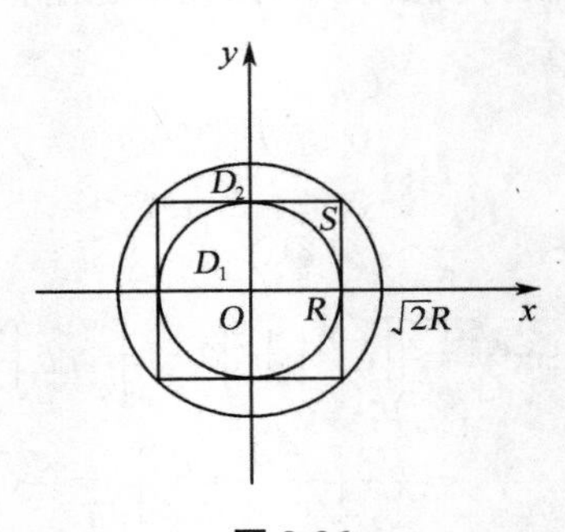

图 9-26

习题 9.2

1. 画出下列二重积分的积分区域，并且计算二重积分。

$$I=\iint_D x\sqrt{y}\,d\sigma,$$

其中，D 是由两条抛物线 $y=\sqrt{x}$，$y=x^2$ 所围成的闭区域。

2. 把下列积分化为极坐标形式，并计算积分值

$$I=\int_0^a dx\int_0^x\sqrt{x^2+y^2}\,dy。$$

3. 利用极坐标计算下列各题。

(1) $\iint_D e^{x^2+y^2}\,d\sigma$，其中，$D$ 是圆周 $x^2+y^2=4$ 所围成的闭区域。

(2) $\iint_D \ln(1+x^2+y^2)\,d\sigma$，其中，$D$ 是由圆周 $x^2+y^2=1$ 及坐标轴所围成的在第一象限内的闭区域。

4. 计算下列二重积分。

(1) $\iint\limits_D (x^2+xy+y^2)\mathrm{d}x\mathrm{d}y$, D:$0\leqslant x\leqslant 1$, $0\leqslant y\leqslant 1$;

(2) $\iint\limits_D x\mathrm{e}^{xy}\mathrm{d}x\mathrm{d}y, D$:$0\leqslant x\leqslant 1, -1\leqslant y\leqslant 0$;

(3) $\iint\limits_D x\sin(x+y)\mathrm{d}x\mathrm{d}y, D$ 是以$(0,0),\left(0,\frac{\pi}{2}\right),\left(\frac{\pi}{2},\frac{\pi}{2}\right)$为顶点的三角形;

(4) $\iint\limits_D \sin\sqrt{x^2+y^2}\,\mathrm{d}x\mathrm{d}y, D$:$\pi^2\leqslant x^2+y^2\leqslant 4\pi^2$;

(5) $\iint\limits_D \sqrt{x^2+y^2}\,\mathrm{d}x\mathrm{d}y, D$ 由 $y=x, y=x^4(x\geqslant 0)$ 所围成;

(6) $\iint\limits_D \frac{\mathrm{d}x\mathrm{d}y}{x\sqrt{x^2+y^2}}, D$ 由 $y=x, x=1, x=2, y=0$ 所围成。

9.3　三重积分

三重积分是二重积分的推广，与二重积分相仿，许多三元函数问题也都归结为计算具有特定和式的极限问题。

9.3.1　三重积分的概念

求非均匀密度的立体的质量是三重积分的典型问题。

设有一个立体图形 Ω，它的质量分布是非均匀的，其密度函数为 $\rho=\rho(x,y,z)$，用若干曲面把立体 Ω 分成 n 个小立体 $\Delta V_1,\Delta V_2,\cdots,\Delta V_n$(用 ΔV_i 表示第 i 个小立方体的体积)，各小块的质量可以近似地用

$$\rho(\xi_i,\eta_i,\zeta_i)\Delta V_i,\ (i=1,2,\cdots,n)$$

表示，这里(ξ_i,η_i,ζ_i) 是 ΔV_i 中任意一点，因此，整个立体的质量 M 近似地等于

$$M\approx\sum_{i=1}^{n}\rho(\xi_i,\eta_i,\zeta_i)\Delta V_i,$$

用 d 表示所有小立方体 ΔV_i 的直径 d_i 中的最大值。当 $d\to 0$ 时，上面和式的极限就是这个立体的质量，即

$$M=\lim_{d\to 0}\sum_{i=1}^{n}\rho(\xi_i,\eta_i,\zeta_i)\Delta V_i,$$

此外还有许多问题也可归结为上述类型的极限，撇去其实际意义，就得到如下三重积分的定义。

定义 9.2　设函数 $u=f(x,y,z)$ 在空间有界闭区域 Ω 上有界，用若干曲面将 Ω 分成 n 个小空间区域 $\Delta V_1,\Delta V_2,\cdots,\Delta V_n$，它们的体积也分别记为 $\Delta V_k(k=1,2,\cdots,n)$，在每个小区域 ΔV_k 上任取一点(ξ_i,η_i,ζ_i)，作和式

$$\sum_{k=1}^{n} f(\xi_k, \eta_k, \zeta_k) \Delta V_k,$$

如果不论 ΔV_k 怎样划分，不论点(ξ_k, η_k, ζ_k) 怎样选取，当 n 个小区域的直径最大值 $d \to 0$ 时，上面和式有相同的极限，则称此极限为函数 $f(x,y,z)$ 在空间区域 Ω 上的**三重积分**，记作

$$\iiint_{\Omega} f(x,y,z)\mathrm{d}V = \lim_{d\to 0}\sum_{k=1}^{n} f(\xi_k, \eta_k, \zeta_k)\Delta V_k,$$

其中，Ω 称为**积分区域**，$f(x,y,z)$ 称为**被积函数**，$\mathrm{d}V$ 称为**体积元素**。

若函数 $f(x,y,z)$ 在空间区域 Ω 上的三重积分存在，则称 $f(x,y,z)$ 在 Ω 上可积。可以证明在 Ω 上连续的函数一定在 Ω 上可积。

当连续函数 $f(x,y,z)$ 表示物体在点(x,y,z) 处的密度，Ω 是该物体所占有的空间区域时，则该物体的质量为

$$M = \iiint_{\Omega} f(x,y,z)\mathrm{d}V。$$

特别地，当 $f(x,y,z) \equiv 1$ 时，有

$$\iiint_{\Omega} \mathrm{d}V = V,$$

其中，V 为空间区域 Ω 的体积。

三重积分具有与二重积分完全类似的性质，不予重复。

9.3.2 三重积分的计算

与二重积分的计算类似，通常是将三重积分化成相继进行的三次定积分来计算，称为三次积分。具体求法有如下几种。

1. 在直角坐标系中计算三重积分

在直角坐标系中，用平行于坐标平面的平面将 Ω 分成 n 个小区域 $\Delta V_k (k = 1,2,\cdots,n)$，除含有边界的小区域外，每个小区域都是长方体。

设 ΔV 是由横坐标为 x 和 $x + \mathrm{d}x$ 的平面及纵坐标为 y 和 $y + \mathrm{d}y$ 的平面，以及竖坐标为 z 和 $z + \mathrm{d}z$ 的平面，这六个分别平行于相应坐标平面的平面所围成的长方体，则其体积(如图 9-27 所示)

$$\Delta V = \mathrm{d}x\mathrm{d}y\mathrm{d}z,$$

于是可以称 $\Delta V = \mathrm{d}x\mathrm{d}y\mathrm{d}z$ 为直角坐标系下的体积元素，记为 $\mathrm{d}V$。因此三重积分在直角坐标下也可记为

$$\iiint_{\Omega} f(x,y,z)\mathrm{d}V = \iiint_{\Omega} f(x,y,z)\mathrm{d}x\mathrm{d}y\mathrm{d}z$$

设函数 $f(x,y,z)$ 在空间区域 Ω 上连续，平行于 z 轴的任何直线穿过区域 Ω 内部时，与 Ω 的边界曲面 S 的交点恰为两点。把空间区域 Ω 投影到 xOy 面上得一平面区域 D(如

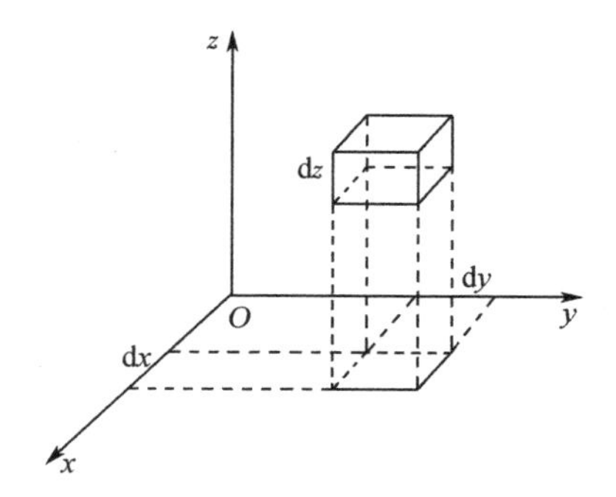

图 9-27

图 9-28 所示)，以 D 的边界曲线为准线，作母线平行于 z 轴的柱面，此柱面与曲面 S 的交线把 S 分成两部分 S_1 和 S_2，其方程分别为

$$S_1: z=z_1(x,y);\quad S_2: z=z_2(x,y)。$$

z_1、z_2 均为 D 上的连续函数，且

$$z_1(x,y)\leqslant z_2(x,y)。$$

也可记

$$\Omega=\{(x,y,z)\mid z_1(x,y)\leqslant z\leqslant z_2(x,y),(x,y)\in D\}。$$

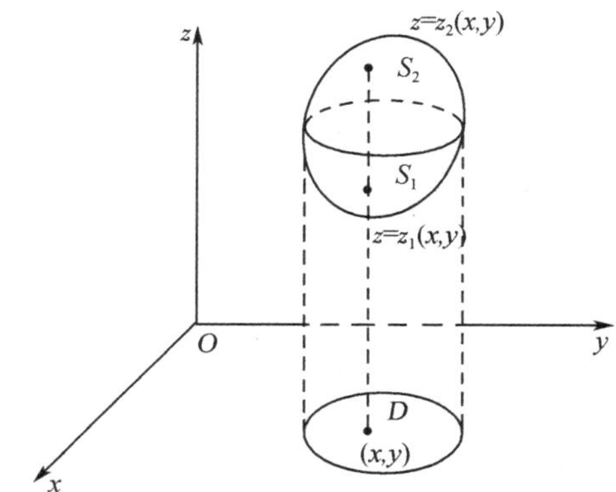

图 9-28

过 D 内任一点 (x,y) 作平行于 z 轴的直线，此直线通过 S_1 穿入 Ω，然后通过 S_2 穿出 Ω，穿入点与穿出点的竖坐标分别是 $z_1(x,y)$ 与 $z_2(x,y)$。于是对固定的 x 和 y，在区间 $[z_1(x,y),z_2(x,y)]$ 上作定积分 $\int_{z_1(x,y)}^{z_2(x,y)}f(x,y,z)\mathrm{d}z$（积分变量为 z），当点 (x,y) 在 D 上变动时，则该积分是 D 上的二元函数

$$\Phi(x,y)=\int_{z_1(x,y)}^{z_2(x,y)}f(x,y,z)\mathrm{d}z,$$

然后将 $\Phi(x,y)$ 在 D 上作二重积分

$$\iint_D\Phi(x,y)\mathrm{d}x\mathrm{d}y=\iint_D\left[\int_{z_1(x,y)}^{z_2(x,y)}f(x,y,z)\mathrm{d}z\right]\mathrm{d}x\mathrm{d}y,$$

上式右端常记作

$$\iint_D \mathrm{d}x\mathrm{d}y \int_{z_1(x,y)}^{z_2(x,y)} f(x,y,z)\mathrm{d}z,$$

即有

$$\iiint_\Omega f(x,y,z)\mathrm{d}V = \iint_D \mathrm{d}x\mathrm{d}y \int_{z_1(x,y)}^{z_2(x,y)} f(x,y,z)\mathrm{d}z, \tag{1}$$

此时若 D 是 x - 型区域，

$$D:\begin{cases} a \leqslant x \leqslant b, \\ y_1(x) \leqslant y \leqslant y_2(x), \end{cases}$$

则由二重积分限定法则可得公式

$$\iiint_\Omega f(x,y,z)\mathrm{d}V = \int_a^b \mathrm{d}x \int_{y_1(x)}^{y_2(x)} \mathrm{d}y \int_{z_1(x,y)}^{z_2(x,y)} f(x,y,z)\mathrm{d}z。 \tag{2}$$

若 D 是 y - 型区域

$$D:\begin{cases} c \leqslant y \leqslant d, \\ x_1(y) \leqslant x \leqslant x_2(y), \end{cases}$$

则有公式

$$\iiint_\Omega f(x,y,z)\mathrm{d}V = \int_c^d \mathrm{d}y \int_{x_1(y)}^{x_2(y)} \mathrm{d}x \int_{z_1(x,y)}^{z_2(x,y)} f(x,y,z)\mathrm{d}z。 \tag{3}$$

当 $f(x,y,z)$ 不是非负函数时，则可仿照二重积分以 $f(x,y,z)+C$（C 为充分大的正数）代替被积函数，可证明对不是非负函数 $f(x,y,z)$，上面公式(1)、(2)、(3) 仍成立。

有时为了方便计算，将 Ω 投影到 xOz 平面或 yOz 平面上，可分别得到相应的计算公式，此处不一一列出。

例 1 计算 $\iiint_\Omega x\mathrm{d}V$，其中 Ω 是由三坐标面与平面 $x+2y+z=1$ 所围成的空间区域。

解 区域 Ω 如图 9-29 所示。将 Ω 投影到 xOy 面上，所得投影区域 D 为三角形区域，由直线 $y=0, x=0$ 及 $x+2y=1$ 所围，即

$$D:\begin{cases} 0 \leqslant x \leqslant 1, \\ 0 \leqslant y \leqslant \dfrac{1-x}{2}。 \end{cases}$$

在 D 内任取一点 (x,y)，过此点作平行于 z 轴的直线，该直线顺着 z 轴的方向通过平面 $z=0$ 穿入 Ω，然后通过 $z=1-x-2y$ 穿出 Ω。

于是得

$$\begin{aligned} I &= \int_0^1 \mathrm{d}x \int_0^{\frac{1-x}{2}} \mathrm{d}y \int_0^{1-x-2y} x\mathrm{d}z = \int_0^1 x\mathrm{d}x \int_0^{\frac{1-x}{2}} (1-x-2y)\mathrm{d}y \\ &= \frac{1}{4}\int_0^1 (x-2x^2+x^3)\mathrm{d}x = \frac{1}{48}。 \end{aligned}$$

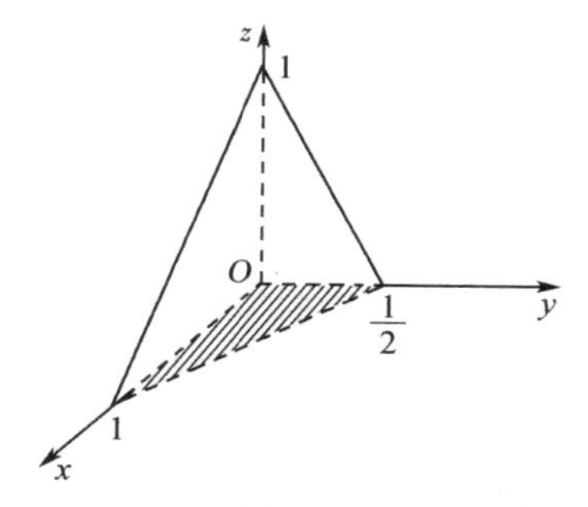

图 9-29

有时把三重积分化为先计算一个二重积分，然后再计算一个定积分，可使计算简化，此法称为“先二后一”法或“截面法”。

例 2　计算三重积分

$$\iiint_{\Omega} z\,\mathrm{d}x\mathrm{d}y\mathrm{d}z,$$

其中 Ω 为 $x\geqslant 0, y\geqslant 0, z\geqslant 0, x^2+y^2+z^2\leqslant R^2$。

解　此题用“先二后一”法计算。先绘出积分区域 Ω(如图 9-30 所示)，Ω 中最低点的竖坐标为 $z=0$，最高点的竖坐标为 $z=R$。在 z 轴上区间 $[0,R]$ 中任取一点 z，过点 $(0,0,z)$ 作平行于 xOy 面的平面，该平面截 Ω 所得截面为一平面区域 P_z(如图 9-31 所示)。

$$P_z:\begin{cases}x\geqslant 0,\\ y\geqslant 0,\\ x^2+y^2\leqslant R^2-z^2,\end{cases}$$

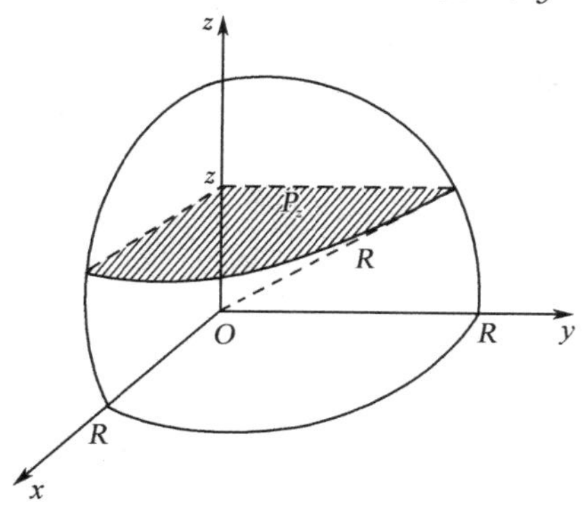

图 9-30

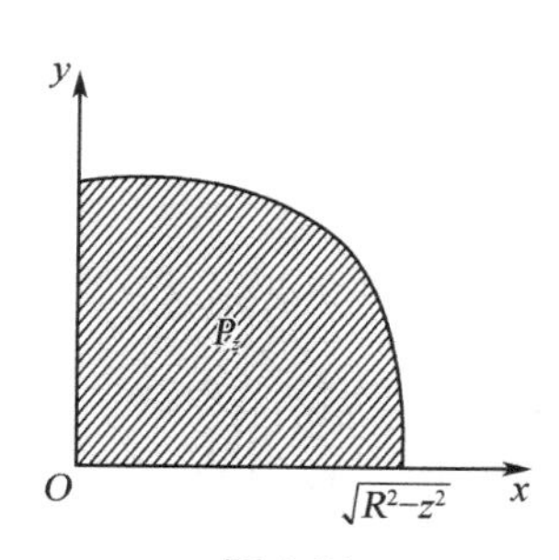

图 9-31

由公式可得

$$\iiint_{\Omega} z\,\mathrm{d}x\mathrm{d}y\mathrm{d}z=\int_0^R \mathrm{d}z\iint_{P_z} z\,\mathrm{d}x\mathrm{d}y,$$

求内层积分时，注意把 z 看成常数以及 P_z 的面积为 $\pi(R^2-z^2)/4$，所以

$$\iint_{P_z} z\,\mathrm{d}x\mathrm{d}y=z\iint_{P_z}\mathrm{d}x\mathrm{d}y=z\cdot\frac{\pi(R^2-z^2)}{4},$$

即得

$$\iiint_{\Omega} z\,\mathrm{d}x\mathrm{d}y\mathrm{d}z = \int_0^R \mathrm{d}z \iint_{P_z} z\,\mathrm{d}x\mathrm{d}y = \int_0^R z \cdot \frac{\pi(R^2 - z^2)}{4}\mathrm{d}z$$

$$= z \cdot \frac{\pi}{4}\left(\frac{R^2 z^2}{2} - \frac{z^2}{4}\right)\Big|_0^R = \frac{\pi R^4}{16}。$$

2. 在柱面坐标系中计算三重积分

设空间一点 $M(x,y,z)$，它在 xOy 面上的投影为 $P(x,y)$，如果点 P 的极坐标为 (r,θ)，则称 (r,θ,z) 为点 M 的**柱面坐标**（如图 9-32 所示），其中，r 表示点 M 到 z 轴的距离；θ 表示过 z 轴和点 M 的半平面与过 z 轴和 x 正半轴的半平面的夹角；z 表示点 M 在直角坐标系中的竖坐标。这里规定它们的取值范围为

$$0 \leqslant r < +\infty;\quad 0 \leqslant \theta \leqslant 2\pi;$$

或

$$-\pi \leqslant \theta \leqslant \pi;\quad -\infty < r < +\infty。$$

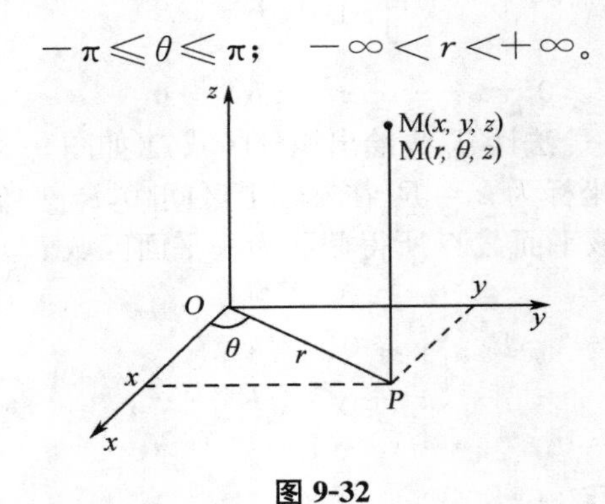

图 9-32

点 M 的直角坐标 (x,y,z) 与它的柱面坐标 (r,θ,z) 之间的关系是

$$\begin{cases} x = r\cos\theta, \\ y = r\sin\theta, \\ z = z。\end{cases}$$

三组坐标面分别为：

$r =$ 常数：以 z 轴为轴的圆柱面。

$\theta =$ 常数：过 z 轴的半平面。

$z =$ 常数：与 xOy 面平行的平面。

为了将三重积分 $\iiint_{\Omega} f(x,y,z)\mathrm{d}V$ 中的积分变量换成柱面坐标，除了将被积函数 $f(x,y,z)$ 中的 x,y,z 用 r,θ,z 表示外，还需求柱面坐标系中的体积元素 $\mathrm{d}V$。

用三组曲面 $r =$ 常数（圆柱面），$\theta =$ 常数（半平面），$z =$ 常数（平行平面）把 Ω 分成许多小闭区域，除了含 Ω 的边界点的一些不规则小闭区域外，这种小闭区域都是柱体。考虑

由两个半径为 r 和 $r+\mathrm{d}r$ 的圆柱面，两个高为 z 和 $z+\mathrm{d}z$ 的水平面及两个通过 z 轴且与 xOy 面夹角为 θ 和 $\theta+\mathrm{d}\theta$ 的半平面所围的小柱体 ΔV，当 $\mathrm{d}r,\mathrm{d}\theta,\mathrm{d}z$ 充分小时，它可近似看作一个长方体（如图 9-33 所示），其三棱长各为 $\mathrm{d}r, r\mathrm{d}\theta, \mathrm{d}z$，故 $\Delta V \approx r\mathrm{d}r\mathrm{d}\theta\mathrm{d}z$，称 $\mathrm{d}V = r\mathrm{d}r\mathrm{d}\theta\mathrm{d}z$ 为柱面坐标中的**体积元素**，于是有

$$\iiint_{\Omega} f(x,y,z)\mathrm{d}V = \iiint_{\Omega} f(r\cos\theta, r\sin\theta, z) r\mathrm{d}r\mathrm{d}\theta\mathrm{d}z。$$

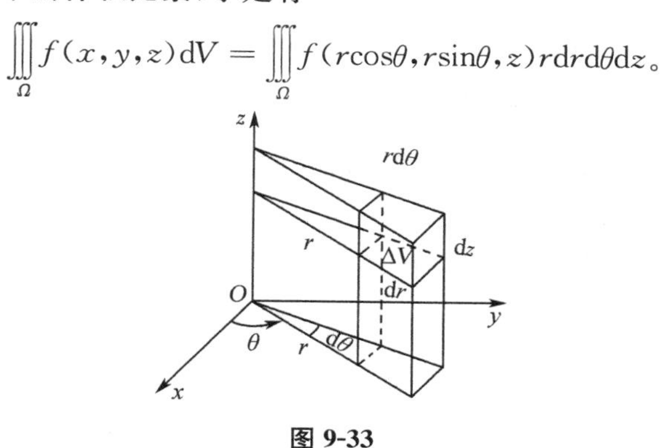

图 9-33

一般来说，当积分区域 Ω 的边界曲面方程或被积函数含有“x^2+y^2”时，可考虑将三重积分在柱面坐标系中计算。

在柱面坐标系中计算三重积分，通常是将 Ω 投影到 xOy 面上，设投影区域为 D，若

$$\Omega = \{(x,y,z) \mid z_1(x,y) \leqslant z \leqslant z_2(x,y), (x,y) \in D\},$$

则可记

$$\Omega = \{(r,\theta,z) \mid z_1(r\cos\theta, r\sin\theta) \leqslant z \leqslant z_2(r\cos\theta, r\sin\theta), (r,\theta) \in D\},$$

有

$$\iiint_{\Omega} f(x,y,z)\mathrm{d}V = \iint_{D} r\mathrm{d}r\mathrm{d}\theta \int_{z_1(r\cos\theta, r\sin\theta)}^{z_2(r\cos\theta, r\sin\theta)} f(r\cos\theta, r\sin\theta, z)\mathrm{d}z,$$

即先将 r,θ 看作常数，对 z 积分，然后再在平面区域 D 上用极坐标计算二重积分。

若 D 可表示为

$$D:\begin{cases}\alpha \leqslant \theta \leqslant \beta, \\ r_1(\theta) \leqslant r \leqslant r_2(\theta),\end{cases}$$

则

$$\iiint_{\Omega} f(x,y,z)\mathrm{d}V = \int_{\alpha}^{\beta}\mathrm{d}\theta \int_{r_1(\theta)}^{r_2(\theta)} r\mathrm{d}r\mathrm{d}\theta \int_{z_1(r\cos\theta, r\sin\theta)}^{z_2(r\cos\theta, r\sin\theta)} f(r\cos\theta, r\sin\theta, z)\mathrm{d}z。$$

例 3　利用柱面坐标计算三重积分 $\iiint_{\Omega} z\mathrm{d}V$，其中 Ω 是由曲面 $z=\sqrt{2-x^2-y^2}$ 及 $z=x^2+y^2$ 所围成的闭区域。

解　Ω 上边界曲面为 $z=\sqrt{2-x^2-y^2}$，下边界曲面为 $z=x^2+y^2$，消去 z，得 Ω 在 xOy 面上边界曲线为 $(x^2+y^2)^2 = 2-(x^2+y^2)$，换成极坐标为 $r^4=2-r^2$，解得

$(r^2+2)(r^2-1)=0$，即 $r^2=1$，从而 $r=1$，故 D_{xy} 就转换成了区域 $r\leqslant 1, 0\leqslant\theta\leqslant 2\pi$，故

$$I=\iint\limits_{D_{xy}}\mathrm{d}x\mathrm{d}y\int_{x^2+y^2}^{\sqrt{2-x^2-y^2}}z\mathrm{d}z=\int_0^{2\pi}\mathrm{d}\theta\int_0^1 r\mathrm{d}r\int_{r^2}^{\sqrt{2-r^2}}z\mathrm{d}z=\frac{7}{12}\pi。$$

3. 球面坐标系中三重积分的计算

设 $M(x,y,z)$ 为空间内一点，其位置也可用这样的三个有序数 r,θ,φ 来决定，其中 r 是点 M 与原点 O 的距离；φ 是矢量 $\overrightarrow{OM}$ 与 z 轴正向的夹角；θ 是点 M 在 xOy 面上投影的极角。(r,φ,θ) 称为点 M 的球面坐标（如图 9-34 所示）。

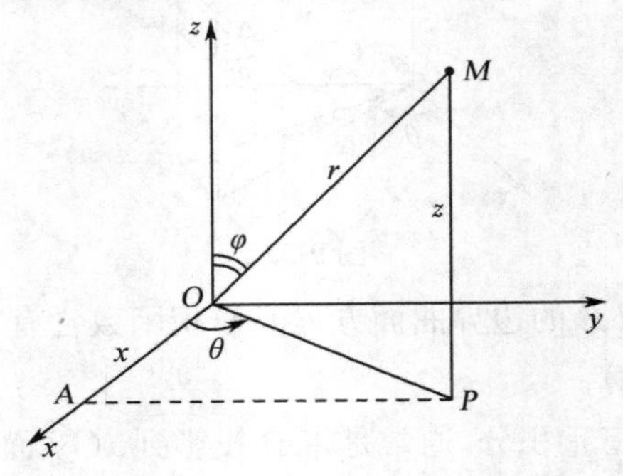

图 9-34

规定 r,φ,θ 的取值范围为 $0\leqslant r<+\infty$，$0\leqslant\varphi\leqslant\pi$，$0\leqslant\theta\leqslant 2\pi$ 或 $-\pi\leqslant\theta\leqslant\pi$。

设 M 点在 xOy 面上的投影为 P，点 P 在 x 轴上的投影为 A，则 $OA=x$，$AP=y$，$PM=z$（OA、AP、PM 均为有向线段）。又

$$OP=r\sin\varphi,\quad z=r\cos\varphi,$$

因此点 M 的直角坐标与球面坐标的关系为

$$\begin{cases}x=r\sin\varphi\cos\theta,\\ y=r\sin\varphi\sin\theta,\\ z=r\cos\varphi。\end{cases}$$

三组坐标面分别为：

$r=$ 常数：以原点为中心的球面。

$\varphi=$ 常数：以原点为顶点，z 轴为轴的圆锥面。

$\theta=$ 常数：过 z 轴的半平面。

球面坐标下的体积元素 $\mathrm{d}V$ 可由下面的方法生成：

用三组坐标面族：$r=$ 常数，$\varphi=$ 常数，$\theta=$ 常数，把积分区域 Ω 分成许多小空间闭区域，考虑在点 (r,φ,θ) 处，由 r,φ,θ 各取得微小增量 $\mathrm{d}r,\mathrm{d}\varphi,\mathrm{d}\theta$ 所围成的六面体（如图 9-35 所示）的体积为 ΔV，当 $\mathrm{d}r,\mathrm{d}\varphi,\mathrm{d}\theta$ 充分小时，可以把这个小六面体近似看作长方体，得

$$\Delta V\approx r^2\sin\varphi\mathrm{d}r\mathrm{d}\varphi\mathrm{d}\theta,$$

称 $dV = r^2\sin\varphi drd\varphi d\theta$ 为球面坐标系中体积元素，有

$$\iiint\limits_{\Omega} f(x,y,z)dV = \iiint\limits_{\Omega} f(r\sin\varphi,\cos\theta,r\sin\varphi,\sin\theta,r\cos\varphi)r^2\sin\varphi drd\varphi d\theta。$$

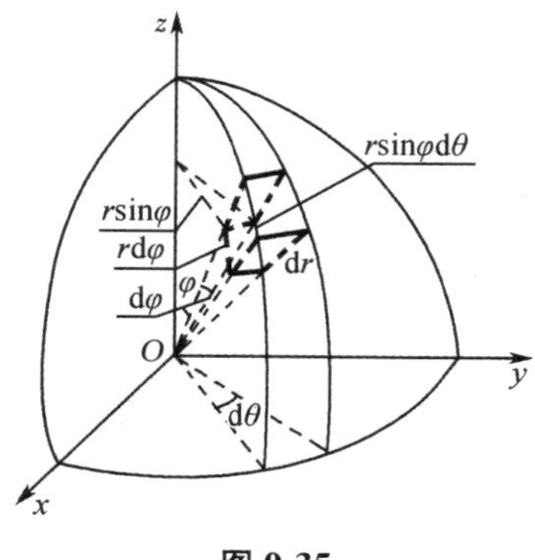

图 9-35

下面给出在球面坐标系中将三重积分化为三次积分的常用公式。

(1) 原点包含在 Ω 内部(如图 9-36 所示)

设 Ω 的边界曲面的球面方程为 $r = r(\varphi,\theta)$，则有

$$\iiint\limits_{\Omega} f(r\sin\varphi,\cos\theta,r\sin\varphi,\sin\theta,r\cos\varphi)r^2\sin\varphi drd\varphi d\theta$$
$$= \int_0^{2\pi}d\theta\int_0^{\pi}d\varphi\int_0^{r(\theta,\varphi)} f(r\sin\varphi,\sin\theta,r\sin\varphi,\sin\theta)r^2\sin\varphi dr。$$

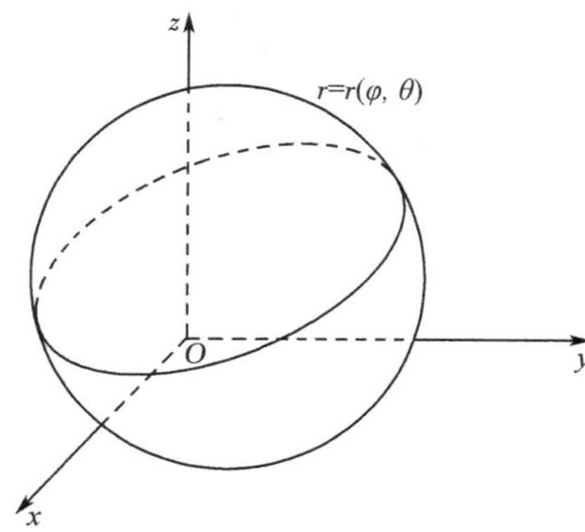

图 9-36

(2) 原点不在 Ω 内部

可先确定 Ω 上某点的 θ 变化范围$[\alpha,\beta]$，然后在$[\alpha,\beta]$ 中任取一数值 θ 作半平面 $\theta = \theta$ 去截 Ω，记所得截面为 P_0，则 P_0 上的点坐标可表示为 $M(r,\varphi,\theta)$，其中 r 表示 M 到原点的距离，φ 为$\overrightarrow{OM}$ 与 z 轴正方向的夹角。于是可以在此半平面内固定 θ，用极坐标限定的方法将 D_0 表示为

$$D_0:\begin{cases}\varphi_1(\theta)\leqslant\varphi\leqslant\varphi_2(\theta),\\ r_1(\varphi,\theta)\leqslant r\leqslant r_2(\varphi,\theta),\end{cases}$$

从而有

$$\iiint\limits_{\Omega} f(r\sin\varphi\cos\theta, r\sin\varphi\sin\theta, r\cos\varphi)r^2\sin\varphi \mathrm{d}r\mathrm{d}\varphi\mathrm{d}\theta$$

$$=\int_{\alpha}^{\beta}\mathrm{d}\theta\iint\limits_{D_\theta} f(r\sin\varphi\cos\theta, r\sin\varphi\sin\theta, r\cos\varphi)r^2\sin\varphi \mathrm{d}r\mathrm{d}\theta$$

$$=\int_{\alpha}^{\beta}\mathrm{d}\theta\int_{\varphi_1(\theta)}^{\varphi_2(\theta)}\mathrm{d}\varphi\int_{r_1(\varphi,\theta)}^{r_2(\varphi,\theta)} f(r\sin\varphi\cos\theta, r\sin\varphi\sin\theta, r\cos\varphi)r^2\sin\varphi \mathrm{d}r。$$

通常，当Ω的边界曲面为球面，顶点为原点的锥面或被积函数含$x^2+y^2+z^2$时，往往利用球面坐标将三重积分化为三次积分可简化运算。

例 4　利用球面坐标计算三重积分$\iiint\limits_{\Omega}(x^2+y^2+z^2)\mathrm{d}V$，其中$\Omega$是由球面$x^2+y^2+z^2=1$所围成的闭区域。

解　由于Ω是球面$x^2+y^2+z^2=1$所围成，故用球面坐标可得区域由下列不等式表示$0\leqslant\theta\leqslant 2\pi, 0\leqslant\varphi\leqslant 1$，所以

$$I=\iiint\limits_{\Omega}(x^2+y^2+z^2)\mathrm{d}V=\int_0^{2\pi}\mathrm{d}\theta\int_0^{\pi}\mathrm{d}\varphi\int_0^1 r^2\cdot r^2\sin\varphi\mathrm{d}r$$

$$=2\pi\times 2\times\frac{1}{5}=\frac{4}{5}\pi。$$

习题 9.3

1. 计算下列三重积分。

(1) $\iiint\limits_{\Omega}\dfrac{\mathrm{d}x\mathrm{d}y\mathrm{d}z}{(1+x+y+z)^3}$，其中，$\Omega$为平面$x=0, y=0, z=0, x+y+z=1$所围的四面体；

(2) $\iiint\limits_{\Omega}xyz\,\mathrm{d}x\mathrm{d}y\mathrm{d}z$，$\Omega$为球面$x^2+y^2+z^2=1$及三个坐标面所围成的第一卦限内的闭区域。

2. 求下列三重积分。

(1) $\int_0^a\mathrm{d}x\int_0^x\mathrm{d}y\int_0^{x+y}\mathrm{e}^{x+y+z}\mathrm{d}z$。　(2) $\iiint\limits_{\Omega}xyz\,\mathrm{d}x\mathrm{d}y\mathrm{d}z$，$\Omega$：$0\leqslant z\leqslant y\leqslant x\leqslant a$。

9.4　重积分的几何应用举例

重积分的应用极为广泛，比如求曲顶柱体的体积，平面薄片类材质的物体的质量等，下面给出几个在几何学方面的应用例子。

9.4.1　平面图形的面积

设 D 为平面闭区域，则其面积为

$$S=\iint_D \mathrm{d}\sigma=\iint_D \mathrm{d}x\mathrm{d}y。$$

例 1　求由直线 $y=x-1$ 和抛物线 $y^2=2x+6$ 所围成的闭区域 D 的面积 S。

解　求出直线与抛物线的交点为 $(-1,-2)$，$(5,4)$，如图 9-37 所示，则

$$S=\iint_D \mathrm{d}x\mathrm{d}y。$$

按 y- 型区域，有

$$S=\int_{-2}^{4}\mathrm{d}y\int_{\frac{1}{2}y^2-3}^{y+1}\mathrm{d}x=\int_{-2}^{4}\left(-\frac{1}{2}y^2+y+4\right)\mathrm{d}y=\frac{62}{3}。$$

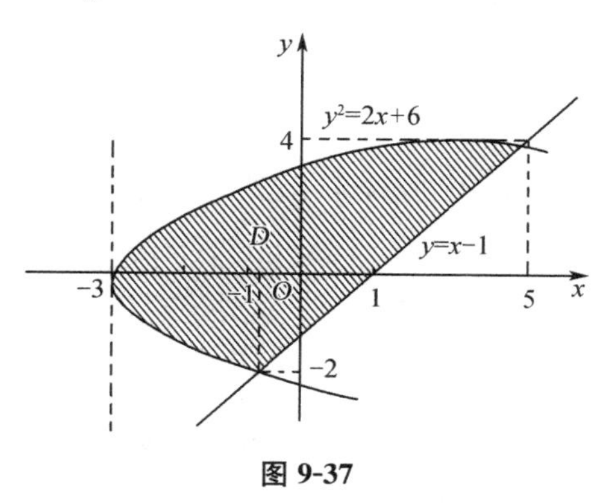

图 9-37

9.4.2　空间立体的体积

设 Ω 为空间区域，其体积为 V，则有

$$V=\iiint_\Omega \mathrm{d}V=\iiint_\Omega \mathrm{d}x\mathrm{d}y\mathrm{d}z。$$

特别地，若 Ω 是以连续曲面 $z=f(x,y)(f(x,y)>0)$ 为顶，在 xOy 面上以投影 D 为底的曲顶柱，则此类曲顶柱体体积为

$$V=\iint_D f(x,y)\mathrm{d}\sigma=\iint_D f(x,y)\mathrm{d}x\mathrm{d}y。$$

例 2　求两个底面圆的半径都是 R 的直交圆柱面（如图 9-38 所示）所围立体的体积。

解　两个圆柱面的方程分别为

$$x^2+y^2=R^2,\ x^2+z^2=R^2。$$

利用该立体关于三坐标面的对称性，只需求出它在第一象限的部分体积 V_1，然后再乘以 8 倍即得。

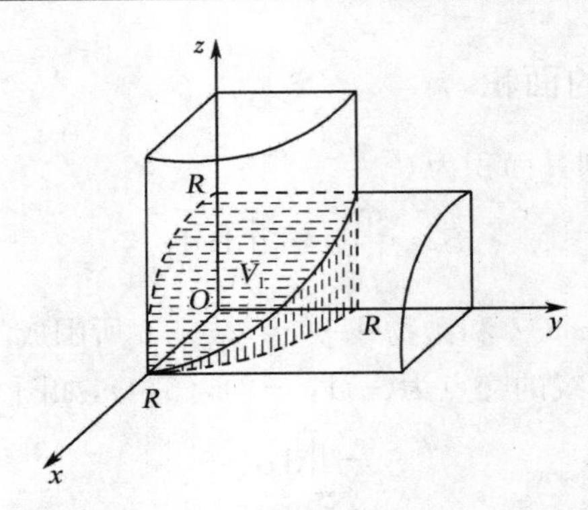

图 9-38

V_1 是一个曲顶柱体,其底为

$$D:\begin{cases}0\leqslant x\leqslant R,\\ 0\leqslant y\leqslant \sqrt{R^2-x^2},\end{cases}$$

曲顶为曲面 $z=\sqrt{R^2-x^2}$,故有

$$V_1=\iint\limits_{D}\sqrt{R^2-x^2}\,\mathrm{d}x\mathrm{d}y=\int_0^R\mathrm{d}x\int_0^{\sqrt{R^2-x^2}}\sqrt{R^2-x^2}\,\mathrm{d}y$$

$$=\int_0^R\sqrt{R^2-x^2}\,[y]_0^{\sqrt{R^2-x^2}}\,\mathrm{d}x=\int_0^R(R^2-x^2)\mathrm{d}x=\frac{2}{3}R^3,$$

所以

$$V=8V_1=8\cdot\frac{2}{3}R^3=\frac{16}{3}R^3。$$

9.4.3 空间曲面的面积

设曲面的方程为 $z=f(x,y)$,它在 xOy 面上的投影区域为 D_{xy},函数 $f(x,y)$ 在 D_{xy} 上有连续偏导数 $f_x(x,y)$,$f_y(x,y)$,试求此曲面的面积 S。

用微元法:把平面区域 D_{xy} 分成许多小区域,考虑其中任一小块 $\mathrm{d}\sigma$,以 $\mathrm{d}\sigma$ 的边界曲线为准线作母线平行于 z 轴的柱面,该柱面把曲面 S 截出相应的小块 ΔS,在 $\mathrm{d}\sigma$ 内任取一点 (x,y),则曲面 S 上点 (x,y,z) 处的切平面被此柱面截出相应小片面积 $\mathrm{d}S$,由于 $\mathrm{d}\sigma$ 是 $\mathrm{d}S$ 的投影(如图 9-39 所示),于是有

$$\mathrm{d}\sigma=\cos\gamma\mathrm{d}S,$$

其中 γ 是曲面 S 在点 $M(x,y,z)$ 处向上的法矢量 $\boldsymbol{n}$ 与 z 轴正向所成的锐角,从而

$$\boldsymbol{n}=\{-z_x,-z_y,1\}$$

所以

$$\cos\gamma=\frac{1}{\sqrt{1+z_x^2+z_y^2}},$$

故

$$dS=\frac{d\sigma}{\cos\gamma}=\sqrt{1+z_x^2+z_y^2},$$

当 $d\sigma$ 的最大直径 $d\to 0$ 时,可用 dS 代替 ΔS,称

$$dS=\sqrt{1+z_x^2+z_y^2}\,d\sigma=\sqrt{1+z_x^2+z_y^2}\,dxdy$$

为曲面 $z=f(x,y)$ 的**面积元素**。将这些面积元素累加起来,就得到曲面的面积 S 的计算公式:

$$S=\iint\limits_{D_{xy}}\sqrt{1+z_x^2+z_y^2}\,dxdy。$$

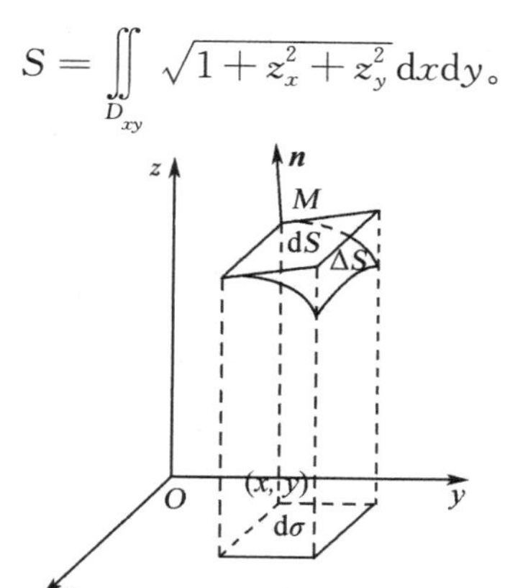

图 9-39

若曲面的方程为 $x=g(y,z)$ 或 $y=h(x,z)$,可分别把曲面投影到 yOz 面(投影区域记 D_{yz})或 zOx 面上(投影区域记为 D_{zx}),类似可得到相应的公式

$$S=\iint\limits_{D_{yz}}\sqrt{1+x_y^2+x_z^2}\,dydz,$$

或

$$S=\iint\limits_{D_{zx}}\sqrt{1+y_x^2+y_z^2}\,dzdx。$$

例 3　求旋转抛物面 $z=x^2+y^2$ 含在圆柱面 $x^2+y^2=2$ 内的那部分面积 S(如图 9-40 所示)。

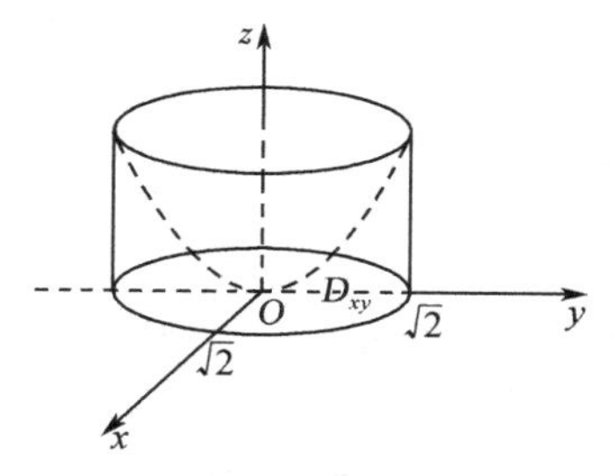

图 9-40

解　S 的方程为 $z=x^2+y^2$,且 $z_x=2x,z_y=2y$,则

$$\sqrt{1+z_x^2+z_y^2}=\sqrt{1+4x^2+4y^2},$$

S 在 xOy 面投影区域 D_{xy} 为圆域 $x^2+y^2\leqslant 2$,所以

$$S=\iint_{D_{xy}}\sqrt{1+z_x^2+z_y^2}\,\mathrm{d}x\mathrm{d}y=\iint_{D_{xy}}\sqrt{1+4x^2+4y^2}\,\mathrm{d}x\mathrm{d}y。$$

转化为在极坐标下计算,有

$$S=\int_0^{2\pi}\mathrm{d}\theta\int_0^{\sqrt{2}}\sqrt{1+4r^2}\,r\mathrm{d}r=2\pi\,\frac{1}{8}\left[\frac{2}{3}\,(1+4r^2)^{\frac{3}{2}}\right]_0^{\sqrt{2}}=\frac{13\pi}{3}。$$

例 4　求半径相等的两个直交圆柱面所围立体的表面积 S(如图 9-41 所示)。

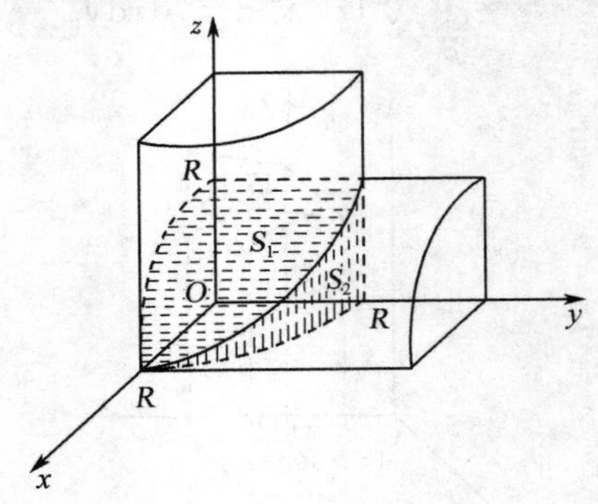

图 9-41

解　设圆柱面方程分别为 $x^2+y^2=R^2$ 和 $x^2+z^2=R^2$。由对称性可知,只要求出第一象限中所围立体的表面积 S_1 和 S_2,又由于 $S_1=S_2$,即可求得总的表面积为 $S=16S_1$,而曲面 S_1 的方程为 $z=\sqrt{R^2-x^2}$,于是

$$z_x=\frac{-x}{\sqrt{R^2-x^2}},\ z_y=0,$$

从而

$$\sqrt{1+z_x^2+z_y^2}=\sqrt{1+\frac{x^2}{R^2-x^2}}=\frac{R}{\sqrt{R^2-x^2}}。$$

S_1 在 xOy 面上的投影区域 D_{xy} 为四分之一的圆盘,即

$$0\leqslant x\leqslant R,\ 0\leqslant y\leqslant\sqrt{R^2-x^2},$$

故

$$\begin{aligned}S&=16\iint_{D_{xy}}\sqrt{1+z_x^2+z_y^2}\,\mathrm{d}x\mathrm{d}y=16\iint_D\frac{\mathrm{d}x\mathrm{d}y}{\sqrt{R^2-x^2}}\\&=16R\int_0^R\frac{\mathrm{d}x}{\sqrt{R^2-x^2}}\int_0^{\sqrt{R^2-x^2}}\mathrm{d}y=16R\int_0^R\mathrm{d}x=16R^2。\end{aligned}$$

习题 9.4

1. 求抛物面 $z=x^2+y^2$ 在平面 $z=1$ 下面的面积。
2. 求球面 $x^2+y^2+z^2=a^2$ 含在圆柱面 $x^2+y^2=a^2x(a>0)$ 内部的面积。

3. 求抛物面 $z=x^2+y^2$ 位于 $0\leqslant z\leqslant 9$ 之间的那一部分的面积。

4. 求半径为 a，高度为 $h(0<h<a)$ 的球冠的面积。

复习题9

一、选择题。

1. 设 $f(x,y)$ 在平面区域 $D=\{(x,y)\mid 0\leqslant x\leqslant a,0\leqslant y\leqslant x\}$ 上连续，则 $\int_0^a dx\int_0^x f(x,y)dy$ 等于(　　)。

(A) $\int_0^a dy\int_0^y f(x,y)dx$　　(B) $\int_0^a dy\int_a^y f(x,y)dx$

(C) $\int_0^a dy\int_y^a f(x,y)dx$　　(D)A、B、C 都不对

2. 设平面区域 $D=\{(x,y)\mid x\leqslant y\leqslant a,-a\leqslant x\leqslant a\}$，$D_1=\{(x,y)\mid x\leqslant y\leqslant a,0\leqslant x\leqslant a\}$，则 $\iint\limits_D ye^{x^2}dxdy$ 等于(　　)。

(A) 0　　(B) $\iint\limits_{D_1} ye^{x^2}dxdy$　　(C) $2\iint\limits_{D_1} ye^{x^2}dxdy$　　(D) $4\iint\limits_{D_1} ye^{x^2}dxdy$

3. 设 $I=\iint\limits_D |xy|dxdy$，其中 D 是以原点为中心，以 a 为半径的圆所围闭区域，则 I 的值为(　　)。

(A) $\frac{a^4}{4}$　　(B) $\frac{a^4}{3}$　　(C) $\frac{a^4}{2}$　　(D) a^4

4. 二重积分 $\iint\limits_D (x^2+y^2)\,dxdy$，$D$：$x^2+y^2\leqslant 2x$，可化为(　　)。

(A) $\int_0^{2\pi}d\theta\int_0^{2\cos\theta}\rho^3 d\rho$　　(B) $\int_{-\frac{\pi}{2}}^{\frac{\pi}{2}}d\theta\int_0^{2\cos\theta}\rho^3 d\rho$

(C) $\int_0^{\pi}d\theta\int_0^{2\cos\theta}\rho^3 d\rho$　　(D) $\int_0^{2\pi}d\theta\int_0^{1}\rho^3 d\rho$

5. 设空间区域 $\Omega=\{(x,y,z)\mid x^2+y^2+z^2\leqslant a^2\}$，$\Omega_1=\{(x,y,z)\mid x^2+y^2+z^2\leqslant a^2,x\geqslant 0,y\geqslant 0,z\geqslant 0\}$，则下列等式不成立的是(　　)。

(A) $\iiint\limits_{\Omega}(x+y+z)^2 dV=\iiint\limits_{\Omega}(x^2+y^2+z^2)dV$

(B) $\iiint\limits_{\Omega}(x+y+z)^2 dV=8\iiint\limits_{\Omega_1}(x+y+z)^2 dV$

(C) $\iiint\limits_{\Omega}(x+y+z)^2 dV=8\iiint\limits_{\Omega_1}(x^2+y^2+z^2)dV$

(D) $\iiint\limits_{\Omega}(x+y+z)^2 dV=24\iiint\limits_{\Omega_1}x^2 dV$

二、填空题。

1. 函数 $f(x,y)$ 在有界闭区域 D 上的二重积分存在的充分条件是 $f(x,y)$ 在 D 上________，在此条件下，必有点 $(\xi,\eta)\in D$，使得 $\iint\limits_D f(x,y)\mathrm{d}\sigma=$ ________。

2. 设平面区域 D 是由曲线 $y=x^2$ 与直线 $y=x$ 所围成，将二重积分化为先对 x 后对 y 的累次积分有 $\iint\limits_D f(x,y)\mathrm{d}\sigma=$ ________。

3. 将积分化为极坐标下的累次积分 $\int_0^a \mathrm{d}x\int_0^x \sqrt{x^2+y^2}\,\mathrm{d}y=$ ________。

4. 交换积分的积分次序 $\int_0^2 \mathrm{d}y\int_{y^2}^{2y} f(x,y)\mathrm{d}x=$ ________。

5. 化三重积分为三次积分 $\iiint\limits_\Omega f(x,y,z)\mathrm{d}V=$ ________，其中，Ω 是由双曲抛物面 $xy=z$ 及平面 $x+y-1=0$，$z=0$ 所围的闭区域。

三、计算下列重积分。

1. $\iint\limits_D \frac{x\sin y}{y}\mathrm{d}x\mathrm{d}y$，$D$ 是抛物线 $y=x^2$ 和直线 $y=x$ 所围成的区域；

2. $\iint\limits_D \frac{x}{1+y}\mathrm{d}x\mathrm{d}y$，$D$ 是 $y=x^2+1$，$y=2x$，$x=0$ 所围成的区域；

3. $\iint\limits_D \mathrm{e}^{-|x|-|y|}\mathrm{d}x\mathrm{d}y$，$D$：$|x|\leqslant a$，$|y|\leqslant a$；

4. $\iint\limits_D \sqrt{|y-x^2|}\,\mathrm{d}x\mathrm{d}y$，$D$：$0\leqslant x\leqslant 1$，$0\leqslant y\leqslant 1$；

5. $\iint\limits_D y\,\mathrm{d}x\mathrm{d}y$，$D$：$x^2+y^2\leqslant a^2$，$x\geqslant 0$，$y\geqslant 0$；

6. $\iint\limits_D |x^2+y^2-4|\,\mathrm{d}x\mathrm{d}y$，$D$：$x^2+y^2\leqslant 16$。

四、验证：$\int_0^1 \mathrm{d}x\int_0^1 \frac{x-y}{(x+y)^3}\mathrm{d}y\neq\int_0^1 \mathrm{d}y\int_0^1 \frac{x-y}{(x+y)^3}\mathrm{d}x$。

第 10 章　曲线积分与曲面积分

继重积分之后，这一章我们介绍曲线积分和曲面积分，曲线积分又分为第一型曲线积分和第二型曲线积分，曲面积分也分为第一型曲面积分和第二型曲面积分，每一种积分都有广泛的应用。曲线积分和曲面积分的概念与定积分，重积分的概念无本质的不同，只是积分取在曲线或曲面上而已，而且其计算方法也是将它们转化为定积分或二重积分。

10.1　第一型曲线积分

10.1.1　第一型曲线积分的概念

我们先用分布在曲线段上的质量问题引出第一型积分的概念。

设有物质分布在光滑曲线 L 上，A,B 为 L 的两个端点，L 上任意一点 (x,y,z) 处的线密度为 $\rho=f(x,y,z)$，它在 L 上连续，求曲线 L 的质量 M（如图 10-1 所示）。

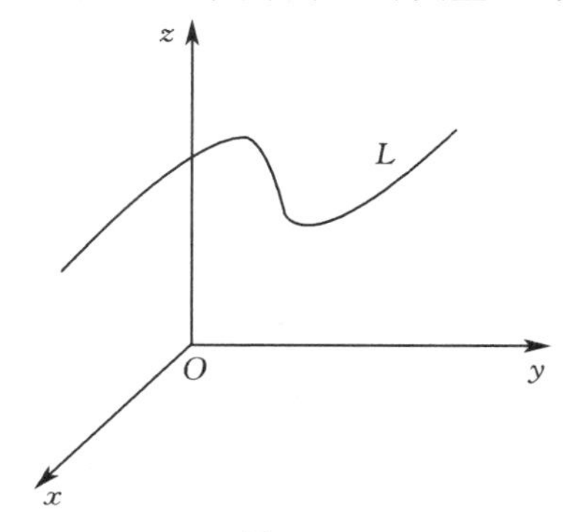

图 10-1

在 L 上任取 $n+1$ 个分点 $A=p_0,p_1,p_2,\cdots,p_n=B$，将 L 分成 n 个小段，第 i 小段的长度记为

$$\widehat{p_{i-1}p_i}=\Delta s_i(i=1,2,\cdots,n)。$$

在第 i 小段上任取一点 (ξ_i,η_i,ζ_i)，当 Δs_i 很小时，第 i 小段曲线弧的质量的近似值为

$$f(\xi_i,\eta_i,\zeta_i)\Delta s_i(i=1,2,\cdots,n)。$$

于是曲线 L 的质量的近似值为

$$M\approx\sum_{i=1}^{n}f(\xi_i,\eta_i,\zeta_i)\Delta s_i。$$

用λ表示n个小弧段长度的最大值，当λ愈小时，上式的误差愈小，因此，当$\lambda\to 0$时，就有

$$M=\lim_{\lambda\to 0}\sum_{i=1}^{n}f(\xi_i,\eta_i,\zeta_i)\Delta s_i,$$

这种和式的极限在研究许多实际问题时都会遇到，现在撇开其物理意义便可得到第一型曲线积分的定义。

定义 10.1 设L为空间一段光滑曲线$\overset{\frown}{AB}$，函数$f(x,y,z)$是L上的有界函数，在L上任取$n+1$个分点$A=p_0,p_1,p_2,\cdots,p_n=B$，将$L$分成$n$小段，记第$i$小段长度为$\Delta s_i(i=1,2,\cdots,n)$，在第$i$小段上任取一点$(\xi_i,\eta_i,\zeta_i)$作和式

$$\sum_{i=1}^{n}f(\xi_i,\eta_i,\zeta_i)\Delta s_i,$$

用λ表示n个小段中长度的最大值，若不论L如何划分，不论点(ξ_i,η_i,ζ_i)如何选取，当$\lambda\to 0$时上述和式有同一极限，则称此极限值为函数$f(x,y,z)$沿曲线L的**第一型曲线积分**（或**对弧长的曲线积分**），记作$\int_L f(x,z,z)\mathrm{d}s$，即

$$\int_L f(x,z,z)\mathrm{d}s=\lim_{\lambda\to 0}\sum_{i=1}^{n}f(\xi_i,\eta_i,\zeta_i)\Delta s_i,$$

其中L称为**积分路径**，$f(x,y,z)$称为**被积函数**，$\mathrm{d}s$称为**弧长元素**。

若L是闭曲线，即L的两个端点重合，则常将函数$f(x,y,z)$在闭曲线L上的曲线积分记作$\oint_L f(x,y,z)\mathrm{d}s$。

据此定义，当$f(x,y,z)$为曲线L的线密度时，曲线L的质量M为

$$M=\int_L f(x,y,z)\mathrm{d}s。$$

与定积分存在条件类似，当函数$f(x,y,z)$在光滑曲线L上连续，或者在L上有界并且在L上只有有限个间断点时，曲线积分$\int_L f(x,y,z)\mathrm{d}s$存在。

10.1.2 第一型曲线积分的性质

第一型曲线积分具有某些与定积分类似的性质，现将常见的几条性质列举如下，

性质 10.1 $\int_L kf(x,y,z)\mathrm{d}s=k\int_L f(x,y,z)\mathrm{d}s$（$k$为常数）。

性质 10.2 $\int_L[f(x,y,z)\pm g(x,y,z)]\mathrm{d}s=\int_L f(x,y,z)\mathrm{d}s\pm\int_L g(x,y,z)\mathrm{d}s$。

性质 10.3 当被积函数为 1 时，有$s=\int_L \mathrm{d}s$，这里s为曲线L的弧长。

性质 10.4 若积分路径L可分成两段光滑曲线弧L_1与L_2，即$L=L_1+L_2$，则

$$\int_L f(x,y,z)\mathrm{d}s=\int_{L_1}f(x,y,z)\mathrm{d}s+\int_{L_2}f(x,y,z)\mathrm{d}s。$$

注意　若曲线 L 可分成有限段，而且每段都是光滑的，则称 L 是分段光滑的。

性质 10.5　若 $f(x,y,z)$ 在曲线 L 上连续，s 为 L 的弧长，则存在点 $(\xi,\eta,\zeta)\in L$ 使得

$$\int_L f(x,y,z)\mathrm{d}s = f(\xi,\eta,\zeta)s$$

由定义可知，第一型曲线积分不管取哪一端作起点或终点，其结果都相同。换言之，第一型曲线积分与积分路径的方向无关，即有性质

性质 10.6　$\int_{\widehat{AB}} f(x,y,z)\mathrm{d}s = \int_{\widehat{BA}} f(x,y,z)\mathrm{d}s$。

10.1.3　第一型曲线积分的计算

通常是将第一型曲线积分 $\int_L f(x,y,z)\mathrm{d}s$ 转化为定积分计算。

设曲线的参数方程为

$$\begin{cases} x = x(t), \\ y = y(t), \quad \alpha \leqslant t \leqslant \beta, \\ z = z(t), \end{cases}$$

其中 $x(t)$，$y(t)$，$z(t)$ 在 $[\alpha,\beta]$ 上有连续导数，$t=\alpha$，$t=\beta$ 分别对应于曲线 L 的两个端点 A、B(或 B、A)。在 L 上任取一微小弧段，它对应参数区间 $[t,t+\mathrm{d}t]$，其弧长记为 Δs，设

$$\mathrm{d}x = x(t+\mathrm{d}t)-x(t),\ \mathrm{d}y = y(t+\mathrm{d}t)-y(t),\ \mathrm{d}z = z(t+\mathrm{d}t)-z(t),$$

在 $\mathrm{d}t$ 充分小时，Δs 近似等于以 $\mathrm{d}x$，$\mathrm{d}y$，$\mathrm{d}z$ 为棱长的长方体的对角线(如图 10-2 所示)。

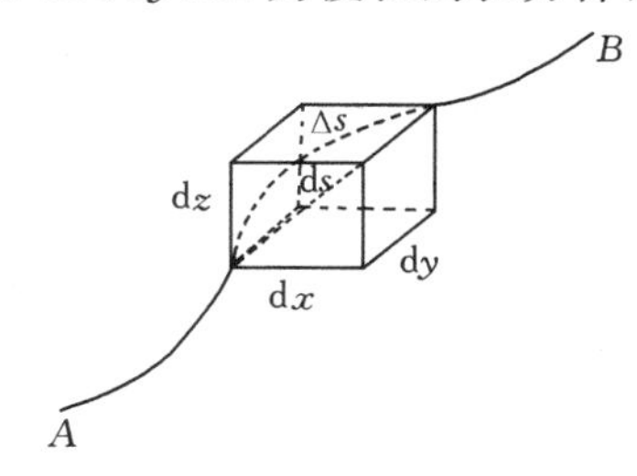

图 10-2

即

$$\Delta s \approx \sqrt{(\mathrm{d}x)^2+(\mathrm{d}y)^2+(\mathrm{d}z)^2},$$

于是

$$\mathrm{d}s = \sqrt{(\mathrm{d}x)^2+(\mathrm{d}y)^2+(\mathrm{d}z)^2} = \sqrt{[x'(t)]^2+[y'(t)]^2+[z'(t)]^2}\,\mathrm{d}t,$$

故

$$f(x,y,z)\mathrm{d}s = f[x(t),y(t),z(t)]\cdot\sqrt{[x'(t)]^2+[y'(t)]^2+[z'(t)]^2}\,\mathrm{d}t。$$

上式左边沿 L 对小弧段的积累等于右式在 $[\alpha,\beta]$ 上对 t 的积累，即

$$\int_L f(x,y,z)\mathrm{d}s=\int_\alpha^\beta f[x(t),y(t),z(t)]\cdot\sqrt{[x'(t)]^2+[y'(t)]^2+[z'(t)]^2}\,\mathrm{d}t$$

此处必须注意，上式右端定积分的下限α一定要小于上限β，这是因为，从上述推导过程可以看出，由于小弧段的长度Δs_i总是正的，从而要求$\Delta t_i>0$，所以定积分的下限α小于上限β。

注意　(1) 若曲线L是xOy面上的平面曲线，其参数方程为

$$\begin{cases}x=x(t),\\y=y(t),\end{cases}\quad\alpha\leqslant t\leqslant\beta,$$

则
$$\mathrm{d}s=\sqrt{x'^2(t)+y'^2(t)}\,\mathrm{d}t,$$

于是有

$$\int_L f(x,y)\mathrm{d}s=\int_\alpha^\beta f[x(t),y(t)]\sqrt{x'^2(t)+y'^2(t)}\,\mathrm{d}t。$$

(2) 若平面曲线L由方程$y=y(x)(\alpha\leqslant x\leqslant\beta)$给出，则可视$x$为参数，其参数方程可写成

$$\begin{cases}x=x,\\y=y(x),\end{cases}\quad\alpha\leqslant x\leqslant\beta,$$

则
$$\mathrm{d}s=\sqrt{1+y'^2(x)}\,\mathrm{d}x,$$

于是有

$$\int_L f(x,y)\mathrm{d}s=\int_\alpha^\beta f(x,y(x))\sqrt{1+y'^2(x)}\,\mathrm{d}x$$

(3) 若平面曲线L由方程$x=x(y)(\alpha\leqslant y\leqslant\beta)$给出，则可视$y$为参数，其参数方程可写成

$$\begin{cases}x=x(y),\\y=y,\end{cases}\quad\alpha\leqslant y\leqslant\beta,$$

则

$$\mathrm{d}s=\sqrt{1+x'^2(y)}\,\mathrm{d}y$$

于是有

$$\int_L f(x,y)\mathrm{d}s=\int_\alpha^\beta f(x(y),y)\sqrt{1+x'^2(y)}\,\mathrm{d}y。$$

(4) 当平面曲线L由极坐标方程$r=r(\theta)(\alpha\leqslant t\leqslant\beta)$给出，则其参数方程可写成

$$\begin{cases}x=r(\theta)\cos\theta,\\y=f(\theta)\sin\theta,\end{cases}\quad\alpha\leqslant\theta\leqslant\beta,$$

则
$$\mathrm{d}s=\sqrt{x'^2(\theta)+y'^2(\theta)}\,\mathrm{d}\theta=\sqrt{r(\theta)+r'^2(\theta)}\,\mathrm{d}\theta,$$

于是有

$$\int_L f(x,y)\mathrm{d}s=\int_\alpha^\beta f[r(\theta)\cos\theta,r(\theta)\sin\theta]\sqrt{r(\theta)+r'^2(\theta)}\,\mathrm{d}\theta。$$

例 1　计算曲线积分$\int_L(x^2+y^2+z^2)\mathrm{d}s$，其中 L 为螺旋线 $x=a\cos t,y=a\sin t,z=kt$ 上相应于 t 从 0 到 2π 的一段弧。

解　因 $x'(t)=-a\sin t,y'(t)=a\cos t,z'(t)=k$，于是

$$\mathrm{d}s=\sqrt{(-a\sin t)^2+(a\cos t)^2+k^2}\,\mathrm{d}t=\sqrt{a^2+k^2}\,\mathrm{d}t,$$

故

$$\begin{aligned}\int_L(x^2+y^2+z^2)\mathrm{d}s&=\int_0^{2\pi}[(a\cos t)^2+(a\sin t)^2+(kt)^2]\sqrt{a^2+k^2}\,\mathrm{d}t\\&=\int_0^{2\pi}(a^2+k^2t^2)\sqrt{a^2+k^2}\,\mathrm{d}t=\sqrt{a^2+k^2}\left(a^2t+\frac{k^2}{3}t^3\right)\Big|_0^{2\pi}\\&=\frac{2}{3}\pi\sqrt{a^2+k^2}(3a^2+4\pi^2k^2)。\end{aligned}$$

例 2　计算$\int_L xy\mathrm{d}s$，其中 L 是圆周 $x^2+y^2=a^2(a>0)$ 在第一象限内的部分。

解　L 的参数方程为

$$\begin{cases}x=a\cos t,\\y=a\sin t,\end{cases}\quad 0\leqslant t\leqslant\frac{\pi}{2},$$

于是

$$\mathrm{d}s=\sqrt{x'^2(t)+y'^2(t)}\,\mathrm{d}t=\sqrt{(-a\sin t)^2+(a\cos t)^2}\,\mathrm{d}t=a\mathrm{d}t,$$

故

$$\int_L xy\mathrm{d}s=\int_0^{\frac{\pi}{2}}a\cos t\cdot a\sin t\cdot a\mathrm{d}t=\frac{a^3}{2}。$$

例 3　计算$\int_L\sqrt{y}\,\mathrm{d}s$，其中 L 是抛物线 $y=x^2$ 介于点$(0,0)$与点$(1,1)$之间的一段弧。

解　如图 10-3 所示，有

$$\int_L\sqrt{y}\,\mathrm{d}s=\int_0^1 x\sqrt{1+(2x)^2}\,\mathrm{d}x=\frac{5\sqrt{5}-1}{12}。$$

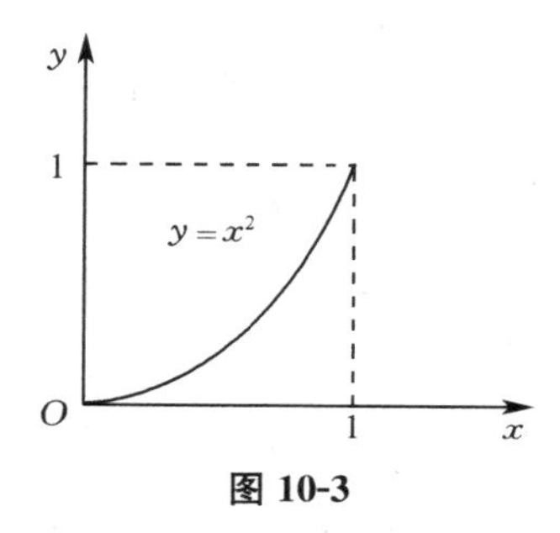

图 10-3

习题 10.1

1. 计算下列曲线积分。

(1)$\int_L (x+y)\mathrm{d}s$，其中，L 为连接$(1,0)$ 及$(0,1)$ 两点的直线段；

(2)$\int_L \dfrac{1}{x^2+y^2+z^2}\mathrm{d}s$，其中，$L$ 为曲线 $x=\mathrm{e}^t\cos t, y=\mathrm{e}^t\sin t, z=\mathrm{e}^t$ 上相应于 t 从变到 2 的这段弧；

(3)$\oint_L (x,y)\mathrm{d}s$，其中 L 是以$(0,0)$，$(1,0)$，$(0,1)$ 为顶点的三角形围线；

(4)$\oint_L \sqrt{x^2+y^2}\,\mathrm{d}s$，$L$ 为圆周 $x^2+y^2=2x$。

2. 求曲线 $x=\sqrt{2}t, y=t^2, z=\dfrac{\sqrt{2}}{3}t^3\ (0\leqslant t\leqslant 1)$ 弧段的质量，其线密度为 $\rho=\sqrt{y}$。

10.2 第二型曲线积分

10.2.1 第二型曲线积分的概念

引例 设质点沿光滑曲线 L 由 A 点运动到 B 点，在 L 上点(x,y,z) 处所受外力为

$$\boldsymbol{F}(x,y,z)=M(x,y,z)\boldsymbol{i}+N(x,y,z)\boldsymbol{j}+P(x,y,z)\boldsymbol{k},$$

其中 M,N,P 在 L 上连续，求质点在外力 $\boldsymbol{F}$ 作用下沿曲线 L 由 A 点运动到 B 点所做的功 W。

在 L 上依次取点 $A=P_0,P_1,\cdots,P_n=B$，将 L 分成 n 个小弧段$(i=1,2,\cdots,n)$(如图 10-4 所示)，在第 i 个小弧段$\overset{\frown}{P_{i-1}P_i}$ 上任取一点(ξ_i,η_i,ζ_i)，当$\overset{\frown}{P_{i-1}P_i}$ 很小时，可用点(ξ_i,η_i,ζ_i) 处所受的力 $\boldsymbol{F}(\xi_i,\eta_i,\zeta_i)$ 近似地代替第 i 小段上各点的力，质点沿$\overset{\frown}{P_{i-1}P_i}$ 从 P_{i-1} 运动到 P_i 可近似地看作沿直线从 P_{i-1} 运动到 P_i，记 $\Delta\boldsymbol{r}_i=\overrightarrow{P_{i-1}P_i}$，从而得到质点沿 L 从点 P_{i-1} 运动到 P_i 时变力 $\boldsymbol{F}$ 所做的功 ΔW_i 的近似值为：

$$\Delta W_i\approx\boldsymbol{F}(\xi_i,\eta_i,\zeta_i)\cdot\Delta\boldsymbol{r}_i,$$

因此质点沿曲线 L 由 A 点运动到 B 点时变力 $\boldsymbol{F}$ 所做的功的近似值为：

$$W=\sum_{i=1}^{n}\Delta W_i\approx\sum_{i=1}^{n}\boldsymbol{F}(\xi_i,\eta_i,\zeta_i)\cdot\Delta\boldsymbol{r}_i。$$

用 λ 表示 n 个小弧段长度的最大值，当 $\lambda\to 0$ 时上面和式的极限就是质点在外力 $\boldsymbol{F}$ 作用下沿曲线 L 由 A 点运动到 B 点所做的功 W，即

$$W=\lim_{\lambda\to 0}\sum_{i=1}^{n}\boldsymbol{F}(\xi_i,\eta_i,\zeta_i)\cdot\Delta\boldsymbol{r}_i。$$

除了变力沿曲线做功外，还有许多物理问题的求解都归结为这类和式的极限，因此撇

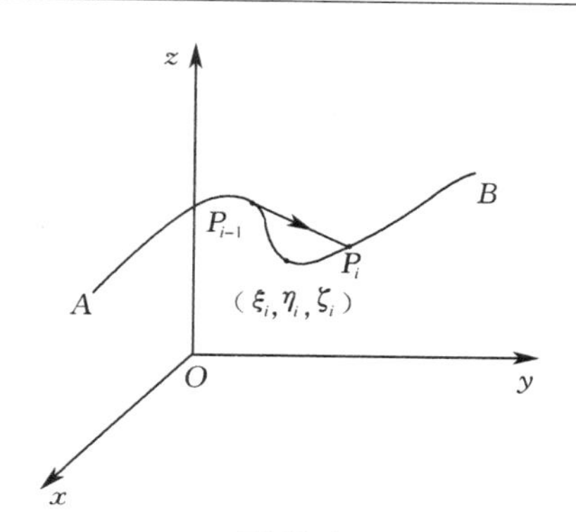

图 10-4

开问题的物理意义，抽象出第二型曲线积分的概念。

定义 10.2　设 L 是一条以 A 为起点 B 为终点的有向光滑曲线，矢量函数

$$\boldsymbol{F}(x,y,z)=M(x,y,z)\boldsymbol{i}+N(x,y,z)\boldsymbol{j}+P(x,y,z)\boldsymbol{k}$$

在 L 上有定义，取分点 $A=P_0,P_1,\cdots,P_{n-1},P_n=B$ 将 L 分成 n 段有向曲线弧 $\widehat{P_{i-1}P_i}$ $(i=1,2,\cdots,n)$，在每段弧 $\widehat{P_{i-1}P_i}$ 上任取一点 (ξ_i,η_i,ζ_i)，作和式 $\sum\limits_{i=1}^{n}\boldsymbol{F}(\xi_i,\eta_i,\zeta_i)\cdot\Delta\boldsymbol{r}_i$，其中 $\Delta\boldsymbol{r}_i=\overrightarrow{P_{i-1}P_i}$，用 λ 表示所有小弧段长度的最大值，若当 $\lambda\to 0$ 时，无论 L 如何划分，点 (ξ_i,η_i,ζ_i) 如何选取，上式和式都有同一极限值，则称此极限值为矢量函数 $\boldsymbol{F}(x,y,z)$ 沿有向曲线 L 的**第二型曲线积分**，记作 $\int_L\boldsymbol{F}(x,y,z)\cdot\mathrm{d}\boldsymbol{r}$，即

$$\int_L\boldsymbol{F}(x,y,z)\cdot\mathrm{d}\boldsymbol{r}=\lim_{\lambda\to 0}\sum_{i=1}^{n}\boldsymbol{F}(\xi_i,\eta_i,\zeta_i)\cdot\Delta\boldsymbol{r}_i。$$

若 L 为闭曲线，则可采用形如 $\oint_L\boldsymbol{F}(x,y,z)\cdot\mathrm{d}\boldsymbol{r}$ 的记号。

若记分点的坐标为 $P_i(x_i,y_i,z_i)$，则

$$\Delta\boldsymbol{r}_i=\overrightarrow{p_{i-1}p_i}=(x_i-x_{i-1})\boldsymbol{i}+(y_i-y_{i-1})\boldsymbol{j}+(z_i-z_{i-1})\boldsymbol{k}=\Delta x_i\boldsymbol{i}+\Delta y_i\boldsymbol{j}+\Delta z_i\boldsymbol{k},$$

可见

$$\int_L\boldsymbol{F}(x,y,z)\cdot\mathrm{d}\boldsymbol{r}=\lim_{\lambda\to 0}\sum_{i=1}^{n}(M(\xi_i,\eta_i,\zeta_i)\Delta x_i+N(\xi_i,\eta_i,\zeta_i)\Delta y_i+P(\xi_i,\eta_i,\zeta_i)\Delta z_i)$$

于是第二型曲线积分 $\int_L\boldsymbol{F}(x,y,z)\cdot\mathrm{d}\boldsymbol{r}$ 又可写成：

$$\int_L M(x,y,z)\mathrm{d}x+N(x,y,z)\mathrm{d}y+P(x,y,z)\mathrm{d}z。$$

因此第二型曲线积分又称为**对坐标的曲线积分**，其中 $\mathrm{d}\boldsymbol{r}=\mathrm{d}x\boldsymbol{i}+\mathrm{d}y\boldsymbol{j}+\mathrm{d}z\boldsymbol{k}$ 为矢径 $\boldsymbol{r}=\{x,y,z\}$ 的微分。

根据上述定义可将质点在变力 $\boldsymbol{F}$ 的作用下沿有向曲线 L 所做的功记为

$$W=\int_L\boldsymbol{F}(x,y,z)\cdot\mathrm{d}\boldsymbol{r}\text{ 或 }W=\int_L M\mathrm{d}x+N\mathrm{d}y+P\mathrm{d}z。$$

应当注意在第二型曲线积分中 $\Delta x_i, \Delta y_i, \Delta z_i$ 的符号都依赖于曲线 L 的方向的选取。将 L 的起点与终点互调，则所有矢量 $\Delta \boldsymbol{r}_i = \overrightarrow{p_{i-1}p_i}$ 的指向都将反向，从而导致积分结果变号，即

$$\int_{\widehat{AB}} \boldsymbol{F} \cdot \mathrm{d}\boldsymbol{r} = -\int_{\widehat{BA}} \boldsymbol{F} \cdot \mathrm{d}\boldsymbol{r}$$

这是第二型曲线积分的一个重要性质，也是它区别于第一型曲线积分的一个重要特征。

当积分路径是坐标轴上的一段有向线段时，第二型曲线积分就是定积分，由定义可知第二型曲线积分也具有与定积分类似的一些性质，如：

性质 10.7 $\int_L (\alpha \boldsymbol{F} + \beta \boldsymbol{G}) \cdot \mathrm{d}\boldsymbol{r} = \alpha \int_L \boldsymbol{F} \cdot \mathrm{d}\boldsymbol{r} + \beta \int_L \boldsymbol{G} \cdot \mathrm{d}\boldsymbol{r}$（$\alpha, \beta$ 为常数）。

性质 10.8 若积分路径 L 可分成两段光滑曲线弧 L_1 与 L_2，即 $L = L_1 + L_2$，则

$$\int_L \boldsymbol{F} \cdot \mathrm{d}\boldsymbol{r} = \int_{L_1} \boldsymbol{F} \cdot \mathrm{d}\boldsymbol{r} + \int_{L_2} \boldsymbol{F} \cdot \mathrm{d}\boldsymbol{r}。$$

10.2.2 第二型曲线积分的计算

计算 $\int_L \boldsymbol{F} \cdot \mathrm{d}\boldsymbol{r}$，即计算 $\int_L M\mathrm{d}x + N\mathrm{d}y + P\mathrm{d}z$ 的方法通常是引进曲线 L 的参数式方程，将其转化为定积分计算。

设空间曲线 L 的参数式方程为 $\begin{cases} x = x(t), \\ y = y(t), \\ z = z(t), \end{cases}$ 即 $\boldsymbol{r} = x(t)\boldsymbol{i} + y(t)\boldsymbol{j} + z(t)\boldsymbol{k}$，其中 $x(t)$，$y(t)$，$z(t)$ 有连续导数，$t = \alpha$ 对应 L 的起点 A，$t = \beta$ 对应于 L 的终点 B，而点 (x, y, z) 在曲线 L 上，则

$$\int_L M(x,y,z)\mathrm{d}x = \int_\alpha^\beta M[x(t), y(t), z(t)]x'(t)\mathrm{d}t,$$

$$\int_L N(x,y,z)\mathrm{d}y = \int_\alpha^\beta N[x(t), y(t), z(t)]y'(t)\mathrm{d}t,$$

$$\int_L P(x,y,z)\mathrm{d}x = \int_\alpha^\beta P[x(t), y(t), z(t)]z'(t)\mathrm{d}t,$$

三式相加就得到计算公式

$$\int_L M\mathrm{d}x + N\mathrm{d}y + P\mathrm{d}z = \int_\alpha^\beta [M(x(t), y(t), z(t))x'(t) + N(x(t), y(t), z(t))y'(t) + P(x(t), y(t), z(t))z'(t)]\mathrm{d}t,$$

此处下限 α 对应于 L 的起点，上限 β 对应于 L 的终点，β 不一定比 α 大。

注意 (1) 若 L 是平面曲线，其方程为

$$L: \begin{cases} x = x(t), \\ y = y(t), \end{cases}$$

即 $\boldsymbol{r}(t) = x(t)\boldsymbol{i} + y(t)\boldsymbol{j}$，在 L 的起点处 $t = \alpha$，终点处 $t = \beta$，矢量函数为 $\boldsymbol{F}(x, y) = M(x, y)\boldsymbol{i} + N(x, y)\boldsymbol{j}$，则计算公式为

$$\int_L \boldsymbol{F}(x,y)\cdot \mathrm{d}\boldsymbol{r}=\int_L M(x,y)\mathrm{d}x+N(x,y)\mathrm{d}y$$
$$=\int_\alpha^\beta [M(x(t),y(t))x'(t)+N(x(t),y(t))y'(t)]\mathrm{d}t。$$

(2) 若平面曲线 L 由方程 $y=y(x)$ 给出，在 L 的起点处 $x=\alpha$，终点处 $x=\beta$，则可视 x 为参数，其方程可写为：

$$L:\begin{cases} x=x, \\ y=y(x), \end{cases}$$

于是有

$$\int_L \boldsymbol{F}(x,y)\cdot \mathrm{d}\boldsymbol{r}=\int_L M(x,y)\mathrm{d}x+N(x,y)\mathrm{d}y$$
$$=\int_\alpha^\beta [M(x,y(x))+N(x,y(x))y'(x)]\mathrm{d}x。$$

(3) 若平面曲线 L 由方程 $x=x(y)$ 给出，在 L 的起点处 $y=\alpha$，终点处 $y=\beta$，则可视 y 为参数，其方程可写为

$$L:\begin{cases} x=x(y), \\ y=y, \end{cases}$$

于是有

$$\int_L \boldsymbol{F}(x,y)\cdot \mathrm{d}\boldsymbol{r}=\int_L M(x,y)\mathrm{d}x+N(x,y)\mathrm{d}y$$
$$=\int_\alpha^\beta [M(x(y),y)x'(y)+N(x(y),y)]\mathrm{d}y。$$

例 1　计算 $\int_L y\mathrm{d}x+z\mathrm{d}y+x\mathrm{d}z$，其中 L 为从点 $A(2,0,0)$ 到点 $B(3,4,5)$ 再到点 $C(3,4,0)$ 的一条定向折线(如图 10-5 所示)。

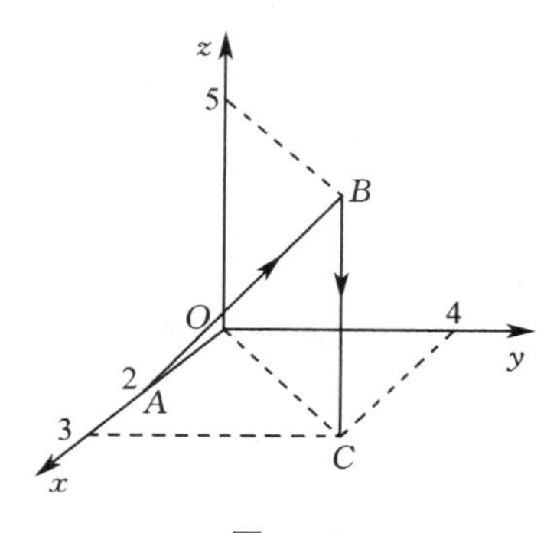

图 10-5

解　由题意可知定向线段 $\overrightarrow{AB}$ 的参数式方程为

$$x=2+t,\quad y=4t,\quad z=5t,\quad t:0\to 1$$

于是

$$\int_{\overrightarrow{AB}} y\,\mathrm{d}x + z\,\mathrm{d}y + x\,\mathrm{d}z = \int_0^1 [4t + (5t)4 + (2+t)5]\,\mathrm{d}t = \int_0^1 (10+29t)\,\mathrm{d}t = \frac{49}{2}。$$

又取定向线段$\overrightarrow{BC}$ 的方程为

$$x = 3,\ y = 4,\ z = 5t,\ t: 1 \to 0,$$

则

$$\int_{\overrightarrow{AB}} y\,\mathrm{d}x + z\,\mathrm{d}y + x\,\mathrm{d}z = \int_1^0 [4\cdot 0 + (5t)\cdot 0 + 3\cdot 5]\,\mathrm{d}t = \int_1^0 15\,\mathrm{d}t = -15,$$

从而

$$\int_L y\,\mathrm{d}x + z\,\mathrm{d}y + x\,\mathrm{d}z = \frac{49}{2} - 15 = \frac{19}{2}。$$

例 2　计算曲线积分 $H = \int 2xy\,\mathrm{d}x + x^2\,\mathrm{d}y$，其中曲线 L 的起点是 $O(0,0)$，终点是 $A(1,1)$，假定 L 是

(1) 直线 $y = x$；　(2) 抛物线 $y = x^2$；　(3) 抛物线 $x = y^2$；

(4) 折线 OEA，由 $(0,0)$ 沿直线到 $E(1,0)$，再沿直线到 $A(1,1)$。

解　如图 10-6 所示。

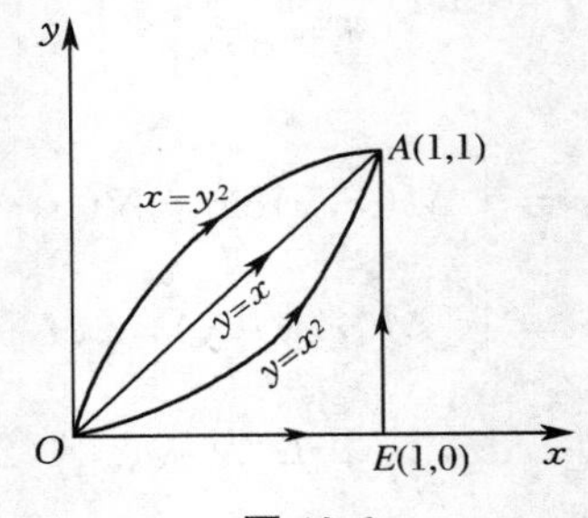

图 10-6

(1) $H = \int_0^1 2x\cdot x\,\mathrm{d}x + x^2\,\mathrm{d}x = \int_0^1 3x^2\,\mathrm{d}x = 1$；

(2) $H = \int_0^1 2x\cdot x^2\,\mathrm{d}x + x^2\,\mathrm{d}x = \int_0^1 4x^3\,\mathrm{d}x = 1$；

(3) $H = \int_0^1 2y^2 y\,\mathrm{d}y^2 + (y^2)^2\,\mathrm{d}y = \int_0^1 5y^4\,\mathrm{d}y = 1$；

(4) $H = \int_{\overrightarrow{OE}} 2xy\,\mathrm{d}x + x^2\,\mathrm{d}y + \int_{\overrightarrow{EA}} 2xy\,\mathrm{d}x + x^2\,\mathrm{d}y$

$= \int_0^1 2x\cdot 0\,\mathrm{d}x + 0 + \int_0^1 (0+1)^2\,\mathrm{d}y = 1$。

例 3　计算曲线积分 $G = \int_L xy\,\mathrm{d}x + (y-x)\,\mathrm{d}y$，其中积分路径 L 与例 2 相同。

解　(1) $G = \int_0^1 x\cdot x\,\mathrm{d}x + (x-x)\,\mathrm{d}x = \int_0^1 x^2\,\mathrm{d}x = \frac{1}{3}$；

(2) $G = \int_0^1 x\cdot x^2\,\mathrm{d}x + (x^2-x)\,\mathrm{d}x^2 = \int_0^1 (3x^2 - 2x^2)\,\mathrm{d}x = \frac{1}{12}$；

(3) $G=\int_0^1 y^2\cdot y\mathrm{d}y^2+(y-y^2)\mathrm{d}y=\int_0^1(2y^4+y-y^4)\mathrm{d}y=\dfrac{17}{30}$;

(4) $G=\int_{\overrightarrow{OE}}xy\mathrm{d}x+(y-x)\mathrm{d}y+\int_{\overrightarrow{EA}}xy\mathrm{d}x+(y-x)\mathrm{d}y$

$=\int_0^1 x\cdot 0\mathrm{d}x+0+\int_0^1+(y-1)\mathrm{d}y=-\dfrac{1}{2}$。

注意　例 2 中线积分的值与连接起点和终点的各条路径的选取无关,而例 3 中线积分的值随路径的不同而不同,在下一节中我们将专门讨论在怎样的条件下线积分是与路径无关的。

习题 10.2

计算下列对坐标轴的曲线积分。

1. $\oint_L xy\mathrm{d}y$,其中,L 为圆周上$(x-a)^2+y^2=a^2(a>0)$及 x 轴所围成的在第一象限的区域的整个边界(按逆时针方向绕行);
2. $\int_L x^2\mathrm{d}x+z\mathrm{d}y-y\mathrm{d}z$,其中 L 为曲线 $x=k\theta, y=a\cos\theta, z=a\sin\theta$ 上对应 θ 从 0 到 π 的一段弧;
3. $\int_L(x^2-2xy)\mathrm{d}x+(y^2-2xy)\mathrm{d}y$,其中 L 是抛物线 $y=x^2$ 上从点$(-1,1)$到$(1,1)$的一段弧;
4. $\int_L(x-y^2)\mathrm{d}x+2xy\mathrm{d}y$,其中 L 是从点 $O(0,0)$ 到 $A(1,0,)$ 再到 $B(1,1)$ 的折线段;
5. $\int_L y^2\mathrm{d}x+xy\mathrm{d}y+xz\mathrm{d}z$,其中 L 是从点 $O(0,0,0)$ 到 $A(1,0,0)$ 再到 $B(1,1,0)$ 最后到 $C(1,1,1)$ 的折线段。

10.3　格林公式

平面上的第二型曲线积分与平面区域上的二重积分是两个完全不同的概念,但英国数学家格林在 1825 年建立了平面区域上的二重积分与沿这个区域边界的第二型曲线积分之间的联系,得出了著名的格林公式。格林公式揭示了定向曲线积分与积分路径无关的条件,在积分理论的发展中起了很大的作用。

10.3.1　格林公式

在讨论格林公式时,需要用到平面连通域的概念,为此首先介绍平面单连通域的概念。

设 D 是一平面区域,若 D 内任一闭曲线所围的区域都属于 D,则称 D 为平面单连通域,否则称为复连通域。通俗地说,单连通域就是没有"洞"(包括点"洞")的区域,复连通域是有"洞"(包括点"洞")的区域。如图 10-7 中,(a)(b) 为单连通域,(c)(d) 为复连通域。

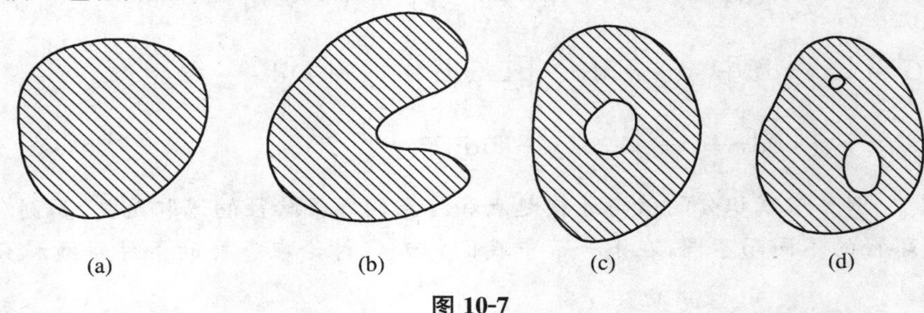

图 10-7

对平面区域 D,规定其边界曲线 L 的正向如下:当人沿 L 的某个方向前进时,L 所围区域D总在他的左侧,称此行进的方向为L的正方向,否则,为L的反方向。若D是单连通域,则 L 的正向为逆时针方向;若 D 是复连通域,D 的边界曲线由 $L_{外}$ 及 $L_{内}$ 所组成,则 $L_{外}$ 的正向为逆时针方向,$L_{内}$ 的方向为顺时针方向(如图 10-8 所示)。

图 10-8

定理 10.1 设平面区域D的边界是分段光滑曲线L,函数$M(x,y)$,$N(x,y)$在D上具有一阶连续偏导数,则有

$$\oint_L M\mathrm{d}x + N\mathrm{d}y = \iint_D \left(\frac{\partial N}{\partial x} - \frac{\partial M}{\partial y}\right)\mathrm{d}x\mathrm{d}y,$$

其中,L 是 D 的取正向的边界曲线。此公式称为**格林公式**。

证 假定区域D是x-型区域,即穿过D的内部且平行于y轴的直线与D的边界曲线的交点不多于两点(如图 10-9)。

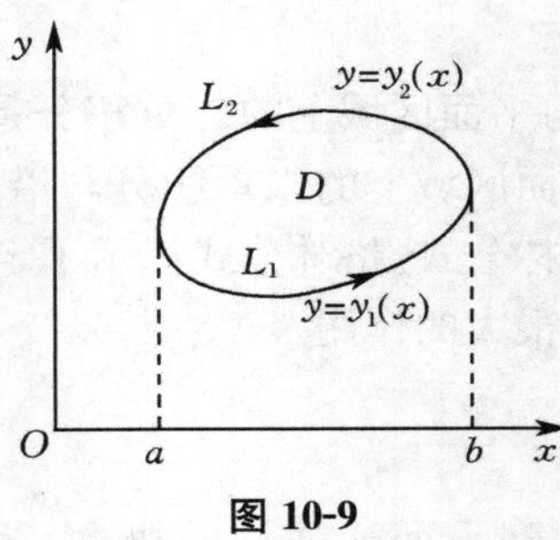

图 10-9

则 D 可以表示为:

$$D:\begin{cases} a \leqslant x \leqslant b, \\ y_1(x) \leqslant y \leqslant y_2(x), \end{cases}$$

于是

$$\iint_D \frac{\partial M}{\partial y}\mathrm{d}x\mathrm{d}y = \int_a^b \mathrm{d}x\int_{y_1(x)}^{y_2(x)} \frac{\partial M}{\partial y}\mathrm{d}y = \int_a^b [M(x,y_2(x)) - M(x,y_1(x))]\mathrm{d}x,$$

而

$$\begin{aligned}\oint_L M(x,y)\mathrm{d}x &= \int_{L_1} M(x,y)\mathrm{d}x + \int_{L_2} M(x,y)\mathrm{d}x \\ &= \int_a^b M(x,y_1(x))\mathrm{d}x + \int_b^a M(x,y_2(x))\mathrm{d}x \\ &= -\int_a^b [M(x,y_2(x)) - M(x,y_1(x))]\mathrm{d}x。\end{aligned}$$

则

$$\oint_L M\mathrm{d}x = -\iint_D \frac{\partial M}{\partial y}\mathrm{d}x\mathrm{d}y。$$

同理可证

$$\oint_L N\mathrm{d}y = \iint_D \frac{\partial N}{\partial x}\mathrm{d}x\mathrm{d}y。$$

两式相加即得

$$\oint_L M\mathrm{d}x + N\mathrm{d}y = \iint_D \left(\frac{\partial N}{\partial x} - \frac{\partial M}{\partial y}\right)\mathrm{d}x\mathrm{d}y。$$

若区域D不是x-型区域，包括D是复连通域的情形，则可在D内添加几条辅助线，将D分成有限个x-型区域，比如图 10-10 所示区域D，被分成四个x-型区域，在每个区域上应用格林公式，然后再相加，因曲线积分沿辅助线积分两次，但方向相反，因此在相加时互相抵消，故有

$$\begin{aligned}\iint_D \left(\frac{\partial N}{\partial x} - \frac{\partial M}{\partial y}\right)\mathrm{d}x\mathrm{d}y &= \iint_{D_1} + \iint_{D_2} + \iint_{D_3} + \iint_{D_4} \\ &= \oint_{L_1} M\mathrm{d}x + N\mathrm{d}y + \oint_{L_2} M\mathrm{d}x + N\mathrm{d}y + \oint_{L_3} M\mathrm{d}x + N\mathrm{d}y + \oint_{L_4} M\mathrm{d}x + N\mathrm{d}y \\ &= \oint_L M\mathrm{d}x + N\mathrm{d}y,\end{aligned}$$

可见格林公式仍然成立。

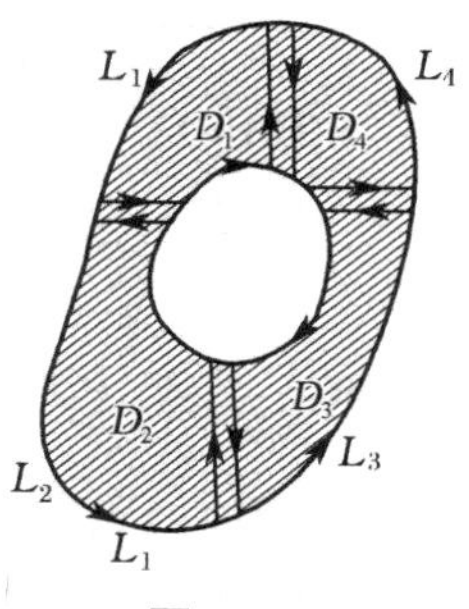

图 10-10

注意　对于复连通域D，格林公式左端应包括沿区域D的内、外全部边界的曲线积

分，且边界的方向对 D 来说都是正向。

通常情况下，可用格林公式将不易计算的曲线积分转化为二重积分计算。

例 1 计算 $\oint_L x^4\mathrm{d}x + xy\mathrm{d}y$，其中 L 是以 $(0,0)$，$(1,0)$，$(0,1)$ 为顶点的三角形区域的正向边界（如图 10-11 所示）。

解 记 L 所围区域为 D，由格林公式得

$$\oint_L x^4\mathrm{d}x + xy\mathrm{d}y = \iint_D (y-0)\mathrm{d}x\mathrm{d}y = \int_0^1 \mathrm{d}x\int_0^{1-x} y\mathrm{d}y$$

$$= \frac{1}{2}\int_0^1 (1-x)^2\mathrm{d}x = \frac{1}{6}。$$

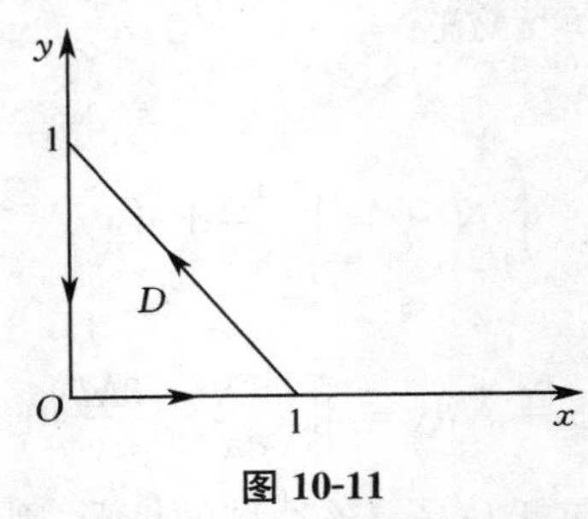

图 10-11

有时，也可将不易计算的二重积分转换成曲线积分来计算。

例 2 计算 $\iint_D \mathrm{e}^{-y^2}\mathrm{d}x\mathrm{d}y$，其中 D 是以 $(0,0)$，$(1,1)$，$(0,1)$ 为顶点的三角形闭区域（如图 10-12 所示）。

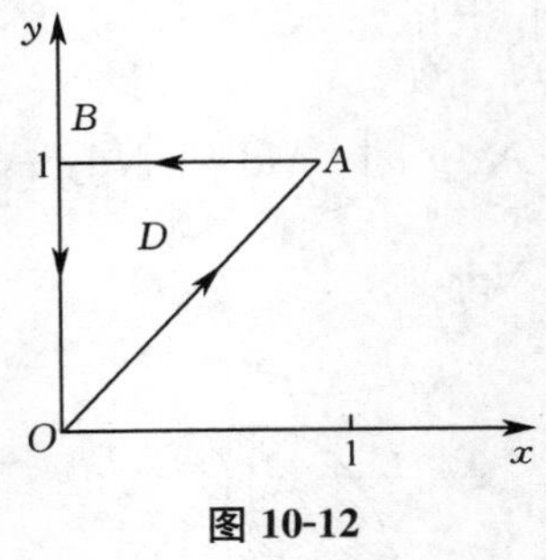

图 10-12

解 记 $M=0, N=x\mathrm{e}^{-y^2}$，则 $\dfrac{\partial N}{\partial x}-\dfrac{\partial M}{\partial y}=\mathrm{e}^{-y^2}$，由格林公式有

$$\iint_D \mathrm{e}^{-y^2}\mathrm{d}x\mathrm{d}y = \oint_{\overrightarrow{OA}+\overrightarrow{AB}+\overrightarrow{BO}} x\mathrm{e}^{-y^2}\mathrm{d}y = \int_{\overrightarrow{OA}} x\mathrm{e}^{-y^2}\mathrm{d}y = \int_0^1 x\mathrm{e}^{-x^2}\mathrm{d}x = \frac{1}{2}\left(1-\frac{1}{\mathrm{e}}\right)。$$

应用格林公式时，必须注意曲线 L 是闭曲线，它与所围区域 D 是**正向联系**。若 L 是所围区域 D 的负向曲线时，可先将 L 反向同时积分反号后再用公式；若 L 不是闭曲线，则可添加辅助曲线将 L 补成闭曲线再用公式。

例 3　计算$\int_L (x^2-2y)\mathrm{d}x+(3x+ye^y)\mathrm{d}y$,其中 L 是由直线 $x+2y=2$ 上从点 $A(2,0)$ 到点 $B(0,1)$ 的一段及圆弧 $x=-\sqrt{1-y^2}$ 上从点 $B(0,1)$ 到点 $C(-1,0)$ 的一段连接而成的定向曲线,如图 10-13 所示。

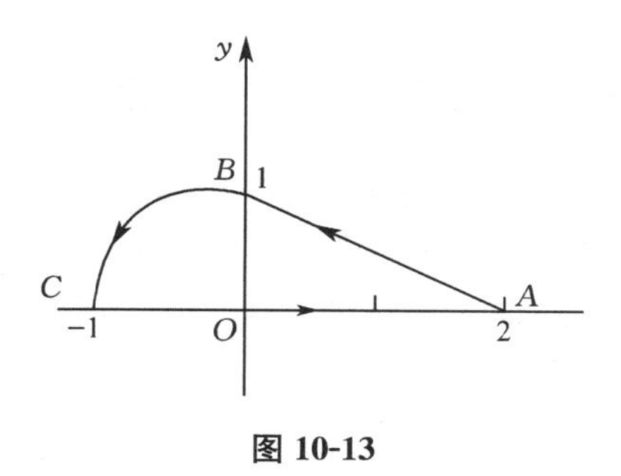

图 10-13

解　若用上一节中的公式计算这一曲线积分,计算量较大,现在用格林公式计算,先作一辅助定向线段$\overrightarrow{CA}$,这样 L 与$\overrightarrow{CA}$ 就构成一定向闭曲线$\Gamma(\Gamma=L+\overrightarrow{CA})$,于是所求积分为:

$$\int_L (x^2-2y)\mathrm{d}x+(3x+ye^y)\mathrm{d}y=\left(\oint_\Gamma-\int_{\overrightarrow{CA}}\right)(x^2-2y)\mathrm{d}x+(3x+ye^y)\mathrm{d}y,$$

记 Γ 所围的区域为 D,运用格林公式得

$$\begin{aligned}\int_\Gamma (x^2-2y)\mathrm{d}x+(3x+ye^y)\mathrm{d}y&=\iint_D[3-(-2)]\mathrm{d}x\mathrm{d}y\\&=5\iint_D\mathrm{d}x\mathrm{d}y=5\cdot(S_{D\text{的面积}})=5\left(\frac{\pi}{4}+1\right)。\end{aligned}$$

而

$$\int_{\overrightarrow{CA}}(x^2-2y)\mathrm{d}x+(3x+ye^y)\mathrm{d}y=\int_{-1}^{2}x^2\mathrm{d}x=3,$$

则

$$\int_L (x^2-2y)\mathrm{d}x+(3x+ye^y)\mathrm{d}y=5\left(\frac{\pi}{4}+1\right)-3=\frac{5\pi}{4}+2。$$

我们知道,平面图形的面积可以用定积分或二重积分来计算,利用格林公式,平面图形的面积有时也可以通过第二型曲线积分来计算。

在格林公式中,令 $M=-y$, $N=x$,则

$$\frac{\partial M}{\partial x}-\frac{\partial M}{\partial y}=2,\oint_L-y\mathrm{d}x+x\mathrm{d}y=2\iint_D\mathrm{d}x\mathrm{d}y=2S_D,$$

其中为 S_D 为闭区域 D 的面积,从而,有面积计算公式

$$S_D=\frac{1}{2}\oint_L-y\mathrm{d}x+x\mathrm{d}y。$$

例 4 求椭圆$\frac{x^2}{a^2}+\frac{y^2}{b^2}=1$所围区域的面积 S_D。

解 椭圆 L 的参数式方程为 $x=a\cos\theta,\ y=b\sin\theta(0\leqslant\theta\leqslant 2\pi)$，故

$$S_D=\frac{1}{2}\oint_L x\mathrm{d}y-y\mathrm{d}x=\frac{1}{2}\int_0^{2\pi}(ab\cos^2\theta+ab\sin^2\theta)\mathrm{d}\theta=\pi ab。$$

10.3.2 平面定向曲线积分与路径无关的条件

从前面例子可以看到，对起点为 A，终点为 B 的第二型曲线积分，有些路径不同，积分结果也不同；有些路径不同，积分结果却相同。若 D 为一平面区域（如图 10-14 所示），函数 $M(x,y),N(x,y)$ 在 D 内连续，如果对于 D 内任意指定两个点 $A(x_A,y_A),B(x_B,y_B)$，以及 D 内从点 A 到点 B 的任意两条曲线，恒有

$$\int_{\widehat{APB}}M\mathrm{d}x+N\mathrm{d}y=\int_{\widehat{AQB}}M\mathrm{d}x+N\mathrm{d}y,$$

则称曲线积分在 D 内**与路径无关**，此时积分通常记为：$\int_{(x_A,y_A)}^{(x_B,y_B)}M\mathrm{d}x+N\mathrm{d}y$。

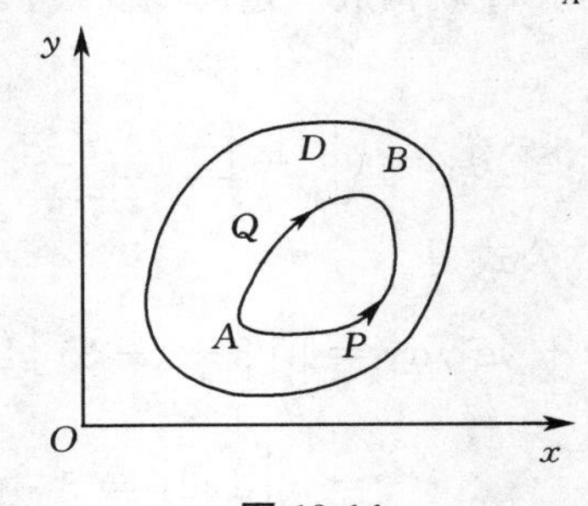

图 10-14

下面我们来研究积分结果与路径无关的条件。

定理 10.2 设 D 是平面上的单连通域，函数 $M(x,y),N(x,y)$ 在 D 内有连续偏导数，则以下三个命题相互等价：

(1) 曲线积分$\int_L M\mathrm{d}x+N\mathrm{d}y$ 在 D 内与路径无关；

(2) 对 D 内任意一条分段光滑的闭曲线 L，有

$$\oint_L M\mathrm{d}x+N\mathrm{d}y=0;$$

(3) $\frac{\partial N}{\partial x}=\frac{\partial M}{\partial y}$ 在 D 每点处都成立。

证 (1) 先证(1)⇔(2)。

由于曲线积分$\int_L M\mathrm{d}x+N\mathrm{d}y$在$D$内与路径无关$\Leftrightarrow\int_{\widehat{APB}}M\mathrm{d}x+N\mathrm{d}y=\int_{\widehat{AQB}}M\mathrm{d}x+N\mathrm{d}y$

$$\Leftrightarrow\int_{\widehat{APB}}M\mathrm{d}x+N\mathrm{d}y-\int_{\widehat{AQB}}M\mathrm{d}x+N\mathrm{d}y=0$$

$$\Leftrightarrow\int_{\overset{\frown}{APB}} M\mathrm{d}x+N\mathrm{d}y+\int_{\overset{\frown}{BQA}} M\mathrm{d}x+N\mathrm{d}y=0$$

$$\Leftrightarrow\int_{\overset{\frown}{APBQA}} M\mathrm{d}x+N\mathrm{d}y=0,$$

此处 A,B 为 D 内任意两点，$\overset{\frown}{APB}$，$\overset{\frown}{AQB}$ 是 D 内任意两条路径。

故(1)$\Leftrightarrow$(2)；

(2) 再证(2)$\Leftrightarrow$(3)。设在 D 内有 $\dfrac{\partial N}{\partial x}=\dfrac{\partial M}{\partial y}$，在 D 内任取一闭曲线 L，记 L 所围区域为 D_1，彼此正向联系，则 $D_1\subset D$。由格林公式有

$$\oint_L M\mathrm{d}x+N\mathrm{d}y=\iint_{D_1}\left(\frac{\partial N}{\partial x}-\frac{\partial M}{\partial y}\right)\mathrm{d}x\mathrm{d}y=0,$$

因此，(3)$\Rightarrow$(2)。现用反证法证(2)$\Rightarrow$(3)。

假设“$\dfrac{\partial N}{\partial x}=\dfrac{\partial M}{\partial y}$ 在 D 内每点处都成立”的结论不成立，则在 D 内至少存在一点 P，使得

$$\left(\frac{\partial N}{\partial x}-\frac{\partial M}{\partial y}\right)_P\neq 0,$$

不妨设 $\left(\dfrac{\partial N}{\partial x}-\dfrac{\partial M}{\partial y}\right)_P=a>0$。由于 $\dfrac{\partial N}{\partial x}$，$\dfrac{\partial M}{\partial y}$ 在 D 内连续，可以在 D 内作一个以 P 为中心，半径 δ 足够小的闭圆域 K，其正向边界曲线为 L_1，使在 K 上有

$$\frac{\partial N}{\partial x}-\frac{\partial M}{\partial y}\geqslant\frac{a}{2}。$$

由格林公式有

$$\oint_{L_1} M\mathrm{d}x+N\mathrm{d}y=\iint_K\left(\frac{\partial N}{\partial x}-\frac{\partial M}{\partial y}\right)\mathrm{d}x\mathrm{d}y\geqslant\frac{a^2}{2}\cdot\pi\delta^2>0。$$

此结果与沿 D 内任意闭曲线积分为零矛盾，从而得证 $\dfrac{\partial N}{\partial x}=\dfrac{\partial M}{\partial y}$ 在 D 内恒成立，即由(2)$\Rightarrow$(3)。因此(2)$\Leftrightarrow$(3)。

综合(1)(2) 可知，(1)$\Leftrightarrow$(2)$\Leftrightarrow$(3)。

例 5　证明下列曲线积分在整个 xOy 面内与路径无关，并计算积分值：

$$\int_{(1,1)}^{(2,3)}(x+y)\mathrm{d}x+(x-y)\mathrm{d}y。$$

解　函数 $P=x+y$，$Q=x-y$ 在整个 xOy 面这个单连通区域内，具有一阶连续偏导数，且 $\dfrac{\partial Q}{\partial x}=1=\dfrac{\partial P}{\partial y}$，故曲线积分在 xOy 面内与路径无关，取折线积分路径 $\overrightarrow{MRN}$（如图 10-15 所示），其中 M 点坐标为(1,1)，R 点坐标为(2,1)，N 点坐标为(2,3)，则有

$$原式=\int_1^2(x+1)\mathrm{d}x+\int_1^3(2-y)\mathrm{d}y=\frac{5}{2}+0=\frac{5}{2}。$$

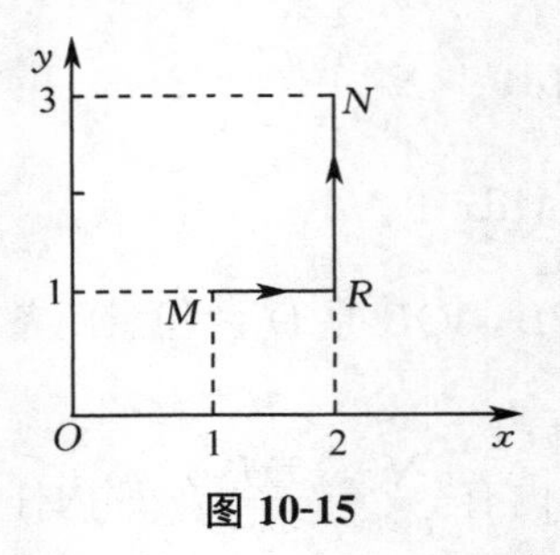

图 10-15

例 6 计算$\int_L (x^2-y)\mathrm{d}x-(x+\sin^2 y)\mathrm{d}y$,其中$L$是上半圆周$(x-1)^2+y^2=1(y\geqslant 0)$上从$O(0,0)$到$A(1,1)$的弧段(如图 10-16 所示)。

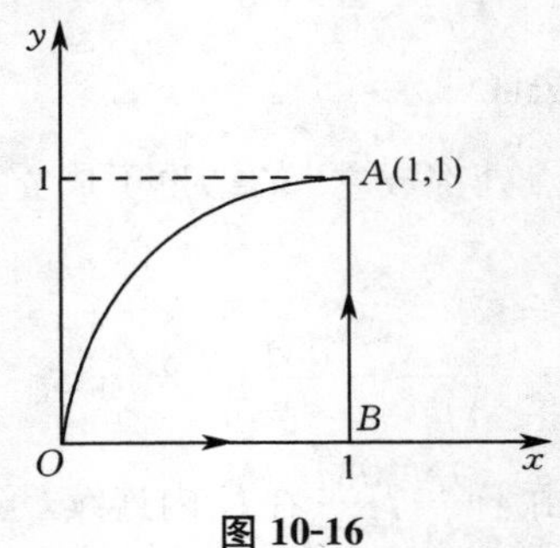

图 10-16

解 记$M=x^2-y,N=-(x+\sin^2 y)$,则有

$$\frac{\partial N}{\partial x}=\frac{\partial M}{\partial y}=-1,$$

故此积分在xOy面上与路径无关,于是可将积分路径取为平行于坐标轴的折线路径$\overrightarrow{OB}+\overrightarrow{BA}$,其中点$B$为$(1,0)$,故

$$\begin{aligned}
&\int_L (x^2-y)\mathrm{d}x-(x+\sin^2 y)\mathrm{d}y\\
&=\int_{\overrightarrow{OB}}(x^2-y)\mathrm{d}x-(x+\sin^2 y)\mathrm{d}y+\int_{\overrightarrow{BA}}(x^2-y)\mathrm{d}x-(x+\sin^2 y)\mathrm{d}y\\
&=\int_0^1 x^2\mathrm{d}x+\int_0^1-(1+\sin^2 y)\mathrm{d}y\\
&=\frac{1}{3}x^3\Big|_0^1-\left(y+\frac{1}{2}y-\frac{1}{4}\sin 2y\right)\Big|_0^1=\frac{\sin 2}{4}-\frac{7}{6}。
\end{aligned}$$

习题 10.3

1. 计算下列曲线积分,并验证格林公式的正确性。

(1) $\oint_L (2xy-x^2)\mathrm{d}x+(x+y^2)\mathrm{d}y$,其中$L$是由抛物线$y=x^2$和$y^2=x$所围成的区域的正向边界曲线;

(2) $\oint_L (x^2 - xy^2)\mathrm{d}x + (y^2 - 2xy)\mathrm{d}y$，其中 L 是四个顶点分别为 $(0,0)$，$(2,0)$，$(2,2)$，$(0,2)$ 的正方形区域的正向边界。

2. 证明下列曲线积分在整个 xOy 面内与路径无关，并计算积分值。

(1) $\int_{(1,2)}^{(3,4)} (6xy^2 + y^3)\mathrm{d}x + (6x^2y - 3xy^2)\mathrm{d}x$；

(2) $\int_{(1,0)}^{(2,1)} (2xy - y^4 + 3)\mathrm{d}x + (x^2 - 4xy^3)\mathrm{d}y$。

3. 利用格林公式，计算下列曲线积分。

(1) $\oint_L (2x - y + 4)\mathrm{d}x + (5y + 3x - 6)\mathrm{d}y$，其中 L 为三顶点分别为 $(0,0)$，$(3,0)$，$(3,2)$ 的三角形正向边界；

(2) $\oint_L (x^2 y\cos x + 2xy\sin x - y^2 \mathrm{e}^x)\mathrm{d}x + (x^2 \sin x - 2y\mathrm{e}^x)\mathrm{d}y$，其中 L 为正向星形线 $x^{\frac{2}{3}} + y^{\frac{2}{3}} = a^{\frac{2}{3}} (a > 0)$；

(3) $\int_L (2xy^3 - y^2\cos x)\mathrm{d}x + (1 - 2y\sin x + 3x^2y^2)\mathrm{d}y$，其中 L 为在抛物线 $2x = \pi y^2$ 上由点 $(0,0)$ 到点 $\left(\frac{\pi}{2}, 1\right)$ 的一段弧；

(4) $\int_L (x^2 - y)\mathrm{d}x + (x + \sin^2 y)\mathrm{d}y$，其中 L 是在圆周 $y = \sqrt{2x - x^2}$ 上由 $(0,0)$ 到点 $(1,1)$ 的一段弧。

10.4* 第一型曲面积分

10.4.1 第一型曲面积分的概念

引例　设有物质分布在光滑曲面 S 上，在 S 上点 (x,y,z) 处的面密度为 $\rho = f(x,y,z)$，它在 S 上连续，求曲面 S 的质量 M。

以任意的方式将 S 分为 n 小块：$\Delta S_1, \Delta S_2, \cdots, \Delta S_n$，用 ΔS_i 表示第 $i (i = 1, 2, \cdots, n)$ 块的面积，在 ΔS_i 上任取一点 (ξ_i, η_i, ζ_i)，当 ΔS_i 很小时，第 i 块的质量的近似值为

$$\Delta M_i \approx f(\xi_i, \eta_i, \zeta_i)\Delta S_i,$$

用 d 表示 n 小块曲面的直径的最大值，则当 $d \to 0$ 时，上式和式的极限值就是曲面 S 的质量，即

$$M = \lim_{d \to 0} \sum_{i=1}^{n} f(\xi_i, \eta_i, \zeta_i)\Delta S_i。$$

这种和式的极限，在很多物理问题及生产实践中都会遇到，撇开其实际意义，引入第一型曲面积分的概念。

定义 10.3　设S是空间一块光滑曲面，函数$f(x,y,z)$是S上的有界函数，以任意的方式将S分为n小块：$\Delta S_1,\Delta S_2,\cdots,\Delta S_n$，用$\Delta S_i$表示第$i(i=1,2,\cdots,n)$块的面积，用$d$表示$n$小块曲面的直径的最大值，在$\Delta S_i$上任取一点$(\xi_i,\eta_i,\zeta_i)$，作和式

$$\sum_{i=1}^{n} f(\xi_i,\eta_i,\zeta_i)\Delta S_i,$$

若无论S如何划分和点(ξ_i,η_i,ζ_i)如何选取，当$d\to 0$时，上式和式都有同一极限值，则称此极限值为函数$f(x,y,z)$沿曲面S的**第一型曲面积分**（或**对面积的曲面积分**），记作$\iint\limits_S f(x,y,z)\mathrm{d}S$，即

$$\iint\limits_S f(x,y,z)\mathrm{d}S=\lim_{d\to 0}\sum_{i=1}^{n} f(\xi_i,\eta_i,\zeta_i)\Delta S_i,$$

其中$f(x,y,z)$称为**被积函数**，S称为**积分曲面**。

若S为封闭曲面，则函数$f(x,y,z)$沿曲面S的第一型曲面积分常记作$\oiint\limits_S f(x,y,z)\mathrm{d}S$。

根据定义，当$f(x,y,z)$为曲面S的面密度时，则曲面S的质量M为

$$M=\iint\limits_S f(x,y,z)\mathrm{d}S。$$

当$f(x,y,z)=1$时，有

$$S=\iint\limits_S \mathrm{d}S,$$

即积分$\iint\limits_S \mathrm{d}S$的值等于积分曲面$S$的面积。

若S是xOy面上的有界闭区域，则$\iint\limits_S f(x,y)\mathrm{d}S$就是一个二重积分，可见二重积分是第一型曲面积分的特殊情况，二重积分所有的性质都可推广到第一型曲面积分。

10.4.2　第一型曲面积分的计算

通常将第一型曲面积分$\iint\limits_S f(x,y,z)\mathrm{d}S$转化为二重积分计算。若曲面$S$由方程$z=z(x,y)$给出，$S$在$xOy$面上的投影区域为$D_{xy}$，$z(x,y)$在$D_{xy}$上有连续偏导数，那么曲面的面积元素为

$$\mathrm{d}S=\sqrt{1+z_x^2+z_y^2}\,\mathrm{d}x\mathrm{d}y。$$

当$f(x,y,z)$在S上连续时，则第一型曲面积分可以转化为下面的二重积分

$$\iint\limits_S f(x,y,z)\mathrm{d}S=\iint\limits_{D_{xy}} f(x,y,z(x,y))\sqrt{1+z_x^2+z_y^2}\,\mathrm{d}x\mathrm{d}y。$$

类似地，若曲面S由方程$x=x(y,z)$或$y=y(x,z)$给出，则第一型曲面积分可以转

化为

$$\iint_S f(x,y,z)\mathrm{d}S = \iint_{D_{yz}} f(x(y,z),y,z)\sqrt{1+x_y^2+x_z^2}\,\mathrm{d}y\mathrm{d}z$$

或

$$\iint_S f(x,y,z)\mathrm{d}S = \iint_{D_{zx}} f(x,y(x,z),z)\sqrt{1+y_x^2+y_z^2}\,\mathrm{d}x\mathrm{d}z,$$

其中，D_{yz}，D_{zx} 分别是 S 在 yOz 面和 xOz 面上的投影区域。

例 1　求 $I=\iint_S z^2\mathrm{d}S$，S 是锥面 $z^2=x^2+y^2$ 介于平面 $z=1$ 与 $z=2$ 之间的部分。

解　S 在 xOy 面上的投影是圆环域 D_{xy}：$1\leqslant x^2+y^2\leqslant 4$，且

$$S: z=\sqrt{x^2+y^2},\ z_x=\frac{x}{\sqrt{x^2+y^2}},\ z_y=\frac{y}{\sqrt{x^2+y^2}},$$

则

$$\mathrm{d}S=\sqrt{1+z_x^2+z_y^2}\,\mathrm{d}x\mathrm{d}y=\sqrt{2}\,\mathrm{d}x\mathrm{d}y,$$

因此

$$I=\iint_{D_{xy}}(x^2+y^2)\sqrt{2}\,\mathrm{d}x\mathrm{d}y,$$

利用极坐标计算，得

$$I=\sqrt{2}\int_0^{2\pi}\mathrm{d}\theta\int_1^2 r^3\mathrm{d}r=\frac{15\sqrt{2}\pi}{2}。$$

习题 10.4

计算下列曲面积分。

1. $\iint_S xyz\mathrm{d}S$，其中 S 是平面 $x+y+z=1$ 在第一卦限的部分；
2. $\iint_S (x^2+y^2+z^2)\mathrm{d}S$，其中 S 是球面 $x^2+y^2+z^2=R^2$；
3. $\iint_\Sigma \left(z+2x+\frac{4}{3}y\right)\mathrm{d}S$，其中 Σ 为平面 $\frac{x}{2}+\frac{y}{3}+\frac{z}{4}=1$ 在第一卦限中的部分；
4. $\iint_\Sigma (2xy-2x^2-x+z)\mathrm{d}S$，其中 Σ 为平面 $2x+2y+z=6$ 在第一卦限中的部分。

10.5*　第二型曲面积分

10.5.1　第二型曲面积分的概念

如同第二型曲线积分与曲线定向有关，本节讨论的第二型曲面积分与曲面的定向也

有关,故首先介绍曲面的定向(或定侧)的概念。

通常我们遇到的空间曲面都是双侧的,例如将 xOy 面置于水平位置时,由方程表示的曲面有上侧与下侧之分;又如一张包围空间有界区域的闭曲面有外侧与内侧之分。通俗地讲,双侧曲面的特点是,置于曲面上的一只小虫若要爬到它所在位置的背面,则它必须越过曲面的边界线。本节我们总假定所研究的曲面是双侧的。

我们用曲面上法矢量的指向来定出曲面的侧,例如光滑曲面 S 由方程 $z = z(x,y)$ 给出时,若记曲面 S 上点 $(x,y,z(x,y))$ 处的单位法矢量为

$$\boldsymbol{n}^o = \frac{1}{\sqrt{1+z_x^2+z_y^2}}\{-z_x, -z_y, 1\},$$

其方向余弦为

$$\cos\alpha = \frac{-z_x}{\sqrt{1+z_x^2+z_y^2}},\ \cos\beta = \frac{-z_y}{\sqrt{1+z_x^2+z_y^2}},\ \cos\gamma = \frac{-z_x}{\sqrt{1+z_x^2+z_y^2}} > 0,$$

则有 $0 < \gamma < \frac{\pi}{2}$,从而 $\boldsymbol{n}^o$ 的指向朝上,我们就认为曲面 S 是取定的上侧。

反之,若曲面 S 上点 $(x,y,z(x,y))$ 处的单位法矢量为

$$\boldsymbol{n}^o = \frac{1}{\sqrt{1+z_x^2+z_y^2}}\{z_x, z_y, -1\},$$

则有 $\cos\gamma = \frac{-1}{\sqrt{1+z_x^2+z_y^2}} < 0, \frac{\pi}{2} < \gamma < \pi, \boldsymbol{n}^o$ 指向朝下,我们就认为曲面 S 是取定的下侧。

若 S 是包围空间区域 Ω 的闭曲面,当其上每点的法矢量 $\boldsymbol{n}$ 指向 Ω 外部时,我们认定曲面 S 是取定的外侧;当其上每点的法矢量 $\boldsymbol{n}$ 指向 Ω 内部时,则认定曲面 S 是取定的内侧。

这种取定了曲面法矢量亦即选定了"侧"的曲面称为**有向曲面**。

下面用求流体穿过定向曲面的流量作为例子,引入第二型曲面积分的概念。

设空间有某种稳定流动(与时间无关)的不可压缩的流体(假定密度为 1)在点 (x,y,z) 处的流速为

$$\boldsymbol{v}(x,y,z) = M(x,y,z)\boldsymbol{i} + N(x,y,z)\boldsymbol{j} + P(x,y,z)\boldsymbol{k},$$

其中 $M(x,y,z), N(x,y,z), P(x,y,z)$ 为连续函数,S 为一光滑的有向曲面,单位时间内流过曲面 S 的流体的质量叫**流量**,记为 Φ,现问 Φ 如何计算?

若 S 是一块平面区域,其面积仍记为 S,$\boldsymbol{n}^o$ 为 S 的单位法矢量,流体在 S 上各点处的流速为常矢量 $\boldsymbol{v}$,则在单位时间内流过 S 的流体为以 S 为底,$|\boldsymbol{v}|$ 为斜高的斜柱体的体积(如图 10-17),即

$$\Phi = S|\boldsymbol{v}|\cos(\widehat{\boldsymbol{n}^o,\boldsymbol{v}}) = \boldsymbol{v}\cdot\boldsymbol{n}^o S = \boldsymbol{v}\cdot\boldsymbol{S},$$

其中,$\boldsymbol{S} = \boldsymbol{n}^o S$。

若 S 是一般的空间有向曲面,流体在 S 上各点处的流速 v 随点的不同而变化,求流体在单位时间内流过有向曲面 S 的流量 Φ。

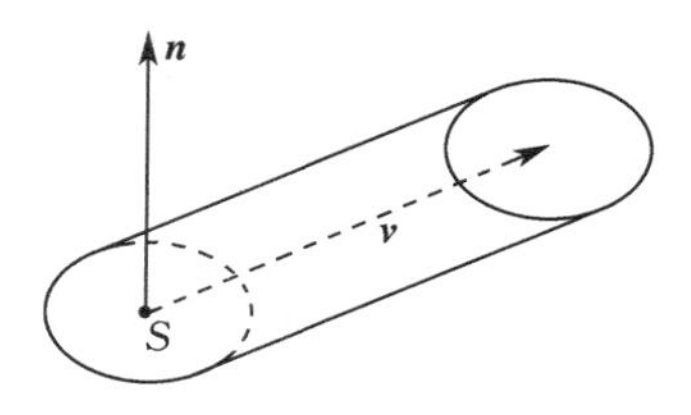

图 10-17

以任意的方式将 S 分为 n 小块：$\Delta S_1,\Delta S_2,\cdots,\Delta S_n$，用 ΔS_i 表示第 $i(i=1,2,\cdots,n)$ 块的面积，只要 ΔS_i 的直径足够小，则可用 ΔS_i 上任意一点 (ξ_i,η_i,ζ_i) 处的流速

$$\boldsymbol{v}_i=\boldsymbol{v}(\xi_i,\eta_i,\zeta_i)=M(\xi_i,\eta_i,\zeta_i)\boldsymbol{i}+N(\xi_i,\eta_i,\zeta_i)\boldsymbol{j}+P(\xi_i,\eta_i,\zeta_i)\boldsymbol{k},$$

近似代替 ΔS_i 上各点处的流速，以点 (ξ_i,η_i,ζ_i) 处曲面 S 的单位法矢量

$$\boldsymbol{n}_i^o=\cos\alpha_i\boldsymbol{i}+\cos\beta_i\boldsymbol{j}+\cos\gamma_i\boldsymbol{k},$$

近似代替 ΔS_i 上各点处的单位法矢量，可得流体在单位时间内通过有向曲面 ΔS_i 的流量 $\Delta\Phi_i$ 的近似值为

$$\Delta\Phi_i\approx\boldsymbol{v}_i\cdot\boldsymbol{n}_i^o\Delta S_i=\boldsymbol{v}_i\cdot\Delta\boldsymbol{S}_i(i=1,2,\cdots,n),$$

其中 $\Delta\boldsymbol{S}_i=\boldsymbol{n}^o\Delta S_i$。因此流体在单位时间内流过有向曲面 S 的流量 Φ 的近似值为

$$\Phi\approx\sum_{i=1}^{n}\boldsymbol{v}_i\cdot\boldsymbol{n}_i^o\Delta S_i=\sum_{i=1}^{n}\boldsymbol{v}_i\cdot\Delta\boldsymbol{S}_i$$

用 d 表示所有小块曲面的直径的最大值，则当 $d\to0$ 时，上式和式的极限值就是单位时间内流过有向曲面 S 的流体的流量 Φ，即

$$\Phi=\lim_{d\to0}\sum_{i=1}^{n}\boldsymbol{v}_i\cdot\boldsymbol{n}_i^o\Delta S_i=\lim_{d\to0}\sum_{i=1}^{n}\boldsymbol{v}_i\cdot\Delta\boldsymbol{S}_i。$$

上述和式的极限在很多实际问题中都会遇到，撇开其物理含义，便得到第二型曲面积分的定义。

定义 10.4　设 S 为光滑有向曲面，其上点 (x,y,z) 处的单位法矢量为 $\boldsymbol{n}^o(x,y,z)$，矢量函数

$$\boldsymbol{F}(x,y,z)=M(x,y,z)\boldsymbol{i}+N(x,y,z)\boldsymbol{j}+P(x,y,z)\boldsymbol{k}$$

的各分量在 S 上有界，把 S 任意分成 n 小片 $\Delta S_1,\Delta S_2,\cdots,\Delta S_n$，用 ΔS_i 表示第 i 个小片的面积，在 ΔS_i 上任取一点 (ξ_i,η_i,ζ_i)，用 d 表示所有小片曲面的直径的最大值，若

$$\lim_{d\to0}\sum_{i=1}^{n}\boldsymbol{F}(\xi_i,\eta_i,\zeta_i)\cdot\boldsymbol{n}^o(\xi_i,\eta_i,\zeta_i)\Delta S_i$$

存在，则称此极限为矢量函数沿有向曲面的**第二型曲面积分**，记作 $\iint\limits_S\boldsymbol{F}(x,y,z)\cdot\boldsymbol{n}^o\mathrm{d}S$，即

$$\iint\limits_S\boldsymbol{F}(x,y,z)\cdot\boldsymbol{n}^o\mathrm{d}S=\lim_{d\to0}\sum_{i=1}^{n}\boldsymbol{F}(\xi_i,\eta_i,\zeta_i)\cdot\boldsymbol{n}^o(\xi_i,\eta_i,\zeta_i)\Delta S_i。\tag{1}$$

若设

$$\boldsymbol{F}(x,y,z)=M(x,y,z)\boldsymbol{i}+N(x,y,z)\boldsymbol{j}+P(x,y,z)\boldsymbol{k},$$

又设有向曲面 S 在其上点 (x,y,z) 处的单位法矢量为

$$\boldsymbol{n}^{o}(x,y,z)=\cos\alpha_i\boldsymbol{i}+\cos\beta_i\boldsymbol{j}+\cos\gamma_i\boldsymbol{k},$$

其中 $\alpha_i,\beta_i,\gamma_i$ 皆为 x,y,z 的函数，于是曲面积分 $\iint\limits_S \boldsymbol{F}(x,y,z)\cdot\boldsymbol{n}^{o}\mathrm{d}S$ 又可以写成

$$\iint\limits_S[M(x,y,z)\cos\alpha+N(x,y,z)\cos\beta+P(x,y,z)\cos\gamma]\mathrm{d}S,\tag{2}$$

记

$$\cos\alpha\mathrm{d}S=\mathrm{d}y\mathrm{d}z,\ \cos\beta\mathrm{d}S=\mathrm{d}z\mathrm{d}x,\ \cos\gamma\mathrm{d}S=\mathrm{d}x\mathrm{d}y,$$

其中 $\mathrm{d}x\mathrm{d}y$ 是有向曲面 $\mathrm{d}S$ 在 xOy 面上的有向投影，其绝对值为投影区域的面积。当 $\cos\gamma>0$ 时，它取正值；当 $\cos\gamma<0$ 时，它取负值；当 $\cos\gamma=0$ 时，它取值为零。同样 $\mathrm{d}y\mathrm{d}z$，$\mathrm{d}z\mathrm{d}x$ 在此分别是有向曲面 $\mathrm{d}S$ 在 yOz 面和 zOx 面上的有向投影。于是曲面积分 $\iint\limits_S \boldsymbol{F}(x,y,z)\cdot\boldsymbol{n}^{o}\mathrm{d}S$ 又可写成

$$\iint\limits_S M(x,y,z)\mathrm{d}y\mathrm{d}z+N(x,y,z)\mathrm{d}z\mathrm{d}x+P(x,y,z)\mathrm{d}x\mathrm{d}y\tag{3}$$

或

$$\iint\limits_S M(x,y,z)\mathrm{d}y\mathrm{d}z+\iint\limits_S N(x,y,z)\mathrm{d}z\mathrm{d}x+\iint\limits_S P(x,y,z)\mathrm{d}x\mathrm{d}y。\tag{4}$$

第二型曲面积分习惯上用(3) 式来表达。

我们把 $\mathrm{d}S$ 称为**定向曲面元素**，第二型曲面积分又称为**对坐标的曲面积分**。积分号下的 S 称为**定向积分曲面**，$M(x,y,z)\mathrm{d}y\mathrm{d}z+N(x,y,z)\mathrm{d}z\mathrm{d}x+P(x,y,z)\mathrm{d}x\mathrm{d}y$ 称为**被积表达式**。

若 S 是封闭曲面，则可采用形如 $\oiint\limits_S$ 的积分号。

当 $\boldsymbol{F}(x,y,z)$ 在分片光滑的定向曲面 S 上连续时，积分 $\iint\limits_S \boldsymbol{F}(x,y,z)\cdot\boldsymbol{n}^{o}\mathrm{d}S$ 存在。

注意 在第二型曲面积分中 $\mathrm{d}x\mathrm{d}y,\mathrm{d}y\mathrm{d}z,\mathrm{d}z\mathrm{d}x$ 是有向曲面 $\mathrm{d}S$ 在各坐标面上的有向投影，其值可正，可负也可能为零，它们取决于曲面 S 的法矢量的方向余弦 $\cos\alpha,\cos\beta,\cos\gamma$ 的符号。

10.5.2 第二型曲面积分的性质

性质 10.9

$$\iint\limits_S[k_1\boldsymbol{F}(x,y,z)+k_2\boldsymbol{G}(x,y,z)]\cdot\boldsymbol{n}^{o}\mathrm{d}S=k_1\iint\limits_S\boldsymbol{F}(x,y,z)\cdot\boldsymbol{n}^{o}\mathrm{d}S+k_2\iint\limits_S\boldsymbol{G}(x,y,z)\cdot\boldsymbol{n}^{o}\mathrm{d}S。$$

其中 k_1,k_2 为常数。

性质 10.10 若有向曲面 S 可分成 S_1 和 S_2 两部分，则

$$\iint\limits_S\boldsymbol{F}(x,y,z)\cdot\boldsymbol{n}^{o}\mathrm{d}S=\iint\limits_{S_1}\boldsymbol{F}(x,y,z)\cdot\boldsymbol{n}^{o}\mathrm{d}S+\iint\limits_{S_2}\boldsymbol{F}(x,y,z)\cdot\boldsymbol{n}^{o}\mathrm{d}S。$$

性质 10.11 设 S 为有向曲面，$-S$ 为与 S 取相反一侧的有向曲面，则

$$\iint\limits_{-S}\boldsymbol{F}(x,y,z)\cdot\boldsymbol{n}^{o}\mathrm{d}S=-\iint\limits_{S}\boldsymbol{F}(x,y,z)\cdot\boldsymbol{n}^{o}\mathrm{d}S。$$

10.5.3　第二型曲面积分的计算

第二型曲面积分可化为二重积分来计算。

因

$$\iint\limits_{S}M\mathrm{d}y\mathrm{d}z+N\mathrm{d}z\mathrm{d}x+P\mathrm{d}x\mathrm{d}y=\iint\limits_{S}M\mathrm{d}y\mathrm{d}z+\iint\limits_{S}N\mathrm{d}z\mathrm{d}x+\iint\limits_{S}P\mathrm{d}x\mathrm{d}y。$$

首先考虑曲面积分$\iint\limits_{S}P(x,y,z)\mathrm{d}x\mathrm{d}y$。设曲面 S 由方程 $z=z(x,y)$ 给出，它在 xOy 面上的投影为 D_{xy}（如图 10-18 所示），函数 $z=z(x,y)$ 在 D_{xy} 上有一阶连续偏导数，$P(x,y,z)$ 在 S 上连续，记 $\mathrm{d}\sigma$ 为曲面 S 上小块面积 $\mathrm{d}S$ 在 xOy 上的投影面积，则

$$|\cos\gamma|\mathrm{d}S=\mathrm{d}\sigma,$$

其中 γ 是 $\mathrm{d}S$ 在点 (x,y,z) 处的法矢量与 z 轴正向的夹角，当 S 取上侧时，$\cos\gamma>0$；当 S 取下侧时，$\cos\gamma<0$，于是得

$$\begin{aligned}\iint\limits_{S}P(x,y,z)\mathrm{d}x\mathrm{d}y&=\iint\limits_{S}P(x,y,z)\cos\gamma\mathrm{d}S=\iint\limits_{D_{xy}}P(x,y,z(x,y))\frac{\cos\gamma}{|\cos\gamma|}\mathrm{d}\sigma\\&=\pm\iint\limits_{D_{xy}}P(x,y,z(x,y))\mathrm{d}x\mathrm{d}y。\end{aligned}$$

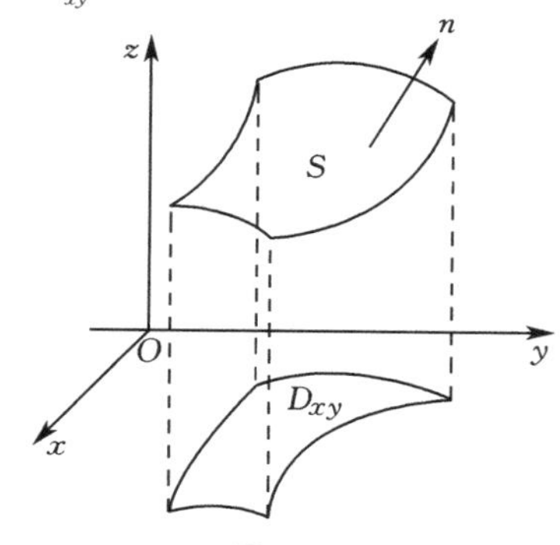

图 10-18

类似地，若曲面 S 由方程 $x=x(y,z)$ 给出，它在 yOz 面上的投影为 D_{yz}，则

$$\iint\limits_{S}M(x,y,z)\mathrm{d}y\mathrm{d}z=\pm\iint\limits_{D_{yz}}M(x(y,z),y,z)\mathrm{d}y\mathrm{d}z。$$

其中的符号当 S 取右侧时为正，取左侧时为负。

若曲面 S 由方程 $y=y(x,z)$ 给出，它在 xOz 面上的投影为 D_{xz}，则

$$\iint\limits_{S}N(x,y,z)\mathrm{d}z\mathrm{d}x=\pm\iint\limits_{D_{xz}}N(x,y(x,z),z)\mathrm{d}z\mathrm{d}x。$$

其中的符号当 S 取前侧时为正，取后侧时为负。

例 1 计算$\iint\limits_S xyz\,\mathrm{d}x\mathrm{d}y$,其中$S$是球面$x^2+y^2+z^2=1$的外侧并满足$x\geqslant 0,y\geqslant 0$的部分(如图 10-19 所示)。

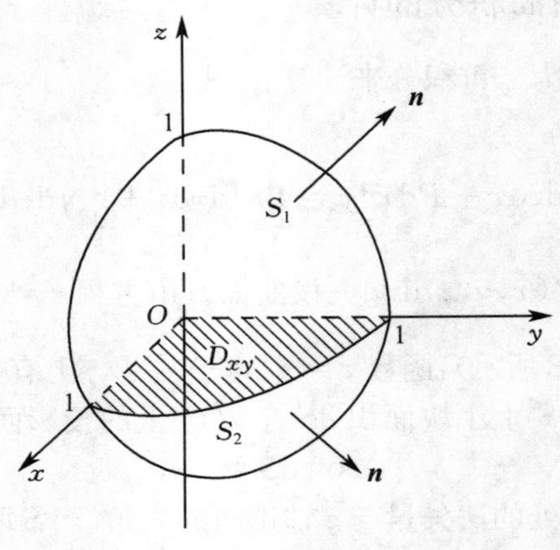

图 10-19

解 把S分成两部分:

$$S_1: z=\sqrt{1-x^2-y^2}\quad (x\geqslant 0,y\geqslant 0)\text{ 上侧;}$$

$$S_2: z=-\sqrt{1-x^2-y^2}\quad (x\geqslant 0,y\geqslant 0)\text{ 下侧,}$$

它们在xOy面上的投影都为

$$D_{xy}: x^2+y^2\leqslant 1(x\geqslant 0,y\geqslant 0),$$

于是

$$\begin{aligned}\iint\limits_S xyz\,\mathrm{d}x\mathrm{d}y&=\iint\limits_{S_1} xyz\,\mathrm{d}x\mathrm{d}y+\iint\limits_{S_2} xyz\,\mathrm{d}x\mathrm{d}y\\&=\iint\limits_{D_{xy}} xy\sqrt{1-x^2-y^2}\,\mathrm{d}x\mathrm{d}y-\iint\limits_{D_{xy}} xy(-\sqrt{1-x^2-y^2})\,\mathrm{d}x\mathrm{d}y\\&=2\iint\limits_{D_{xy}} xy\sqrt{1-x^2-y^2}\,\mathrm{d}x\mathrm{d}y,\end{aligned}$$

用极坐标求此二重积分,可得

$$\iint\limits_S xyz\,\mathrm{d}x\mathrm{d}y=2\int_0^{\frac{\pi}{2}}\mathrm{d}\theta\int_0^1 r^2\sin\theta\cos\theta\sqrt{1-r^2}\,r\mathrm{d}r=\int_0^{\frac{\pi}{2}}\sin 2\theta\mathrm{d}\theta\int_0^1 r^3\sqrt{1-r^2}\,\mathrm{d}r=\frac{2}{15}。$$

习题 10.5

计算下列曲面积分。

1. $\iint\limits_S (x^2+y^2)\,\mathrm{d}x\mathrm{d}y$,其中$S$是上半球面$z=\sqrt{R^2-x^2-y^2}$的下侧;

2. $\iint\limits_S xz^2\,\mathrm{d}y\mathrm{d}z$,其中$S$是上半球面$z=\sqrt{R^2-x^2-y^2}$的上侧;

3. $\iint\limits_{S} x\mathrm{d}y\mathrm{d}z + y\mathrm{d}z\mathrm{d}x + z\mathrm{d}x\mathrm{d}y$，其中 S 是上半球面 $z=\sqrt{R^2-x^2-y^2}$ 的下侧；

4. $\iint\limits_{S}(y-z)\mathrm{d}y\mathrm{d}z+(z-x)\mathrm{d}z\mathrm{d}x+(x-y)\mathrm{d}x\mathrm{d}y$，其中 S 是锥面 $z=\sqrt{x^2+y^2}$ $(0\leqslant z\leqslant h)$ 的上侧；

5. $\iint\limits_{\Sigma} x^2y^2z\mathrm{d}x\mathrm{d}y$，其中 Σ 为球面 $x^2+y^2+z^2=R^2$ 的下半部分的下侧。

复习题 10

一、选择题。

1. 设 $I=\int_{s}\frac{1}{\sqrt{x^2+y^2}}\mathrm{d}s$，其中 s 为下半圆周 $y=-\sqrt{R^2-x^2}$，则得值为（　　）。

(A) -2π　　(B) π　　(C) 0　　(D) ABC 都不对

2. 已知曲线积分 $\int_{\overset{\frown}{AB}}F(x,y)(y\mathrm{d}x+x\mathrm{d}y)$ 与积分路径无关，则 $F(x,y)$ 必须满足条件（　　）。

(A) $xF_y=yF_x$　　(B) $xF_y+yF_x=0$　　(C) $xF_x=yF_y$　　(D) $xF_x+yF_y=0$

3. 设 $I=\iint\limits_{\Sigma}z^2\mathrm{d}x\mathrm{d}y$，其中 Σ 为球面 $x^2+y^2+z^2=1$ 的外侧，则 I 值为（　　）。

(A) 0　　(B) $\frac{3}{4}\pi$　　(C) $\frac{1}{2}\pi$　　(D) $\frac{1}{4}\pi$

4. 设 C 为沿 $x^2+y^2=R^2$ 逆时针方向一周，则用格林公式计算 $I=\oint_{C}xy^2\mathrm{d}y-x^2y\mathrm{d}x=$（　　）。

(A) $\int_0^{2\pi}\mathrm{d}\theta\int_0^R r^2\mathrm{d}r$　　(B) $\int_0^{2\pi}\mathrm{d}\theta\int_0^R R^2\mathrm{d}r$　　(C) $\int_0^{2\pi}\mathrm{d}\theta\int_0^R r^3\mathrm{d}r$　　(D) $\int_0^{2\pi}\mathrm{d}\theta\int_0^R R^3\mathrm{d}r$

5. 设 Σ 为曲面 $z=1$ 平面下方部分，则 $\iint\limits_{\Sigma}\mathrm{d}S=$（　　）。

(A) $\int_0^{2\pi}\mathrm{d}\theta\int_0^r\sqrt{1+4r^2}\,r\mathrm{d}r$　　(B) $\int_0^{2\pi}\mathrm{d}\theta\int_0^1\sqrt{1+4r^2}\,r\mathrm{d}r$

(C) $\int_0^{2\pi}\mathrm{d}\theta\int_0^1\sqrt{1+4r^2}\,\mathrm{d}r$　　(D) $\int_0^{2\pi}\mathrm{d}\theta\int_0^r\sqrt{1+4r^2}\,\mathrm{d}r$

二、填空题。

1. 设 L 为圆周 $x^2+y^2=1$，则 $\oint_{L}x^2\mathrm{d}s=$ ________。

2. 设 L 为圆周 $x^2+y^2=1$ 上从 $A(1,0)$ 逆时针到 $B(-1,0)$ 上的一段，则 $\int_{L}\mathrm{e}^{y^2}\mathrm{d}x=$ ________。

3. 设 L 为曲线 $y^2=x$ 上从点 $(0,0)$ 到点 $(1,1)$ 的一段，则曲线积分 $\int_{(0,0)}^{(1,1)}xy\mathrm{d}x+$

$(y-x)\mathrm{d}y=$ ________。

4. 设 S 为球面 $x^2+y^2+z^2=R^2(R>0)$，则曲面积分 $\iint\limits_{s} z^2\mathrm{d}s=$ ________。

5. 设 Σ 是下半球面 $z=-\sqrt{1-(x^2+y^2)}$ 的下侧，则曲面积分 $\iint\limits_{s}(x^2+y^2)z\mathrm{d}x\mathrm{d}y$ $=$ ________。

三、计算下列各题。

1. 求 $\int_c y\mathrm{d}s$，其中 c 是抛物线 $y^2=4x$ 上从点 $(0,0)$ 到点 $(1,2)$ 的一段弧。

2. 求 $\int_L x\mathrm{d}s$，L 为抛物线 $y=2x^2-1$ 上介于 $x=0$ 和 $x=1$ 之间的一段弧。

3. 计算 $\int_c(2-y)\mathrm{d}x+x\mathrm{d}y$，其中 c 是曲线 $x=(t-\sin t)$，$y=1-\cos t(0\leqslant t\leqslant 2\pi)$ 上的一段弧。

4. 求 $\int_L(x^2+y^2)z\mathrm{d}s$，$L$ 为锥面螺线 $x=t\cos t$，$y=t\sin t$，$z=t$ 上相应于 t 从 0 变到 1 的一段弧。

5. 求 $\oint_L x^2y^2\mathrm{d}x+xy^2\mathrm{d}y$，$L$ 为直线 $x=1$ 与抛物线 $x=y^2$ 所围区域的边界(按逆时针方向绕行)。

6. 求 $\oint_L(x+y)^2\mathrm{d}y$，$L$ 为圆周 $x^2+y^2=2ax(a>0)$(按逆时针方向绕行)。

7. 设曲线积分 $I=\oint_c x^2\mathrm{d}x+x\mathrm{e}^{y^2}\mathrm{d}y$，其中 c 是由直线 $y=x-1$，$y=1$ 及 $x=1$ 所围成的区域的正向边界曲线，求 I 值。

四、利用格林公式，计算下列第二类曲线积分。

1. 求 $\oint_L 3xy\mathrm{d}x+x^2\mathrm{d}y$，$L$ 为矩形区域 $[-1,3]\times[0,2]$ 的正向边界。

2. 求 $\oint_L(1+y^2)\mathrm{d}x+y\mathrm{d}y$，$L$ 为正弦曲线 $y=\sin x$ 与 $y=2\sin x(0\leqslant x\leqslant\pi)$ 所围区域的正向边界。

3. 计算 $\int_{(1,0)}^{(2,\pi)}(y-\mathrm{e}^x\cos y)\mathrm{d}x+(x+\mathrm{e}^x\sin y)\mathrm{d}y$。

第 11 章　无穷级数

级数是高等数学的重要组成部分，它不仅为研究函数的表示与性质提供了新的方法，而且是数值计算的重要工具，因此在理论上与实际中都有着广泛的应用。本章主要介绍数项级数和幂级数。

11.1　数项级数

11.1.1　级数的收敛与发散

给定一个数列：$a_1, a_2, \cdots, a_n, \cdots$，作和式

$$a_1 + a_2 + \cdots + a_n + \cdots$$

称它为**数项无穷级数**，简称为**数项级数**或**级数**，记作$\sum_{n=1}^{\infty} a_n$，级数中的第 n 项 a_n 称为级数的通项。

然而，上述定义的和式仅仅是形式上相加，那么，这种加法是否有意义呢？级数的和是否一定存在呢？为了深入地研究这个问题，我们先回顾一下中学数学中的无穷递缩等比数列各项之和，当 $|r| < 1$ 时，几何级数

$$1 + r + r^2 + \cdots + r^n + \cdots$$

的和为$\frac{1}{1-r}$。而该和数是通过几何级数前 n 项之和（部分和）的极限求得。显然这是求级数和的正确途径。因此，对于级数首先应引进"部分和"的概念。

设 S_n 是数列$\{a_n\}$前 n 项之和，即 $S_n = a_1 + a_2 + \cdots + a_n = \sum_{k=1}^{\infty} a_k$，称 S_n 为级数$\sum_{n=1}^{\infty} a_n$的**部分和**。依次取 $n = 1, 2, \cdots$ 便得到一数列

$$S_1, S_2, \cdots, S_n, \cdots$$

我们把这个数列称为部分和数列，记作$\{S_n\}$。

对于一个给定的无穷级数$\sum_{n=1}^{\infty} a_n$，可以根据上述定义做出其部分和数列S_n；反之，给定一个级数的部分和数列，也可以由关系式 $a_n = S_n - S_{n-1}$ 得出其相应的级数$\sum_{n=1}^{\infty} a_n$。在本章，级数与其部分和数列的这种对应关系是极其重要的。因为，级数的许多重要性质都是由部分和数列的性质得到。

定义 11.1　若级数 $\sum_{n=1}^{\infty} a_n$ 的部分和数列 $\{S_n\}$ 收敛于有限数 S，即

$$\lim_{n\to\infty} S_n = S,$$

则称级数 $\sum_{n=1}^{\infty} a_n$ **收敛**，数 S 称为收敛级数 $\sum_{n=1}^{\infty} a_n$ 的**和**，即 $S=\sum_{n=1}^{\infty} a_n$。若部分和数列 $\{S_n\}$ 发散，则称级数 $\sum_{n=1}^{\infty} a_n$ **发散**。发散级数不存在和数。级数的收敛性（又称敛散性）是研究级数的首要问题。

当级数收敛时，其部分和 S_n 应是其和 S 的近似值，二者的差值

$$R_n = S - S_n = a_{n+1} + a_{n+2} + \cdots$$

称为级数的**余项**。估计 $|R_n|$ 的值便可知 S_n 与 S 之间的误差。

例 1　求证几何级数 $\sum_{n=0}^{\infty} r^n$ 在 $|r|<1$ 时收敛，在 $|r|\geqslant 1$ 时发散。

证　由于

$$S_n = 1 + r + r^2 + \cdots + r^{n-1} = \frac{1-r^n}{1-r} = \frac{1}{1-r} - \frac{r^n}{1-r},$$

所以，当 $|r|<1$ 时，$r^n \to 0 (n\to\infty)$，这时

$$S_n \to \frac{1}{1-r} (n\to\infty),$$

故该几何级数收敛，其和为 $\frac{1}{1-r}$。而当 $|r|>1$ 时，$r^n \to \infty (n\to\infty)$，这时，$S_n \to \infty (n\to\infty)$，故该几何级数发散。当 $r=-1$ 时，$\lim_{n\to\infty} S_n$ 不存在，而当 $r=1$ 时，$\lim_{n\to\infty} S_n = +\infty$，故该级数发散。

例 2　判定级数 $\sum_{n=1}^{\infty} \frac{1}{n(n+1)}$ 的敛散性。

解　因

$$\begin{aligned} S_n &= \frac{1}{1\cdot 2} + \frac{1}{2\cdot 3} + \cdots + \frac{1}{n(n+1)} \\ &= 1 - \frac{1}{2} + \frac{1}{2} - \frac{1}{3} + \cdots + \frac{1}{n} - \frac{1}{n+1} \\ &= 1 - \frac{1}{n+1}, \end{aligned}$$

所以 $\lim_{n\to\infty} S_n = 1$，从而级数收敛。

例 3　判定级数 $\sum_{n=1}^{\infty} \ln\left(1+\frac{1}{n}\right)$ 的敛散性。

解　因

$$S_n = \ln(1+1) + \ln\left(1+\frac{1}{2}\right) + \cdots + \ln\left(1+\frac{1}{n}\right)$$

$$= \ln 2 + \ln \frac{3}{2} + \ln \frac{4}{3} + \cdots + \ln \frac{n+1}{n}$$
$$= \ln 2 + \ln 3 - \ln 2 + \ln 4 - \ln 3 + \cdots + \ln(n+1) - \ln n$$
$$= \ln(n+1),$$

所以$\lim\limits_{n\to\infty} S_n = \infty$，故级数发散。

11.1.2　无穷级数的基本性质

我们知道，有限个数相加时，其运算满足交换律、结合律及分配律。但对于无穷多个数相加的级数，其运算又有哪些性质呢?它与有限个数相加是否具有相同的性质呢?为此需要研究无穷级数的基本性质。

性质 11.1　若级数$\sum\limits_{n=1}^{\infty} a_n$与$\sum\limits_{n=1}^{\infty} b_n$都收敛，其和分别为$S_1$与$S_2$，则对于任意常数$k_1$与$k_2$，级数$\sum\limits_{n=1}^{\infty}(k_1 a_n + k_2 b_n)$也收敛，其和为$k_1 S_1 + k_2 S_2$。

证　设A_n与B_n分别表示级数$\sum\limits_{n=1}^{\infty} a_n$与$\sum\limits_{n=1}^{\infty} b_n$的部分和，由假设知

$$\lim_{n\to\infty} A_n = S_1,\ \lim_{n\to\infty} B_n = S_2。$$

由于级数$\sum\limits_{n=1}^{\infty}(k_1 a_n + k_2 b_n)$的部分和

$$\sum_{i=1}^{n}(k_1 a_i + k_2 b_i) = k_1 \sum_{i=1}^{n} a_i + k_2 \sum_{i=1}^{n} b_i = k_1 A_n + k_2 B_n,$$

故

$$\lim_{n\to\infty}(k_1 A_n + k_2 B_n) = k_1 S_1 + k_2 S_2,$$

即级数$\sum\limits_{n=1}^{\infty}(k_1 a_n + k_2 b_n)$收敛，其和为$k_1 S_1 + k_2 S_2$。

性质 11.2　若级数$\sum\limits_{n=1}^{\infty} a_n$收敛，则$\lim\limits_{n\to\infty} a_n = 0$。

证　设级数$\sum\limits_{n=1}^{\infty} a_n$的部分和与和分别为$S_n$与$S$，即$\lim\limits_{n\to\infty} S_n = S$。由于$a_n = S_n - S_{n-1}$，所以

$$\lim_{n\to\infty} a_n = \lim_{n\to\infty} S_n - \lim_{n\to\infty} S_{n-1} = S - S = 0。$$

应指出，性质 11.2 仅是级数收敛的必要条件，而不是充分条件，即虽有$\lim\limits_{n\to\infty} a_n = 0$，但级数$\sum\limits_{n=1}^{\infty} a_n$未必收敛。如例 3 中级数$\sum\limits_{n=1}^{\infty}\ln\left(1+\frac{1}{n}\right)$，有$\lim\limits_{n\to\infty}\ln\left(1+\frac{1}{n}\right) = 0$，但该级数发散。故性质 11.2 也可叙述为，若$\lim\limits_{n\to\infty} a_n \neq 0$，则级数$\sum\limits_{n=1}^{\infty} a_n$发散。

性质 11.3 若级数 $\sum_{n=1}^{\infty} a_n$ 收敛于 S，则将其项任意添加括号（不改变各项的次序）后，所得到的新级数

$$(a_1 + \cdots + a_{n_1}) + (a_{n_1+1} + \cdots + a_{n_2}) + \cdots + (a_{n_{k-1}+1} + \cdots + a_{n_k}) + \cdots$$

依然收敛且和仍为 S。

证 设级数 $\sum_{n=1}^{\infty} a_n$ 的部分和为 S_n，则 $\lim\limits_{n\to\infty} S_n = S$。再设

$$A_1 = a_1 + \cdots + a_{n_1},$$

$$A_2 = a_{n_1+1} + \cdots + a_{n_2},$$

$$\cdots\cdots\cdots\cdots$$

$$A_k = a_{n_{k-1}+1} + \cdots + a_{n_k},$$

$$\cdots\cdots\cdots\cdots$$

则添加括号后新级数可表示为

$$A_1 + A_2 + \cdots + A_k + \cdots,$$

其部分和为 $A_1 + A_2 + \cdots + A_k = a_1 + \cdots + a_{n_k} = S_{n_k}$。由于数列 $\{S_{n_k}\}$ 是数列 $\{S_n\}$ 的子列，于是

$$\lim_{k\to\infty}(A_1 + A_2 + \cdots + A_k) = \lim_{k\to\infty} S_{n_k} = \lim_{n\to\infty} S_n = S。$$

这个性质说明了收敛的级数满足结合律。在实际应用中还常用到它的逆否命题：

若对级数 $\sum_{n=1}^{\infty} a_n$ 加括号后所得到的新级数是发散的，则原级数亦发散。

例 4 求证**调和级数** $\sum_{n=1}^{\infty} \frac{1}{n}$ 发散。

证 现对调和级数 $\sum_{n=1}^{\infty} \frac{1}{n}$ 添加括号，得到的新级数为

$$\left(1+\frac{1}{2}\right)+\left(\frac{1}{3}+\frac{1}{4}\right)+\left(\frac{1}{5}+\frac{1}{6}+\frac{1}{7}+\frac{1}{8}\right)+\cdots+\left(\frac{1}{2^n+1}+\cdots+\frac{1}{2^{n+1}}\right)+\cdots \quad (1)$$

其通项

$$\frac{1}{2^n+1}+\cdots+\frac{1}{2^{n+1}} > \frac{2^{n+1}-2^n}{2^{n+1}} = \frac{1}{2},$$

故其部分和

$$\left(1+\frac{1}{2}\right)+\left(\frac{1}{3}+\frac{1}{4}\right)+\left(\frac{1}{5}+\frac{1}{6}+\frac{1}{7}+\frac{1}{8}\right)+\cdots+\left(\frac{1}{2^n+1}+\cdots+\frac{1}{2^{n+1}}\right) > \frac{1}{2}(n+1),$$

显然上式发散于 ∞，故级数(1) 发散，从而原级数发散。

性质 11.4 改变（或去掉或添加）级数的有限多项，不会影响它的敛散性（即改变前与改变后的两级数或同时收敛，或同时发散）。

证　设将级数$\sum\limits_{n=1}^{\infty}a_n$改变其前$k$项($k\in N,k>1$)，所得到的新级数为

$$\sum_{n=1}^{\infty}b_n=c_1+c_2+\cdots+c_k+a_{k+1}+\cdots+a_n+\cdots$$

其部分和

$$B_n=(c_1+c_2+\cdots+c_k)+a_{k+1}+\cdots+a_n=(c_1+c_2+\cdots+c_k)+S_n-S_k,$$

其中S_n为级数$\sum\limits_{n=1}^{\infty}a_n$的部分和。由于$(c_1+c_2+\cdots+c_k)$与$S_k$为常数，因此$\lim\limits_{n\to\infty}B_n$与$\lim\limits_{n\to\infty}S_n$收敛性相同，从而级数$\sum\limits_{n=1}^{\infty}a_n$与$\sum\limits_{n=1}^{\infty}b_n$具有相同的敛散性。

习题 11.1

1. 设级数$\sum\limits_{n=1}^{\infty}\left(\dfrac{1}{2}\right)^n$，试写出：(1)$a_1,a_2,a_3$；(2)$S_1,S_2,S_3,S_n$；(3) 该级数的和。

2. 设级数$\sum\limits_{n=1}^{\infty}(-1)^n$，(1) 写出$a_{2n}$及$a_{2n-1}$，$S_{2n}$及$S_{2n-1}$；(2) 判断级数的收敛性。

3. 写出下列级数的部分和S_n，并说明其敛散性。

(1) $\sum\limits_{n=1}^{\infty}(\sqrt{n+1}-\sqrt{n})$；　(2) $\dfrac{1}{1\cdot 3}+\dfrac{1}{3\cdot 5}+\dfrac{1}{5\cdot 7}+\cdots+\dfrac{1}{(2n-1)(2n+1)}+\cdots$。

4. 利用无穷级数的基本性质，判定下列级数的敛散性。

(1) $\sum\limits_{n=1}^{\infty}10\left(\dfrac{1}{3}\right)^n$；　(2) $\sum\limits_{n=1}^{\infty}\dfrac{n}{n+1}$；　(3) $\sum\limits_{n=1}^{\infty}\dfrac{1}{2n}$；

(4) $\sum\limits_{n=1}^{\infty}\left(\dfrac{1}{n}-\dfrac{1}{2^n}\right)$；　(5) $\sum\limits_{n=1}^{\infty}\dfrac{(-1)^{n+1}}{2^n}$；　(6) $\sum\limits_{n=1}^{\infty}\left(1+\dfrac{1}{n}\right)^n$。

5. 求下列级数的和。

(1) $\sum\limits_{n=1}^{\infty}\left(\dfrac{1}{2^n}+\dfrac{1}{3^n}\right)$；　(2) $\sum\limits_{n=2}^{\infty}\dfrac{1}{(n+1)(n-1)}$；

(3) $\sum\limits_{n=0}^{\infty}100\left(\dfrac{2}{3}\right)^n$；　(4) $\sum\limits_{n=0}^{\infty}(-1)^n\left(\dfrac{2}{3}\right)^n$。

11.2　正项级数与任意项级数的敛散性

根据级数收敛的定义来判定级数的收敛性是很困难的，因为大部分级数的部分和难以求出。因此，需要得出一些简单易行的判定级数收敛或发散的方法。这里将着重讨论正项级数和任意项级数。

11.2.1 正项级数

若级数 $\sum_{n=1}^{\infty} a_n$ 的通项 $a_n \geqslant 0 (n=1,2,\cdots)$，则称该级数为**正项级数**。

定理 11.1 正项级数收敛的充要条件是它的部分和数列 $\{S_n\}$ 有上界。

证 (必要性) 因级数 $\sum_{n=1}^{\infty} a_n$ 收敛，故 $\{S_n\}$ 收敛。由收敛数列的有界性推知 $\{S_n\}$ 有上界。

(充分性) 若 $\{S_n\}$ 有上界。因 $a_n \geqslant 0$，所以数列 $\{S_n\}$ 单调增。应用单调有界准则知 $\{S_n\}$ 收敛，因而原级数 $\sum_{n=1}^{\infty} a_n$ 收敛。

显然，若 $\{S_n\}$ 无上界时，则级数发散。反之亦然。

例 1 判别 p 级数 $\sum_{n=1}^{\infty} \frac{1}{n^p}$ 的敛散性。

解 当 $p \leqslant 1$ 时，有 $\frac{1}{n^p} \geqslant \frac{1}{n}$，$p$ 级数的部分和 $S_n \geqslant 1+\frac{1}{2}+\cdots+\frac{1}{n}\ (n=1,2,\cdots)$，上式右端是调和级数 $\sum_{n=1}^{\infty} \frac{1}{n}$ 的部分和，由该级数发散可知其部分和无上界，于是数列 $\{S_n\}$ 无上界，因此 p 级数发散。

当 $p>1$ 时，由函数 $\frac{1}{x^p}$ 的严格单调减的性质知(如图 11-1)，p 级数的部分和

$$S_n = 1+\frac{1}{2^p}+\frac{1}{3^p}+\cdots+\frac{1}{n^p},$$

从第二项开始，若将各项视作底为 1，高分别为 $\frac{1}{2^p},\frac{1}{3^p},\cdots,\frac{1}{n^p}$ 的矩形的面积，则 S_n-1 就是这些矩形面积之和。而以 $\frac{1}{x^p}$ 为曲边的在区间 $[1,n]$ 上的曲边梯形的面积为

$$\int_1^n \frac{1}{x^p}\mathrm{d}x = \frac{1}{1-p}\left(\frac{1}{n^{p-1}}-1\right) = \frac{1}{p-1}\left(1-\frac{1}{n^{p-1}}\right),$$

显然有

$$\begin{aligned} S_n - 1 &= \frac{1}{2^p}+\frac{1}{3^p}+\cdots+\frac{1}{n^p} < \int_1^n \frac{1}{x^p}\mathrm{d}x \\ &= \frac{1}{p-1}\left(1-\frac{1}{n^{p-1}}\right) < \frac{1}{p-1}, \end{aligned}$$

所以

$$S_n < \frac{1}{p-1}+1 = \frac{p}{p-1},$$

即数列 $\{S_n\}$ 有上界，故 p 级数收敛。

总之，$p \leqslant 1$ 时 p 级数收敛，$p > 1$ 时，p 级数发散。

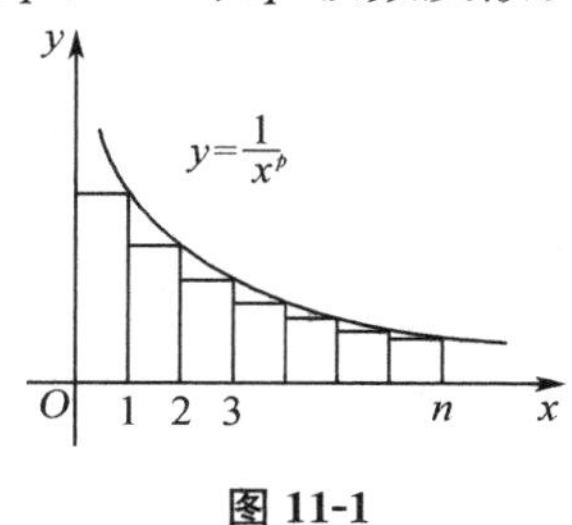

图 11-1

定理 11.1 是判别正项级数敛散性的基本定理。下面应用它可导出一系列更具体的判别法。

定理 11.2 （比较判别法 1）设有两个正项级数 $\sum_{n=1}^{\infty} a_n$ 和 $\sum_{n=1}^{\infty} b_n$，若存在常数 $c > 0$，当 $n > N$（N 为某确定的自然数）时，恒有 $a_n \leqslant cb_n$，则

(1) 当 $\sum_{n=1}^{\infty} b_n$ 收敛时，$\sum_{n=1}^{\infty} a_n$ 也收敛；

(2) 当 $\sum_{n=1}^{\infty} a_n$ 发散时，$\sum_{n=1}^{\infty} b_n$ 也发散。

通俗地讲可认为是"大"的收敛，"小"的也收敛；"小"的发散，"大"的也发散。

证　不妨设 $N = 1$，$S_n = \sum_{k=1}^{n} a_k$，$T_n = \sum_{k=1}^{n} b_k$。由已知得 $0 \leqslant S_n \leqslant cT_n$，

(1) 当级数 $\sum_{n=1}^{\infty} b_n$ 收敛时，其部分和数列 $\{T_n\}$ 有上界，于是数列 $\{S_n\}$ 有上界，从而级数 $\sum_{n=1}^{\infty} a_n$ 收敛。

对于(2) 用反证法求证。若 $\sum_{n=1}^{\infty} b_n$ 收敛，则由(1) 得级数 $\sum_{n=1}^{\infty} a_n$ 收敛，但这与已知级数 $\sum_{n=1}^{\infty} a_n$ 发散相矛盾，于是定理得证。

注意　定理 11.2 指出：将要判断的级数与已知其敛散性的级数作比较，便可判别正项级数的敛散性，通常选用几何级数与 p 级数作为比较对象。

例 2　判别下列级数的敛散性。

(1) $\sum_{n=1}^{\infty} \dfrac{4+\sin^3 n}{2^n+n}$；　　(2) $\sum_{n=1}^{\infty} \dfrac{1}{\sqrt{n(n+1)}}$。

解　(1) 因为

$$0 < \frac{4+\sin^3 n}{2^n+n} < \frac{5}{2^n},$$

而级数 $\sum_{n=1}^{\infty} \dfrac{5}{2^n} = 5\sum_{n=1}^{\infty} \dfrac{1}{2^n}$ 是收敛的等比级数，故原级数收敛。

(2) 因为

$$\frac{1}{\sqrt{n(n+1)}} > \frac{1}{n+1} \geqslant \frac{1}{2n},$$

而级数$\sum\limits_{n=1}^{\infty} \frac{1}{2n} = \frac{1}{2}\sum\limits_{n=1}^{\infty} \frac{1}{n}$发散，故原级数发散。

定理 11.3 （比较判别法 2）设有两个正项级数$\sum\limits_{n=1}^{\infty} a_n$和$\sum\limits_{n=1}^{\infty} b_n$，若

$$\lim_{n\to\infty} \frac{a_n}{b_n} = l \ (0 \leqslant l \leqslant +\infty),$$

则：(1) 当$0 \leqslant l < +\infty$且$\sum\limits_{n=1}^{\infty} b_n$收敛时，$\sum\limits_{n=1}^{\infty} a_n$必收敛；

(2) 当$0 < l \leqslant +\infty$且$\sum\limits_{n=1}^{\infty} b_n$发散时，$\sum\limits_{n=1}^{\infty} a_n$必发散。

证 (1) 当$0 \leqslant l < +\infty$时，由$\lim\limits_{n\to\infty} \frac{a_n}{b_n} = l$，对于$\varepsilon = 1$，$\exists N > 0$，当$n > N$时，

$$\left|\frac{a_n}{b_n} - l\right| < 1,$$

于是$a_n < (1+l)b_n$。因为$\sum\limits_{n=1}^{\infty} b_n$收敛，所以$\sum\limits_{n=N+1}^{\infty} (1+l)b_n$收敛，应用比较判别法 1，推得$\sum\limits_{n=N+1}^{\infty} a_n$也收敛，因而$\sum\limits_{n=1}^{\infty} a_n$收敛。

(2) 当$0 < l \leqslant +\infty$时，由$\lim\limits_{n\to\infty} \frac{a_n}{b_n} = l$，对于$\varepsilon = \frac{l}{2} > 0$，$\exists N > 0$，当$n > N$时，

$$\left|\frac{a_n}{b_n} - l\right| < \frac{l}{2},$$

于是$\frac{a_n}{b_n} > l - \frac{l}{2} = \frac{l}{2}$，即$\frac{l}{2} b_n < a_n$。因为$\sum\limits_{n=1}^{\infty} b_n$发散，所以$\sum\limits_{n=N+1}^{\infty} \frac{l}{2} b_n$发散，应用比较判别法 1，推得$\sum\limits_{n=N+1}^{\infty} a_n$也发散，因而$\sum\limits_{n=1}^{\infty} a_n$发散。

注意 通常使用定理 11.3 时，常取$b_n = \frac{1}{n^p}$，于是定理结论可改为

(1) 当$p > 1$且$0 \leqslant l < +\infty$时，级数$\sum\limits_{n=1}^{\infty} a_n$收敛；

(2) 当$p \leqslant 1$且$0 < l \leqslant +\infty$时，级数$\sum\limits_{n=1}^{\infty} a_n$发散。

例 3 判定级数$\sum\limits_{n=1}^{\infty} \sin\frac{1}{n}$的收敛性。

解 因为$0 < \frac{1}{n} < \frac{\pi}{2}$，所以$\sin\frac{1}{n} > 0$。由于$\sin\frac{1}{n} \sim \frac{1}{n} (n \to \infty)$，故

$$\lim_{n\to\infty}\frac{\sin\frac{1}{n}}{\frac{1}{n}}=1>0。$$

因此原级数发散。

定理 11.4　(比值判别法)设$\sum\limits_{n=1}^{\infty}a_n$是正项级数,且$a_n>0,n=1,2,\cdots$,若$\lim\limits_{n\to\infty}\frac{a_{n+1}}{a_n}=l$,则

(1)$l<1$时,级数$\sum\limits_{n=1}^{\infty}a_n$收敛;

(2)$l>1$时,级数$\sum\limits_{n=1}^{\infty}a_n$发散。

证　(1) 当$l<1$时,令$r=\frac{l+1}{2}$,显然$r<1$,由极限保号性质知$\exists N,\forall n\geqslant N$有$\frac{a_n+1}{a_n}<r$,从而有

$$a_{N+1}<a_Nr,a_{N+2}<a_Nr^2,\cdots$$
$$a_{n+N}<a_{n+N-1}r<\cdots<a_Nr^n,\cdots$$

因为等比数列$\sum\limits_{n=1}^{\infty}a_nr^n$收敛,所以级数$\sum\limits_{n=N}^{\infty}a_n$收敛,于是原级数收敛。

(2) 当$l>1$时,令$r_0=\frac{l+1}{2}$(若$l=+\infty$,则取$r_0=2$),显然$r_0>1$,由极限不等式性质知$\exists N,\forall n\geqslant N$,有$\frac{a_{n+1}}{a_n}>r_0$,从而有

$$a_{n+1}>r_0a_n>a_n,n=N,N+1,\cdots$$

于是$\forall n$,当$n>N$,有$a_n>a_N>0$,从而a_n不可能收敛于0,级数发散。

注意　$l=1$时,比值判别法失效。如级数$\sum\limits_{n=1}^{\infty}\frac{1}{n}$发散,但有$\frac{\frac{1}{n+1}}{\frac{1}{n}}\to1(n\to\infty)$,而级数$\sum\limits_{n=1}^{\infty}\frac{1}{n^2}$收敛,亦有$\frac{\frac{1}{(n+1)^2}}{\frac{1}{n^2}}\to1(n\to\infty)$。

例4　研究级数$\sum\limits_{n=1}^{\infty}\frac{1}{n!}$的收敛性。

解　令$a_n=\frac{1}{n!}$,则有

$$\frac{a_{n+1}}{a_n}=\frac{\frac{1}{(n+1)!}}{\frac{1}{n!}}=\frac{1}{n+1},$$

故$\lim\limits_{n\to\infty}\frac{a_{n+1}}{a_n}=0<1$,从而级数收敛。

定理 11.5　(根值判别法)设$\sum\limits_{n=1}^{\infty}a_n$是正项级数,且$\lim\limits_{n\to\infty}\sqrt[n]{a_n}=l(0\leqslant l\leqslant+\infty)$,则

(1)$l<1$时,级数收敛;

(2)$l>1$时,级数发散。

证　(1) 令$r=\frac{l+1}{2}$,则$l<r<1$,根据极限不等式性质知$\exists N,\forall n\geqslant N$时有$\sqrt[n]{a_n}<r$,即$a_n<r^n$,由于等比数列$\sum\limits_{n=1}^{\infty}r^n$收敛,故原级数收敛。

(2) 令$r=\frac{l+1}{2}$,则$l>r>1$,与上面类似可得$a_n>r^n$,由于等比数列$\sum\limits_{n=1}^{\infty}r^n$发散,因此原级数发散。

注意　$l=1$时,根值判别法失效。请读者用根值判别法考察级数$\sum\limits_{n=1}^{\infty}\frac{1}{n}$与$\sum\limits_{n=1}^{\infty}\frac{1}{n^2}$。

例 5　判定级数$\sum\limits_{n=1}^{\infty}\frac{1}{n^n}$收敛性。

解　令$a_n=\frac{1}{n^n}$,因$\lim\limits_{n\to\infty}\sqrt[n]{a_n}=\lim\limits_{n\to\infty}\frac{1}{n}=0<1$,故级数收敛。

例 6　判定级数$\sum\limits_{n=1}^{\infty}\frac{n}{e^n-1}$的收敛性。

解　令$a_n=\frac{n}{e^n-1}$,因$\lim\limits_{n\to\infty}\sqrt[n]{a_n}=\lim\limits_{n\to\infty}\sqrt[n]{\frac{n}{e^n-1}}=\frac{1}{e}<1$,故级数收敛。

11.2.2　任意项级数

现在讨论一般的数项级数,即级数中有无穷多个项取正号,也有无穷多个项取负号。这类级数中较为简单的是交错级数。

设$a_n>0(n=1,2,\cdots)$,则称级数

$$\sum_{n=1}^{\infty}(-1)^{n-1}a_n=a_1-a_2+a_3-a_4+\cdots$$

为**交错级数**。由于交错级数各项的值是正负交错的,对于它的收敛性有一个重要的判别法:

定理 11.6　(莱布尼兹判别法)设交错级数$\sum\limits_{n=1}^{\infty}(-1)^{n-1}a_n(a_n>0,n=1,2,\cdots)$满足以下条件:

(1)$a_n\geqslant a_{n+1},n=1,2,\cdots$;

(2) $\lim\limits_{n\to\infty}a_n=0$,

则该级数 $\sum\limits_{n=1}^{\infty}(-1)^n a_n$ 收敛，且其余项

$$|r_n| = \left|\sum_{k=n+1}^{\infty}(-1)^{k-1}a_k\right| \leqslant a_{n+1}。$$

证　设 $S_n = \sum\limits_{k=1}^{n}(-1)^{k-1}a_k$，则

$$S_{2n} = (a_1 - a_2) + (a_3 - a_4) + \cdots + (a_{2n-1} - a_{2n}),$$

或

$$S_{2n} = a_1 - (a_2 - a_3) - (a_4 - a_5) - \cdots - (a_{2n-2} - a_{2n-1}) - a_{2n}。$$

由于 $a_{n+1} \leqslant a_n$，故由上两式知 $S_{2n} > 0$，$S_{2n} \leqslant a_1$，因此 $\{S_{2n}\}$ 是单调增且有上界的数列。由单调有界收敛定理知存在 S，使 $\lim\limits_{n\to\infty}S_{2n} = S$，又由于

$$S_{2n+1} = S_{2n} + a_{2n+1},$$

所以

$$\lim_{n\to\infty}S_{2n+1} = \lim_{n\to\infty}S_{2n} + \lim_{n\to\infty}a_{2n+1} = S + 0 = S,$$

于是 $\lim\limits_{n\to\infty}S_n = S$，原级数收敛，且 $S \leqslant a_1$。

由于级数的余项

$$r_n = (-1)^n(a_{n+1} - a_{n+2} + \cdots)$$

仍是收敛的交错级数，因此

$$|r_n| \leqslant |(-1)^n a_{n+1}| = a_{n+1}。$$

例 7　求证级数 $\sum\limits_{n=1}^{\infty}(-1)^{n-1}\dfrac{1}{n}$ 收敛，并估计其余项。

证　由于 $\sum\limits_{n=1}^{\infty}(-1)^{n-1}\dfrac{1}{n}$ 是交错级数且 $\dfrac{1}{n+1} < \dfrac{1}{n}$，$\lim\limits_{n\to\infty}\dfrac{1}{n} = 0$，所以，由莱布尼兹判别法知该级数收敛，且

$$|r_n| < a_{n+1} = \frac{1}{n+1}。$$

例 8　判定级数 $\sum\limits_{n=2}^{\infty}\dfrac{(-1)^n}{n-\ln n}$ 的收敛性。

解　由于 $n > \ln n$，故所给级数为交错级数，且

$$\lim_{n\to\infty}\frac{1}{n-\ln n} = 0。$$

为了应用莱布尼兹判别法，还需判定数列 $\left\{\dfrac{1}{n-\ln n}\right\}$ 的单调性。设 $y = \dfrac{1}{x-\ln x}$，由于

$$y' = \left(\frac{1}{x-\ln x}\right)' = \frac{-1+\dfrac{1}{x}}{(x-\ln x)^2} < 0 \quad (x \geqslant 2),$$

因此数列 $\left\{\dfrac{1}{n-\ln n}\right\}$ 是单调减的，即

$$\frac{1}{(n+1)-\ln(n+1)}<\frac{1}{n-\ln n}\quad (n=2,3,\cdots)$$

于是根据莱布尼兹判别法，级数收敛。

对于更一般的任意项级数$\sum\limits_{n=1}^{\infty}a_n$的收敛性，不再介绍其他特殊的判别法，但为了研究其收敛性，不妨借助于正项级数的判别法，即考虑级数$\sum\limits_{n=1}^{\infty}|a_n|$的收敛性。于是便引进了绝对收敛和条件收敛的概念。

定义 11.2　如果级数$\sum\limits_{n=1}^{\infty}|a_n|$收敛，则称级数$\sum\limits_{n=1}^{\infty}a_n$**绝对收敛**；如果级数$\sum\limits_{n=1}^{\infty}|a_n|$发散，但$\sum\limits_{n=1}^{\infty}a_n$收敛，则称级数$\sum\limits_{n=1}^{\infty}a_n$**条件收敛**。

例如，级数$\sum\limits_{n=1}^{\infty}\dfrac{(-1)^{n-1}}{n}$是条件收敛的，而级数$\sum\limits_{n=1}^{\infty}\dfrac{(-1)^n}{n^2}$是绝对收敛的。级数的绝对收敛与收敛间有着以下重要关系：

定理 11.7　绝对收敛的级数必收敛。

证　设$\sum\limits_{n=1}^{\infty}|a_n|$收敛，现令

$$b_n=\frac{1}{2}(a_n+|a_n|),n=1,2,\cdots$$

即

$$b_n=\begin{cases}|a_n|, & a_n\geqslant 0,\\ 0, & a_n<0,\end{cases}$$

于是$b_n\geqslant 0$，且$b_n\leqslant|a_n|(n=1,2,\cdots)$。由于$\sum\limits_{n=1}^{\infty}|a_n|$收敛，从而正项级数$\sum\limits_{n=1}^{\infty}b_n$也收敛。又由于

$$a_n=2b_n-|a_n|,$$

而$\sum\limits_{n=1}^{\infty}b_n$与$\sum\limits_{n=1}^{\infty}|a_n|$均收敛，因此由收敛级数的性质知级数$\sum\limits_{n=1}^{\infty}a_n$收敛。

对于任意项级数的收敛性一定要严格区分绝对收敛和条件收敛这两种情形。因为这两种级数性质上相差很远，对于绝对收敛的级数不仅具有结合律的性质，而且还具有交换律及级数相乘等特殊性质。

例 9　判定级数$\sum\limits_{n=1}^{\infty}\dfrac{\cos n}{n^2}$的收敛性。

解　因$\left|\dfrac{\cos n}{n^2}\right|\leqslant\dfrac{1}{n^2}$，故$\sum\limits_{n=1}^{\infty}\left|\dfrac{\cos n}{n^2}\right|$收敛，从而原级数绝对收敛。

例 10　判定级数$\sum\limits_{n=1}^{\infty}\dfrac{x^n}{n}$的收敛性。

解　令 $a_n=\dfrac{x^n}{n}$，由于

$$\lim_{n\to\infty}\left|\frac{a_{n+1}}{a_n}\right|=\lim_{n\to\infty}\left|\frac{x^{n+1}}{n+1}\right|\Big/\left|\frac{x^n}{n}\right|=\lim_{n\to\infty}\frac{n}{n+1}|x|=|x|,$$

所以 $|x|<1$ 时，原级数绝对收敛；$|x|>1$ 时，原级数发散；而 $x=1$ 时，原级数为调和级数 $\sum\limits_{n=1}^{\infty}\dfrac{1}{n}$，是发散的；$x=-1$ 时，原级数为 $\sum\limits_{n=1}^{\infty}\dfrac{(-1)^{n-1}}{n}$，是条件收敛的。

习题 11.2

1. 判别下列级数的敛散性。

(1) $\sum\limits_{n=1}^{\infty}(-1)^{n+1}\dfrac{n}{3n-1}$；

(2) $\sum\limits_{n=1}^{\infty}\dfrac{(-1)^{n+1}}{2^n}$；

(3) $\sum\limits_{n=1}^{\infty}\left(1+\dfrac{1}{n}\right)^n$；

(4) $\sum\limits_{n=1}^{\infty}\dfrac{1}{(3n+2)(3n-1)}$。

2. 判别下列正项级数的敛散性。

(1) $\sum\limits_{n=1}^{\infty}\dfrac{n+2}{n(n^2+1)}$；

(2) $\sum\limits_{n=1}^{\infty}\dfrac{\sqrt{n+1}-\sqrt{n-1}}{\sqrt{n}}$；

(3) $\sum\limits_{n=1}^{\infty}\dfrac{1+(-1)^n}{\sqrt{n}}$；

(4) $\sum\limits_{n=1}^{\infty}(\sqrt[n]{3}-1)$；

(5) $\sum\limits_{n=1}^{\infty}\left(1-\cos\dfrac{1}{n}\right)$；

(6) $\sum\limits_{n=2}^{\infty}\dfrac{1}{n(\sqrt{n}-\sqrt[3]{n})}$；

(7) $\sum\limits_{n=1}^{\infty}\dfrac{(n!)^2}{(2n)!}$；

(8) $\sum\limits_{n=1}^{\infty}\dfrac{\mathrm{e}^n n!}{n^n}$；

(9) $\sum\limits_{n=1}^{\infty}\left(\dfrac{2n+3}{3n-2}\right)^{2n-1}$；

(10) $\sum\limits_{n=2}^{\infty}\dfrac{1}{n\ln^2 n}$；

(11) $\sum\limits_{n=2}^{\infty}\dfrac{1}{\ln(n!)}$；

(12) $\sum\limits_{n=1}^{\infty}\dfrac{\sin\frac{1}{n}}{\ln(1+n)}$。

3. 判别下列级数的敛散性。

(1) $\sum\limits_{n=1}^{\infty}\dfrac{\sin n}{(\ln 3)^n}$；

(2) $\sum\limits_{n=2}^{\infty}\dfrac{(-1)^n}{\sqrt{n}+(-1)^n}$；

(3) $\sum\limits_{n=1}^{\infty}(-1)^n\left(\dfrac{1}{\sqrt{n}}-\dfrac{1}{n^2}\right)$；

(4) $\sum\limits_{n=1}^{\infty}\dfrac{(-1)^{n+1}}{n-\ln n}$；

(5) $\sum\limits_{n=2}^{\infty}(-1)^n\dfrac{\ln n}{n}$；

(6) $\sum\limits_{n=1}^{\infty}(-1)^{n+1}\left(1-n\sin\dfrac{1}{n}\right)$；

(7) $\sum\limits_{n=1}^{\infty}(-1)^{n+1}\dfrac{n!}{(2n-1)!}$；

(8) $\sum\limits_{n=1}^{\infty}\sin\left(n\pi+\dfrac{1}{\ln n}\right)$。

4. 设 $a_n > 0$，且 a_n 单调递减，$\sum\limits_{n=1}^{\infty}(-1)^{n+1}a_n$ 发散，判别级数 $\sum\limits_{n=1}^{\infty}\left(\frac{1}{1+a_n}\right)^n$ 的敛散性。

5. 设 $a_n = \int_0^{\frac{\pi}{4}} \tan^n x \mathrm{d}x (n \in \mathbf{N})$。

(1) 求级数 $\sum\limits_{n=1}^{\infty}\frac{a_n + a_{n+2}}{n}$ 的和；　　(2) 设 $\lambda > 0$，证明 $\sum\limits_{n=1}^{\infty}\frac{a_n}{n^{\lambda}}$ 收敛。

11.3 幂级数

11.3.1 幂级数的收敛半径与收敛域

这一节我们将数项级数的通项推广到函数的情况。设 $u_n(x)(n = 1,2,\cdots)$ 是定义在区间 X 上的函数序列，则称

$$\sum_{n=1}^{\infty} u_n(x) = u_1(x) + u_2(x) + \cdots + u_n(x) + \cdots \tag{1}$$

为定义在 X 上的函数项级数。

取 $x_0 \in X$，代入(1)式，若数项级数 $\sum\limits_{n=1}^{\infty} u_n(x_0)$ 收敛，则称 x_0 为函数项级数(1)的**收敛点**，其和记为 $S(x_0)$；若数项级数 $\sum\limits_{n=1}^{\infty} u_n(x_0)$ 发散，则称 x_0 为函数项级数(1)的发散点。级数(1)的收敛点的集合称为函数项级数(1)的**收敛域**，记为 X_0。显然有 $X_0 \subseteq X$。$\forall x \in X_0$，级数(1)的和记为 $S(x)$，称为函数项级数的和函数。并称

$$S_n(x) = \sum_{k=1}^{n} u_k(x)$$

为级数(1)的部分和函数序列，显然有

$$\lim_{n\to\infty} S_n(x) = S(x), x \in X_0。$$

对于一般的函数项级数(1)，我们不予讨论。下面研究一类特殊的函数项级数——幂级数。其表达式为

$$\sum_{n=0}^{\infty} a_n x^n = a_0 + a_1 x + a_2 x^2 \cdots + a_n x^n + \cdots \tag{2}$$

在幂级数(2)中取 $x = 0$，显然幂级数收敛于 a_0，故任何幂级数的收敛域(即收敛点的集合)总包含点 $x = 0$。

定理 11.8 (阿贝尔定理) 设 α, β 为非零实数，α, β 分别是幂级数(2)的收敛点和发散点，则有

(1) 幂级数(2)在 $|x| < |\alpha|$ 时绝对收敛；

(2) 幂级数(2)在 $|x| > |\beta|$ 时发散。

证　(1) 因 $\sum_{n=0}^{\infty} a_n\alpha^n$ 收敛,必有 $\lim_{n\to\infty} a_n\alpha^n = 0$,由收敛数列的有界性,$\exists M > 0$,使得

$$|a_n\alpha^n| \leqslant M, \forall n \in \mathbf{N},$$

故 $\forall n \in \mathbf{N}$,当 $|x| < |\alpha|$ 时,有

$$|a_n x^n| = |a_n\alpha^n| \left|\frac{x}{\alpha}\right|^n \leqslant M \left|\frac{x}{\alpha}\right|^n。$$

由于几何级数 $\sum_{n=1}^{\infty} M\left|\frac{x}{\alpha}\right|^n \left(\left|\frac{x}{\alpha}\right| < 1\right)$ 收敛,应用比较判别法 1,推得级数 $\sum_{n=0}^{\infty} |a_n x^n|$ 收敛,即幂级数(2) 在 $|x| < |\alpha|$ 时绝对收敛。

(2)(反证法) 若 $\exists x_0 \in \mathbf{R}, |x_0| > |\beta|$,使得级数 $\sum_{n=0}^{\infty} a_n x_0^n$ 收敛,由上述已证明的(1),推得幂级数(2) 在 $|x| < |x_0|$ 时绝对收敛,因而级数 $\sum_{n=0}^{\infty} a_n\beta^n$ 绝对收敛,此与条件 β 为发散点相矛盾,故 $|x| > |\beta|$ 时幂级数(2) 发散。

应用阿贝尔定理,幂级数(2) 的收敛性可分为三种情况:

(1) 仅在 $x = 0$ 处收敛;

(2) 在 $(-\infty, +\infty)$ 上处处收敛;

(3) $\exists R \in \mathbf{R}$,使得 $|x| < R$ 时幂级数(2) 绝对收敛,在 $|x| > R$ 时幂级数(2) 发散。

我们将上述第三种情况中的数 R 称为幂级数(2) 的**收敛半径**,并将开区间 $(-R,R)$ 称为幂级数(2) 的**收敛区间**。为叙述方便起见,我们将上述第一种情况记为收敛半径 $R = 0$;将上述第二种情况记为收敛半径 $R = +\infty$;对于第三种情况,还要将 $x = R$ 与 $x = -R$ 分别代入幂级数(2) 得到两个数项级数。并应用上一节介绍的判别敛散性的方法判别这两个数项级数的敛散性。根据 $x = R$ 与 $x = -R$ 处的敛散性情况,可确定出幂级数(2) 的收敛域为下列四个区间 $(-R,R)$,$[-R,R]$,$[-R,R)$,$(-R,R]$ 中的某一个。

下面介绍两种求幂级数(2) 的收敛半径的方法。

定理 11.9　对于幂级数(2) 的系数 a_n,若极限 $\lim_{n\to\infty}\left|\frac{a_n}{a_{n+1}}\right|$ 存在或为 $+\infty$,则幂级数(2) 的收敛半径为

$$R = \lim_{n\to\infty}\left|\frac{a_n}{a_{n+1}}\right|。\tag{3}$$

证　设 $\lim_{n\to\infty}\left|\frac{a_n}{a_{n+1}}\right| = l$,当 $0 < l < +\infty$ 时,有

$$\lim_{n\to\infty}\left|\frac{a_{n+1}x^{n+1}}{a_n x^n}\right| = |x| \lim_{n\to\infty}\left|\frac{a_{n+1}}{a_n}\right| = \frac{|x|}{l},\tag{4}$$

若 $|x| < l$,由比值判别法,得幂级数(2) 绝对收敛;$\forall x_0$ 使得 $|x_0| > l$,则由极限式(4) 推知,n 充分大时有 $\left|\frac{a_{n+1}x_0^{n+1}}{a_n x_0^n}\right| > 1$,因而数列 $\{|a_n x_0^n|\}$ 严格增,于是

$$\lim_{n\to\infty}|a_n x_0^n| \neq 0 \Leftrightarrow \lim_{n\to\infty} a_n x_0^n \neq 0。$$

故幂级数 $\sum\limits_{n=0}^{\infty} a_n x_0^n$ 发散。因此 $|x| > l$ 时幂级数(2) 皆发散，于是收敛半径为 $R = l$。

当 $l = 0$ 时，$\forall x \neq 0$，有

$$\lim_{n\to\infty}\left|\frac{a_{n+1}x^{n+1}}{a_n x^n}\right| = |x|\lim_{n\to\infty}\left|\frac{a_{n+1}}{a_n}\right| = +\infty,$$

与上面证明一样，可证 $x \neq 0$ 时，$a_n x^n \nrightarrow 0(n\to\infty)$，所以幂级数(2) 对 $\forall x \neq 0$ 皆发散，因而收敛半径 $R = 0$。

当 $l = +\infty$ 时，$\forall x \neq 0$，有

$$\lim_{n\to\infty}\left|\frac{a_{n+1}x^{n+1}}{a_n x^n}\right| = |x|\lim_{n\to\infty}\left|\frac{a_{n+1}}{a_n}\right| = 0,$$

由比值判别法得 $\forall x \neq 0$ 幂级数(2) 皆收敛，故其收敛半径为 $R = +\infty$。

定理 11.10 对于幂级数(2) 的系数 a_n，若 $\lim\limits_{n\to\infty}\dfrac{1}{\sqrt[n]{|a_n|}}$ 存在或为 $+\infty$，则幂级数(2) 的收敛半径为

$$R = \lim_{n\to\infty}\frac{1}{\sqrt[n]{|a_n|}}。\tag{5}$$

该定理可用根植判别法和级数收敛的必要条件仿上一定理的论证进行证明，这里不再赘述。

值得注意的是根据阿贝尔定理，我们已分析说明了收敛半径 R 的存在性，但不能推得 $\lim\limits_{n\to\infty}\left|\dfrac{a_n}{a_{n+1}}\right| = R$ 或 $\lim\limits_{n\to\infty}\dfrac{1}{\sqrt[n]{|a_n|}} = R$。定理 11.9 与定理 11.10 揭示的是在这两个极限存在(或为 $+\infty$) 时，它们才是收敛半径，这两个极限还可能是除去 $+\infty$ 以外的其他不存在的情况。例如，幂级数 $\sum\limits_{n=0}^{\infty}(2+(-1)^n)x^n$ 中 $a_n = 2+(-1)^n$，显然 $\lim\limits_{n\to\infty}\left|\dfrac{a_n}{a_{n+1}}\right|$ 就是这一情况。对于这种情况的幂级数，只能用其他方法求收敛半径了。例如，上述幂级数 $\sum\limits_{n=0}^{\infty}(2+(-1)^n)x^n$ 可以分解为两个幂级数 $\sum\limits_{n=0}^{\infty}2x^n$ 与 $\sum\limits_{n=0}^{\infty}(-1)^n x^n$ 的和，而这两个幂级数都可以用公式(3) 或(5) 求得收敛半径皆为 $R_1 = 1$，所以原幂级数的收敛半径 $R \geqslant R_1$，但在 $x = 1$ 时，因 $2+(-1)^n \nrightarrow 0$，推得原幂级数的收敛半径 $R \leqslant 1$，由此推得 $R = 1$。

例 1 求下列幂级数的收敛域。

(1) $\sum\limits_{n=1}^{\infty}(-1)^{n-1}\dfrac{3^n x^n}{\sqrt{n}}$； (2) $\sum\limits_{n=0}^{\infty}\dfrac{x^n}{n!}$；

(3) $\sum\limits_{n=1}^{\infty}n^n x^n$； (4) $\sum\limits_{n=1}^{\infty}\dfrac{\ln(1+n)}{n}x^n$。

解 (1) 设 $a_n = (-1)^{n-1}\dfrac{3^n}{\sqrt{n}}$，因

$$\lim_{n\to\infty}\left|\frac{a_n}{a_{n+1}}\right|=\lim_{n\to\infty}\frac{3^n}{\sqrt{n}}\cdot\frac{\sqrt{n+1}}{3^{n+1}}=\frac{1}{3},$$

故收敛半径 $R=\frac{1}{3}$。当 $x=\frac{1}{3}$ 时，原幂级数为 $\sum_{n=1}^{\infty}(-1)^{n-1}\frac{1}{\sqrt{n}}$ 为交错级数，故收敛；当 $x=-\frac{1}{3}$ 时，原幂级数为 $-\sum_{n=0}^{\infty}\frac{1}{\sqrt{n}}$，显然发散。因此原幂级数的收敛域为 $\left(-\frac{1}{3},\frac{1}{3}\right]$。

(2) 设 $a_n=\frac{1}{n!}$，由于

$$\lim_{n\to\infty}\left|\frac{a_n}{a_{n+1}}\right|=\lim_{n\to\infty}\frac{(n+1)!}{n!}=\lim_{n\to\infty}(n+1)=+\infty,$$

故收敛半径 $R=+\infty$，因此原幂级数的收敛域为 $(-\infty,+\infty)$。

(3) 设 $a_n=n^n$，因

$$\lim_{n\to\infty}\frac{1}{\sqrt[n]{|a_n|}}=\lim_{n\to\infty}\frac{1}{n}=0,$$

故收敛半径 $R=0$，因此原幂级数仅当 $x=0$ 时收敛。

(4) 设 $a_n=\frac{\ln(1+n)}{n}$，因

$$\lim_{n\to\infty}\left|\frac{a_n}{a_{n+1}}\right|=\lim_{n\to\infty}\frac{\ln(1+n)}{n}\cdot\frac{1+n}{\ln(2+n)}=\lim_{n\to\infty}\frac{1+n}{n}\cdot\frac{\ln n+\ln\left(1+\frac{1}{n}\right)}{\ln n+\ln\left(1+\frac{2}{n}\right)}=1,$$

故收敛半径 $R=1$，当 $x=1$ 时，原幂级数为 $\sum_{n=1}^{\infty}\frac{\ln(1+n)}{n}$，由于 $\frac{\ln(1+n)}{n}>\frac{1}{n}(n>2)$，故该级数发散；当 $x=-1$ 时，原幂级数为 $\sum_{n=1}^{\infty}(-1)^n\frac{\ln(1+n)}{n}$，为交错级数，满足

① $\lim_{n\to\infty}u_n=\lim_{n\to\infty}\frac{\ln(1+n)}{n}=0$；

② 设 $f(x)=\frac{\ln(1+x)}{x}\ (x\geqslant 2)$。

从而

$$f'(x)=\frac{\frac{x}{1+x}-\ln(1+x)}{x^2},$$

而当 $x\geqslant 2$ 时，$\frac{x}{1+x}<1,\ln(1+x)>1,f'(x)<0$，则 $f(x)$ 单调减，即

$$u_n=\frac{\ln(1+n)}{n}>\frac{\ln(2+n)}{1+n}=u_{n+1},$$

故 $\sum_{n=1}^{\infty}(-1)^n\frac{\ln(1+n)}{n}$ 收敛，因此原幂级数的收敛域为 $[-1,1)$。

例 2 求下列幂级数的收敛域。

(1) $\sum_{n=1}^{\infty} \frac{1}{n}(2x+1)^n$； (2) $\sum_{n=1}^{\infty} \frac{1}{3n+1}\left(\frac{1+x}{1-x}\right)^n$。

解 (1) 令 $t=2x+1$，原式 $=\sum_{n=1}^{\infty}\frac{1}{n}t^n$，此幂级数的收敛域易求出为$[-1,1)$，于是$-1\leqslant 2x+1<1$，由此可得原幂级数的收敛域为$[-1,0)$。

(2) 令 $t=\frac{1+x}{1-x}$，则原式 $=\sum_{n=1}^{\infty}\frac{1}{3n+1}t^n$，此幂级数的收敛域易于求出为$[-1,1)$，于是$-1\leqslant\frac{1+x}{1-x}<1$，由此可得原幂级数的收敛域为$(-\infty,0)$。

11.3.2 幂级数的性质

首先讨论两个幂级数相加或相减的性质。

定理 11.11 设两个幂级数$\sum_{n=0}^{\infty}a_nx^n$与$\sum_{n=0}^{\infty}b_nx^n$，其收敛半径分别为$R_1$与$R_2$，其收敛域分别为$X_1$和$X_2$。若幂级数$\sum_{n=0}^{\infty}(a_n\pm b_n)x^n$的收敛半径为$R$，则

(1) 当$R_1\neq R_2$时，$R=\min\{R_1,R_2\}$；
(2) 当$R_1=R_2$时，且$X_1\neq X_2$时，$R=R_1=R_2$；
(3) 当$R_1=R_2$时，且$X_1=X_2$时，$R\geqslant R_1=R_2$。
综合可得$R\geqslant\min\{R_1,R_2\}$。

证 (1) 不妨设$R_1<R_2$，则$\min\{R_1,R_2\}=R_1$。由于$|x|<R_1$时幂级数$\sum_{n=0}^{\infty}a_nx^n$与$\sum_{n=0}^{\infty}b_nx^n$皆绝对收敛，应用数项级数的基本性质可推得当$|x|<R_1$时，

$$\sum_{n=0}^{\infty}(a_n\pm b_n)x^n=\sum_{n=0}^{\infty}a_nx^n\pm\sum_{n=0}^{\infty}b_nx^n$$

也收敛，由此可得$R\geqslant R_1$。

$\forall x_0$，使得$R_1<|x_0|<R_2$，由于$\sum_{n=0}^{\infty}a_nx_0^n$发散，$\sum_{n=0}^{\infty}b_nx_0^n$收敛，应用数项级数的基本性质推得$\sum_{n=0}^{\infty}(a_n\pm b_n)x_0^n$发散，由此可得$R\leqslant R_1$。

综合分析即得$R=R_1=\min\{R_1,R_2\}$。

(2) 当$|x|<R_1$时，两个幂级数$\sum_{n=0}^{\infty}a_nx^n$与$\sum_{n=0}^{\infty}b_nx^n$皆收敛，因而$\sum_{n=0}^{\infty}(a_n\pm b_n)x^n$也收敛，由此可得$R\geqslant R_1$。

由于$X_1\neq X_2$，这表明幂级数$\sum_{n=0}^{\infty}a_nx^n$与$\sum_{n=0}^{\infty}b_nx^n$在$x=R$(或$x=-R$)处一个为收敛

一个为发散，因此 $\sum_{n=0}^{\infty}(a_n \pm b_n)x^n$ 在该点处发散，由此可得 $R \leqslant R_1$。

综合分析即得 $R = R_1 = R_2$。

(3) 考察一个特例，当 $a_n = -b_n$ 时，$\sum_{n=0}^{\infty} a_n x^n$ 与 $\sum_{n=0}^{\infty} b_n x^n$ 的收敛半径与收敛域皆相同，但 $\sum_{n=0}^{\infty}(a_n \pm b_n)x^n$ 的收敛半径 $R = +\infty$。

下面研究幂级数的和函数 $S(x)$ 的连续性，以及和函数 $S(x)$ 的可导性与可积性。

定理 11.12　设幂级数 $\sum_{n=0}^{\infty} a_n x^n$ 的收敛半径为 R，收敛域为 X，和函数为 $S(x)$，则有

(1) $S(x) \in C(X)$；

(2) $S'(x) = \sum_{n=1}^{\infty} n a_n x^{n-1}\ (x \in (-R,R))$；

(3) $\int_0^x S(x)\mathrm{d}x = \sum_{n=0}^{\infty} \frac{a_n}{n+1} x^{n+1}\ (x \in (-R,R))$。

此定理的证明从略。这是幂级数理论中非常重要的三条性质，第一条性质表明幂级数的和函数在其收敛域上连续；第二条性质表明幂级数在收敛区间内可逐项求导数；第三条性质表明幂级数在收敛区间内可逐项求积分。第二条和第三条性质在以后有着重要的应用。

11.3.3　初等函数的幂级数展开式

定理 11.13　设函数 $f(x)$ 在 $(-R,R)$ 上可展开为幂级数

$$f(x) = \sum_{n=0}^{\infty} a_n x^n, \tag{6}$$

则 $f(x)$ 在 $(-R,R)$ 上任意阶数导数存在，且 $a_0 = f(0)$，$a_n = \frac{1}{n!} f^{(n)}(0)$，$n \in \mathbf{N}$。

证　在 (6) 式中令 $x = 0$ 得 $a_0 = f(0)$。运用幂级数可逐项求导的性质，将 (6) 式两边逐次求导得

$$f'(x) = \sum_{n=1}^{\infty} n a_n x^{n-1},$$

$$f''(x) = \sum_{n=2}^{\infty} n(n-1) a_n x^{n-2},$$

$$\cdots\cdots$$

$$f^{(k)}(x) = \sum_{n=k}^{\infty} n(n-1)\cdots(n-k+1) a_n x^{n-k},$$

$$\cdots\cdots$$

这里 $x \in (-R,R)$。在上列各式中令 $x = 0$ 得

$$f'(0)=a_1,\ f''(0)=2a_2,\cdots,f^{(k)}(0)=k!a_k,\cdots,$$

所以 $f(x)$ 在 $(-R,R)$ 上任意阶导数存在，且 $a_k=\dfrac{1}{k!}f^{(k)}(0)$ ，即

$$a_n=\frac{1}{n!}f^{(n)}(0),\ n\in\mathbf{N}。$$

此定理表明：函数 $f(x)$ 可展为幂级数的必要条件是 $f(x)$ 在 $x=0$ 的某邻域内任意阶可导，且其幂级数展式是唯一的，其形式为

$$f(x)=\sum_{n=0}^{\infty}\frac{1}{n!}f^{(n)}(0)x^n,\tag{7}$$

此式称为 $f(x)$ 的**麦克劳林展开式，或幂级数展开式**。

值得指出的是上述必要条件并不充分，由上面的系数公式得到的幂级数（(7) 式的右端）的和函数并不一定是 $f(x)$。下面研究(7) 式成立的充要条件。

定理 11.14 设函数 $f(x)$ 在 $(-R,R)$ 上任意阶可导，则 $f(x)$ 有幂级数展式(7) 的充要条件是

$$\lim_{n\to\infty}\frac{1}{n!}f^{(n)}(\xi)x^n=0,\tag{8}$$

这里 $x\in(-R,R)$，ξ 介于 0 与 x 之间。

证 因函数 $f(x)$ 在 $(-R,R)$ 上任意阶可导，根据麦克劳林公式，$\forall n\in\mathbf{N}$，有

$$f(x)=\sum_{k=0}^{n-1}\frac{1}{k!}f^{(k)}(0)x^k+\frac{1}{n!}f^{(n)}(\xi)x^n,\tag{9}$$

这里 $x\in(-R,R)$，ξ 介于 0 与 x 之间。在(9) 式中令 $n\to\infty$ 得

$$f(x)=\sum_{k=0}^{n-1}\frac{1}{k!}f^{(k)}(0)x^k+\lim_{n\to\infty}\frac{1}{n!}f^{(n)}(\xi)x^n,$$

由此式即得(7) 式成立的充要条件是(8) 式须成立。

函数 $f(x)$ 除在 $|x|<R$ 上任意阶可导外，还需满足什么条件能保证(8) 式成立呢?

定理 11.15 设函数 $f(x)$ 在 $(-R,R)$ 上任意阶可导，且 $\exists M>0$，使得 $\forall n\in\mathbf{N}$，$\forall x\in(-R,R)$，有

$$|f^{(n)}(x)|\leqslant M,$$

则 $f(x)$ 有幂级数展开式(7)。

证 因为 $a_n=\dfrac{R^n}{n!}$ 时，有

$$\lim_{n\to\infty}\frac{a_{n+1}}{a_n}=\lim_{n\to\infty}\frac{R^{n+1}}{(n+1)!}\cdot\frac{n!}{R^n}=\lim_{n\to\infty}\frac{R}{n+1}=0,$$

所以级数 $\sum\limits_{n=0}^{\infty}a_n=\sum\limits_{n=1}^{\infty}\dfrac{R^n}{n!}$ 收敛。由级数收敛的必要条件得

$$\lim_{n\to\infty}a_n=\lim_{n\to\infty}\frac{R^n}{n!}=0。$$

由于

$$0<\left|\frac{1}{n!}f^{(n)}(\xi)x^n\right|\leqslant\frac{M}{n!}R^n\to 0\quad(n\to\infty),$$

所以

$$\lim_{n\to\infty}\frac{1}{n!}f^{(n)}(\xi)x^n=0,$$

即(8) 式成立。由定理 11.14 得 $f(x)$ 有幂级数展开式(7)。

下面应用定理 11.15 和定理 11.12 导出基本初等函数 e^x，$\sin x$，$\cos x$，$\ln(1-x)$，$(1+x)^\alpha$ 的幂级数展开式。

(1) $e^x=\sum_{n=0}^{\infty}\frac{x^n}{n!}\ (|x|<+\infty)$；

(2) $\sin x=\sum_{n=0}^{\infty}(-1)^n\frac{x^{2n+1}}{(2n+1)!}\quad(|x|<+\infty)$；

(3) $\cos x=\sum_{n=0}^{\infty}(-1)^n\frac{x^{2n}}{(2n)!}\quad(|x|<+\infty)$；

(4) $\ln(1-x)=-\sum_{n=1}^{\infty}\frac{x^n}{n}\quad(-1\leqslant x<1)$；

(5) $(1+x)^\alpha=1+\alpha x+\frac{\alpha(\alpha-1)}{2!}x^2+\cdots+\frac{\alpha(\alpha-1)\cdots(\alpha-n+1)}{n!}x^n+\cdots\quad|x|<1$。

证　(1) 因为

$$f(x)=e^x,\cdots,f^{(n)}(x)=e^x,f^{(n)}(0)=1,$$

所以 $a_n=\frac{1}{n!}$。$\forall M>0$，当 $|x|<M$ 时，

$$|f^{(n)}(x)|=|e^x|\leqslant e^M,$$

因而当 $|x|<M$ 时，

$$e^x=\sum_{n=0}^{\infty}\frac{1}{n!}x^n,$$

由于 $M>0$ 的任意性，故上式对 $|x|<+\infty$ 成立。

(2)

$$f(x)=\sin x,$$

$$\cdots\cdots\cdots\cdots$$

$$f^{(n)}(x)=\sin\left(x+n\cdot\frac{\pi}{2}\right),$$

$$f^{(n)}(0)=\sin\left(n\cdot\frac{\pi}{2}\right)=\begin{cases}0, & n=2k,\\(-1)^k, & n=2k+1,\end{cases}$$

且 $\forall x\in R$，$|f^{(n)}(x)|\leqslant 1$，所以

$$\sin x=\sum_{n=0}^{\infty}(-1)^n\frac{x^{2n+1}}{(2n+1)!}\quad(|x|<+\infty)。$$

(3) 将 $\sin x$ 的幂级数展开式逐项求导即得 $\cos x$ 的幂级数展开式。

(4) 由几何级数

$$\sum_{n=0}^{\infty} x^n = \frac{1}{1-x} \quad (|x|<1),$$

应用逐项求积分法得

$$-\ln(1-x) = \int_0^x \frac{1}{1-x}\mathrm{d}x = \sum_{n=0}^{\infty} \frac{x^{n+1}}{n+1} = \sum_{n=1}^{\infty} \frac{x^n}{n} \quad (|x|<1),$$

所以

$$\ln(1-x) = -\sum_{n=1}^{\infty} \frac{x^n}{n} \quad (-1 \leqslant x < 1)。$$

由于上式右端级数在 $x=-1$ 处收敛，在 $x=1$ 处发散，因此上式成立的范围为 $-1\leqslant x<1$。

(5) 此式的证明还涉及微分方程的求解，这里从略。

有了上述五个公式后，我们通过幂级数的四则运算，应用幂级数可逐项求导数、可逐项求积分的性质即可求出另一些初等函数的幂级数展开式，通常将这一方法称为间接展开法。

注意　若函数 $f(x)$ 在 $|x-a|<R$ 上满足定理 11.15 的条件，则 $f(x)$ 在 $x=a$ 处的幂级数展开式的形式为

$$f(x) = \sum_{n=0}^{\infty} \frac{f^{(n)}(a)}{n!}(x-a)^n,$$

此式我们也可以用间接展开法求出（见下例）。

例 3　求 $f(x)=\arctan x$ 的幂级数展开式。

解　因为

$$f'(x) = \frac{1}{1+x^2} = \sum_{n=0}^{\infty} (-x^2)^n = \sum_{n=0}^{\infty} (-1)^n x^{2n} \quad (|x|<1),$$

逐项求积分得

$$f(x)-f(0) = \sum_{n=0}^{\infty} \frac{(-1)^n}{2n+1} x^{2n+1} \quad (|x|<1),$$

由于 $f(0)=0$，且上式右端在 $x=\pm 1$ 处为莱布尼茨级数，皆收敛，故收敛范围为 $|x|\leqslant 1$，于是

$$\arctan x = \sum_{n=0}^{\infty} \frac{(-1)^n}{2n+1} x^{2n+1} \quad (|x|\leqslant 1)。$$

例 4　求 $f(x)=\dfrac{1}{x^2}$ 在 $x=2$ 处的幂级数展开式。

解　令 $x-2=t$，则

$$f(x) = \frac{1}{(2+t)^2} = \varphi(t),$$

因为

$$\int_0^t \varphi(t)\mathrm{d}t = \int_0^t \frac{1}{(2+t)^2}\mathrm{d}t = -\frac{1}{2+t}\Big|_0^t = \frac{t}{2(2+t)}$$

$$= \frac{t}{4\left(1+\frac{t}{2}\right)} = \frac{t}{4}\sum_{n=0}^{\infty}\left(-\frac{t}{2}\right)^n = \sum_{n=0}^{\infty}(-1)^n\frac{t^{n+1}}{2^{n+2}},$$

这里$\left|\frac{t}{2}\right|<1$,对上式左边求导,对右边逐项求导数得

$$f(x)=\varphi(t)=\sum_{n=0}^{\infty}(-1)^n\frac{(n+1)}{2^{n+2}}t^n=\sum_{n=0}^{\infty}(-1)^n\frac{(n+1)}{2^{n+2}}(x-2)^n \quad (0<x<4)。$$

11.3.4　幂级数的和函数

由上述的五个初等函数的幂级数展开公式我们直接得到五个幂级数的和函数的公式。

(1) $\sum_{n=0}^{\infty}\frac{x^n}{n!}=\mathrm{e}^x \quad (|x|<+\infty)$;

(2) $\sum_{n=0}^{\infty}(-1)^n\frac{x^{2n+1}}{(2n+1)!}=\sin x \quad (|x|<+\infty)$;

(3) $\sum_{n=0}^{\infty}(-1)^n\frac{x^{2n}}{(2n)!}=\cos x \quad (|x|<+\infty)$;

(4) $\sum_{n=1}^{\infty}\frac{x^n}{n}=-\ln(1-x) \quad (-1\leqslant x<1)$;

(5) $\sum_{n=k}^{\infty}x^n=\frac{x^k}{1-x} \quad (-1<x<1),k=0,1,2,\cdots$。

运用这些公式,通过幂级数的四则运算,应用幂级数可逐项求导数、可逐项求积分的性质即可求出另一些幂级数的和函数。

例 5　求幂级数$\sum_{n=1}^{\infty}n^2x^n$的和函数。

解　记幂级数的和函数为$S(x)$,逐项积分再求导数得

$$S(x)=x\left(\sum_{n=1}^{\infty}n^2x^{n-1}\right)=x\left(\sum_{n=1}^{\infty}n^2\frac{1}{n}x^n\right)'=x\left(\sum_{n=1}^{\infty}nx^n\right)',$$

记$g(x)=\sum_{n=1}^{\infty}nx^n$,则

$$g(x)=x\left(\sum_{n=1}^{\infty}nx^{n-1}\right)=x\left(\sum_{n=1}^{\infty}n\cdot\frac{1}{n}x^n\right)'$$

$$=x\left(\sum_{n=1}^{\infty}x^n\right)'=x\left(\frac{x}{1-x}\right)'$$

$$=\frac{x}{(1-x)^2} \quad (-1<x<1),$$

于是

$$S(x)=xg'(x)=x\frac{(1-x)^2+x\cdot 2(1-x)}{(1-x)^4}=\frac{x(1+x)}{(1-x)^3}\quad(-1<x<1)。$$

例 6 求幂级数$\sum\limits_{n=1}^{\infty}\frac{1}{n(n+1)}x^n$的和函数。

解 先求幂级数$\sum\limits_{n=1}^{\infty}\frac{1}{n(n+1)}x^{n+1}$的和函数$S(x)$,逐项求导数,并运用上述公式得

$$S'(x)=\sum_{n=1}^{\infty}\frac{1}{n}x^n=-\ln(1-x)\quad(-1<x<1),$$

上式两边求积分得

$$\begin{aligned}S(x)-S(0)&=-\int_0^x\ln(1-x)\mathrm{d}x=-x\ln(1-x)\Big|_0^x-\int_0^x\frac{x}{1-x}\mathrm{d}x\\&=-x\ln(1-x)+x+\ln(1-x),\end{aligned}$$

由于$S(0)=0$,原式$=\frac{1}{x}S(x)$,所以

$$原式=1-\ln(1-x)+\frac{1}{x}\ln(1-x)\quad(-1\leqslant x<0\text{ 或 }0<x<1)。$$

当$x=0$时,显见原式$=0$。当$x=1$时,

$$原式=\sum_{n=1}^{\infty}\frac{1}{n(n+1)}=\lim_{n\to\infty}\sum_{k=1}^{n}\left(\frac{1}{k}-\frac{1}{k+1}\right)=\lim_{n\to\infty}\left(1-\frac{1}{n+1}\right)=1。$$

于是所求幂级数的和函数为

$$\sum_{n=1}^{\infty}\frac{1}{n(n+1)}x^n=\begin{cases}1-\ln(1-x)+\frac{1}{x}\ln(1-x), & (-1\leqslant x<0\text{ 或 }0<x<1),\\0, & x=0,\\1, & x=1。\end{cases}$$

下面考虑“求数项级数和”的问题,例如,欲求级数

$$\sum_{n=1}^{\infty}(-1)^{n+1}\frac{1}{n}=1-\frac{1}{2}+\frac{1}{3}-\frac{1}{4}+\cdots$$

的和。可利用公式

$$\ln(1+x)=\sum_{n=1}^{\infty}(-1)^{n+1}\frac{1}{n}x^n\quad(-1<x\leqslant 1),$$

在收敛域内取$x=1$,代入上式即得

$$\sum_{n=1}^{\infty}(-1)^{n+1}\frac{1}{n}=\ln 2。$$

例 7 求级数$\sum\limits_{n=1}^{\infty}\frac{1}{n!(n+2)}$的和。

解　首先考虑幂级数

$$\sum_{n=1}^{\infty}\frac{1}{n!(n+2)}x^{n+2}=S(x),$$

逐项求导得

$$S'(x)=\sum_{n=1}^{\infty}\frac{1}{n!}x^{n+1}=x\left(\sum_{n=1}^{\infty}\frac{1}{n!}x^{n}\right)$$

$$=x\left(\sum_{n=0}^{\infty}\frac{1}{n!}x^{n}-1\right)=x(e^{x}-1)\quad(|x|<+\infty),$$

对上式两边求积分得

$$S(x)-S(0)=\int_0^x x(e^x-1)dx=\int_0^x xd(e^x-x)$$

$$=x(e^x-x)\Big|_0^x-\int_0^x(e^x-x)dx$$

$$=x(e^x-x)-e^x+\frac{x^2}{2}+1,$$

由于 $S(0)=0$，所以

$$\sum_{n=1}^{\infty}\frac{1}{n!(n+2)}x^{n+2}=xe^x-e^x-\frac{x^2}{2}+1\quad(|x|<+\infty),$$

令 $x=1$，即得

$$\sum_{n=1}^{\infty}\frac{1}{n!(n+2)}=\frac{1}{2}。$$

习题 11.3

1. 求下列幂级数的收敛域。

(1) $\sum_{n=1}^{\infty}(-1)^n\frac{n}{3n-2}x^n$；　(2) $\sum_{n=1}^{\infty}\frac{1}{n^2\cdot 2^n}x^n$；

(3) $\sum_{n=1}^{\infty}(-1)^n\frac{1}{n}x^n$；　(4) $\sum_{n=1}^{\infty}\frac{2^n}{n}(x-2)^{2n}$；

(5) $\sum_{n=1}^{\infty}\frac{n!}{n^n}x^n$；　(6) $\sum_{n=0}^{\infty}\frac{(n!)^2}{(2n)!}x^n$。

2. 求下列幂级数的和函数。

(1) $\sum_{n=1}^{\infty}nx^n$；　(2) $\sum_{n=1}^{\infty}n(n+1)x^n$；

(3) $\sum_{n=2}^{\infty}\frac{(-1)^n}{n(n-1)}x^n$；　(4) $\sum_{n=1}^{\infty}\frac{2n-1}{2^n}x^{2n-1}$。

3. 求下列数项级数的和。

(1) $\sum\limits_{n=1}^{\infty}\frac{(-1)^n}{n(2n-1)}$；　　(2) $\sum\limits_{n=0}^{\infty}\frac{1}{n!(n+3)}$。

复习题 11

一、是非题。

1. 若$\sum\limits_{n=1}^{\infty}u_n$发散，$\sum\limits_{n=1}^{\infty}v_n$发散，则$\sum\limits_{n=1}^{\infty}(u_n+v_n)$发散。

2. 因$\frac{\cos\frac{n\pi}{3}}{n^2}\leqslant\frac{1}{n^2}$，故$\cos\frac{\frac{n\pi}{3}}{n^2}\leqslant\frac{1}{n^2}$收敛。

3. 若$u_n>0$且$\sum\limits_{n=1}^{\infty}u_n$收敛，则$\lim\limits_{n\to\infty}\frac{u_{n+1}}{u_n}=l<1$。

4. 若$\sum\limits_{n=1}^{\infty}(a_{2n-1}+a_{2n})$发散，则$\sum\limits_{n=1}^{\infty}a_n$发散。

二、选择题。

1. 若级数$\sum\limits_{n=1}^{\infty}a_n$收敛，则(　　)。

(A) 数列$\{a_n\}$收敛　　(B) 数列$\{a_n\}$发散

(C) 部分和数列$\{s_n\}$收敛　　(D) 部分和数列$\{s_n\}$发散

2. 级数$\sum\limits_{n=1}^{\infty}\frac{n+1}{n(n+2)}$(　　)。

(A) 收敛　　(B) 发散　　(C) 敛散性不定　　(D) 绝对收敛

3. 设α为常数，则级数$\sum\limits_{n=1}^{\infty}(-1)^{n-1}\left(\frac{\sin n\alpha}{n^2}-\frac{1}{\sqrt{n}}\right)$(　　)。

(A) 绝对收敛　　(B) 条件收敛　　(C) 发散　　(D) 收敛性不定

4. 若$\sum\limits_{n=1}^{\infty}a_n(x-1)^n$在$x=-1$处收敛，则此级数在$x=2$处(　　)。

(A) 绝对收敛　　(B) 条件收敛　　(C) 发散　　(D) 连续且可微

5. 已知级数$\sum\limits_{n=1}^{\infty}\frac{1}{n^2}=\frac{\pi^2}{6}$，则级数$\sum\limits_{n=1}^{\infty}\frac{1}{(2n-1)^2}$之和是(　　)。

(A) $\frac{\pi^2}{4}$　　(B) $\frac{\pi^2}{8}$　　(C) $\frac{\pi^2}{12}$　　(D) $\frac{\pi^2}{16}$

三、填空题。

1. 若$\sum\limits_{n=1}^{\infty}u_n$为正项级数，且其部分和数列为$\{s_n\}$，则$\sum\limits_{n=1}^{\infty}u_n$收敛的充要条件是______。

2. 幂级数$\sum_{n=0}^{\infty}\frac{2n-1}{2^n}x^{3n}$的收敛半径$R=$______，收敛区间______。

3. $\sum_{n=1}^{\infty}(-1)^{n-1}\frac{1}{u_n}$ $(u_n>0, n=1,2,3,\cdots)$ 若满足条件______，则此级数收敛。

4. 级数$\sum_{n=1}^{\infty}\frac{(-1)^{n-1}}{n^{2p}}$的收敛性为：当 $p>\frac{1}{2}$ 时，级数______，当 $0<p\leqslant\frac{1}{2}$ 时级数______；当 $p<0$ 时，级数______。

四、判定下列级数的收敛性，如果收敛，请指出是绝对收敛还是条件收敛。

(1) $\sum_{n=2}^{\infty}\frac{(-1)^n}{\sqrt{n}+(-1)^n}$；　　(2) $\sum_{n=2}^{\infty}\frac{1}{\ln n}$；

(3) $\sum_{n=1}^{\infty}(-1)^n\sin\frac{\pi}{n}$；　　(4) $\sum_{n=1}^{\infty}(-1)^{n-1}\frac{1}{n(n+1)}$。

五、求幂级数$\sum_{n=1}^{\infty}nx^{n-1}$的和函数，并指出其收敛区间。

六、若 $a_n>0$，$\sum_{n=1}^{\infty}a_n$ 收敛，求证$\sum_{n=1}^{\infty}a_n^2$ 收敛。

七、讨论级数$\sum_{n=1}^{\infty}\frac{(-1)^n}{n-\ln n}$是否收敛，是否绝对收敛？

附录 I 希腊字母表

字	母	读音
A	α	Alpha
B	β	Beta
Γ	γ	Gamma
Δ	δ	Delta
E	ε	Epsilon
Z	ζ	Zeta
H	η	Eta
Θ	θ	Theta
I	ι	Iota
K	κ	Kappa
Λ	λ	Lambda
M	μ	Mu
N	ν	Nu
Ξ	ξ	Xi
O	o	Omicron
Π	π	Pi
P	ρ	Rho
Σ	σ	Sigma
T	τ	Tau
Υ	υ	Upsilon
Φ	φ	Phi
X	χ	Chi
Ψ	ψ	Psi
Ω	ω	Omega

附 录 Ⅱ　简易积分表

（一）含有 $ax+b$ 的积分

1. $\int \frac{\mathrm{d}x}{ax+b}=\frac{1}{a}\ln|ax+b|+C$

2. $\int (ax+b)^{\mu}\mathrm{d}x=\frac{1}{a(\mu+1)}(ax+b)^{\mu+1}+C\ (\mu\neq -1)$

3. $\int \frac{x}{ax+b}\mathrm{d}x=\frac{1}{a^2}(ax+b-b\ln|ax+b|)+C$

4. $\int \frac{x^2}{ax+b}\mathrm{d}x=\frac{1}{a^3}\left[\frac{1}{2}(ax+b)^2-2b(ax+b)+b^2\ln|ax+b|\right]+C$

5. $\int \frac{\mathrm{d}x}{x(ax+b)}=-\frac{1}{b}\ln\left|\frac{ax+b}{x}\right|+C$

6. $\int \frac{\mathrm{d}x}{x^2(ax+b)}=-\frac{1}{bx}+\frac{a}{b^2}\ln\left|\frac{ax+b}{x}\right|+C$

7. $\int \frac{x}{(ax+b)^2}\mathrm{d}x=\frac{1}{a^2}\left(\ln|ax+b|+\frac{b}{ax+b}\right)+C$

8. $\int \frac{x^2}{(ax+b)^2}\mathrm{d}x=\frac{1}{a^3}\left(ax+b-2b\ln|ax+b|-\frac{b^2}{ax+b}\right)+C$

9. $\int \frac{\mathrm{d}x}{x(ax+b)^2}=\frac{1}{b(ax+b)}-\frac{1}{b^2}\ln\left|\frac{ax+b}{x}\right|+C$

（二）含有 $\sqrt{ax+b}$ 的积分

10. $\int \sqrt{ax+b}\,\mathrm{d}x=\frac{2}{3a}\sqrt{(ax+b)^3}+C$

11. $\int x\sqrt{ax+b}\,\mathrm{d}x=\frac{2}{15a^2}(3ax-2b)\sqrt{(ax+b)^3}+C$

12. $\int x^2\sqrt{ax+b}\,\mathrm{d}x=\frac{2}{105a^3}(15a^2x^2-12abx+8b^2)\sqrt{(ax+b)^3}+C$

13. $\int \frac{x}{\sqrt{ax+b}}\mathrm{d}x=\frac{2}{3a^2}(ax-2b)\sqrt{ax+b}+C$

14. $\int \frac{x^2}{\sqrt{ax+b}}\mathrm{d}x=\frac{2}{15a^3}(3a^2x^2-4abx+8b^2)\sqrt{ax+b}+C$

15. $\int \frac{\mathrm{d}x}{x\sqrt{ax+b}}=\begin{cases}\frac{1}{\sqrt{b}}\ln\left|\frac{\sqrt{ax+b}-\sqrt{b}}{\sqrt{ax+b}+\sqrt{b}}\right|+C\ (b>0)\\ \frac{2}{\sqrt{-b}}\arctan\sqrt{\frac{ax+b}{-b}}+C\ (b<0)\end{cases}$

16. $\int \frac{\mathrm{d}x}{x^2\sqrt{ax+b}}=-\frac{\sqrt{ax+b}}{bx}-\frac{a}{2b}\int \frac{\mathrm{d}x}{x\sqrt{ax+b}}$

17. $\int \frac{\sqrt{ax+b}}{x}\mathrm{d}x = 2\sqrt{ax+b} + b\int \frac{\mathrm{d}x}{x\sqrt{ax+b}}$

18. $\int \frac{\sqrt{ax+b}}{x^2}\mathrm{d}x = -\frac{\sqrt{ax+b}}{x} + \frac{a}{2}\int \frac{\mathrm{d}x}{x\sqrt{ax+b}}$

（三）含有 $x^2 \pm a^2$ 的积分

19. $\int \frac{\mathrm{d}x}{x^2+a^2} = \frac{1}{a}\arctan\frac{x}{a} + C$

20. $\int \frac{\mathrm{d}x}{(x^2+a^2)^n} = \frac{x}{2(n-1)a^2(x^2+a^2)^{n-1}} + \frac{2n-3}{2(n-1)a^2}\int \frac{\mathrm{d}x}{(x^2+a^2)^{n-1}}$

21. $\int \frac{\mathrm{d}x}{x^2-a^2} = \frac{1}{2a}\ln\left|\frac{x-a}{x+a}\right| + C$

（四）含有 $ax^2+b\ (a>0)$ 的积分

22. $\int \frac{\mathrm{d}x}{ax^2+b} = \begin{cases} \frac{1}{\sqrt{ab}}\arctan\sqrt{\frac{a}{b}}x + C\ (b>0) \\ \frac{1}{2\sqrt{-ab}}\ln\left|\frac{\sqrt{a}x-\sqrt{-b}}{\sqrt{a}x+\sqrt{-b}}\right| + C\ (b<0) \end{cases}$

23. $\int \frac{x}{ax^2+b}\mathrm{d}x = \frac{1}{2a}\ln|ax^2+b| + C$

24. $\int \frac{x^2}{ax^2+b}\mathrm{d}x = \frac{x}{a} - \frac{b}{a}\int \frac{\mathrm{d}x}{ax^2+b}$

25. $\int \frac{\mathrm{d}x}{x(ax^2+b)} = \frac{1}{2b}\ln\frac{x^2}{|ax^2+b|} + C$

26. $\int \frac{\mathrm{d}x}{x^2(ax^2+b)} = -\frac{1}{bx} - \frac{a}{b}\int \frac{\mathrm{d}x}{ax^2+b}$

27. $\int \frac{\mathrm{d}x}{x^3(ax^2+b)} = \frac{a}{2b^2}\ln\frac{|ax^2+b|}{x^2} - \frac{1}{2bx^2} + C$

28. $\int \frac{\mathrm{d}x}{(ax^2+b)^2} = \frac{x}{2b(ax^2+b)} + \frac{1}{2b}\int \frac{\mathrm{d}x}{ax^2+b}$

（五）含有 $ax^2+bx+c\ (a>0)$ 的积分

29. $\int \frac{\mathrm{d}x}{ax^2+bx+c} = \begin{cases} \frac{2}{\sqrt{4ac-b^2}}\arctan\frac{2ax+b}{\sqrt{4ac-b^2}} + C\ (b^2<4ac) \\ \frac{1}{\sqrt{b^2-4ac}}\ln\left|\frac{2ax+b-\sqrt{b^2-4ac}}{2ax+b+\sqrt{b^2-4ac}}\right| + C\ (b^2>4ac) \end{cases}$

30. $\int \frac{x}{ax^2+bx+c}\mathrm{d}x = \frac{1}{2a}\ln|ax^2+bx+c| - \frac{b}{2a}\int \frac{\mathrm{d}x}{ax^2+bx+c}$

（六）含有 $\sqrt{x^2+a^2}\ (a>0)$ 的积分

31. $\int \frac{\mathrm{d}x}{\sqrt{x^2+a^2}} = \operatorname{arsh}\frac{x}{a} + C_1 = \ln(x+\sqrt{x^2+a^2}) + C$

32. $\int \frac{\mathrm{d}x}{\sqrt{(x^2+a^2)^3}} = \frac{x}{a^2\sqrt{x^2+a^2}} + C$

33. $\int \frac{x}{\sqrt{x^2+a^2}}\mathrm{d}x = \sqrt{x^2+a^2} + C$

34. $\int \frac{x}{\sqrt{(x^2+a^2)^3}}\mathrm{d}x = -\frac{1}{\sqrt{x^2+a^2}}+C$

35. $\int \frac{x^2}{\sqrt{x^2+a^2}}\mathrm{d}x = \frac{x}{2}\sqrt{x^2+a^2}-\frac{a^2}{2}\ln(x+\sqrt{x^2+a^2})+C$

36. $\int \frac{x^2}{\sqrt{(x^2+a^2)^3}}\mathrm{d}x = -\frac{x}{\sqrt{x^2+a^2}}+\ln(x+\sqrt{x^2+a^2})+C$

37. $\int \frac{\mathrm{d}x}{x\sqrt{x^2+a^2}} = \frac{1}{a}\ln\frac{\sqrt{x^2+a^2}-a}{|x|}+C$

38. $\int \frac{\mathrm{d}x}{x^2\sqrt{x^2+a^2}} = -\frac{\sqrt{x^2+a^2}}{a^2x}+C$

39. $\int \sqrt{x^2+a^2}\,\mathrm{d}x = \frac{x}{2}\sqrt{x^2+a^2}+\frac{a^2}{2}\ln(x+\sqrt{x^2+a^2})+C$

40. $\int \sqrt{(x^2+a^2)^3}\,\mathrm{d}x = \frac{x}{8}(2x^2+5a^2)\sqrt{x^2+a^2}+\frac{3}{8}a^4\ln(x+\sqrt{x^2+a^2})+C$

41. $\int x\sqrt{x^2+a^2}\,\mathrm{d}x = \frac{1}{3}\sqrt{(x^2+a^2)^3}+C$

42. $\int x^2\sqrt{x^2+a^2}\,\mathrm{d}x = \frac{x}{8}(2x^2+a^2)\sqrt{x^2+a^2}-\frac{a^4}{8}\ln(x+\sqrt{x^2+a^2})+C$

43. $\int \frac{\sqrt{x^2+a^2}}{x}\mathrm{d}x = \sqrt{x^2+a^2}+a\ln\frac{\sqrt{x^2+a^2}-a}{|x|}+C$

44. $\int \frac{\sqrt{x^2+a^2}}{x^2}\mathrm{d}x = -\frac{\sqrt{x^2+a^2}}{x}+\ln(x+\sqrt{x^2+a^2})+C$

（七）含有 $\sqrt{x^2-a^2}$ $(a>0)$ 的积分

45. $\int \frac{\mathrm{d}x}{\sqrt{x^2-a^2}} = \frac{x}{|x|}\operatorname{arch}\frac{|x|}{a}+C_1 = \ln|x+\sqrt{x^2-a^2}|+C$

46. $\int \frac{\mathrm{d}x}{\sqrt{(x^2-a^2)^3}} = -\frac{x}{a^2\sqrt{x^2-a^2}}+C$

47. $\int \frac{x}{\sqrt{x^2-a^2}}\mathrm{d}x = \sqrt{x^2-a^2}+C$

48. $\int \frac{x}{\sqrt{(x^2-a^2)^3}}\mathrm{d}x = -\frac{1}{\sqrt{x^2-a^2}}+C$

49. $\int \frac{x^2}{\sqrt{x^2-a^2}}\mathrm{d}x = \frac{x}{2}\sqrt{x^2-a^2}+\frac{a^2}{2}\ln|x+\sqrt{x^2-a^2}|+C$

50. $\int \frac{x^2}{\sqrt{(x^2-a^2)^3}}\mathrm{d}x = -\frac{x}{\sqrt{x^2-a^2}}+\ln|x+\sqrt{x^2-a^2}|+C$

51. $\int \frac{\mathrm{d}x}{x\sqrt{x^2-a^2}} = \frac{1}{a}\arccos\frac{a}{|x|}+C$

52. $\int \frac{\mathrm{d}x}{x^2\sqrt{x^2-a^2}} = \frac{\sqrt{x^2-a^2}}{a^2x}+C$

53. $\int \sqrt{x^2-a^2}\,\mathrm{d}x = \frac{x}{2}\sqrt{x^2-a^2}-\frac{a^2}{2}\ln|x+\sqrt{x^2-a^2}|+C$

54. $\int \sqrt{(x^2-a^2)^3}\,dx = \frac{x}{8}(2x^2-5a^2)\sqrt{x^2-a^2}+\frac{3}{8}a^4\ln|x+\sqrt{x^2-a^2}|+C$

55. $\int x\sqrt{x^2-a^2}\,dx = \frac{1}{3}\sqrt{(x^2-a^2)^3}+C$

56. $\int x^2\sqrt{x^2-a^2}\,dx = \frac{x}{8}(2x^2-a^2)\sqrt{x^2-a^2}-\frac{a^4}{8}\ln|x+\sqrt{x^2-a^2}|+C$

57. $\int \frac{\sqrt{x^2-a^2}}{x}dx = \sqrt{x^2-a^2}-a\arccos\frac{a}{|x|}+C$

58. $\int \frac{\sqrt{x^2-a^2}}{x^2}dx = -\frac{\sqrt{x^2-a^2}}{x}+\ln|x+\sqrt{x^2-a^2}|+C$

（八）含有 $\sqrt{a^2-x^2}$ $(a>0)$ 的积分

59. $\int \frac{dx}{\sqrt{a^2-x^2}} = \arcsin\frac{x}{a}+C$

60. $\int \frac{dx}{\sqrt{(a^2-x^2)^3}} = \frac{x}{a^2\sqrt{a^2-x^2}}+C$

61. $\int \frac{x}{\sqrt{a^2-x^2}}dx = -\sqrt{a^2-x^2}+C$

62. $\int \frac{x}{\sqrt{(a^2-x^2)^3}}dx = \frac{1}{\sqrt{a^2-x^2}}+C$

63. $\int \frac{x^2}{\sqrt{a^2-x^2}}dx = -\frac{x}{2}\sqrt{a^2-x^2}+\frac{a^2}{2}\arcsin\frac{x}{a}+C$

64. $\int \frac{x^2}{\sqrt{(a^2-x^2)^3}}dx = \frac{x}{\sqrt{a^2-x^2}}-\arcsin\frac{x}{a}+C$

65. $\int \frac{dx}{x\sqrt{a^2-x^2}} = \frac{1}{a}\ln\frac{a-\sqrt{a^2-x^2}}{|x|}+C$

66. $\int \frac{dx}{x^2\sqrt{a^2-x^2}} = -\frac{\sqrt{a^2-x^2}}{a^2x}+C$

67. $\int \sqrt{a^2-x^2}\,dx = \frac{x}{2}\sqrt{a^2-x^2}+\frac{a^2}{2}\arcsin\frac{x}{a}+C$

68. $\int \sqrt{(a^2-x^2)^3}\,dx = \frac{x}{8}(5a^2-2x^2)\sqrt{a^2-x^2}+\frac{3}{8}a^4\arcsin\frac{x}{a}+C$

69. $\int x\sqrt{a^2-x^2}\,dx = -\frac{1}{3}\sqrt{(a^2-x^2)^3}+C$

70. $\int x^2\sqrt{a^2-x^2}\,dx = \frac{x}{8}(2x^2-a^2)\sqrt{a^2-x^2}+\frac{a^4}{8}\arcsin\frac{x}{a}+C$

71. $\int \frac{\sqrt{a^2-x^2}}{x}dx = \sqrt{a^2-x^2}+a\ln\frac{a-\sqrt{a^2-x^2}}{|x|}+C$

72. $\int \frac{\sqrt{a^2-x^2}}{x^2}dx = -\frac{\sqrt{a^2-x^2}}{x}-\arcsin\frac{x}{a}+C$

（九）含有 $\sqrt{\pm ax^2+bx+c}$ $(a>0)$ 的积分

73. $\int \frac{dx}{\sqrt{ax^2+bx+c}} = \frac{1}{\sqrt{a}}\ln|2ax+b+2\sqrt{a}\sqrt{ax^2+bx+c}|+C$

74. $\int \sqrt{ax^2+bx+c}\,dx = \frac{2ax+b}{4a}\sqrt{ax^2+bx+c}$

$+\frac{4ac-b^2}{8\sqrt{a^3}}\ln|2ax+b+2\sqrt{a}\sqrt{ax^2+bx+c}|+C$

75. $\int \frac{x}{\sqrt{ax^2+bx+c}}dx = \frac{1}{a}\sqrt{ax^2+bx+c}$

$-\frac{b}{2\sqrt{a^3}}\ln|2ax+b+2\sqrt{a}\sqrt{ax^2+bx+c}|+C$

76. $\int \frac{dx}{\sqrt{c+bx-ax^2}} = -\frac{1}{\sqrt{a}}\arcsin\frac{2ax-b}{\sqrt{b^2+4ac}}+C$

77. $\int \sqrt{c+bx-ax^2}\,dx = \frac{2ax-b}{4a}\sqrt{c+bx-ax^2}+\frac{b^2+4ac}{8\sqrt{a^3}}\arcsin\frac{2ax-b}{\sqrt{b^2+4ac}}+C$

78. $\int \frac{x}{\sqrt{c+bx-ax^2}}dx = -\frac{1}{a}\sqrt{c+bx-ax^2}+\frac{b}{2\sqrt{a^3}}\arcsin\frac{2ax-b}{\sqrt{b^2+4ac}}+C$

（十）含有$\sqrt{\pm\frac{x-a}{x-b}}$或$\sqrt{(x-a)(b-x)}$的积分

79. $\int \sqrt{\frac{x-a}{x-b}}dx = (x-b)\sqrt{\frac{x-a}{x-b}}+(b-a)\ln(\sqrt{|x-a|}+\sqrt{|x-b|})+C$

80. $\int \sqrt{\frac{x-a}{b-x}}dx = (x-b)\sqrt{\frac{x-a}{b-x}}+(b-a)\arcsin\sqrt{\frac{x-a}{b-a}}+C$

81. $\int \frac{dx}{\sqrt{(x-a)(b-x)}} = 2\arcsin\sqrt{\frac{x-a}{b-a}}+C\ (a<b)$

82. $\int \sqrt{(x-a)(b-x)}\,dx = \frac{2x-a-b}{4}\sqrt{(x-a)(b-x)}+\frac{(b-a)^2}{4}\arcsin\sqrt{\frac{x-a}{b-a}}+C\ (a<b)$

（十一）含有三角函数的积分

83. $\int \sin x\,dx = -\cos x+C$

84. $\int \cos x\,dx = \sin x+C$

85. $\int \tan x\,dx = -\ln|\cos x|+C$

86. $\int \cot x\,dx = \ln|\sin x|+C$

87. $\int \sec x\,dx = \ln\left|\tan\left(\frac{\pi}{4}+\frac{x}{2}\right)\right|+C = \ln|\sec x+\tan x|+C$

88. $\int \csc x\,dx = \ln\left|\tan\frac{x}{2}\right|+C = \ln|\csc x-\cot x|+C$

89. $\int \sec^2 x\,dx = \tan x+C$

90. $\int \csc^2 x\,dx = -\cot x+C$

91. $\int \sec x\tan x\,dx = \sec x+C$

92. $\int \csc x\cot x\,dx = -\csc x+C$

93. $\int \sin^2 x \mathrm{d}x = \frac{x}{2} - \frac{1}{4}\sin 2x + C$

94. $\int \cos^2 x \mathrm{d}x = \frac{x}{2} + \frac{1}{4}\sin 2x + C$

95. $\int \sin^n x \mathrm{d}x = -\frac{1}{n}\sin^{n-1} x\cos x + \frac{n-1}{n}\int \sin^{n-2} x\mathrm{d}x$

96. $\int \cos^n x \mathrm{d}x = \frac{1}{n}\cos^{n-1} x\sin x + \frac{n-1}{n}\int \cos^{n-2} x\mathrm{d}x$

97. $\int \frac{\mathrm{d}x}{\sin^n x} = -\frac{1}{n-1}\cdot\frac{\cos x}{\sin^{n-1} x} + \frac{n-2}{n-1}\int \frac{\mathrm{d}x}{\sin^{n-2} x}$

98. $\int \frac{\mathrm{d}x}{\cos^n x} = \frac{1}{n-1}\cdot\frac{\sin x}{\cos^{n-1} x} + \frac{n-2}{n-1}\int \frac{\mathrm{d}x}{\cos^{n-2} x}$

99. $\int \cos^m x\sin^n x\mathrm{d}x = \frac{1}{m+n}\cos^{m-1} x\sin^{n+1} x + \frac{m-1}{m+n}\int \cos^{m-2} x\sin^n x\mathrm{d}x$

$$= -\frac{1}{m+n}\cos^{m+1} x\sin^{n-1} x + \frac{n-1}{m+n}\int \cos^m x\sin^{n-2} x\mathrm{d}x$$

100. $\int \sin ax\cos bx\mathrm{d}x = -\frac{1}{2(a+b)}\cos(a+b)x - \frac{1}{2(a-b)}\cos(a-b)x + C$

101. $\int \sin ax\sin bx\mathrm{d}x = -\frac{1}{2(a+b)}\sin(a+b)x + \frac{1}{2(a-b)}\sin(a-b)x + C$

102. $\int \cos ax\cos bx\mathrm{d}x = \frac{1}{2(a+b)}\sin(a+b)x + \frac{1}{2(a-b)}\sin(a-b)x + C$

103. $\int \frac{\mathrm{d}x}{a+b\sin x} = \frac{2}{\sqrt{a^2-b^2}}\arctan\frac{a\tan\frac{x}{2}+b}{\sqrt{a^2-b^2}} + C\ (a^2 > b^2)$

104. $\int \frac{\mathrm{d}x}{a+b\sin x} = \frac{1}{\sqrt{b^2-a^2}}\ln\left|\frac{a\tan\frac{x}{2}+b-\sqrt{b^2-a^2}}{a\tan\frac{x}{2}+b+\sqrt{b^2-a^2}}\right| + C\ (a^2 < b^2)$

105. $\int \frac{\mathrm{d}x}{a+b\cos x} = \frac{2}{a+b}\sqrt{\frac{a+b}{a-b}}\arctan\left(\sqrt{\frac{a-b}{a+b}}\tan\frac{x}{2}\right) + C\ (a^2 > b^2)$

106. $\int \frac{\mathrm{d}x}{a+b\cos x} = \frac{1}{a+b}\sqrt{\frac{a+b}{b-a}}\ln\left|\frac{\tan\frac{x}{2}+\sqrt{\frac{a+b}{b-a}}}{\tan\frac{x}{2}-\sqrt{\frac{a+b}{b-a}}}\right| + C\ (a^2 < b^2)$

107. $\int \frac{\mathrm{d}x}{a^2\cos^2 x + b^2\sin^2 x} = \frac{1}{ab}\arctan\left(\frac{b}{a}\tan x\right) + C$

108. $\int \frac{\mathrm{d}x}{a^2\cos^2 x - b^2\sin^2 x} = \frac{1}{2ab}\ln\left|\frac{b\tan x + a}{b\tan x - a}\right| + C$

109. $\int x\sin ax\mathrm{d}x = \frac{1}{a^2}\sin ax - \frac{1}{a}x\cos ax + C$

110. $\int x^2\sin ax\mathrm{d}x = -\frac{1}{a}x^2\cos ax + \frac{2}{a^2}x\sin ax + \frac{2}{a^3}\cos ax + C$

111. $\int x\cos ax\mathrm{d}x = \frac{1}{a^2}\cos ax + \frac{1}{a}x\sin ax + C$

112. $\int x^2\cos ax\,dx=\frac{1}{a}x^2\sin ax+\frac{2}{a^2}x\cos ax-\frac{2}{a^3}\sin ax+C$

（十二）含有反三角函数的积分（其中 $a>0$）

113. $\int\arcsin\frac{x}{a}dx=x\arcsin\frac{x}{a}+\sqrt{a^2-x^2}+C$

114. $\int x\arcsin\frac{x}{a}dx=\left(\frac{x^2}{2}-\frac{a^2}{4}\right)\arcsin\frac{x}{a}+\frac{x}{4}\sqrt{a^2-x^2}+C$

115. $\int x^2\arcsin\frac{x}{a}dx=\frac{x^3}{3}\arcsin\frac{x}{a}+\frac{1}{9}(x^2+2a^2)\sqrt{a^2-x^2}+C$

116. $\int\arccos\frac{x}{a}dx=x\arccos\frac{x}{a}-\sqrt{a^2-x^2}+C$

117. $\int x\arccos\frac{x}{a}dx=\left(\frac{x^2}{2}-\frac{a^2}{4}\right)\arccos\frac{x}{a}-\frac{x}{4}\sqrt{a^2-x^2}+C$

118. $\int x^2\arccos\frac{x}{a}dx=\frac{x^3}{3}\arccos\frac{x}{a}-\frac{1}{9}(x^2+2a^2)\sqrt{a^2-x^2}+C$

119. $\int\arctan\frac{x}{a}dx=x\arctan\frac{x}{a}-\frac{a}{2}\ln(a^2+x^2)+C$

120. $\int x\arctan\frac{x}{a}dx=\frac{1}{2}(a^2+x^2)\arctan\frac{x}{a}-\frac{a}{2}x+C$

121. $\int x^2\arctan\frac{x}{a}dx=\frac{x^3}{3}\arctan\frac{x}{a}-\frac{a}{6}x^2+\frac{a^3}{6}\ln(a^2+x^2)+C$

（十三）含有指数函数的积分

122. $\int a^x dx=\frac{1}{\ln a}a^x+C$

123. $\int e^{ax}dx=\frac{1}{a}e^{ax}+C$

124. $\int xe^{ax}dx=\frac{1}{a^2}(ax-1)e^{ax}+C$

125. $\int x^n e^{ax}dx=\frac{1}{a}x^n e^{ax}-\frac{n}{a}\int x^{n-1}e^{ax}dx$

126. $\int xa^x dx=\frac{x}{\ln a}a^x-\frac{1}{(\ln a)^2}a^x+C$

127. $\int x^n a^x dx=\frac{1}{\ln a}x^n a^x-\frac{n}{\ln a}\int x^{n-1}a^x dx$

128. $\int e^{ax}\sin bx\,dx=\frac{1}{a^2+b^2}e^{ax}(a\sin bx-b\cos bx)+C$

129. $\int e^{ax}\cos bx\,dx=\frac{1}{a^2+b^2}e^{ax}(b\sin bx+a\cos bx)+C$

130. $$\int e^{ax}\sin^n bx\,dx=\frac{1}{a^2+b^2n^2}e^{ax}\sin^{n-1}bx(a\sin bx-nb\cos bx)+\frac{n(n-1)b^2}{a^2+b^2n^2}\int e^{ax}\sin^{n-2}bx\,dx$$

131. $$\int e^{ax}\cos^n bx\,dx=\frac{1}{a^2+b^2n^2}e^{ax}\cos^{n-1}bx(a\cos bx+nb\sin bx)+\frac{n(n-1)b^2}{a^2+b^2n^2}\int e^{ax}\cos^{n-2}bx\,dx$$

（十四）含有对数函数的积分

132. $\int\ln x\,dx=x\ln x-x+C$

133. $\int\frac{dx}{x\ln x}=\ln|\ln x|+C$

134. $\int x^n \ln x \mathrm{d}x = \frac{1}{n+1}x^{n+1}\left(\ln x - \frac{1}{n+1}\right) + C$

135. $\int (\ln x)^n \mathrm{d}x = x(\ln x)^n - n\int (\ln x)^{n-1}\mathrm{d}x$

136. $\int x^m (\ln x)^n \mathrm{d}x = \frac{1}{m+1}x^{m+1}(\ln x)^n - \frac{n}{m+1}\int x^m (\ln x)^{n-1}\mathrm{d}x$

（十五）含有双曲函数的积分

137. $\int \mathrm{sh}x\mathrm{d}x = \mathrm{ch}x + C$

138. $\int \mathrm{ch}x\mathrm{d}x = \mathrm{sh}x + C$

139. $\int \mathrm{th}x\mathrm{d}x = \ln\mathrm{ch}x + C$

140. $\int \mathrm{sh}^2 x\mathrm{d}x = -\frac{x}{2} + \frac{1}{4}\mathrm{sh}2x + C$

141. $\int \mathrm{ch}^2 x\mathrm{d}x = \frac{x}{2} + \frac{1}{4}\mathrm{sh}2x + C$

（十六）定积分

142. $\int_{-\pi}^{\pi}\cos nx\mathrm{d}x = \int_{-\pi}^{\pi}\sin nx\mathrm{d}x = 0$

143. $\int_{-\pi}^{\pi}\cos mx\sin nx\mathrm{d}x = 0$

144. $\int_{-\pi}^{\pi}\cos mx\cos nx\mathrm{d}x = \begin{cases}0, & m \neq n \\ \pi, & m = n\end{cases}$

145. $\int_{-\pi}^{\pi}\sin mx\sin nx\mathrm{d}x = \begin{cases}0, & m \neq n \\ \pi, & m = n\end{cases}$

146. $\int_0^{\pi}\sin mx\sin nx\mathrm{d}x = \int_0^{\pi}\cos mx\cos nx\mathrm{d}x = \begin{cases}0, & m \neq n \\ \frac{\pi}{2}, & m = n\end{cases}$

147. $I_n = \int_0^{\frac{\pi}{2}}\sin^n x\mathrm{d}x = \int_0^{\frac{\pi}{2}}\cos^n x\mathrm{d}x \qquad I_n = \frac{n-1}{n}I_{n-2}$

$$\begin{cases}I_n = \frac{n-1}{n}\cdot\frac{n-3}{n-2}\cdot\cdots\cdot\frac{4}{5}\cdot\frac{2}{3}\ (n\text{ 为大于 1 的正奇数}),\ I_1 = 1 \\ I_n = \frac{n-1}{n}\cdot\frac{n-3}{n-2}\cdot\cdots\cdot\frac{3}{4}\cdot\frac{1}{2}\cdot\frac{\pi}{2}\ (n\text{ 为正偶数}),\ I_0 = \frac{\pi}{2}\end{cases}$$

习题参考答案

第1章

习题 1.1

1. -4；-2；23；$2x^2-3x-4$；$2a^2+7a+1$。
2. (1) $[-2,-1)\cup(-1,1)\cup(1,+\infty)$；
(2) $[-3,-2]\cup[2,3]$；
(3) $[-\sqrt{3},-1]\cup[1,\sqrt{3}]$；
(4) $[-\infty,-3]$。
3. (1) 非奇非偶； (2) 非奇非偶； (3) 奇函数；
(4) 奇函数。
4. (1) $f(2)=2a, f(5)=5a$； (2) $a=0$。

习题 1.2

1. 略。
2. (1) 极限为 1； (2) 极限为 1；
(3) 发散的，它趋向于 ∞； (4) 不存在。
3. 略。
4. 不能，比如取 $x_n=\dfrac{1+(-1)^n}{2}, y_n=\dfrac{1-(-1)^n}{2}$ 都是发散的，但是 $\{x_n+y_n\}$ 收敛于 1。

习题 1.3

1. 略。
2. (1) $x=0$ 时极限不存在，$x=2$ 时极限等于 3；
(2) $x=0$ 时极限不存在，$x=2$ 时极限等于 1。
3. $X=18$。
4. $\lim\limits_{x\to 0^-}f(x)=\lim\limits_{x\to 0^-}(5+x^2)=5$，左极限存在，$\lim\limits_{x\to 0^+}f(x)=\lim\limits_{x\to 0^+}x\sin x=0$，右极限存在，$\because \lim\limits_{x\to 0^-}f(x)\neq\lim\limits_{x\to 0^+}f(x)$，$\therefore \lim\limits_{x\to 0}f(x)$ 不存在。

习题 1.4

1. (1) 无穷小； (2) 非无穷大也非无穷小；
(3) 无穷小； (4) 无穷大；
(5) 非无穷大也非无穷小； (6) 无穷大。
2. (1) 8； (2) $-\dfrac{2}{9}$； (3) $-\dfrac{1}{5}$； (4) 无穷大；
(5) $\dfrac{1}{3}$； (6) -1； (7) $\dfrac{2^{20}}{3^{60}}$； (8) $\sqrt{2}$；
(9) $3x^2$。
3. -3。
4. 不一定，例如当 $x\to 0$ 时，x^2, x^3 为无穷小，但 $\dfrac{x^2}{x^3}$ 不是无穷小；不一定，例如当 $n\to\infty$ 时，$\dfrac{1}{n}$ 为无穷小，但无穷个 $\dfrac{1}{n}$ 之和在 $n\to\infty$ 时为 1。

习题 1.5

1. (1) 0； (2) -1； (3) 1； (4) 1； (5) 8；
(6) $\sqrt{2}$； (7) e^2； (8) e^{α}； (9) e； (10) e^2；
(11) $e^{\frac{8}{3}}$； (12) $e^{\alpha\beta}$。
2. (1) $\dfrac{2}{7}$； (2) -2。

习题 1.6

1. (1) 1； (2) 0。
2. 函数在 $x=0$ 处不连续。
3. (1) $a=-\dfrac{1}{2}$， (2) $b=-\dfrac{1}{2}$。
4. 证 设 $f(x)=x+e^x$，$f(-1)=e^{-1}-1<0$，$f(1)=1+e>0$，$f(x)$ 在 $(-1,1)$ 内连续，根据零点存在定理，在 $(-1,1)$ 内至少存在一点 ξ，使 $f(\xi)=0$。$f'(x)=1+e^x$，在 $(-1,1)$ 内，$f'(x)>0$，函数为单调增加，所以只存在唯一实根。

习题 1.7

1. $C(x)=4x+1000$；$\bar{C}(x)=\dfrac{1000}{x}+4$；
$R(x)=8x$；$L(x)=R(x)-C(x)=4x-1000$。
2. 450，800。

复习题 1

一、1. -1 和 3； 2. e； 3. 充要；必要；

4. 1,11； 5. 2。

二、1. C； 2. A； 3. C； 4. C； 5. D。

三、1. $\frac{26}{55}$； 2. $\frac{3}{5}$； 3. $\frac{5}{3}$； 4. e^4。

四、解　由题意知

$$\lim_{x\to 1}(x^2+ax+b)=0$$

即　　$1+a+b=0$，

将 $a=-b-1$ 代入原式得

$$\lim_{x\to 1}\frac{x^2-(b+1)x+b}{1-x}=1,$$

故 $b=2, a=-3$。

五、证　设函数

$$f(x)=2x^3-6x^2+1,$$

因为函数是初等函数，故在闭区间 $[0,1]$ 内连续，且

$$f(0)=1>0, f(1)=-3<0。$$

即

$$f(0)\cdot f(1)<0,$$

由零点定理可知，在区间 $(0,1)$ 内至少有一个点，使

$$f(x)=0,$$

即方程 $2x^3-6x^2+1=0$ 在区间 $(0,1)$ 内至少有一个根。

六、解　由题意

$$\lim_{x\to -1^-}f(x)=\lim_{x\to -1^+}f(x)=f(-1),$$

$$\lim_{x\to -1^-}f(x)=0, \lim_{x\to -1^+}f(x)=a+\pi,$$

$$f(-1)=b,$$

故 $a+\pi=0=b$ 即 $a=-\pi, b=0$。

第 2 章

习题 2.1

1. 略。

2. (1) $y-2=2\ln 2(x-1)$； (2) $x=0$。

3. (1) 连续且可导； (2) 连续且可导；

(3) 连续，但不可导。

4. 解

$$\lim_{h\to 0}\frac{f(x_0+h)-f(x_0-h)}{h}$$
$$=\lim_{h\to 0}\frac{f(x_0+h)-f(x_0)}{h}+\lim_{h\to 0}\frac{f(x_0)-f(x_0-h)}{h}$$
$$=f'(x_0)+f'(x_0)=2f'(x_0)。$$

5. 证　因为

$$\frac{f(x)-f(0)}{x-0}=\frac{f(x)}{x}\Rightarrow\lim_{x\to 0}\frac{f(x)-f(0)}{x-0}=A,$$

所以 $A=f'(0)$。

习题 2.2

1. (1) $1+\frac{1}{\sqrt{x}}+\frac{1}{\sqrt{x^3}}$； (2) $e^x(1+\ln x+x\ln x)$；

(3) $2(2x^2-x+1)(4x-1)$；

(4) $e^{2x}(3\cos 3x+2\sin 3x)$；

(5) $\frac{x+\sin x}{1+\cos x}$； (6) $\log_3 x+\frac{1}{\ln 3}$。

2. (1) 13； (2) $-\frac{1}{18}$； (3) $9e^2-4$。

3. (1) $y'=-\frac{3}{2}x^2(1+x^3)^{-\frac{3}{2}}$；

(2) $y'=\frac{1-\ln x}{2x^2}\left(\frac{x}{\ln x}\right)^{\frac{1}{2}}$；

(3) $y'=3x^2\cos x^3$； (4) $y'=-\frac{\sin\sqrt{x}}{2\sqrt{x}}$；

(5) $y'=\frac{x-1-\sqrt{1+x}}{2\sqrt{1+x}(x+\sqrt{1+x})}$；

(6) $y'=\frac{-2x}{\sqrt{e^{2x^2}-1}}$。

4. (1) $y'=\frac{2}{3}x^{-\frac{1}{3}}f'(x^{\frac{2}{3}})$；

(2) $y'=-\frac{1}{x\ln^2 x}f'\left(\frac{1}{\ln x}\right)$；

(3) $y'=\frac{f'(x)}{1+f^2(x)}$；

(4) $y'=-\frac{f'(f(x))f'(x)}{(f(f(x)))^2}$。

5. (1) $\frac{dy}{dx}=\frac{1+y^2}{y^2}$；

(2) $\frac{dy}{dx}=-\frac{e^y}{1+xe^y}$；

(3) $\frac{dy}{dx}=\frac{1+2(\sin y-x)}{2(\sin y-x)\cos y-\sin y}$；

(4) $\frac{dy}{dx}=\frac{y^2+y}{1-x-xy}$。

6. (1) $\frac{3t^2-1}{2t}$；　(2) $\frac{2\cos t-t\sin t}{2\sin t+t\cos t}$；

(3) -1；　(4) $-\tan t$。

7. 切线方程为 $x+2y-3=0$，

法线方程为 $2x-y-1=0$。

8. 切线方程 $y=3\left(x-\frac{3}{2}\right)+\frac{1}{2}=3x-4$，

法线方程 $y=-\frac{1}{3}\left(x-\frac{3}{2}\right)+\frac{1}{2}=-\frac{x}{3}+1$。

9. 证　在双曲线 $xy=a^2$ 上任取一点 (x_0,y_0)，过此点的切线斜率为

$$k=y'\Big|_{x=x_0}=-\frac{y}{x}\Big|_{(x_0,y_0)}=-\frac{y_0}{x_0}。$$

故切线方程为

$$y-y_0=-\frac{y_0}{x_0}(x-x_0)。$$

此切线在 y 轴与 x 轴上的截距分别为 $2y_0,2x_0$，故此三角形面积为

$$\frac{1}{2}|2y_0|\cdot|2x_0|=2|x_0\cdot y_0|=2a^2。$$

习题 2.3

1. (1) $\frac{2}{(1+x^2)^2}$；　(2) $e^{2x}(4x^3+12x^2+6x)$；

(3) $\frac{2x^3+3x}{(x^2+1)^{3/2}}$；　(4) $2e^{x^2-1}(1+2x^2)$。

2. $y'=\lambda c_1e^{\lambda x}-\lambda c_2e^{-\lambda x}\Rightarrow y''=\lambda^2c_1e^{\lambda x}+\lambda^2c_2e^{-\lambda x}$，

所以 $y''=\lambda^2(c_1e^{\lambda x}+c_2e^{-\lambda x})=\lambda^2y\Rightarrow y''-\lambda^2y=0$。

3. 解　$y=\frac{x-3}{x-4}=1+\frac{1}{x-4}\Rightarrow y'=-\frac{1}{(x-4)^2}$，

$$y''=\frac{1\cdot 2}{(x-4)^3}。$$

又　$2y'^2-(y-1)y''$

$$=2\cdot\frac{1}{(x-4)^4}-\frac{1}{x-4}\cdot\frac{2}{(x-4)^3}=0,$$

即　$2y'^2-(y-1)y''=0$。

4. $x^2\sin x-24x\cos x-132\sin x$。

习题 2.4

1. (1) $dy=\left(-x^{-2}+\frac{1}{2\sqrt{x}}\right)dx$；

(2) $dy=(e^{\sin x}\cos x)dx$；

(3) $dy=\left(\cos\frac{x}{3}\cdot\frac{1}{3}\ln 2x+\sin\frac{x}{3}\cdot\frac{1}{x}\right)dx$；

(4) $dy=\begin{cases}\left(\frac{1}{\sqrt{1-x^2}}\right)dx, & 0<x<1,\\ \left(-\frac{1}{\sqrt{1-x^2}}\right)dx, & -1<x<0;\end{cases}$

(5) $dy=\left(\frac{2xy}{y-1}\right)dx$；

(6) $dy=\left(\frac{e^y-2\sin 2x}{1-xe^y}\right)dx$。

2. (1) $\frac{x^3}{3}+C$；　(2) $\frac{1}{x}+C$；

(3) $-\frac{e^{-3x}}{3}+C$；　(4) $\arctan x+C$；

(5) $\sin x+C$；　(6) $-\frac{\cos 2x}{3}+C$；

(7) $\frac{\tan 3x}{3}+C$；　(8) $\ln(1+e^x)+C$。

（C 为任意常数。）

3. (1) 2.005；　(2) 0.87476；

(3) 0.001；　(4) 1.02。

习题 2.5

1. 10，2。

2. (1) $\frac{2}{3}$；　(2) $\frac{Ey}{Ex}=3x$，$\frac{Ey}{Ex}\Big|_{x=2}=6$。

3. (1) $\eta\approx 1.39P$；

(2) $\eta\approx 13.9$，价格上涨 1%，商品需求量减少 13.9%；若价格降低 1%，商品需求量将增加 13.9%。

复习题 2

一、**1.** $x-y=\pi-4$；　**2.** $\csc^2x$；

3. $\sec^2x+\csc^2x+\sec x\cdot\tan x$；

4. $-a^x\ln a$；　**5.** $\frac{\cos\frac{x}{2}}{4\sqrt{\sin\frac{x}{2}}}$；

6. $[\sin(\cos x)\sin x+\cos(\cos x)\cos x\cdot\ln 2]\cdot 2^{\sin x}$；

7. $\frac{1}{2}$；　**8.** 3；

9. $y''=-2\sin x-x\cos x$；　**10.** $y''=\frac{2(1-x^2)}{(x^2+1)^2}$；

11. $\cot^2y\,dx$；　**12.** 0.005。

二、1. $x^2(x^2-1)(7x^2-3)$； 2. $\dfrac{x\cos x-\sin x}{x^2}$；

3. $\dfrac{1}{\sqrt{x^2+a^2}}$； 4. $-\dfrac{1}{x^2+1}$；

5. $\left(\dfrac{x}{1+x}\right)^x\left(\dfrac{1}{1+x}-\ln\dfrac{x}{1+x}\right)$。

三、1. $y'=-\dfrac{y\cos x+\sin(x+y)}{\sin x+\sin(x+y)}$；

2. $y''(0)=\mathrm{e}^{-2}$。

四、$\cot\dfrac{t}{2}$。

五、1. $y^{(n)}=\alpha(\alpha-1)\cdots(\alpha-n+1)x^{\alpha-n},(n\geqslant 1)$；

2. $y^{(10)}=x^2\mathrm{e}^{-x}-20x\mathrm{e}^{-x}+90\mathrm{e}^{-x}$
$=\mathrm{e}^{-x}(x^2-20x+90)$。

六、1. $\mathrm{d}y=x^x(\ln x+1)\mathrm{d}x$；

2. $\mathrm{d}y=y'\mathrm{d}x=\dfrac{\sqrt{1-x^2}+x\arcsin x}{(1-x^2)^{\frac{3}{2}}}\mathrm{d}x$。

七、切线方程为 $y-\sqrt{3}b=\dfrac{2b}{\sqrt{3}a}(x-2a)$；

法线方程为 $y-\sqrt{3}b=-\dfrac{\sqrt{3}a}{2b}(x-2a)$。

八、解
$$f'_+(0)=\lim_{x\to0^+}\frac{f(x)-f(0)}{x-0}=\lim_{x\to0^+}\frac{x^2\sin\frac{1}{x}}{x}=\lim_{x\to0^+}x\sin\frac{1}{x}=0,$$

同理 $f'_-(0)=0$；

故 $f'(0)=0$。

显然
$$f'(x)=2x\sin\frac{1}{x}-x^2\cos\frac{1}{x}\cdot\frac{1}{x^2}=2x\sin\frac{1}{x}-\cos\frac{1}{x}$$

在点 $x\neq0$ 处连续，因此只需考查 $f'(x)$ 在点 $x=0$ 处的连续性即可。但已知 $\cos\dfrac{1}{x}$ 在点 $x=0$ 处不连续，由连续函数的四则运算性质知 $f'(x)$ 在点 $x=0$ 处不连续。

第3章

习题 3.1

1. (1) 满足，$\xi=1$；

(2) 不满足，$f(x)$ 在 $x=0$ 点处不可导；

(3) 满足，$\xi=\dfrac{1}{4}$；

(4) 满足，$\xi=2$。

2. (1) 满足，$\xi=\dfrac{\sqrt{3}}{3}$；

(2) 满足，$\xi=\mathrm{e}-1$；

(3) 满足，$\xi=\sqrt[3]{\dfrac{15}{4}}$。

3. 略

4. 提示：用反证法，再根据罗尔定理证明。

5. (1) 提示：设 $f(x)=\mathrm{e}^x$；

(2) 提示：设 $f(x)=\sin x$。

习题 3.2

1. (1) 0； (2) 2； (3) 14； (4) $\dfrac{1}{3}$；

(5) 2； (6) $\dfrac{1}{9}$； (7) 1； (8) -2；

(9) $\dfrac{1}{6}$； (10) 0； (11) $\dfrac{1}{2}$； (12) 1；

(13) 1； (14) $+\infty$。

2.
$$\lim_{x\to0}\frac{f(x)-x}{x^2}=\lim_{x\to0}\frac{f'(x)-1}{2x}=\lim_{x\to0}\frac{f'(x)-f'(0)}{x-0}=\frac{1}{2}f''(0)=1。$$

习题 3.3

1. (1) 单调增区间为 $\left(-\infty,\dfrac{1}{2}\right)$，单调减区间为 $\left(\dfrac{1}{2},+\infty\right)$；

(2) 单调增区间为 $(-\infty,0)$，单调减区间为 $(0,+\infty)$；

(3) 单调增区间为 $\left(\dfrac{1}{2},+\infty\right)$，单调减区间为

$\left(0,\frac{1}{2}\right)$；

(4) 单调增区间为$(0,+\infty)$，单调减区间为$(-1,0)$；

(5) 单调增区间为$(-\infty,1)$和$\left(\frac{1}{3},+\infty\right)$，单调减区间为$\left(-1,\frac{1}{3}\right)$；

(6) 单调增区间为$(-\infty,+\infty)$。

2. (1) 点$\left(\frac{5}{3},\frac{-250}{27}\right)$为拐点，在区间$\left(-\infty,\frac{5}{3}\right)$曲线为凹，在区间$\left(\frac{5}{3},+\infty\right)$曲线为凸；

(2) 在区间$(0,+\infty)$曲线为凸，无拐点；

(3) 点$\left(-\frac{1}{\sqrt{2}},e^{-\frac{1}{2}}\right)$和点$\left(\frac{1}{\sqrt{2}},e^{-\frac{1}{2}}\right)$为拐点，在区间$\left(-\infty,-\frac{1}{\sqrt{2}}\right)$和区间$\left(\frac{1}{\sqrt{2}},+\infty\right)$曲线为凹，在区间$\left(-\frac{1}{\sqrt{2}},\frac{1}{\sqrt{2}}\right)$曲线为凸；

(4) 在区间$(-\infty,+\infty)$曲线为凸，无拐点；

(5) 点$(-1,\ln 2)$和点$(1,\ln 2)$为拐点，在区间$(-\infty,-1)$和区间$(1,+\infty)$曲线为凸，在区间$(-1,1)$曲线为凹；

(6) 在区间$(-\infty,0)$曲线为凹，在区间$(0,+\infty)$曲线为凸，无拐点。

3. 函数在定义域上单调增加。

4. 提示：设$f(x)=\sin x-x\left(0<x<\frac{\pi}{2}\right)$，再根据单调性判断。

习题 3.4

1. (1) 极小值$y(1)=2$；

(2) 极小值$y(3)=-47$，极大值$y(-1)=17$；

(3) 极小值$y(1)=-1$，极大值$y(0)=0$；

(4) 极小值$y(-1)=-1$，极大值$y(1)=1$；

(5) 极小值$y(0)=0$，极大值$y(2)=\frac{4}{e^2}$；

(6) 极小值$y\left(-\frac{1}{2}\ln 2\right)=2\sqrt{2}$；

(7) 极小值$y(0)=0$；

(8) 极小值$y(6)=108$。

2. (1) 最大值为$f(2)=9$，最小值为$f(-2)=-7$；

(2) 最大值为$f(-3)=244$，最小值为$f(2)=-31$；

(3) 最大值为$f(4)=8$，最小值为$f(0)=0$；

(4) 最大值为$f(1)=\frac{1}{2}$，最小值为$f(0)=0$。

3. $r=\sqrt[3]{\frac{V}{2\pi}}$，$h=2\sqrt[3]{\frac{V}{2\pi}}$。

习题 3.5

1. (1) 垂直渐近线：$x=0$，水平渐近线：$y=1$；

(2) 斜渐近线：$y=x$，垂直渐近线：$x=\pm 1$。

2. 略。

习题 3.6

1. $K=\frac{2}{5\sqrt{5}}$。

2. $K=|\cos x|$，$\rho=|\sec x|$。

3. $\left(\frac{\sqrt{2}}{2},\frac{-\ln 2}{2}\right)$处曲率半径有最小值$\frac{3\sqrt{3}}{2}$。

复习题 3

一、**1.** C； **2.** A； **3.** D； **4.** C； **5.** D； **6.** D。

二、**1.** $(-\infty,0),(0,+\infty)$； **2.** $y=x$；

3. $\left(-\frac{1}{2},20\frac{1}{2}\right)$； **4.** $x=-1,2$；

5. $x+2y-4=0$。

三、略。

四、
$$\lim_{x\to 0}\frac{f(x)-x}{x^3}=\lim_{x\to 0}\frac{f'(x)-1}{3x^2}=\lim_{x\to 0}\frac{f''(x)}{6x}$$
$$=\lim_{x\to 0}\frac{1}{6}\frac{f''(x)-f''(0)}{x-0}$$
$$=\frac{1}{6}f'''(0)=1。$$

五、略。

六、利用罗尔定理证题的关键是作辅助函数，一般用倒推法来做辅助函数，即从结论的形式去猜测辅助函数的形式。

作 $F(x)=f(x)-x$。

则 $F(0)=0,F(1)=-1$，

$$F\left(\frac{1}{2}\right)=1-\frac{1}{2}=\frac{1}{2}。$$

怎么找$F(x)$值相等的两点呢？从上面的$F(x)$值可知没有直接的两点$F(x)$相等，但$F(1)$与$F\left(\frac{1}{2}\right)$异号，由闭区间上连续函数的零点定理，必有 $0<x_0<1$，使得 $F(x_0)=0$，从而 $F(0)=F(x_0)$，由罗尔定理，至少存在一点 $\xi\in(0,1)$，使得 $F'(\xi)=0$，即 $f'(\xi)=1$。

七、略。

八、对于形如 $f(b)-f(a)$ 的极限可以用微分中值定理来求。

因

$$\cos\sqrt{x+1}-\cos\sqrt{x}$$
$$=-\sin\xi\cdot(\sqrt{x+1}-\sqrt{x})$$
$$=-\frac{\sin\xi}{\sqrt{x+1}+\sqrt{x}},\sqrt{x}<\xi<\sqrt{1+x}$$
$$\lim_{x\to+\infty}(\cos\sqrt{x+1}-\cos\sqrt{x})$$
$$=\lim_{x\to+\infty}-\frac{\sin\xi}{\sqrt{x+1}+\sqrt{x}}$$

$=0$（无穷小乘有界函数仍为无穷小）。

九、$$\lim_{x\to0}\frac{x-\sin x}{x(\mathrm{e}^x-1)\ln(1+x)\sqrt{1+x^2}}$$
$$=\lim_{x\to0}\frac{x-\sin x}{x^3}=\lim_{x\to0}\frac{1-\cos x}{3x^2}$$
$$=\lim_{x\to0}\frac{\frac{1}{2}x^2}{3x^2}=\frac{1}{6}。$$

注意　在利用洛必达法则求极限之前，应先考虑能否用等价化简。

十、$2y^3-2y^2+2xy-x^2=1$ 两边求导得：

$$6y^2y'-4yy'+2y+2xy'-2x=0,$$

令 $y'=0$，得 $y=x$，代入原方程有

$$2x^3-x^2-1=0$$

得 $x=1,y=1$，在

$$6y^2y'-4yy'+2y+2xy'-2x=0$$

两边对 x 再求导得：

$$12y'^2+6y^2y''-4y'^2-4yy''+2y'+2y'+2xy''-2=0,$$

令 $x=1,y=1$，得

$$y''(1)=\frac{1}{2}>0。$$

故 $f(x)$ 在 $x=1$ 处取极小值 $y(1)=1$。

第4章

习题 4.1

1. (1) $\frac{3}{4}x^{\frac{4}{3}}+C$；　(2) $-\frac{2}{3}x^{-\frac{3}{2}}+C$；

(3) $\frac{x^4}{4}+x^3+\frac{3x^2}{2}+x+C$；

(4) $\frac{1}{15}\sqrt{x}(6x^2-20x+30)+C$；

(5) $\frac{8}{15}x^{\frac{15}{8}}+C$；

(6) $\frac{1}{4}x^2+\frac{2}{x}+C$；

(7) $x^3+\arctan x+C$；

(8) $-\frac{1}{x}-\arctan x+C$；

(9) $\mathrm{e}^{x+5}+C$；

(10) $\frac{3^x\mathrm{e}^x}{1+\ln3}+C$；

(11) e^x+x+C；

(12) $-2\cos x-3\sin x+C$；

(13) $\frac{x+\sin x}{2}+C$；

(14) $-\cot x-x+C$；

(15) $\frac{1}{2}\tan x+C$；

(16) $\sin x-\cos x+C$；

(17) $-\cot x-\tan x+C$；

(18) $\frac{1}{2}\tan x+\frac{1}{2}x+C$；

(19) $2\arcsin x+C$；

(20) $x+\cos x+C$。

2. $y=x^2+1$。

3. $y=-\cos x$。

习题 4.2

1. (1) $\frac{1}{3}\ln|3x-2|+C$；　(2) $\ln(1+x^2)+C$；

(3) $\frac{1}{3\ln5}\cdot5^{3x}+C$；　(4) $-\frac{1}{2}\mathrm{e}^{-x^2}+C$；

(5) $\arcsin\frac{x}{3}+C$；　(6) $-\sqrt{1-x^2}+C$；

(7) $\ln(1+\mathrm{e}^x)+C$；　(8) $\ln\ln\ln x+C$；

(9) $2x+\frac{1}{2}x^2-\frac{4}{3}(1+x)^{\frac{3}{2}}+C$；

(10) $\frac{1}{2}x^2-x+\ln|1+x|+C$；

(11) $\frac{1}{3}\ln\left|\frac{x-2}{x+1}\right|+C$；

(12) $\arctan e^x+C$；

(13) $-\frac{1}{3}\cos(3x+1)+C$；

(14) $\frac{1}{4}\sin 2x-\frac{1}{8}\sin 4x+C$；

(15) $\frac{1}{2}\ln\left|\frac{1+\sin x}{1-\sin x}\right|+C$；

(16) $\ln|\cos x|+\frac{1}{2\cos^2 x}+C$；

(17) $\frac{1}{3}\sec^3 x-\sec x+C$；

(18) $-\frac{1}{\arcsin x}+C$；

(19) $\frac{1}{3}\sin^3 x-\frac{2}{5}\sin^5 x+\frac{1}{7}\sin^7 x+C$；

(20) $(\arctan\sqrt{x})^2+C$。

2. (1) $\arcsin x-\frac{1-\sqrt{1-x^2}}{x}+C$；

(2) $\sqrt{x^2-9}-3\arccos\frac{3}{|x|}+C$；

(3) $\frac{x}{\sqrt{1+x^2}}+C$；

(4) $-\frac{1}{12}\ln\left|\frac{2x-3}{2x+3}\right|+C$；

(5) $\ln(\sqrt{2x}+2)^2+C$；

(6) $\frac{1}{6}\ln\frac{x^6}{1+x^6}+C$。

3. $f(x)=2\sqrt{x+1}-1$。

习题 4.3

1. (1) $-x\cos x+\sin x+C$；

(2) $-xe^{-x}-e^{-x}+C$；

(3) $x\arcsin x+\sqrt{1-x^2}+C$；

(4) $x^2\sin x+2x\cos x-2\sin x+C$；

(5) $\frac{x^3}{3}\ln x-\frac{x^3}{9}+C$；

(6) $\frac{1}{2}e^x(\sin x+\cos x)+C$；

(7) $x\arctan x-\frac{1}{2}\ln(1+x^2)+C$；

(8) $x\tan x+\ln|\cos x|-\frac{x^2}{2}+C$；

(9) $\frac{x^2}{4}-\frac{1}{4}x\sin 2x-\frac{1}{8}\cos 2x+C$；

(10) $x\ln^2 x-2x\ln x+2x+C$；

(11) $-\frac{1}{4}x\cos 2x+\frac{1}{8}\sin 2x+C$；

(12) $\frac{x}{2}[\cos(\ln x)+\sin(\ln x)]+C$；

(13) $2\sin\sqrt{x}-2\sqrt{x}\cos\sqrt{x}+C$；

(14) $3e^{\sqrt[3]{x}}(\sqrt[3]{x^2}-2\sqrt[3]{x}+2)+C$；

(15) $-\frac{1}{x}(\ln^3 x+3\ln^2 x+6\ln x+6)+C$；

(16) $-\frac{1}{5}e^{-2x}(\cos x+2\sin x)+C$。

2. $\cos x-\frac{2\sin x}{x}+C$。

3. $\left(1-\frac{2}{x}\right)e^x+C$。

习题 4.4

1. (1) $\frac{1}{3}x^3-\frac{3}{2}x^2+9x-27\ln|x+3|+C$；

(2) $-\frac{1}{x-1}-\frac{1}{(x-1)^2}+C$；

(3) $\ln|x+1|-\frac{1}{2}\ln(x^2-x+1)+\sqrt{3}\arctan\frac{2x-1}{\sqrt{3}}+C$；

(4) $\frac{2x+1}{2(x^2+1)}+C$；

(5) $2\ln|x+2|-\frac{1}{2}\ln|x+1|-\frac{3}{2}\ln|x+3|+C$；

(6) $\ln|x|-\frac{1}{2}\ln(x^2+1)+C$；

(7) $\frac{1}{2}\ln|x^2-1|+\frac{1}{x+1}+C$；

(8) $2\sqrt{2}\arctan\frac{x+1}{\sqrt{2}}+C$。

2. (1) $\frac{1}{2\sqrt{3}}\arctan\frac{2\tan x}{\sqrt{3}}+C$；

(2) $\ln\left|1+\tan\frac{x}{2}\right|+C$；

(3) $x-4\sqrt{x+1}+4\ln(\sqrt{x+1}+1)+C$；

(4) $2\sqrt{x}-4\sqrt[4]{x}+4\ln(\sqrt[4]{x}+1)+C$；

(5) $\frac{1}{3}(1+x^2)^{\frac{3}{2}}-\sqrt{1+x^2}+C$；

(6) $\frac{3}{2}\sqrt[3]{(x+1)^2}-3\sqrt[3]{x+1}+3\ln\left|1+\sqrt[3]{x+1}\right|+C$。

复习题 4

一、**1.** C； **2.** D； **3.** C； **4.** A； **5.** B； **6.** C。

二、**1.** $e^x\sin y+C,-e^x\cos y+C$；

2. $x\ln x+C$；

3. $-\frac{1}{3}\sqrt{(1-x^2)^3}+C$。

三、**1.** $\frac{1}{x-1}+\frac{1}{2(x-1)^2}+C$；

2. $\ln|x+\sin x|+C$；

3. $\frac{1}{2}\ln\left|\frac{e^x-1}{e^x+1}\right|+C$；

4. $\frac{1}{3}\tan^3 x-\tan x+x+C$；

5. $\frac{x^2}{4}+\frac{x}{4}\sin 2x+\frac{1}{8}\cos 2x+C$；

6. $-\frac{1}{x}\ln x-\frac{1}{x}+C$；

7. $\frac{1}{2}x\arctan\sqrt{x}-\frac{1}{2}\sqrt{x}-\arctan\sqrt{x}+C$；

8. $x\ln(1+x^2)-2x+2\arctan x+C$；

9. $\frac{x^4}{4}+\ln\frac{\sqrt[4]{x^4+1}}{x^4+2}+C$；

10. $x-\tan x+\sec x+C$。

第 5 章

习题 5.1

1. 证明　令 $f(x)=1$，则

$$\int_a^b dx=\int_a^b f(x)dx,$$

任取分点 $a=x_0<x_1<\cdots<x_n=b$，把 $[a,b]$ 分成 n 个小区间 $[x_{i-1},x_i]$，并记小区间长度为

$$\Delta x_i=x_i-x_{i-1}(i=1,2,\cdots,n),$$

在每个小区间 $[x_{i-1},x_i]$ 上任取一点 ξ_i，作乘积 $f(\xi_i)\cdot\Delta x_i$ 的和式

$$\sum_{i=1}^n f(\xi_i)\cdot\Delta x_i=\sum_{i=1}^n\Delta x_i=b-a,$$

记

$$\lambda=\max_{1\leqslant i\leqslant n}\{\Delta x_i\},$$

则 $\int_a^b dx=\lim\limits_{\lambda\to0}\sum\limits_{i=1}^n f(\xi_i)\cdot\Delta x_i=\lim\limits_{x\to0}(b-a)=b-a$。

2. $\frac{1}{2}(b^2-a^2)$。

3. 略。

习题 5.2

1. (1) $>$； (2) $<$； (3) $>$； (4) $>$； (5) $<$； (6) $>$。

2. (1) $6\leqslant\int_1^4(x^2+1)dx\leqslant 51$；

(2) $1\leqslant\int_0^1 e^x dx\leqslant e$；

(3) $\frac{\pi}{2}\leqslant\int_0^{\frac{\pi}{2}}e^{\sin x}dx\leqslant\frac{\pi}{2}e$；

(4) $\pi\leqslant\int_0^{\pi}(1+\sqrt{\sin x})dx\leqslant 2\pi$。

习题 5.3

1. (1) $\sin x$； (2) 0； (3) 0； (4) $\cos x^2$； (5) $2x\sin x^2$； (6) $3x^2\sin x^6-2x\sin x^4$。

2. (1) $\frac{1}{101}$； (2) $\frac{99}{\ln 100}$； (3) 1； (4) $\frac{2}{3}$； (5) 12； (6) $\frac{17}{3}$； (7) -2； (8) $\frac{3\ln 3-2}{\ln^2 3}+\frac{2}{9}e^3+\frac{14}{45}$； (9) $\frac{17}{4}$； (10) $\sqrt{3}-1-\frac{\pi}{12}$。

3. (1) 解　此极限是“$\frac{0}{0}$”型未定型，由洛必达法则，得

$$\lim_{x\to1}\frac{\int_1^x\sin\pi t dt}{1+\cos\pi x}=\lim_{x\to1}\frac{\left(\int_1^x\sin\pi t dt\right)'}{(1+\cos\pi x)'}=\lim_{x\to1}\frac{\sin\pi x}{-\pi\sin\pi x}=\lim_{x\to1}\left(\frac{1}{-\pi}\right)=-\frac{1}{\pi};$$

（2）e；　　（3）$-\frac{1}{2}$。

习题 5.4

1. （1）$-\frac{2}{3}$；　（2）26；　（3）0；

（4）$\frac{\pi}{6}-\frac{\sqrt{3}}{8}$；　（5）$\frac{1}{6}$；　（6）$1-e^{-\frac{1}{2}}$；

（7）$1+\ln 2-\ln(1+e)$；　（8）$\frac{\pi a^2}{4}$。

2. （1）1；　（2）$\frac{1}{2}(1+e^{\frac{\pi}{2}})$；　（3）$1-\frac{2}{e}$；

（4）$\frac{\pi^2}{8}+1$；　（5）$2-\frac{2}{e}$；　（6）$\frac{\pi^2}{4}-2$；

（7）$\frac{\pi-2}{4}$；　（8）$\frac{1}{5}(e^{\pi}-2)$。

3. （1）0；　（2）$\frac{2}{5}(9\sqrt{3}-4\sqrt{2})$。

习题 5.5

1. （1）$\frac{3}{2}-\ln 2$；　（2）1；

（3）$\frac{4}{3}$；　（4）$b-a$；

（5）$\frac{7}{6}$；　（6）$e+e^{-1}-2$。

2. （1）$V_x=\frac{15\pi}{2}$；　（2）$V_y=\frac{3\pi}{10}$；

（3）$V_x=\frac{\pi^2}{2}$，$V_y=2\pi^2$。

3. $V_x=\frac{4}{3}\pi ab^2$，$V_y=\frac{4}{3}\pi a^2 b$。

4. $\ln(1+\sqrt{2})$。

5. $4a$。

6. 略。

7. $16\pi g$。

8. $F=\frac{kmM}{al\sqrt{l^2+a^2}}(\sqrt{l^2+a^2}-a)i+\frac{kmM}{a\sqrt{l^2+a^2}}j$。

习题 5.6

1. （1）不正确。因为$\frac{1}{x}$在$[-1,2]$上存在无穷间断点$x=0$，$\int_{-1}^{2}\frac{1}{x}dx$不能直接应用Newton-Leibniz公式计算，事实上，

$$\begin{aligned}\int_{-1}^{2}\frac{1}{x}dx&=\int_{-1}^{0}\frac{1}{x}dx+\int_{0}^{2}\frac{1}{x}dx\\&=\lim_{u\to0^-}\int_{-1}^{u}\frac{1}{x}dx+\lim_{v\to0^+}\int_{v}^{2}\frac{1}{x}dx\\&=\lim_{u\to0^-}[\ln(-x)]_{-1}^{u}+\lim_{v\to0^+}[\ln x]_{v}^{2}\\&=\lim_{u\to0^-}\ln u+\ln 2-\lim_{v\to0^+}v\text{ 不存在，}\end{aligned}$$

故$\int_{-1}^{2}\frac{1}{x}dx$发散；

（2）不正确。本题计算错误在于$\lim\limits_{b\to\infty}e^{-b}=0$，因为$\lim\limits_{b\to+\infty}e^{-b}=0$，而$\lim\limits_{b\to-\infty}e^{-b}=-\infty$，故$\lim\limits_{b\to\infty}e^{-b}$不存在，从而$\int_{0}^{\infty}e^{x}dx$发散。

2. （1）原积分发散；

（2）原积分收敛于$\frac{1}{3}$；

（3）原积分收敛于$\frac{\pi}{2}$；

（4）原积分收敛于π；

（5）原积分收敛于$\frac{1}{100}e^{-100}$；

（6）原积分收敛于2；

（7）原积分收敛于$3(\sqrt[3]{2}+\sqrt[3]{4})$；

（8）原积分收敛于$\frac{8}{3}$。

3. 略。

复习题 5

一、**1.** D；　**2.** D；　**3.** B；　**4.** A；　**5.** A；　**6.** C。

二、**1.** 2；　**2.** 7；　**3.** 0；　**4.** $\frac{3}{2}$；　**5.** 1。

三、2。

四、$\frac{3\sqrt{2}}{2}+1$。

五、**1.** $-\frac{65}{4}$；　**2.** $\sqrt{3}-\frac{\pi}{3}$；

3. $\frac{1}{2}(1+e^{\frac{\pi}{2}})$；　**4.** $\frac{11}{6}$。

六、**1.** $\frac{10}{3}$；　**2.** $\frac{8}{3}$；　**3.** $\frac{4}{3}$。

七、**1.** $P(1,1)$；　**2.** $y-1=2(x-1)$；

3. $\frac{\pi}{30}$。

八、$\frac{4}{3}\pi a^2 b$。

九、$\frac{14}{3}$。

十、$65\times 10^4\times 98\pi$。

十一、$F=168\rho g$。

十二、1. $\int_0^{+\infty}\frac{dx}{100+x^2}=\frac{1}{10}\arctan\frac{x}{10}\Big|_0^{+\infty}=\frac{\pi}{20}$;

2. $\int_0^{+\infty}e^{-2x}dx=\lim\limits_{A\to+\infty}\int_0^A e^{-2x}dx$

$$=\lim_{A\to+\infty}-\frac{1}{2}e^{-2x}\Big|_0^A$$

$$=\lim_{A\to+\infty}\left(-\frac{1}{2}e^{-2A}+\frac{1}{2}\right)$$

$$=\frac{1}{2}。$$

3. $x=1$ 是瑕点,

$$\int_1^2\frac{x}{\sqrt{x-1}}dx\xlongequal{t=\sqrt{x-1}}\int_0^1\frac{t^2+1}{t}2tdt$$

$$=2\left(\frac{t^3}{3}+t\right)\Big|_0^1=\frac{8}{3}。$$

第6章

习题6.1

1. (1) 一阶非线性方程;
   (2) 二阶线性非齐次方程;
   (3) 二阶非线性方程;
   (4) 二阶线性齐次方程。
2. (1) 通解;(2) 通解。
3. (1) $C_1=0, C_2=1$;
   (2) $C_1=0, C_2=2$。
4. $xyy''+xy'^2-yy'=0$。

习题6.2

1. (1) $y=e^{Cx}$;
   (2) $e^y=\frac{1}{2}(e^{2x}+1)$;
   (3) $u=5e^{t+\frac{t^3}{3}}$。
2. (1) $C_y=e^{\frac{y}{x}}$;
   (2) $y=Cx(x-y)$;
   (3) $y^2=x^2(\ln x^2+4)$。
3. (1) $y=(x+C)e^{-x}$;
   (2) $x=\frac{y^2}{2}+Cy^3$;
   (3) $y=\frac{1}{x}(\pi-1-\cos x)$。
4. $\frac{1}{y^2}=Ce^{x^2}+x^2+1$。

习题6.3

1. (1) $y=\frac{x^3}{6}-\cos x+C_1x+C_2$;
   (2) $y=C_1e^x-\frac{x^2}{2}-x+C_2$;
   (3) $y=\ln|x+C_1|+C_2$。
2. (1) $y=\sqrt{2x-x^2}$;(2) $y=x^4+4x+1$。

习题6.4

1. (1) $y=C_1e^x+C_2e^{-2x}$;
   (2) $y=C_1+C_2e^{4x}$;
   (3) $y=C_1\cos x+C_2\sin x$;
   (4) $y=(C_1+C_2x)e^{2x}$。
2. (1) $y=3e^{-2x}\sin 5x$;
   (2) $y=e^{-\frac{x}{2}}(2+x)$;
   (3) $y=4e^x+2e^{3x}$;
   (4) $y=2\cos 5x+\sin 5x$。

习题6.5

1. $y=\frac{x^3}{6}+\frac{x}{2}+1$。
2. $V=\frac{mg}{k}(1-e^{-\frac{k}{m}t})$。
3. $T=\frac{3}{\sqrt{g}}\ln(9+4\sqrt{5})s\approx 2.8s$。

复习题6

一、1. 2;
   2. $xy''+2y'-xy=0$;
   3. $r^2-4=0$。

二、1. BC; 2. AC; 3. B。

三、1. 令 $u=\frac{y}{x}$,原方程化为 $\frac{du}{\sqrt{u^2-1}}=\frac{dx}{x}$,通解

为 $y+\sqrt{y^2-x^2}=Cx^2$。

2. 方程化为$\dfrac{dx}{dy}+\dfrac{x}{y\ln y}=\dfrac{1}{y}$,代入公式得通解为 $2x\ln y=\ln^2 y+C$。

3. 特征方程为 $r^2+4r+4=0$,特征根为 $r_{1,2}=-2$,通解为 $y=(C_1+C_2x)\cdot e^{-2x}$。

四、1. 设 $y'=p(y)$,则 $y''=p\dfrac{dp}{dy}$,

原方程化为$\dfrac{pdp}{1-p^2}=dy$,

解得$\dfrac{1}{2}p^2=2y^{\frac{3}{2}}+C_1$,

代入初始条件 $y(0)=1,p=y'(0)=2$,

求得 $C_1=0$,于是 $y'=\pm 2y^{\frac{3}{4}}$,

由于 $y''=3\sqrt{y}>0$,故 $y'=2y^{\frac{3}{2}}$,

积分得 $4y^{\frac{1}{4}}=2x+C_2$,

再代入初始条件 $y(0)=1$,

得 $C_2=4$,于是特解为 $y=\left(\dfrac{x}{2}+1\right)^4$。

五、 设切点坐标为(x,y),则切线方程为 $Y-y=y'(X-x)$,令 $X=0$ 得 $Y=-xy'+y$,依题意得方程 $Y=-xy'+y=x$ 即 $y'=\dfrac{y}{x}-1$,令 $u=\dfrac{y}{x}$,代入方程得 $x\dfrac{du}{dx}=-1$,解得 $u=-\ln x+C$,即$\dfrac{y}{x}=-\ln x+C$。依题意 $y(1)=1$,故 $C=1$,从而 $y=x-x\ln x$ 即为所求的曲线方程。

六、 将原方程写为

$f(x)=e^x+\int_0^x tf(t)dt-x\int_0^x f(t)dt$,

两边对 x 求导得 $f'(x)=e^x-\int_0^x f(t)dt$,

再求导得 $f''(x)=e^x-f(x)$;

其对应的齐次方程的特征方程为 $r^2+1=0$,特征根为 $r_{1,2}=\pm i$;齐次方程的通解为 $f(x)=C_1\cos x+C_2\sin x$;其方程一特解设为 $y^*=Ae^x$,代入求得 $A=\dfrac{1}{2}$,即 $y^*=\dfrac{1}{2}e^x$;

于是 $f(x)=C_1\cos x+C_2\sin x+\dfrac{1}{2}e^x$。

由于初始条件为 $f(0)=1,f'(0)=1$,

代入求得 $C_2=C_1=\dfrac{1}{2}$,

于是 $f(x)=\dfrac{1}{2}(\cos x+\sin x+e^x)$。

第7章

习题 7.1

1. 关于 xOy 面:$(3,-4,-5)$,关于 yOz 面:$(-3,-4,5)$,关于 zOx 面:$(3,4,5)$。

2. 关于 x 轴:$(3,4,-5)$,关于 y 轴:$(-3,-4,-5)$,关于 z 轴:$(-3,4,5)$。

3. $(-3,4,-5)$。

4. $\left(0,0,\dfrac{14}{9}\right)$。

习题 7.2

$5\boldsymbol{a}-11\boldsymbol{b}+7\boldsymbol{c}$。

习题 7.3

1. $8\boldsymbol{i}-5\boldsymbol{j}-3\boldsymbol{k}$。

2. $\{1,-2,-2\},\{-2,4,4\}$。

3. 模:2;方向余弦:$-\dfrac{1}{2},-\dfrac{\sqrt{2}}{2},\dfrac{1}{2}$;

方向角:$\dfrac{2\pi}{3},\dfrac{3\pi}{4},\dfrac{\pi}{3}$。

4. 垂直于 x 轴,平行于 yOz 平面;指向与 y 轴正向一致,垂直于 zOx 平面;平行于 x 轴,垂直于 xOy 平面。

5. $\pm\dfrac{1}{11}(6\boldsymbol{i}+7\boldsymbol{i}-6\boldsymbol{k})$。

6. $m=15,n=-\dfrac{1}{5}$。

7. $(12,10,0)$。

8. $a=\dfrac{3}{2}(\boldsymbol{i}+\boldsymbol{j}\pm\sqrt{2}\boldsymbol{k})$;$\left(\dfrac{7}{2},\dfrac{3}{2},-1,\pm\dfrac{3\sqrt{2}}{2}\right)$。

习题 7.4

1. $3,5\boldsymbol{i}+\boldsymbol{j}+7\boldsymbol{k},\dfrac{2}{2\sqrt{21}}$;

$-18,10\boldsymbol{i}+2\boldsymbol{j}+14\boldsymbol{k}$。

2. $-\dfrac{3}{2}$。

3. $\pm\frac{1}{\sqrt{17}}(3\boldsymbol{i}-2\boldsymbol{j}-2\boldsymbol{k})$。

4. 2 。

5. 2。

6. 略。

7. $\lambda=2\mu$。

8. $50\sqrt{2}$。

9. 20。

习题 7.5

1. $3x-7y+5z-4=0$ 。

2. $x+3y=0$。

3. $\frac{x}{4}+\frac{y}{2}+\frac{z}{4}=1$。

4. $14x+15y+z=0$。

5. $\frac{1}{3},\frac{2}{3},\frac{2}{3}$。

习题 7.6

1. 1。

2. $x-1=0,y-2=0$。

3. $\frac{x-2}{3}=\frac{2-y}{1}=\frac{z+1}{2}$。

4. $\frac{x+1}{3}=2-y=z-1$。

5. $\cos\varphi=+\frac{2\sqrt{2}}{27}$。

6. $\frac{x+8}{5}=1-y=-\frac{z-7}{5}$(参数式略)。

7. $\frac{x}{2}=\frac{y}{-3}=\frac{z-4}{0}$。

8. (1) 平行； (2) 垂直； (3) 直线在平面上。

9. $\frac{3\sqrt{2}}{2}$。

10. $\begin{cases}17x+31y-37z-117=0,\\4x-y+z-1=0。\end{cases}$

11. $(36,-28,13);5°6'40''$。

习题 7.7

1. (1) 球心：$\left(-2,1,-\frac{1}{2}\right),R=2$；

(2) 球心：$\left(0,0,\frac{1}{4}\right),R=\frac{1}{4}$。

2. $8(x^2+y^2+z^2)-68x+108y-114z+779=0$。

3～4. 略。

5. (1) $y^2+z^2=5x$；

(2) $\frac{x^2+y^2}{4}+\frac{z^2}{9}=1$；

(3) $4(x^2+z^2)-9y^2=36$。

6. 母线平行于 x 轴的柱面方程：$3y^2-z^2=16$；
母线平行于 y 轴的柱面方程：$3x^2+2z^2=16$。

7. $\begin{cases}x^2+y^2+(x-1)^2=9\\z=0\end{cases}$。

8. (1) $\begin{cases}x=\frac{2}{\sqrt{3}}\cos t,\\y=\frac{3}{\sqrt{2}}\sin t,\\z=3\sin t,\end{cases}\quad 0\leqslant t\leqslant 2\pi$；

(2) $\begin{cases}x=1+\sqrt{3}\cos\theta,\\y=\sqrt{3}\sin\theta,\\z=0,\end{cases}\quad 0\leqslant\theta\leqslant 2\pi$。

9. (1) 椭球面；(2) 椭圆抛物面；(3) 单叶双曲面；(4) 双叶双曲面；(5) 圆锥面；(6) 双曲抛物面。

10. 略。

复习题 7

一、1. (1) $\frac{3}{5},-\frac{4}{5},0$； (2) $\frac{3}{\sqrt{2}}$。

2. 28。

3. $\frac{x}{-1}=\frac{2}{y}=\frac{z}{1}$。

二、1. $\boldsymbol{a}\cdot\boldsymbol{i}=(3\boldsymbol{i}+6\boldsymbol{j}+8\boldsymbol{k})\times\boldsymbol{i}=8\boldsymbol{i}-6\boldsymbol{k}$，

故所求向量为

$$\pm\frac{\boldsymbol{a}\times\boldsymbol{i}}{|\boldsymbol{a}\times\boldsymbol{i}|}=\pm\frac{8\boldsymbol{i}-6\boldsymbol{k}}{10}=\pm\frac{1}{5}(4\boldsymbol{j}-3\boldsymbol{k})。$$

2. 曲线绕 x 轴与 y 轴旋转所形成的旋转面方程分别为 $4x^2-9(y^2+z^2)=36$ 与 $4(x^2+z^2)-9y^2=36$。

3. 由点 $(1,-5,1)$ 指向 $(3,2,-3)$ 的向量为 $\boldsymbol{a}=\{3,-1,2-(-5),-3-1\}=\{2,7,-4\}$，
依题意知所求平面的法矢 $\boldsymbol{n}$ 为

$$\boldsymbol{n}=\boldsymbol{j}\times\boldsymbol{a}=\begin{vmatrix}\boldsymbol{i}&\boldsymbol{j}&\boldsymbol{k}\\0&1&0\\2&7&-4\end{vmatrix}=-4\boldsymbol{i}-2\boldsymbol{k},$$

所求的平面方程为

$4(x-1)+0(y+5)+2(z-1)=0$ 或

$2x+z-3=0$。

4. 设 $\boldsymbol{n}_1=\{1,0,2\}$，$\boldsymbol{n}_2=\{0,1,-3\}$，故所求直线的方向向量 $\boldsymbol{s}=\boldsymbol{n}_1\times\boldsymbol{n}_2=-2\boldsymbol{i}+3\boldsymbol{j}+\boldsymbol{k}$。故直线的方程为 $\frac{x}{-2}=\frac{y-2}{3}=\frac{z-4}{1}$。

5. 在曲线 l 的方程 $\begin{cases}2y^2+z^2+4x=4z,\\ y^2+3z^2-8x=12z\end{cases}$ 中消去 x 得一平行于轴的投影柱面：

$5y^2+5z^2=20z$，

消去 z 得一平行于轴的投影柱面

$5y^2+20z=0$，

故方程所求的形式为

$$\begin{cases}y^2+z^2-4z=0,\\ y^2+4x=0。\end{cases}$$

6. 先求过 $A(2,-1,3)$ 且与 l 垂直的平面 Π 的方程为 $-(x-2)+2(z-3)=0$ 或 $x-2z+4=0$。再求 l 与 Π 的交点：l 的参数式方程为

$$\begin{cases}x=1-t,\\ y=0,\\ z=2+2t,\end{cases}$$

代入 Π 的方程有 $1-t-2(2+2t)+4=0$。得 $t=\frac{1}{5}$，代入 l 的参数方程得 l 与 Π 的交点坐标为 $x=\frac{4}{5}$，$y=0$，$z=\frac{12}{5}$，故所求的直线方程为 $\frac{x-2}{2-\frac{4}{5}}=\frac{y+1}{-1-0}=\frac{z-3}{3-\frac{12}{5}}$，化简得

$\frac{x-2}{6}=\frac{y+1}{-5}=\frac{z-3}{3}$。

7. 设所求平面 Π 的方程为 $Ax+By+Cz+D=0$，分别将 A_1，B_1 的坐标代入此方程得：

$A\times0-B+C\times0+D=0\Rightarrow B=D$，

$A\times0+B\times0+C+D=0\Rightarrow C=-D$，

故 Π 的方程为 $Ax+Dy-Dz+D=0$，因 Π 与 xOy 面的夹角为 $\frac{\pi}{3}$，所以

$$\frac{\{A,D,-D\}\cdot\{0,0,1\}}{\sqrt{A^2+2D^2}}=\frac{1}{2}\Rightarrow A=\pm\sqrt{2}D,$$

所以平面 Π 的方程为

$\pm\sqrt{2}Dx+Dy-Dz+D=0$

$\Rightarrow\pm\sqrt{2}x+y-z+1=0$。

第 8 章

习题 8.1

1. $(xy)^{x+y}$。

2. $\frac{x^2(1-y)}{1+y}$。

3. (1) $\{(x,y)\mid y\geqslant0,x\geqslant\sqrt{y}\}$；

(2) $\{(x,y)\mid y^2\leqslant4x,0<x^2+y^2<1\}$；

(3) $\{(x,y)\mid x>-y,x>y\}$；

(4) $\{(x,y)\mid -y^2\leqslant x\leqslant y^2,0<y<1\}$。

4. (1) 1； (2) $-\frac{1}{4}$； (3) 3； (4) 0。

5. 略。

习题 8.2

1. (1) $z_x=\frac{y^2+1}{y}$，$z_y=\frac{x(y^2-1)}{y^2}$；

(2) $z_x=\frac{1}{y}\sec^2\frac{x}{y}$，$z_y=-\frac{x}{y^2}\sec^2\frac{x}{y}$；

(3) $z_x=\frac{y^2}{(x^2+y^2)^{\frac{3}{2}}}$，$z_y=\frac{-xy}{(x^2+y^2)^{\frac{3}{2}}}$；

(4) $z_x=\frac{1}{2x\sqrt{\ln(xy)}}$，$z_y=\frac{1}{2y\sqrt{\ln(xy)}}$；

(5) $z_x=\sin(x+y)+x\cos(x+y)$，

$z_y=x\cos(x+y)$；

(6) $z_x=ye^{xy}$，$z_y=xe^{xy}$；

(7) $u_x=y^zzx^{z-1}$，$u_y=x^zzy^{z-1}$，

$u_z=(xy)^z\ln(xy)$；

(8) $z_x=y^2(1+xy)^{y-1}$，

$z_y=xy(1+xy)^{y-1}+(1+xy)^y\ln(1+xy)$。

2. (1) $z_{xx}=12x^2-8y^2$，$z_{xy}=-16xy=z_{yx}$，

$z_{yy}=12y^2-8x^2$；

(2) $z_{xx}=\frac{x+2y}{(x+y)^2}$，$z_{xy}=\frac{y}{(x+y)^2}=z_{yx}$，

$z_{yy}=\frac{-x}{(x+y)^2}$；

(3) $z_{xx}=y^2e^{xy}$，$z_{xy}=(1+xy)e^{xy}=z_{yx}$，

$z_{yy}=x^2e^{xy}$；

(4) $z_{xx}=\dfrac{2xy}{(x^2+y^2)^2}$，$z_{xy}=\dfrac{y^2-x^2}{(x^2+y^2)^2}=z_{yx}$，

$z_{yy}=\dfrac{-2xy}{(x^2+y^2)^2}$。

3. (1) $dz=\left(y+\dfrac{1}{y}\right)dx+\left(x-\dfrac{x}{y^2}\right)dy$；

(2) $dz=e^{xy}(ydx+xdy)$；

(3) $dz=\cos(xy+1)(ydx+xdy)$；

(4) $du=yzx^{yz-1}dx+x^{yz}\cdot\ln x\cdot zdy$

$+x^{yz}\cdot\ln x\cdot ydz$。

4. 2.039。

习题 8.3

1. $\dfrac{\partial z}{\partial x}=\dfrac{2x}{y^2}\ln(3x-2y)+\dfrac{3x^2}{y^2(3x-2y)}$，

$\dfrac{\partial z}{\partial y}=-\dfrac{2x^2}{y^3}\ln(3x-2y)-\dfrac{2x^2}{y^2(3x-2y)}$。

2. $\dfrac{dz}{dx}=(1-2\cos x)e^{x-2\sin x}$。

3. (1) $\dfrac{\partial z}{\partial x}=f_1+f_2$，$\dfrac{\partial z}{\partial y}=f_1-f_2$；

(2) $\dfrac{\partial z}{\partial x}=2xf_1+ye^{xy}f_2$，$\dfrac{\partial z}{\partial y}=-2yf_1+xe^{xy}f_2$；

(3) $\dfrac{\partial z}{\partial x}=\cos yf_1+\sin yf_2$，

$\dfrac{\partial z}{\partial y}=-x\sin yf_1+x\cos yf_2$；

(4) $\dfrac{\partial z}{\partial x}=f_1-\dfrac{y}{x^2}f_2$，$\dfrac{\partial z}{\partial y}=f_1+\dfrac{1}{x}f_2$。

4. $\dfrac{\partial^2 z}{\partial x^2}=f_{11}+2yf_{12}+y^2f_{22}$，

$\dfrac{\partial^2 z}{\partial x\partial y}=f_{11}+(x+y)f_{12}+xyf_{22}+f_2$。

5. $\dfrac{dy}{dx}=-\dfrac{y+1}{x+1}$。

6. $\dfrac{dy}{dx}=\dfrac{y^x\ln y}{1-xy^{x-1}}$。

7. $\dfrac{\partial z}{\partial x}=\dfrac{ayz-x^2}{z^2-axy}$，$\dfrac{\partial z}{\partial y}=\dfrac{axz-y^2}{z^2-axy}$。

8. $\dfrac{\partial z}{\partial x}=\dfrac{z(x-\sqrt{xyz})}{x(\sqrt{xyz}-z)}$，$\dfrac{\partial z}{\partial y}=\dfrac{z(2y-\sqrt{xyz})}{x(\sqrt{xyz}-z)}$。

9. $\dfrac{2(x+y)}{(xy-1)^3}$。

10. $\dfrac{(2-z)^2+x^2}{(2-z)^3}$。

习题 8.4

1. (1) 极大值 $f(2,-2)=8$；

(2) 极小值 $f(1,0)=-1$；

(3) 极小值 $f(4,2)=6$；

(4) 极小值 $f(1,1)=-1$。

2. $\dfrac{1}{4}$。

3. $z_{\max}=1+\dfrac{3\sqrt{3}}{2}$，$z_{\min}=1-\dfrac{3\sqrt{3}}{2}$。

4. μ^4。

5. 水箱长、宽、高均为$\sqrt[3]{2}$ m 时，水箱所用的材料最省。

习题 8.5

1. 切线方程为$\dfrac{x-(\frac{\pi}{2}-1)}{1}=\dfrac{y-1}{1}=\dfrac{z-2\sqrt{2}}{\sqrt{2}}$，

法平面方程为 $x+y+\sqrt{2}z=\dfrac{\pi}{2}+4$。

2. 切线方程为$\dfrac{x-\frac{1}{2}}{1}=\dfrac{y-2}{-4}=\dfrac{z-1}{8}$，

法平面方程为 $x-4y+8z-\dfrac{1}{2}=0$。

3. 切线方程为$\dfrac{x-0}{1}=\dfrac{y-0}{0}=\dfrac{z-1}{3}$

或$\begin{cases}y=0,\\3x-z+1=0。\end{cases}$

法平面方程为 $x+3z=3$。

4. $(-1,1,-1)$，$\left(-\dfrac{1}{3},\dfrac{1}{9},-\dfrac{1}{27}\right)$。

5. 切平面方程为 $x+2y-4=0$，

法线方程为$\dfrac{x-2}{1}=\dfrac{y-1}{2}=\dfrac{z}{0}$。

6. 切平面方程为 $x+4y+6z-21=0$，$x+4y+6z+21=0$。

7～8. 略。

习题 8.6

1. $\dfrac{\sqrt{2}}{2}$。

2. $\dfrac{\sqrt{6}}{3}$。

3. $\mathrm{grad}\,u=5\boldsymbol{i}+4\boldsymbol{j}+3\boldsymbol{k}$。

4. 略。

复习题 8

一、1. $\{(x,y)\mid x^2+y^2\neq 0\}$；

2. $\{(x,y)\mid x\geqslant 0, y>-x\}$；

3. $\{(x,y)\mid x>0,-x\leqslant y\leqslant x\}\cup\{(x,y)\mid x<0, x\leqslant y\leqslant -x\}$；

4. $\{(x,y)\mid r^2\leqslant x^2+y^2\leqslant R^2\}$。

二、略。

三、略。

四、1. $z_x=3x^2y-y^3, z_y=x^3-3xy^2$；

2. $z_x=ye^{xy}\sin y, z_y=xe^{xy}\sin y+e^{xy}\cos y$；

3. $z_x=2x\ln(x^2+y^2)+\dfrac{2x^3}{x^2+y^2}$，$z_y=\dfrac{2x^2y}{x^2+y^2}$；

4. $z_x=\dfrac{1}{x+\ln y}, z_y=\dfrac{1}{(x+\ln y)y}$。

五、略。

六、1. $u_{xx}=u_{yy}=u_{zz}=0, u_{xy}=u_{xz}=u_{yz}=1$；

2. $z_{xx}=\dfrac{x+2y}{(x+y)^2}, z_{xy}=\dfrac{y}{(x+y)^2}$，$z_{yy}=\dfrac{-x}{(x+y)^2}$；

3. $z_{xx}=\dfrac{2(y-x^2)}{(y+x^2)^2}, z_{xy}=\dfrac{-2x}{(y+x^2)^2}$，$z_{yy}=\dfrac{-1}{(y+x^2)^2}$；

4. $z_{xx}=y(y-1)x^{y-2}, z_{xy}=x^{y-1}(1+y\ln x)$，$z_{yy}=x^y\ln^2 x$。

七、1. $dz=-y\sin(xy)dx-2\sin(xy)dy$；

2. $du=yzx^{yz-1}dx+x^{yz}z\ln x dy+x^{yz}y\ln x dz$；

3. $du=\dfrac{2}{x^2+y^2+z^2}(xdx+ydy+zdz)$；

4. $du=\dfrac{1}{(x^2+y^2)^2}[(x^2+y^2)dz-2z(xdx+ydy)]$。

八、1. $\dfrac{dz}{dx}=\dfrac{e^x+3x^2e^{x^3}}{e^x+e^{x^3}}$；

2. $\dfrac{du}{dt}=(2\sin t+e^t)\cos t+(2e^t+\sin t)e^t$；

3. $\dfrac{\partial z}{\partial x}=\dfrac{-y}{x^2+y^2}, \dfrac{\partial z}{\partial y}=\dfrac{x}{x^2+y^2}$；

4. $\dfrac{\partial z}{\partial x}=2xf_1+ye^{xy}f_2, \dfrac{\partial z}{\partial y}=-2yf_1+xe^{xy}f_2$；

5. $\dfrac{\partial u}{\partial x}=f_1+yf_2+yzf_3, \dfrac{\partial u}{\partial y}=xf_2+xzf_3$，$\dfrac{\partial u}{\partial z}=xyf_3$；

6. $\dfrac{\partial^2 z}{\partial x^2}=y^2f_{11}+4xyf_{12}+4x^2f_{22}+2f_2$。

九、1. $\dfrac{dy}{dx}=-\dfrac{e^x-y^2}{\cos y-2xy}$；

2. $\dfrac{\partial z}{\partial x}=-\dfrac{yz}{e^z-xy}, \dfrac{\partial z}{\partial y}=\dfrac{xz}{e^z-xy}$；

3. $\dfrac{\partial z}{\partial x}=-\dfrac{yz}{z^2+xy}, \dfrac{\partial z}{\partial y}=-\dfrac{xz}{z^2+xy}$；

4. $\dfrac{\partial^2 z}{\partial x\partial y}=-\dfrac{e^z}{(e^z-1)^3}$。

十、1. 极小值点$(1,0)$；

2. 极小值点$\left(\dfrac{1}{2},-1\right)$；

3. 极小值点$(3,-1)$；

4. 极小值点$(1,0)$，极大值点$(-3,2)$。

十一、1. 最大值 4，最小值 -4；

2. 最大值 1，最小值 0。

十二、$x=y=R, z=\sqrt{3}R, u_{\max}=3\sqrt{3}R^5$。

十三、当长、宽都是 $\sqrt[3]{2K}$，高为$\dfrac{1}{2}\sqrt[3]{2K}$ 时，表面积最小。

十四、(1) $\dfrac{x-1}{1}=\dfrac{y-2}{4}=\dfrac{z-3}{9}$，$x+4y+9z-36=0$；

(2) $\begin{cases}x-y+2-\dfrac{\pi}{2}=0,\\ z=4,\end{cases}$

$x+y-\dfrac{\pi}{2}=0$；

(3) $\dfrac{x-1}{12}=\dfrac{y-3}{-4}=\dfrac{z-4}{3}$，

$12x-4y+3z-12=0$。

十五、切平面方程为 $x-y+2z-\dfrac{\pi}{2}=0$，

法线方程为$\dfrac{x-1}{1}=\dfrac{y-1}{-1}=\dfrac{z-\frac{\pi}{4}}{2}$。

十六、切平面方程为 $x-y+2z+\dfrac{1}{4}=0$。

十七、$\frac{33}{\sqrt{26}}$。

十八、$\frac{2}{5}$。

十九、$\mathrm{grad}u=6\boldsymbol{i}+3\boldsymbol{j}$；$3\sqrt{3}$。

第9章

习题9.1

1. (1)$\iint\limits_D(x+y)^2\mathrm{d}x\mathrm{d}y\geqslant\iint\limits_D(x+y)^3\mathrm{d}x\mathrm{d}y$；

(2) $\iint\limits_D \mathrm{e}^{xy}\mathrm{d}x\mathrm{d}y\leqslant\iint\limits_D \mathrm{e}^{2xy}\mathrm{d}x\mathrm{d}y$。

2. (1) $\pi\leqslant\iint\limits_D \mathrm{e}^{x^2+y^2}\mathrm{d}x\mathrm{d}y\leqslant \mathrm{e}\pi$；

(2) $36\pi=\iint\limits_D 9\mathrm{d}\sigma\leqslant I\leqslant\iint\limits_D 25\mathrm{d}\sigma=100\pi$。

3. 略。

习题9.2

1. 先求两曲线所确定D的表达式，抛物线$y=\sqrt{x}$和$y=x^2$交于点$(0,0)$和点$(1,1)$，D可以看成是x-型区域，即

$x^2\leqslant y\leqslant\sqrt{x}$，$0\leqslant x\leqslant 1$，故

$$I=\int_0^1\mathrm{d}x\int_{x^2}^{\sqrt{x}}x\sqrt{y}\,\mathrm{d}y$$
$$=\int_0^1 x\left(\frac{2}{3}y^{\frac{3}{2}}\Big|_{x^2}^{\sqrt{x}}\right)\mathrm{d}x$$
$$=\int_0^1\frac{2}{3}(x^{\frac{7}{4}}-x^4)\mathrm{d}x$$
$$=\frac{2}{3}\left(\frac{4}{11}x^{\frac{11}{4}}-\frac{1}{5}x^5\right)\Big|_0^1$$
$$=\frac{6}{55}。$$

2. $$I=\int_0^a\mathrm{d}x\int_0^x\sqrt{x^2+y^2}\,\mathrm{d}y$$
$$=\int_0^{\frac{\pi}{4}}\mathrm{d}\theta\int_0^{\frac{a}{\cos\theta}}r\cdot r\mathrm{d}r$$
$$=\int_0^{\frac{\pi}{4}}\frac{1}{3}\left(\frac{a}{\cos\theta}\right)^3\mathrm{d}\theta$$
$$=\frac{a^2}{2}\int_0^{\frac{\pi}{4}}\sec^3\theta\mathrm{d}\theta$$
$$=\frac{1}{6}a^3[\sqrt{2}+\ln(1+\sqrt{2})]。$$

3. (1) $$I=\iint\limits_D \mathrm{e}^{x^2+y^2}\mathrm{d}\sigma$$
$$=\int_0^{2\pi}\mathrm{d}\theta\int_0^2\mathrm{e}^{r^2}r\mathrm{d}r$$
$$=\pi(\mathrm{e}^4-1)；$$

(2) $$I=\iint\limits_D\ln(1+x^2+y^2)\mathrm{d}\sigma$$
$$=\int_0^{\frac{\pi}{2}}\mathrm{d}\theta\int_0^1\ln(1+r^2)r\mathrm{d}r$$
$$=\frac{\pi}{4}\int_0^1\ln(1+r^2)d(1+r^2)$$
$$=\frac{\pi}{4}(2\ln 2-1)。$$

4. (1) $$I=\int_0^1\mathrm{d}x\int_0^y(x^2+xy+y^2)\mathrm{d}y$$
$$=\int_0^1\left(x^2y+\frac{1}{2}xy^2+\frac{y^3}{3}\right)\Big|_0^1\mathrm{d}x$$
$$=\int_0^1\left(x^2+\frac{1}{2}x+\frac{1}{3}\right)\mathrm{d}x=\frac{11}{12}；$$

(2) $$I=\int_0^1\mathrm{d}x\int_{-1}^0 x\mathrm{e}^{xy}\mathrm{d}y$$
$$=\int_0^1(\mathrm{e}^{xy}\,|_0^1)\mathrm{d}x$$
$$=\int_0^1(1-e^{-x})\mathrm{d}x$$
$$=(x+\mathrm{e}^{-x})\,|_0^1=\mathrm{e}^{-1}；$$

(3) $$I=\int_0^{\frac{\pi}{2}}\mathrm{d}x\int_x^{\frac{\pi}{2}}x\sin(x+y)\mathrm{d}y$$
$$=-\int_0^{\frac{\pi}{2}}x\cos(x+y)\Big|_x^{\frac{\pi}{2}}\mathrm{d}x$$
$$=\int_0^{\frac{\pi}{2}}(x\sin x+x\cos 2x)\mathrm{d}x=\frac{1}{2}；$$

(4) $$I=\int_0^{2\pi}\mathrm{d}\theta\int_\pi^{2\pi}r\sin r\mathrm{d}r$$
$$=2\pi-(3\pi)=-6\pi^2；$$

(5) $$I=\int_0^{\frac{\pi}{4}}\mathrm{d}\theta\int_0^{\sqrt[3]{\frac{\sin\theta}{\cos^4\theta}}}r^2\mathrm{d}r$$
$$=\int_0^{\frac{\pi}{4}}\frac{\sin\theta}{3\cos^4\theta}=\frac{1}{9}(2\sqrt{2}-1)；$$

(6) $I=\int_0^{\frac{\pi}{4}}d\theta\int_{\frac{1}{\cos\theta}}^{\frac{2}{\cos\theta}}\frac{rdr}{r^2\cos\theta}$

$=\int_0^{\frac{\pi}{4}}[\ln\frac{2}{\cos\theta}-\ln\frac{1}{\cos\theta}]\frac{d\theta}{\cos\theta}$

$=\ln2\int_0^{\frac{\pi}{4}}\frac{d\theta}{\cos\theta}$

$=\ln2\cdot\ln(\sqrt{2}+1)$。

习题 9.3

1. (1) Ω上边界曲面$z=1-x-y$,下边界曲面$z=0$在xOy平面上投影区域D_{xy}由曲线$x=0,y=0,x+y=1$所围,故

$I=\int_0^1dx\int_0^{1-x}dy\int_0^{1-x-y}\frac{dz}{(1+x+y+z)^3}$

$=\frac{1}{2}\int_0^1dx\int_0^{1-x}\left[\frac{1}{(1+x+y)^2}-\frac{1}{4}\right]dy$

$=\frac{1}{2}\ln2-\frac{5}{16}$。

(2) Ω上边界曲面$z=\sqrt{1-x^2-y^2}$,下边界曲面$z=0$,在xOy平面上投影区域D_{xy}由曲线$x=0,y=0,x^2+y^2=1$所围成的第一象限,故

$I=\int_0^1dx\int_0^{1-x^2}dy\int_0^{\sqrt{1-x^2-y^2}}xyzdz$

$=\int_0^1dx\int_0^{\sqrt{1-x^2}}\frac{1}{2}xy(1-x^2-y^2)dy$

$=\int_0^1\frac{1}{8}x(1-x^2)^2dx=\frac{1}{48}$。

2. (1) $I=\int_0^a dx\int_0^x\{e^{2(x+y)}-e^{(x+y)}\}dy$

$=\frac{1}{8}e^{4a}-\frac{3}{4}e^{2a}+e^a-\frac{3}{8}$;

(2) $\int_0^a dx\int_0^x dy\int_0^y xyzdz=\frac{1}{2}\int_0^a dx\int_0^x xy^3dy$

$=\frac{1}{8}\int_0^a x(y^4\Big|_0^x)dx$

$=\frac{1}{8}\int_0^a x^5dx$

$=\frac{1}{48}a^6$。

习题 9.4

1. $\frac{\pi}{6}(5\sqrt{5}-1)$ 。 **2.** $4a^2(\frac{\pi}{2}-1)$ 。

3. $\frac{\pi}{6}(37\sqrt{37}-1)$。 **4.** $2\pi ah$。

复习题 9

一、**1.** C; **2.** C; **3.** C; **4.** B; **5.** B。

二、**1.** 连续,$f(\xi,\eta)|D|$。

2. $\int_0^1dy\int_y^{\sqrt{y}}f(x,y)dx$。

3. $\int_0^{\frac{\pi}{4}}d\theta\int_0^{\frac{a}{\cos\theta}}r^2dr$。

4. $\int_0^4dx\int_{\frac{x}{2}}^{\sqrt{x}}f(x,y)dy$。

5. $\int_0^1dx\int_0^{1-x}dy\int_0^{xy}f(x,y,z)dz$。

三、**1.** 由于$\frac{\sin y}{y}$的原函数是非初等函数,故选择先对x积分,再对y积分。

$I=\int_0^1dy\int_y^{\sqrt{y}}\frac{x\sin y}{y}dx$

$=\int_0^1\frac{1}{2}(\sin y-y\sin y)dy$

$=\frac{1}{2}(1-\sin1)$;

2. $I=\int_0^1dx\int_{2x}^{x^2+1}\frac{x}{1+y}dy$

$=\int_0^1x\ln(1+y)\Big|_{2x}^{x^2+1}dx$

$=\int_0^1[x\ln(2+x^2)-x\ln(1+2x)]dx$

$=\frac{9}{8}\ln3-\ln2-\frac{1}{2}$;

3. 由对称性,积分可看作在区域的第一象限部分的4倍

$I=4\iint_{D_1}e^{-(x+y)}dxdy$

$=4\int_0^a e^{-x}dx\int_0^a e^{-y}dy$

$=4(1-e^{-a})^2$;

4. $I=\iint_{D_1}\sqrt{x^2-y}dxdy+\iint_{D_2}\sqrt{y-x^2}dxdy$

$=\int_0^1dx\int_0^{x^2}\sqrt{x^2-y}dy+\int_0^1dx\int_{x^2}^1\sqrt{y-x^2}dy$

$=\int_0^1\frac{2}{3}x^3dx+\int_0^1\frac{2}{3}\sqrt{(1-x^2)^3}dx$

$=\frac{1}{6}+\frac{1}{8}\pi$;

5. $I=\iint_D ydxdy=\int_0^{\frac{\pi}{2}}d\theta\int_0^a r^2\sin\theta dr=\frac{a^3}{3}$;

6. $I=\iint\limits_{D}|x^2+y^2-4|\,dxdy$

$=\iint\limits_{D_1}(4-x^2-y^2)\,dxdy$

$+\iint\limits_{D_2}(x^2+y^2-4)\,dxdy$

$=\int_0^{2\pi}d\theta\int_0^2(4-r^2)r\,dr$

$+\int_0^{2\pi}d\theta\int_2^4(r^2-4)r\,dr$

$=2\pi\left[2r^2-\frac{r^4}{4}\right]_0^2+2\pi\left[\frac{r^4}{4}-2r^2\right]_2^4$

$=80\pi$。

四、证明：由左端知

$\int_0^1\frac{x-y}{(x+y)^3}dy$

$=\left[-\frac{1}{2}\frac{x-y}{(x+y)^2}\right]_0^1-\frac{1}{2}\int_0^1\frac{dy}{(x+y)^2}$

$=\frac{1}{2}\frac{1-x}{(1+x)^2}+\frac{1}{2x}+\frac{1}{2}\frac{1}{x+y}\Big|_0^1$

$=\frac{1}{(x+1)^2}$，

而$\int_0^1(x+1)^{-2}dx=\frac{1}{2}$。同理，可得右端为$-\frac{1}{2}$，故两端不相等。

第10章

习题 10.1

1. (1) $\sqrt{2}$； (2) $\frac{\sqrt{3}}{2}(1-e^{-2})$；

(3) $1+\sqrt{2}$； (4) 8。

2. $\frac{3\sqrt{2}}{4}$。

习题 10.2

1. $-\frac{\pi}{2}a^3$； **2.** $\frac{1}{3}k^3\pi^3-a^2\pi$； **3.** $-\frac{14}{15}$；

4. $\frac{3}{2}$； **5.** 1。

习题 10.3

1. (1) $\frac{1}{30}$； (2) 8。

2. (1) 236； (2) 5。

3. (1) 12； (2) 0； (3) $\frac{\pi}{4}$；

(4) $-\frac{7}{6}+\frac{1}{4}\sin 2$。

习题 10.4

1. $\frac{\sqrt{3}}{120}$； **2.** $4\pi R^4$； **3.** $4\sqrt{61}$； **4.** $-\frac{27}{4}$。

习题 10.5

1. $\frac{R^4\pi}{2}$； **2.** $\frac{2}{15}\pi R^5$； **3.** $-2\pi R^3$；

4. 0； **5.** $\frac{2}{105}\pi R^7$。

复习题 10

一、**1.** B； **2.** C； **3.** A； **4.** C； **5.** B。

二、**1.** π； **2.** 0； **3.** $\frac{17}{30}$； **4.** $\frac{4}{3}\pi a^4$；

5. $\frac{4}{15}\pi$。

三、**1.** $\frac{4}{3}(2\sqrt{2}-1)$； **2.** $\frac{17\sqrt{17}-1}{48}$；

3. -2π； **4.** $\frac{8\sqrt{2}}{15}-\frac{\sqrt{3}}{5}$；

5. $\frac{4}{15}$； **6.** $2\pi a^3$；

7. $\frac{1}{2}(e-1)$。

四、**1.** -8； **2.** $-\frac{3}{2}\pi$； **3.** $2\pi+e^2+e$。

第11章

习题 11.1

1. (1) $\frac{1}{2},\left(\frac{1}{2}\right)^2,\left(\frac{1}{2}\right)^3$；

(2) $S_1=\frac{1}{2}$， $S_2=\frac{3}{4}$，

$S_3=\frac{7}{8}$， $S_n=1-\left(\frac{1}{2}\right)^n$；

(3) 1。

2. (1) $a_{2n}=1,a_{2n-1}=-1$；

$S_{2n}=0,S_{2n-1}=-1$；

(2) 发散。

3. (1) $S_n = \sqrt{n+1}-1$,发散;

(2) $S_n = \frac{1}{2}\left(1-\frac{1}{2n+1}\right)$,收敛。

4. (1) 收敛; (2) 发散; (3) 发散; (4) 发散;
(5) 收敛; (6) 发散。

5. (1) $\frac{3}{2}$; (2) $\frac{3}{4}$; (3) 300; (4) $\frac{3}{5}$。

习题 11.2

1. (1) 发散; (2) 收敛; (3) 发散; (4) 收敛。

2. (1) 收敛; (2) 发散; (3) 发散; (4) 发散;
(5) 收敛; (6) 收敛; (7) 收敛; (8) 发散;
(9) 收敛; (10) 收敛; (11) 发散; (12) 发散。

3. (1) 绝对收敛; (2) 发散; (3) 条件收敛;
(4) 条件收敛; (5) 条件收敛; (6) 绝对收敛;
(7) 绝对收敛; (8) 条件收敛。

4. 收敛。

5. (1) 1; (2) 略。

习题 11.3

1. (1) $(-1,1)$; (2) $[-2,2]$; (3) $(-1,1]$;

(4) $\left(2-\frac{\sqrt{2}}{2},2+\frac{\sqrt{2}}{2}\right)$; (5) $(-e,e)$;

(6) $(-4,4)$。

2. (1) $\frac{x}{(1-x)^2}(|x|<1)$;

(2) $\frac{2x}{(1-x)^3}(|x|<1)$;

(3) $(1+x)\ln(1+x)-x(-1<x\leqslant 1)$,
$S(-1)=1$;

(4) $\frac{x(2+x^2)}{(2-x^2)^2}(|x|<\sqrt{2})$。

3. (1) $\ln 2-\frac{\pi}{2}$; (2) $e-2$。

复习题 11

一、**1.** 非; **2.** 非; **3.** 非; **4.** 是。

二、**1.** A、C; **2.** B; **3.** B; **4.** A、D; **5.** A。

三、**1.** $\{s_n\}$有界。

2. $\sqrt[3]{2}$; $(-\sqrt[3]{2},\sqrt[3]{2})$。

3. $u_n \to +\infty$,且单调增;

4. 绝对收敛;条件收敛;发散。

四、**1.** 发散。

2. 发散。因$0<\frac{1}{\ln n}<\frac{1}{n}$,数列$\sum \frac{1}{n}$发散,故原级数发散。

3. 条件收敛。因$\sin\frac{\pi}{n}>0$,数列$\left\{\sin\frac{\pi}{n}\right\}$单调减,$\lim\limits_{n\to\infty}\sin\frac{\pi}{n}=0$,故由莱布尼兹判别法知级数收敛。但$\frac{\lim\limits_{n\to\infty}\left|(-1)^n\sin\frac{\pi}{n}\right|}{1/n}=\pi$,故$\sum\limits_{n=1}^{\infty}\left|(-1)^n\sin\frac{\pi}{n}\right|$发散,因此原级数条件收敛。

4. 绝对收敛。因

$$\frac{\left|(-1)^n\frac{1}{n(n+1)}\right|}{1/n^2}\to 1(n\to\infty),$$

级数$\sum\limits_{n=1}^{\infty}\frac{1}{n^2}$收敛,故原级数绝对收敛。

五、设$S(x)=\sum\limits_{n=1}^{\infty}nx^{n-1}$,因

$$\int_0^x S(t)\mathrm{d}t=\sum_{n=1}^{\infty}\int_0^x nt^{n-1}\mathrm{d}t$$

$$=\sum_{n=1}^{\infty}x^n=\frac{x}{1-x}(|x|<1),\text{故}$$

$$S(x)=\left(\frac{x}{1-x}\right)'=\frac{1}{(1-x)^2},$$

$x\in(-1,+1)$。

六、因$\lim\limits_{n\to\infty}a_n=0$,$\lim\limits_{n\to\infty}\frac{a_n^2}{a_n}=0$,故$\sum\limits_{n=1}^{\infty}a_n^2$收敛。

七、条件收敛。

参考文献

[1] 华中科技大学高等数学课题组编. 微积分[M]. 2 版. 武汉：华中科技大学出版社，2011.

[2] 徐森林，薛春华. 数学分析[M]. 北京：清华大学出版社，2005.

[3] 华东师范大学数学系. 数学分析[M]. 2 版. 北京：高等教育出版社，1991.

[4] 吴赣昌编. 高等数学[M]. 3 版. 北京：中国人民大学出版社，2009.

[5] 同济大学应用数学系. 微积分[M]. 2 版. 北京：高等教育出版社，2003.

[6] 赵树嫄. 微积分[M]. 3 版. 北京：中国人民大学出版社，2007.

[7] 陈春宝，沈家骅. 高等数学解题方法与同步指导[M]. 上海：同济大学出版社，2012.